作物秸秆基质化利用

李 玉　付永平　主编

中国农业出版社
北 京

Editorial Committee

编委会

前　言

PREFACE

公益性行业（农业）科研专项"作物秸秆基质化利用"项目由吉林农业大学主持，食药用菌教育部工程研究中心李玉院士为项目首席科学家，项目周期为2015年1月至2019年12月，共有中国农业大学、华中农业大学、中国农科院区划所、上海市农业科学院等14家协作单位参加。项目主要围绕食用菌秸秆基质化利用、农作物秸秆基质化利用、利用秸秆生产乳酸及饲养昆虫等方向进行研究。

食用菌产业为作物秸秆的有效利用提供了新途径，是实现农业废弃物资源化、推进循环经济发展、支撑国家食物安全的生力军。当前，我国食用菌利用秸秆栽培的种类、数量和利用效率不高。一方面，大量的秸秆资源得不到有效利用；另一方面，随着食用菌产业的不断发展，原先有限的栽培基质种类资源日益紧缺，原料成本不断提高，迫切需要研发秸秆栽培食用菌的多样化高效利用技术。针对我国不同地域气候特点、作物秸秆种类，需要尽快培育具有不同地域特色的食用菌品种，研发适用于不同种类秸秆、不同栽培种类、不同地域的标准化生产配套技术、工厂化栽培技术及菌渣循环利用技术并进行示范推广，同时需要尽快研制出一套食用菌培养料智能化测控系统。

随着我国农业结构的调整，设施园艺发展迅猛，作为当前最主要有机栽培基质的泥炭资源已濒临枯竭。实践证明，有机基质栽培技术为大田作物、设施园艺作物和果树的优质、高效、稳产提供了保障。因此，充分利用作物秸秆开发新型栽培与育苗基质，生产低成本生物炭是促进优势产业节本增效的有效途径。

近年来，随着石油资源的日益紧缺以及生物发酵技术的日趋成熟，将废弃的作物秸秆资源转化为生物能源及基本工业原料（乳酸）势在必行。利用生物技术将农作物秸秆等制作成生物饲料，通过家蝇等经济昆虫的高效率、低成本转化，研发大规模生产经济昆虫的产业化技术，并将经济昆虫加工转化为优质昆虫源高蛋白动物饲料，可从根本上降低动物饲养的生产成本。

我国是农业大国，秸秆资源非常丰富，每年秸秆的产量为8亿多吨，但是利用率仅33%左右，每年秸秆废弃资源占我国生物能源的50%，同时秸秆焚烧严重污染环境。因此，研发秸秆基质化利用技术，对解决秸秆资源化利用和环境污染问题具有重要意义。

目　录

CONTENTS

前言

第一篇

“作物秸秆基质化利用”项目概述

本项目围绕“作物秸秆基质化利用”这一内容开展为期5年的科学研究与示范推广，参与项目的14家单位齐心协力取得了一系列开创性的成果。

在项目开展期间，累计鉴定食用菌新品种5个；研究新技术39项，其中轻简化生产技术15项、集约化生产技术24项；研发出新工艺18个；研制出新设备42项。建立示范基地36个，建立示范点（区）47个，创建中试线5条、生产线3条。目前共筛选出食用菌及作物秸秆基质配方79个，所有单位累计发表科技论文共118篇，其中向国外发表55篇；出版《中国大型菌物资源图鉴》《蘑菇博物馆》《经济菌物》等著作5部；累计申请专利109项，其中已授权65项；共参与制作标准及规程22项，其中地方标准17项、企业标准3项、行业标准1项、团体标准1项；获得省部级以上奖励9项；累计培养研究生113人，其中硕士87人、博士26人，出站博士后13人；累计培训农户15 000余人次、技术人员3 000余人次。

五年来，项目的成果得到了社会各界的认可，尤其是在2020年4月20日，当习近平总书记在陕西柞水考察脱贫工作得知当地依托木耳产业实现脱贫增收时，高兴地点赞柞水木耳，称其为“小木耳，大产业”，让“柞水木耳”名闻天下，极大地鼓励了全国食用菌研究人员。

项目的成果应用生产累计创收12亿元，带动相关标准化生产的农户上万户，增加农民年收入12 000元/人，累积增收达5.46亿元，累计应用示范面积达200万亩（1公顷=15亩），生产食用菌2亿余袋。项目累计利用玉米芯、玉米秸秆等作物秸秆34 075.52t，生产草菇6 000余t、滑子菇1 525t、玉木耳干品2 300t、黑木耳干品150t、香菇181.44t、大球盖菇3 480.56t、蔬菜2 024.1t、姬松茸干品65.65t、双孢蘑菇2.75万t、猴头菇100t、辣椒10.5t、金针菇4.38万t、茶树菇16t，推广羊肚菌22 200亩、平菇150万袋、榆黄蘑10.2万袋，获得棉秸秆有机基质2 000m^3，富硒辣椒累积推广面积1 355亩，推广有机肥3.5万亩，推广改善果园面积1 280亩，累积推广新型基质水稻育苗盘108万亩以上。

本项目紧密配合国家扶贫工作，在吉林省洮南市、和龙市八家子镇、图们市石砚镇、汪清县、白城市，江西省吉安市头道镇，黑龙江省桦南县，河南省泌阳县等地多次开展扶贫工作，累计培训菇农10 000余人，推广玉木耳1亿余袋、黑木耳6 500万袋、香菇2 000万袋，带动贫困户实现户均增收4 112.5元。

第二篇

“作物秸秆基质化利用”项目十四项标志性成果

耗时5年，14家单位针对“作物秸秆基质化利用”这一课题进行研究，取得了喜人的十四项标志性成果，为我国农业废弃物资源合理化应用奠定了基础，同时带动了我国农业经济发展，推动了绿色农业的进一步发展。

成果一　作物秸秆高效转化生产食用菌的关键技术研究与示范

一、前期工作

构建了世界上规模最大的菌类作物多组学整合数据库，阐明了菌类作物的驯化基础。课题组通过生物信息学、大数据、人工智能等多学科交叉和多维度融合，优化了菌物全基因组测序技术体系，搭建了菌物组学数据分析云平台（图1-1）；结合传统分类学，明确了高通量测序技术在揭示菌物新物种方面的潜力；揭示了灵芝属等食用菌种质资源遗传多样性，以及对青藏高原、荒漠戈壁滩等极端环境适应性的遗传基础；构建了世界上规模最大的菌类作物多组学整合数据库（MushDB，http://mushroomomics.com/database），该数据库涵盖95%商业性栽培物种的全基因组数据、256个基因表达图谱和2 000余份种质资源的全基因组变异图谱，成为国际食药用菌组学资源中心之一（图1-1）。课题组使用代表性野生和栽培种群的全基因组变异进行选择性扫描分析，挖掘了在菌类作物驯化历程中起关键作用的潜在功能基因。在黑木耳、香菇、刺芹侧耳和白灵侧耳中，淀粉、蔗糖代谢和丝裂原活化蛋白激酶信号通路中的关键基因*chb1*、*cdc24*和*hog1*等受到了选择，推测这些基因可能在菌类作物驯化栽培过程中发挥重要作用。采用CRISPR/Cas9系统验证了*hog1*在培养环境中低温刺激适应和缩短生育期的功能（图1-2）。

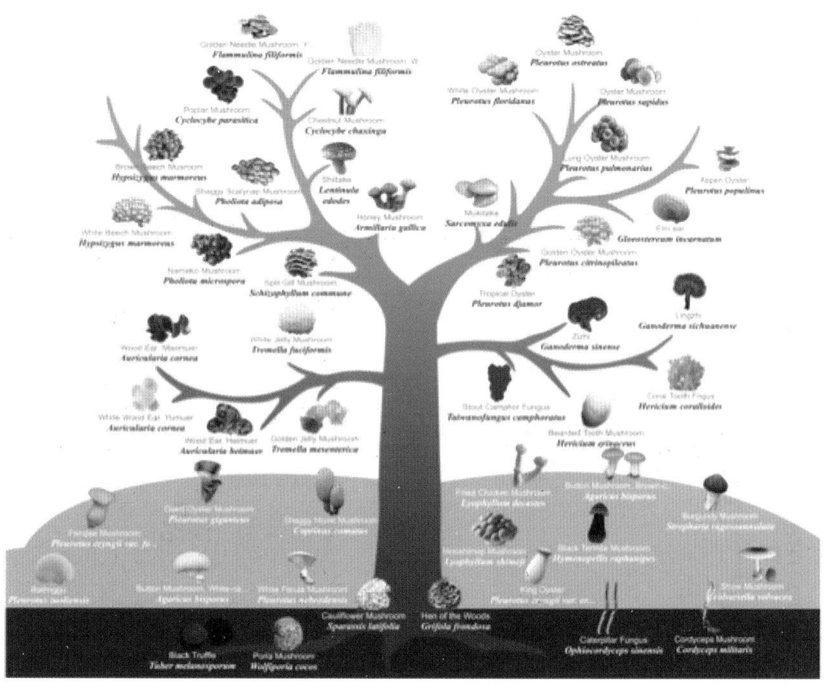

(a) 50种菌类作物的综合组学数据库

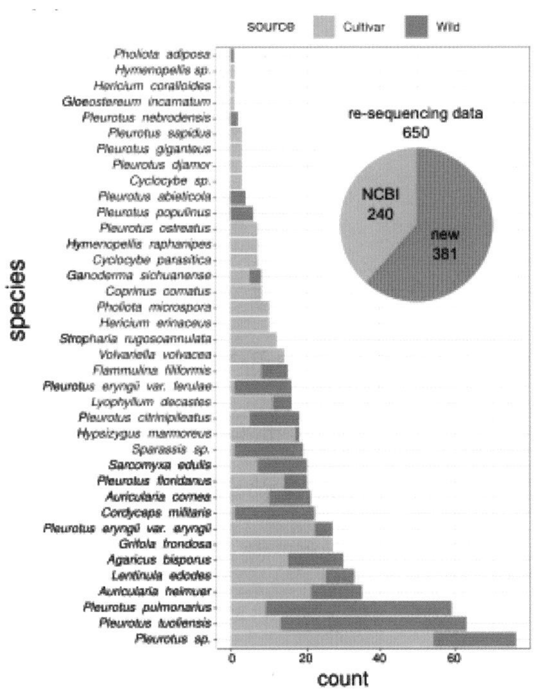

(b) MushDB 中的全基因组重测序数据（饼图显示了新生成的和公开的重测序数据的数量）

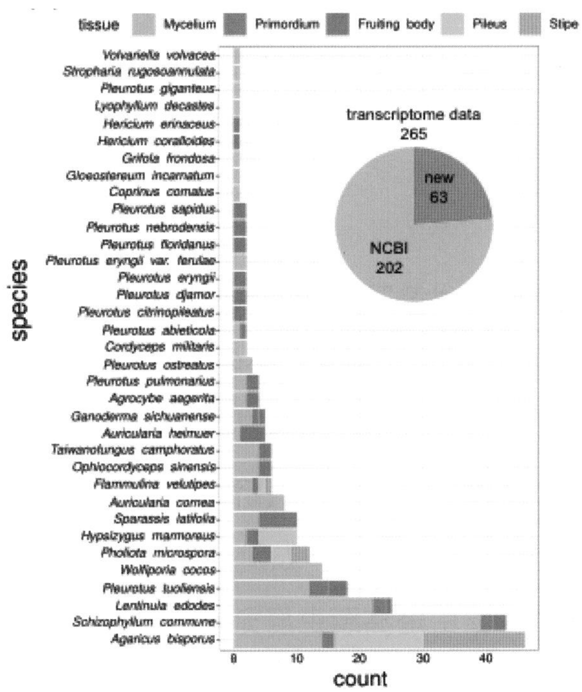

(c) MushDB 中不同组织的转录组数据（饼图显示了新生成的和公开的转录组数据的数量）

图 1-1　MushDB 数据库中涵盖的物种以及全基因组重测序和转录组的统计数据

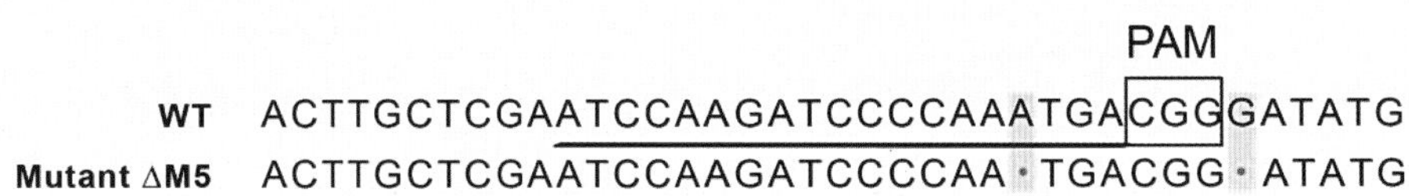

(a) 突变株ΔM5的测序结果验证了 pthog1 靶位点附近的缺失

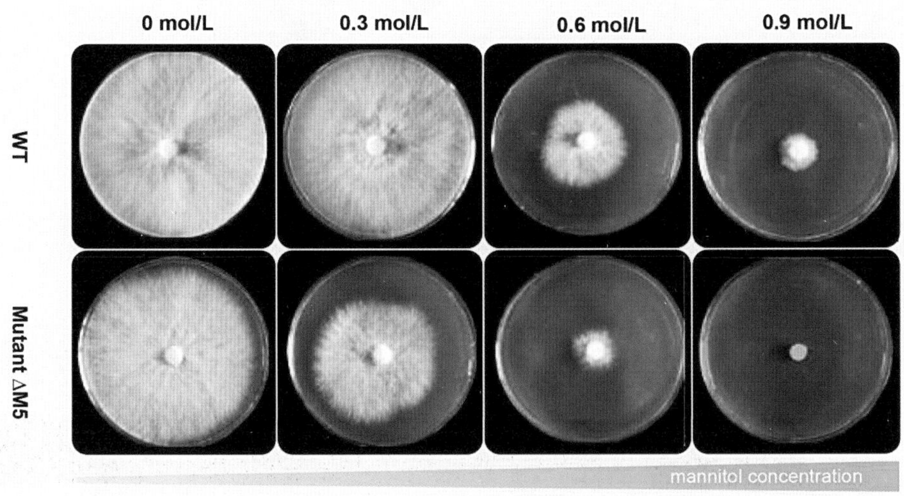

(b) 在不同甘露醇浓度下培养的 WT 和ΔM5之间的生长差异

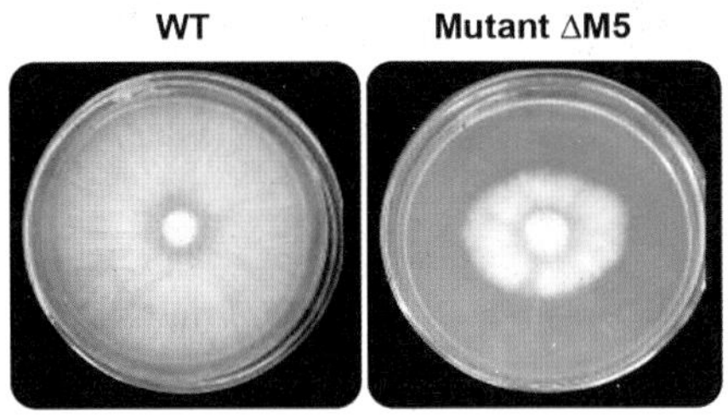

（c）低温培养的WT和ΔM5之间的生长速率

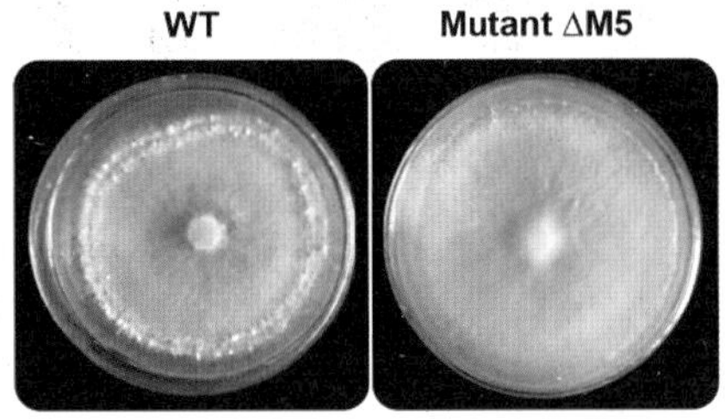

（d）WT和Δm5原基起始的比较

图1-2　基于CRISPR/Cas9的*hog1*功能验证，以证明其对白灵侧耳的驯化作用

二、高效利用作物秸秆菌株的筛选

考察各个收集的食用菌菌株在纤维素（透明圈法）、半纤维素、木质素以及秸秆基质上的生长情况，并结合相关酶活性的分析，筛选可以高效利用作物秸秆的食用菌菌株10个，选育新品种4个（图1-3至图1-6）。

三、食用菌作物秸秆基质配方的优化和筛选

用玉米秸秆、水稻秸秆、大豆秸秆、高粱秸秆等作为主要栽培基质，通过混料设计、正交、单因素等方法，基于对农艺性状、品质性状的考察筛选，优化出作物秸秆基质配方21个。其中灰树花的秸秆配方4个，优化的最高产配方为75%玉米芯、23%麦麸、2%轻质碳酸钙，每袋产量平均达133.3g，比对照配方平均产量（97.25g）高出36.05g，提高了37.07%。香菇的秸秆配方1个，优化的高产配方为

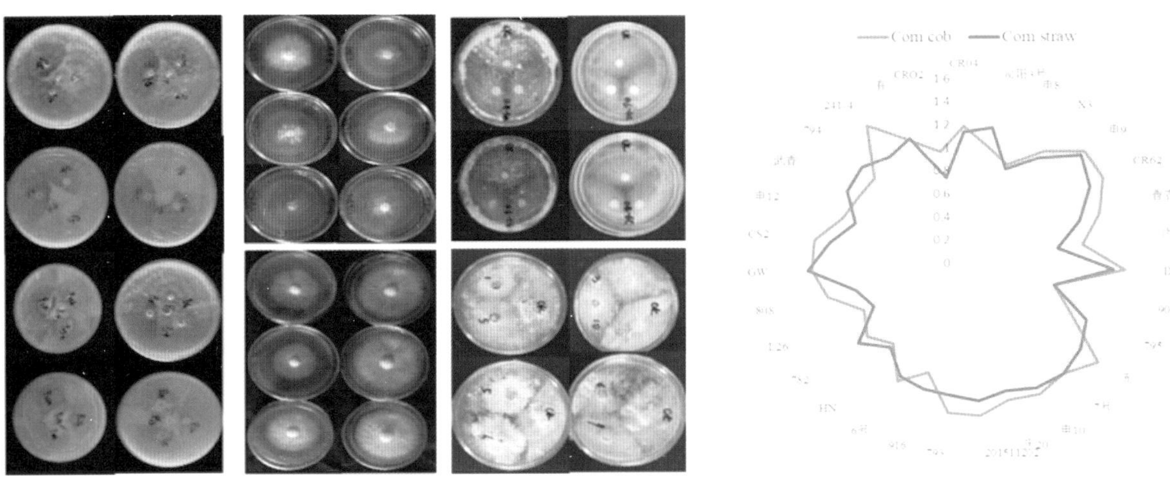

图1-3　高效利用作物秸秆菌株筛选

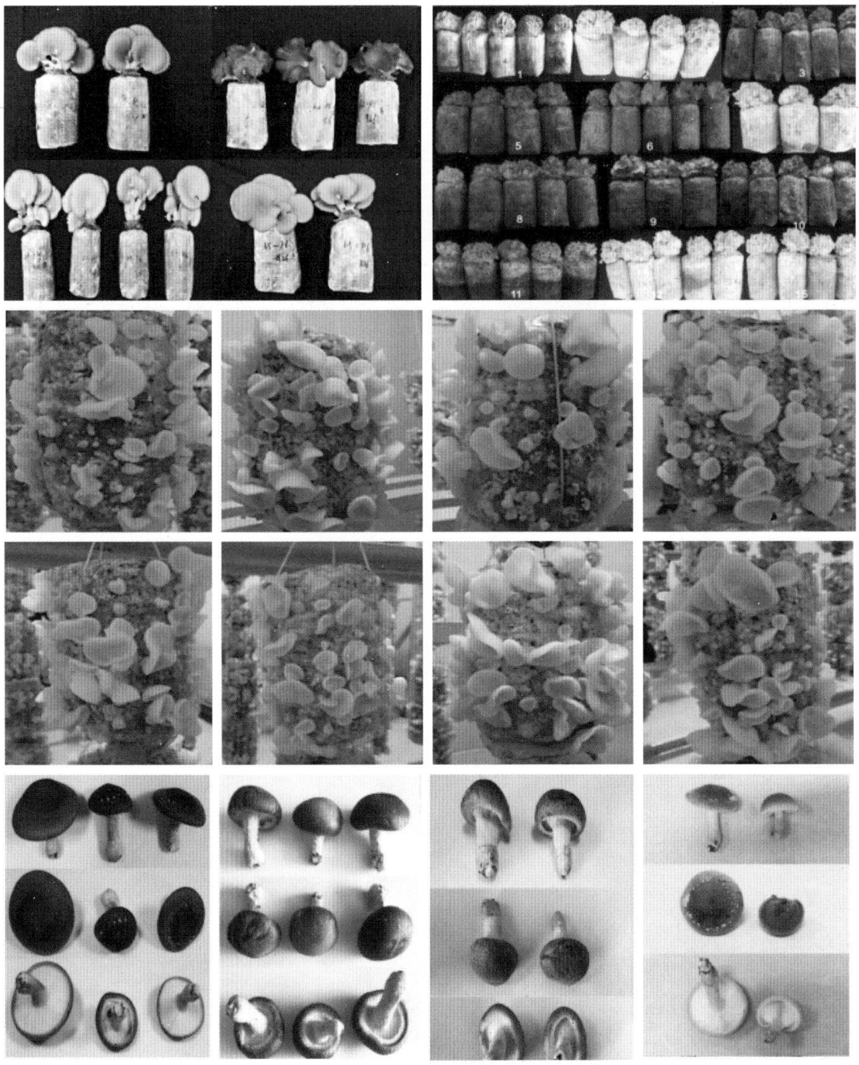

图1-4　部分品种不同配方出菇实验

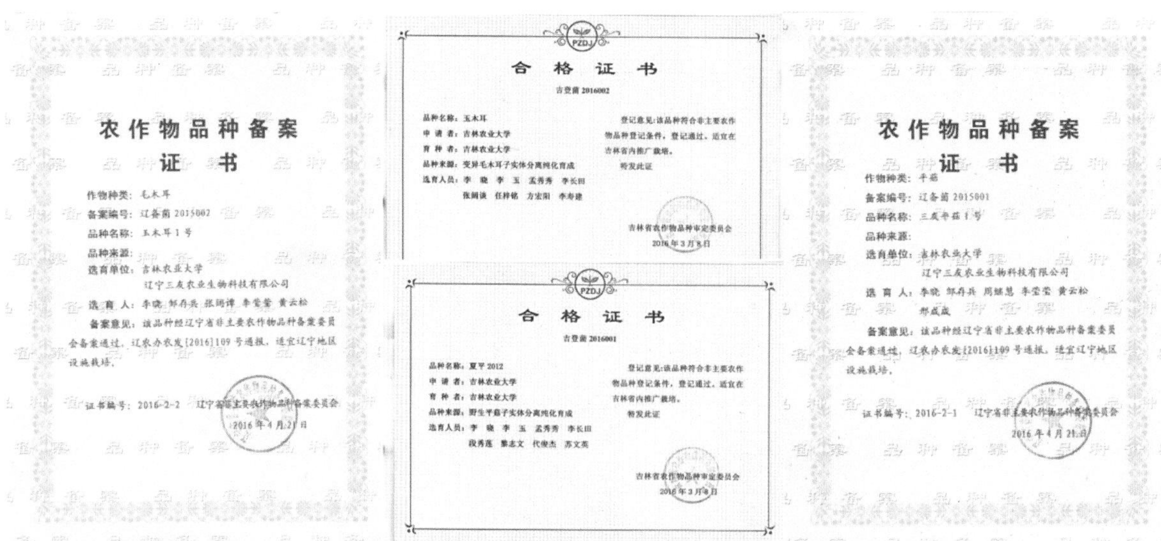

图1-5　选育的食用菌新品种审定证书

图1-6　食用菌新品种——玉木耳

40%玉米芯、10%玉米秸秆粉和30%木屑，混合秸秆配方比传统配方产量每棒高59.02g。滑子菇的秸秆配方2个，优化的高产配方一为38%玉米芯、38%木屑，一为25%玉米秸秆、25%玉米芯、26%木屑，两种混合秸秆配方产量均较传统配方提高5%以上。玉木耳的秸秆配方2个，优化的高产配方为66%玉米秸秆、15%稻壳、15%精稻糠、2%豆粉、1%石膏、0.5%石灰、0.5%蔗糖，以及80%玉米秸秆、15%米糠、2%豆粉、2%玉米粉、1%石膏，混合秸秆配方产量均较传统配方提高10%。

此外，本项目团队还对来源不同的32株香菇栽培菌株进行营养利用倾向的初步分析，从而筛选出更适合栽培的香菇栽培菌株，并以玉米秸秆和高粱秸秆作为栽培基质，部分替代木屑，对比其产量、采收子实体个数、单个子实体重量、菇型等农艺性状，筛选出更适宜香菇的栽培配方，各配方子实体个数、产量、子实体平均重量、生物学转化率如图1-7所示。利用物理诱变（^{60}Co-γ 射线辐射诱变）的方法对香菇菌株进行诱变，筛选适宜秸秆栽培的突变菌株。结果表明，在以玉米秸秆为主要栽培料的配方中，配方36%木屑、36%玉米秸秆、8%木质素的效果是相对较好的，单个子实体重量、总产量、生物学转化率均优于常规水平；在以高粱秸秆为主要栽培基质的配方中，配方44%木屑、30%玉米秸秆、6%木质素的出菇效果是最好的，产量和生物学转化率相对较好，子实体个数、单个子实体的重量和菇形也较好。在添加单宁时，在原始木屑培养基的基础下加入1%的单宁，此时子实体的产量和生物学转化率都是相对较好的，子实体数量、单个子实体的重量、总产量均优于常规水平。若以品质为评价指标，在原始木屑培养基的基础下加入5%的单宁，此时单个子实体的重量和大小优于其他配方。

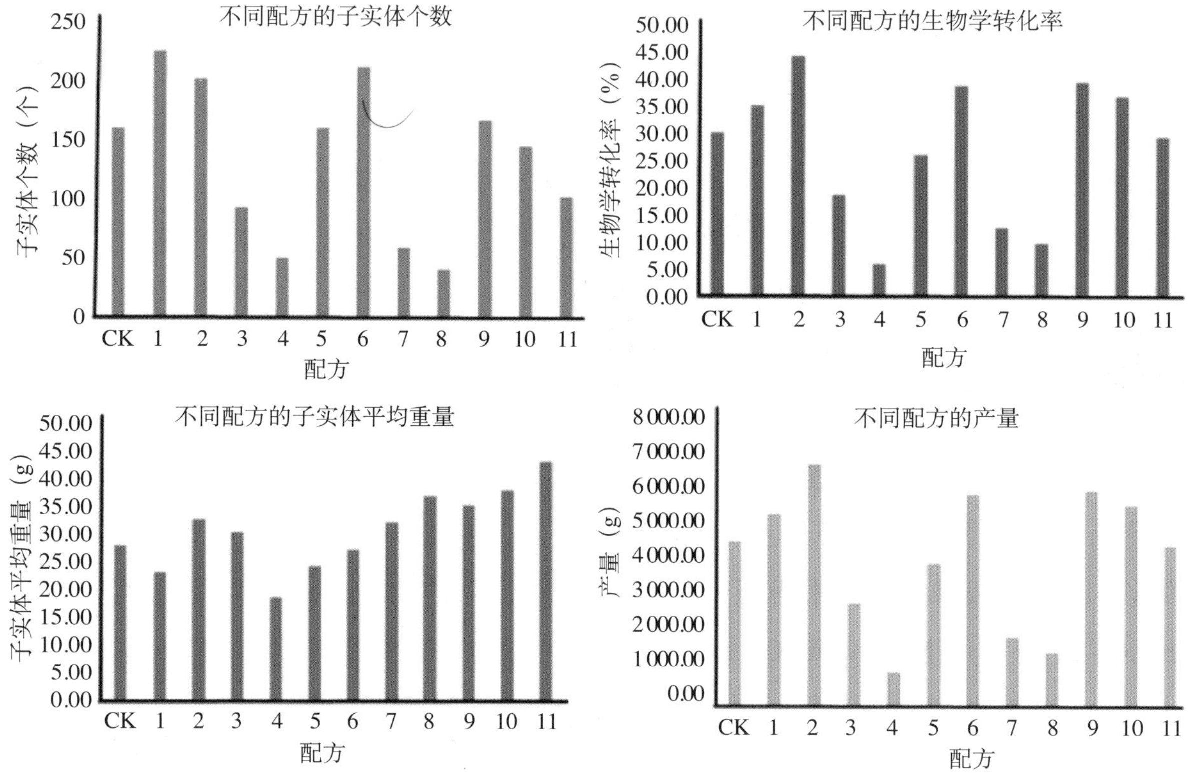

图1-7　各配方子实体个数、产量、子实体平均重量、生物学转化率

四、应用与示范

在全国建立利用作物秸秆栽培双孢菇、草菇、木耳等示范基地14个，围绕食用菌秸秆基质的生产示范开展工作，在吉林农业大学菌菜基地、贵州黔西南安龙县大秦菌业、长春市玉润农民专业合作社、吉林山菇娘公司、辽源市东丰县东丰镇湾龙河村新恒达农业发展有限公司、吉林省白城市好田村、吉林省延边德康生物技术有限公司、柞水县金鑫菌业发展有限公司、辽宁三友生物技术公司、江苏江南生物科技有限公司、陕西柞水中博农业等公司，进行了玉木耳、香菇、滑子菇、草菇等菇种的示范栽培工作，带动农户户均增收4 112.5元，累计培训农户和技术人员10 000余人，部分培训及示范基地如图1-8、图1-9所示。累计利用玉米芯、玉米秸秆等作物秸秆11 705.52t，生产草菇6 000余t、滑子菇1 525t、玉木耳干品2 300t、香菇181.44t、大球盖菇3 480.56t。5年来，项目的成果得到了社会各界的认可，尤其是在2020年4月20日，习近平总书记在陕西柞水考察扶贫工作时点赞柞水木耳，称其为“小木耳，大产业”，让“柞水木耳”名闻天下，这是对参与项目的全体食用菌科研人员极大的认可。

吉林省"东木西草"食用菌草腐化栽培技术培训班
中央一号文件

图1-8　部分培训情况

农业部公益性行业（科研）专项
作物秸秆基质化利用
201503137
大球盖菇、香菇秸秆栽培示范基地
"东木西草"

图1-9　部分示范基地、工作站

成果二　基于农业废弃物的双孢蘑菇和金针菇高效栽培基质及配套技术研发

一、双孢蘑菇非常规基质培养料配方研发

课题组开展了以玉米秸、玉米芯、棉秸秆和甘蔗渣等9种材料为主料栽培双孢蘑菇的栽培基质配方试验，依据原材料的发酵特性、出菇产量和经济效益等综合表现，筛选出棉秸秆、玉米芯、玉米秸和工厂化食用菌栽培菌渣4种主料，具有较好的、开发为蘑菇栽培原料的潜力（图2-1）。利用优选的4种材料进行了原材料的预处理、配方实验以及发酵条件的优化，最终发现棉秸秆+玉米秸、玉米芯+玉米秸和废料+玉米秸三个配方均优于单一的培养基质，具有明显经济效益。通过对多种氮源添加剂的研究发现，添加3%的鱼粉，发酵后的培养基质滋生杂菌较少，产量比对照高2.6%。成功开发了基于棉秸秆的双孢蘑菇新型基质配方和水产加工废料基质配方。

图2-1　基于隧道发酵技术的不同农业秸秆基质发酵微生物生态分析

二、双孢蘑菇培养料发酵技术研发

传统的双孢蘑菇培养料堆制发酵技术预湿、室外一次发酵和室内二次发酵等阶段，存在培养料配方含氮量偏低、劳动强度大、生产效率低、发酵质量水平低而不均等问题，是双孢蘑菇低产的主要原因。研发的双孢蘑菇培养料高效发酵技术，主要包括隧道式集中一次发酵、二次发酵工艺技术和简易通气一次发酵技术等。该项

技术将整个蘑菇培养基质的发酵过程置于隧道中控温进行，过程中温度和氧气含量均一，发酵培养料的发酵质量得到有效提高。

三、双孢蘑菇高效栽培技术研发

课题组研发、优化了双孢蘑菇新型栽培设施大棚技术：利用具有阻燃作用的软泡沫、硅酸盐棉、绒毯等替代草帘作为菇棚保温遮阴材料，有效降低了传统草毡塑料大棚的火灾风险，简化了蘑菇大棚搭建工序，大大降低了菇棚维护成本；以提高型蔬菜钢管大棚为骨架，保温遮阴层由内向外分别采用保温长寿无滴膜、硅酸盐棉、绒毯、无滴膜、双色反光膜等材料；大棚北端每个走道上方安装排风扇，调控通风量；冬季低温期在大棚南端设阳光温室以提高棚内温度，有效提高了冬季低温期的出菇率，增加了产量和经济效益；栽培床架从传统的6、7层降低到3、4层，降低了劳动强度，提高了作业安全性；在双孢蘑菇的菇棚外覆膜，利用温室效应提高棚内温度，实现反季栽培。

四、双孢蘑菇栽培技术的示范推广

隧道和简易通气发酵技术分别在浙江北部平湖市、浙江南部温岭市和甘肃兰州市试验站建立了培养料隧道发酵和简易通气集中发酵试验示范基地，并协助浙江宏业机械有限公司开发了隧道填料机，在基地进行了集中试验示范，配合浙江省农业农村厅在示范基地举办了培养料隧道集中发酵现场会，取得了良好的效果。双孢蘑菇新型栽培设施大棚在浙江温岭、平湖和嘉善等主产县推广应用，累计推广面积超过500万m^2。据统计测算采用双孢蘑菇新型高效生产设施栽培，可节约成本约8元/m^2。

五、金针菇非常规基质配方研发与示范推广

试验从不同碳源和氮源基质配方两方面开展研究，通过考察发菌速度、子实体生长发育数量、长度与产量等，分析不同栽培原料配方及装瓶容重对金针菇生长发育的影响，为高效栽培基质配方的开发提供基础。试验采用6种原料作为碳源主料，设计7个培养基配方，结果显示，玉米芯是良好的金针菇栽培常规碳源主料，研发的玉米芯和豆秆屑的双碳源主料培养基配方能获得较高的产量。豆秆屑是较好的替代基质，有利于缓解当前玉米芯、棉籽壳等栽培基质资源紧张的局面。研发以菜籽饼和啤酒渣为氮源的培养料配方，研发的2个金针菇高效栽培基质配方在浙江、福建、河北的产区示范推广600万袋以上。

六、金针菇优质高效栽培技术研发

重点开展了以金针菇细菌性斑点病安全防控和菌瓶、菌袋隐性细菌污染防控为核心的金针菇优质高效栽培技术试验示范与辐射推广工作，有效地解决了金针菇细菌性斑点病导致的商品价值和产量的下降，以及细菌污染引起的发菌减慢、出菇不整齐、产量下降等问题，在浙江、江苏、河南、河北的金针菇主产区合计辐射推广超过1 000万袋，取得了显著的经济效益。

七、金针菇营养生理的研究

研究明确了纤维素、半纤维素、木质素及相关降解酶在金针菇生长发育期间动态变化。随着金针菇的生长发育基质中的半纤维素（HF）、纤维素（F）含量呈现整体下降的趋势，半纤维素降解为60%，其中半纤维素在菌丝生长期降解率为32%，出菇期降解率为28%；纤维素降解为42%，其中菌丝生长期降解25%，出菇期降解17%；酸性洗涤木质素（ADL）含量呈略微下降，降解幅度不大，仅为0.09%。整个生长发育期间胞外酶活性变化呈现明显的阶段性；羧甲基纤维素酶在菌丝生长阶段活性较低，现蕾后活性急剧增强；半纤维素酶高峰出现于采收期；漆酶在菌丝生长阶段活性较高，原基形成后迅速下降；中性蛋白酶菌丝生长阶段活性比较稳定，现蕾前相对较低，子实体生长阶段酶活性明显增强；酸性磷酸酶活性随着菌丝培养呈下降趋势，但原基形成后迅速升高。在接种后的培养初期，纤维素酶*CEL6B*基因表达量变化较平稳；在接种后培养20 ~ 40天，该基因表达量较小，而在原基形成期至子实体成熟过程中该基因表达量迅速升高，在子实体采收期达到高峰，相对表达量为培养初期的3.32倍，子实体采收后基因表达量显著下降。实验发现，当纤维素酶*CEL6B*基因在第一潮采菇期达到最高时，半纤维素降解速度最快；纤维素酶*CEL6B*基因表达与半纤维素酶活性的动态变化曲线非常相似；对金针菇不同生长发育阶段培养基中的中性洗涤可溶物（NDS）动态变化分析表明，发菌阶段培养基质中的NDS随着菌丝在基质中生长而上升，由23.21%上升到24.93%；子实体形成后NDS开始下降，特别在第一潮子实体生长期降到最低的15.99%，而后在间隔期有所回升。

成果三　双孢蘑菇工厂化生产关键装备的研发

一、带有强制通风系统的二次发酵隧道智能化环境测控系统的研发与应用

根据二次发酵隧道整体结构与隧道底部特征，在二次发酵隧道底部配备强制通风系统、新风回风控制系统、温湿度实时采集和控制系统。同时在研究过程中，将2路温湿度与CO_2浓度采集装置布局在发酵隧道地面与墙面上，放置的位置分别是离风机1.5m与4.5m处，高度为离地面0.5m与1.5m，通过可编程控制器的A/D转换模块，将模拟量转换成数字量，并对2路信号进行加权平均，得出平均值，并与设定值对比，根据对比结果，利用PID控制算法及模糊控制理论控制风机转速与风门开度，其精度范围可以控制到：温度±0.50℃、湿度±10%、CO_2浓度±5%，同时系统可以实现在离设定值比较远时快速变化，而到达临界点时缓慢变化，在满足工艺要求的情况下，使能耗大大降低。系统输出通过变频器控制风机转速，并通过编码器反馈实现电机无级调速，风门开度采用二相步进电机控制。根据输入、输出绘制电气原理图，并进行布线，如图3-1所示。

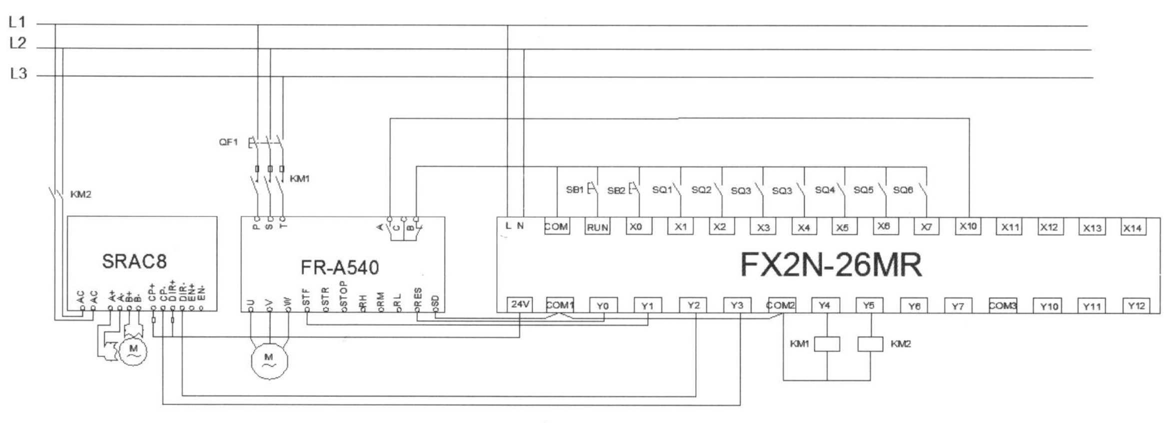

图3-1　隧道发酵控制系统原理图

为方便监测与调节控制系统的参数，系统在上位机上设计组态界面，用于监控隧道环境。组态界面的设计主要分为实时数据库、用户窗口、设备窗口3个部分。在实时数据库中用数据对象来描述系统中的实时数据，用对象变量代替传统意义上的值变量；在用户窗口中，通过对多种图形对象的组态设置，建立相应的动画连接，用清晰动态画面反映对环境的监控过程；在设备窗口中建立系统与PLC的连接关系，使系统能够从PLC中读取数据并控制外部设备的工作状态，实现对环境

的实时监控，如图3-2所示。

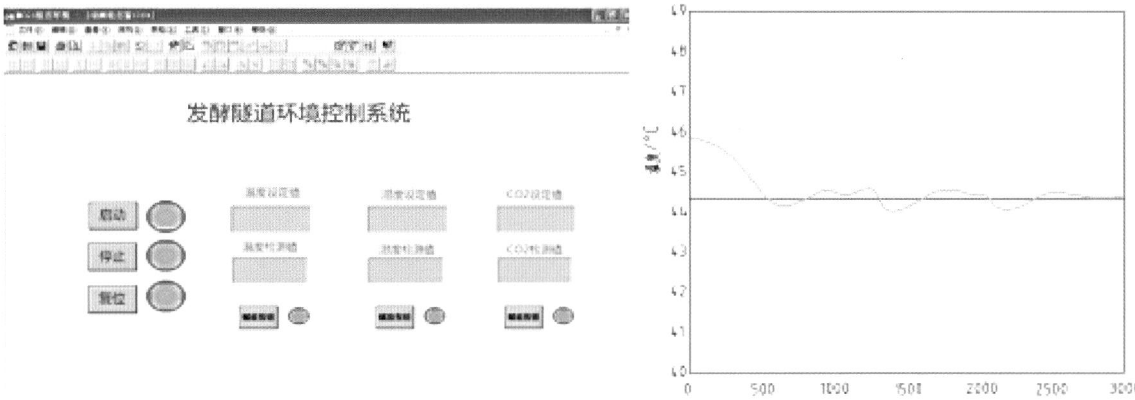

图3-2　发酵隧道环境监控系统界面

在二次发酵隧道的通风模式控制方面，通过隧道底部铺设的带孔PVC管进行气体交换，PVC管空隙总面积相当于地板总面积的25%。为便于气流在底板下分布流通，在有孔地板与下层水泥地面之间留有5cm的空间，便于发酵隧道的供气和排气。通过高压风机强制送风与铺设的带孔PVC管进行通风换气，使得隧道内绝大部分是循环空气，它由堆肥层下面的有孔PVC管吹入，并由隧道上方的回风口循环或排气口排除，如图3-3所示。此外，为便于在后发酵结束时降温及排除NH_3、CO_2等废气，隧道内除设循环风口外，还设有排气口。通过对二次发酵隧道内发酵环境的测控试验，重点对智能化环境测控系统中的环境因子处理速度进行改进优化，并增加关键位点的无限温湿度传感器，使发酵料在发酵隧道内的环境控制更加精准、彻底。

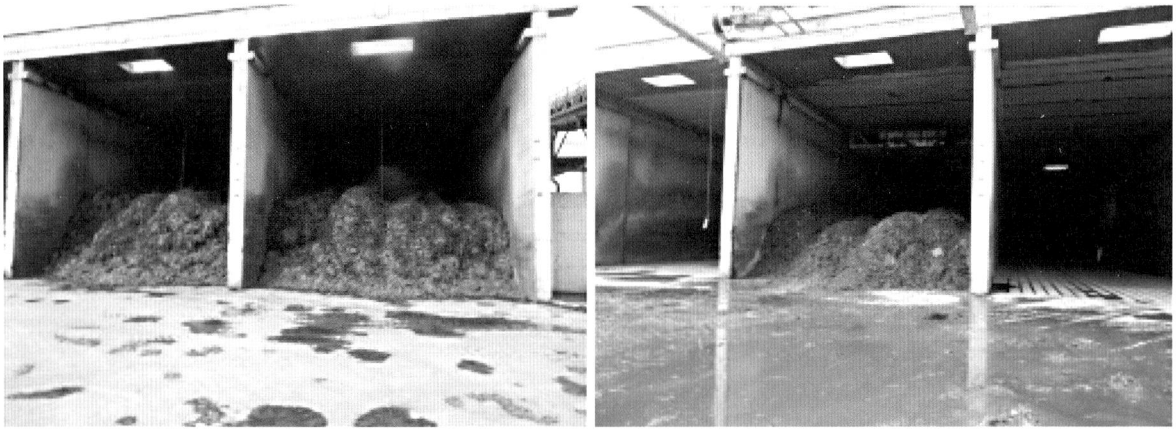

图3-3　二次发酵隧道内控制系统应用

二、以浅筐为单元的发酵料浅筐立体栽培自动生产成套技术装备的研发

1. 总体结构

发酵料浅筐立体栽培自动生产成套技术装备可以通过系列专用生产设备，完成培养料的输送播种、装筐、压实、表面播种、码筐、整体移进移出菇房、覆土等工序，只须配套培养料发酵设施、菇房等，便能实现双孢蘑菇生产，同时用浅筐代替菇床，具有自动化程度高、操作灵活、摆放区域灵活、空间利用率高等特点。双孢蘑菇浅筐成套生产装备总体结构如图3-4所示，主要包括发酵料输送播种机、浅筐输送装置、拆筐装置、摆动上料装置、拨料装置、压实装置、覆土装置、码筐装置及PLC控制系统等，构成拆筐、上料、拨料、压实、覆土、码筐等工位。发酵料空筐供给至自动码筐下上均有传动装置，由主驱动电机和链条共同带动完成传动，传送速度设置为0.3m/s。同时，依据双孢蘑菇生产过程中的浅箱装载量与出菇量的最佳对比试验，确定了浅箱的尺寸为1.5m×1.2m×0.2m，浅箱的总高度为0.6m，标准发酵料的装载量为0.36m^3。

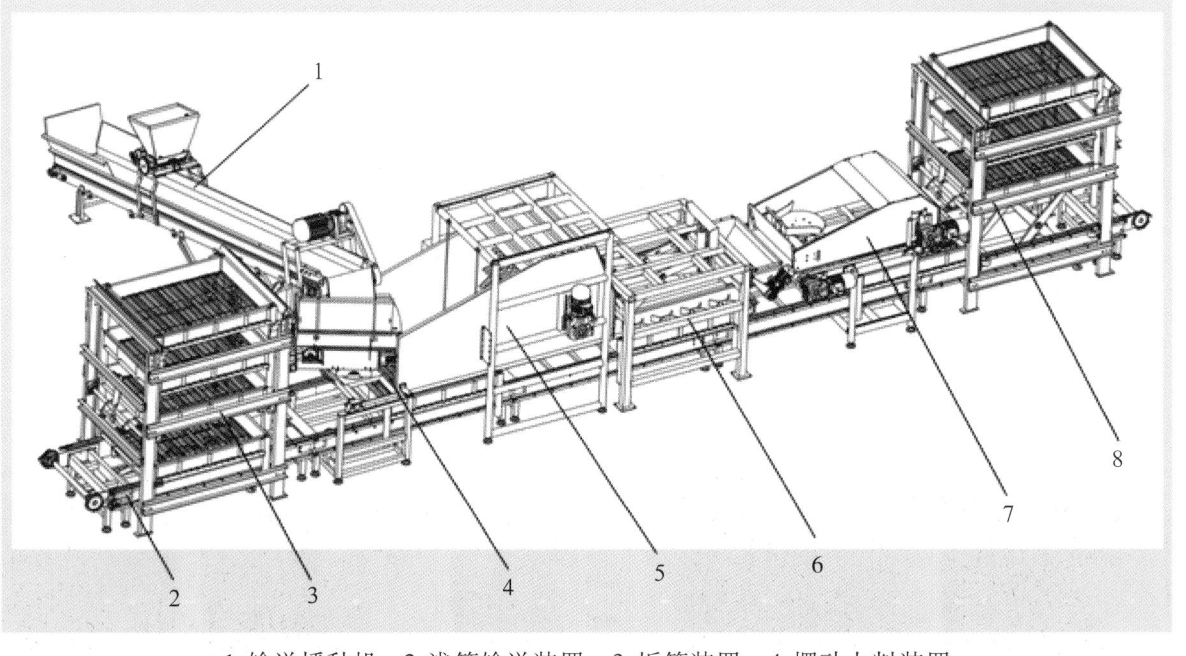

1.输送播种机　2.浅筐输送装置　3.拆筐装置　4.摆动上料装置
5.拨料装置　6.压实装置　7.覆土装置　8.码筐装置
图3-4　装备的总体结构

2. 发酵料浅筐立体栽培作业工序

发酵料浅筐立体栽培生产工序如图3-5所示，主要分为培养料装筐和覆土工序，均在浅筐成套生产装备上完成。培养料装筐时，覆土装置模块暂停工作，其工

序为叉车将成垛空筐放置在拆筐装置，通过升降架可自动感应将空筐放落在链条输送机构上，输送播种机将发酵料传输到上料装置；播种机可在上料的同时进行播种，上料摆头将发酵料抛撒在浅筐内，然后浅筐输送至拨料装置，拨料滚筒能够调节浅筐装料量并将发酵料拨匀，继续输送至压实机构，将浅筐内的发酵料压实后，经码筐装置码筐；最后叉车将成垛浅筐转运到菇房内进行发菌，完成发酵料装筐工序，发完菌后需进行覆土才能出菇。

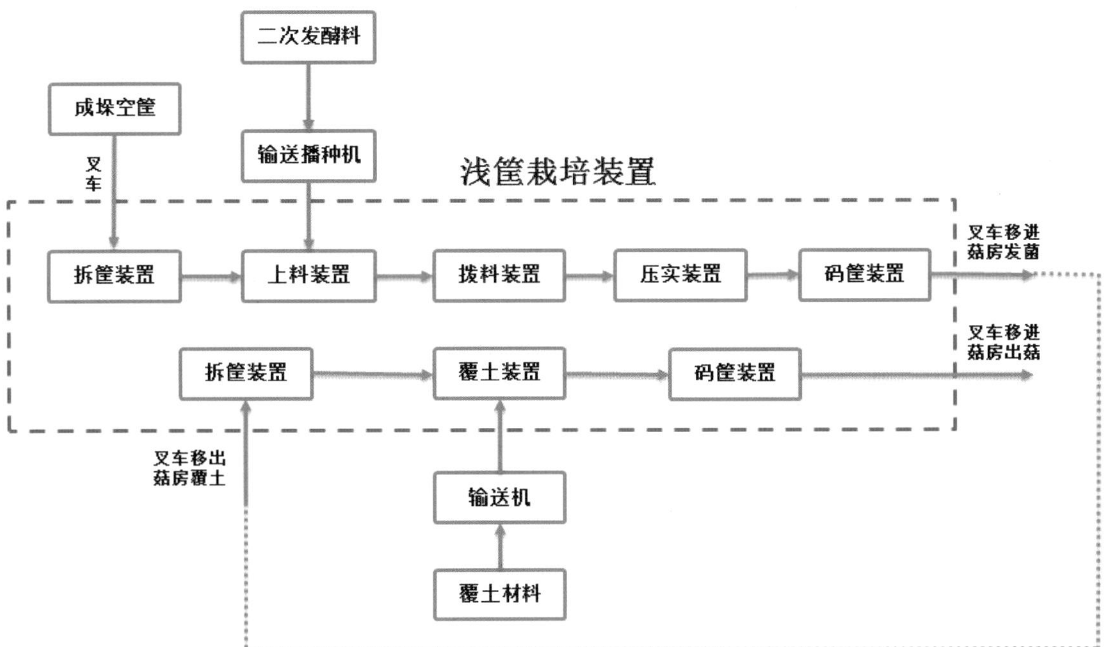

图3-5　浅筐立体栽培作业工序

发酵料覆土时，上料装置、拨料装置、压实装置等模块暂停工作，输送机移至覆土装置上方。其工序为用叉车将发满菌丝的浅筐放置在拆筐装置；升降架可自动感应将浅筐放落在链条输送机构上，输送机将覆土材料传输到甩盘机构内，通过甩盘对发菌后的浅筐进行覆土，并调节覆土材料的厚度，经码筐装置码筐；最后叉车将成垛浅筐转运到菇房内进行出菇。该生产装备采用感应式接近开关检测浅筐是否到位，经由PLC控制系统给出信号指令，执行机构分为步进电机和液压系统，进而完成不同工序的动作，控制流程如图3-6所示，为了便于试验设计手动模式和自动模式，通过转换开关来切换，浅筐自动作业模式可自动完成空筐进给、上料播种、拨匀、压实、覆土及码筐等工序。

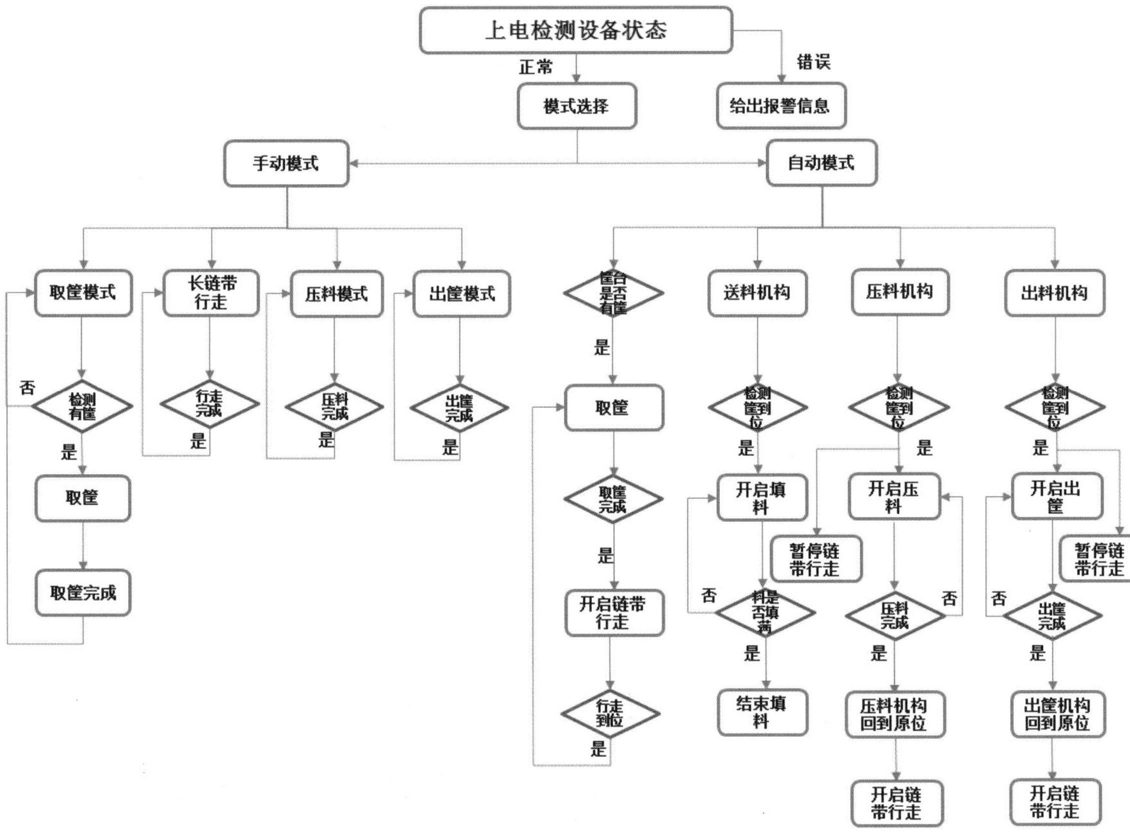

图3-6　控制流程

在浅箱栽培出菇生产性试验的基础上，结合生产实际，重点对浅箱筐式栽培生产线中的自动码垛、精准移位、定量均匀上料、均布装箱、压实与自动播种装置等整套生产线在泗阳县春园种植专业合作社内进行了应用，如图3-7至图3-11所示。

图3-7　上料系统上料生产

图3-8　浅筐装料（一）

图3-9　浅筐装料（二）

图3-10　浅筐在菇房内进行出菇

图3-11　双孢蘑菇出菇

对双孢蘑菇浅筐生产装备性能分析，以该装备各工序生产效率、产量为试验目标，对浅筐拆筐、码筐、输送、上料、培养料压实等工序配合及对其生产效率进行评价，性能测试表明，设计双孢蘑菇浅筐成套生产装备运行可靠、稳定，压实效果满足双孢蘑菇生产需求，每筐（浅筐）完成所有工序和转运时间为6min；从出菇试验结果看出，相同条件下，浅筐生产装备产量与现有工厂化生产模式无显著差异，培养料经压实后，出菇产量最多增加3.8kg/m^2，同时单位质量培养料出菇质量增加了0.009kg，相比于工厂化，双孢蘑菇浅筐生产模式一次性投资更低，更适合专业合作社或小型工厂化生产。

成果四　姬松茸工厂化栽培技术研究与示范

一、姬松茸工厂化栽培技术研究

以水稻秸秆为主要原料，分别添加甘蔗渣、五节芒进行配方改良，采用不同的碳氮比配方及不同的有机氮肥如牛粪、鸡粪、猪粪等作为氮源，研究不同碳源、氮源对水稻秸秆发酵升温、腐熟快慢及培养料物理性状的影响，筛选出高效栽培配方。研究表明甘蔗渣替代部分水稻秸秆，会显著提高培养料的发酵温度，而五节芒替代部分水稻秸秆则会降低培养料的发酵温度。姬松茸工厂化栽培的适合堆料配方为水稻秸秆：甘蔗渣：牛粪比为3 ： 3 ：4，碳氮比控制在25 ： 1至30 ： 1之间，培养料含氮量控制在1.6%。隧道式一次发酵的翻堆次数控制在2次，堆料发酵的时间为10d，通风量应控制在20 ～ 30m^3/h，隧道一次发酵技术工艺比常规室外堆料的时间会缩短3d，平均单场达到10.5 kg/m^2，比常规栽培提高50%以上，采收的子实体平均单粒重达22.1g。采用泥炭土与红壤土1 ：1混合制备覆土材料，应用搅拌机进行混合时，搅拌的时间应控制在6 ～ 10min，制备的覆土能够成型，颗粒大小分布均匀，大部分为1 ～ 2cm，覆土后有利于菌丝的生长。搅拌均匀的覆土材料采用蒸汽巴氏消毒，维持60℃高温的时间要达到8 ～ 10h，可以有效地控制病虫害的发生，产量比较稳定。姬松茸菌丝体扭结成子实体会受到降温、喷水及通风量的影响。当菌丝长满覆土层后，快速降低智能菇房中的温度和CO_2浓度，智能菇房中一天内的温差控制在3 ～ 4℃，降温当天需喷水3 ～ 5 kg/m^2，多次喷水对菌丝进行刺激，连续降温、降CO_2浓度2 ～ 3d，使得智能菇房温度为20 ～ 24℃，CO_2浓度为2 000mL/m^{3}以下，子实体扭结的密度也得到了提高，前四潮产量可达到总产量的90%以上，工厂化栽培周期比农法栽培周期缩短25 ～ 30d，单位面积产量提高50%以上。

工厂化栽培过程中培养料制备采用隧道式发酵技术，出菇过程中应用60目防虫网、黄色粘虫板及覆土材料蒸汽消毒等物理防控技术，可以达到应用农药防治病虫害的防控效果，减少农药使用量100%，产品经检测无农药残留，质量达到无公害农产品要求。

项目研究筛选出适合姬松茸工厂化栽培的水稻秸秆与甘蔗渣混合制备堆料配方，建立了姬松茸集中隧道式发酵示范生产线，研究形成双孢蘑菇培养料隧道发酵、覆土及工厂化栽培管理等技术工艺，解决了利用水稻秸秆进行姬松茸工厂化栽培中隧道发酵制备培养料的配方、堆制工艺及出菇管理控制等技术难题，为水稻秸秆栽培姬松茸进行工厂化栽培的产业升级提供技术支撑，已初步形成姬松茸工厂化栽培技术规程，并申请相关专利2项。

二、姬松茸工厂化栽培菌株的选育研究

1. 姬松茸基因组测序分析

通过运用Illumina HiSeq PE150和PacBioRSII测序平台测序分析，获得姬松茸菌株JA的基因组。采用SMRT Link v5.0.1软件PacBioRSII三代测序数据获得的Raw data进行过滤和组装。组装结果显示，姬松茸菌株JA 的基因组大小为38.7 Mb，拼接36个contigs，GC含量为49.59 %。姬松茸基因组大于双孢蘑菇（*Agaricus bisporus*）基因组（30.2 Mb）。采用Augustus（version 2.7）软件对姬松茸基因组蛋白编码基因进行预测，共预测获得10 119个蛋白编码基因，所有编码基因总序列长度达到15 513 776bp，基因平均长度为1 533 bp。可以从姬松茸同核体菌株基因长度分布（图4-1）中看出，姬松茸的基因长度大多在400 ~ 1 700 bp。

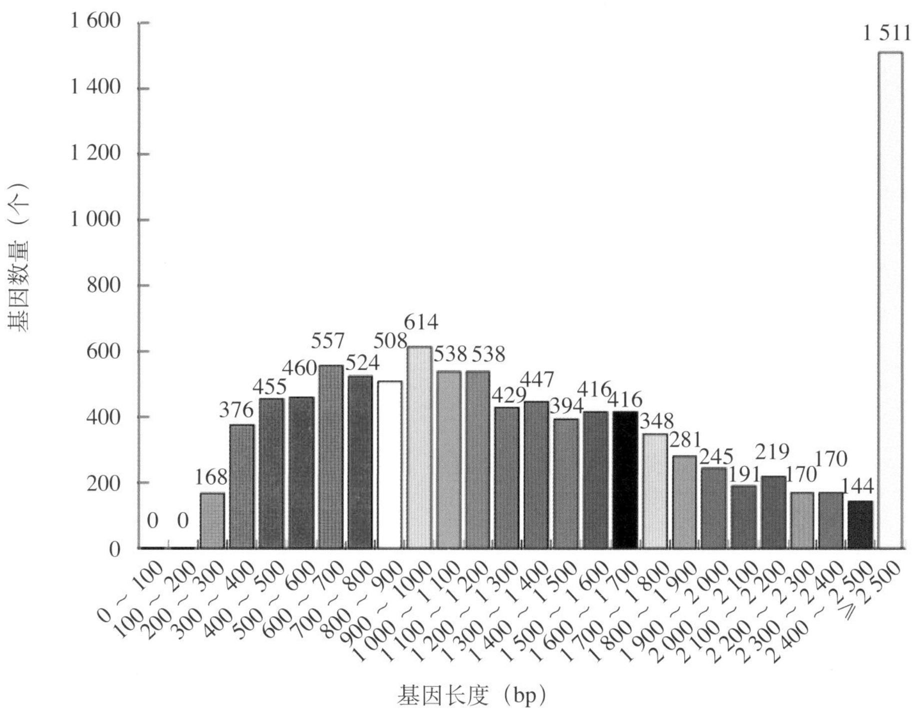

图4-1　基因长度分布

2. 姬松茸子实体不同发育阶段的转录组分析

对姬松茸子实体不同发育时期（原基期、采收期和开伞期）进行转录组测序，以课题组已获得的姬松茸菌株JA的不育单孢菌株JA-15036基因组为参考基因组，研究原基期、采收期及开伞期样本间的差异表达基因，并对差异表达基因进行了

GO功能和Pathway富集分析。GO功能分析结果显示，差异表达基因主要富集在跨膜转运、碳水化合物代谢途径和膜组分，它们协同调控为子实体生长发育提供稳定的内环境。KEGG富集分析结果表明，原基期上调的差异表达基因主要富集在核糖体蛋白和DNA复制的相关基因，表明原基期细胞代谢旺盛，其中核糖体蛋白基因上调为后期蛋白质合成提供重要场所；采收期和开伞期子实体时期差异表达基因主要富集在碳水化合物代谢、脂肪酸降解和氨基酸代谢等途径的相关基因，为姬松茸子实体的生长发育与成熟提供营养与能量。

3. 姬松茸杂交育种研究

研究发现姬松茸的孢子萌发率较低，通过菌丝体产生气体的刺激可大幅度提高孢子的萌发率。姬松茸菌丝具有锁状联合特征，姬松茸的单孢子分离物菌落形态变异较大，大部分为没有锁状联合的不育菌株，小部分单孢分离物的菌丝具有锁状联合特征，初步可以判断姬松茸的交配型为异宗配合。生长缓慢不具有锁状联合菌丝进行两两交配，其中有8%的杂交组合在菌丝交接处会产生锁状联合菌丝，菌丝的生长速度也恢复正常，不同杂交新菌株在菌落形态、生长速度、爬土能力、出菇扭结能力及出菇转潮速度等农艺性状方面存在明显的差别，部分菌株的农艺性状比亲本菌株有明显的提高。姬松茸不育同核体交配获得新菌株出菇结果表明，姬松茸野生分离驯化获得的栽培菌株为棕色（图4-2），通过自交及不同菌株杂交，获得的交配后代中均会有菌盖颜色为白色性状的菌株（图4-3），说明姬松茸菌盖表面为白色性状在传统分离的棕色菌株中已经存在，菌盖的白色性状相对于棕色性状是隐性基因，因此姬松茸菌盖白色性状并不是由棕色性状突变形成的。项目研究表明姬松茸可以通过不育菌株的配对杂交，快速地改良品种的特性，为筛选获得适合工厂化栽培的优良菌株提供育种途径。

图4-2　棕色菌株

图4-3　白色菌株

成果五　秸秆转化真菌资源利用

一、农业废弃物栽培杏鲍菇-杏鲍菇菌渣栽培草菇技术

农业废弃物（玉米芯、柠条、大豆秸秆、玉米秸秆、花生壳）为原料栽培杏鲍菇，含水量控制在65%左右（灭菌后），并充分拌匀；采用折径18cm聚丙烯塑料袋，每袋湿料1 300kg，采用高温高压灭菌（121℃，2h），冷却后按常规无菌操作方法接种。精准化配料（含水量65%）+菌棒培养温度（23℃）+后熟培养5 ~ 7 d+移入菇房适应性生长2d（温度18 ~ 22℃，水分70% ~ 80%，CO_2浓度500 ~ 1 000mL/m^3）+低温催蕾2 d（温度11 ~ 14℃、湿度90%左右，CO_2浓度1 000 ~ 2 000mL/m^3，光照强度1 000 lx、光照12 h / 黑暗12 h）+分段式环境调控出菇管理（10 ~ 13℃控制幼菇生长，13 ~ 17℃控制菇体生长，11 ~ 13℃控制菇质量，空气湿度90% ~ 95%，CO_2浓度5 000 ~ 10 000mL/m^3，无光照）+适时采收（当菌盖近平展，直径与菌柄直径基本一致时）。杏鲍菇采收后菌渣可直接栽培草菇，无需补充其他原料，同时，调整菌渣含水量在68.5%左右，采用喷淋方式为菌渣补充水分；不需要经过室外一次发酵，直接送入菇房进行二次发酵，草菇产量最高。

二、农业废弃物栽培白灵菇-白灵菇菌渣牛粪共发酵产沼气模式

采用白灵菇菌渣与牛粪共发酵产沼气模式，栽培白灵菇推荐两种适宜配方。

其中一个适宜栽培配方为：25%柠条木屑+40%棉籽壳+15%玉米芯+10%麸皮+5%玉米粉+5%辅料。白灵菇子实体采收后，菌渣可以和牛粪共发酵生产生物质能源沼气。每生产1t白灵菇可消耗1.65t柠条，相应的菌渣可产生314m^3沼气，减去生产成本（9 341元）和产气成本（157元），最终获得5 868.3元的经济效益。

另一个适宜栽培配方为：25%玉米芯+55%柠条+10%麸皮+5%玉米粉+5%辅料。白灵菇子实体采收后，菌渣可以和牛粪共发酵生产生物质能源沼气。每千克干物质（玉米芯）的利用，可产生561g新鲜白灵菇，由此获得的菌渣进行厌氧发酵可产生198.88 dm^3沼气，减去白灵菇生产成本（3.9元/ kg，干物质）和产气成本（0.5元/m^3），最终获得约4.13元的经济价值（图5-1）。

本项研究分别在2020年和2021年发表在*Bioresource Technology*和*Renewable Energy*上。

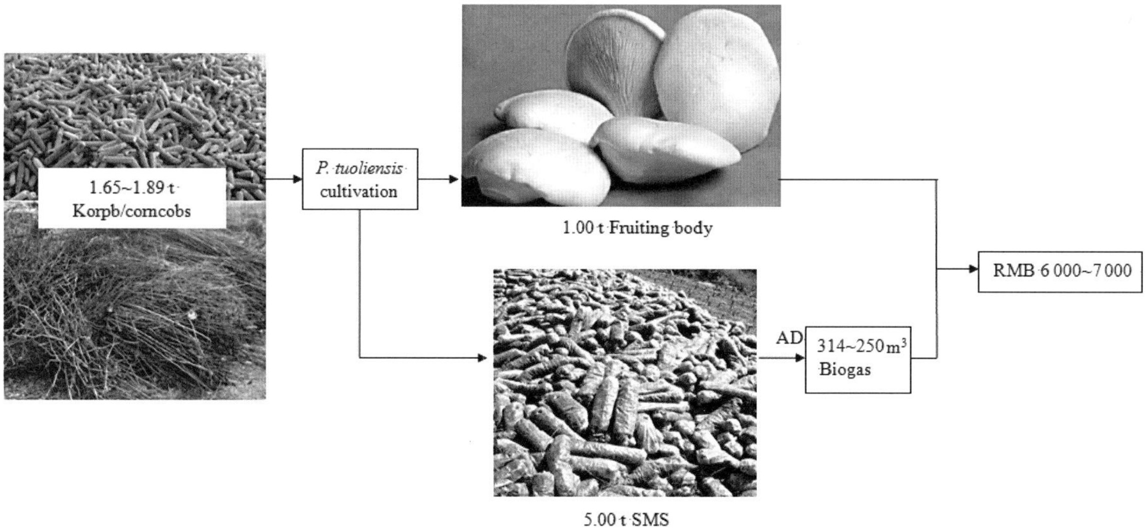

图5-1 玉米芯、柠木屑栽培白灵菇耦联产沼气经济效益分析

三、杏鲍菇对不同种类农林废弃物降解利用的机制

利用分泌蛋白组学技术研究杏鲍菇在不同栽培原料中分泌蛋白酶系的差异，探索参与木质纤维素降解的胞外酶系统，揭示杏鲍菇对木质纤维素的利用机制，为杏鲍菇和其他食用菌栽培生产开发新型基质，以及优化配方和高效利用农林废弃物奠定理论基础。

杏鲍菇具有极强的木质纤维素降解能力，可以以多种农林废弃物为栽培原料，但其对不同种类木质纤维素材料的利用具有选择性，通常以利用率高的木质纤维素材料（如木屑、甘蔗渣）为主要栽培原料，而以利用率较低的秸秆类农林废弃物为辅料。目前，大量研究主要集中在杏鲍菇栽培技术、降解酶漆酶活性、纯化及相关基因等方面，而关于杏鲍菇在不同栽培基质上的酶活性和降解酶系没有全面系统的研究。通过分泌蛋白组学技术，从降解酶系的角度揭示杏鲍菇如何响应不同农林废弃物这一关键问题，是基于利用农林废弃物作为新型杏鲍菇栽培基质研究的基础上的进一步深入与扩展。探索杏鲍菇对不同栽培基质的降解利用规律，初步揭示不同栽培基质下杏鲍菇降解酶系的差异性，为杏鲍菇培养基质的优化、生产效益的提升和农林废弃物的高效利用提供策略支持。

通过比较杏鲍菇菌丝在以葡萄糖、木屑、花生壳和甘蔗渣4种农林废弃物为基质发酵培养产生的分泌蛋白，分析了杏鲍菇木质纤维素降解酶的表达模式。共鉴定到2 302个肽段和699个蛋白，在葡萄糖、木屑、花生壳和甘蔗渣培养基中分别鉴定到450、598、540和582个蛋白。在699个蛋白中共鉴定到157个碳水化合物活性酶（Carbohydrate-Active enzymes，CAZy），占总蛋白的22.46%。在木屑基质中鉴定到CAZy蛋白最多为148个，在花生壳基质和甘蔗渣基质中分别鉴定到CAZy蛋白126个和131个，在葡萄糖基质中鉴定到CAZy蛋白数量最少为124个。胞外酶活性分析也验证了此结果。表明杏鲍菇能够分泌降解木质纤维素的完整的胞外酶系。如图5-2所示，在关键蛋白的研究中，发现漆酶的蛋白丰度与基质中木质素含量的趋势一致，且4种基质中均是漆酶A0A067NLM3（Laccase2）蛋白的丰度最大，验证了漆酶是降解木质素的关键酶（图5-2）。

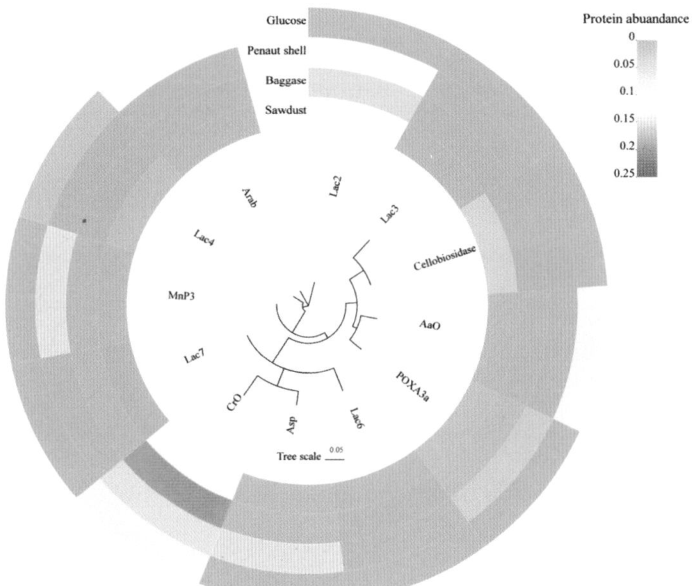

图5-2　杏鲍菇分泌蛋白组中10个漆酶的蛋白丰度

四、揭示了食用菌在不同种类农作物秸秆及副产物转化模式下碳、氮源利用及环境效应规律

农业废弃物栽培食用菌，减少碳排放。研究结果表明，以农业废弃物栽培杏鲍菇C的利用率为9.91%；菌渣中残留的C为71.66%。农业废弃物栽培白灵菇C的利用率为9.88%，基质中残留的C为67.39%；杏鲍菇菌渣栽培草菇C的利用率为4.82%。因此，农业废弃物栽培白灵菇和杏鲍菇的过程中，不仅可以快速高效利用农业废弃物中的C，将废弃物中C转化为供人们食用的优质蛋白质和碳水化合物，还能降低CO_2排放，减轻温室效应。

农业废弃物经过食用菌栽培利用后，栽培原料的粗蛋白含量提高1倍以上，含N量会显著增加。研究表明，农业废弃物栽培白灵菇后的菌渣N含量与原料相比增加20.4%；农业废弃物栽培白灵菇时，栽培基质发菌后N的含量增加24%，出菇后的菌渣中平均含N量为2.02%；杏鲍菇菌渣栽培草菇，基质中11.43%的N转移至草菇产品中，其余88.57%残留于菌渣。如果菌渣再经过二次栽培，则基质中N含量可进一步提高。

成果六　西南地区特色食用菌秸秆基质化利用技术

一、高效转化秸秆的食用菌菌株筛选

2015—2017年，研究人员对全国收集的113个平菇菌株进行不同秸秆类型适应性初筛和复筛试验。筛选得到高效利用四种秸秆基质的中低温型平菇菌株各1株：26号（适宜水稻秸秆栽培，图6-1）、98号（适宜玉米秸秆栽培）、92号（适宜油菜秸秆栽培）和110号（适宜小麦秸秆栽培）；高温型平菇菌株：102号、124号（适宜水稻秸秆栽培），120号、124号（适宜玉米秸秆栽培），78号（适宜油菜秸秆栽培）和127号（适宜小麦秸秆栽培）。对其中95个来源较为清晰的菌株进行了全基因组重测序，利用全基因组比较进行遗传进化分析。系统进化树显示，这95个菌株大体上可分为四个主要支系。对重测序的95个菌株进行了栽培试验，统计了菌株在小麦、水稻、玉米、油菜四种秸秆上的生物学转化效率，对子实体出菇整齐程度、紧实度、厚度、脆韧程度、色泽深浅等农艺性状进行了初步统计，通过全基因组关联分析得到了几个影响农艺性状的潜在SNP。发现了包括影响海藻糖代谢的基因位点与子实体脆韧度性状高度相关、影响氧化还原代谢的基因位点与子实体颜色深浅高度相关等一系列SNP位点。可为适宜高比例秸秆配方的平菇分子育种提供基因参考。

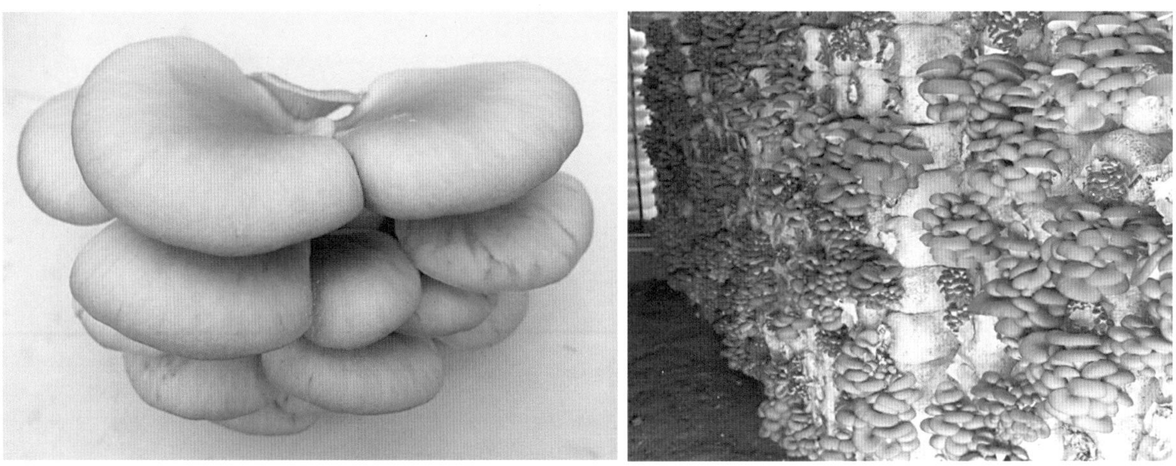

图6-1　水稻秸秆适宜性菌株26号子实体及示范出菇场景

二、羊肚菌对营养袋中秸秆等碳源营养利用的机制

羊肚菌虽已大规模栽培成功，但是人们对于外源营养袋为何能够促使羊肚菌从土壤中大量出菇，一直未能进行充分的科学阐释。课题组利用全基因组比较分析，对羊肚菌功能基因的种类和构成进行了解析。分别对人工栽培梯棱羊肚菌品种——

川羊肚菌1号，和一个来自法国的野生梯棱羊肚菌，完成了全基因组测序和基因对比分析（图6-2），发现羊肚菌带有信号肽的分泌型功能蛋白，如胞外降解酶等，氨基酸序列在两个菌株中相对保守，说明羊肚菌对基质营养进行分解利用的机制在同一物种不同菌株之间大体相同；而小分子的跨膜蛋白，如信号受体、表面抗原、小分子疏水蛋白等，氨基酸序列在两个菌株之间变异性较大，可能与不同菌株之间菌丝的亲和性有关。

通过比较基因组学分析揭示了羊肚菌相比其他常见食用菌种类，分解利用木质素的能力较弱（图6-2、图6-3）。

	Filtered gene model	Common gene	Strain-specific gene
gene counts	11971	9891	2080
	11600	9873	1727
genes with PFAM hit	6607 (55.19%)	6456 (65.27%)	151 (7.26%)
	6637 (57.22%)	6450 (65.33%)	187 (10.83%)
exons per gene	3.23	3.55	1.67
	3.38	3.61	2.07
introns per gene	2.23	2.55	0.67
	2.38	2.61	1.07
protein average length (amino acids)	398	449	155
	410	453	168
genes with predicted signal peptide	1359 (11.35%)	1174 (11.87%)	185 (8.89%)
	1318 (11.36%)	1130 (11.45%)	188 (10.89%)
genes of predicted transmembrane protein	2480 (20.72%)	1853 (18.73%)	627 (30.14%)
	2334 (20.12%)	1858 (18.82%)	476 (27.56%)

图6-2 川羊肚菌1号与野生梯棱羊肚菌全基因组比较信息

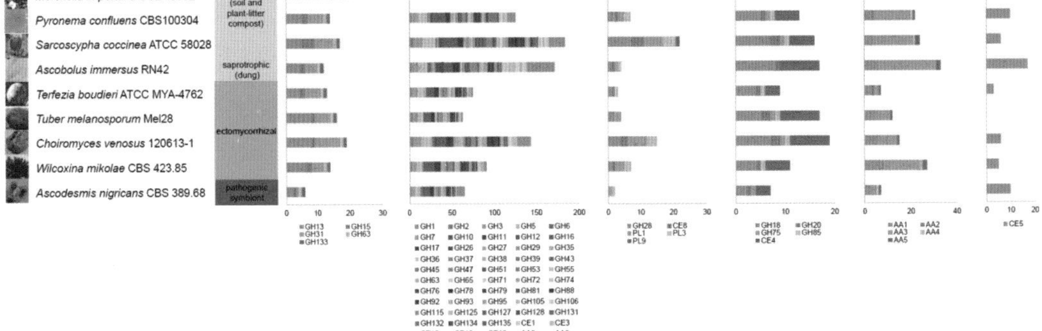

图6-3 两个梯棱羊肚菌菌株与盘菌类其他物种的全基因组比较

综合运用宏基因组、宏转录组、宏蛋白质组学等高通量生物信息学手段和酶学、基质化学组成测定等传统生化方法（图6-4），揭示羊肚菌通过γ-淀粉酶、纤维素酶等CAZy酶蛋白分解利用营养袋中以淀粉、纤维素等为主的碳水化合物营养（图6-5），向周围土壤输出有机碳营养促使出菇（图6-6）。

研究揭示了营养袋的主要作用是向土壤持续供应有机碳营养供羊肚菌出菇用；不仅不向土壤产生氮的净输出，还需要从土壤获取一些氮用于制造各种分解酶。营养袋在向土壤"吸氮、供碳"，在营养生理层面扮演了类似森林生态系统中林地表面枯枝败叶层的生态角色。通过模拟腐生型羊肚菌从野生环境中自然出菇的生态机制，实现了羊肚菌的人工栽培（图6-7）。

Targeted substrate	Protein id	CAZymes domain (N'→C')	Predicted function	Transcript RPKM day15	Transcript RPKM day45	Transcript RPKM day75	Protein relative abundance day15	Protein relative abundance day45	Protein relative abundance day75	Predicted signal peptide
starch	646258	GH13_1	α-amylase	270	636	149	23	123	183	●
	340337	CBM48-GH13_8	Branching enzyme	2007	1764	210	118	147	63	
	62383	GH13_25-GH133	Debranching enzyme	108	195	38	106	124	92	●
	609552	GH13_40	α-glucosidase	54	81	18	70	134	115	
	574952	CBM21-GH13_m42	α-amylase or exo-maltohexaohydrolase	292	580	97	17	84	227	●
	526999	GH15	γ-amylase	155	567	148	21	122	184	●
	526814	GH31	α-glucosidase or α-1,4-glucan lyase	1384	419	78	37	126	165	●
	528478	GH31		2301	579	126	96	139	91	
	585425	GH31		121	142	44	111	111	99	
	586758	GH31		711	174	61	34	129	163	●
cellulose, β-glucans and hemicellulose	617965	GH1	β-glucosidase	59	275	91	47	150	128	●
	590021	GH3	β-glucosidase or β-xylosidase	56	4	7	70	93	133	●
	628739	GH3		131	47	8	34	116	172	●
	577932	GH5_5	Endo-β-1,4-glucanase	25	38	39	42	118	157	●
	605343	GH5_7	Endo-β-1,4-mannanase	105	21	18	77	105	136	●
	664343	GH5_7		11	20	103	71	137	121	●
	533125	GH5_9	Exo-β-1,3-glucanase	415	149	55	30	139	160	
	586074	GH5_15	Endo-β-1,6-glucanase	61	24	6	56	109	149	●
	577943	GH5_22	Endo-β-1,4-glucanase or β-xylosidase	169	267	288	95	138	93	
	611132	GH5_22		64	94	175	67	113	147	
	583213	GH6	Cellobiohydrolase, hydrolyzing from non-reducing end	38	35	56	49	109	156	●
	582120	CBM1-GH6		9	101	105	16	106	206	●
	616339	GH7	Cellobiohydrolase, hydrolyzing from reducing end	35	53	235	24	137	165	●
	666717	GH7		7	288	103	14	131	183	●
	527079	GH10	Endo-β-1,4-xylanase	18	113	159	28	123	175	●
	567454	CBM1-GH10		42	113	98	37	111	168	●
	58996	GH17	Exo-β-1,3-glucanase	182	70	83	83	125	118	●
	583072	GH27	α-galactosidase	58	26	6	35	138	157	●
	583600	GH27		1161	251	65	33	119	188	●
	573903	GH35	β-galactosidase	49	24	14	42	115	164	●
	584478	GH38	α-mannosidase	42	82	133	59	115	148	
	543797	GH43	Endo-α-1,5-arabinanase, α-L-arabinofuranosidase or β-xylosidase	ND	ND	ND	52	125	147	●
	574853	GH43		28	29	22	67	99	142	●
	610409	GH43-CBM35		128	49	20	38	124	162	●
	609301	GH45	Endo-β-1,4-glucanase	7	102	82	29	117	179	●
	570217	GH47	α-1,2-mannosidase	35	104	39	44	101	175	●
	567859	GH55	Endo- or exo-β-1,3-glucanase	48	163	110	34	99	191	●
	627330	GH55		47	7	3	20	124	185	●
	587367	GH71	Endo-α-1,3-glucanase	480	322	129	45	138	147	●
	661191	GH74	Endo-β-1,4-glucanase, oligoxyloglucan reducing end-specific cellobiohydrolase or xyloglucanase	10	5	11	54	119	156	●
	581074	GH76	Endo-α-1,6-mannanase	470	95	33	86	136	104	●
	583265	GH93	α-L-arabinofuranosidase	27	17	74	27	114	166	●
pectins	581023	GH28	Polygalacturonase	62	27	3	71	122	131	
	527926	PL1_4	Pectin lyase	47	15	4	76	108	129	
	539857	PL3_2	Pectate lyase	215	134	68	20	118	169	●
	553571	PL3_2		692	304	30	152	101	83	●
	591363	PL3_2		269	275	105	67	124	136	●
chitins	632309	GH20	Exo-chitinase	71	27	36	24	123	177	●
	665006	CE4	Chitin deacetylase	32	50	30	53	143	126	●
	583602	CBM18-CE4		88	38	13	60	142	124	●
	605704	CBM18-CE4		1210	1457	233	37	143	153	●
	584995	CBM18-CBM18-CE4		542	234	36	45	131	151	●
lignin	571670	AA1_3	Laccase-like multicopper oxidase (with laccase activity)	89	36	40	59	117	145	●
lipids	568632	CE5	Cutinase or triacylglycerol lipase	291	222	156	32	122	172	●
	616921	CE5		5	361	752	35	109	181	●
	650463	CE5		4	484	459	21	117	191	●

Color coding of expression patterns

(> : significantly up-regulated defined by fold-change > 2 plus *p*-value < 0.05; < : significantly down-regulated defined by fold-change < 0.5 plus *p*-value < 0.05; ≈ : no significant up- or down- regulation)

day15 ≈ day45 ≈ day75
day15 < day45 ≈ day75
day15 ≈ day45 < day75
day15 < day 45 < day75
day15 ≈ day45, day45 ≈ day75, day15 < day75
day15 ≈ day45, day45 > day75, day15 ≈ day75
day15 ≈ day45, day45 ≈ day75, day15 > day75
day15 < day45, day45 > day75, day15 ≈ day75
day15 ≈ day45 > day75
day15 > day45 > day75
day15 > day45 ≈ day75
day15 > day45, day45 ≈ day75, day15 ≈ day75

图6-4 营养袋中宏转录组与宏蛋白质组随时间推移的变化

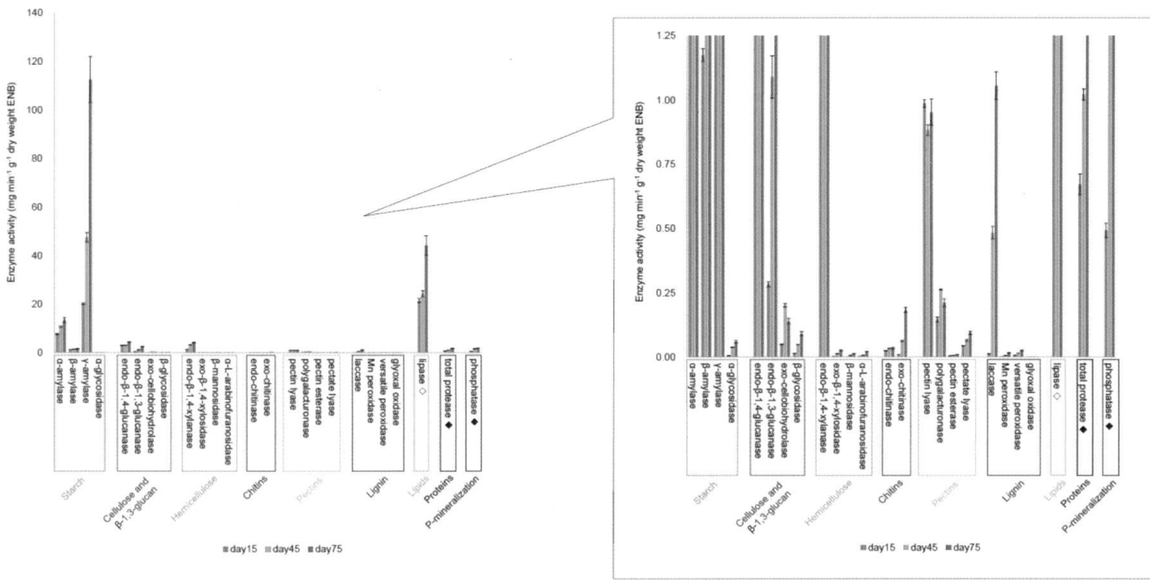

图6-5　营养袋基质中降解酶活性的变化

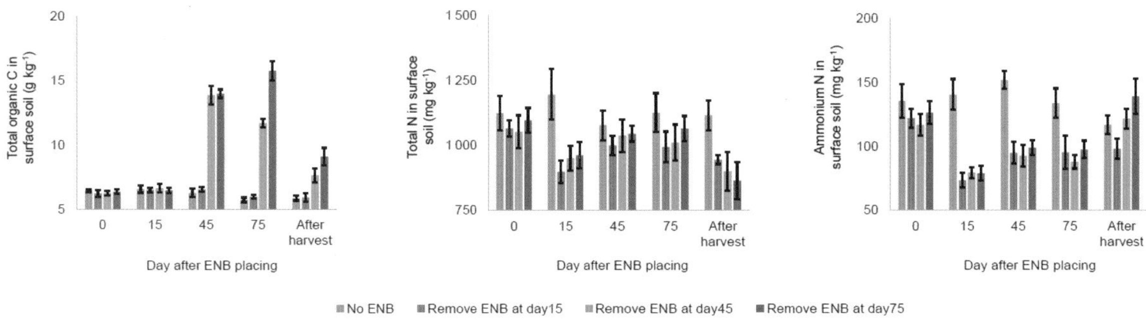

图6-6　营养袋对土壤表层碳氮含量的影响

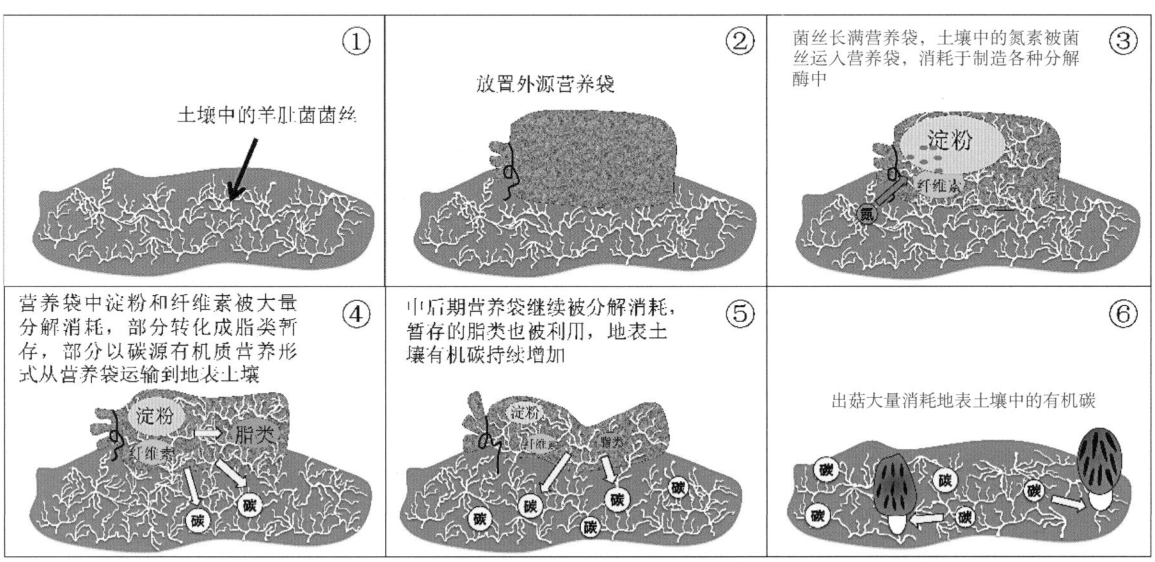

图6-7　羊肚菌利用营养袋中的麦粒与谷壳基质出菇的生理生态机制总结

本项研究工作发表在环境与应用微生物领域期刊*Environmental Microbiology* 2019年第10期，并被选为该期封面文章。得到国内、国际广泛关注，美国能源部JGI官方网站、美国食用菌行业报刊*The Mushroom Growers' Newsletter* 2019年第九期头版、国际科技新闻网站Science Spies等均对此进行了报道。通过对羊肚菌利用营养袋中秸秆等碳源营养的机制的解析，为本项目的执行提供了理论基础，为配方材料选取、比例优化、处理工艺等应用环节提供了科学原理支撑。

三、提升食用菌栽培效率的秸秆预处理技术与基质配方研究

1. 羊肚菌栽培基质秸秆预处理技术

项目组开展纯秸秆高温蒸煮、秸秆高温蒸煮并添加辅料、秸秆材料碱处理和发酵处理等预处理技术研究，并用获得的基质分别作为制作羊肚菌栽培种、营养袋、栽培袋和土壤添加基质的材料，开展秸秆种类筛选和配方优化等栽培试验，获得的基质可以制作羊肚菌栽培种、营养袋和栽培袋，并优化了各配方的成分比例。明确了适宜制作栽培种的材料为油菜秸秆和麦粒，适宜配方为油菜秸秆75份、麦粒25份、石灰1份。该配方获得了发明专利授权（ZL201910192245.1）。适宜制作营养袋的材料为谷壳和麦粒，适宜配方为谷壳75份、麦粒25份、石灰1份。从机理上阐明了该配方促进羊肚菌高产的原因是提供了较高的碳氮比，该项工作后续发表在食用菌行业知名期刊《食药用菌》2020年第2期，获得“施尔丰杯”《食药用菌》2020年度优秀论文评选活动二等奖。适宜制作栽培袋的材料为玉米秸秆和麦粒，适宜配方为玉米秸秆80份、麦粒18份、石灰1份、石膏1份。适宜制作土壤添加基质的材料为秸秆与禽畜粪便为主的复配配方（秸秆15份、鸡粪15份、菜籽饼0.5份、尿素0.15份、过磷酸钙0.25份、石灰0.3份、石膏 0.2份、硫酸镁0.05份、硫酸钾0.05份）进行发酵，并研究和优化了相关过程的工艺。后续关于该土壤添加基质促进羊肚菌高产的生理生态机制研究发表在*Frontiers in Microbiology*（图6-8）。

2. 平菇栽培基质秸秆预处理技术

如图6-9、图6-10所示，针对高秸秆比例栽培平菇装袋量小、效益低、生产成本变相提高的问题，项目组分别开展了传统熟料栽培基质秸秆预处理技术研究和生料栽培基质秸秆预处理研究，形成了两套秸秆预处理技术。传统熟料栽培平菇，秸秆的颗粒性对平菇栽培生产影响较大。试验表明：①减小秸秆颗粒度能显著增加单袋装料重，提高产量。②四种秸秆栽培平菇适宜颗粒度分别为：水稻秸秆≤20mm粉或≤30mm节；玉米秸秆≤30mm节；油菜秸秆≤20mm粉；小麦秸秆≤20mm粉。

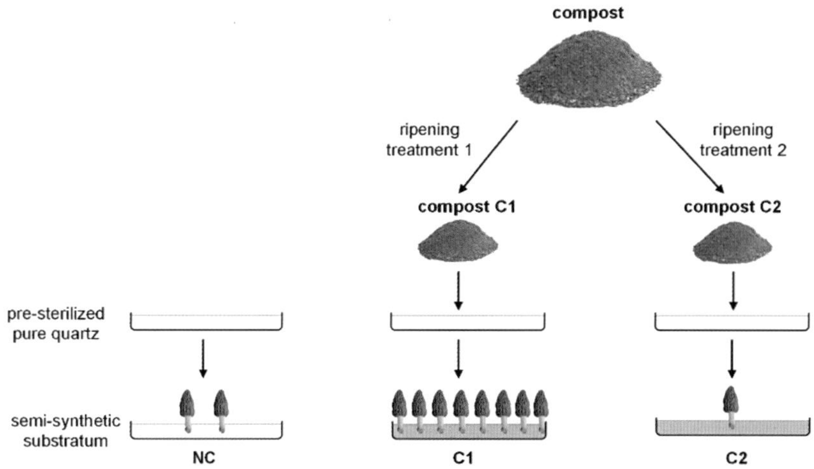

（a）主要研究结果示意图（一）

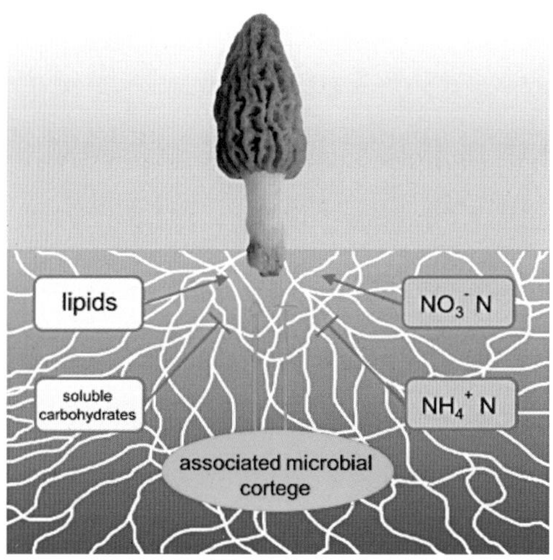

（b）主要研究结果示意图（二）

图6-8　不同熟化工艺的秸秆发酵羊肚菌土壤添加基质对羊肚菌产量的影响试验及研究结果示意图

图6-9　不同预处理的四种秸秆栽培平菇试验现场

图6-10　碱液预处理小麦秸秆栽培平菇试验现场

成果七　利用水稻秸秆作为主要基质进行双孢蘑菇工厂化生产技术研究和示范应用

项目从原材料理化特性、培养料发酵和栽培过程中基质木质纤维素降解规律及相关微生物、酶活性变化规律着手，研究水稻秸秆替代小麦秸秆栽培双孢蘑菇的理论基础。研究发现，与小麦秸秆相比，水稻秸秆外表面粗糙，存在许多颗粒状的蜡质及硅颗粒突起，如图7-1所示。由于蜡质层薄而表面积大，水稻秸秆吸水速率和吸水量显著高于小麦秸秆，同时水稻秸秆内外表皮间的机械组织与气腔交互排列，没有足够的机械支撑，这些特性导致了水稻秸秆在发酵过程中在高温和微生物的作用下快速腐熟。受物理结构的影响，水稻秸秆的通气孔隙度较低，为23.1%（小麦秸秆为34.7%），通气性差，容易板结，影响培养料中微生物和蘑菇菌丝的呼吸作用及胞外木质纤维素酶对秸秆的降解活性。栽培过程中，水稻秸秆的纤维素、木质素降解率分别为54.2%、54.4%，显著低于小麦秸秆的木质纤维素降解率（分别为73.3%和67.8%），从而影响了水稻秸秆生产双孢蘑菇的产量和质量。

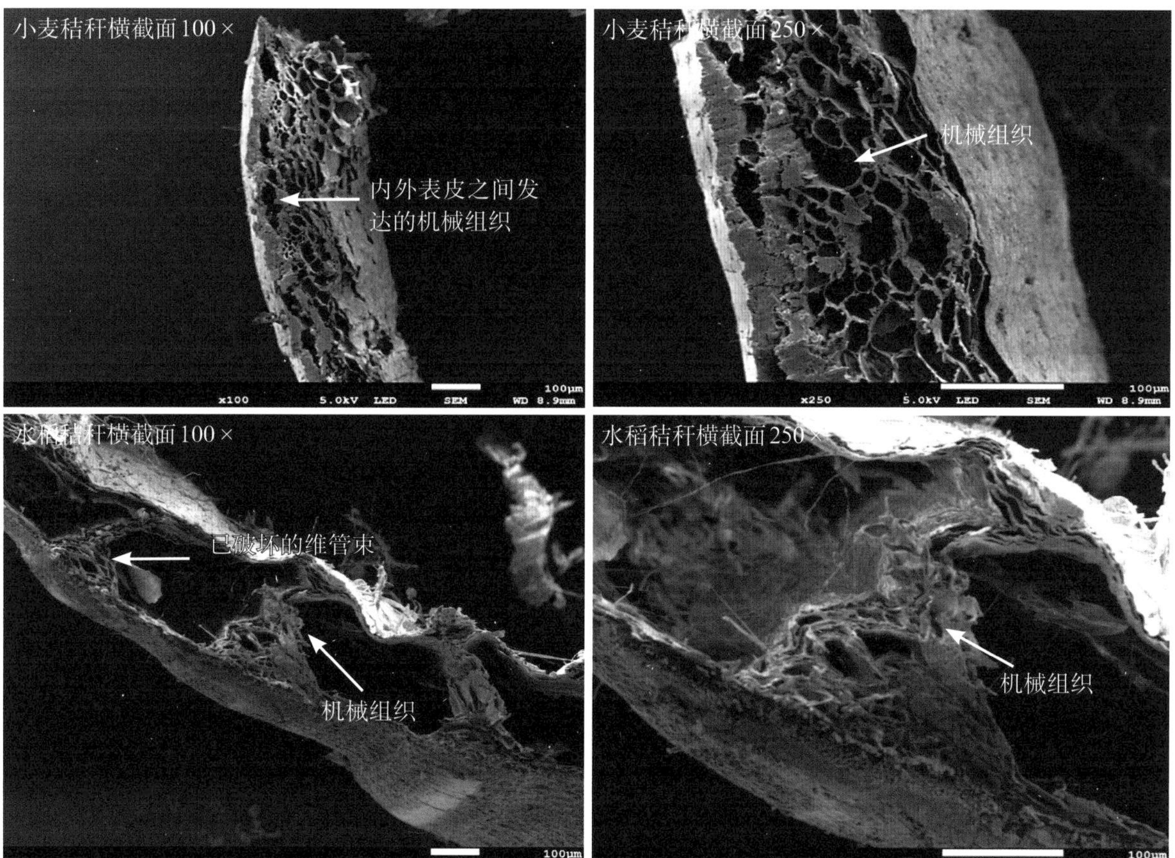

图7-1　水稻秸秆、小麦秸秆表面扫描电镜图

通过对双孢蘑菇培养料隧道式发酵过程中的胞外降解酶活性变化研究，揭示了各降解酶的酶活力呈现不同的变化规律。纤维素降解酶系中的三种酶在不同发酵阶段起作用，Cx酶活力在二次转仓时达到峰值，而C_1酶与BG酶的酶活力分别在二次料与一次料中最高。半纤维素降解酶中的木聚糖酶呈先上升后下降的变化趋势，在二次转仓时酶活性最高，而木糖苷酶的活力一直较低。木质素降解酶（Lac、MnP与LiP）的变化趋势一致，均呈先上升后下降，再上升然后再下降的变化趋势，在二次转仓时各酶活力达到峰值。蛋白酶活力在一次转仓时最高，此后开始下降，而在二次料中再次升高。淀粉酶活力仅在培养料开始发酵的时期较高，此后的酶活力则一直较低。在培养料发酵过程中，木质素在一次转仓时降解最快，纤维素、半纤维素在二次转仓时降解最快，这与相应的降解酶活性的峰值出现时间基本一致。

如图7-2所示，基于水稻、小麦秸秆工厂化栽培双孢蘑菇的理化性质动态变化分析，研究了60%水稻秸秆配方和100%小麦秸秆配方的双孢蘑菇发菌料在工厂化栽培双孢蘑菇过程中的碳、氮含量，C/N等理化性质及木质纤维素含量等的变化情况，揭示了不同培养料配方栽培双孢蘑菇产量差异的原因。60%水稻秸秆配方与100%小麦秸秆配方栽培双孢蘑菇三潮菇总产量分别为25.4 kg/m^2与28.3 kg/m^2，主要的产量差距在于二、三潮菇的产量。理化特性研究结果表明，60%水稻秸秆配方栽培双孢蘑菇过程中的电导率低于100%小麦秸秆，二潮菇后培养料中的碳、氮含量均开始上升，表明与100%小麦秸秆配方相比，60%水稻秸秆配方培养料中碳源、氮源在二潮菇后的利用减少。更具体的分析表明，相对于100%小麦秸秆配方

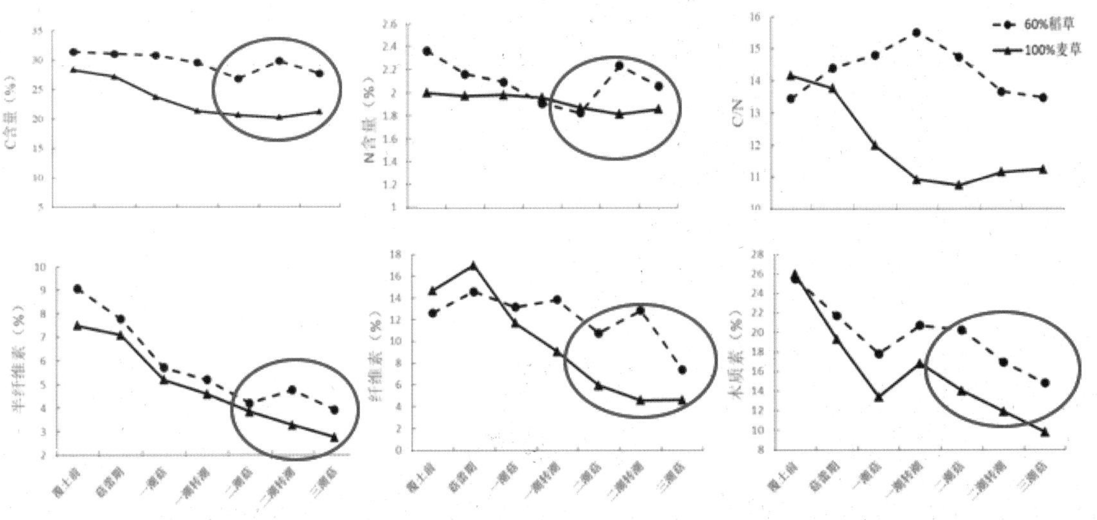

图7-2　60%水稻秸秆和100%小麦秸秆双孢蘑菇栽培过程中培养料理化特性比较

而言，60%水稻秸秆配方降低了发菌料中纤维素与木质素的降解利用率，又因为木质素与培养料中的有机氮形成一层非定形的复合体，木质素的降解受到抑制，同时也影响了双孢蘑菇菌丝对氮源的利用。此外，水稻秸秆的结构不利于培养料通气，随着双孢蘑菇子实体的生长发育，培养料的通气性逐渐下降，抑制了相关胞外降解酶的分泌，降低了对木质素、纤维素及氮源的降解利用，从而导致了60%水稻秸秆配方在二、三潮菇的产量下降。

基于以上研究，课题组在利用水稻秸秆进行双孢蘑菇工厂化栽培过程中，采取特定措施来提高水稻秸秆培养料的木质素降解或改善培养料的物理结构，科学设计制定了培养料配方、原材料预处理方法、发酵技术工艺操作规程，使60%和80%水稻秸秆配方产量接近100%小麦秸秆的单产，取得了较好效果（图7-3）。

秸秆资源的综合利用是我国农业可持续发展的一个重要领域，也是目前我国现实生产中一个亟待解决的问题，本成果完全符合国家生态循环农业的导向，满足了双孢蘑菇产业提升和农民增收的需求。研究成果在上海、浙江嘉善、福建武平、江苏盐城等地推广取得良好效果，对促进双孢蘑菇产业的发展具有重要意义。

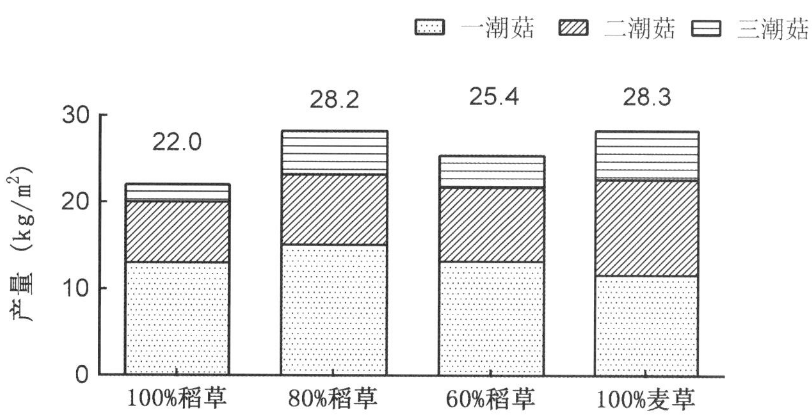

图7-3　不同配方的水稻秸秆基质栽培双孢蘑菇的产量

成果八　秸秆生物炭基质化利用

一、施用生物炭对小麦、水稻产量的影响

如表8-1、表8-2所示，与对照相比，麦季施用2.4 t/hm^2，6 t/hm^{2}和12 t/hm^{2}生物炭对前4季（2季小麦，2季水稻，2014年11月—2016年11月）小麦和水稻都没有显著影响，但到2016年11月—2017年6月麦季，2017年11月—2018年6月麦季，施用6 t/hm^{2}和12 t/hm^{2}生物炭，小麦产量显著增加，而施用2.4 t/ hm^{2}没有显著影响。3年连续生物炭施用（累积剂量达7.2 ~ 36 t/hm^2）对水稻产量没有显著影响。一次生物炭施用48 t/hm^{2}后，2017年11月—2018年6月季小麦产量显著提高，但对2017年6月—2017年11月水稻产量都没有显著影响。

表8-1　麦季施用生物炭对小麦产量的影响（t/hm^2）

	对照	秸秆6t/hm^2	生物炭2.4t/hm^2	生物炭6t/hm^2	生物炭12t/hm^2
2014—2015年	4.55a*	4.61a	4.94a	4.84a	5.33a
2015—2016年	5.48ab	5.60ab	5.36ab	5.25b	5.90ab
2016—2017年	4.81c	5.02abc	5.03abc	5.56ab	5.74a
2017—2018年	5.67b	5.64b	6.52ab	7.03a	6.89a

*同一栏中数字后面含相同字母代表统计不显著（$P<0.05$）。

表8-2　麦季施用生物炭对水稻产量的影响（t/hm^2）

	对照	秸秆6t/hm^2	生物炭2.4t/hm^2	生物炭6t/hm^2	生物炭12t/hm^2
2015年	7.24ab	7.29abc	7.54ab	7.88a	7.16abc
2016年	7.79ab	7.60b	7.60b	7.78ab	7.64b
2017年	7.88ab	8.16a	7.96ab	7.25abc	7.31abc
2018年	7.25cdef	7.95bc	7.08def	7.02ef	6.75f

*同一栏中数字后面含相同字母代表统计不显著（$P<0.05$）。

二、生物炭氮生物有效性及生物炭对氮肥利用率的影响

如表8-3所示，^{15}N标记生物炭施用后砂姜黑土和红壤^{15}N丰度显著高于其他处理。生物炭与^{15}N肥料配合使用与^{15}N肥料单独使用相比，土壤^{15}N丰度没有显著变

化。与对照相比，在砂姜黑土上 ^{15}N 标记生物炭和 ^{15}N 标记小麦秸秆显著提高了水稻植株 ^{15}N 丰度；在红壤上 ^{15}N 标记小麦秸秆显著提高了水稻植株 ^{15}N 丰度，而 ^{15}N 标记生物炭没有显著提高水稻植株 ^{15}N 丰度。与 ^{15}N 标记肥料单独使用相比，生物炭与 ^{15}N 标记肥料配合使用显著增加了砂浆黑土水稻植株 ^{15}N 丰度，而对红壤水稻植株 ^{15}N 丰度没有显著影响。

表8-3　生物炭施用对下位砂姜土和红壤 ^{15}N 丰度、氮肥利用率和生物炭中氮的生物有效性的影响（%）

土壤类型	参数	CK	WBC	^{15}N–WBC	^{15}N–WS	^{15}N–N	^{15}N–N+WBC
下位砂姜土	土壤 ^{15}N	0.372a*	0.370a	0.688c	0.385b	0.449d	0.461d
	植株 ^{15}N	0.380a	0.400ab	0.442b	0.476b	1.761c	1.849d
	生物炭氮利用率或氮肥利用率			1.5a	33.53b	41.74c	33.77d
	土壤氮残留率			111.5a	60.49b	21.69c	23.87c
红壤	土壤 ^{15}N	0.381a	0.381a	1.311b	0.413c	0.553d	0.587d
	植株 ^{15}N	0.393a	0.457ac	0.478ad	0.642bcd	2.78e	2.642e
	生物炭氮利用率或氮肥利用率			0.67a	23.35b	24.32b	18.75b
	土壤氮残留率			99.98a	52.42b	16.05c	19.84c

*同一栏中数字后面含相同字母代表统计不显著（$P<0.05$）。

三、木屑炭和鸡粪炭对湿地松生长和氮肥利用率的影响

经过一年试验后，添加鸡粪（CM）、鸡粪炭（CMB）和鸡粪炭加肥料（CMBN）处理，湿地松地上部分生物量显著高于对照（CK）（$P<0.001$）。而木屑（SD）、木屑炭（SDB）、单施肥（N）和木屑炭加肥料（SDBN）处理湿地松地上部分生物量则与对照（CK）无显著差异（$P>0.05$）。另外，与对照（CK）相比，只有SD处理能使湿地松枯枝落叶生物量（$P=0.016$）显著提高，而其他处理间枯枝落叶生物量则无显著差异。与对照相比，添加生物炭处理（SDB和CMB），湿地松地上部分N含量显著降低，可是，生物炭加肥料处理（SDBN和CMBN）与对照相比，湿地松地上部分N含量无显著差异。在所有添加鸡粪炭处理中（CMB和

CMBN)，湿地松N吸收量显著高于所有添加木屑炭处理（SDB和SDBN）。在施肥处理中，SDBN和CMBN处理湿地松N吸收量分别显著高于SDB和CMB处理，如图8-1所示。

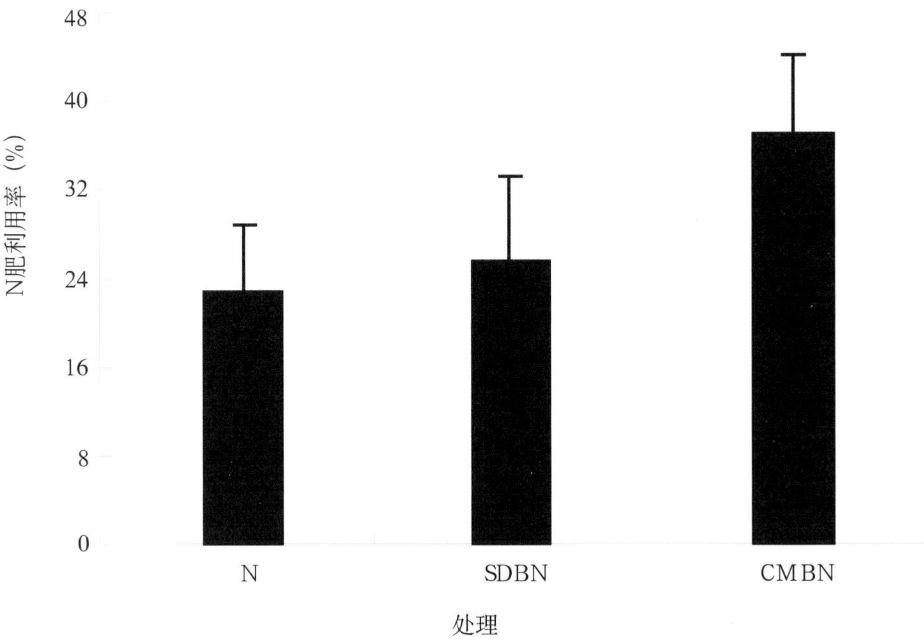

图8-1　SDB和CMB对氮肥利用率的影响

四、施用生物炭对作物产量和氮素去向的影响

当土壤pH为3 ～ 5时，施用生物炭增加作物氮吸收和NH_3挥发的比例远远大于其他pH的土壤，减少N_2O排放的比例大于其他土壤，对pH>7.5土壤N淋溶的减少比例大于其他土壤。当土壤为黏土时，施用生物炭增加土壤NH_3挥发的比例大于其他质地的土壤；当土壤为壤土时，施用生物炭对土壤N_2O排放减少的比例大于其他土壤；随着土壤质地由砂、粉、壤到黏壤，生物炭的施用使氮淋溶比例的减少程度逐渐增大。土壤有机碳越低，生物炭的施用使NH_3挥发增加的比例越大，当土壤有机碳含量大于10g/kg时，生物炭的施用有降低NH_3挥发的作用。当土壤有机碳为0 ～ 5g/kg时，生物炭的施用对土壤N_2O排放减少的比例小于其他土壤，如图8-2所示。

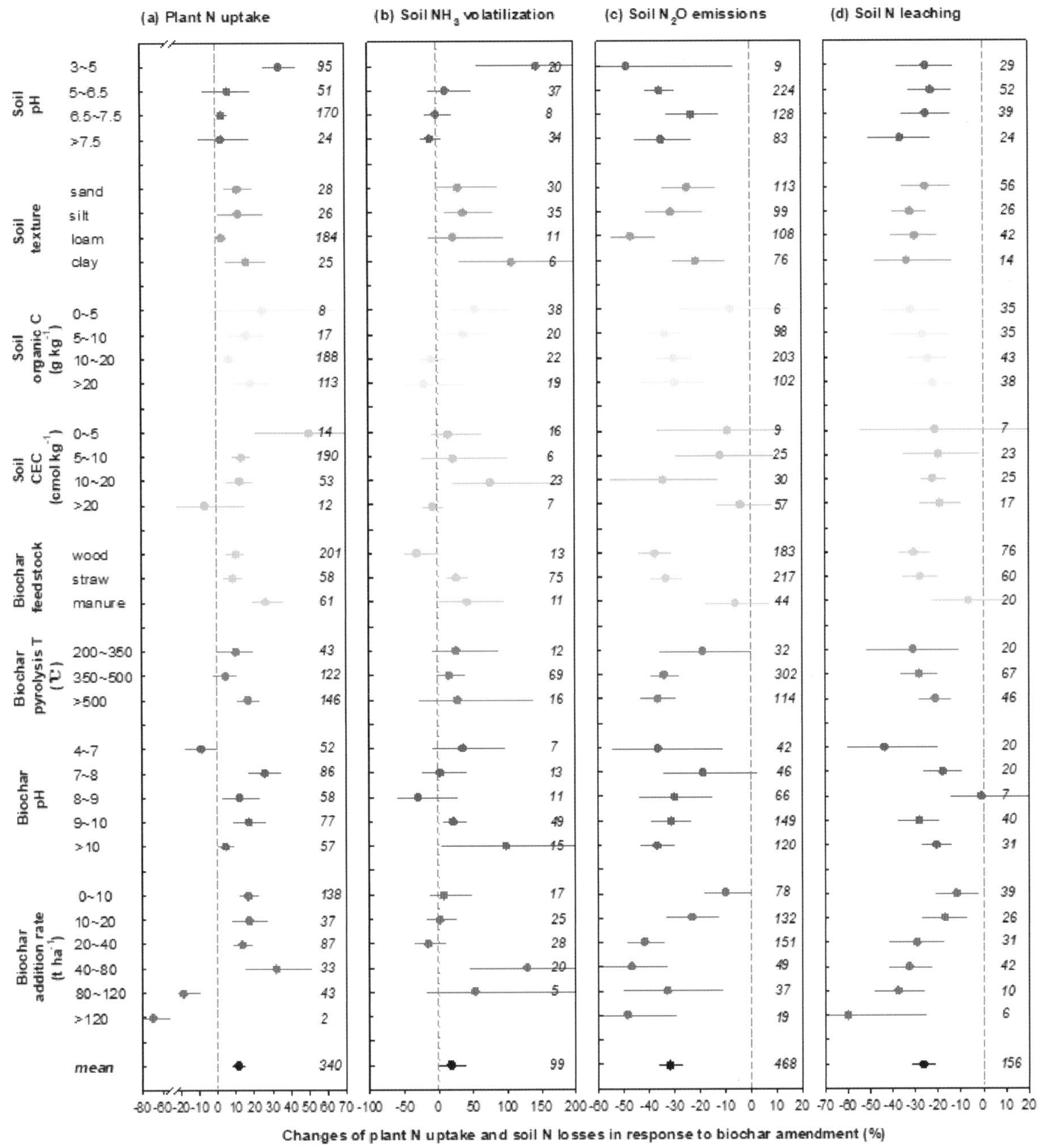

图8-2　生物炭施用后对作物氮吸收、土壤NH_3挥发、土壤N_2O排放和土壤N淋溶的影响

五、不同生物炭添加策略对不同气候带下农田作物产量和土壤氮损失的影响

如图8-3所示，生物炭对温带地区N_2O的减排潜力最大，为（0.10 ~ 0.51）Tg N yr^{-1}，高于热带［(0.05 ~ 0.26) Tg N yr^{-1}］和亚热带地区［(0.08 ~ 0.41) Tg N yr^{-1}］。生物炭对温带地区氮淋溶的减排潜力最大，为（1.2 ~ 4.9）Tg N yr^{-1}，高于热带［(0.6 ~ 3.1) Tg N yr^{-1}］和亚热带地区［(1.1 ~ 4.1) Tg N yr^{-1}］。

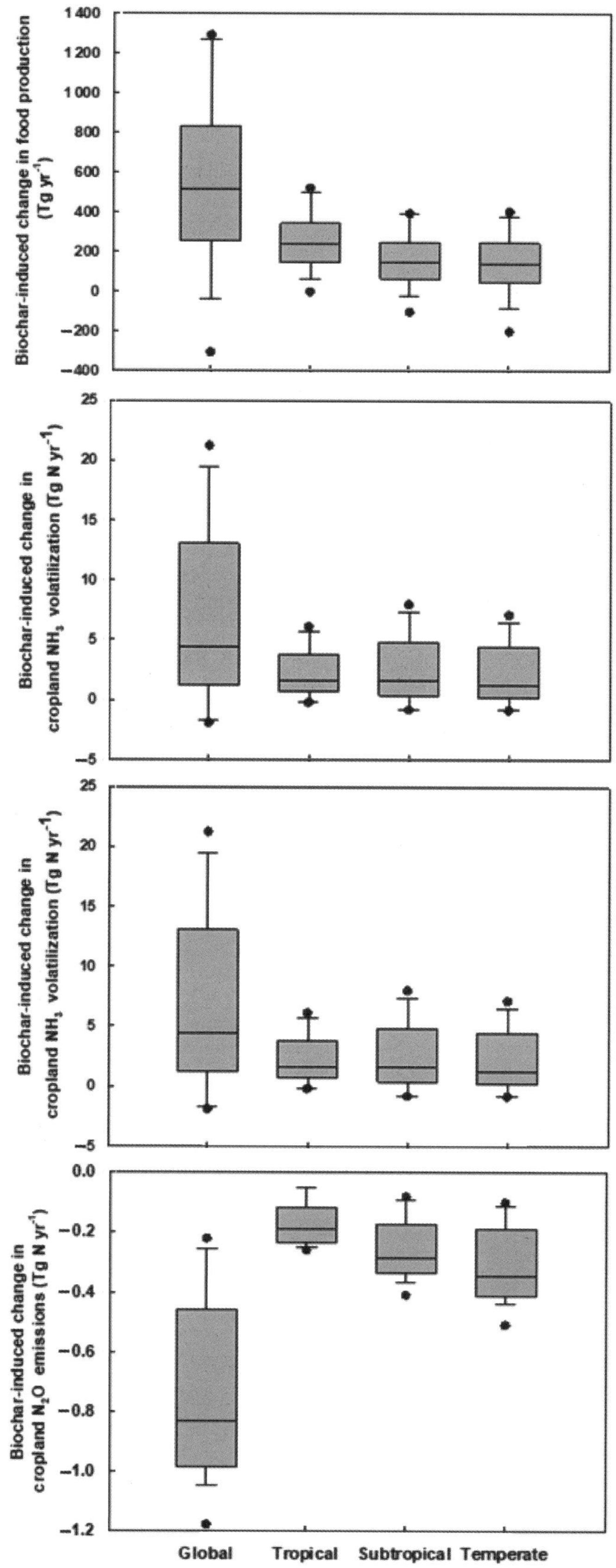

图8-3　生物炭对全球农田作物生产及氮排放的改变量

对于土壤氨挥发，不同的生物炭添加策略会带来不同的正负效应，既能最大程度地减少氨挥发（1.9 Tg N yr^{-1}），也会增加高达21.2 Tg N yr^{-1}的氨挥发损失。对于全球农田作物产量，不同生物炭添加方案（除了对所有地区一次性添加高于80t/hm^2的木材或秸秆生物炭的方案，因为该方案会造成很多区域作物减产）的增加量为（328 ~ 1 293）Tg yr^{-1}，相当于全球农田作物产量的7% ~ 26 %。其中，生物炭对热带地区的增产潜力最大，为（169 ~ 522）Tg yr^{-1}，高于亚热带［(88 ~ 395）Tg yr^{-1}］和温带地区［(71 ~ 403）Tg yr^{-1}］的增产量。然而，值得注意的是，超过10t/ hm^2的畜禽粪便生物炭的添加方案尽管能带来较大的增产效果，但同时也会带来较大的土壤氨挥发损失风险。在保证作物不减产的前提下，在全球农田范围内一次性添加低于80 t / hm^2的木材生物炭或低于40t/ hm^2的秸秆生物炭能有效减少土壤总氮损失［(1.7 ~ 10.3) Tg N yr^{-1}］，相当于全球农田总氮损失的3% ~ 15%。其中，生物炭对温带地区总氮损失的减排潜力最大，为1.3 ~ 4.3Tg N yr^{-1}，高于亚热带［(0.4 ~ 3.7) Tg N yr^{-1}］和热带地区［(0.03 ~ 2.3) Tg N yr^{-1}］的减排量。然而，在全球农田范围内，当一次性添加超过40 t/ hm^2的秸秆生物炭或超过10 t / hm^2的畜禽粪便生物炭则会增加土壤氮损失［(1.6 ~ 13.8) Tg N yr^{-1}］，这主要是氨挥发的增加所导致的。

六、生物炭添加量和种类对波斯菊生长的影响

如表8-4所示，生物炭替代泥炭后，波斯菊的生长好于传统的泥炭花卉基质。当基质配方为20份生物炭、20份泥炭时，生物量达到最大。当稻秆、豆秆、麦秆、玉米秆制成的生物炭添加比例（按体积算）小于20%时，生物炭对波斯菊的生长没有不良影响；且当添加比例为20%时，对波斯菊的生长有显著促进作用；但当添加比例达40%时，对波斯菊生长有抑制作用。老化玉米生物炭试验结果表明，生物炭老化对波斯菊生长的影响不大。

表8-4　生物炭体积比变化对波斯菊生物量（干重）的影响（g／盆）

生物炭体积比	豆秆炭	稻秆炭	麦秸炭	玉米秆炭	老化玉米炭
0	1.55 ± 0.05	1.56 ± 0.05	1.56 ± 0.05	1.56 ± 0.05	1.56 ± 0.05
5	1.72 ± 0.05	2.02 ± 0.05	1.28 ± 0.04	1.89 ± 0.04	1.51 ± 0.04
10	1.89 ± 0.03	1.88 ± 0.07	1.82 ± 0.04	2.27 ± 0.04	1.76 ± 0.04
20	2.96 ± 0.01	2.96 ± 0.08	1.75 ± 0.03	2.84 ± 0.03	1.99 ± 0.05
40	2.12 ± 0.04	1.34 ± 0.07	1.62 ± 0.05	2.17 ± 0.05	2.07 ± 0.06

七、不同配比生物炭造粒基质对百日草和万寿菊生长的影响

如图8-4、图8-5所示，相比于普通基质，添加生物炭对百日草、万寿菊的株高没有显著影响。处理5［基质1造粒，生物炭：磷石膏：聚乙烯醇：聚丙烯酰胺按211.1 ： 783.9 ： 1.7 ： 3.3（重量比）再加土，混匀后造粒施到土壤里时］生物量在数值上高于其他处理，但不显著。

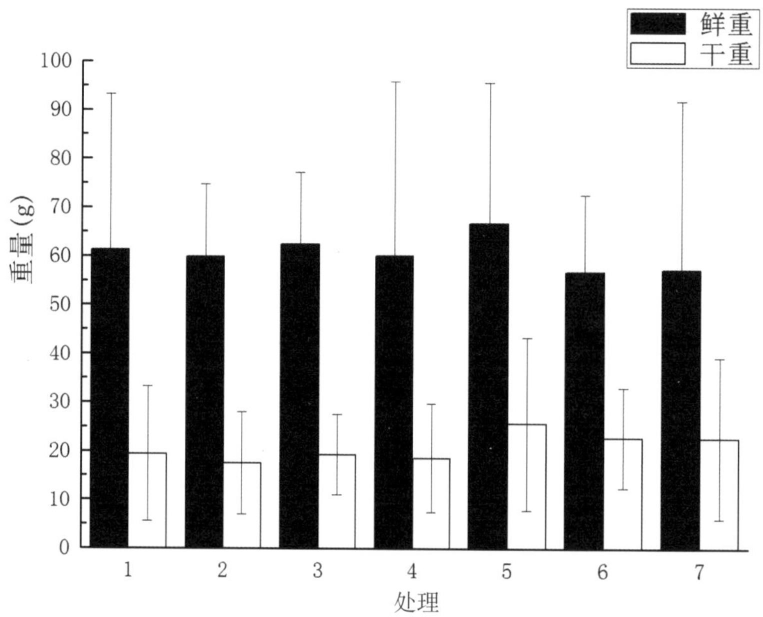

图8-4　不同配比处理下生物炭造粒栽培基质对百日草生物量的影响

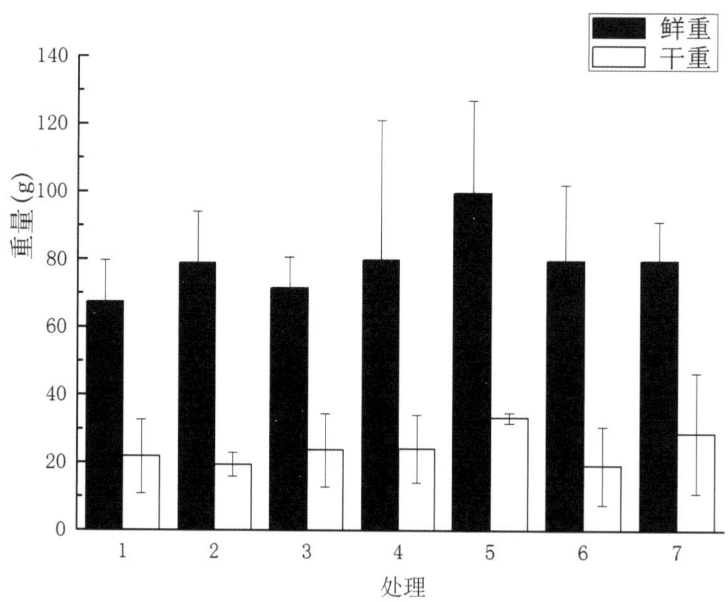

图8-5　不同配比处理下生物炭造粒栽培基质对万寿菊生物量的影响

成果九　水稻生态育秧基质技术开发与示范及功能化园艺栽培基质的开发与应用

一、水稻生态育秧基质技术开发与示范

1. 农业废弃物原料安全熟化规律及熟化技术

通过系统地比较研究纤维质有机废弃物的厌氧发酵和好氧发酵过程，总结出两个重要的安全熟化规律：对植物安全的分解阈值，即有机废弃物中可溶性物质和半纤维素成分全部被分解，纤维素被分解90%以上；有机废弃物无论是通过厌氧发酵分解，或好氧发酵分解，还是两种分解过程交替进行，达到安全熟化状态时的剩余量和剩余成分接近相同。

通过微生物复合系快速水解技术的突破，开发了秸秆、畜禽粪便等有机废弃物厌氧快速熟化技术和微好氧快速熟化技术。有机废弃物经过微生物复合系水解之后进行厌氧发酵不仅提高了产生沼气速度和转化率，也大大加快了剩余物沼渣的腐熟速度，为制造水稻育苗基质提供了安全性保障。利用厌氧发酵的秸秆与畜禽粪便熟化，不仅扩展了水稻育苗基质产业化的原料来源，还为正在兴起的沼气-生物天然气工程提供了沼渣高质化利用的新途径，使育苗基质生产成为生物天然气产业链中解决沼渣的后续处理和提高经济效益的重要一环；微好氧快速发酵熟化技术彻底解决基质原料中影响苗生长的不安全因素，为基质育苗的大规模产业化应用提供了技术保障，为克服每年大量破坏农田表土解决育苗用土问题提供了新的技术途径。

2. 水稻苗期主要病害立枯病的感病生态机理研究

对水稻苗期健康秧苗根部和发病秧苗根部进行研究，通过高通量测序和定量PCR技术分析发现：水稻立枯病发生前后，微生物群落构成变化不大，但优势微生物的丰度变化较大。感病后基质中细菌群落的多样性降低而真菌群落的多样性提高。已知关键性立枯病致病菌镰刀菌属（*Fusarium*）在发病后数量级由10^5提升到10^6；同时发现，以前无与立枯病相关报道的毛壳菌属（*Chaetomium*）和轮枝菌属（*Verticillium*）的丰度显著高于发病前（图9-1）。证明我国北方水稻立枯病的发生不仅与一种菌镰刀菌相关。这一点对有针对性地预防水稻苗期立枯病具有重要意义。

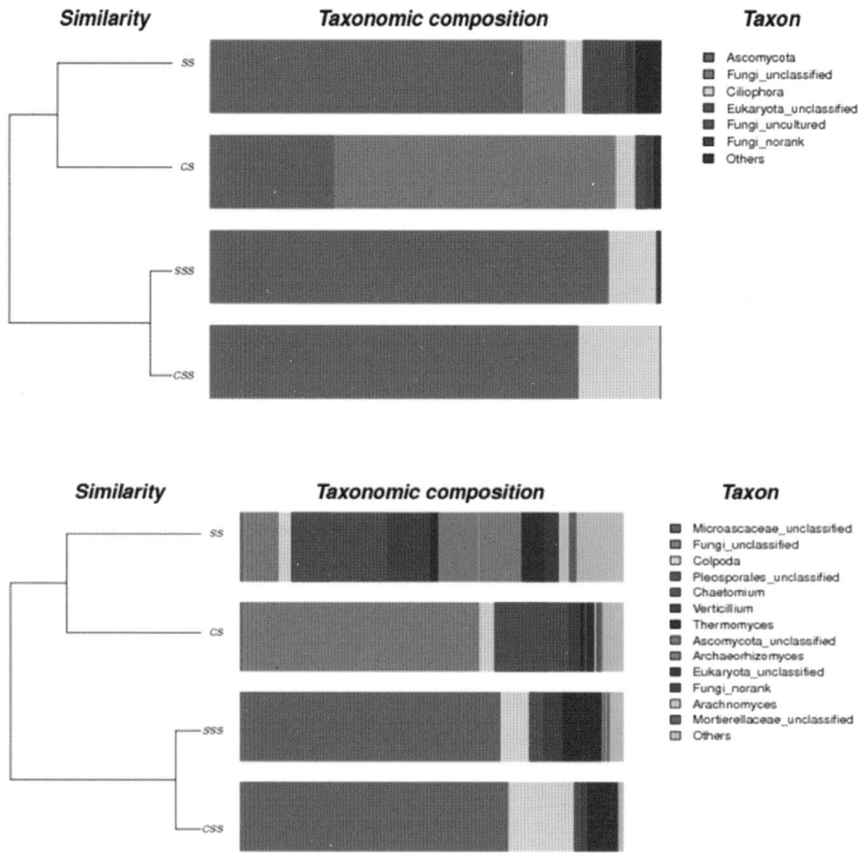

图9-1　发病前后真菌群落聚类分析及其构成（门、属分类水平上）

3. 水稻育苗基质的成型技术及成型设备的研发

水稻育苗基质的制作技术由原料快速熟化技术、养分配比技术、成型技术及配套的应用技术和设备构成，其流程如图9-2。

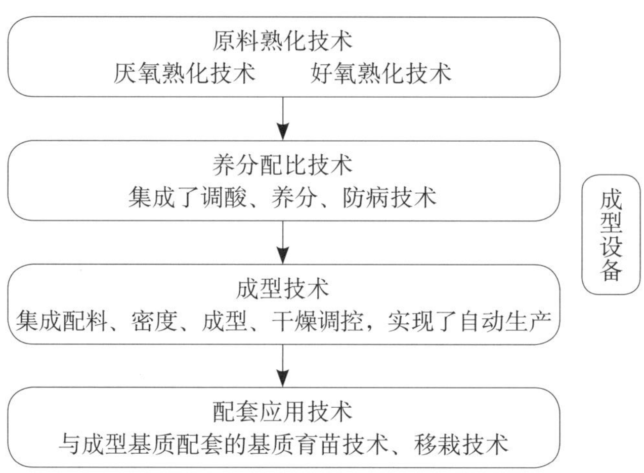

图9-2　水稻育苗基质成型制作及应用技术流程

(1) 养分配比技术

经过无数次的优化实验集成了调酸、养分、防病、密度调节等育苗关键环节的技术。如在黑龙江气候和土壤条件下，调至pH 5 ～ 5.5，养分比例N、P、K为2.5 ∶ 1 ∶ 2，防立枯病采用壮根+甲霜灵+噁霉灵，密度为1 ～ 1.1 kg/L（图9-3）。

图9-3　水稻成型育苗基质片的配制

(2) 成型技术

集成配料、密度调节，成型、干燥技术实现了生产线自动化。按照养分配比和密度要求配料，采用往复式成型方式，集成了成型机、热风炉、传送带、干燥机，形成了自动生产线（图9-4）。

图9-4　水稻育苗基质成型生产线

(3) 成型设备研发

课题形成了1条设备生产线（湖南双环纤维成型设备有限公司），已生产了成型育苗基质生产中试装备1套和产业化生产装备2套。

4. 水稻育苗基质生产及基质育苗技术的推广应用

（1）研发成型技术和成型设备

课题在研的5年期间形成了设备生产线1条。针对成型育苗基质生产设备，首先与韩国叶盛设备公司合作委托加工1套生产线，之后利用自主研发技术进行国产化（湖南双环纤维成型设备有限公司），已生产成型育苗基质生产中试装备1套和产业化生产装备2套。

（2）建设成型基质生产线3条

利用本课题研发技术与内蒙古中壤现代农业科技有限公司合作建成了年产规模2 000万片的第一条基质生产线，第二条和第三条生产线分别在黑龙江望奎百奥迈斯农业科技有限公司和湖北沃凯克生物科技有限公司，分别建成了年产规模为1 000万片的生产线。

（3）课题运行期间技术推广及经济效益

课题形成了1条设备生产线（湖南双环纤维成型设备有限公司），已生产了成型育苗基质生产中试装备1套和产业化生产装备2套，直接产值604万元，创利润60.4万元。共建设成型基质生产线3条。第一条生产线从2016年至2020年3月累计推广102万亩，累计产值4 400多万元。第二条和第三条生产线从2019年10月至2021年春季，累计推广24万亩水稻田（图9-5、图9-6）。

图9-5　水稻育苗基质生产线
（a）内蒙古兴安盟水稻基质生产线
（b）湖北钟祥育苗基质生产线
（c）黑龙江望奎育苗基质生产线

图9-6　水稻育苗基质推广应用

（4）推广应用前景

上述3条生产线的运行，每年可生产4 000万片成型育苗基质，应用于100多万亩水田，每年消耗13万m^3有机废弃物，相应节约耕地土壤13万m^3，使1 300亩耕地免遭取土破坏。不仅如此，使用育苗基质后，每亩育秧插秧成本可节省36元。

本课题的育苗基质，因生态效益和社会效益显著，可节省农民种地成本，深受农民欢迎，企业投资建设意愿也强烈。随着基质生产效率的提高，生产成本的下降及市场的稳定，将会产生巨大的经济效益。因此非常具有推广应用前景。

二、菇渣育苗基质压缩块的理化特性及其育苗效果研究

通过对金针菇菇渣进行发酵处理，达到完全腐熟后，用于制备基质压缩块并应用于黄瓜的育苗试验，对基质压缩块和黄瓜幼苗品质进行评价，得出如下结论。

首先，玉米秸秆、高吸水树脂以及纤维素分解菌液3种因素对金针菇菇渣的纤维素降解率影响不显著，正交试验显示，纤维降解率最好的处理条件是玉米秸秆、高吸水树脂和纤维素分解菌液3种物质添加比例分别为10%、0.15%和2%。此时金针菇菇渣基质纤维素降解率达到最大值，为25.04%。此外，研究还发现菇渣经过发酵处理，有利于减弱浸提液对作物的毒害作用。发酵24d后，菇渣浸提液对作物基本上没有毒害作用。

其次，高吸水树脂提高了基质压缩块的吸水、保水以及膨胀性能。育苗基质压缩块的最大饱和含水率为（205.25±9.46）%；最小饱和含水率为（105.89±2.89）%。随着树脂含量增多基质膨胀系数最大可达2.07±0.05，膨胀系数过大也会导致后期育苗期间的破损，试验表明吸水树脂含量高的基质育苗期间破损率最大，达到10%。

最后，根据黄瓜幼苗的品质测定结果来看，菇渣用于制备基质压缩块进行黄瓜育苗效果良好。当菇渣的添加比例超过66%时，不利于黄瓜幼苗的生长。基质配制为菇渣：蛭石=2 ：1时，黄瓜幼苗的生长情况较好，基质的理化性质相对稳定。此时黄瓜幼苗的根系活力可达到（35.24±3.96）μg/（g·h）（TTC法，以TTF计），壮苗指数为（20.37±7.69）$\times 10^{-2}$，黄瓜幼苗生长情况最好，如图9-7所示。

压块机　　压块基质　　黄瓜栽培

图9-7　蔬菜成型压块基质

三、载硼高吸水性树脂的制备及南瓜育苗的试验研究

以硼酸双甘酯单丙烯酸酯的形式将硼元素与羟丙基甲基纤维素结合，通过单因素和正交试验对载硼高吸水性树脂的制备工艺进行优化，对优化后的载硼高吸水性

树脂的吸水性能以及表观形态进行表征，如图9-8所示。此外，本研究还进行了南瓜幼苗栽培、基质酶活性和基质细菌多样性试验。通过分析该高吸水性树脂的吸水性能、形态结构表征以及其对南瓜幼苗生长发育、基质纤维素酶活性、脲酶活性以及细菌多样性的影响，确定其生态安全性，为新型载硼高吸水性树脂在我国农业生产中的推广应用提供技术支持。研究结果如下。

首先，通过微波聚合法缩短了合成时间，加快了反应速率，并得到载硼高吸水性树脂的最佳合成工艺：纤维素与单体的质量比为1 ： 7，中和度为50%，引发剂用量（与单体的质量比）为2%，交联剂用量（与单体的质量比）为0.3%及加热时间为6min。

其次，优化后的载硼高吸水性树脂的吸水倍率和吸盐倍率分别为493.73g/g和83.94g/g；吸水饱和时间和吸盐饱和时间都为30min。保水效果良好，在35℃、55℃和75℃温度下分别在34h、15h和6h后达到恒重状态。硼元素的缓释率呈现出先快后慢的趋势，在第6d时趋于稳定。

再次，载硼高吸水性树脂促进了南瓜幼苗的生长发育，提高了基质的保水能力，改善了栽培基质的pH和EC。该高吸水性树脂在用量为0.15%时，对幼苗的生长发育和基质的理化性质的改善作用最佳。

最后，载硼高吸水性树脂对纤维素酶活性和脲酶活性有促进作用，呈现先增加后降低的趋势，但始终高于不加高吸水性树脂的对照组。此外，土壤有效硼含量也有所提高。同时，该高吸水性树脂不会改变原有细菌的菌群结构，但对一些优势菌的增殖有促进作用。由此可见，载硼高吸水性树脂可以作为一种新型的高吸水性树脂应用到实际生产中。

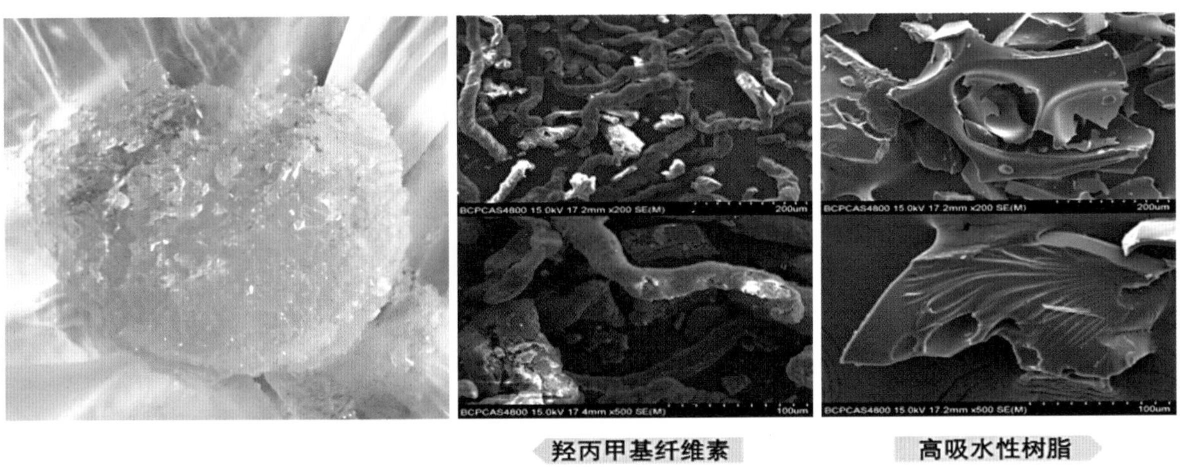

图9-8　载硼高吸水性树脂

成果十　热带农业废弃物基质化利用技术研究

一、果园剪枝腐熟工艺研究

对比氮源和发酵菌剂对腐熟温度的影响，明确了影响荔枝、芒果剪枝堆肥腐熟速率的关键因子是碳氮比，尿素或鸡粪作为氮源均有利于堆体快速升温和保持较高的发酵温度，能促进堆肥腐熟进程；和鸡粪相比，添加尿素升温效果更好，腐熟更快。在两种氮源添加处理下，荔枝剪枝在堆肥发酵60d后，剪枝堆肥温度趋于稳定，堆肥进入后熟阶段；芒果剪枝在堆肥发酵50d后温度趋于稳定，堆肥进入后熟阶段。因此，总结这两种剪枝的发酵工艺为：①剪枝粉碎，将剪枝用2cm孔径筛板粉碎机粉碎、成堆，待发酵堆肥用；②以尿素或鸡粪为氮源调节物料，碳氮比为25 ： 30，加水至物料含水率为60%～65%，混匀，待用；③物料成堆，将物料堆为1m^3以上的堆或入池发酵，覆盖塑料薄膜保温、保湿；④堆肥管理，物料发酵过程中，每7 ～ 10d对物料进行翻堆，适时监测物料水分，确保物料含水率为60%～65%，发酵50 ～ 60d可腐熟。

二、腐熟剪枝栽培富硒瓜菜研究

1. 腐熟剪枝栽培富硒甜瓜技术研究

根据已有研究报道，植物的磷、钾肥施用水平与硒积累有显著的相关性。本课题以腐熟荔枝剪枝（经测定硒含量达到富硒土壤的硒含量标准）为主要栽培基质物料，设置不同梯度的磷、钾肥盆栽实验，研究其对甜瓜（本课题筛选出的富硒品种“佛罗蜜2号”）积累硒的影响。结果表明，磷施用量为180kg/hm^2时，甜瓜根、茎、叶、果实中的全氮、全磷、全钾含量最高，株高、茎粗均达到最大，果实的总生物量最高，甜瓜果实中硒含量最高，为0.020 4mg/kg，已达到富硒产品标准要求；钾用量为150 kg/hm^2时，甜瓜株高、茎粗达到最大，产量最高，果实硒含量最高，为0.033 6mg/kg，已达到富硒产品标准要求。通过调节磷、钾肥施用量可以生产出富硒甜瓜，在施磷量为180kg/hm^2、施钾量为150kg/hm^2时，甜瓜硒含量达到最高。因此，栽培富硒甜瓜时，可选用富硒土壤上生产的荔枝茎秆，按照腐熟茎秆：草炭：有机肥（牛粪）：土=2 ： 2 ： 3 ： 1（体积比）配基质原料，施用250kg/hm^2 N ＋ 180kg/hm^2 P_2O_5 ＋ 150kg/hm^2 K_2O，可以达到富硒兼高产的目标。

2. 腐熟剪枝栽培富硒辣椒技术研究

收集海南种植较多的品种，包括线椒（5种）、杭椒（5种）、炮椒（3种）、圆椒（2种）作为筛选对象，设置6块土壤施硒肥（Na_2SeO_4）处理，分别为0kg/hm^2、5kg/hm^2、10kg/hm^2、15kg/hm^2、20kg/hm^{2}和25kg/hm^2（图10-1）。在辣椒花芽分化期、开花期和结果期采集根、茎、叶、花、花芽、果实，同时采集土壤样品，测定植物各部位和土壤中的硒含量，研究辣椒富集硒与硒肥施用量的关系，明确硒在辣椒不同生育时期及不同器官的分布规律。结果表明，线椒中，辣优33和线辣3号在施用硒肥 10kg/hm^{2}时，果实中硒含量达到最大值，分别为79.46mg/kg、68.00mg/kg。辣优A3、辣丰新辣王和美辣3+1在施用硒肥20kg/hm^{2}时，果实中富集的硒含量最高；杭椒中极品杭椒在施用硒肥20kg/hm^{2}时硒含量达到最大值，为182mg/kg。所有品种比较，富硒能力排前3位的是极品杭椒＞杭椒K3＞杭椒2号。

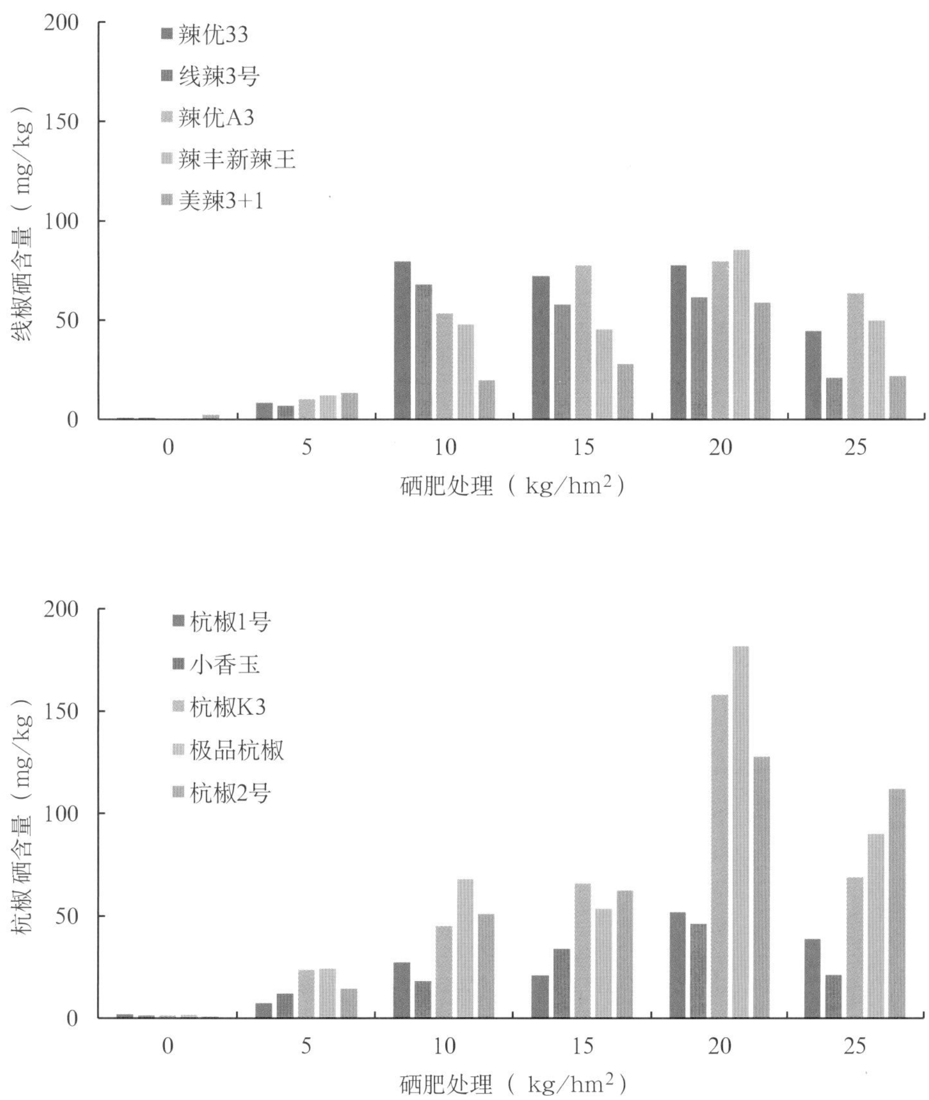

图10-1　不同硒肥处理各辣椒品种硒含量

根据已有的研究报道，合理施用磷和钾可以促进植物对其他养分的吸收。课题组设置不同的施磷梯度，探索磷施用对辣椒（课题组筛选出的“辣丰辛辣王”）积累硒的影响。结果表明，随着磷肥施用量的增加，辣椒果实硒含量整体呈先升高后降低的趋势，且在磷肥施用量为200kg/hm^{2}时，果实硒含量最高，为0.040 0mg/kg，已达到富硒产品标准要求（图10-2）。在此施肥水平下，辣椒根、茎、叶、果实中全氮、全磷、全钾含量及产量均最高，其产量可达1 223g/株；在钾肥施用量为200kg/hm^{2}时，辣椒根、茎、叶、果实中全氮、全磷、全钾含量及产量均最高，其产量可达991g/株；果实硒含量最高，为0.038 4mg/kg，已达到富硒产品要求（图10-3）。

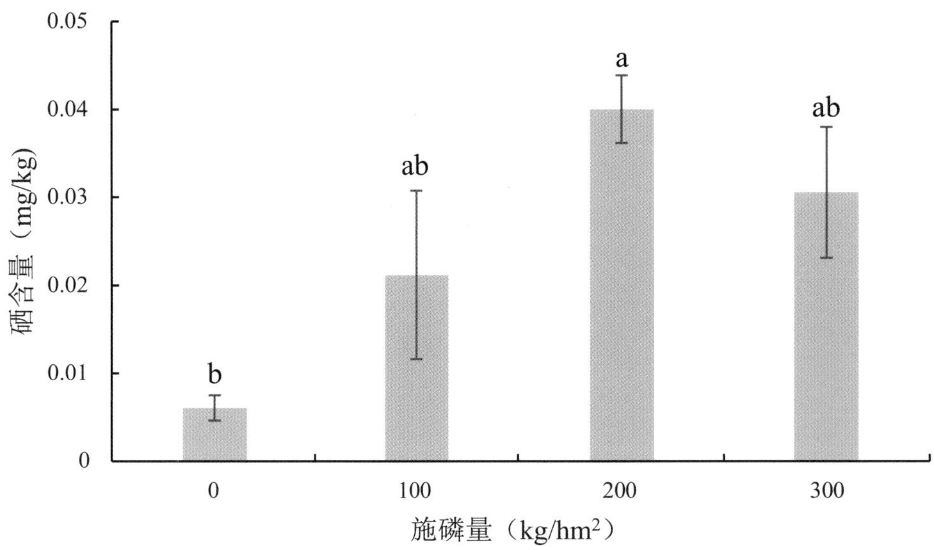

图10-2　施磷对辣椒果实硒含量的影响

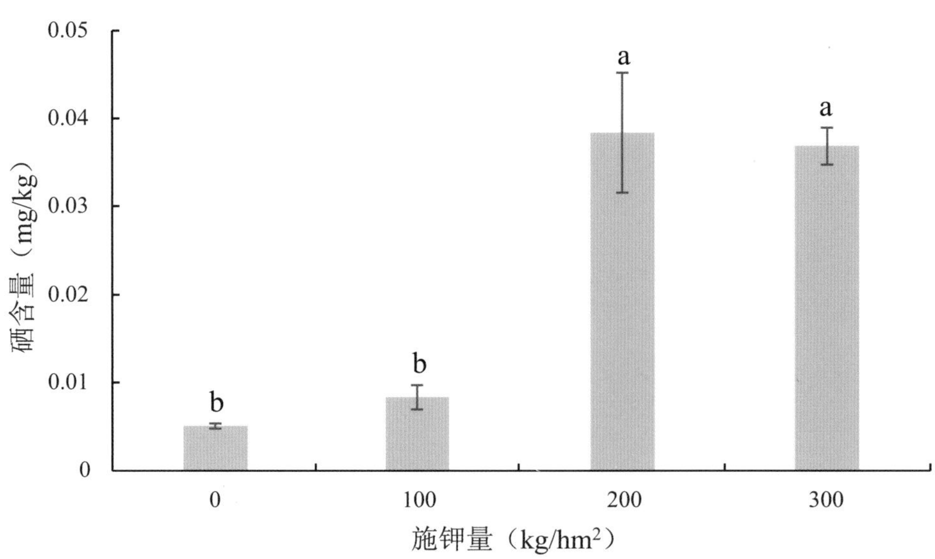

图10-3　施钾对辣椒果实硒含量的影响

3. 果园剪枝制备食用菌栽培基质技术研究

研究了芒果剪枝、荔枝剪枝替代配方（棉籽壳35%、麦麸10%、石灰4%、橡胶木屑51%）中的橡胶木屑对秀珍菇栽培的影响。研究结果表明，利用芒果剪枝、荔枝剪枝栽培秀珍菇的产量均可达到利用橡胶木屑栽培秀珍菇的产量，子实体性状良好，两者对秀珍菇生育周期的影响与橡胶木屑对秀珍菇的生育周期的影响差异不显著（图10-4、图10-5）；同时腐熟芒果剪枝、腐熟荔枝剪枝在第一潮菇周期产量小于芒果剪枝、荔枝剪枝、橡胶木屑产量。因此，芒果剪枝、荔枝剪枝虽可代替橡胶木屑作为秀珍菇栽培基质，但需要根据具体栽培条件进一步优化管理措施，以提高秀珍菇的品质。

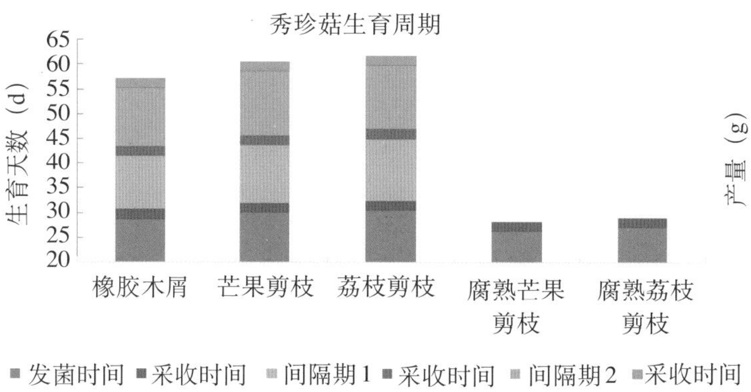

图10-4　不同栽培基质对秀珍菇生育周期的影响

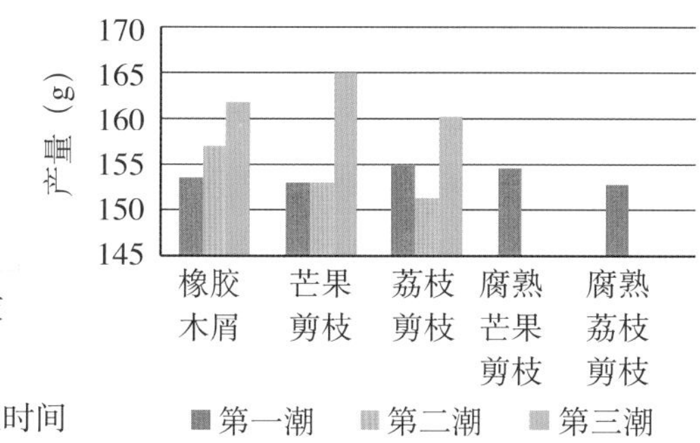

图10-5　不同栽培基质对秀珍菇产量的影响

三、抗病专用基质的生产关键技术与应用条件研究

1. 拮抗菌在基质中稳定性研究

以荔枝茎秆堆肥（$V_{2\sim5mm}/V_{<2mm}$=1 ∶ 1）为主要基质原料，研究灭菌基质和不灭菌基质不同含水量对甲基营养型芽孢杆菌、真菌、放线菌数量的影响。结果表明：①对于灭菌基质，含水量为15%的基质最利于甲基营养型芽孢杆菌增殖，含水量为25%～30%的基质最利于真菌、放线菌增殖；②对于不灭菌基质，含水量为10%的基质最利于甲基营养型芽孢杆菌、真菌、放线菌增殖。可见，甲基营养型芽孢杆菌增殖的最佳含水量为10%～15%，而此水分条件不是作物生长所需的适合湿度条件，因此，荔枝茎秆堆肥（$V_{2\sim5mm}/V<_{2mm}$=1 ∶ 1）不适合作为甲基营养型芽孢杆菌的吸附载体。鉴于该菌在拮抗枯萎病方面的良好表现，可将该菌制成菌悬液后直接作用于作物上（图10-6）。

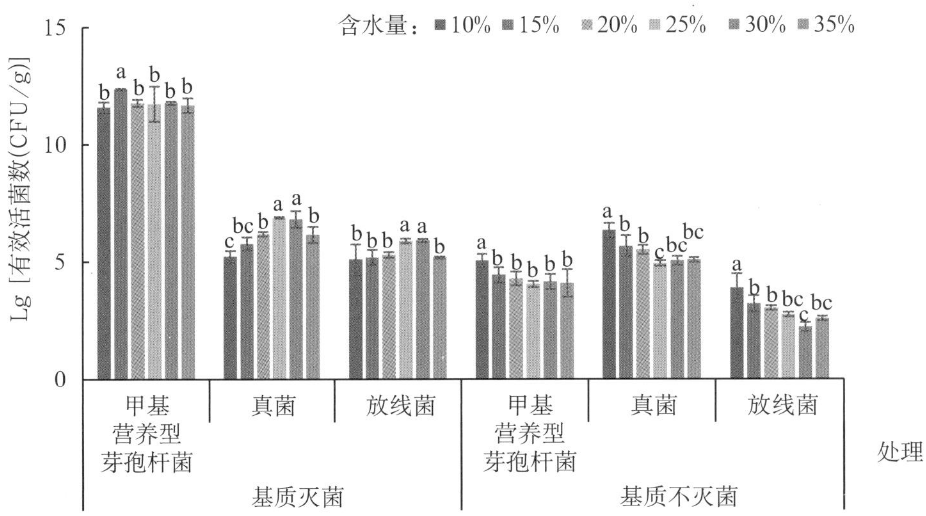

图10-6　培养120d时不同含水量的灭菌基质和不灭菌基质对微生物有效活菌数的影响

2. 拮抗菌抗枯萎病效果研究

在荔枝剪枝堆肥的基质上研究了不同浓度，10^8（BM1）、10^7（BM2）、10^6（BM3）CFU/mL的甲基营养型芽孢杆菌菌液对番茄、甜瓜枯萎病的防治效果（图10-7）。结果表明，接种10^8CFU/mL甲基营养型芽孢杆菌（BM1处理）的番茄、甜瓜发病情况均轻于BM2、BM3处理，病情指数分别为21.88、18.75，其防治效果分别达到68.18%、73.33%（表10-1）。可见，先接种拮抗菌可以预防番茄、甜瓜枯萎病的发生。因此，以荔枝剪枝堆肥制作抗病育苗基质，建议是"基质+拮抗菌液"的形式应用，可以达到好的育苗效果。

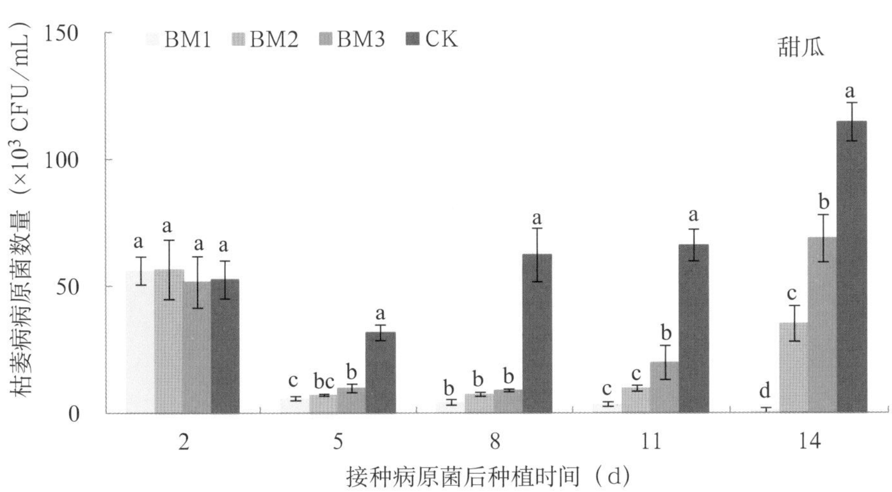

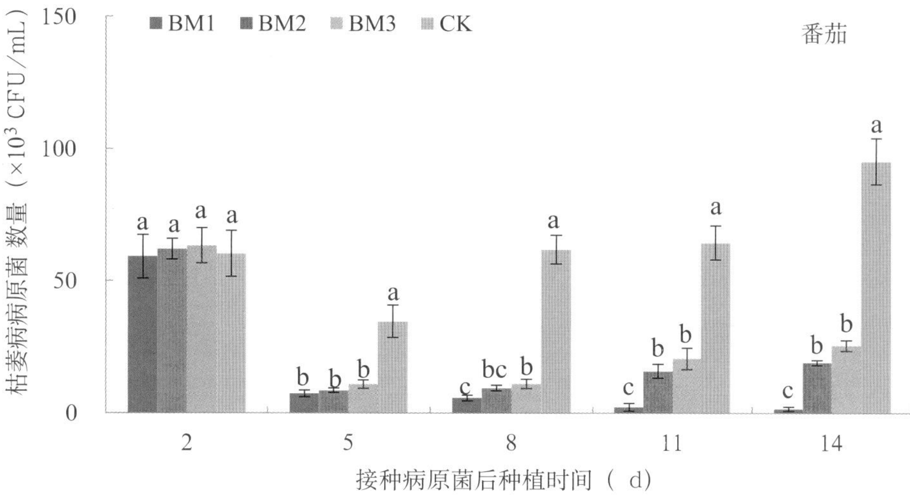

图10-7　不同接种处理对番茄、甜瓜基质中枯萎病病原菌数量的影响

表10-1　不同接种处理对番茄、甜瓜枯萎病的防治效果

处理	番茄		甜瓜	
	病情指数	防治效果（%）	病情指数	防治效果（%）
BM1	21.88±3.56d	68.18±6.58a	18.75±2.37d	73.33±3.68a
BM2	32.81±2.89c	52.27±5.42b	35.94±2.87c	48.89±3.12b
BM3	51.56±4.15b	25.00±1.28c	46.88±3.66b	33.33±1.53c
CK	68.75±6.88a	/	70.31±5.68a	/

成果十一　作物秸秆基质化利用——棉花秸秆生物转化利用

一、棉花秸秆腐熟过程中微生物菌群多样性、种群演替和功能分析研究

采用扩增子高通量测序技术，分析棉秸秆堆制腐熟过程中微生物群落变化。棉秸秆在堆制腐熟过程中相对丰度始终较高的细菌菌群，在属水平上有：橄榄形菌属（*Olivibacter*）、鞘氨醇杆菌属（*Sphingobacterium*）、假黄单胞菌属（*Pseudoxanthomonas*）、德沃斯氏菌属（*Devosia*）、短波单胞菌属（*Brevundimonas*）、假单胞菌属（*Pseudomonas*）、纤维弧菌属（*Cellvibrio*）、类土地杆菌属（*Parapedobacter*）、根瘤菌属（*Rhizobium*）、藤黄单胞菌属（*Luteimonas*）等。这些菌群的功能主要为降解芳香族化合物，降解胶质多糖，降解纤维素。棉秸秆在堆制腐熟过程中相对丰度较高的真菌菌群，在属水平上有：枝孢菌属（*Cladosporium*）、链格孢属（*Alternaria*）、茎点霉属（*Phoma*）。这三个属是植物病原菌。其他菌群包括曲霉属（*Aspergillus*）、青霉属（*Penicillium*）、毛霉属（*Mucor*）、鬼伞属（*Coprinus*）。这些菌群均具有较强的降解纤维素的能力。

二、秸秆腐熟剂研制

按照《微生物肥料产品检验规程》（NY/T 2321—2013），通过稀释涂布平板法分离和筛选棉花秸秆腐解过程中的细菌、真菌和放线菌。培养好的菌株斜面或平板经16S DNA或18S DNA测序，结合形态学分析，确定菌株种类。结果表明，其中优势菌株为黑曲霉和枯草芽孢杆菌。按照《腐熟剂》（NY 609—2002），这两类菌株符合要求。腐熟剂菌剂的配伍试验按照《微生物肥料田间试验技术规程及肥效评价指南》（NY/T 1536—2007）进行，采用失重率法对腐熟剂的应用效果进行评价，结果表明，在腐熟20d时，未使用腐熟剂的对照组失重率为41.05%，而应用黑曲霉和枯草芽孢杆菌配伍制备的菌剂，秸秆失重率达47.81%，提高了16.5%。研究团队以这两株菌为基础进行腐熟剂生产，向农业农村部申报并获批有机物料腐熟剂登记证书（图11-1）。

三、棉花秸秆育苗基质及栽培基质研制

通过添加不同辅料进行筛选，确定了棉秸秆有机育苗基质配方为棉秸秆（腐熟）：蛭石：AM菌土：珍珠岩=6：2：1：1，可完成番茄育苗，育苗效果接近进口育苗基质育苗水平；乌鲁木齐市生乘有机栽培农民专业合作社利用秸秆腐熟剂生产棉秸秆有机育苗基质2 000m^3（图11-2），确定了棉秸秆栽培基质配方为棉秸秆（腐熟）：AM菌土=3：1；在乌鲁木齐县绿鑫果蔬种植农民专业合作社设施大

中华人民共和国
肥料登记证
生产企业：
产品通用名：有机物料腐熟剂
商品名：有机物料腐熟剂
产品形态：粉剂
有效菌种名称：
主要技术指标：有效活菌数≥0.50亿/g
适用于：
登记证号：微生物肥(2021)准字(10066)号
经农业农村部肥料登记评审委员会审定，该产品准予肥料登记，特此发证。
中华人民共和国农业农村部制
发证日期：
有效期至：

图11-1　秸秆腐熟剂登记证书

图11-2　应用秸秆腐熟剂生产棉秸秆有机育苗基质

棚辣椒栽培中，应用棉秸秆栽培基质50亩，辣椒单株平均果重、单株平均单果重分别比土壤种植的辣椒提高42.58%、15.98%。

研制棉秸秆腐熟工艺：棉秸秆粉碎至5 ～ 8 cm→按每立方米棉秸秆添加1kg的比例加入腐熟剂→加水至水分含量为70%，充分混匀，每3 ～ 4d翻堆一次，适量补充水分，待堆肥温度降至环境温度并维持，结束堆制，自然干燥（图11-3）。将干燥后的棉秸秆粉碎到1 ～ 2cm，按6 ∶ 2 ∶ 1 ∶ 1的比例，将腐熟棉秸秆、蛭石、AM菌土、菌渣+烟渣进行混合，获得棉秸秆番茄育苗基质；乌鲁木齐市生乘有机栽培农民专业合作社利用秸秆腐熟剂生产棉秸秆有机育苗基质2 000m^3，育苗效果接近进口育苗基质水平；将干燥后的棉秸秆直接与AM菌土按照3 ∶ 1的比例拌匀，获得棉秸秆栽培基质。棉秸秆育苗基质的番茄育苗效果接近进口基质的育苗效果。

（a）室内育苗效果；（b）大棚栽培效果。
图11-3　以棉花秸秆为主要碳源的育苗基质育苗

成果十二　宁夏农林废弃物基质化利用技术研究与示范

一、农林废弃物枝条基质化利用技术

1. 枸杞枝条基质化技术

宁夏地区含有丰富的农林废弃物生物质资源（图12-1），建立了农林废弃物高效利用的蔬菜生产技术体系（图12-2）。其中，枸杞是茄科枸杞属的多分枝灌木植物，是宁夏五宝之一，在全区种植面积为70万亩，每年有大约50万亩需要剪枝，可采收枝条25万t以上。但采用枸杞枝条作为蔬菜基质栽培的原料还没有见到相关的报道。枸杞枝条基质化步骤为：将枸杞枝条粉碎，用水撒湿，加入有机肥、尿素和酶制剂，混匀，在环境温度10 ~ 40℃条件下堆积发酵，当堆中心温度高于70℃时，翻堆，至堆中温度下降到接近环境温度时就完成发酵；将发酵枸杞枝条与有机肥、珍珠岩和蛭石按照2 ： 1 ： 1 ： 1的体积比配制成有机生态型无土栽培基质，或者将发酵枸杞枝条与珍珠岩、蛭石按照3 ： 1 ： 2的体积比配制成有机生态型育苗基质。利用价格低廉、来源丰富的可再生的枸杞资源，作为蔬菜无土栽培的主要基质来源，丰富了宁夏设施蔬菜无土栽培和工厂化育苗的基质选择类型。枸杞修剪后的枝条经过处理后作为蔬菜基质栽培和育苗基质，具有吸水、透气、营养丰富等几大优点。

图12-1　宁夏地区丰富的农林废弃物生物质资源

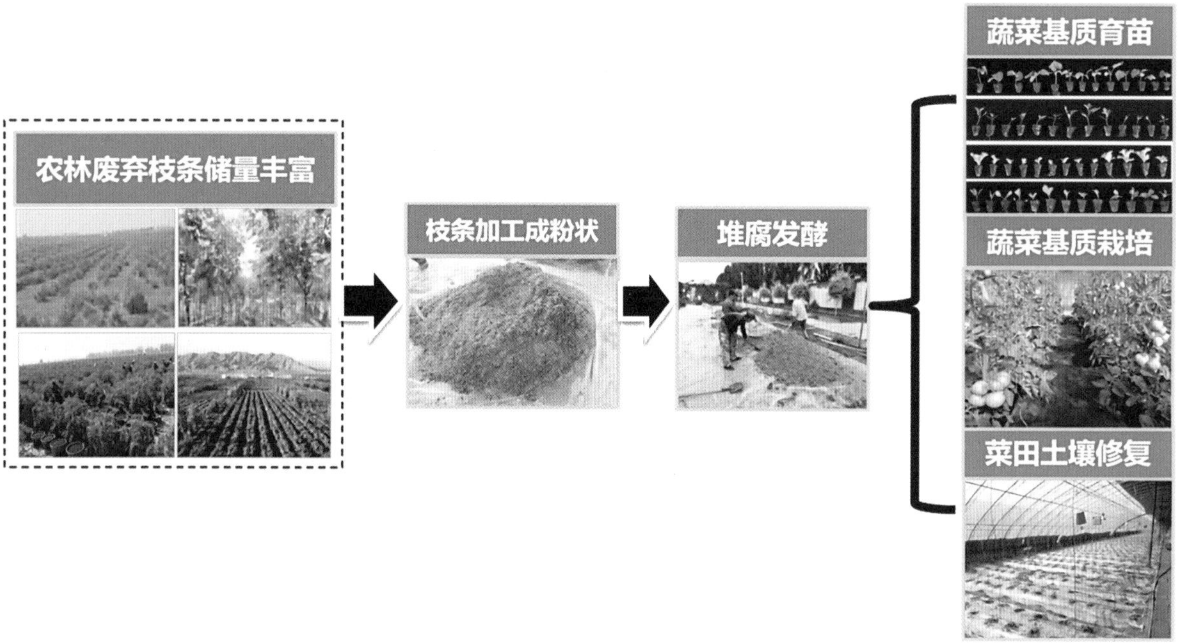

图12-2　农林废弃物高效利用的蔬菜生产技术体系

注：对废弃枝条堆腐发酵、菜田土壤改良与持续利用、蔬菜育苗、蔬菜栽培等关键环节进行协同攻关，建立基于农林废弃物高效利用的蔬菜生产技术体系。

2. 紫穗槐枝条基质化技术

紫穗槐是豆科紫穗槐属，多分枝落叶灌木植物，主要用于绿化、防风固沙。宁夏域内紫穗槐面积为50多万亩，另与宁夏相邻的内蒙古仅伊克昭盟种植面积就达到1 085万亩，经粗略计算，伊克昭盟每年可以收集紫穗槐枝条在200万t以上，但还没有见到采用紫穗槐枝条作为园艺基质原料的相关报道。紫穗槐枝条基质化步骤为：将紫穗槐枝条粉碎，用水撒湿，加入有机肥、尿素、生物酶制剂，混匀，在环境温度10 ~ 40℃条件下堆积发酵，当堆中心温度高于70℃时，翻堆，至堆中温度下降到接近环境温度时完成发酵；以体积比紫穗槐枝条：珍珠岩：蛭石=3 ：1 ：2（育苗基质）或紫穗槐枝条：珍珠岩：蛭石：有机肥=7 ：2 ：1 ：1（栽培基质）的比例充分拌匀即可；紫穗槐枝条经过处理后作为园艺基质，具有吸水、透气、营养丰富等几大优点。它富含植物生长所需要的氮（N）、磷（P）、钾（K）、钙（Ca）、镁（Mg）、硫（S）等植物生长不可缺少的12种元素，是新型的园艺基质，如图12-3所示。

图12-3　紫穗槐枝条作为园艺基质原料栽培

3. 苦参基质化技术

苦参是豆科苦参属的多年生亚灌木植物，作为基质主要基于以下原因：①是豆科作物，养分含量高；②苦参粉来源丰富、价格低廉、可再生；③可在不能土壤栽培的非耕地、盐碱地或荒垦区进行蔬菜的基质栽培；④有效提高农业水分利用效率，苦参粉基质栽培比土壤栽培膜下滴灌节水20 %～ 30 %；⑤克服设施连作障碍最有效、最经济、最彻底的办法；⑥苦参粉育苗或栽培基质使用2 ～ 3茬后的废料消毒后可直接还田，是土壤改良方式之一。

4. 苦豆子基质化技术

苦豆子（*Sophora alopecuroides L*）为豆科槐属多年生草本植物，株高20 ～ 50cm，全株有灰白色伏生绢状柔毛，主要分布于中国北方的荒漠、半荒漠地区。苦豆子是宁夏的重要药用植物资源和自然植被组成部分，分布面积约300万亩，植被总量约8 000万t，集中分布在宁夏的沙生草原带，野生资源分布面积广，蕴藏量大，种群优势突出。由于苦豆子资源的药厂用量有限，年有效利用率仅占苦豆子产籽总量的15%～ 20%，其余资源均未被充分利用。苦豆子的地上部分除霜冻后被放牧家畜采食少量干叶外，一部分被青割后用作农田绿肥，大部分则被浪费掉，因此其可持续开发利用的范围有待扩大。利用苦豆子粉作为蔬菜基质原料，主要基于以下原因：①苦豆子资源可再生；②来源丰富，价格低廉；③为多年生草本，其作为基质，在粉碎及发酵上均较其他木本植物相对容易；④有效养分含量高，栽培及育苗效果好。合理开发利用苦豆子资源，将其作为蔬菜无土栽培的基质原料（图12-4），丰富了西北地区设施蔬菜无土栽培和工厂化育苗的基质选择类型。此外，废弃物柠条粉也用来作为蔬菜栽培的基质原料（图12-5）。

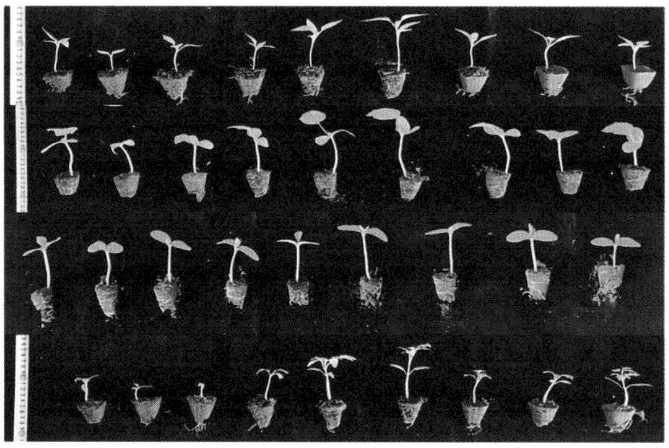

图12-4　废弃物枝条粉的多种蔬菜育苗应用

图12-5　利用柠条粉进行西瓜育苗

5.一种果树枝条基质化技术

桃（*Prunus persica* (L.) Batsch）、李（*Prunus salicina* L.）、杏（*Prunus armeniaca* L.）均为蔷薇科落叶乔木植物，分布广泛。其在宁夏露地、设施栽培面积较大，每年有大量修剪枝条产生。处理这些枝条的主要方式为焚烧，既造成环境污染，又造成资源浪费。将桃、李、杏枝条作为生产园艺基质的原料，主要基于以下原因：①资源可再生；②来源丰富，价格低廉；③为多年生落叶乔木，其作为基质，在粉碎及发酵上均较其他木本植物相对容易；④有效养分含量高，栽培及育苗效果好。合理开发利用桃、李、杏枝条资源，将其作为蔬菜无土栽培的基质原料，丰富了西北地区设施蔬菜无土栽培和工厂化育苗的基质选择类型。桃、李、杏枝条基质化步骤为：将桃、李、杏枝条粉碎，利用其中1种枝条粉单独使用或将任意2 ～ 3种枝条粉混合，然后用水撒湿，再加入有机肥、尿素、米糠和微生物发酵剂，混匀，在环境温度10 ～ 45℃条件下堆积进行厌氧-好氧交替发酵（堆体覆盖塑料薄膜）。当堆中心温度高于70℃时，进行翻堆（翻堆5 ～ 8次，发酵时间为65 ～ 75d）；当含水量低于50%时要及时补充水分，补充至含水量为65%，每次翻堆都添加适当微生物菌剂（0.02 ～ 0.025）kg/m^3，直至堆中温度下降到环境温度时完成发酵。将获得的桃、李、杏枝条发酵料（1种或多种的混合）与有机肥、蛭石按照5 ： 2 ： 1的体积比配制成有机生态型无土栽培基质，或者将发酵料与珍珠岩、蛭石按照3 ： 1 ： 1的体积比配制成有机生态型育苗基质。该技术目前已申请专利（图12-6）。

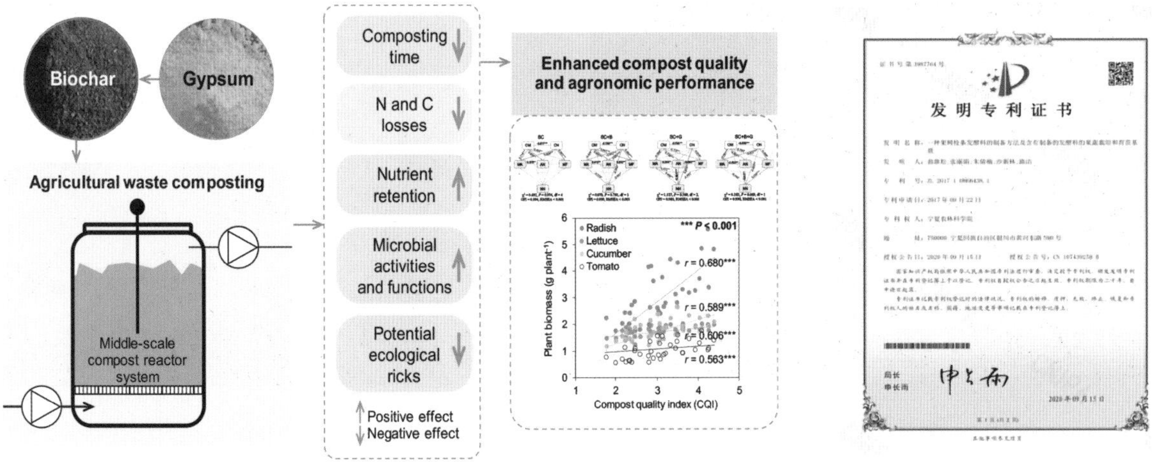

图12-6　果树枝条粉发酵后进行多种蔬菜育苗研究及专利证书

二、一种无土栽培与水肥一体化系统

该系统包括栽培槽和水肥回流槽。栽培槽内铺设有无纺布，端部设有水肥回流接收管道，一级肥水回收池和二级肥水回收池通过管道进行连接，二级肥水回收池通过水泵连接滴灌系统。相对现有技术，栽培槽底部中间位置钻有直径为5mm的小孔，便于废水流入水肥回流槽。塑料膜用于接收回流的多余水肥，细沙层上部铺设有波浪式硬质塑料带，起到良好的支撑作用。栽培槽内铺设的无纺布宽度为50cm，防止基质和植物根系进入回流槽内。水肥回流接收管道用于收集回流废水，能够二次利用水肥液，可以有效节约65%～75%的水资源，有效节约30%～35%的肥料，适用于无土栽培和基质栽培等非耕地设施农业区域。如图12-7所示，无土栽培与水肥一体化系统已经应用在茄子、辣椒—芹菜的种植上。

图12-7　无土栽培与水肥一体化系统及其在茄子、辣椒—芹菜栽培中的应用及专利证书

三、生物炭和石膏对柠条发酵质量的影响及其产物在蔬菜生产中的应用

在柠条好氧发酵过程中，添加生物炭和脱硫石膏可以促进有机质循环，加速木质纤维组分分解，有效抑制了好氧发酵过程中不同形式的氮素和碳素损失，提高了柠条好氧发酵过程中微生物的活性与功能，降低了柠条发酵过程中潜在的重金属生态风险，协同提高了柠条好氧发酵熟化产品的综合质量。添加生物炭和脱硫石膏的强化型柠条基质，能够实现与商业草炭基质相同的育苗和栽培效果。发酵过程中调控初始物料碳氮比为25，并添加质量分数各为5%的生物炭和脱硫石膏，可作为蔬菜普适性柠条基质配方（图12-8）。

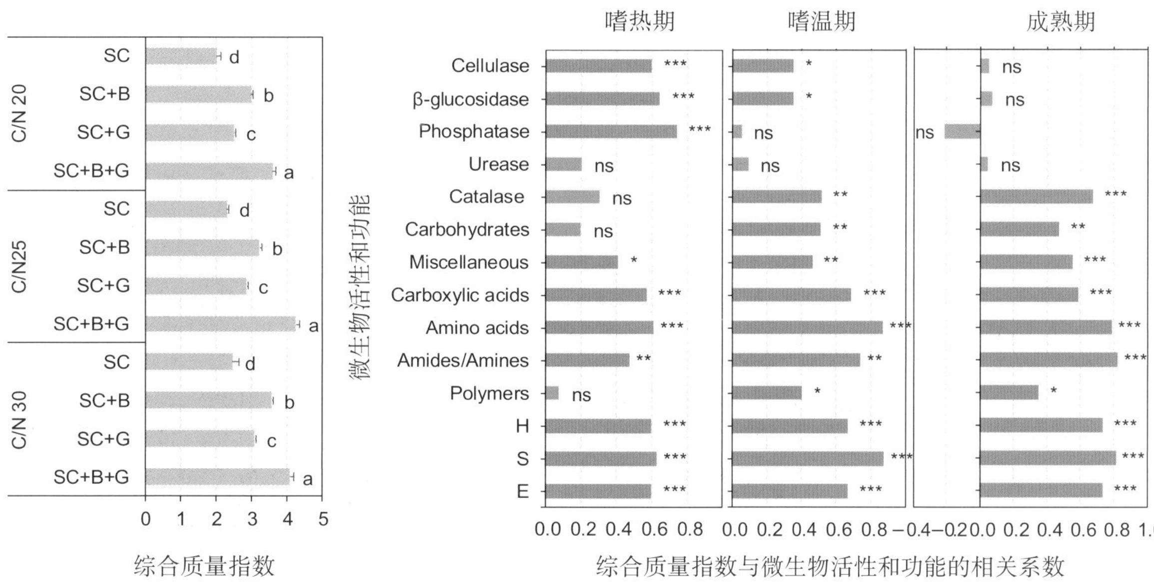

图12-8　柠条好氧发酵熟化产品的综合质量指数CQI及不同发酵阶段CQI与微生物活性和功能之间的相关系数

四、农林废弃物枝条粉基质化技术体系的建立

1. 草本秸秆制作园艺基质技术

该技术主要包括草本秸秆粉碎处理，制作时间，碳氮比调节，水分调节，按菌剂状态进行接种，发酵堆的制作，翻堆，发酵时间，物理、化学、生物指标确定等（图12-9）。

2. 日光温室秋冬茬基质栽培辣椒—芹菜间作技术

该技术主要包括品种选择、育苗过程及技术、选用专用育苗基质、壮苗标准、定植前准备、定植时间、水分管理、施肥管理、温湿度管理、光照管理、植株管理、病虫害防治（农业防治措施、物理防治、生物防治、药剂防治）、采收（图12-10）。

图12-9　草木秸秆制作园艺基质翻堆发酵

图12-10　枸杞枝条粉进行辣椒—芹菜间作栽培

3. 日光温室基质栽培嫁接茄子平茬生产技术

该技术主要包括：选用高效节能二代或三代日光温室，如图12-11所示。选择非茄科作物种植过的基质，理化性状良好，pH 5.5 ~ 6.5，符合蔬菜需求的主要养分含量指标要求。生产技术步骤主要包括品种选择、接穗选择、栽培槽建造、消毒、杀菌处理、定植时间、定植密度、水肥管理、施肥制度、湿度管理、光照管理、植株管理、平茬、平茬后管理、病虫害防治等。

4. 日光温室秋冬茬基质栽培芹菜技术

该技术主要包括：品种选择、栽培技术、育苗基质、苗期管理、定植后管理（温度管理、植株管理）、病虫害防治（农业防治、张挂黄蓝板防治、利用杀虫灯防治、生物防治）、采收。

图12-11　日光温室基质栽培嫁接茄子平茬生产

以上4种技术均已建立并推广应用，与此同时，根据这些技术相关机构还制定了多项技术规程，如图12-12所示。

http://www.nstd.org.cn/
DB64
宁夏回族自治区地方标准
DB 64/ T1246—2016
草本秸秆生产园艺基质技术规程
2016-12-28发布　2017-03-28实施
宁夏回族自治区质量技术监督局　发布

DB64
宁夏回族自治区地方标准
DB 64/ T1631—2019
日光温室秋冬茬基质栽培辣椒-芹菜间作生产技术规程
2019-02-12发布　2019-05-12实施
宁夏回族自治区市场监督管理厅　发布

DB64
宁夏回族自治区地方标准
DB 64/ T1627—2019
日光温室基质栽培嫁接茄子平茬生产技术规程
2019-02-17发布　2019-06-12实施
宁夏回族自治区市场监督管理厅　发布

DB64
宁夏回族自治区地方标准
DB 64/T 1728—2020
日光温室秋冬茬基质栽培芹菜技术规程
2020-05-18发布　2020-08-18实施
宁夏回族自治区市场监督管理厅　发布

图12-12　农林废弃物园艺基质化利用形成的多项技术规程

成果十三　矮化苹果园秸秆基质化利用与产业化示范

一、作物秸秆果园机械化分层覆盖关键技术研究

作物秸秆果园机械化覆盖包括作物秸秆果园行间机械化分层覆盖和作物秸秆果园株间机械化覆盖或条铺。将果园周边区域的秸秆（散料或整捆）等无害废弃物用果园秸秆覆盖机直接覆盖于果园行间或株间，覆盖厚度为5 ～ 20 cm，并同步完成养分平衡调整和薄土盖压，薄土盖压厚度为2 ～ 3 cm；将菌渣、畜禽粪肥等废弃物无害化处理（堆肥）后用覆盖机覆盖于果园行间，并同步完成养分平衡调整和薄土盖压。农业废弃物覆盖厚度或覆盖量根据需求可灵活调整，调整范围为5 ～ 50t/hm^2。必要时，可在覆盖作业时，同步对废弃物覆盖层喷施生物菌剂或杀菌剂，以调控覆盖层腐解速率（图13-1、图13-2）。

图13-1　果园行间秸秆基质机械化分层覆盖技术模式

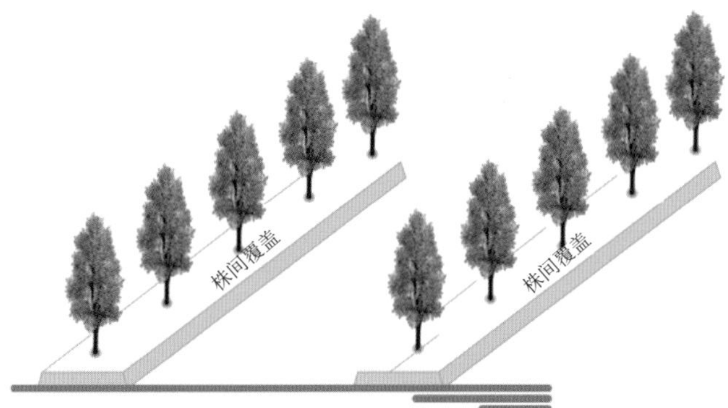

图13-2　果园株间秸秆基质机械化覆盖技术模式

二、果园秸秆覆盖腐解规律与秸秆基质配制工艺技术研究

为探明分层覆盖秸秆的腐解规律和添加剂的影响规律，课题组以小麦、玉米、大豆、秸秆为研究对象，分别添加腐熟剂和杀菌剂，同时设置无添加处理组为对照组，在室外容器中模拟秸秆分层覆盖，研究秸秆层的腐解和厚度随时间变化的特征，以及与环境水热因素的相关性。结果表明，分层覆盖秸秆的腐解率（图13-3）和厚度随时间的变化特征分别符合一级动力学反应和指数衰减模型，拟合方程的R^2分别为0.988 6 ～ 0.994 3和0.984 8 ～ 0.991 4；其中秸秆层腐解率与环境温度呈显著正相关，与降水量相关性不显著。腐熟剂在试验初期能有效提高秸秆层腐解速率和厚度下降速率，240 d时添加腐熟剂的小麦、玉米、大豆秸秆层的腐解率和厚度下降率分别显著高于无添加同种秸秆对照组10.65%、7.55%、15.48%和21.08%、8.15%、8.37%。杀菌剂在试验初期延缓秸秆腐解，240 d时添加杀菌剂的小麦、玉

米、大豆秸秆层的腐解率和厚度下降率分别低于无添加同种秸秆对照组2.86%、4.45%、5.24%和7.67%、19.59%、7.67%，但差异未达显著水平。本研究可为秸秆覆盖作业周期的确定及腐解速率调控提供理论依据。

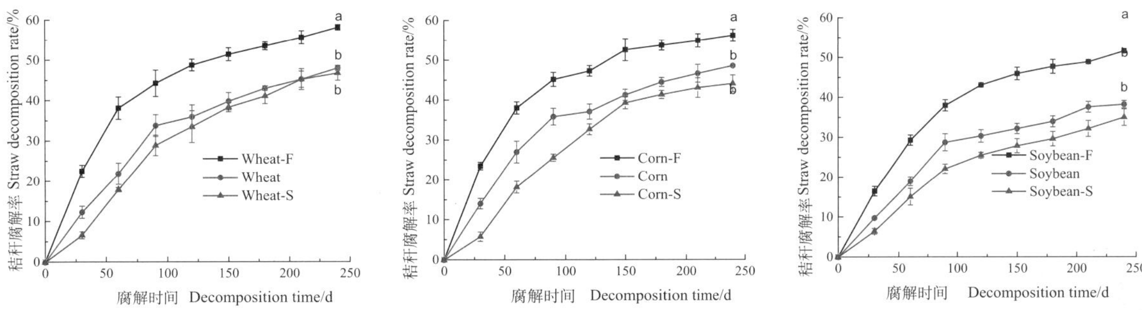

小麦秸秆　　玉米秸秆　　大豆秸秆

图13-3　不同添加剂的秸秆腐解率变化规律

以陕西为例，课题组确定了果园秸秆覆盖时机和周期。6月份，小麦秸秆收获后直接用于果园覆盖；10月份，玉米、大豆秸秆收获后直接用于果园二次覆盖，一年两次覆盖，为果园秸秆分层覆盖最优覆盖工艺。根据秸秆腐解速率估算，6月份第一次覆盖厚度为15cm的小麦秸秆层至第二次覆盖时（10月份），残余的厚度＞（8.6±0.4）cm，第二次覆盖15 cm的玉米秸秆层，到次年第一次覆盖时（6月份），残余的厚度＞（6.6±2.2）cm。覆盖层降解速率可通过添加剂来调控，并利用温度、水分进行预测。研究可为果园秸秆基质配制工艺制定、果园秸秆机械化分层覆盖作业时机和周期制定提供理论依据。为了简化苹果园覆盖秸秆基质配制，提高作业效率，本课题将苹果园覆盖秸秆基质配制与秸秆覆盖铺料过程相结合，实现边覆盖、边配制。通过研制的车载式解捆铺料装置进行铺料覆盖作业。同时，覆盖机上加装的菌剂喷雾系统同步将菌剂喷洒于下落的秸秆中。覆盖机上有一个80m^{3}的菌剂箱和高压雾化器，可以自动完成配料过程。

三、旱区果园秸秆覆盖装备研发与示范

为了实现旱区果园秸秆覆盖机械化，课题组结合农业废弃物资源化高效利用，研制了一种果园秸秆覆盖机，能将秸秆等农业废弃物均匀覆盖于矮砧苹果园行间（图13-4）。该机械采用自走式履带底盘和车箱大容积设计，以提高对果园环境的适应性和作业效率。由液压马达驱动的车箱链板拨料机构和下料辊相配合，实现连续定量铺料，厚度可调。试验结果表明，秸秆覆盖厚度均匀，菌渣覆盖厚度标准差不高于1.37mm，宽度满足要求；下料辊正转时，下料量大，可实现厚层覆盖，此时下料辊转速与覆盖厚度正相关；下料辊反转时，下料量小，可实现薄层覆盖，此时拨料机构转速与覆盖厚度正相关。课题组建立了菌渣覆盖厚度与车速、下料辊（或拨料机构）转速的二元线性模型，$R^2 \geqslant 0.979$，表明覆盖厚度可在3.6 ～ 13.1cm灵活调整。覆盖机专业效率不低于0.4 hm^2/h，满足果园规模化秸秆覆盖要求。该机也可用于污染土壤修复、蚯蚓养殖床铺设等作业。课题组为实现旱区果园秸秆机械化覆盖和农业废弃物高效利用提供了新途径和新装备。

图13-4　果园秸秆覆盖机作业试验与示范

四、秸秆基矮砧苹果育苗压条基质速效腐熟技术

传统堆肥腐熟过程较慢，菌渣和猪粪腐熟的时间常为2 ～ 6个月，因而课题组研究利用外源微生物菌剂来加速有机肥发酵过程，减少养分损失，保护环境，提高堆肥速度。通过研究筛选，一种由高效纤维素分解菌、高温放线菌、酵母菌和乳酸菌、土著菌、嗜热脂肪芽孢杆菌组成的专用菌剂有较好的效果。该技术要点如下。

①将菌渣、猪粪等粪肥按重量比为5 ： 2混合制成发酵物料，加入氮肥，调整碳氮比为25 ： 35，调整发酵物料的含水率为55%～ 65%。

②将高效纤维素分解菌、高温放线菌、酵母菌和乳酸菌、土著菌、嗜热脂肪芽孢杆菌扩大培养，按重量比2 ： 3 ： 2 ： 2 ： 1的比例混合制成促腐堆肥复合发酵菌剂。

③取制好的复合发酵菌剂1份和活化剂50份均匀混合，2 ～ 3 h后加入1 ～ 2份发酵物料充分搅拌并增氧8 ～ 10 h，然后按占发酵物料重量0.05%～ 0.15%的比例均匀接种到发酵物料中。

④将接种好的发酵物堆成高1.5m、宽3m的长条堆垛，断面形状为梯形；底部铺设1至2条40mm的PVC管道，PVC管上铺一层防管壁小孔被堵塞的尼龙纺织布

或网布，PVC管接鼓风机。料堆中沿长度间隔栽植几个用水稻秸秆、麦秆捆绑好的秸秆束，间距1.5m，秸秆束底部与PVC管贯通，上部到顶，秸秆束直径10cm左右。

⑤通过鼓风机给料堆通气，接种发酵物料开始升温阶段及高温发酵阶段的通气量为每立方米料堆0.1m^3/h，降温发酵阶段的通气量为每立方米料堆0.05m^3/h，最终完成促腐堆肥复合发酵菌剂进行好氧高温静态堆肥的过程。该方法适于果园或苗圃现场快速堆肥腐熟，减少了翻堆过程。夏季一般15d，冬季一般20d。秸秆粉料用于育苗，可以不堆肥腐熟，加腐熟粪肥后可直接施用。

试验效果如图13-5所示。

图13-5　矮砧苹果育苗压条基质试验及效果

成果十四　规模化利用作物秸秆大量饲养经济昆虫及乳酸发酵

一、建立了以作物秸秆为基质原料的昆虫饲料配方

为提高作物秸秆利用率，课题组采用微生物–昆虫两步法转化作物秸秆（图14-1）。通过系列筛选发现，经枯草芽孢杆菌或绿色木霉/酵母混合发酵后的玉米秸秆、小麦秸秆转化率高，纤维素、半纤维素和木质素质量呈极显著下降。纤维素、半纤维素和木质素在玉米秸秆中的移除率分别为13.27%、8.41%、4.29%（图14-2），在小麦秸秆中的移除率分别为4.46%、9.18%、1.83%。经昆虫取食转化后，秸秆中的这三大成分含量极显著下降。PCR和q-PCR检测结果表明，枯草芽孢杆菌能在昆虫肠道中驻留，协助幼虫转化秸秆，添加第5d后，发现其肠道内枯草芽孢杆菌相对含量是对照组的5.64倍。目前，课题组已研制完成了以玉米秸秆/小麦秸秆为基质原料的昆虫饲料配方，可用于大量饲养家蝇、大头金蝇、黑水虻、黄粉虫、橘小实蝇、柑橘大实蝇等昆虫。饲料转化率从高到低依次为玉米秸秆、小麦秸秆、纯麦麸，玉米秸秆饲料转化率最高为16.19%。最佳秸秆饲料配方为秸秆：麦麸（质量比）= 1 ： 1，每250g饲料中添加200mg的初孵幼虫。上述研究结果为促进秸秆规模化饲养昆虫的产业化提供了科学依据。

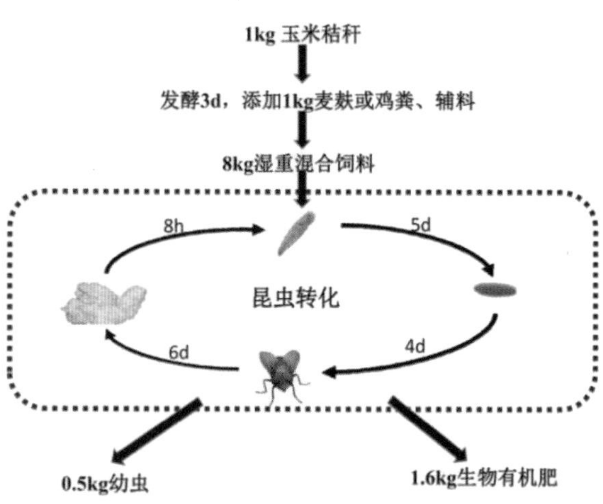

图14-1　微生物与家蝇协同转化作物秸秆

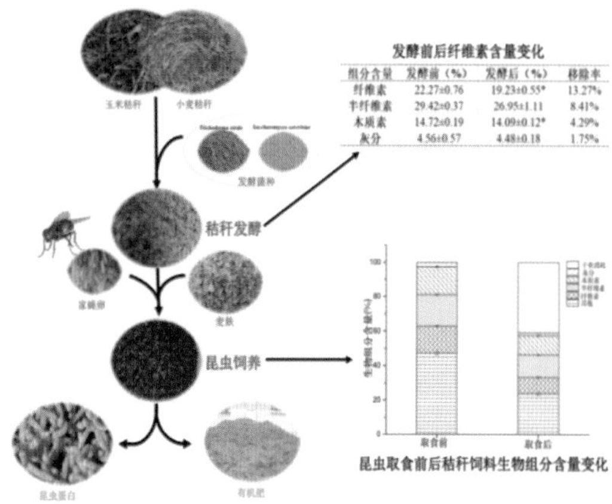

图14-2　大头金蝇转化作物秸秆转化率

二、研发了秸秆饲养的优质昆虫源蛋白饲料

通过秸秆饲料饲养的家蝇、黄粉虫、黑水虻，可用于昆虫蛋白源饲料的产业化开发，以替代目前日益紧缺的进口鱼粉饲料。对秸秆饲养的昆虫进行营养成分测定，结果表明家蝇幼虫蛋白质含量为63.17%～64.57%，脂肪含量为15.63%～18.56%；

黑水虻幼虫蛋白含量为35.1%～39.2%，脂肪含量为28.4%～37.1%；大头金蝇蛋白质含量为62%～65%，脂肪含量为16%～18%；橘小实蝇蛋白含量为41%～43%，脂肪含量为18%～19%。其营养成分均达到国家标准，可作为优质的昆虫源蛋白饲料。对幼虫取食后的玉米和小麦秸秆饲料残渣进行测定，结果表明其有机质含量（90.5%～91.75%）远高于国家标准，可作为有机肥的原料。研究进一步利用幼虫蛋白粉饲养肉仔鸡，结果表明饲料中添加家蝇蛋白粉可以促进肉仔鸡的生长，提高其免疫力。研究发现幼虫蛋白粉的添加可显著提高肉仔鸡的重量，日增重提高了13%，降低了料重比（1.53），提高了经济效益。对肉仔鸡屠宰后免疫器官称重和血清中抗氧化指标进行测定，结果表明蛋白粉的添加可显著提高肉仔鸡的胸腺指数。华中农业大学联合河南诸美集团对秸秆饲养家蝇的技术进行了示范推广，举办技术培训，获得了显著的社会效益、生态效益和经济效益。通过利用家蝇转化作物秸秆，大量生产昆虫蛋白源饲料和生物有机肥，形成了秸秆处理、昆虫蛋白和有机肥生产的生态循环模式（图14-3）。

图14-3　秸秆规模化生产昆虫饲料生态循环模式

三、开创了利用秸秆饲养的传粉昆虫生态循环新模式

秸秆规模化饲养大头金蝇，对其进行低温驯化，使其能在早春低温下访花。利用大头金蝇对设施农业油菜、草莓、番茄等授粉，提高了作物产量和质量，可替代蜜蜂作为授粉昆虫，为发展生态农业及秸秆综合利用提供了新模式。课题组筛选大头金蝇耐寒品系并进行低温驯化：添加3%脯氨酸可显著降低成虫过冷却点及缩短冷昏迷恢复时间，大头金蝇在极端低温下（−6℃）的存活率由22%提高到35%（图14-4）。研究人员开发了成虫释放新模式：当温室平均温度在18℃以上时，将蛹置于自行发明的释放装置中，悬挂于温室大棚，成虫在达到有效积温后飞出，寻找食物并为作物授粉。成虫携带花粉主要依靠身体各部位上的鬃毛。笼罩授粉实验显示，相对于对照组，大头金蝇授粉的油菜角果长度增加19%，每角果籽粒数增加24%，千粒重增加13%，株产量提高35%。研究人员进一步进行大棚油菜育种试验，结果显示大头金蝇授粉与中华蜜蜂授粉对油菜角果长度、每角果籽粒数无显著影响（图14-5）。其坐果率虽略低于蜜蜂授粉，但极大降低了授粉成本（每棚蜜蜂成本为400元，大头金蝇仅为20元）。

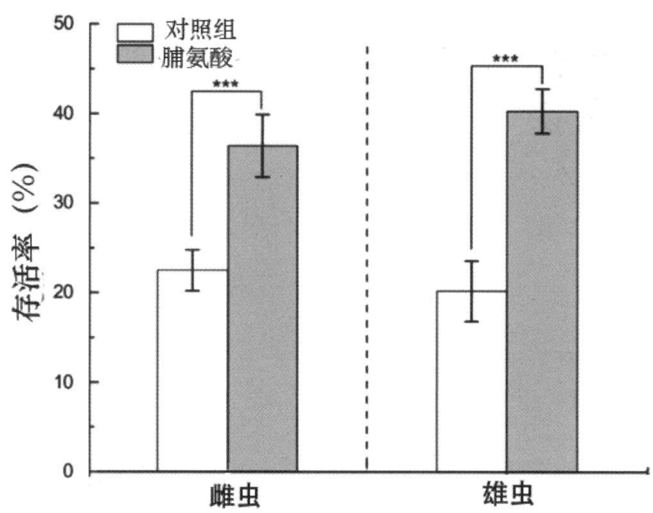

图14-4　3%脯氨酸饲喂对大头金蝇低温存活率影响

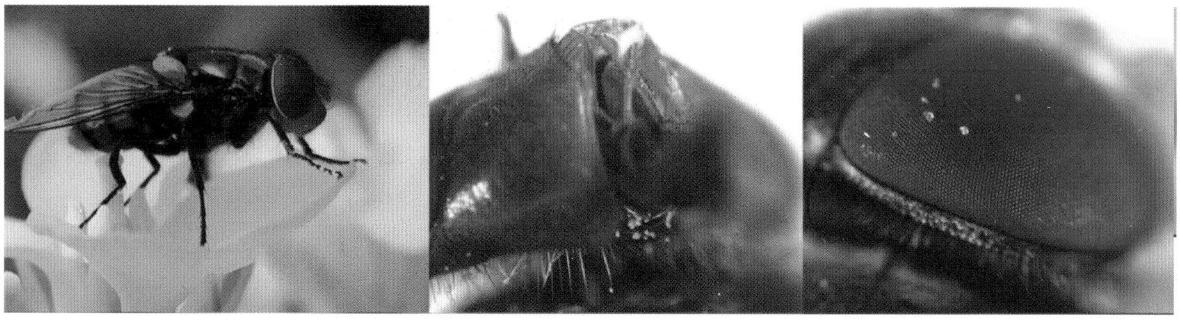

(a)　(b)　(c)

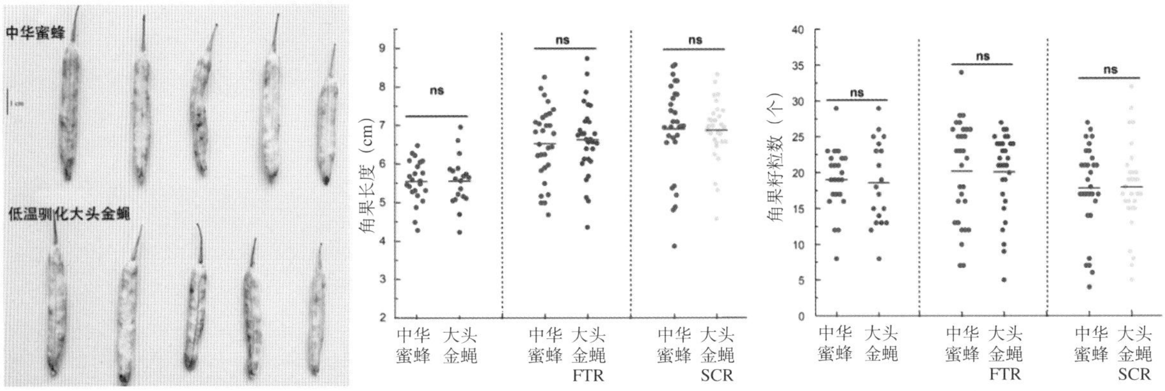

(d) (e) (f)

(a) 大头金蝇访花；(b) 大头金蝇头部及喙携带花粉；(c) 大头金蝇复眼携带花粉；(d)、(e)、(f) 蜜蜂授粉油菜角果与大头金蝇授粉油菜角果对比。

图14-5　大头金蝇携粉部位及授粉对育种油菜产量影响

四、揭示了昆虫肠道微生物转化作物秸秆的机制

昆虫肠道内存在共生的微生物，包括细菌、真菌等，协助昆虫将秸秆中的纤维素、半纤维素等成分转化为营养物质，促进其生长发育。课题组利用多种培养基分离鉴定了大头金蝇（图14-6）、家蝇、橘小实蝇、柑橘大实蝇等昆虫肠道可培养细菌，基于16S rRNA序列构建昆虫肠道可培养细菌系统进化树，其中假单胞菌属*Pseudomonas*、梭菌属*Clostridium*、乳酸菌属*Lactobacillus*、鲁梅利杆菌属*Ruminococcus*等在幼虫期所占比例较高，能降解作物秸秆饲料中的纤维素、半纤维素和木质素。研究人员通过宏基因组、宏转录组等高通量测序技术进一步明确了

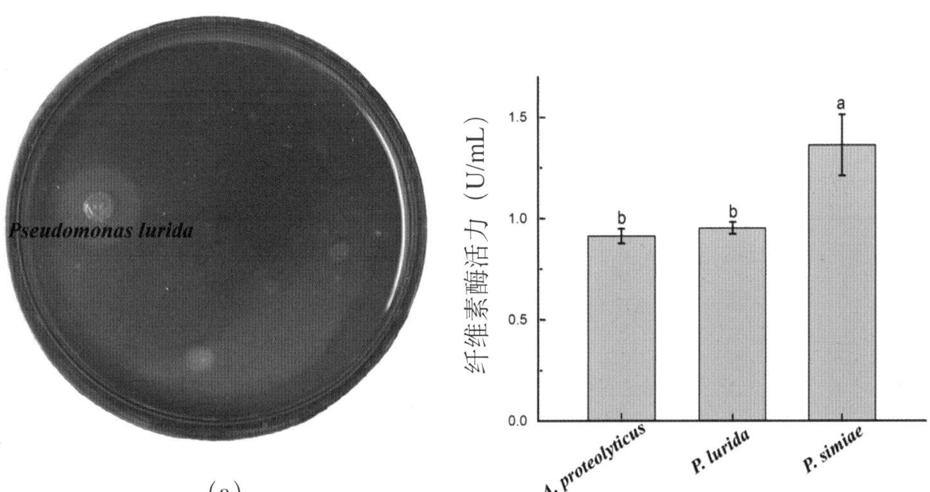

(a) (b)

(a) 纯化培养的肠道细菌在CMC培养基上的生长情况，菌落周围透明圈（黄色）证明菌种具有纤维素酶；(b) *Acinetobacter proteolyticus*，*Pseudomonas lurida*和*Pseudomonas simiae*纤维素酶活力。

图14-6　大头金蝇肠道细菌纤维素酶活力测定

大头金蝇、橘小实蝇、柑橘大实蝇肠道内降解纤维素的共生物种类、多样性、功能及相关代谢通路。从NCBI数据库中发现上述几种昆虫自身都具有木质纤维降解酶基因，在饲喂作物秸秆饲料后，相关木质纤维降解的基因表达量升高，并调控相关木质素降解基因的表达。上述研究结果揭示了昆虫肠道内的微生物参与降解、转化作物秸秆的生理机制。

另外，课题组以橘小实蝇为材料，从生理生化、分子水平系统阐释了肠道共生物介导的橘小实蝇氮营养成分的获取策略，筛选出介导幼虫氮营养成分的获取途径的优势共生物，揭示了共生物介导的橘小实蝇氮营养循环的调控机制（图14-7），为宿主昆虫-共生物营养互作模式研究提供了新的认知。上述研究结果发表在2022年10月的BMC旗舰刊*BMC BIOLOGY*杂志上。

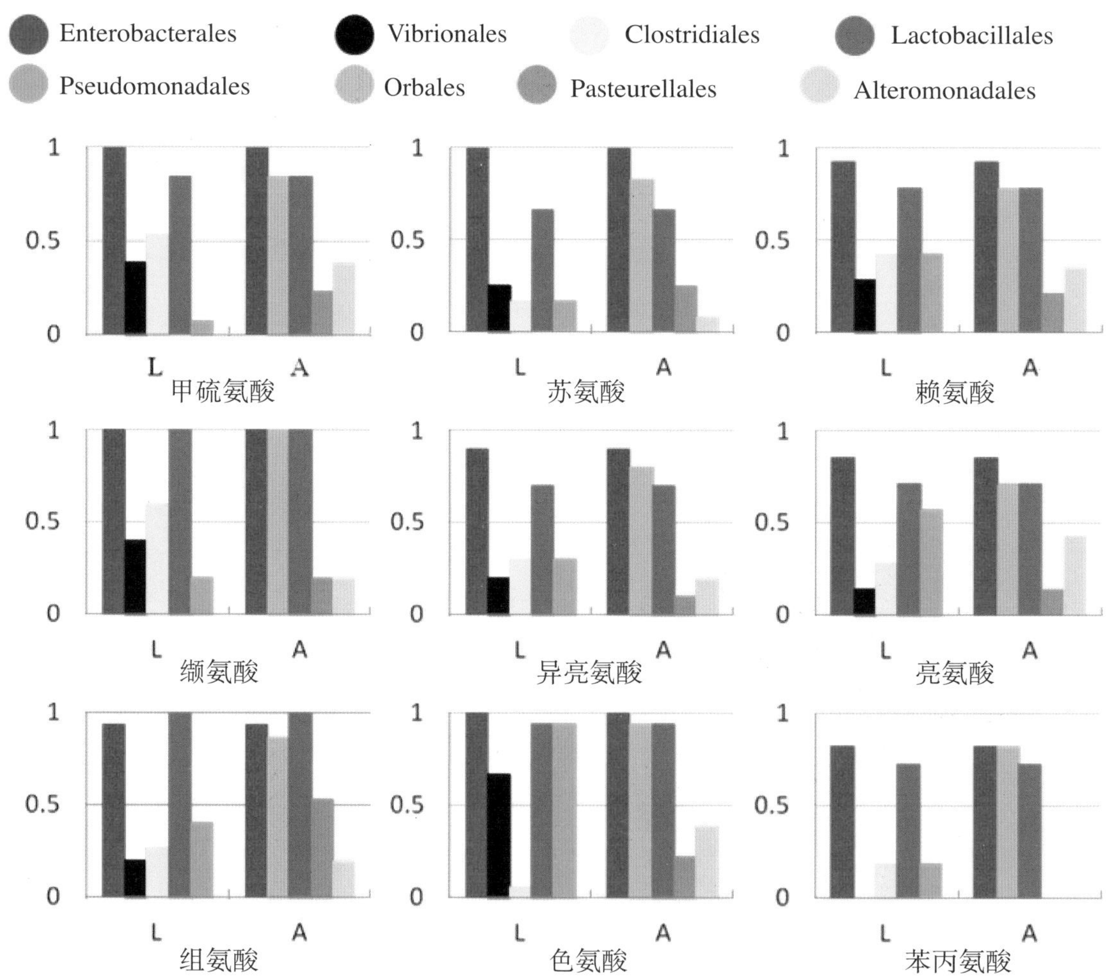

图14-7　橘小实蝇肠道共生物介导必需氨基酸（精氨酸除外）合成过程中的参与程度

五、开发秸秆碱预处理工艺

为了将秸秆（木质纤维素）原料的纤维素、半纤维素多糖转化为生物可利用的单糖和寡糖，需要通过预处理降低细胞壁的顽固性。课题组采用先进的流体粉碎技术将秸秆粉碎到200 ～ 400目，然后利用NH_3和H_2O_2联合预处理并水洗的玉米芯作为发酵原料，乳酸的得率在75%左右，乳酸浓度在120g/L左右；即使利用NH_3和H_2O_2联合预处理但未水洗脱毒的玉米芯，其转化率仍可达到43%左右（Zhang et al.，2016）；同时课题组分离鉴定到一株优良的乳酸菌*Lactobacillus pentosus*。该菌利用NaOH处理并水洗脱毒的秸秆产乳酸转化率达到68%，乳酸浓度达到92g/L（Hu et al.，2016）。该工艺可将多糖尽量保持在处理后的固形物中，减少木质纤维素在处理工程中糖的损失，保持秸秆转化乳酸的高得率。

六、开发了秸秆乳酸发酵的生物脱毒工艺

根据预处理工艺不同，木质纤维素原料在预处理过程中会产生不同的抑制物，对发酵菌株具有毒性并抑制纤维素酶活性。其中，碱预处理会产生酚类化合物（如香草醛、丁香醛、对羟基苯甲醛和阿魏酸等）和弱酸（乙酸、甲酸和乙酰丙酸）等抑制纤维素酶酶解和微生物发酵过程。通过简单水洗工艺可以去除预处理秸秆中的抑制物，并可有效地提高同步糖化发酵过程中乳酸的产量（Hu et al.，2015）。但是，水洗工艺将浪费大量的水资源并造成水污染。因此，该工艺并不能简单地放大应用于实际生产。课题组开发了碱预处理同步氧化工艺，即在弱碱（氨水）溶解木质纤维素的过程中添加0.2%双氧水（H_2O_2）。双氧水可将弱碱溶解木质素形成的酚醛氧化成酚酸，从而降低毒性（图14-8）。在不经过水洗工艺的情况下显著地提高秸秆乳酸的发酵效率（Zhang et al.，2016）。该工艺可以有效地提高以玉米芯为底物的发酵效率，但是对碱处理玉米秸秆的脱毒效果有限。因此课题组开发了华癸库特氏菌的生物脱毒工艺。该工艺中，将碱预处理后并中和的玉米秸秆接种华癸库特氏菌，

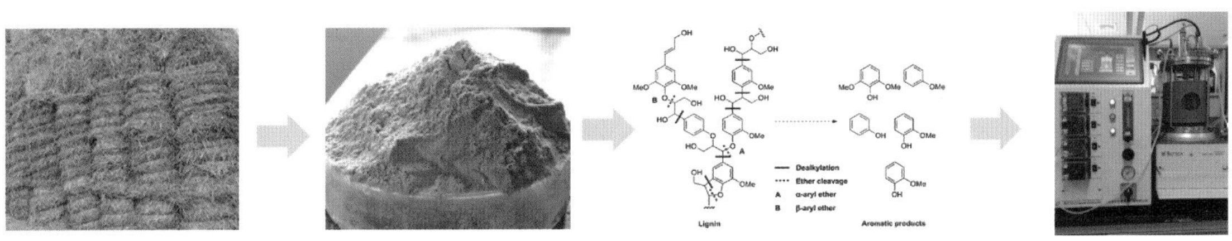

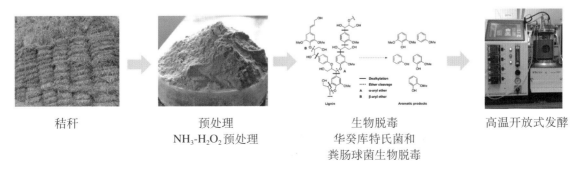

秸秆　　预处理 NH_3-H_2O_2预处理　　生物脱毒 华癸库特氏菌和粪肠球菌生物脱毒　　高温开放式发酵

图14-8　秸秆预处理和生物脱毒工艺流程图

进行液体或固体发酵脱毒，再将脱毒后的玉米秸秆用于同步糖化发酵，生产乳酸。该工艺可显著地提高非水洗秸秆的乳酸发酵效率，节约大量的水资源（Xie et al., 2018）。鉴于华癸库特氏菌生长能力较弱的缺点，课题组又筛选了一系列脱毒菌株，包括*Enterococcus faecalis* B101，*Acinetobacter calcoaceticus* C1和*Pseudomonas aeruginosa* CS，都具有较强的脱毒能力且生长性能好于华癸库特氏菌，可以作为生物脱毒菌株用于秸秆乳酸发酵（Liu et al.）。其中，*Enterococcus faecalis*是一种饲用益生菌，可以直接用于秸秆乳酸生物饲料的生产。

七、开发了高温开放式乳酸发酵工艺

底物灭菌并维持发酵罐无菌状态是发酵工艺中成本较高的环节。课题组鉴定到的凝结芽孢杆菌（*Bacillus coagulans*）LA204，戊糖乳杆菌（*Lactobacillus pentosus*）FL0421（Hu et al., 2015；Hu et al., 2016）和乳酸片球菌（*Pediococcus acidilactici*）FL402等乳酸菌均能够高效地利用秸秆水解物发酵生产乳酸。其中*B. coagulans* LA204和*P. acidilactici* FL402以秸秆水解液为底物发酵生产乳酸的最适温度分别是50℃和42℃，高于绝大多数发酵污染菌株（图14-9）。因此课题组开发了*B. coagulans* LA204开放式（不灭菌底物）条件下的同步糖化发酵秸秆、玉米芯生产乳酸的工艺，使乳酸生产水平达到已报道的国际先进水平，同时大大降低了能

Table 2

Recent results on microbial production of aliphatic compounds from starchy and lignocellulosic biomass

Product	Biomass	Strain	Process	Titer (g/L)	Productivity (g/L/h)	Yield (g/g)	Reference
1,3-Propanediol	Crude glycerol	*Escherichia coli*	Batch	10.6	0.188[a]	0.33	[32]
1,5-Pentanediamine (cadaverine)	Starch (soluble)	*Corynebacterium glutamicum*	CBP	2.39	0.2	0.048	[20]
1,5-Pentanediamine (cadaverine)	Glucose	*C. glutamicum*	Fed-batch	88	2.2	0.283	[65**]
5-Aminovalerate	Glucose	*E. coli*	Fed-batch	0.5	0.02[a]	0.025	[33]
cis,cis-Muconic acid	Model lignin-derived compound	*Pseudomonas putida* KT2440	Fed-batch	13.5	0.225[a]	ND	[31*]
Itaconic acid	Glucose	*Yarrowia lipolytica*	Batch	4.6	0.045	0.058	[34]
Itaconic acid	Glucose	*E. coli*	Batch	0.086	0.002[a]	0.01	[35]
Lactate	Cellooligosaccharides and beta-glucan	*Lactobacillus plantarum*	CBP	1.47	0.049[a]	0.588[a]	[28]
Lactate	Starch (soluble)	*C. glutamicum*	CBP	88.9	1.78[a]	0.73	[17**]
Lactate	Non-detoxified wood (enzymatic hydrolysate)	*Lactobacillus paracasei* 7BL	SHF (fed-batch)	99	3.23	0.96	[21*]
Lactate	Sugarcane bagasse (acid-base and subsequent enzymatic hydrolysate)	*Bacillus sp.*	SHF	185	1.93	0.99	[22**]
Lactate	Bagasse sulfite pulp	*Bacillus coagulans* CC17	SSF	20.7	0.62[a]	0.93	[24]
Lactate	Corn stover NaOH-pretreated non-sterile	*B. coagulans* LA204	SSF (fed batch)	97.6	1.63	0.68	[23*]
Lactate	[illegible]	[illegible]	SSF	60	1.5[a]	0.8	[25]
Lactat	[illegible]	[illegible]	[illegible]	[illegible]	[illegible]	[illegible]	[illegible]
Lactat	[illegible]	[illegible]	[illegible]	[illegible]	[illegible]	[illegible]	[illegible]
Lactat	[illegible]	[illegible]	[illegible]	[illegible]	[illegible]	[illegible]	[illegible]
Succir	[illegible]	[illegible]	[illegible]	[illegible]	[illegible]	[illegible]	[illegible]
Succir	[illegible]	[illegible]	[illegible]	[illegible]	[illegible]	[illegible]	[illegible]
Succir	[illegible]	[illegible]	[illegible]	[illegible]	[illegible]	[illegible]	[illegible]
Succir	[illegible]	[illegible]	[illegible]	[illegible]	[illegible]	[illegible]	[illegible]

23. Hu JL, Zhang ZT, Lin YX, et. al.
• **High-titer lactic acid production from NaOH-pretreated corn stover by *Bacillus coagulans* LA204 using fed-batch simultaneous saccharification and fermentation under non-sterile condition.** *Bioresour Technol* 2015. **182**:251-257.
Fed-batch SSF of non-sterile corn stover with thermophilic *B. coagulans* produced lactic acid at a high yield (98 g/L).

图14-9 Kawaguchi等比较了本项目秸秆乳酸发酵成果的优势与特点（Kawaguchi et al., 2016）

耗并优化了工艺步骤。同时该工艺也成功地应用于发酵生物脱毒的秸秆生产乳酸。

八、乳酸秸秆饲料发酵工艺

秸秆开发制成反刍动物饲料具有天然的优势：发酵过程相对简单，产物不需要复杂的纯化工艺。但是秸秆本身适口性差、动物采食率低、蛋白质和营养物质含量低，限制了秸秆直接发酵生产饲料的可行性。课题组利用氨水和双氧水预处理玉米秸秆，经水洗后分步加入纤维素酶和10%糖蜜作为补充碳源，然后加入乳酸菌和酵母菌分批进行厌氧和好氧发酵（图14-10）。乳酸厌氧发酵结束后酸度达到3%，秸秆中乳酸菌菌数达到1.6×10^9 CFU/g，真蛋白含量达到9.35%。再经过好氧发酵后纤维素从最初的34.7%降低到16.0%，半纤维素从15.2%降低到7.2%，木质素从20.7%增加到32.2%；秸秆中酵母菌菌数达到3.6×10^9 CFU /g，真蛋白含量达到17.0%（表14-1）。该产品达到了苜蓿草的能量和蛋白质含量水平要求，目前正在进行动物（肉牛）饲养实验。同时，课题组利用"基因组洗牌"技术，融合能有效利用秸秆水解液中的葡萄糖发酵生产乙醇的高温酿酒酵母和能利用木糖发酵生产单细胞蛋白的间型假丝酵母（Wu et al.，2018），重组了高温酿酒酵母。该酵母采用同步糖化发酵厌氧和好氧分步发酵生产乙醇和单细胞蛋白的效率达到了较高水平（Ren et al.，2016）。研究结果验证了筛选的假丝酵母菌株利用秸秆水解液发酵生产木糖醇和单细胞蛋白的能力，建立了同步糖化、分步生产木糖醇和单细胞蛋白的工艺（Wu et al.，2018）。

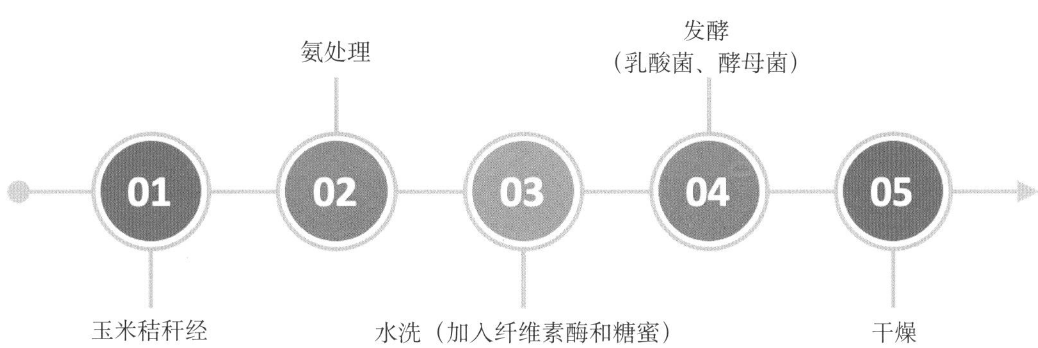

图14-10　秸秆乳酸饲料工艺流程

表14-1　秸秆乳酸菌饲料工艺各阶段产品质量参数

秸秆	纤维素（%）	半纤维素（%）	木质素（%）	灰分（%）	真蛋白（%）	总活菌数（CFU/g）
未处理	32.24 ± 0.56	17.38 ± 0.64	23.13 ± 0.51	11.00 ± 0.22	7.41 ± 0.04	$(7.93 \pm 0.21) \times 10^6$

（续）

秸秆	纤维素（%）	半纤维素（%）	木质素（%）	灰分（%）	真蛋白（%）	总活菌数（CFU/g）
氨/碱预处理	34.70±2.76	15.23±0.87	20.73±0.11	10.46±0.05	8.33±0.52	
水洗氨/碱预处理	37.07±1.09	13.87±1.17	21.36±0.87	10.65±0.10	8.07±0.46	
厌氧发酵结束	34.25±0.00	10.59±0.71	26.71±1.91	11.73±0.22	9.35±1.02	$(1.59±0.33)\times10^9$

九、乳酸菌遗传改造

要提高野生型乳酸菌发酵秸秆生产乳酸的产量、速率和光学纯度，就必须依靠遗传改造，强化其乳酸发酵途径、乳酸盐胁迫适应能力和删除D型或L型生产途径。*B. coagulans* LA204和*L. pentosus* FL0421都能高效地将秸秆水解物转化成乳酸，是优良的遗传改造出发菌株。但是经过长期努力均不能成功转化*B. coagulans* LA204和*L. pentosus* FL0421。课题组利用乳酸菌通用质粒pMG6e成功电转化了*P. acidilactici* FL402，转化效率约5×10^3CFU/μg质粒DNA。课题组进一步利用*P. acidilactici* FL402基因组自身编码的Ⅱ-A型CRISPR-Cas系统，并在pMG6e质粒上克隆“Repeat-Spacer-Repeat”元件和待敲除基因左右臂同源序列，成功敲除了*pyrE*等多个基因，且敲除效率远远高于普通的同源重组交换（图14-11）。课题组应用该方法还成功实现了*P. acidilactici* FL402基因组点突变、基因整合等编辑方法，并获得了专利授权或申请了相关发明专利（图14-12）。

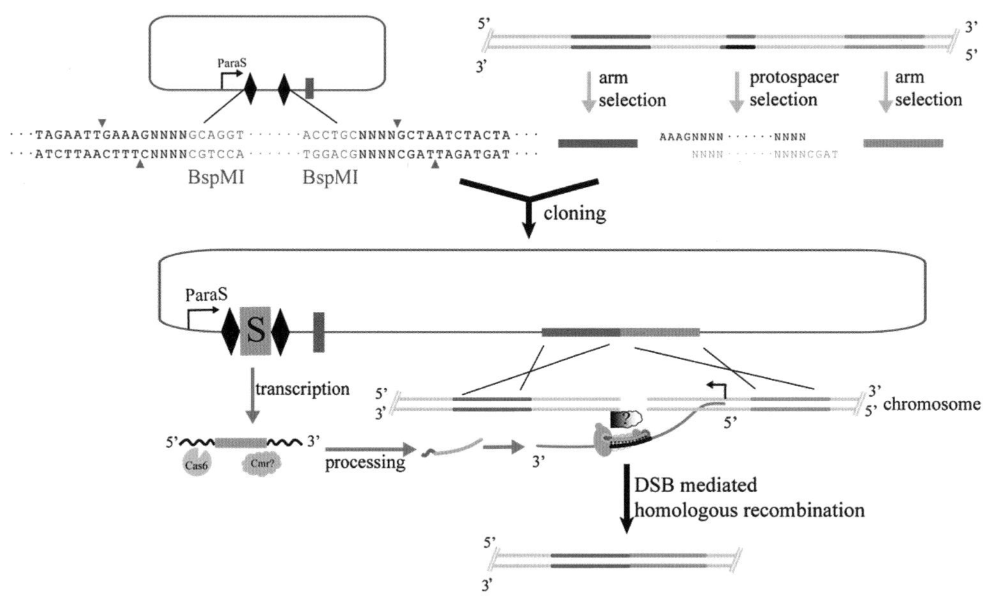

图14-11　乳酸菌基因组编辑策略

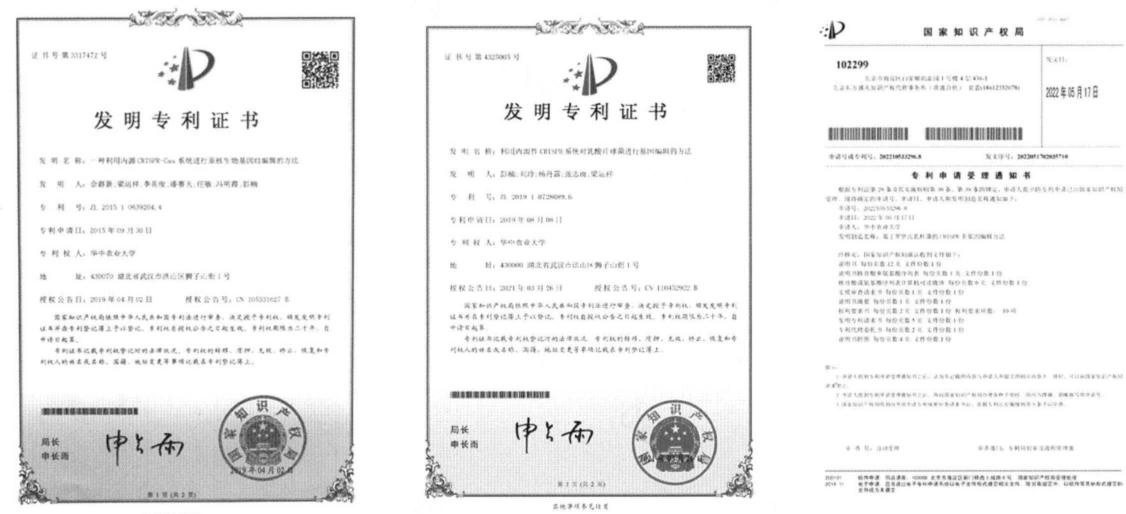

图14-12　授权/申请的基因组编辑专利

第三篇

118篇成果论文索骥

在项目实施的5年中，项目组共完成技术论文118篇，其中关于作物秸秆高效转化生产食用菌的关键技术研究与示范论文59篇，关于秸秆基质作物、瓜菜、果树等栽培和育苗基质技术研究与示范论文50篇，关于规模化利用秸秆饲养经济昆虫及建立乳酸发酵生产技术研究与示范论文9篇。

一、作物秸秆高效转化生产食用菌的关键技术研究与示范

1. Identification of Resistance to Wet Bubble Disease and Genetic Diversity in Wild and Cultivated Strains of *Agaricus bisporus*

刊 载 地：INTERNATIONAL JOURNAL OF MOLECULAR SCIENCES（2016）

作者单位：吉林农业大学

通讯作者：李玉、张志武

内 容 提 要：Outbreaks of wet bubble disease（WBD）caused by *Mycogone perniciosa* are increasing across the world and seriously affecting the yield of *Agaricus bisporus*. However, highly WBD-resistant strains are rare. Here, we tested 28*A. bisporus* strains for WBD resistance by inoculating *M. perniciosa* spore suspension on casing soil，and assessed genetic diversity of these strains using 17 new simple sequence repeat（SSR）markers developed in this study. We found that 10wild strains originating from the Tibetan Plateau in China were highly WBD-resistant strains，and 13 cultivated strains from six countries were highly susceptible strains. A total of 88 alleles were detected in these 28 strains，and the observed number of alleles per locus ranged from 2 to 8. Cluster and genetic structure analysis results revealed the wild resources from China have a relatively high level of genetic diversity and occur at low level of gene flow and introgression with cultivated strains. Moreover，the wild strains from China potentially have the consensus ancestral genotypes different from the cultivated strains and evolved independently. Therefore，the highly WBD-resistant wild strains from China and newly developed SSR markers could be used as novel sources for WBD-resistant breeding and quantitative trait locus（QTL）mapping of WBD-resistant gene of *A. bisporus*.

International Journal of *Molecular Sciences*

MDPI

Article

Identification of Resistance to Wet Bubble Disease and Genetic Diversity in Wild and Cultivated Strains of *Agaricus bisporus*

Yongping Fu [1,†], Xinxin Wang [1,†], Dan Li [1], Yuan Liu [1], Bing Song [1], Chunlan Zhang [1], Qi Wang [1], Meiyuan Chen [2], Zhiwu Zhang [3,*] and Yu Li [1,*]

1 Engineering Research Center of Chinese Ministry of Education for Edible and Medicinal Fungi, College of Agriculture, Jilin Agricultural University, Changchun 130118, China; yongping.fu@jlau.edu.cn (Y.F.); wxx7418520@163.com (X.W.); junwuzhongxin@126.com (D.L.); liuyuandbl@jlau.edu.cn (Y.L.); song19800123@jlau.edu.cn (B.S.); zhangchun_lan@yeah.net (C.Z.); qwang2003@hotmail.com (Q.W.)

2 The Institute of Edible Fungi, Fujian Academy of Agricultural Sciences, Fuzhou 350014, China; cmy1972@gmail.com

3 Department of Crop and Soil Sciences, Washington State University, Pullman, Washington, DC 99163, USA

* Correspondence: zhiwu.zhang@wsu.edu (Z.Z.); yuli966@126.com (Y.L.); Tel.: +86-431-8453-2989 (Y.L.)

† These authors contributed equally to this work.

Academic Editor: Jianhua Zhu
Received: 10 July 2016; Accepted: 9 September 2016; Published: 22 September 2016

Abstract: Outbreaks of wet bubble disease (WBD) caused by *Mycogone perniciosa* are increasing across the world and seriously affecting the yield of *Agaricus bisporus*. However, highly WBD-resistant strains are rare. Here, we tested 28 *A. bisporus* strains for WBD resistance by inoculating *M. perniciosa* spore suspension on casing soil, and assessed genetic diversity of these strains using 17 new simple sequence repeat (SSR) markers developed in this study. We found that 10 wild strains originating from the Tibetan Plateau in China were highly WBD-resistant strains, and 13 cultivated strains from six countries were highly susceptible strains. A total of 88 alleles were detected in these 28 strains, and the observed number of alleles per locus ranged from 2 to 8. Cluster and genetic structure analysis results revealed the wild resources from China have a relatively high level of genetic diversity and occur at low level of gene flow and introgression with cultivated strains. Moreover, the wild strains from China potentially have the consensus ancestral genotypes different from the cultivated strains and evolved independently. Therefore, the highly WBD-resistant wild strains from China and newly developed SSR markers could be used as novel sources for WBD-resistant breeding and quantitative trait locus (QTL) mapping of WBD-resistant gene of *A. bisporus*.

Keywords: *Agaricus bisporus*; *Mycogone perniciosa*; highly resistant; SSR; population structure

1. Introduction

Agaricus bisporus is widely cultivated throughout the world. Because of its high nutritional value, this mushroom has been an important component of the human diet for more than 200 years. Currently, large-scale commercial production of *A. bisporus* occurs mainly in North America (USA, Canada), Europe (The Netherlands, France) and Asia (China, South Korea, and India) [1–4]. However, as regions under commercial cultivation continuously expand, the occurrence of diseases caused by fungal, bacterial, and viral pathogens are also increasing. These diseases severely affect the yield and quality of *A. bisporus* [4–6].

Wet bubble disease (WBD), one of the most devastating fungal diseases affecting commercial cultivation of *A. bisporus* worldwide, is caused by *Mycogone perniciosa* [7–10]. Smith et al. (1924) [11]

2. Development of Novel Polymorphic EST-SSR Markers in Bailinggu (*Pleurotus tuoliensis*) for Crossbreeding

刊 载 地：GENES（2017）

作者单位：吉林农业大学

通讯作者：李玉、付永平

内容提要：Identification of monokaryons and their mating types and discrimination of hybrid offspring are key steps for the crossbreeding of *Pleurotus tuoliensis* (Bailinggu). However，conventional crossbreeding methods are troublesome and time consuming. Using RNA-seq technology，we developed new expressed sequence tag-simple sequence repeat (EST-SSR)markers for Bailinggu to easily and rapidly identify monokaryons and their mating types，genetic diversity and hybrid offspring. We identified 1 110 potential EST-based SSR loci from a newly-sequenced Bailinggu transcriptome and then randomly selected 100 EST-SSRs for further validation. Results showed that 39，43 and 34 novel EST-SSR markers successfully identified monokaryons from their parent dikaryons，differentiated two different mating types and discriminated F1and F2 hybrid offspring，respectively. Furthermore，a total of 86 alleles were detected in 37 monokaryons using 18 highly informative EST-SSRs. The observed number of alleles per locus ranged from three to seven. Cluster analysis revealed that these monokaryons have a relatively high level of genetic diversity. Transfer rates of the EST-SSRs in the monokaryons of closely-related species Pleurotus eryngii var. ferulae and Pleurotus ostreatus were 72% and 64%，respectively. Therefore，our study provides new SSR markers and an efficient method to enhance the crossbreeding of Bailinggu and closely-related species.

genes MDPI

Article

Development of Novel Polymorphic EST-SSR Markers in Bailinggu (*Pleurotus tuoliensis*) for Crossbreeding

Yueting Dai [1], Wenying Su [1], Chentao Yang [2], Bing Song [1], Yu Li [1,*] and Yongping Fu [1,*]

1 Engineering Research Center of Chinese Ministry of Education for Edible and Medicinal Fungi, Jilin Agricultural University, Changchun 130118, China; daiyueting18@jlau.edu.cn (Y.D.); suwenying1001@jlau.edu.cn (W.S.); song19800123@jlau.edu.cn (B.S.)

2 China National GeneBank, Environmental Genomics, Beijing Genomics Institute, Shenzhen 518083, China; yangchentao@genomics.cn

* Correspondence: yuli966@126.com (Y.L.); yongping.fu@jlau.edu.cn (Y.F.); Tel.: +86-431-8453-2989 (Y.F.)

Academic Editor: Juan Francisco Martín
Received: 16 October 2017; Accepted: 8 November 2017; Published: 17 November 2017

Abstract: Identification of monokaryons and their mating types and discrimination of hybrid offspring are key steps for the crossbreeding of *Pleurotus tuoliensis* (Bailinggu). However, conventional crossbreeding methods are troublesome and time consuming. Using RNA-seq technology, we developed new expressed sequence tag-simple sequence repeat (EST-SSR) markers for Bailinggu to easily and rapidly identify monokaryons and their mating types, genetic diversity and hybrid offspring. We identified 1110 potential EST-based SSR loci from a newly-sequenced Bailinggu transcriptome and then randomly selected 100 EST-SSRs for further validation. Results showed that 39, 43 and 34 novel EST-SSR markers successfully identified monokaryons from their parent dikaryons, differentiated two different mating types and discriminated F_1 and F_2 hybrid offspring, respectively. Furthermore, a total of 86 alleles were detected in 37 monokaryons using 18 highly informative EST-SSRs. The observed number of alleles per locus ranged from three to seven. Cluster analysis revealed that these monokaryons have a relatively high level of genetic diversity. Transfer rates of the EST-SSRs in the monokaryons of closely-related species *Pleurotus eryngii* var. *ferulae* and *Pleurotus ostreatus* were 72% and 64%, respectively. Therefore, our study provides new SSR markers and an efficient method to enhance the crossbreeding of Bailinggu and closely-related species.

Keywords: *Pleurotus tuoliensis*; expressed sequence tag-simple sequence repeat; monokaryon; genetic diversity; transferability

1. Introduction

Pleurotus tuoliensis [1], also known as Bailinggu, is one of the many significant, choice edible mushrooms [2]. Bailinggu was first cultivated successfully in China in 1986 [3]. In recent years, more research has been devoted to its genetic diversity, breeding and cultivation [1–5]. Presently, however, only six varieties are used for commercial cultivation. Therefore, strengthening the genetics and breeding of Bailinggu is urgently needed.

Crossbreeding plays an important role in mushroom breeding [6,7], but it is seldom done with Bailinggu. Conventional procedures of mushroom crossbreeding include monokaryon isolation and identification from dikaryotic strains, determination of their mating types, cross-mating two monokaryotic mycelia, microscopic observation of clamp connections at the contact line and hybrid offspring detection [2,6–8]. However, these conventional methods are troublesome and time consuming. Simpler, more efficient and precise methods are urgently needed. One such method

3. Assessing the effects of different agro-residue as substrates on growth cycle and yield of *Grifola frondosa* and statistical optimization of substrate components using simplex-lattice design

刊 载 地：AMB EXPRESS（2018）

作者单位：吉林农业大学

通讯作者：李玉、付永平

内容提要：*Grifola frondosa* is an economically important edible and medicinal mushroom usually produced on substrate consisting of sawdust supplemented with wheat bran. Cultivation of *G. frondosaon* crop straw (corn cob，corn straw，rice straw，and soybean straw)as a substrate was optimized by using the D-optimum method of the simplex-lattice design，and the alternative of crop straw as a substitute for sawdust in the substrate composition was determined by the optimized model. The results showed that there was a significant positive correlation existing between the yield and corn cob. The growth cycle was negatively correlated with sawdust，corn cob and soybean straw，with sawdust significantly shortening the growth cycle of *G. frondosa*. The optimized high-yielding formula included 73.125% corn cob，1.875% rice straw，23% wheat bran and 2% light calcium carbonate ($CaCO_3$) (C/N=48.40). The average yield of the first flush was (134.72 ± 4.24)g/bag，which was increased by 39.97 % compared with the control formula. The biological efficiency (BE)was (44.91 ± 1.41)%，which was increased by 38.53% compared with the control. Based on the results of this study，corn cob can replace sawdust as one of the main cultivation substrates of *G. frondosa*.

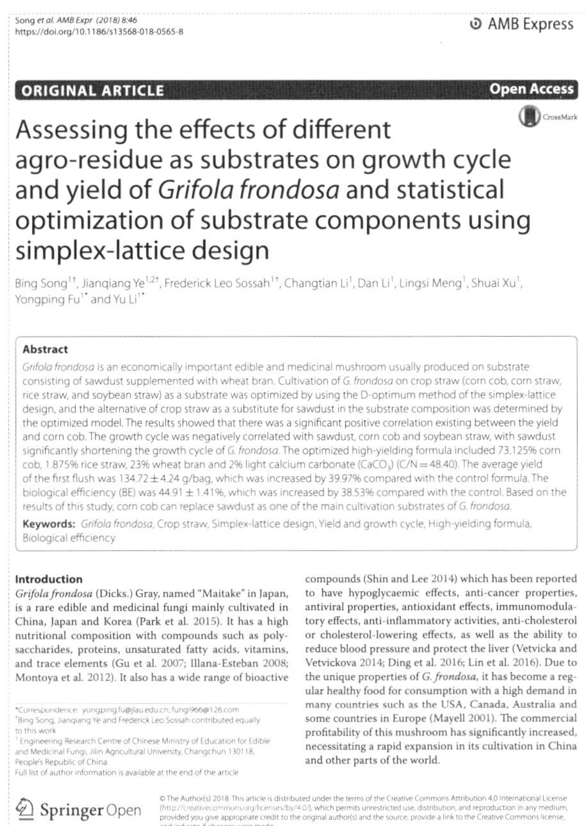

Song *et al. AMB Expr (2018) 8:46*
https://doi.org/10.1186/s13568-018-0565-8
AMB Express

ORIGINAL ARTICLE Open Access

Assessing the effects of different agro-residue as substrates on growth cycle and yield of *Grifola frondosa* and statistical optimization of substrate components using simplex-lattice design

Bing Song[1†], Jianqiang Ye[1,2†], Frederick Leo Sossah[1†], Changtian Li[1], Dan Li[1], Lingsi Meng[1], Shuai Xu[1], Yongping Fu[1*] and Yu Li[1*]

Abstract
Grifola frondosa is an economically important edible and medicinal mushroom usually produced on substrate consisting of sawdust supplemented with wheat bran. Cultivation of *G. frondosa* on crop straw (corn cob, corn straw, rice straw, and soybean straw) as a substrate was optimized by using the D-optimum method of the simplex-lattice design, and the alternative of crop straw as a substitute for sawdust in the substrate composition was determined by the optimized model. The results showed that there was a significant positive correlation existing between the yield and corn cob. The growth cycle was negatively correlated with sawdust, corn cob and soybean straw, with sawdust significantly shortening the growth cycle of *G. frondosa*. The optimized high-yielding formula included 73.125% corn cob, 1.875% rice straw, 23% wheat bran and 2% light calcium carbonate ($CaCO_3$) (C/N = 48.40). The average yield of the first flush was 134.72 ± 4.24 g/bag, which was increased by 39.97% compared with the control formula. The biological efficiency (BE) was 44.91 ± 1.41%, which was increased by 38.53% compared with the control. Based on the results of this study, corn cob can replace sawdust as one of the main cultivation substrates of *G. frondosa*.

Keywords: *Grifola frondosa*, Crop straw, Simplex-lattice design, Yield and growth cycle, High-yielding formula, Biological efficiency

Introduction

Grifola frondosa (Dicks.) Gray, named "Maitake" in Japan, is a rare edible and medicinal fungi mainly cultivated in China, Japan and Korea (Park et al. 2015). It has a high nutritional composition with compounds such as polysaccharides, proteins, unsaturated fatty acids, vitamins, and trace elements (Gu et al. 2007; Illana-Esteban 2008; Montoya et al. 2012). It also has a wide range of bioactive compounds (Shin and Lee 2014) which has been reported to have hypoglycaemic effects, anti-cancer properties, antiviral properties, antioxidant effects, immunomodulatory effects, anti-inflammatory activities, anti-cholesterol or cholesterol-lowering effects, as well as the ability to reduce blood pressure and protect the liver (Vetvicka and Vetvickova 2014; Ding et al. 2016; Lin et al. 2016). Due to the unique properties of *G. frondosa*, it has become a regular healthy food for consumption with a high demand in many countries such as the USA, Canada, Australia and some countries in Europe (Mayell 2001). The commercial profitability of this mushroom has significantly increased, necessitating a rapid expansion in its cultivation in China and other parts of the world.

*Correspondence: yongping.fu@jlau.edu.cn; fungi966@126.com
†Bing Song, Jianqiang Ye and Frederick Leo Sossah contributed equally to this work
[1] Engineering Research Centre of Chinese Ministry of Education for Edible and Medicinal Fungi, Jilin Agricultural University, Changchun 130118, People's Republic of China
Full list of author information is available at the end of the article

4. Genome Sequencing of *Cladobotryum protrusum* Provides Insights into the Evolution and Pathogenic Mechanisms of the Cobweb Disease Pathogen on Cultivated Mushroom

刊 载 地：GENES（2019）

作者单位：吉林农业大学

通讯作者：李玉、付永平

内容提要：*Cladobotryum protrusum* is one of the mycoparasites that cause cobweb disease on cultivated edible mushrooms. However, the molecular mechanisms of evolution and pathogenesis of *C. protrusum* on mushrooms are largely unknown. Here, we report a high-quality genome sequence of *C. protrusum* using the single-molecule, real-time sequencing platform of PacBio and perform a comparative analysis with closely related fungi in the family Hypocreaceae. The *C. protrusum* genome, the first complete genome to be sequenced in the genus *Cladobotryum*, is 39.09 Mb long, with an N50 of 4.97 Mb, encoding 11 003 proteins. The phylogenomic analysis confirmed its inclusion in Hypocreaceae, with its evolutionary divergence time estimated to be ～ 170.1 million years ago. The genome encodes a large and diverse set of genes involved in secreted peptidases, carbohydrate-active enzymes, cytochrome P450 enzymes, pathogen–host interactions, mycotoxins, and pigments. Moreover, *C. protrusum* harbors arrays of genes with the potential to produce bioactive secondary metabolites and stress response-related proteins that are significant for adaptation to hostile environments. Knowledge of the genome will foster a better understanding of the biology of *C. protrusum* and mycoparasitism in general, as well as help with the development of effective disease control strategies to minimize economic losses from cobweb disease in cultivated edible mushrooms.

genes MDPI

Article

Genome Sequencing of *Cladobotryum protrusum* Provides Insights into the Evolution and Pathogenic Mechanisms of the Cobweb Disease Pathogen on Cultivated Mushroom

Frederick Leo Sossah [1,†], Zhenghui Liu [2,†], Chentao Yang [3,†], Benjamin Azu Okorley [1], Lei Sun [1], Yongping Fu [1,*] and Yu Li [1,*]

1 Engineering Research Center of Chinese Ministry of Education for Edible and Medicinal Fungi, Jilin Agricultural University, Changchun 130118, China; flsossah@gmail.com (F.L.S.); bazu_okorley@st.ug.edu.gh (B.A.O.); sunlei@jlau.edu.cn (L.S.)
2 Department of Plant Protection, Shenyang Agricultural University, Shenyang 110866, China; zhenghuiliu1212@126.com
3 BGI-Shenzhen, Shenzhen 518083, China; China National GeneBank, BGI-Shenzhen, Shenzhen 518083, China; yangchentao@genomics.cn
* Correspondence: yongpingfu81@126.com (Y.F.); yuli966@126.com (Y.L.); Tel.: +86-431-8453-2989.
† These authors contributed equally to this work.

Received: 15 January 2019; Accepted: 5 February 2019; Published: 8 February 2019

check for updates

Abstract: *Cladobotryum protrusum* is one of the mycoparasites that cause cobweb disease on cultivated edible mushrooms. However, the molecular mechanisms of evolution and pathogenesis of *C. protrusum* on mushrooms are largely unknown. Here, we report a high-quality genome sequence of *C. protrusum* using the single-molecule, real-time sequencing platform of PacBio and perform a comparative analysis with closely related fungi in the family Hypocreaceae. The *C. protrusum* genome, the first complete genome to be sequenced in the genus *Cladobotryum*, is 39.09 Mb long, with an N50 of 4.97 Mb, encoding 11,003 proteins. The phylogenomic analysis confirmed its inclusion in Hypocreaceae, with its evolutionary divergence time estimated to be ~170.1 million years ago. The genome encodes a large and diverse set of genes involved in secreted peptidases, carbohydrate-active enzymes, cytochrome P450 enzymes, pathogen–host interactions, mycotoxins, and pigments. Moreover, *C. protrusum* harbors arrays of genes with the potential to produce bioactive secondary metabolites and stress response-related proteins that are significant for adaptation to hostile environments. Knowledge of the genome will foster a better understanding of the biology of *C. protrusum* and mycoparasitism in general, as well as help with the development of effective disease control strategies to minimize economic losses from cobweb disease in cultivated edible mushrooms.

Keywords: *Cladobotryum protrusum*; mycoparasite; cobweb disease; *de novo* assembly; SMRT sequencing

1. Introduction

As the commercial cultivation of edible mushrooms continuously expands worldwide, the occurrence of diseases caused by fungal pathogens is also increasing, seriously affecting mushroom quality and yield [1]. Cobweb disease is one of the most important limiting factors in mushroom production [2]. Members of the genus *Cladobotryum*, belonging to the kingdom Fungi, division Ascomycota, class Sordariomycetes, order Hypocreales, and family Hypocreaceae, are causal agents of cobweb disease on a number of economically important mushroom crops, such as *Agaricus bisporus*, *Flammulina velutipes*, *Pleurotus ostreatus*, *P. eryngii*, *Hypsizygus marmoreus*, and *Ganoderma lucidum* [3–8].

5. Genome Sequencing Illustrates the Genetic Basis of the Pharmacological Properties of *Gloeostereum incarnatum*

刊 载 地：GENES（2019）

作者单位：吉林农业大学

通讯作者：李玉、付永平

内容提要：*Gloeostereum incarnatum* is a precious edible mushroom that is widely grown in Asia and known for its useful medicical properties. Here, we present a high-quality genome of *G. incarnatum* using the single-molecule real-time（SMRT）sequencing platform. The *G. incarnatum* genome, which is the first complete genome to be sequenced in the family Cyphellaceae, was 38.67 Mbp, with an N50 of 3.5 Mbp, encoding 15 251 proteins. Based on our phylogenetic analysis, the Cyphellaceae diverged ～ 174 million years ago. Several genes and gene clusters associated with lignocellulose degradation, secondary metabolites, and polysaccharide biosynthesis were identified in *G. incarnatum*, and compared with other medicinal mushrooms. In particular, we identified two terpenoid-associated gene clusters, each containing a gene encoding a sesterterpenoid synthase adjacent to a gene encoding a cytochrome P450 enzyme. These clusters might participate in the biosynthesis of incarnal, a known bioactive sesterterpenoid produced by *G. incarnatum*. Through a transcriptomic analysis comparing the *G. incarnatum* mycelium and fruiting body, we also demonstrated that the genes associated with terpenoid biosynthesis were generally upregulated in the mycelium, while those associated with polysaccharide biosynthesis were generally upregulated in the fruiting body. This study provides insights into the genetic basis of the medicinal properties of *G. incarnatum*, laying a framework for future characterization of bioactive proteins and pharmaceutical uses of this fungus.

genes MDPI

Article

Genome Sequencing Illustrates the Genetic Basis of the Pharmacological Properties of *Gloeostereum incarnatum*

Xinxin Wang [1,2,3,†], Jingyu Peng [3,†], Lei Sun [1], Gregory Bonito [3], Jie Wang [4], Weijie Cui [1], Yongping Fu [1,*] and Yu Li [1,*]

1 Engineering Research Center of Chinese Ministry of Education for Edible and Medicinal Fungi, Jilin Agricultural University, Changchun 130118, China; wangx220@msu.edu (X.W.); sunlei@jlau.edu.cn (L.S.); cuiweijie825@126.com (W.C.)
2 Department of Plant Protection, Shenyang Agricultural University, Shenyang 110866, China
3 Department of Plant, Soil, and Microbial Sciences, Michigan State University, East Lansing, MI, USA; pengjin2@msu.edu (J.P.); bonito@msu.edu (G.B.)
4 Department of Plant Biology and Center for Genomics Enabled Plant Science, Michigan State University, East Lansing, MI, USA; wangjie6@msu.edu
* Correspondence: yongpingfu81@126.com (Y.F.); yuli966@126.com (Y.L.)
† These authors contribute equally to this work.

Received: 17 December 2018; Accepted: 22 February 2019; Published: 1 March 2019

check for updates

Abstract: *Gloeostereum incarnatum* is a precious edible mushroom that is widely grown in Asia and known for its useful medicinal properties. Here, we present a high-quality genome of *G. incarnatum* using the single-molecule real-time (SMRT) sequencing platform. The *G. incarnatum* genome, which is the first complete genome to be sequenced in the family *Cyphellaceae*, was 38.67 Mbp, with an N50 of 3.5 Mbp, encoding 15,251 proteins. Based on our phylogenetic analysis, the *Cyphellaceae* diverged ~174 million years ago. Several genes and gene clusters associated with lignocellulose degradation, secondary metabolites, and polysaccharide biosynthesis were identified in *G. incarnatum*, and compared with other medicinal mushrooms. In particular, we identified two terpenoid-associated gene clusters, each containing a gene encoding a sesterterpenoid synthase adjacent to a gene encoding a cytochrome P450 enzyme. These clusters might participate in the biosynthesis of incarnal, a known bioactive sesterterpenoid produced by *G. incarnatum*. Through a transcriptomic analysis comparing the *G. incarnatum* mycelium and fruiting body, we also demonstrated that the genes associated with terpenoid biosynthesis were generally upregulated in the mycelium, while those associated with polysaccharide biosynthesis were generally upregulated in the fruiting body. This study provides insights into the genetic basis of the medicinal properties of *G. incarnatum*, laying a framework for future characterization of bioactive proteins and pharmaceutical uses of this fungus.

Keywords: *Gloeostereum incarnatum*; whole genome sequencing; PacBio; secondary metabolite; cytochrome P450 enzyme (CYP); terpenoid

1. Introduction

Mushrooms are an important source of nutrition, and a growing body of evidence has indicated that mushrooms may have medicinal properties and human health benefits [1–3]. *Gloeostereum incarnatum* (family Cyphellaceae) is an edible mushroom, which grows as a saprophyte on broad-leaved trees [4]. *G. incarnatum* is native to China, but is popular in other regions in Asia too, such as Japan and Siberia [4]. Besides its savory taste, *G. incarnatum* is well-known for its medicinal properties. Antioxidant, immunomodulatory, anti-inflammatory, anti-proliferative, and antibacterial properties have been

6. Identification of resistance to cobweb disease caused by *Cladobotryum mycophilum* in wild and cultivated strains of *Agaricus bisporus* and screening for bioactive botanicals

刊 载 地：RSC Advances（2019）

作者单位：吉林农业大学

通讯作者：李玉、付永平

内容提要：Outbreaks of cobweb disease are becoming increasingly prevalent globally, severely affecting the quality and yield of *Agaricus bisporus*. However, cobweb disease-resistant strains are rare, and little is known regarding the biocontrol management of the disease. Here, we isolated a pathogen from a severe outbreak of cobweb disease on *A. bisporus* in China and identified it as *Cladobotryum mycophilum* based on morphological characteristics, rDNA sequences, and pathogenicity tests. We then tested 30*A. bisporus* strains for cobweb disease resistance by inoculating with *C. mycophilum* and evaluated the activity of different botanicals. We found that two wild strains of *A. bisporus* originating from the Tibetan Plateau in China were resistant to cobweb disease, and four commercial strains were susceptible. Yield comparisons of the inoculated and uninoculated strains of *A. bisporus* with *C. mycophilum* revealed yield losses of 6% –38% . We found that seven botanicals could inhibit *C. mycophilum* growth in vitro, particularly *Syzygium aromaticum*, which exhibited the maximum inhibition（99.48%）and could thus be used for the further biocontrol of cobweb disease. Finally, we identified the bioactive chemical constituents present in *S. aromaticum* that could potentially be used as a treatment for *C. mycophilum* infection using Fourier transform infrared（FTIR）spectroscopy. These findings provide new germplasm resources for enhancing *A. bisporus* breeding and for the identification of botanicals for the biocontrol of cobweb disease.

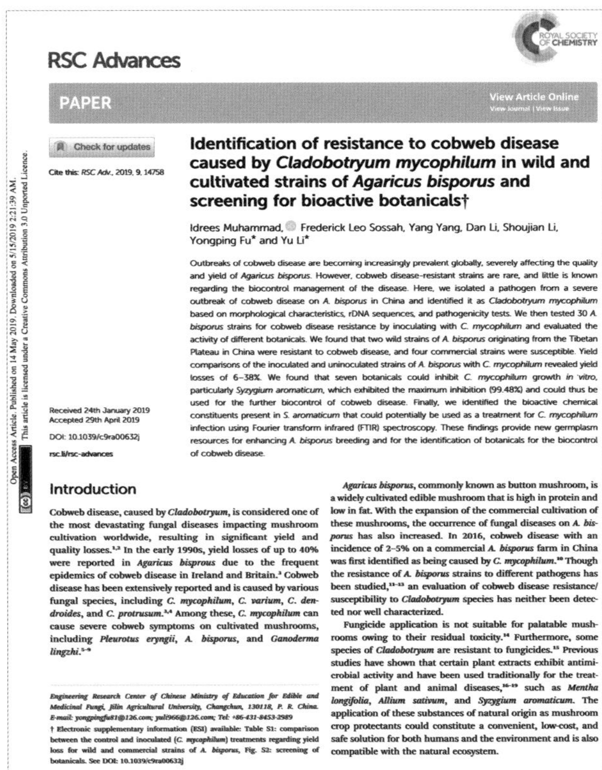

RSC Advances

PAPER

View Article Online
View Journal | View Issue

Check for updates

Cite this: RSC Adv., 2019, 9, 14758

Identification of resistance to cobweb disease caused by *Cladobotryum mycophilum* in wild and cultivated strains of *Agaricus bisporus* and screening for bioactive botanicals†

Idrees Muhammad, Frederick Leo Sossah, Yang Yang, Dan Li, Shoujian Li, Yongping Fu* and Yu Li*

Received 24th January 2019
Accepted 29th April 2019

DOI: 10.1039/c9ra00632j

rsc.li/rsc-advances

Outbreaks of cobweb disease are becoming increasingly prevalent globally, severely affecting the quality and yield of *Agaricus bisporus*. However, cobweb disease-resistant strains are rare, and little is known regarding the biocontrol management of the disease. Here, we isolated a pathogen from a severe outbreak of cobweb disease on *A. bisporus* in China and identified it as *Cladobotryum mycophilum* based on morphological characteristics, rDNA sequences, and pathogenicity tests. We then tested 30 *A. bisporus* strains for cobweb disease resistance by inoculating with *C. mycophilum* and evaluated the activity of different botanicals. We found that two wild strains of *A. bisporus* originating from the Tibetan Plateau in China were resistant to cobweb disease, and four commercial strains were susceptible. Yield comparisons of the inoculated and uninoculated strains of *A. bisporus* with *C. mycophilum* revealed yield losses of 6–38%. We found that seven botanicals could inhibit *C. mycophilum* growth *in vitro*, particularly *Syzygium aromaticum*, which exhibited the maximum inhibition (99.48%) and could thus be used for the further biocontrol of cobweb disease. Finally, we identified the bioactive chemical constituents present in *S. aromaticum* that could potentially be used as a treatment for *C. mycophilum* infection using Fourier transform infrared (FTIR) spectroscopy. These findings provide new germplasm resources for enhancing *A. bisporus* breeding and for the identification of botanicals for the biocontrol of cobweb disease.

Introduction

Cobweb disease, caused by *Cladobotryum*, is considered one of the most devastating fungal diseases impacting mushroom cultivation worldwide, resulting in significant yield and quality losses.[1,2] In the early 1990s, yield losses of up to 40% were reported in *Agaricus bisprous* due to the frequent epidemics of cobweb disease in Ireland and Britain.[3] Cobweb disease has been extensively reported and is caused by various fungal species, including *C. mycophilum*, *C. varium*, *C. dendroides*, and *C. protrusum*.[3,4] Among these, *C. mycophilum* can cause severe cobweb symptoms on cultivated mushrooms, including *Pleurotus eryngii*, *A. bisporus*, and *Ganoderma lingzhi*.[5–9]

Engineering Research Center of Chinese Ministry of Education for Edible and Medicinal Fungi, Jilin Agricultural University, Changchun, 130118, P. R. China. E-mail: yongpingfu81@126.com; yuli966@126.com; Tel: +86-431-8453-2989

† Electronic supplementary information (ESI) available: Table S1: comparison between the control and inoculated (*C. mycophilum*) treatments regarding yield loss for wild and commercial strains of *A. bisporus*, Fig. S2: screening of botanicals. See DOI: 10.1039/c9ra00632j

Agaricus bisporus, commonly known as button mushroom, is a widely cultivated edible mushroom that is high in protein and low in fat. With the expansion of the commercial cultivation of these mushrooms, the occurrence of fungal diseases on *A. bisporus* has also increased. In 2016, cobweb disease with an incidence of 2–5% on a commercial *A. bisporus* farm in China was first identified as being caused by *C. mycophilum*.[10] Though the resistance of *A. bisporus* strains to different pathogens has been studied,[11–13] an evaluation of cobweb disease resistance/susceptibility to *Cladobotryum* species has neither been detected nor well characterized.

Fungicide application is not suitable for palatable mushrooms owing to their residual toxicity.[14] Furthermore, some species of *Cladobotryum* are resistant to fungicides.[15] Previous studies have shown that certain plant extracts exhibit antimicrobial activity and have been used traditionally for the treatment of plant and animal diseases,[16–19] such as *Mentha longifolia*, *Allium sativum*, and *Syzygium aromaticum*. The application of these substances of natural origin as mushroom crop protectants could constitute a convenient, low-cost, and safe solution for both humans and the environment and is also compatible with the natural ecosystem.

7. Genome Analysis of *Hypomyces perniciosus*, the Causal Agent of Wet Bubble Disease of Button Mushroom (*Agaricus bisporus*)

刊 载 地：GENES（2019）

作者单位：吉林农业大学

通讯作者：李玉、付永平

内容提要：The mycoparasitic fungus *Hypomyces perniciosus* causes wet bubble disease of mushrooms, particularly *Agaricus bisporus*. The genome of a highly virulent strain of *H. perniciosus* HP10 was sequenced and compared to three other fungi from the order Hypocreales that cause disease on *A. bisporus*. *H. perniciosus* genome is ～44Mb, encodes 10 077 genes and enriched with transposable elements up to 25.3% . Phylogenetic analysis revealed that *H. perniciosus* is closely related to *Cladobotryum protrusum* and diverged from their common ancestor ～ 156.7 million years ago. *H. perniciosus* has few secreted proteins compared to *C. protrusum* and *Trichoderma virens*, but significantly expanded protein families of transporters, protein kinases, CAZymes (GH 18), peptidases, cytochrome P450, and SMs that are essential for mycoparasitism and adaptation to harsh environments. This study provides insights into *H. perniciosus* evolution and pathogenesis and will contribute to the development of effective disease management strategies to control wet bubble disease.

genes MDPI

Article

Genome Analysis of *Hypomyces perniciosus*, the Causal Agent of Wet Bubble Disease of Button Mushroom (*Agaricus bisporus*)

Dan Li [1,†], Frederick Leo Sossah [1,†], Lei Sun [1], Yongping Fu [1,*] and Yu Li [1,2,*]

1 Engineering Research Center of Chinese Ministry of Education for Edible and Medicinal Fungi, Jilin Agricultural University, Changchun 130118, China; junwuzhongxin@126.com (D.L.); flsossah@gmail.com (F.L.S.); sunlei@jlau.edu.cn (L.S.)

2 International Cooperation Research Center of China for New Germplasm and Breeding of Edible Mushrooms, Jilin Agricultural University, Changchun 130118, China

* Correspondence: yongping.fu@jlau.edu.cn (Y.F.); yuli966@126.com (Y.L.); Tel.: +86-431-8453-2989 (Y.L.)

† These authors contributed equally to this work.

Received: 4 April 2019; Accepted: 27 May 2019; Published: 29 May 2019

check for updates

Abstract: The mycoparasitic fungus *Hypomyces perniciosus* causes wet bubble disease of mushrooms, particularly *Agaricus bisporus*. The genome of a highly virulent strain of *H. perniciosus* HP10 was sequenced and compared to three other fungi from the order Hypocreales that cause disease on *A. bisporus*. *H. perniciosus* genome is ~44 Mb, encodes 10,077 genes and enriched with transposable elements up to 25.3%. Phylogenetic analysis revealed that *H. perniciosus* is closely related to *Cladobotryum protrusum* and diverged from their common ancestor ~156.7 million years ago. *H. perniciosus* has few secreted proteins compared to *C. protrusum* and *Trichoderma virens*, but significantly expanded protein families of transporters, protein kinases, CAZymes (GH 18), peptidases, cytochrome P450, and SMs that are essential for mycoparasitism and adaptation to harsh environments. This study provides insights into *H. perniciosus* evolution and pathogenesis and will contribute to the development of effective disease management strategies to control wet bubble disease.

Keywords: *Hypomyces perniciosus*; genome sequence; *Agaricus bisporus*; wet bubble disease; CAZymes; cytochrome P450 enzymes; secondary metabolites

1. Introduction

Hypomyces perniciosus Magnus (syn: *Mycogone perniciosa* (Magn.) Delacr.) is an ascomycetes fungus in the family Hypocreaceae. It causes wet bubble disease (WBD) on a broad range of basidiomycetes hosts. It was first identified as a pathogen of *Agaricus bisporus* more than 100 years ago [1,2]. WBD is one of the major constraints in the commercial production of *A. bisporus*. Typical disease symptoms of WBD on *A. bisporus* include malformation of basidiome, white, fluffy mycelial growth, copious amber droplets (diseased carpophores exuding a brown malodorous liquid), and flocculent mycelia on most substrates. The infected mushrooms are unmarketable, resulting in significant yield and economic losses to the mushroom industry globally [1,3]. WBD is widespread and occurs in most countries where there is commercial production of *A. bisporus* [1,4]. The genus *Mycogone* also contains species, such as *Mycogone* sp., *M. calospora*, and *M. rosea*, which cause less severe forms of WBD compared to *H. perniciosus* [1]. Previous studies have reported variation in colony morphology and physiology [1] as well as high genetic diversity among *H. perniciosus* isolates [1,5,6].

Despite the economic importance and the considerable losses caused by the pathogen *H. perniciosus*, little is known about the genetic and pathogenic mechanisms underlying the interaction between *H. perniciosus* and the fungal host. Previous research has focused on the disease occurrence, genetic

8. A Comparison of the Physical, Chemical, and Structural Properties of Wild and Commercial Strains of Button Mushroom, *Agaricus bisporus* (Agaricomycetes)

刊 载 地：International Journal of Medicinal Mushrooms（2019）

作者单位：吉林农业大学

通讯作者：李玉、付永平

内容提要：*Agaricus bisporus* is well known for its nutraceutical properties. To meet consumer market demand, there is an urgent need for new strains with disease resistance and a diverse nutrient profile for commercial cultivation. Wild germplasm resources provide a good source for the breeding of new strains for this purpose. In this study, we evaluated the physical, chemical, and structural properties of wild domesticated（CCMJ1351）and major commercially cultivated strains（CCMJ1013, CCMJ1028, and CCMJ1343）of *A. bisporus* from China. The results showed significant differences among the strains for all parameters measured. In terms of morphological characteristics, CCMJ1351 possessed the highest stipe thickness, fruiting body individual weight, cohesiveness, and springiness；CCMJ1013 demonstrated maximum pileus diameter and thickness；CCMJ1028 exhibited the highest textural hardness and color characteristics；and strain CCMJ1343 had the highest yield. CCMJ1351 ranked top among all the strains for proximate composition, rheological profile, and structural and mechanical properties, containing 21.93 % crude protein and the highest dry matter, crude fat, and fiber contents. However, the bioactive chemical constituents present in the four strains were very similar, especially β-（1→3)-glucan, according to Fourier transform infrared spectroscopy analysis, while some minimal peaks varied among the different strains. Therefore, in combination with previously identified high disease-resistance traits, the wild domesticated strain CCMJ1351 constitutes a good candidate for further exploitation in breeding programs and is suitable for fresh consumption as well as incorporation into various food products.

International Journal of Medicinal Mushrooms 21(6):611–625 (2019)

A Comparison of the Physical, Chemical, and Structural Properties of Wild and Commercial Strains of Button Mushroom, *Agaricus bisporus* (Agaricomycetes)

Muhammad Idrees,[a] Sanabil Yaqoob,[b] Sossah Frederick Leo,[a] Asif Ali Khan,[a] Lei Sun,[a] Yang Yang,[a] Dan Li,[a] Yongping Fu,[a,*] & Yu Li[a,*]

[a]Engineering Research Center of Chinese Ministry of Education for Edible and Medicinal Fungi, Jilin Agricultural University, Changchun, 130118, P.R. China; [b]College of Food Science and Engineering, National Engineering Laboratory for Wheat and Corn Deep Processing, Jilin Agricultural University, Changchun, 130118, P.R. China

*Address all correspondence to: Yongping Fu and Yu Li, Engineering Research Centre of Chinese Ministry of Education for Edible and Medicinal Fungi, Jilin Agricultural University, Changchun, 130012, P.R. China; Tel.: +86-431-8453-2989, E-mail: yongpingfu81@126.com or yuli966@126.com

ABSTRACT: *Agaricus bisporus* is well known for its nutraceutical properties. To meet consumer market demand, there is an urgent need for new strains with disease resistance and a diverse nutrient profile for commercial cultivation. Wild germplasm resources provide a good source for the breeding of new strains for this purpose. In this study, we evaluated the physical, chemical, and structural properties of wild domesticated (CCMJ1351) and major commercially cultivated strains (CCMJ1013, CCMJ1028, and CCMJ1343) of *A. bisporus* from China. The results showed significant differences among the strains for all parameters measured. In terms of morphological characteristics, CCMJ1351 possessed the highest stipe thickness, fruiting body individual weight, cohesiveness, and springiness; CCMJ1013 demonstrated maximum pileus diameter and thickness; CCMJ1028 exhibited the highest textural hardness and color characteristics; and strain CCMJ1343 had the highest yield. CCMJ1351 ranked top among all the strains for proximate composition, rheological profile, and structural and mechanical properties, containing 21.93% crude protein and the highest dry matter, crude fat, and fiber contents. However, the bioactive chemical constituents present in the four strains were very similar, especially β-(1→3)-glucan, according to Fourier transform infrared spectroscopy analysis, while some minimal peaks varied among the different strains. Therefore, in combination with previously identified high disease-resistance traits, the wild domesticated strain CCMJ1351 constitutes a good candidate for further exploitation in breeding programs and is suitable for fresh consumption as well as incorporation into various food products.

KEY WORDS: *Agaricus bisporus*, morphological characteristics, texture profile analysis, Fourier transform-infrared spectroscopy, rheological properties, edible and medicinal mushrooms

ABBREVIATIONS: **$CaCO_3$**, calcium carbonate; **CEA**, compost extract agar medium; **$CaSO_4$**, calcium sulphate; **FTIR**, Fourier-transform infrared spectroscopy; **KBr**, potassium bromide; **PDA**, potato dextrose agar medium; **RVA**, Rapid Visco Analyzer; **SEM**, scanning electron microscope; **TPA**, textural profile analysis

I. INTRODUCTION

As a well-known health food that is highly nutritious, button culinary-medicinal mushroom *Agaricus bisporus* (J. lange) Imbach (Agaricaceae, Agaricomycetes) is commercially cultivated and consumed worldwide.[1] It has unique flavor, texture, and culinary qualities. The bioactive compounds in the fruiting body possess remarkable medicinal effects, including antitumor, antioxidant, and immunomodulatory activities[2-5] The cultivation of this edible and medicinal mushroom also serves as a source of livelihood and has helped alleviate poverty in rural areas.

China is one of the largest producers of *A. bisporus*. Despite the ever-expanding cultivation of *A. bisporus*, its production and quality are constrained by abiotic and biotic factors. Among these factors, bacterial and fungal diseases cause significant economic losses in *A. bisporus*.[6] Antibiotics and fungicides have been used to manage diseases in button mushrooms; however, multi-drug resistance and severe pathogenic forms

1521-9437/19/$35.00 © 2019 by Begell House, Inc. www.begellhouse.com 611

9. Genomic Analyses Reveal Evidence of Independent Evolution，Demographic History，and Extreme Environment Adaptation of Tibetan Plateau *Agaricus bisporus*

刊 载 地：Frontiers in Microbiology（2019）

作者单位：吉林农业大学

通讯作者：李玉、付永平

内容提要：*Agaricus bisporus* distributed in the Tibetan Plateau of China has high-stress resistance that is valuable for breeding improvements. However, its evolutionary history, specialization, and adaptation to the extreme Tibetan Plateau environment are largely unknown. Here, we performed de novo genome sequencing of a representative Tibetan Plateau wild strain ABM and comparative genomic analysis with the reported European strain H97 and H39. The assembled ABM genome was 30.4 Mb in size, and comprised 8 562 protein-coding genes. The ABM genome shared highly conserved syntenic blocks and a few inversions with H97 and H39. The phylogenetic tree constructed by 1 276 single-copy orthologous genes in nine fungal species showed that the Tibetan Plateau and European *A. bisporus* diverged ～ 5.5 million years ago. Population genomic analysis using genome resequencing of 29 strains revealed that the Tibetan Plateau population underwent significant differentiation from the European and American populations and evolved independently, and the global climate changes critically shaped the demographic history of the Tibetan Plateau population. Moreover, we identified key genes that are related to the cell wall and membrane system, and the development and defense systems regulated *A. bisporus* adapting to the harsh Tibetan Plateau environment. These findings highlight the value of genomic data in assessing the evolution and adaptation of mushrooms and will enhance future genetic improvements of *A. bisporus*.

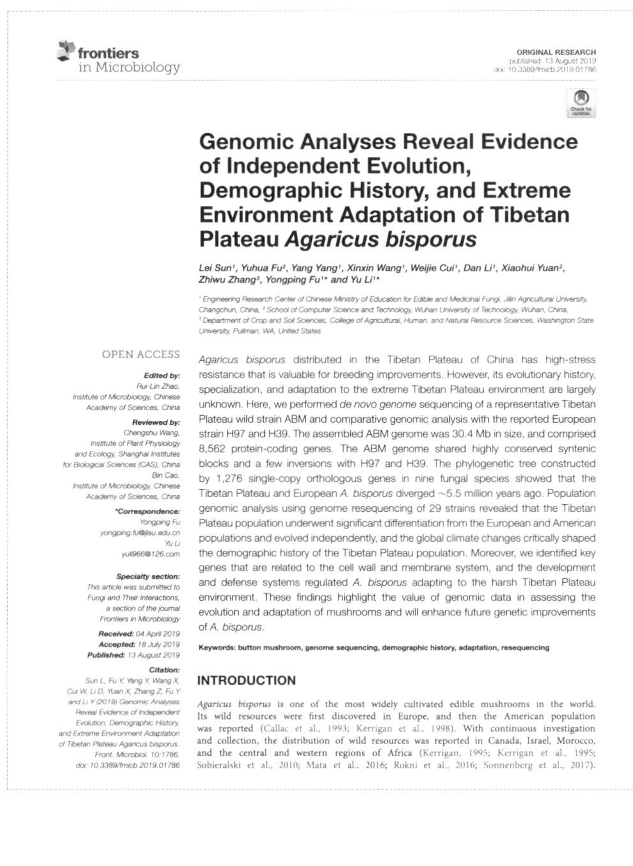
frontiers in Microbiology

ORIGINAL RESEARCH
published: 13 August 2019
doi: 10.3389/fmicb.2019.01786

Genomic Analyses Reveal Evidence of Independent Evolution, Demographic History, and Extreme Environment Adaptation of Tibetan Plateau *Agaricus bisporus*

Lei Sun[1], Yuhua Fu[2], Yang Yang[1], Xinxin Wang[1], Weijie Cui[1], Dan Li[1], Xiaohui Yuan[2], Zhiwu Zhang[3], Yongping Fu[1] and Yu Li[1]**

[1] Engineering Research Center of Chinese Ministry of Education for Edible and Medicinal Fungi, Jilin Agricultural University, Changchun, China, [2] School of Computer Science and Technology, Wuhan University of Technology, Wuhan, China, [3] Department of Crop and Soil Sciences, College of Agricultural, Human, and Natural Resource Sciences, Washington State University, Pullman, WA, United States

OPEN ACCESS

Edited by:
Rui-Lin Zhao, Institute of Microbiology, Chinese Academy of Sciences, China

Reviewed by:
Chengshu Wang, Institute of Plant Physiology and Ecology, Shanghai Institutes for Biological Sciences (CAS), China
Bin Cao, Institute of Microbiology, Chinese Academy of Sciences, China

***Correspondence:**
Yongping Fu
yongping.fu@jlau.edu.cn
Yu Li
yuli966@126.com

Specialty section:
This article was submitted to Fungi and Their Interactions, a section of the journal Frontiers in Microbiology

Received: 04 April 2019
Accepted: 18 July 2019
Published: 13 August 2019

Citation:
Sun L, Fu Y, Yang Y, Wang X, Cui W, Li D, Yuan X, Zhang Z, Fu Y and Li Y (2019) Genomic Analyses Reveal Evidence of Independent Evolution, Demographic History, and Extreme Environment Adaptation of Tibetan Plateau Agaricus bisporus. Front. Microbiol. 10:1786. doi: 10.3389/fmicb.2019.01786

Agaricus bisporus distributed in the Tibetan Plateau of China has high-stress resistance that is valuable for breeding improvements. However, its evolutionary history, specialization, and adaptation to the extreme Tibetan Plateau environment are largely unknown. Here, we performed *de novo genome* sequencing of a representative Tibetan Plateau wild strain ABM and comparative genomic analysis with the reported European strain H97 and H39. The assembled ABM genome was 30.4 Mb in size, and comprised 8,562 protein-coding genes. The ABM genome shared highly conserved syntenic blocks and a few inversions with H97 and H39. The phylogenetic tree constructed by 1,276 single-copy orthologous genes in nine fungal species showed that the Tibetan Plateau and European *A. bisporus* diverged ~5.5 million years ago. Population genomic analysis using genome resequencing of 29 strains revealed that the Tibetan Plateau population underwent significant differentiation from the European and American populations and evolved independently, and the global climate changes critically shaped the demographic history of the Tibetan Plateau population. Moreover, we identified key genes that are related to the cell wall and membrane system, and the development and defense systems regulated *A. bisporus* adapting to the harsh Tibetan Plateau environment. These findings highlight the value of genomic data in assessing the evolution and adaptation of mushrooms and will enhance future genetic improvements of *A. bisporus*.

Keywords: button mushroom, genome sequencing, demographic history, adaptation, resequencing

INTRODUCTION

Agaricus bisporus is one of the most widely cultivated edible mushrooms in the world. Its wild resources were first discovered in Europe, and then the American population was reported (Callac et al., 1993; Kerrigan et al., 1998). With continuous investigation and collection, the distribution of wild resources was reported in Canada, Israel, Morocco, and the central and western regions of Africa (Kerrigan, 1995; Kerrigan et al., 1995; Sobieralski et al., 2010; Mata et al., 2016; Rokni et al., 2016; Sonnenberg et al., 2017).

10. Genomic Analyses Provide Insights Into the Evolutionary History and Genetic Diversity of *Auricularia* Species

刊 载 地：Frontiers in Microbiology（2019）

作者单位：吉林农业大学

通讯作者：李玉、付永平

内容提要：Species in the genus *Auricularia* play important roles for people's food and nutrition especially *Auricularia cornea* and *A. heimuer*. To understand their evolutionary history, genome structure, and population-level genetic variation, we performed a high-quality genome sequencing of *Auricularia cornea* and the corresponding comparative genomic analysis. The genome size of *A. cornea* was similar to *Auricularia subglabra*, but 1.5 times larger than that of *A. heimuer*. Several factors were responsible for genome size variation including gene numbers, repetitive elements, and gene lengths. Phylogenomic analysis revealed that the estimated divergence time between *A. heimuer* and other *Auricularia* is ~ 79.1 million years ago (Mya), while the divergence between *A. cornea* and *A. subglabra* occurred in ~ 54.8 Mya. Population genomic analysis also provided insight into the demographic history of *A. cornea* and *A. heimuer*, indicating that their populations fluctuated over time with global climate change during Marine Isotope Stage 5-2. Moreover, despite the highly similar external morphologies of *A. cornea* and *A. heimuer*, their genomic properties were remarkably different. The *A. cornea* genome only shared 14% homologous syntenic blocks with *A. heimuer* and possessed more genes encoding carbohydrate-active enzymes and secondary metabolite biosynthesis proteins. The cross-taxa transferability rates of simple sequence repeat (SSR) and insertion or deletion (InDel) markers within the genus *Auricularia* were also lower than that previously observed for species within the same genus. Taken together, these results indicate a high level of genetic differentiation between these two *Auricularia* species. Consequently, our study provides new insights into the genomic evolution and genetic differentiation of *Auricularia* species that will facilitate future genetic breeding.

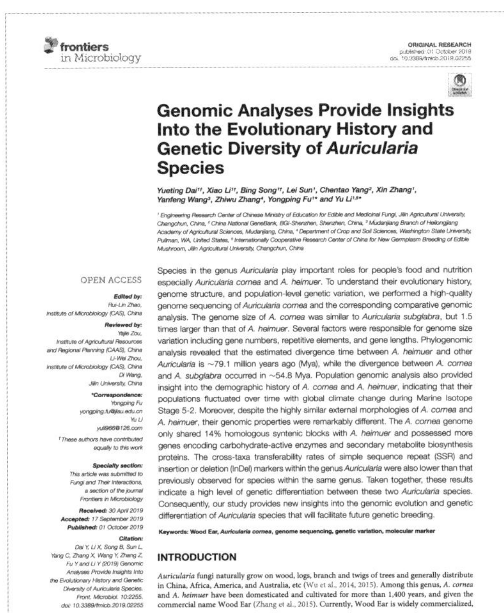

frontiers in Microbiology

ORIGINAL RESEARCH
published: 01 October 2019
doi: 10.3389/fmicb.2019.02255

Genomic Analyses Provide Insights Into the Evolutionary History and Genetic Diversity of *Auricularia* Species

Yueting Dai[1†], Xiao Li[1†], Bing Song[1†], Lei Sun[1], Chentao Yang[2], Xin Zhang[1], Yanfeng Wang[3], Zhiwu Zhang[4], Yongping Fu[1*] and Yu Li[1,5*]

[1] Engineering Research Center of Chinese Ministry of Education for Edible and Medicinal Fungi, Jilin Agricultural University, Changchun, China, [2] China National GeneBank, BGI-Shenzhen, Shenzhen, China, [3] Mudanjiang Branch of Heilongjiang Academy of Agricultural Sciences, Mudanjiang, China, [4] Department of Crop and Soil Sciences, Washington State University, Pullman, WA, United States, [5] Internationally Cooperative Research Center of China for New Germplasm Breeding of Edible Mushroom, Jilin Agricultural University, Changchun, China

OPEN ACCESS

Edited by: Rui-Lin Zhao, Institute of Microbiology (CAS), China

Reviewed by: Yajie Zou, Institute of Agricultural Resources and Regional Planning (CAAS), China; Li-Wei Zhou, Institute of Microbiology (CAS), China; Di Wang, Jilin University, China

***Correspondence:** Yongping Fu yongping.fu@jlau.edu.cn; Yu Li yuli966@126.com

† These authors have contributed equally to this work

Specialty section: This article was submitted to Fungi and Their Interactions, a section of the journal Frontiers in Microbiology

Received: 30 April 2019
Accepted: 17 September 2019
Published: 01 October 2019

Citation: Dai Y, Li X, Song B, Sun L, Yang C, Zhang X, Wang Y, Zhang Z, Fu Y and Li Y (2019) Genomic Analyses Provide Insights Into the Evolutionary History and Genetic Diversity of Auricularia Species. Front. Microbiol. 10:2255. doi: 10.3389/fmicb.2019.02255

Species in the genus *Auricularia* play important roles for people's food and nutrition especially *Auricularia cornea* and *A. heimuer*. To understand their evolutionary history, genome structure, and population-level genetic variation, we performed a high-quality genome sequencing of *Auricularia cornea* and the corresponding comparative genomic analysis. The genome size of *A. cornea* was similar to *Auricularia subglabra*, but 1.5 times larger than that of *A. heimuer*. Several factors were responsible for genome size variation including gene numbers, repetitive elements, and gene lengths. Phylogenomic analysis revealed that the estimated divergence time between *A. heimuer* and other *Auricularia* is ~79.1 million years ago (Mya), while the divergence between *A. cornea* and *A. subglabra* occurred in ~54.8 Mya. Population genomic analysis also provided insight into the demographic history of *A. cornea* and *A. heimuer*, indicating that their populations fluctuated over time with global climate change during Marine Isotope Stage 5-2. Moreover, despite the highly similar external morphologies of *A. cornea* and *A. heimuer*, their genomic properties were remarkably different. The *A. cornea* genome only shared 14% homologous syntenic blocks with *A. heimuer* and possessed more genes encoding carbohydrate-active enzymes and secondary metabolite biosynthesis proteins. The cross-taxa transferability rates of simple sequence repeat (SSR) and insertion or deletion (InDel) markers within the genus *Auricularia* were also lower than that previously observed for species within the same genus. Taken together, these results indicate a high level of genetic differentiation between these two *Auricularia* species. Consequently, our study provides new insights into the genomic evolution and genetic differentiation of *Auricularia* species that will facilitate future genetic breeding.

Keywords: Wood Ear, *Auricularia cornea*, genome sequencing, genetic variation, molecular marker

INTRODUCTION

Auricularia fungi naturally grow on wood, logs, branch and twigs of trees and generally distribute in China, Africa, America, and Australia, etc (Wu et al., 2014, 2015). Among this genus, *A. cornea* and *A. heimuer* have been domesticated and cultivated for more than 1,400 years, and given the commercial name Wood Ear (Zhang et al., 2015). Currently, Wood Ear is widely commercialized,

11. Genetic and Pathogenic Variability of Mycogone perniciosa Isolates Causing Wet Bubble Disease on *Agaricus bisporus* in China

刊 载 地：Pathogens（2019）

作者单位：吉林农业大学

通讯作者：付永平

内容提要：Wet bubble disease, caused by *Mycogone perniciosa*, is a major threat to *Agaricus bisporus* production in China. In order to understand the variability of in genetic, pathogenicity, morphology, and symptom production of the fungus, 18 isolates of the pathogen were collected from diseased *A. bisporus* in different provinces in China. The isolates were characterized by a combination of morphological, cultural, and molecular pathogenicity testing on different strains of *A. bisporus* and amplified fragment length polymorphism（AFLP）analysis. The 18 isolates were identified by Koch's postulate and confirmed different pathogenic variability among them. The yellow to brown isolates were more virulent than the white isolates. AFLP markers clustered the isolates into two distinct groups based on their colony color, with a high level of polymorphism of Jaccard similarities ranges from 0.39% to 0.64% . However, there was no evidence of an association between the genetic diversity and the geographical origin of the isolates. Through knowledge of the genetic diversity, phenotypic virulence of *M. perniciosa* is a key factor for successful breeding of resistant strains of *A. bisporus* and developing of an integrated disease management strategy to manage wet bubble disease of *A. bisporus*.

pathogens MDPI

Article

Genetic and Pathogenic Variability of *Mycogone perniciosa* Isolates Causing Wet Bubble Disease on *Agaricus bisporus* in China

Dan Li [1,2,†], Frederick Leo Sossah [1,2,†], Yang Yang [1,2,†], Zhenghui Liu [1], Yueting Dai [1], Bing Song [1,2], Yongping Fu [1,2,*] and Yu Li [1,2]

1 Engineering Research Center of Chinese Ministry of Education for Edible and Medicinal Fungi, Jilin Agricultural University, Changchun 130118, China; junwuzhongxin@126.com (D.L.); flsossah@gmail.com (F.L.S.); yyjob1992@163.com (Y.Y.); zhenghuiliu1212@126.com (Z.L.); daiyueting18@163.com (Y.D.); song19800123@126.com (B.S.); yuli966@126.com (Y.L.)
2 School of Plant Protection, Jilin Agricultural University, Changchun 130118, China
* Correspondence: fuyongping@jlau.edu.cn
† These authors contributed equally to this work.

Received: 3 September 2019; Accepted: 1 October 2019; Published: 8 October 2019

check for updates

Abstract: Wet bubble disease, caused by *Mycogone perniciosa*, is a major threat to *Agaricus bisporus* production in China. In order to understand the variability of in genetic, pathogenicity, morphology, and symptom production of the fungus, 18 isolates of the pathogen were collected from diseased *A. bisporus* in different provinces in China. The isolates were characterized by a combination of morphological, cultural, and molecular pathogenicity testing on different strains of *A. bisporus* and amplified fragment length polymorphism (AFLP) analysis. The 18 isolates were identified by Koch's postulate and confirmed different pathogenic variability among them. The yellow to brown isolates were more virulent than the white isolates. AFLP markers clustered the isolates into two distinct groups based on their colony color, with a high level of polymorphism of Jaccard similarities ranges from 0.39% to 0.64%. However, there was no evidence of an association between the genetic diversity and the geographical origin of the isolates. Through knowledge of the genetic diversity, phenotypic virulence of *M. perniciosa* is a key factor for successful breeding of resistant strains of *A. bisporus* and developing of an integrated disease management strategy to manage wet bubble disease of *A. bisporus*.

Keywords: AFLP; *Mycogone perniciosa*; wet bubble disease; pathogenicity; diversity

1. Introduction

Agaricus bisporus (Lange) Imbach, the button mushroom, is an edible and medicinal basidiomycete that belong to the family Agaricaceae. It is widely distributed, and one of the most cultivated and consumed mushrooms in the world. China is one of the largest producers of *A. bisporus* in the world [1]. The global demand for healthy and nutritious food has led to the continuous expansion of the cultivation area by indigenous farmers and industrial factories in China [2]. However, the production of *A. bisporus* is severely constrained by diseases such as *Mycogone perniciosa*, the causal agent of wet bubble disease [3]. Wet bubble disease causes significant economic losses in button mushroom worldwide [4,5]. In China, yield losses of about 15–30% are due to the occurrence of this disease, while rapid epidemics or severe infections can lead to total mushroom loss [6].

Mycogone perniciosa can cause a wide range of symptom severity during infection and the disease is usually controlled by cultural practices coupled with the application of fungicides [3]. However, none of the present control measures have been found completely effective due to resistance development to

12. Effects of corn stalk cultivation substrate on the growth of the slippery mushroom（*Pholiota microspora*）

刊 载 地：RSC Advances（2019）

作者单位：吉林农业大学

通讯作者：李玉、宋冰

内容提要：Corn stalks are a major source of agricultural waste in China that have the potential for more efficient utilisation. In this study, we designed substrate formulas with different proportions of corn stalks to cultivate *Pholiota microspora*. The substrate formula for *P. microspora* cultivation that could partially or completely replace sawdust with corn stalks was selected through the analysis of mycelial growth rates, fruiting body traits, yield, biological efficiency, nutrients, and mineral composition. Our results showed that the substrate formula T2（38% wood chips and 38% corn stalks）resulted in the highest yield of (275.66±2.87) g per bag, which was 6.60 % higher than that of formula CK, and the highest biological efficiency of 90.75 0.04 % , which was 4.58 % higher than that of CK, with no significant differences from CK in terms of fruiting body traits, nutrients, or mineral composition. The substrate formula T1（19 % corn stalks）led to mushroom yields with the highest mineral and amino acid contents and was thus more suitable for the cultivation of medicinal *P. microspora*. Therefore, substrates comprising a mixture of corn stalks and sawdust can be used as a novel, inexpensive, and high-yield alternative for the cultivation of *P. microspora*.

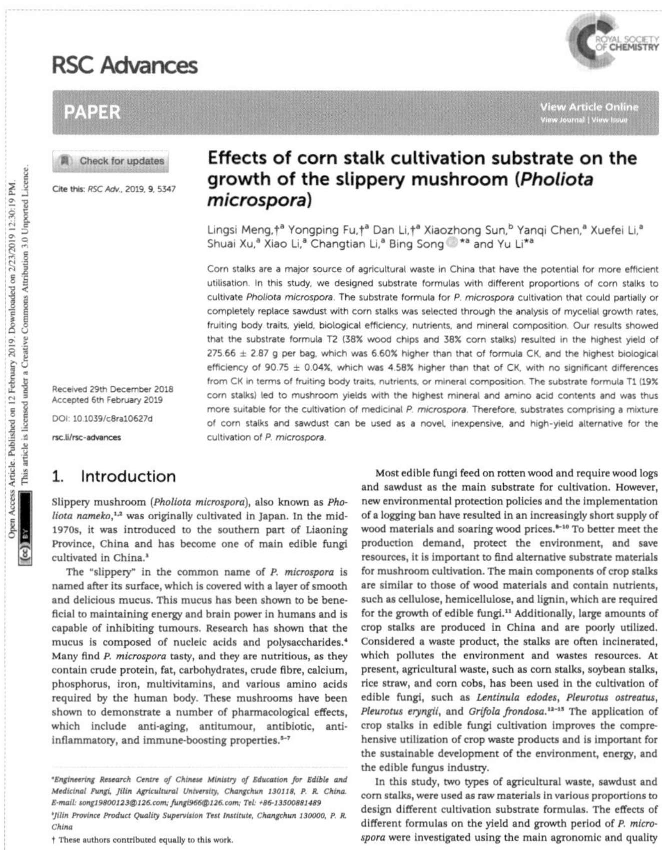
RSC Advances

PAPER

View Article Online
View Journal | View Issue

Check for updates

Cite this: *RSC Adv.*, 2019, 9, 5347

Effects of corn stalk cultivation substrate on the growth of the slippery mushroom (*Pholiota microspora*)

Lingsi Meng,†[a] Yongping Fu,†[a] Dan Li,†[a] Xiaozhong Sun,[b] Yanqi Chen,[a] Xuefei Li,[a] Shuai Xu,[a] Xiao Li,[a] Changtian Li,[a] Bing Song *[a] and Yu Li*[a]

Corn stalks are a major source of agricultural waste in China that have the potential for more efficient utilisation. In this study, we designed substrate formulas with different proportions of corn stalks to cultivate *Pholiota microspora*. The substrate formula for *P. microspora* cultivation that could partially or completely replace sawdust with corn stalks was selected through the analysis of mycelial growth rates, fruiting body traits, yield, biological efficiency, nutrients, and mineral composition. Our results showed that the substrate formula T2 (38% wood chips and 38% corn stalks) resulted in the highest yield of 275.66 ± 2.87 g per bag, which was 6.60% higher than that of formula CK, and the highest biological efficiency of 90.75 ± 0.04%, which was 4.58% higher than that of CK, with no significant differences from CK in terms of fruiting body traits, nutrients, or mineral composition. The substrate formula T1 (19% corn stalks) led to mushroom yields with the highest mineral and amino acid contents and was thus more suitable for the cultivation of medicinal *P. microspora*. Therefore, substrates comprising a mixture of corn stalks and sawdust can be used as a novel, inexpensive, and high-yield alternative for the cultivation of *P. microspora*.

Received 29th December 2018
Accepted 6th February 2019

DOI: 10.1039/c8ra10627d

rsc.li/rsc-advances

1. Introduction

Slippery mushroom (*Pholiota microspora*), also known as *Pholiota nameko*,[1,2] was originally cultivated in Japan. In the mid-1970s, it was introduced to the southern part of Liaoning Province, China and has become one of main edible fungi cultivated in China.[3]

The "slippery" in the common name of *P. microspora* is named after its surface, which is covered with a layer of smooth and delicious mucus. This mucus has been shown to be beneficial to maintaining energy and brain power in humans and is capable of inhibiting tumours. Research has shown that the mucus is composed of nucleic acids and polysaccharides.[4] Many find *P. microspora* tasty, and they are nutritious, as they contain crude protein, fat, carbohydrates, crude fibre, calcium, phosphorus, iron, multivitamins, and various amino acids required by the human body. These mushrooms have been shown to demonstrate a number of pharmacological effects, which include anti-aging, antitumour, antibiotic, anti-inflammatory, and immune-boosting properties.[5-7]

Most edible fungi feed on rotten wood and require wood logs and sawdust as the main substrate for cultivation. However, new environmental protection policies and the implementation of a logging ban have resulted in an increasingly short supply of wood materials and soaring wood prices.[8-10] To better meet the production demand, protect the environment, and save resources, it is important to find alternative substrate materials for mushroom cultivation. The main components of crop stalks are similar to those of wood materials and contain nutrients, such as cellulose, hemicellulose, and lignin, which are required for the growth of edible fungi.[11] Additionally, large amounts of crop stalks are produced in China and are poorly utilized. Considered a waste product, the stalks are often incinerated, which pollutes the environment and wastes resources. At present, agricultural waste, such as corn stalks, soybean stalks, rice straw, and corn cobs, has been used in the cultivation of edible fungi, such as *Lentinula edodes*, *Pleurotus ostreatus*, *Pleurotus eryngii*, and *Grifola frondosa*.[12-15] The application of crop stalks in edible fungi cultivation improves the comprehensive utilization of crop waste products and is important for the sustainable development of the environment, energy, and the edible fungus industry.

In this study, two types of agricultural waste, sawdust and corn stalks, were used as raw materials in various proportions to design different cultivation substrate formulas. The effects of different formulas on the yield and growth period of *P. microspora* were investigated using the main agronomic and quality

[a]Engineering Research Centre of Chinese Ministry of Education for Edible and Medicinal Fungi, Jilin Agricultural University, Changchun 130118, P. R. China. E-mail: song19800123@126.com; fungi966@126.com; Tel: +86-13500881489

[b]Jilin Province Product Quality Supervision Test Institute, Changchun 130000, P. R. China

† These authors contributed equally to this work.

13. Phylogenetic Analyses of Some *Melanoleuca* Species（Agaricales, Tricholomataceae）in Northern China，With Descriptions of Two New Species and the Identifification of Seven Species as a First Record

刊 载 地：Frontiers in Microbiology（2019）

作者单位：吉林农业大学

通讯作者：李玉、张春兰、宫磊

内容提要：Two new species（*Melanoleuca galerina* and *M. subgrammopodia*）and seven new recorded species from northern China are described here using morphological and molecular methods. *Melanoleuca galerina* is mainly characterized by its hygrophanous pileus，decurrent lamellae，fibrous stipe and spores with round warts. Key characteristics of *M. subgrammopodia* include its discolored pileus，fibrous stipe and urticiform cystidia. The divergence time of *Melanoleuca* fungi as well as the phylogenetic relationships within this genus were analyzed using DNA sequences of the internal transcribed spacer（ITS）and the nuclear large subunit rDNA（nrLSU）gene fragments. Analyses revealed that morphological identifications and phylogenetic relationships were consistent with the results of divergence time，thereby confirming that *M. galerina* and *M. subgrammopodia* are new species.

frontiers in Microbiology

ORIGINAL RESEARCH
published: 26 September 2019
doi: 10.3389/fmicb.2019.02167

Phylogenetic Analyses of Some *Melanoleuca* Species (Agaricales, Tricholomataceae) in Northern China, With Descriptions of Two New Species and the Identification of Seven Species as a First Record

Jize Xu[1,2,3]†, Xiaodong Yu[4]†, Mengzhao Lu[4], Jiajun Hu[3], Odeshnee Moodley[4,5], Chunlan Zhang[2]*, Lei Gong[3]* and Yu Li[3,4]**

[1] Agricultural College, Jilin Agriculture Science and Technology College, Jilin, China, [2] School of Landscape Architecture, Changchun University, Changchun, China, [3] Key Laboratory of Molecular Epigenetics of the Ministry of Education, Northeast Normal University, Changchun, China, [4] Engineering Research Center of Chinese Ministry of Education for Edible and Medicinal Fungi, Jilin Agricultural University, Changchun, China, [5] South African Department of Agriculture, Forestry and Fisheries, Pretoria, South Africa

OPEN ACCESS

Edited by:
Rui-Lin Zhao,
Institute of Microbiology (CAS), China

Reviewed by:
Taihui Li,
Guangdong Academy of Sciences,
China
Guo-Jie Li,
Agricultural University of Hebei, China

***Correspondence:**
Jize Xu
xujize@163.com
Chunlan Zhang
458560969@qq.com
Lei Gong
fungus_lab@126.com
Yu Li
xujz802@nenu.edu.cn

† These authors have contributed equally to this work

Specialty section:
This article was submitted to Fungi and Their Interactions, a section of the journal Frontiers in Microbiology

Received: 31 March 2019
Accepted: 04 September 2019
Published: 26 September 2019

Citation:
Xu J, Yu X, Lu M, Hu J, Moodley O, Zhang C, Gong L and Li Y (2019) Phylogenetic Analyses of Some Melanoleuca Species (Agaricales, Tricholomataceae) in Northern China, With Descriptions of Two New Species and the Identification of Seven Species as a First Record. Front. Microbiol. 10:2167. doi: 10.3389/fmicb.2019.02167

Two new species (*Melanoleuca galerina* and *M. subgrammopodia*) and seven new recorded species from northern China are described here using morphological and molecular methods. *Melanoleuca galerina* is mainly characterized by its hygrophanous pileus, decurrent lamellae, fibrous stipe and spores with round warts. Key characteristics of *M. subgrammopodia* include its discolored pileus, fibrous stipe and urticiform cystidia. The divergence time of *Melanoleuca* fungi as well as the phylogenetic relationships within this genus were analyzed using DNA sequences of the internal transcribed spacer (ITS) and the nuclear large subunit rDNA (nrLSU) gene fragments. Analyses revealed that morphological identifications and phylogenetic relationships were consistent with the results of divergence time, thereby confirming that *M. galerina* and *M. subgrammopodia* are new species.

Keywords: taxonomy, phylogeny, divergence time, morphological characteristics, infrageneric classifications

INTRODUCTION

Individuals from *Melanoleuca* Pat. are widely distributed throughout the world and include some edible species (Singer, 1986). Currently, Index Fungorum[1] lists 422 validly published species within *Melanoleuca*. Whereas, Kirk et al. (2008) only accepted 50 species from this genus. In respect of China, a total of 19 *Melanoleuca* species have been reported (Bau and Li, 1999; Zhang et al., 2001; Chen, 2007; Mao, 2009; Sun et al., 2012; Wang, 2013; He et al., 2014; Yu et al., 2014; Zhao et al., 2014; Wei et al., 2015; Du et al., 2016; Tian et al., 2018). *Melanoleuca* is a genus with limited morphological characteristics. It is mainly characterized by a collybioid to tricholomatoid habit, a rarely bright-colored pileus, with warty and strongly amyloid spores and having either absent or present cystidia (Singer, 1986). The divisions among *Melanoleuca* species are vague. Different taxonomists often have their own interpretations of morphological features, resulting in different classifications of the same species based on those differing opinions (Singer, 1986; Boekhout, 1988;

[1] http://www.indexfungorum.org (accessed June 10, 2019).

14. Comparative Transcriptome Analysis Identified Candidate Genes Related to Bailinggu Mushroom Formation and Genetic Markers for Genetic Analyses and Breeding

刊 载 地：SCIENTIFIC REPORTS（2017）

作者单位：吉林农业大学

通讯作者：李玉、张志武

内容提要：Bailinggu（*Pleurotus tuoliensis*）is a major，commercially cultivated mushroom and widely used for nutritional，medicinal，and industrial applications. Yet，the mushroom's genetic architecture and the molecular mechanisms underlying its formation are largely unknown. Here we performed comparative transcriptomic analysis during Bailinggu's mycelia，primordia，and fruiting body stages to identify genes regulating fruiting body development and develop EST-SSR markers assessing the genetic value of breeding materials. The stage-specific and differentially expressed unigenes（DEGs）involved in morphogenesis，primary carbohydrate metabolism，cold stimulation and blue-light response were identified using GO and KEGG databases. These unigenes might help Bailinggu adapt to genetic and environmental factors that influence fructification. The most pronounced change in gene expression occurred during the vegetative-to-reproductive transition，suggesting that is most active and key for Bailinggu development. We then developed 26 polymorphic and informative EST-SSR markers to assess the genetic diversity in 82 strains of Bailinggu breeding materials. These EST-SSRs exhibited high transferability in closely related species *P. eryngii* var. *ferulae* and var. *eryngii*. Genetic population structure analysis indicated that China's Bailinggu has low introgression with these two varieties and likely evolved independently. These findings provide new genes，SSR markers，and germplasm to enhance the breeding of commercially cultivated Bailinggu.

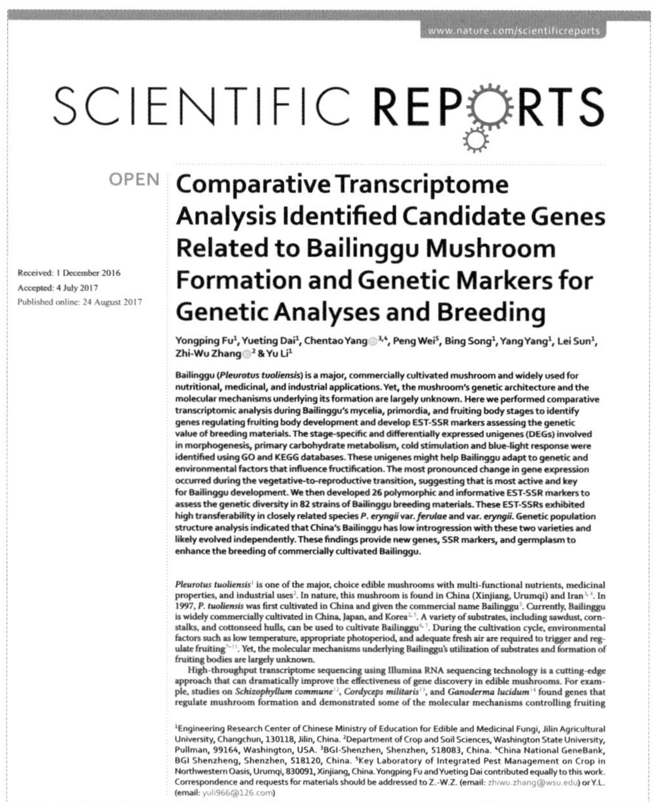

www.nature.com/scientificreports

SCIENTIFIC REPORTS

OPEN

Comparative Transcriptome Analysis Identified Candidate Genes Related to Bailinggu Mushroom Formation and Genetic Markers for Genetic Analyses and Breeding

Received: 1 December 2016
Accepted: 4 July 2017
Published online: 24 August 2017

Yongping Fu[1], Yueting Dai[1], Chentao Yang[3,4], Peng Wei[5], Bing Song[1], Yang Yang[1], Lei Sun[1], Zhi-Wu Zhang[2] & Yu Li[1]

Bailinggu (*Pleurotus tuoliensis*) is a major, commercially cultivated mushroom and widely used for nutritional, medicinal, and industrial applications. Yet, the mushroom's genetic architecture and the molecular mechanisms underlying its formation are largely unknown. Here we performed comparative transcriptomic analysis during Bailinggu's mycelia, primordia, and fruiting body stages to identify genes regulating fruiting body development and develop EST-SSR markers assessing the genetic value of breeding materials. The stage-specific and differentially expressed unigenes (DEGs) involved in morphogenesis, primary carbohydrate metabolism, cold stimulation and blue-light response were identified using GO and KEGG databases. These unigenes might help Bailinggu adapt to genetic and environmental factors that influence fructification. The most pronounced change in gene expression occurred during the vegetative-to-reproductive transition, suggesting that is most active and key for Bailinggu development. We then developed 26 polymorphic and informative EST-SSR markers to assess the genetic diversity in 82 strains of Bailinggu breeding materials. These EST-SSRs exhibited high transferability in closely related species *P. eryngii* var. *ferulae* and var. *eryngii*. Genetic population structure analysis indicated that China's Bailinggu has low introgression with these two varieties and likely evolved independently. These findings provide new genes, SSR markers, and germplasm to enhance the breeding of commercially cultivated Bailinggu.

Pleurotus tuoliensis[1] is one of the major, choice edible mushrooms with multi-functional nutrients, medicinal properties, and industrial uses[2]. In nature, this mushroom is found in China (Xinjiang, Urumqi) and Iran[3,4]. In 1997, *P. tuoliensis* was first cultivated in China and given the commercial name Bailinggu[5]. Currently, Bailinggu is widely commercially cultivated in China, Japan, and Korea[2,5]. A variety of substrates, including sawdust, corn-stalks, and cottonseed hulls, can be used to cultivate Bailinggu[6,7]. During the cultivation cycle, environmental factors such as low temperature, appropriate photoperiod, and adequate fresh air are required to trigger and regulate fruiting[7–11]. Yet, the molecular mechanisms underlying Bailinggu's utilization of substrates and formation of fruiting bodies are largely unknown.

High-throughput transcriptome sequencing using Illumina RNA sequencing technology is a cutting-edge approach that can dramatically improve the effectiveness of gene discovery in edible mushrooms. For example, studies on *Schizophyllum commune*[12], *Cordyceps militaris*[13], and *Ganoderma lucidum*[14] found genes that regulate mushroom formation and demonstrated some of the molecular mechanisms controlling fruiting

[1]Engineering Research Center of Chinese Ministry of Education for Edible and Medicinal Fungi, Jilin Agricultural University, Changchun, 130118, Jilin, China. [2]Department of Crop and Soil Sciences, Washington State University, Pullman, 99164, Washington, USA. [3]BGI-Shenzhen, Shenzhen, 518083, China. [4]China National GeneBank, BGI Shenzheng, Shenzhen, 518120, China. [5]Key Laboratory of Integrated Pest Management on Crop in Northwestern Oasis, Urumqi, 830091, Xinjiang, China. Yongping Fu and Yueting Dai contributed equally to this work. Correspondence and requests for materials should be addressed to Z.-W.Z. (email: zhiwu.zhang@wsu.edu) or Y.L. (email: yuli966@126.com)

15. 双孢蘑菇不同品种感染有害疣孢霉后防御酶活性变化

刊 载 地：菌物学报（2015）

作者单位：吉林农业大学

通讯作者：李玉

内容提要：本文通过测定同一时期不同品种双孢蘑菇子实体接种和未接种情况下子实体内苯丙氨酸解氨酶（PAL）、过氧化物酶（POD）、过氧化氢酶（CAT）和多酚氧化酶（PPO）4种防御酶活性变化，为研究双孢蘑菇品种对有害疣孢霉*Mycogone perniciosa*的抗病性差异提供科学数据。结果表明：以双孢蘑菇As258、As2796和W192为材料，在接种处理后，各品种双孢蘑菇子实体内苯丙氨酸解氨酶（PAL）、过氧化物酶（POD）、过氧化氢酶（CAT）和多酚氧化酶（PPO）活性变化不同。双孢蘑菇W192品种4种酶活峰值最高，其次是As2796和As258。说明这4种酶与双孢蘑菇抗有害疣孢霉有一定的关联。

菌物学报
jwxt@im.ac.cn | 15 May 2015, 34(3): 504-510
Http://journals.im.ac.cn | Mycosystema ISSN1672-6472 CN11-5180/Q

简报 Short communication DOI: 10.13346/j.mycosystema.140039

双孢蘑菇不同品种感染有害疣孢霉后防御酶活性变化

周春元 李玉*

吉林农业大学菌物研究所 食药用菌教育部工程研究中心 吉林 长春 130118

摘 要：通过测定同一时期不同品种双孢蘑菇子实体接种和未接种情况下，子实体内苯丙氨酸解氨酶（PAL）、过氧化物酶（POD）、过氧化氢酶（CAT）和多酚氧化酶（PPO）等4种防御酶活性变化，为研究双孢蘑菇品种对有害疣孢霉 *Mycogone perniciosa* 的抗病性差异提供科学数据。结果表明：以双孢蘑菇As258、As2796和W192为材料，在接种处理后，各品种双孢蘑菇子实体内苯丙氨酸解氨酶（PAL）、过氧化物酶（POD）、过氧化氢酶（CAT）和多酚氧化酶（PPO）活性变化不同。双孢蘑菇W192品种4种酶活峰值最高，其次是As2796和As258。说明这4种酶与双孢蘑菇抗有害疣孢霉有一定的关联。

关键词：双孢蘑菇，有害疣孢霉，防御酶，抗病性

Changes of defensive enzyme activities in different *Agaricus bisporus* varieties after inoculation with *Mycogone perniciosa*

ZHOU Chun-Yuan LI Yu*

Institute of Mycology/Engineering Research Center of Chinese Ministry of Education for Edible and Medicinal Fungi, Jilin Agricultural University, Changchun, Jilin 130118, China

Abstract: Varietal resistance of *Agaricus bisporus* against *Mycogone perniciosa* was investigated. Four kinds of defensive enzymes, phenylalanine ammonia-lyase, peroxidase, catalase and polyphenol oxidase might induce *A. bisporus* to produce resistance against the pathogen. After inoculation the activity of four enzymes changed significantly. Among the strains of *A. bisporus* studied, W192 contained the highest amount of the four enzymes, then As2796 and As258 followed.

Key words: *Agaricus bisporus*, *Mycogone perniciosa*, defensive enzymes, disease resistance

双孢蘑菇湿泡病（wet bubble disease of *Agaricus bisporus*）又称褐腐病、白腐病，是由有害疣孢霉 *Mycogone perniciosa* (Magnus) Delacroix 引起的一种世界性病害（Gerrites 1972；Sohi & Grewal 1987；Tu & Liao 1989），20世纪60年代前，在世界蘑菇主产区均有报道（Fletcher & Ganney

基金项目：国家重点基础研究发展计划（2014CB138305）；公益性行业（农业）科研专项经费（201503137）
*Corresponding author. E-mail: yuli966@126.com
收稿日期：2014-02-07，接受日期：2014-05-16

16. 两株野生侧耳属菌株鉴定及生物学特性研究

刊 载 地：西南农业学报（2016）

作者单位：吉林农业大学

通讯作者：何晓兰

内容提要：本文对采自吉林省不同寄主植物的两株野生侧耳属菌株1和菌株2进行鉴定和生物学特性研究。基于形态学和分子生物学鉴定结果表明，这2个野生菌株均为肺形侧耳*Pleurotus pulmonarius*。通过选取不同碳源、氮源以及pH对2株菌株进行培养，最终结果表明菌株 1菌丝最适生长条件为蔗糖、硝酸钾、pH 6；菌株2菌丝的最适生长条件为蔗糖、硫酸铵、pH 7。

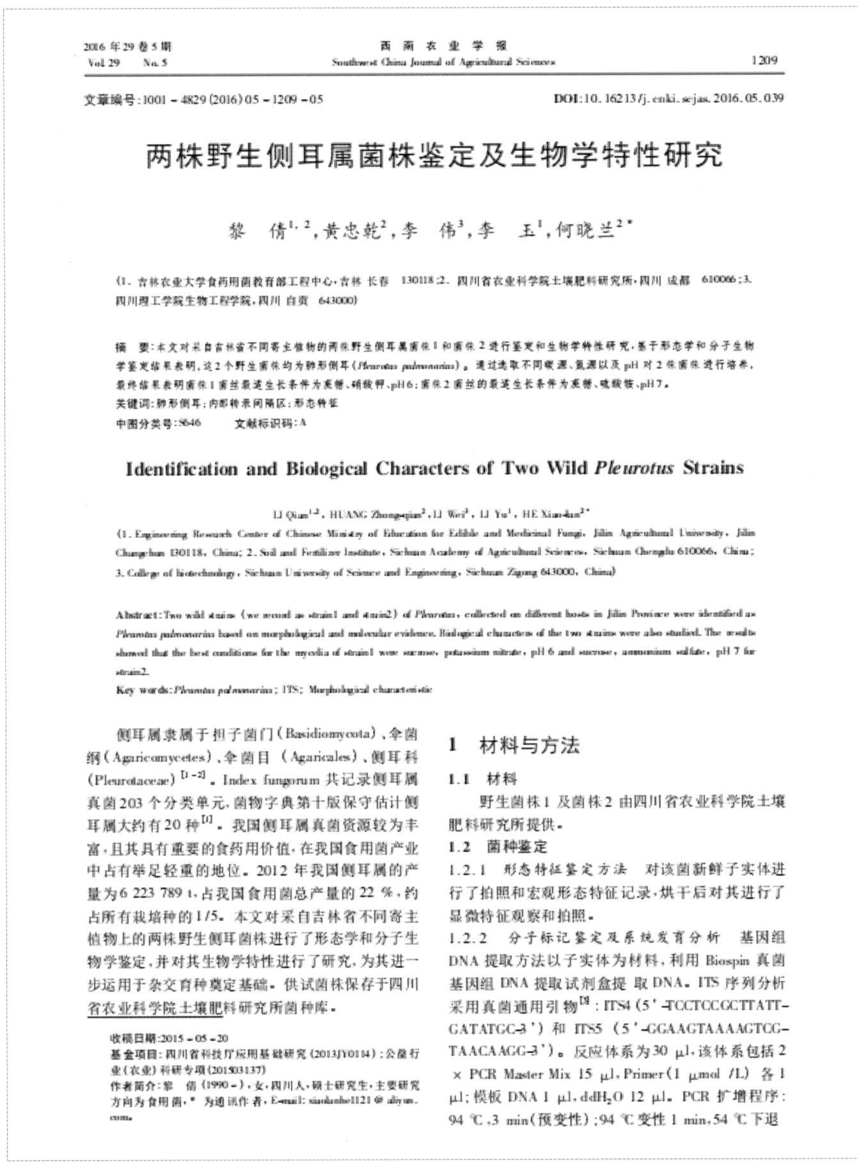

2016 年29 卷5 期 西 南 农 业 学 报 1209
Vol.29 No.5 Southwest China Journal of Agricultural Sciences

文章编号:1001－4829(2016)05－1209－05 DOI:10.16213/j.cnki.scjas.2016.05.039

两株野生侧耳属菌株鉴定及生物学特性研究

黎 倩[1,2],黄忠乾[2],李 伟[3],李 玉[1],何晓兰[2*]

(1.吉林农业大学食药用菌教育部工程中心,吉林 长春 130118;2.四川省农业科学院土壤肥料研究所,四川 成都 610066;3.四川理工学院生物工程学院,四川 自贡 643000)

摘 要:本文对采自吉林省不同寄主植物的两株野生侧耳属菌株1和菌株2进行鉴定和生物学特性研究,基于形态学和分子生物学鉴定结果表明,这2个野生菌株均为肺形侧耳(*Pleurotus pulmonarius*)。通过选取不同碳源、氮源以及pH对2株菌株进行培养,最终结果表明菌株1菌丝最适生长条件为蔗糖、硝酸钾、pH6;菌株2菌丝的最适生长条件为蔗糖、硫酸铵、pH7。

关键词:肺形侧耳;内部转录间隔区;形态特征
中图分类号:S646 文献标识码:A

Identification and Biological Characters of Two Wild *Pleurotus* Strains

LI Qian[1,2], HUANG Zhong-qian[2], LI Wei[3], LI Yu[1], HE Xiao-lan[2*]

(1.Engineering Research Center of Chinese Ministry of Education for Edible and Medicinal Fungi, Jilin Agricultural University, Jilin Changchun 130118, China; 2.Soil and Fertilizer Institute, Sichuan Academy of Agricultural Sciences, Sichuan Chengdu 610066, China; 3.College of biotechnology, Sichuan University of Science and Engineering, Sichuan Zigong 643000, China)

Abstract: Two wild strains (we record as strain1 and strain2) of *Pleurotus*, collected on different hosts in Jilin Province were identified as *Pleurotus pulmonarius* based on morphological and molecular evidence. Biological characters of the two strains were also studied. The results showed that the best conditions for the mycelia of strain1 were sucrose, potassium nitrate, pH 6 and sucrose, ammonium sulfate, pH 7 for strain2.

Key words: *Pleurotus pulmonarius*; ITS; Morphological characteristic

侧耳属隶属于担子菌门(Basidiomycota),伞菌纲(Agaricomycetes),伞菌目 (Agaricales),侧耳科(Pleurotaceae)[1-2]。Index fungorum 共记录侧耳属真菌203 个分类单元,菌物字典第十版保守估计侧耳属大约有20 种[1]。我国侧耳属真菌资源较为丰富,且其具有重要的食药用价值,在我国食用菌产业中占有举足轻重的地位。2012 年我国侧耳属的产量为6 223 789 t,占我国食用菌总产量的22 %,约占所有栽培种的1/5。本文对采自吉林省不同寄主植物上的两株野生侧耳菌株进行了形态学和分子生物学鉴定,并对其生物学特性进行了研究,为其进一步运用于杂交育种奠定基础。供试菌株保存于四川省农业科学院土壤肥料研究所菌种库。

收稿日期:2015－05－20
基金项目:四川省科技厅应用基础研究(2013JY0114);公益行业(农业)科研专项(201503137)
作者简介:黎 倩(1990－),女,四川人,硕士研究生,主要研究方向为食用菌,* 为通讯作者,E-mail:xiaolanhe1121@aliyun.com。

1 材料与方法

1.1 材料

野生菌株1 及菌株2 由四川省农业科学院土壤肥料研究所提供。

1.2 菌种鉴定

1.2.1 形态特征鉴定方法 对该菌新鲜子实体进行了拍照和宏观形态特征记录,烘干后对其进行了显微特征观察和拍照。

1.2.2 分子标记鉴定及系统发育分析 基因组DNA 提取方法以子实体为材料,利用 Biospin 真菌基因组 DNA 提取试剂盒提 取 DNA。ITS 序列分析采用真菌通用引物[3]:ITS4 (5'-TCCTCCGCTTATT-GATATGC-3') 和 ITS5 (5'-GGAAGTAAAAGTCG-TAACAAGG-3')。反应体系为30 μl,该体系包括2 × PCR Master Mix 15 μl,Primer(1 μmol /L) 各1 μl;模板 DNA 1 μl,ddH_2O 12 μl。PCR 扩增程序:94 ℃,3 min(预变性);94 ℃变性1 min,54 ℃下退

17. 平菇子实体化学成分的分析研究

刊 载 地：食药用菌（2016）

作者单位：吉林农业大学

通讯作者：李玉

内容提要：本文利用正相硅胶、凝胶等分离材料结合高效液相色谱等分离技术对平菇子实体的化学成分进行分离纯化，并根据光谱数据分析鉴定化合物的结构。从平菇子实体中分离得到 8 个化合物，分别为：①麦角甾醇；②麦角甾醇过氧化物；③ 22E，24R-5α，6α-环氧麦角甾 -8（14），22-二烯 -3β，7α-二醇；④烟酸；⑤腺苷；⑥ D-甘露醇；⑦尿苷；⑧烟酰胺。其中化合物③和⑤为首次从该菌中分离得到。

食药用菌 Edible and medicinal mushrooms 2016，24（4）：242～246, 261

平菇子实体化学成分的分析研究

朱明洪　陈　屏　王　琦　李　玉*
（吉林农业大学食药用菌教育部工程研究中心，吉林 长春 130118）

摘　要　利用正相硅胶、凝胶等分离材料结合高效液相色谱等分离技术对平菇子实体的化学成分进行分离纯化，并根据光谱数据分析鉴定化合物的结构。从平菇子实体中分离得到 8 个化合物，分别为（1）麦角甾醇、（2）麦角甾醇过氧化物、（3）22*E*, 24*R*-5α, 6α-环氧麦角甾-8(14), 22-二烯-3β, 7α-二醇、（4）烟酸、（5）腺苷、（6）*D*-甘露醇、（7）尿苷、（8）烟酰胺。其中化合物 3 和 5 为首次从该菌中分离得到。

关键词　平菇；环氧麦角甾；腺苷；烟酰胺

中图分类号：S646　　**文献标识码**：A　　**文章编号**：2095-0934（2016）04-242-06

Research on chemical constituents of the fruiting bodies of *Pleurotus ostreatus*

Zhu Minghong　Chen Ping　Wang Qi　Li Yu*
(Engineering Research Center of Chinese Ministry of Education for Edible and Medicinal Fungi, Jilin Agricultural University, Changchun, Jilin 130118, China)

Abstract　To investigate the chemical constituents of the fruiting bodies of *Pleurotus ostreatus*. The chemical constituents were separated and purified by chromatographic methods such as silica gel and Sephadex LH-20, HPLC *etc.*, and identified by spectroscopic analyses. Eight compounds were isolated and their structures were identified as (1) (22*E*, 24*R*)-ergosta-5,7,22-trien-3β-ol, (2) 24*R*-5α, 8α-epidioxyergosta-6, 22-dien-3β-ol; (3) 22*E*, 24*R*-5α, 6α-epoxyergosta-8 (14), 22-diene-3β, 7α-diol; (4) nicotinic acid; (5) adenosine; (6) mannitol; (7) uridine; (8) nicotinamide. Compounds 3 and 5 were separated from the fruiting bodies of *Pleurotus ostreatus* for the first time.

Keywords　*Pleurotus ostreatus*; epidioxyergosta; adenosine; nicotinamide

平菇[*Pleurotus ostreatus* (Jacq.) Quél.]，隶属于担子菌门（Basidomycota）、伞菌纲（Agaricomycetes）、伞菌亚纲(Agaricomycetide)、侧耳科（Pleurotaceae）、侧耳属（*Pleurotus*），英文名：Oyster Mushroom、Common Oyster Mushroom，中文别名：冬菇、北风菌、糙皮侧耳、贝形平菇、蛤蛎菇、蚝菌等[1]。在我国大陆大部分地区及台湾、香港都有分布；在国外主要分布于欧洲、北美洲、亚洲、非洲、澳大利亚、南美洲等地[2]。

平菇子实体不仅含有蛋白质、氨基酸、矿物质等多种营养成分[3]，而且有抗肿瘤[4]、抗氧化活性[5]、降血糖降血脂[6]等多种功效；它还是"舒筋散"的成分之一[7,8]，可用来治疗经络不疏、腰

基金项目：公益行业（农业）科研专项"作物秸秆基质化利用"（201503137）；吉林省秸秆综合利用技术创新平台
作者简介：朱明洪（1990—），女，硕士，主要从事药用真菌方面的研究，E-mail：996513924@qq.com
*为通讯作者

18. 双孢蘑菇疣孢霉病的发病过程及病原菌的核相研究

刊 载 地：微生物学报（2016）

作者单位：吉林农业大学

通讯作者：李玉

内容提要：本文将有害疣孢霉接种于培养料及覆土层的不同深度，得到双孢蘑菇发病率如下：覆土层表面＞覆土层中间＞覆土与培养料交界处＞培养料中间层。有害疣孢霉可以侵染双孢蘑菇的任意阶段，将其接种于原基直径小于3mm的子实体表面时，得到不能正常分化的“马勃状”组织。对有害疣孢霉的侵染过程进行观察得到：其孢子可黏附于双孢蘑菇表面，并萌发长出芽管，接种处双孢蘑菇表面产生褐色病斑，双孢蘑菇菌丝体发生质壁分离，最后菌丝体膨大，细胞壁变薄甚至溢裂，菌丝体内部中空；有害疣孢霉产生两种类型的分生孢子，Ⅰ类无隔膜含1个细胞核；Ⅱ类具1隔膜含2个细胞核，2个细胞核被隔膜分开；细胞核的第1次有丝分裂发生于分生孢子母细胞中；厚垣孢子由上下2个细胞构成，上胞中含有2个细胞核。下胞含1～2个细胞核。有害疣孢霉的厚垣孢子萌发可产生1～2个芽管，芽管中细胞核的数目不断变化，一般0～2个细胞核。本文研究结论是：双孢蘑菇受其侵染后发生显著的细胞学变化；我们对有害疣孢霉做遗传分析时，进行单孢分离需挑取无隔膜的分生孢子为实验材料进行遗传分析。

微生物学报
Acta Microbiologica Sinica
2017, 57(3): 422-433
http://journals.im.ac.cn/actamicrocn
DOI: 10.13343/j.cnki.wsxb.20160293

Research Article 研究报告

双孢蘑菇疣孢霉病的发病过程及病原菌的核相研究

张春兰[1]，徐济责[2]，柿岛真[1]，李玉[1*]

[1]吉林农业大学食药用菌教育部工程研究中心，吉林 长春 130118
[2]吉林农业科技学院生物工程学院，吉林 吉林 130200

摘要：【目的】确定有害疣孢霉的传播途径，明确双孢蘑菇受有害疣孢霉侵染后发病症状和微观形态变化，以及有害疣孢霉的核相。【方法】将有害疣孢霉喷施于培养料及覆土材料的不同深度，观察记录双孢蘑菇的发病情况；将有害疣孢霉接种于不同生长阶段的双孢蘑菇子实体，观察记录其发病情况；使用光学显微镜及扫描电镜观察双孢蘑菇子实体受有害疣孢霉侵染前后的形态变化；通过 DAPI (4′,6-二脒基-2-苯基吲哚)染色的方法对有害疣孢霉核相进行观察。【结果】将有害疣孢霉接种于培养料及覆土层的不同深度得到双孢蘑菇发病率如下：覆土层表面>覆土层中间>覆土与培养料交界处>培养料中间层；有害疣孢霉可以侵染双孢蘑菇的任意阶段，将其接种于原基直径小于 3 mm 子实体表面时，得到不能正常分化的“马勃状”组织；对有害疣孢霉的侵染过程进行观察得到：其孢子可粘附于双孢蘑菇表面，并萌发长出芽管，接种处双孢蘑菇表面产生褐色病斑，双孢蘑菇菌丝体发生质壁分离，最后菌丝体膨大，细胞壁变薄甚至溢裂，菌丝体内部中空；有害疣孢霉产生两种类型的分生孢子，Ⅰ类无隔膜含 1 个细胞核；Ⅱ类具 1 隔膜含 2 个细胞核，2 个细胞核被隔膜分开；细胞核的第 1 次有丝分裂发生于分生孢子母细胞中；厚垣孢子由上下 2 个细胞构成，上胞中含有 2 个细胞核。下胞含 1–2 个细胞核。有害疣孢霉的厚垣孢子萌发可产生 1–2 个芽管，芽管中细胞核的数目不断变化，一般 0–2 个细胞核。【结论】双孢蘑菇受其侵染后发生显著的细胞学变化；我们对有害疣孢霉做遗传分析时，进行单孢分离需挑取无隔膜的分生孢子为实验材料进行遗传分析。

关键词：有害疣孢霉，形态学，细胞核

双孢蘑菇褐腐病，又叫湿泡病、疣孢霉病。该病害的病原物为有害疣孢霉 *Hypomyces perniciosus* Magnus Delacr。有害疣孢霉的分生孢子、厚垣孢子及菌丝体均具致病作用[1]。菇床中通常可观察到两种不同形状罹病的双孢蘑菇子实体。一种为具菌盖菌柄及子实层的病菇，另一种为无菌盖菌柄及子实层不能产生担孢子的似马勃状的病菇[2]。Lambert 研究表明，双孢蘑菇菇蕾

基金项目：国家“973 项目”(2014CB138305)；公益性行业(农业)科研专项经费(201503137)
*通信作者。E-mail：966yuli@126.com
收稿日期：2016-07-20；**修回日期**：2016-09-13；**网络出版日期**：2016-12-05

19. 双孢蘑菇种质SSR分子身份证的构建

刊 载 地：食用菌学报（2016）

作者单位：吉林农业大学

通讯作者：李玉

内容提要：分子身份证是作物品种数字化的DNA指纹。本文从100对SSR引物中筛选出的8对引物、对从国内外收集的80份栽培及野生双孢蘑菇种质的扩增谱进行分析，合并同类型菌株后得到29份代表菌株，再根据不同代表菌株对8对SSR引物产生的不同扩增谱型构建出这29份不同双孢菇菌株的分子身份证，可为区分和鉴别双孢蘑菇的品种提供参考。

食用菌学报© 2016, 23(2): 6～11

DOI:10.16488/j.cnki.1005－9873.2016.02.002

双孢蘑菇种质SSR分子身份证的构建

王新新，李 丹，宋 冰，郭玉秀，苏文英，戴月婷，刘 源，付永平，李 玉*
（吉林农业大学食药用菌教育部工程研究中心，吉林长春 130118）

摘 要：分子身份证是作物品种数字化的DNA指纹。本文采用从100对SSR引物中筛选出的8对引物，对从国内外收集的80份栽培及野生双孢蘑菇（*Agaricus bisporus*）种质的扩增谱进行分析，合并同类型菌株后得到29份代表菌株，再根据不同代表菌株对8对SSR引物产生的不同扩增谱型构建出这29份不同双孢菇菌株的分子身份证，可为区分和鉴别双孢蘑菇的品种提供参考。

关键词：双孢蘑菇；SSR标记；分子身份证

双孢蘑菇（*Agaricus bisporus*）又称为白蘑菇、洋蘑菇，有很高的食、药用价值[1]。早在17世纪已开始栽培，是世界现今人工栽培范围最广、产量最大的食用菌之一[2]。双孢蘑菇的商业化、规模化栽培模式近几年在国内发展地更加迅速，我国双孢蘑菇产量和出口量已经跃居世界第一[3]。

我国现今广泛用于商业栽培的菌株大部分是从U1和U3演化而来[4]，遗传背景狭窄。且目前，食用菌主要是采用形态学特征为分类依据，虽然在一定程度上形态特征能在类群层面进行很好的划分，但子实体的形态性状容易受到外界环境条件的影响而不稳定，如果结合其它分子生物学等辅助手段将能更好地区分和鉴别不同的食用菌菌株[5]。

近年来分子身份证的概念逐渐发展。分子身份证与指纹图谱的功能相同，但分子身份证作为数字化、网络化的DNA指纹，在用于品种检索、对比时能够更加直观方便[6]。SSR（Simple Sequence Repeat）是目前一种广泛应用于遗传育种中的分子标记，相对其它标记，其具有操作简便快速、多态性高、稳定性和重复性好、识别率高等特点[7]，并被广泛应用于油菜[8]、葡萄[9]、水稻[10]、大豆[11]等品种鉴定中。利用SSR标记结合相关数量遗传分析手段，可以进行种质资源的鉴定、亲缘关系的判断、种质特异性的评价[12]。而将若干SSR位点上的条带按一定规则转化成类似人指纹的图谱就称之为SSR指纹图谱，数字化的指纹图谱即可构建各品种的分子身份证[10]。笔者尝试了采用SSR标记对国内外不同来源的双孢蘑菇种质建立分子身份证，希望为科学鉴定、合理利用双孢蘑菇种质资源提供参考依据，同时为在双孢蘑菇新品种审定与鉴定以及双孢蘑菇分子标记辅助育种提供一定的理论依据。

1 材料与方法

1.1 供试材料

80份双孢蘑菇菌株收集自中国（57份，其中野生26份）、美国（13份）、英国（1份）、德国（3份）、韩国（1份）、荷兰（4份）、西班牙（1份）等地，其中栽培菌株54个，野生菌株26个，保存于吉林农业大学食药用菌教育部工程研究中心，由福建省农业科学院食用菌研究所及四川省农业科学院土壤肥料研究所提供，详细信息和菌株编号见表1。

1.2 DNA提取

表1中菌株分别于PDA固体培养基上，25 ℃条件下培养7～10 d，刮取新鲜双孢蘑菇菌丝体100 mg

收稿日期：2016-05-09 原稿；2016-05-27 修改稿
基金项目：国家重点基础研究发展计划（973）食用菌优异种质性状形成的遗传基础（2014CB138305）、公益性行业（农业）科研专项（201503137）、吉林省教育厅"十三五"科学技术研究项目（2016191）资助
作者简介：王新新（1990－），女，在读硕士，主要从事食用菌病害研究。
* 本文通讯作者 E-mail: yuli966@126.com

20. 野生毛尖蘑的生物学特性及驯化栽培

刊 载 地：菌物研究（2016）

作者单位：吉林农业大学

通讯作者：李玉、付永平

内容提要：本文为了研究固体培养不同条件对野生毛尖蘑菌丝生长的影响，对温度、初始pH、碳源和氮源4个因素进行单因素试验，从中选出3个最优的水平进行正交试验。结果表明，野生毛尖蘑的最适生长温度为16℃，最适初始pH为6.0，最适碳源为蔗糖，最适氮源为酵母浸粉。对毛尖蘑栽培料的配方进行了筛选，试验结果表明：配方为杂木屑30%，玉米芯35%，麦麸25%，豆粕4%，玉米粉3%，石灰1.5%，石膏1.5%的栽培袋，经覆土栽培法可形成子实体。

第14卷第4期 2016年12月
菌 物 研 究 Journal of Fungal Research
Vol. 14 No. 4 Dec. 2016

野生毛尖蘑的生物学特性及驯化栽培*

郭昱秀，宋 冰，李 丹，王新新，苏文英，付永平**，李 玉**
（吉林农业大学食药用菌教育部工程研究中心，长春 130118）

摘 要：为了研究固体培养不同条件对野生毛尖蘑菌丝生长的影响，对温度、初始pH、碳源和氮源4个因素进行单因素试验，从中选出3个最优的水平进行正交试验。结果表明，野生毛尖蘑的最适生长温度为16℃，最适初始pH为6.0，最适碳源为蔗糖，最适氮源为酵母浸粉。对毛尖蘑栽培料的配方进行了筛选，试验结果表明：配方为杂木屑30%，玉米芯35%，麦麸25%，豆粕4%，玉米粉3%，石灰1.5%，石膏1.5%的栽培袋，经覆土栽培法可形成子实体。

关键词：野生毛尖蘑；生物学特性；正交实验；覆土栽培
中图分类号：S602.2；Q949.325　　文献标识码：A　　文章编号：1672-3538(2016)04-0222-04
DOI：10.13341/j.jfr.2014.1127
引文格式：郭昱秀，宋冰，李丹，等. 野生毛尖蘑的生物学特性及驯化栽培[J]. 菌物研究，2016，14(4)：222-225，232.

Biological Characteristics and Artificial Domestication Cultivation of Wild Stains of *Lepista* sp.

GUO Yu-xiu, SONG Bing, LI Dan, WANG Xin-xin, SU Wen-ying, FU Yong-ping**, LI Yu**
(*Engineering Research Center of Chinese Ministry of Education for Edible and Medicinal Fungi, Jilin Agricultrual University, Changchun* 130118, *China*)

Abstract: *Lepista* sp. is a rare and edible mushroom that is peculiar to northeast China. It is tasty, nutritious, and has great value for cultivation. To investigate the effects of different carbon sources, nitrogen sources, initial pH and temperatures on mycelia growth of *Lepista* sp., single factor experiment was conducted on solid culture medium. The cultivation of wild *Lepista* sp. was optimized using 16℃ as growth temperature, 6.0 as starting pH, sucrose as carbon source and yeast extract power as nitrogen source. The different formulas for the cultivation of *Lepista* sp were compared. The result indicated, by soil-cover cultivation method, the fruiting bodies were formed under the formula of 30% sawdust, 35% corncob, 25% wheat bran, 4% soybean meal, 3% corn flour, 1.5% lime and 1.5% plaster.

Key words: *Lepista* sp.; biological characteristics; orthogonal experiment; soil-cover cultivation method

"毛尖蘑"又称金砂蘑、仙蘑菇，是黑龙江省大兴安岭生长的一种珍稀食用菌，因生长在金矿开采后的沙滩（毛尖）上而得名[1]，又因其营养丰富且野生产量低被人们称为"蘑菇之圣"和兴安岭的"软黄金"，嘉荫县志上还把毛尖蘑称作"金地牡丹"[2]。调查市场发现，市售野生"毛尖蘑"

* 基金项目：公益性行业（农业）科研专项（201503137），吉林省教育厅"十三五"科学技术研究项目（2016191）
作者简介：郭昱秀，在读硕士，主要从事食用菌栽培研究。
收稿日期：2016-05-14
** 通讯作者：付永平，E-mail：fuyongping81@126.com；李玉，E-mail：yuli966@126.com

21. 有害疣孢霉与不同食用菌的培养关系

刊 载 地：西北农林科技大学学报（2016）

作者单位：吉林农业大学

通讯作者：李玉

内容提要：本项目的目的是研究有害疣孢霉与不同食用菌的培养关系，为蘑菇疣孢霉病害诊断及其致病机理研究提供参考依据。本项目采用形态观察及PCR方法，对供试的疑似有害疣孢霉菌株进行鉴定；采用接种法，研究有害疣孢霉对食用菌的致病力及其发酵滤液对食用菌菌丝体生长的影响，并分析食用菌菌丝体发酵滤液及其子实体煎汁对有害疣孢霉生长的影响。鉴定结果表明，本项目供试的病原菌为有害疣孢霉。有害疣孢霉能侵染金针菇、糙皮侧耳、双孢蘑菇、金顶侧耳、刺芹侧耳，不能侵染香菇；其中有害疣孢霉对糙皮侧耳、金顶侧耳、双孢蘑菇及金针菇的致病力强，对刺芹侧耳的致病力弱。糙皮侧耳、双孢蘑菇、刺芹侧耳、灵芝、香菇子实体煎汁和菌丝体发酵液均能促进有害疣孢霉菌丝体的生长；灵芝的子实体浸汁和发酵液均能抑制有害疣孢霉厚垣孢子的产生。有害疣孢霉发酵滤液能够促进供试食用菌菌丝的生长。本项目的研究结论是：有害疣孢霉对不同食用菌的致病力有一定差异，灵芝对有害疣孢霉厚垣孢子的产生具有较强的抑制作用。

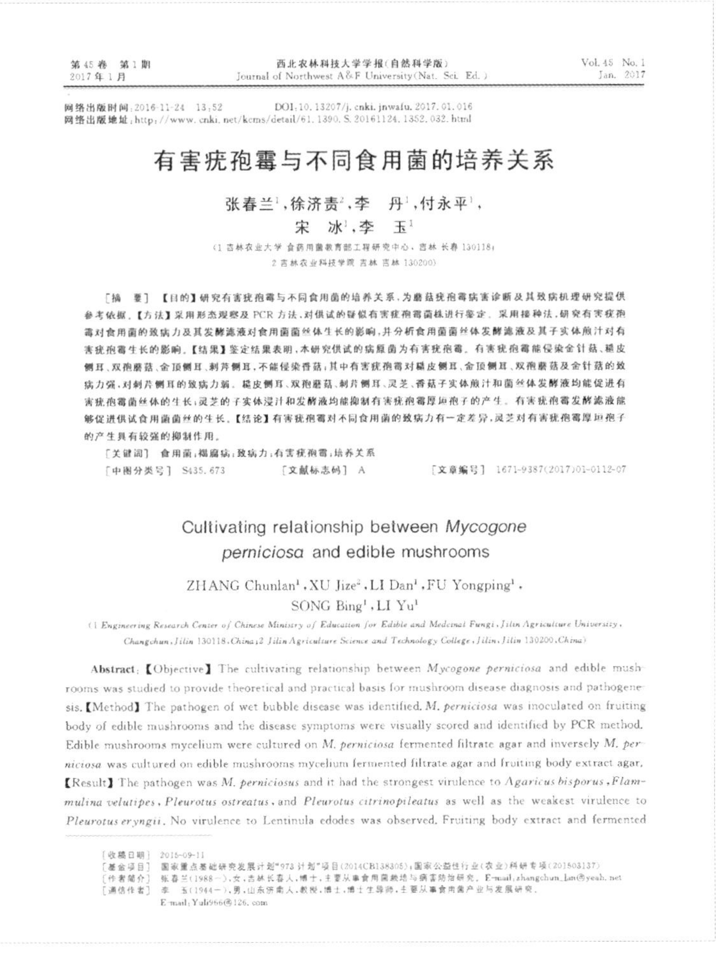
第45卷 第1期 西北农林科技大学学报(自然科学版) Vol.45 No.1
2017年1月 Journal of Northwest A&F University(Nat. Sci. Ed.) Jan. 2017

网络出版时间：2016-11-24 13:52 DOI:10.13207/j.cnki.jnwafu.2017.01.016
网络出版地址：http://www.cnki.net/kcms/detail/61.1390.S.20161124.1352.032.html

有害疣孢霉与不同食用菌的培养关系

张春兰[1]，徐济责[2]，李 丹[1]，付永平[1]，
宋 冰[1]，李 玉[1]
(1 吉林农业大学 食药用菌教育部工程研究中心，吉林 长春 130118；
2 吉林农业科技学院 吉林 吉林 130200)

［摘 要］【目的】研究有害疣孢霉与不同食用菌的培养关系，为蘑菇疣孢霉病害诊断及其致病机理研究提供参考依据。【方法】采用形态观察及PCR方法，对供试的疑似有害疣孢霉菌株进行鉴定。采用接种法，研究有害疣孢霉对食用菌的致病力及其发酵滤液对食用菌菌丝体生长的影响，并分析食用菌菌丝体发酵滤液及其子实体煎汁对有害疣孢霉生长的影响。【结果】鉴定结果表明，本研究供试的病原菌为有害疣孢霉。有害疣孢霉能侵染金针菇、糙皮侧耳、双孢蘑菇、金顶侧耳、刺芹侧耳，不能侵染香菇；其中有害疣孢霉对糙皮侧耳、金顶侧耳、双孢蘑菇及金针菇的致病力强，对刺芹侧耳的致病力弱。糙皮侧耳、双孢蘑菇、刺芹侧耳、灵芝、香菇子实体煎汁和菌丝体发酵液均能促进有害疣孢霉菌丝体的生长；灵芝的子实体浸汁和发酵液均能抑制有害疣孢霉厚垣孢子的产生。有害疣孢霉发酵滤液能够促进供试食用菌菌丝的生长。【结论】有害疣孢霉对不同食用菌的致病力有一定差异，灵芝对有害疣孢霉厚垣孢子的产生具有较强的抑制作用。

［关键词］ 食用菌；褐腐病；致病力；有害疣孢霉；培养关系
［中图分类号］ S435.673 ［文献标志码］ A ［文章编号］ 1671-9387(2017)01-0112-07

Cultivating relationship between *Mycogone perniciosa* and edible mushrooms

ZHANG Chunlan[1], XU Jize[2], LI Dan[1], FU Yongping[1],
SONG Bing[1], LI Yu[1]
(1 Engineering Research Center of Chinese Ministry of Education for Edible and Medcinal Fungi, Jilin Agriculture University, Changchun, Jilin 130118, China; 2 Jilin Agriculture Science and Technology College, Jilin, Jilin 130200, China)

Abstract:【Objective】The cultivating relationship between *Mycogone perniciosa* and edible mushrooms was studied to provide theoretical and practical basis for mushroom disease diagnosis and pathogenesis.【Method】The pathogen of wet bubble disease was identified. *M. perniciosa* was inoculated on fruiting body of edible mushrooms and the disease symptoms were visually scored and identified by PCR method. Edible mushrooms mycelium were cultured on *M. perniciosa* fermented filtrate agar and inversely *M. perniciosa* was cultured on edible mushrooms mycelium fermented filtrate agar and fruiting body extract agar.【Result】The pathogen was *M. perniciosus* and it had the strongest virulence to *Agaricus bisporus*, *Flammulina velutipes*, *Pleurotus ostreatus*, and *Pleurotus citrinopileatus* as well as the weakest virulence to *Pleurotus eryngii*. No virulence to Lentinula edodes was observed. Fruiting body extract and fermented

［收稿日期］ 2015-09-11
［基金项目］ 国家重点基础研究发展计划"973计划"项目(2014CB138305)；国家公益性行业(农业)科研专项(201503137)
［作者简介］ 张春兰(1988—)，女，吉林长春人，博士，主要从事食用菌栽培与病害防治研究。E-mail：zhangchun_lan@yeah.net
［通信作者］ 李 玉(1944—)，男，山东济南人，教授，博士，博士生导师，主要从事食用菌产业与发展研究。
E-mail：Yuli966@126.com

22. 黑木耳部分种质资源SSR分子身份证的构建

刊 载 地：农业生物技术学报（2017）

作者单位：吉林农业大学

通讯作者：李玉、宋冰

内容提要：黑木耳（*Auricularia heimuer*）是我国各地广泛栽培的重要食用型菌类，在形态发育和遗传育种方面均备受关注，但黑木耳存在同物异名现象，这给育种工作带来了诸多不便。分子身份证是作物品种数字化的DNA指纹，在食用菌种质资源的鉴定和保护方面具有重要作用。本研究利用SSR标记对来源于全国不同区域的72份黑木耳栽培种和野生种菌株进行了遗传多样性分析及分子身份证的构建，从65对SSR引物中筛选出8对核心引物对收集来的种质资源进行了分析，利用非加权组平均法（unweighted pairgroup method with arithmetic means，UPGMA）对扩增结果进行了聚类分析。结果表明，供试菌株遗传相似性系数为0.37 ~ 1.00，在相似性0.62处可将供试菌株分为3大类群，Au1 ~ Au11属于黑山系列，亲缘关系较近，可能存在同物异名的现象；Au44和Au90、Au40和Au73、Au22和Au60属于同物异名现象。根据不同代表菌株对SSR引物产生的不同扩增谱型，本文构建出了这72份不同的黑木耳菌株的分子身份证。本研究结果为食用菌种质资源鉴定和保护提供了依据。

Online system: http://www.jabiotech.org
农 业 生 物 技 术 学 报
Journal of Agricultural Biotechnology
2017, 25(12): 1930~1939
DOI: 10.3969/j.issn.1674-7968.2017.12.003

黑木耳部分种质资源SSR分子身份证的构建

徐安然[1] 付永平[1] 王延锋[2] 张志武[3] 纪策[1] 王菲[1] 叶健强[1] 李玉[1,2*] 宋冰[1*]
1 吉林农业大学 食药用菌教育部工程研究中心，长春 130118；2 黑龙江省农业科学院 牡丹江分院，牡丹江 157041；3 华盛顿州立大学，作物和土壤科学系，美国，华盛顿州，普尔曼 99164
*通讯作者，yuli966@126.com；song19800123@126.com

摘 要 黑木耳(*Auricularia heimuer*)是我国各地广泛栽培的重要食用型菌类，在形态发育和遗传育种方面均备受关注，但黑木耳存在同物异名现象，这给育种工作带来了诸多不便。分子身份证是作物品种数字化的DNA指纹，在食用菌种质资源的鉴定和保护方面具有重要作用。本研究利用SSR标记对来源于全国不同区域的72份黑木耳栽培种和野生种菌株进行了遗传多样性分析及分子身份证的构建，从65对SSR引物中筛选出8对核心引物对收集来的种质资源进行了分析，利用非加权组平均法(unweighted pair-group method with arithmetic means, UPGMA)对扩增结果进行了聚类分析，结果表明，供试菌株遗传相似性系数在0.37~1.00之间，在相似性0.62处可将供试菌株分为3大类群，Au1~Au11属于黑山系列，亲缘关系较近，可能存在同物异名的现象；Au44和Au90、Au40和Au73、Au22和Au60属于同物异名现象。根据不同代表菌株对SSR引物产生的不同扩增谱型，构建出了这72份不同的黑木耳菌株的分子身份证。本研究结果为食用菌种质资源鉴定和保护提供了依据。

关键词 黑木耳，分子身份证，SSR分子标记
中图分类号 S325 **文献标识码** A

Establishment of a SSR Molecular ID System for Some *Auricularia heimuer* Germplasm Resources

XU An-Ran[1] FU Yong-Ping[1] WANG Yan-Feng[2] ZHANG Zhi-Wu[3] JI Ce[1] WANG Fei YE Jian-Qiang[1] LI Yu[1,2*] SONG Bing[1*]
1 Engineering Research Center of Chinese Ministry of Education for Edible and Medicinal Fungi, Jilin Agricultural University, Changchun 130118, China; 2 Mudanjiang Branch of Heilongjiang Academy of Agricultural Sciences, Mudanjiang 157041; 3 Washington State University, Department of Crop and Soil Sciences, Pullman 99164, Washington, USA
*Corresponding author, yuli966@126.com; song19800123@126.com

Abstract *Auricularia heimuer* is an important and widely cultivated edible fungus in China, and the morphological development and genetic breeding were concerned by researchers. It has brought a lot of inconvenience in breeding, because of introduction and serious synonymy phenomenon. A molecular ID system based on SSR markers for identifying and differentiating of germplasm resource, and it is important to identify and protect the germplasm resources of edible fungi. In this study, SSR markers were employed to clarify the genetic diversity and to establish the SSR ID of 72 accessions of *A. heimuer* collected from different areas in China, which contain cultivated and wild species. Eight SSR primer pairs were selected

基金项目：国家重点基础研究发展规划(973)项目(No. 2014CB138305)、农业部公益性行业科研专项(No. 201503137)、吉林省秸秆综合利用技术创新平台(吉高平合字[2014]B-1)、吉林农业大学校内启动基金(No. 2015007)、吉林省科技发展项目(No. 20140101148JC)和高等学校学科创新引智计划资助项目(No. D17014)
收稿日期：2017-05-02 接受日期：2017-05-23

23. 食药用菌诱变育种研究进展

刊 载 地：微生物学通报（2017）

作者单位：吉林农业大学

通讯作者：李玉

内容提要：诱变育种是一项借助诱变剂人为的诱导突变，创造出杂交育种中无法创制的新性状的育种技术。自然界中的突变概率只有0.1%，而诱变育种可以将突变概率提高到3%左右，比自然突变高100倍以上。诱变技术已经在食药用菌育种中广为利用，本文针对诱变育种的原理、方法、在食药用菌中的应用情况进行了阐述，最后为食药用菌诱变育种的进一步发展进行了探讨和展望，为利用诱变技术进行食药用菌品种的选育提供了理论依据和参考。

微生物学通报
Microbiology China
tongbao@im.ac.cn
Sep. 20, 2017, 44(9): 2201−2212
http://journals.im.ac.cn/wswxtbcn
DOI: 10.13344/j.microbiol.china.160867

专论与综述

食药用菌诱变育种研究进展

宋冰 付永平 李丹 叶建强 徐安然 王菲 苏文英 代月婷
郭昱秀 李晓 李玉*

(吉林农业大学食药用菌教育部工程研究中心 吉林 长春 130118)

摘 要：诱变育种是一项借助诱变剂人为的诱导突变，创造出杂交育种中无法创制的新性状的育种技术。自然界中的突变只有0.1%，而诱变育种可以提高到3%左右，比自然突变高100倍以上。诱变技术已经在食药用菌育种中广为利用，本文针对诱变育种的原理、方法、在食药用菌中的应用情况进行了阐述，最后为食药用菌诱变育种的进一步发展进行了探讨和展望，这为利用诱变技术进行食药用菌品种的选育提供了理论依据和参考。

关键词：诱变育种，突变，新性状，食药用菌，原理，方法，应用

Advances in the mutation breeding of edible and medicinal fungi

SONG Bing FU Yong-Ping LI Dan YE Jian-Qiang XU An-Ran WANG Fei
SU Wen-Ying DAI Yue-Ting GUO Yu-Xiu LI Xiao LI Yu*

(Engineering Research Center of Chinese Ministry of Education for Edible and Medicinal Fungi, Jilin Agricultural University, Changchun, Jilin 130118, China)

Abstract: Mutation breeding is a new breeding technique, with the help of mutagens, and creates new traits that could not be obtained by conventional hybrid technique. The spontaneous mutation rate was only 0.1%, but the mutation rate of mutation breeding was 3%, and was 100 times higher than spontaneous mutation. The mutation technique has been used widely in breeding of edible and medicinal fungi. In this paper, we introduces the principle, method, application and prospect of mutation breeding in edible and medicinal fungi, and provide theoretical basis and reference for mutation breeding of edible and medicinal fungi.

Keywords: Mutation breeding, Mutation, New characters, Edible and medicinal fungi, Principle, Method, Application

Foundation item: Special Fund for Agro-scientific Research in the Public Interest (No. 201503137); National Basic Research Program of China (973 Program) (No. 2014CB138305); University S & T Innovation Platform of Jilin Province for Economic Fungi (No. 2014B-1); Fond of Jilin Agricultural University (No. 2015007); Scientific and Technological Planning Project of Jilin Province (No. 20140101148JC)
***Corresponding author:** E-mail: yuli966@126.com
Received: November 28, 2016; **Accepted:** January 13, 2017; **Published online** (www.cnki.net): January 16, 2017

基金项目：公益性行业(农业)科研专项(No. 201503137)；国家重点基础研究发展规划项目(973 计划) (No. 2014CB138305)；吉林省秸秆综合利用技术创新平台(吉高平合字 No. 2014B-1)；吉林农业大学校内启动基金(No. 2015007)；吉林省科技发展项目(No. 20140101148JC)

*通讯作者：E-mail：yuli966@126.com

收稿日期：2016-11-28；接受日期：2017-01-13；优先数字出版日期(www.cnki.net)：2017-01-16

24. 香菇^{60}Co-γ辐照突变菌株的筛选

刊 载 地：北方园艺（2017）

作者单位：吉林农业大学

通讯作者：李玉

内容提要：本文以香菇栽培菌株“庆20”作为诱变材料，分别利用0.4kGy、0.6kGy、0.8kGy 3种辐射剂量，剂量率为10Gy · min^{-1}的^{60}Co-γ射线对香菇菌株进行物理诱变，以不辐射处理为对照，研究了不同辐射剂量对香菇菌株诱变率和致死率的影响，将诱变菌株与对照菌株进行拮抗试验和SSR分子鉴定，并对突变菌株对纤维素和半纤维素的利用能力进行筛选，以期筛选出能更好地利用秸秆作为栽培基质的香菇栽培菌株。结果表明：辐射剂量为0.4kGy时，所有菌株致死率为0；0.6kGy时致死率为16.7%；0.8kGy时致死率达到100%。经过拮抗试验和SSR分子标记的筛选，得到6株符合要求突变菌株。

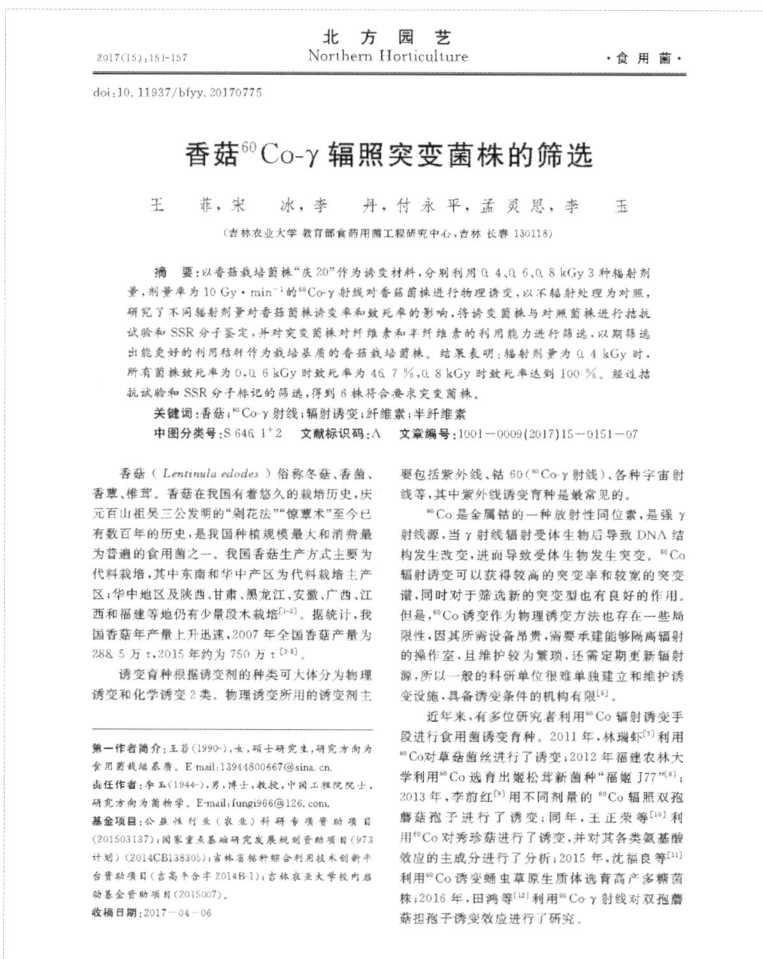

北 方 园 艺
2017(15):151-157　Northern Horticulture　·食 用 菌·
doi:10.11937/bfyy.20170775

香菇^{60}Co-γ辐照突变菌株的筛选

王　菲，宋　冰，李　丹，付永平，孟灵思，李　玉
（吉林农业大学 教育部食药用菌工程研究中心，吉林 长春 130118）

摘　要：以香菇栽培菌株“庆20”作为诱变材料，分别利用0.4、0.6、0.8 kGy 3种辐射剂量，剂量率为10 Gy · min^{-1}的^{60}Co-γ射线对香菇菌株进行物理诱变，以不辐射处理为对照，研究了不同辐射剂量对香菇菌株诱变率和致死率的影响，将诱变菌株与对照菌株进行拮抗试验和SSR分子鉴定，并对突变菌株对纤维素和半纤维素的利用能力进行筛选，以期筛选出能更好的利用秸秆作为栽培基质的香菇栽培菌株。结果表明：辐射剂量为0.4 kGy时，所有菌株致死率为0，0.6 kGy时致死率为46.7%，0.8 kGy时致死率达到100%。经过拮抗试验和SSR分子标记的筛选，得到6株符合要求突变菌株。

关键词：香菇；^{60}Co-γ射线；辐射诱变；纤维素；半纤维素
中图分类号：S 646.1^{+}2　文献标识码：A　文章编号：1001-0009(2017)15-0151-07

香菇（*Lentinula edodes*）俗称冬菇、香菌、香蕈、椎茸。香菇在我国有着悠久的栽培历史，庆元百山祖吴三公发明的“剁花法”“惊蕈术”至今已有数百年的历史，是我国种植规模最大和消费最为普遍的食用菌之一。我国香菇生产方式主要为代料栽培，其中东南和华中产区为代料栽培主产区；华中地区及陕西、甘肃、黑龙江、安徽、广西、江西和福建等地仍有少量段木栽培[1-2]。据统计，我国香菇年产量上升迅速，2007年全国香菇产量为288.5万t，2015年约为750万t[3-5]。

诱变育种根据诱变剂的种类可大体分为物理诱变和化学诱变2类。物理诱变所用的诱变剂主要包括紫外线、钴60（^{60}Co-γ射线）、各种宇宙射线等，其中紫外线诱变育种是最常见的。

^{60}Co是金属钴的一种放射性同位素，是强γ射线源，当γ射线辐射受体生物后导致DNA结构发生改变，进而导致受体生物发生突变。^{60}Co辐射诱变可以获得较高的突变率和较宽的突变谱，同时对于筛选新的突变型也有良好的作用。但是，^{60}Co诱变作为物理诱变方法也存在一些局限性，因其所需设备昂贵，需要承建能够隔离辐射的操作室，且维护较为繁琐，还需定期更新辐射源，所以一般的科研单位很难单独建立和维护诱变设施，具备诱变条件的机构有限[6]。

近年来，有多位研究者利用^{60}Co辐射诱变手段进行食用菌诱变育种。2011年，林瑞虾[7]利用^{60}Co对草菇菌丝进行了诱变；2012年福建农林大学利用^{60}Co选育出姬松茸新菌种“福姬J77”[8]；2013年，李前红[9]用不同剂量的^{60}Co辐照双孢蘑菇孢子进行了诱变；同年，王正荣等[10]利用^{60}Co对秀珍菇进行了诱变，并对其各类氨基酸效应的主成分进行了分析；2015年，沈福良等[11]利用^{60}Co诱变蛹虫草原生质体选育高产多糖菌株；2016年，田鸿等[12]利用^{60}Co-γ射线对双孢蘑菇担孢子诱变效应进行了研究。

第一作者简介：王菲(1990-)，女，硕士研究生，研究方向为食用菌栽培基质。E-mail:13944800667@sina.cn.
责任作者：李玉(1944-)，男，博士，教授，中国工程院院士，研究方向为菌物学。E-mail:fungi966@126.com.
基金项目：公益性行业（农业）科研专项资助项目(201503137)；国家重点基础研究发展规划资助项目(973计划)(2014CB138305)；吉林省秸秆综合利用技术创新平台资助项目（吉高平合字2014B-1）；吉林农业大学校内启动基金资助项目(2015007)。
收稿日期：2017-04-06

25. 一株野生侧耳属菌株的鉴定及生物学特性

刊 载 地：北方园艺（2017）

作者单位：吉林农业大学

通讯作者：李玉

内容提要：本研究以1株野生侧耳属菌株为试材，采用ITS序列克隆和分析，并结合传统形态学研究对其进行分类鉴定，通过单因素试验确定该菌株的生物学特性。结果表明：该野生菌株为紫孢侧耳，其菌丝生长的最佳碳源为玉米粉，最佳氮源为牛肉膏，最适培养温度为30℃，最适pH为7.0。本研究结果为加快紫孢侧耳的推广和产业化提供了基础和种质资源。

北 方 园 艺
2017(24):182-188
Northern Horticulture
·食 用 菌·
doi:10.11937/bfyy.20171661

一株野生侧耳属菌株的鉴定及生物学特性

宋 冰[1]，付永平[1]，郭昱秀[1]，李长田[1]，张志武[2]，李 玉[1]

(1. 吉林农业大学 食药用菌教育部工程研究中心，吉林 长春 130118；
2. 华盛顿州立大学 作物和土壤科学系，美国 华盛顿 99164)

摘 要：以1株野生侧耳属菌株为试材，采用ITS序列克隆和分析，并结合传统形态学研究对其进行分类鉴定，通过单因素试验确定该菌株的生物学特性。结果表明：该野生菌株为紫孢侧耳(*Pleurotus sapidus*)，其菌丝生长的最佳碳源为玉米粉，最佳氮源为牛肉膏，最适培养温度为30 ℃，最适pH 7.0。该研究为加快紫孢侧耳的推广和产业化提供了基础和种质资源。

关键词：紫孢侧耳；形态学；ITS；生物学特性
中图分类号：S 646.1+4 文献标识码：A 文章编号：1001-0009(2017)24-0182-07

紫孢侧耳(*Pleurotus sapidus* (Schulz.) Sacc.)属担子菌门(Basidiomycota)、蘑菇目(Agaricales)、侧耳科(Pleurotaceae)、侧耳属(*Pleurotus*)，又名美味侧耳[1-4]、美味北风菌、美味平菇[2-3]，野生菌株生长在春秋季节的阔叶树林的枯木上，在我国大部分地区都有分布。具有营养丰富、口味鲜美、抗病性强、生长旺盛、生长周期短的特点，目前已基本实现了人工土法栽培[2,5]。紫孢侧耳是一种具有重要市场前景的食用菌品种，随着食用菌产业的快速发展，培育和驯化优良的食用菌品种是产业发展的关键。但是由于受紫孢侧耳培养条件的限制，一定程度上制约了其产业化和规模化发展。

该研究以形态学鉴定为基础，辅以基因片段对野外采集到的一个侧耳属菌株进行鉴定，采用ITS序列克隆和分析，并结合传统形态学研究对其进行分类鉴定，通过单因素试验确定该菌株的生物学特性。为野生食用菌尽快实现人工驯化栽培、野生菌种的保育、菌物资源的可持续发展并提供了资源和技术支持[6-7]，以期为野生紫孢侧耳的产业化、规模化发展提供参考依据。

第一作者简介：宋冰(1980-)，男，博士，讲师，研究方向为食药用菌栽培育种。E-mail:song19800123@126.com.
责任作者：李玉(1944-)，男，博士，教授，中国工程院院士，研究方向为菌物学。E-mail:yuli966@126.com.
基金项目：公益性行业(农业)科研专项资助项目(201503137)；国家重点研发计划资助项目(2017YFD0601002)；高等学校学科创新引智计划资助项目(D17014)；国家重点基础研究发展计划(973)资助项目(2014CB138305)；吉林省秸秆综合利用技术创新平台资助项目(吉高平合字[2014]C-1)；长春市科技局资助项目(15SS11)。
收稿日期：2017-07-26

Abstract: This study introduced detailed the specific content of the standard that the verification of genuineness for spawn of *Auricularia heimuer* by SRAP. This standard provided not only a scientifically effective and easy-to-use method for the verification of genuineness for spawn, but also an effective way for breeders to protect intellectual property rights.

Keywords: *Auricularia heimuer*; spawn; verification of genuineness; SRAP

26. 灰树花秸秆栽培基质配方的优化

刊 载 地：菌物研究（2019）

作者单位：吉林农业大学

通讯作者：宋冰、李玉

内容提要：木屑一直是灰树花主要的栽培基质，但木质资源日趋匮乏。本研究采用单纯格子法筛选替代木屑基质的原材料及高产配方，以玉米芯、玉米秸秆、大豆秸秆、水稻秸秆为栽培基质，以产量为考核指标，建立各组分配比与产量之间的回归模型，优化栽培配方及考察配方中各组分的互作效应。结果表明：玉米芯可以替代木屑栽培灰树花，大豆秸秆、水稻秸秆和玉米秸秆可以与玉米芯进行合适配比，也可以替代木屑基质。优化的高产配方为75%玉米芯，23%麦麸，2%轻质碳酸钙，每袋产量平均达133.3g，比对照配方平均产量（97.25g）高出36.05g，提高了37.07%。

第 17 卷第 1 期　　菌 物 研 究　　Vol. 17 No. 1
2019 年 3 月　　Journal of Fungal Research　　Mar. 2019

灰树花秸秆栽培基质配方的优化*

叶建强[1,2]，宋 冰[1**]，李 玉[1**]，付永平[1]，李 丹[1]，李长田[1]
（1. 吉林农业大学，食药用菌教育部工程研究中心，长春 130118；2. 广西壮族自治区农业科学院微生物研究所，南宁 530007）

摘 要：木屑一直是灰树花主要的栽培基质，但木质资源日趋匮乏。本文采用单纯格子法筛选替代木屑基质的原材料及高产配方，以玉米芯、玉米秸秆、大豆秸秆、水稻秸秆为栽培基质，以产量为考核指标，建立各组分配比与产量之间的回归模型，优化栽培配方及考察配方中各组分的互作效应。结果表明：玉米芯可以替代木屑栽培灰树花，大豆秸秆、水稻秸秆和玉米秸秆可以与玉米芯进行合适配比，也可以替代木屑基质。优化的高产配方为75%玉米芯，23%麦麸，2%轻质碳酸钙，每袋产量平均达 133.3 g，比对照配方平均产量(97.25 g)高出 36.05 g，提高了 37.07%。

关键词：灰树花；农作物秸秆；配方优化；单纯型格子法
中图分类号：Q949.32；S646　　文献标识码：A　　文章编号：1672-3538(2019)01-0050-07
DOI：10.13341/j.jfr.2018.1247
引文格式：叶建强，宋冰，李玉，等. 灰树花秸秆栽培基质配方的优化[J]. 菌物研究，2019，17(1)：50-56.

The Optimizal Formula of *Grifola frondosa* Cultivation with Straw Substrate

YE Jianqiang[1,2], SONG Bing[1**], LI Yu[1**], FU Yongping[1], LI Dan[1], LI Changtian[1]
(1. *Jilin Agricultural University, Edible and Medicinal Fungi Engineering Research Center of the Education Ministry, Changchun* 130118, *China*; 2. *Microbiology Research Institute, Guangxi Academy of Agricultural Sciences, Nanning* 530007, *China*)

Abstract: The sawdust has been the main substrate of *G. frondosa*, but the wooden resources have been seriously deficient. In this paper, the simplex-lattice design was adopted to optimize the proportion of four major components (corn cobs, soybean straw, rice straws and maize straws), in order to replacing sawdust in the substrate used for cultivating *G. frondosa*. Fifteen formulations were devised based on variations in the content of the main components, and their efficacy was determined using fruit body yield as the main evaluation index. The analysis of regression equations linking this index and the main substrate component revealed that sawdust can be completely replaced by corn cob, and can also be replaced by soybean straw, rice straw and maize straw with corn cobs appropriate proportion. The optiomal formula for maximal mushroom yield (133.3 g per bag) was 75% corn cobs, 23% wheat bean, 2% $CaCO_3$, and this yield was up to 37.07 percent compared to the control formulation (97.25 g per bag) consisting of 75% sawdust, 23% wheat bean, 2% $CaCO_3$.

Key words: *Grifola frondosa*; crop straw; formulation optimization; simplex lattice method

* 基金项目：公益性行业（农业）科研专项(201503137)，国家重点研发计划项目(2017YFD0601002)，吉林省教育厅项目(JJKH20180670KJ)，111 引智基地项目(D17014)
作者简介：叶建强，男，在读硕士，研究实习员，主要从事食用菌技术开发与研究工作。
收稿日期：2018-12-13
** 通讯作者：宋冰，E-mail：49596993@qq.com；李玉，E-mail：yuli966@126.com

27. 十三个野生阿魏菇菌株栽培特性比较

刊 载 地：北方园艺（2018）

作者单位：吉林农业大学

通讯作者：宋冰

内容提要：本文以采集自中国新疆的13个野生阿魏菇为试材，采用拮抗试验对13个野生阿魏菇菌种亲缘关系进行初步鉴定，通过对菌丝生长速率的测定和玉米秸秆出菇试验比较不同菌株的菌丝体形态、子实体性状以及生物学效率，为菌株秸秆栽培和推广提供种质和数据支持。结果表明：13个野生阿魏菇为亲缘关系不同的菌株，其中A12（0.863cm · d^{-1}）和A43（0.856cm · d^{-1}）的菌丝生长速度高于其余试验菌株，A43菌株的生物学效率（79.49%）较高，且出菇整齐。

北 方 园 艺
2018(24):146-151 Northern Horticulture ·食用菌·

doi:10.11937/bfyy.20180616

十三个野生阿魏菇菌株栽培特性比较

徐 帅[1]，李 玉[1]，付永平[1]，李长田[1]，John Andrew PECCHIA[2]，宋 冰[1]

（1. 吉林农业大学，食药用菌教育部工程研究中心，吉林 长春 130118；
（2. 宾夕法尼亚州立大学 植物生理和环境微生物系，美国 宾夕法尼亚州 16802）

摘 要：以采集自中国新疆的13个野生阿魏菇为试材，采用拮抗试验对13个野生阿魏菇菌种亲缘关系进行初步鉴定，通过菌丝生长速率的测定和玉米秸秆出菇试验比较不同菌株的菌丝体形态、子实体性状以及生物学效率，为菌株秸秆栽培和推广提供种质和数据支持。结果表明：13个野生阿魏菇为亲缘关系不同的菌株，其中A12(0.863 cm · d^{-1})和A43(0.856 cm · d^{-1})的菌丝生长速度高于其余试验菌株，A43菌株的生物学效率(79.49%)较高，且出菇整齐。

关键词：阿魏菇；拮抗试验；栽培试验；农艺性状

中图分类号：S 646.1+9 文献标识码：A 文章编号：1001－0009(2018)24－0146－06

阿魏菇(*Pleurotus eryngii* var. *ferulae*)属担子菌门(Basidiomycota)，蘑菇纲(Agaricomycetidae)，蘑菇目(Agaricales)，侧耳科(Pleurotaceae)，侧耳属(*Pleurotus*)[1-3]。阿魏菇肉质肥嫩、鲜美可口，子实体营养丰富，蛋白质含量高达14.7%[4]，并含有多种氨基酸和丰富的矿物质元素[5-6]，阿魏菇是一种具有高开发价值的珍稀食药用菌。

中国的野生阿魏菇资源极其稀缺，野生阿魏菇多选择性的腐生或寄生在中药植物阿魏的根茎部位[7]。目前，阿魏菇已有成功栽培的经验[8-9]，但是这一野生珍稀食用菌还未广泛栽培。为满足人们对阿魏菇的需求，对野生菌株的驯化并人工栽培是最为有效的途径。

玉米秸秆是我国主要的农业废弃物，农业废弃物的综合利用不仅有利于环境的保护，还可以提高农民的收益。玉米秸秆中富含的纤维素、半纤维素、木质素等成分均是食用菌可以利用的碳源，利用作物秸秆种植食用菌，可以大量消耗这些农业废弃物，形成可循环的绿色农业[10]。与阿魏菇相近的白灵菇有成功使用玉米秸秆种植的先例[11]，因此该研究对采自新疆的13个野生阿魏菇菌株利用秸秆基质配方进行栽培比较试验，分析各菌株的农艺性状，以期为野生阿魏菇的进一步驯化和秸秆基质的筛选提供科学依据。

1 材料与方法

1.1 试验材料

供试菌株保藏于吉林农业大学教育部食药用菌工程研究中心菌种库，菌种信息见表1。琼脂、葡萄糖、KH_2PO_4、$MgSO_4 \cdot 7H_2O$、蛋白胨、酵母浸粉，购自北京鼎国公司。出菇试验所需栽培材料均购自于吉林农业大学菌菜基地。

第一作者简介：徐帅(1993-)，男，硕士研究生，研究方向为食用菌栽培。E-mail:finder_xs@163.com.

责任作者：宋冰(1980-)，男，博士，讲师，研究方向为食药用菌栽培育种。E-mail:song19800123@126.com.

基金项目：公益性行业(农业)科研专项资助项目(201503137)；国家重点研发计划资助项目(2017YFD0601002)；高等学校学科创新引智计划资助项目(D17014)；国家重点基础研究发展计划(973)资助项目(2014CB138305)；吉林省秸秆综合利用技术创新平台资助项目(吉高平合字[2014]C-1)；长春市科技局资助项目(15SS11)；吉林省科技发展资助项目(20170101053JC)。

收稿日期：2018－06－20

28. 食用菌病毒的研究进展

刊 载 地：微生物学报（2018）

作者单位：吉林农业大学

通讯作者：李玉、宋冰

内容提要：病毒是引起食用菌发生病害的重要病原之一，由于其具有潜隐性、不易辨认的特点，因而难以被人们所察觉，一旦发病就难以控制。在食用菌研究领域中，食用菌病毒使食用菌产量严重下降，引起的病害越来越受人们的重视，逐步成为该领域的研究热点。因此，本文主要针对食用菌病毒的结构与分类、危害、传播方式、检测方法以及食用菌病毒的脱毒技术等方面进行了综述，并对其存在的问题和前景进行了展望。这为食用菌病毒的检测、脱毒和无毒菌种的生产提供了理论依据，并为食用菌病毒的深入研究提供参考。

微生物学报
Acta Microbiologica Sinica
2019, 59(10): 1841–1854
http://journals.im.ac.cn/actamicrocn
DOI: 10.13343/j.cnki.wsxb.20180452

Review 综 述

食用菌病毒的研究进展

李雪飞[1]，宋冰[1*]，李玉[1*]

吉林农业大学食药用菌教育部工程研究中心，吉林 长春 130118

摘要：病毒是引起食用菌发生病害的重要病原之一，由于其具有潜隐性、不易辨认的特点，因而难以被人们所察觉，一旦发病就难以控制。在食用菌研究领域中，食用菌病毒使食用菌产量严重下降，引起的病害越来越受人们的重视，逐步成为该领域的研究热点。因此，本文主要针对食用菌病毒的结构与分类、危害、传播方式、检测方法以及食用菌病毒的脱毒技术等方面进行了综述，并对其存在的问题和前景进行了展望。这为食用菌病毒的检测、脱毒和无毒菌种的生产提供了理论依据，并为食用菌病毒的深入研究提供参考。

关键词：食用菌病毒，结构与分类，危害，检测方法，脱毒

所有人类可以食用的大型真菌被称为食用菌，分化有机物是其获取营养的首要方式。食用菌被称为“素中之荤”，因其含有丰富的蛋白质、纤维素等成分，具有极高的营养价值和独特的口感风味，受到了越来越多人的欢迎[1-2]。到目前为止，食用菌产业已经成为仅次于粮食、油料、水果和蔬菜的第五大种植业。据统计，2016 年我国的食用菌总产量已经达到 3596.66 万 t，总产值达 2741.78 亿元，约占世界的 80%[3]。

病毒是具有生命、极其微小、无细胞结构的一类物质，它是比细菌更小、必须用电子显微镜才能看见的病原体，同时又具有大分子化学物质的特性，纯化以后可以形成结晶。病毒作为一个大分子的核蛋白结晶，一旦碰到了较为适合的寄主，就会经过一定的传染方式进入细胞，不断地复制本身，从而表现出自有的生命形式[4]。食用菌病毒是真菌病毒的一部分，形状多为球形，也有线形、细菌状和杆菌状等，主要寄生在食用菌的菌丝或者孢子中[5]。病毒病害与细菌、真菌、线虫病害的危害不同，其发病具有潜隐特性，并且长期潜伏，直到生产中的某个时期才开始显症，其危害较为严重[6]。虽然食用菌的栽培有几个世纪之

基金项目：公益性行业(农业)科研专项资助项目(201503137)；国家重点研发计划资助项目(2017YFD0601002)；高等学校学科创新引智计划资助项目(D17014)；吉林省教育厅项目(JJKH20180670KJ)；长春市科技局资助项目(15SS11)；吉林省科技发展项目(20170101053JC)

*通信作者。E-mail：yuli@126.com (李玉)；song19800123@126.com. (宋冰)

收稿日期：2018-10-09；**修回日期**：2018-12-05；**网络出版日期**：2018-12-27

29. 食用菌主要病原真菌和细菌

刊 载 地：菌物研究（2018）

作者单位：吉林农业大学

通讯作者：付永平

内容提要：食用菌已成为我国农业产业中的第五大作物。随着食用菌生产规模的扩大，病害日益严重，成为影响食用菌产量和品质的重要因素之一。本文概述了引起食用菌主要病害的病原真菌和细菌的种类、寄主范围、病害发生率以及发病症状，阐明了食用菌病害防治研究现状，同时本文也总结了一些病害的防治方法。本文研究结果为食用菌栽培、病害防治和抗病育种提供理论依据。

第 16 卷第 3 期 菌 物 研 究 Vol. 16 No. 3
2018 年 9 月 Journal of Fungal Research Sep. 2018

食用菌主要病原真菌和细菌*

刘正慧[1,2]，李 丹[1]，SOSSAH Frederick Leo[1]，沈宏艳[3]，OKORLEY Benjamin Azu[1]，付永平[1**]

（1. 吉林农业大学食药用菌教育部工程研究中心，长春 130118；2. 沈阳农业大学植物保护学院，沈阳 110866；3.Washington State University，Department of Plant Pathology，Pullman 99164）

摘 要：食用菌已成为我国农业产业中的第五大作物。随着食用菌生产规模的扩大，病害日益严重，成为影响食用菌产量和品质的重要因素之一。本文概述了引起食用菌主要病害的病原真菌和细菌的种类、寄主范围、病害发生率以及发病症状，阐明了食用菌病害防治研究现状。同时也总结了一些病害的防治方法，为食用菌栽培、病害防治和抗病育种提供理论依据。

关键词：食用菌；真菌病害；细菌病害；病害防治
中图分类号：S646；S435 文献标识码：A 文章编号：1672-3538（2018）03-0158-06
DOI：10.13341/j.jfr.2018.8007
引文格式：刘正慧，李丹，SOSSAH Frederick Leo，等. 食用菌主要病原真菌和细菌[J]. 菌物研究，2018，16（3）：158-163.

Major Pathogenic Fungi and Bacteria in Edible Fungi

LIU Zheng-hui[1,2], LI Dan[1], SOSSAH Frederick Leo[1], SHENG Hong-yan[3], OKORLEY Benjamin Azu[1], FU Yong-ping[1**]

(1. *Engineering Research Center of Chinese Ministry of Education for Edible and Medicinal Fungi, Jilin Agricultural University, Changchun* 130118, *China*; 2. *Department of Plant Pathology, College of Plant Protection, Shenyang Agricultural University, Shenyang* 110866, *China*; 3. *Washington State University, Department of Plant Pathology, Pullman* 99164, *USA*)

Abstract: Edible fungus has become the fifth crop in China's agricultural industry. With the expansion of edible fungus production scale, we face becoming more and more serious disease in edible fungi, which has become one of the critical factors affecting yield and quality of edible fungi. This paper summarized the type of disease, incidence, host range and symptoms of the pathogenic fungi and bacteria causing the main disease of edible fungi. The status of current research on the disease control of edible fungus was clarified. At the same time, the methods of disease control were summarized to provide theoretical basis for edible fungus cultivation, disease control and disease-resistance breeding.

Key words: edible fungi; fungal disease; bacterial disease; disease prevention

---

* 基金项目：长春市科技局项目（15SS11），吉林省教育厅“十三五”科学技术研究项目（教科合字[2016]第 191 号），公益性行业（农业）科研专项资助项目（201503137），国家自然科学基金青年基金项目（31701977），菌类作物优质高产抗病种质资源挖掘创制及应用学科创新引智基地（111 计划，D17014）

作者简介：刘正慧，女，在读博士，研究方向：菌物病理学。李丹，女，在读博士，研究方向：菌物病理学。刘正慧和李丹为共同第一作者。

收稿日期：2018-06-01

** 通讯作者：付永平，E-mail：yongpingfu81@126.com

30. 野生大革耳的生物学特性及驯化栽培

刊 载 地：北方园艺（2018）

作者单位：吉林农业大学

通讯作者：李玉

内容提要：本项目以采自黑龙江胜山国家级自然保护区野生大革耳为试材，通过正交实验对其生物学特性和驯化栽培进行了初步研究。结果表明：大革耳菌丝的最适生长条件为pH 7.0，最适生长温度为25℃，最适碳源为糊精，最适氮源为蛋白胨。本研究结果为大革耳的进一步开发利用提供了支持。

北 方 园 艺
2018(21):165-168　Northern Horticulture　·食 用 菌·

doi:10.11937/bfyy.20181077

野生大革耳的生物学特性及驯化栽培

孟灵思，胡佳君，马　敖，程国辉，宋　冰，李　玉

（吉林农业大学 食药用菌教育部工程研究中心，吉林 长春 130118）

摘　要：以采自黑龙江胜山国家级自然保护区野生大革耳（*Pleurotus giganteus*）为试材，通过正交实验对其生物学特性和驯化栽培进行了初步研究。结果表明：大革耳菌丝的最适生长条件为 pH 7.0，最适生长温度为 25 ℃，最适碳源为糊精，最适氮源为蛋白胨，这为大革耳的进一步开发利用提供了支持。

关键词：大革耳；正交实验；生物学特性；驯化栽培

中图分类号：S 646.2　文献标识码：A　文章编号：1001－0009(2018)21－0165－04

大革耳（*Pleurotus giganteus*）[1]属真菌界（Fungi）、担子菌门（Basidiomycota）、蘑菇纲（Agaricomycetes）、蘑菇目（Agaricales）、蘑菇科、（Pleurotaceae）、蘑菇属（*Pleurotus*），又名猪肚菌、巨大香菇、大漏斗菌，是一种分布广泛、可以食用的大型真菌[2]。目前，大革耳可以实现人工栽培，但基本以覆土出菇为主，而袋栽播菌出菇的方式较少。

大革耳菌盖直径 6～20 cm，幼时扁半球形至近扁平中央下凹，逐渐成漏斗至碗形，淡黄色但中央暗，干上附有灰白色和灰黑色菌幕残留物，中部色深有小鳞片，边缘强烈内卷然后延伸，有明显或不明显条纹。菌肉白色，略有气味。菌褶延生，稍交织，不等长，稍密至密，白色至淡黄色，具 3 种或 4 种长度的小菌褶。菌柄长 5～25 cm，直径 0.6～3.0 cm，多中生，圆柱形，近地面处略粗，向下渐尖，地下长达 18 cm，表面与菌盖同色，顶部苍白色、污白色至白色，有绒毛，实心至松软，内部白色，基部向下延伸呈根状。担孢子（6.5～10.0）μm×（5.5～7.5）μm，椭圆形，光滑，无色。夏至秋季单生或丛生于常绿阔叶林地下腐木上。分布于我国华中、华南地区，亦是亚洲常见的食用菌，广泛分布于沙巴、泰国、斯里兰卡等地[3-4]。大革耳具有较高的食用和药用价值[5-6]，可以促进人体对糖类脂类物质的代谢[7]，对肿瘤有一定的抑制作用[8]，对神经递质的传递也有一定的影响作用[9-10]。但就目前而言，大革耳的栽培依旧以覆土栽培为主，播菌出菇的尚鲜见报道[11-12]。该研究对一株可播菌出菇的大革耳菌株生物学特性及驯化栽培进行初步探索，以期为大革耳的播菌栽培出菇提供一定的参考依据。

第一作者简介：孟灵思(1994-)，女，硕士研究生，研究方向为食用菌栽培。E-mail:839566533@qq.com.

责任作者：李玉(1944-)，男，博士，教授，研究方向为菌物学与植物病理学。E-mail:yuli966@126.com.

基金项目：公益性行业（农业）科研专项资助项目(201503137)；现代农业产业技术体系建设专项资金资助项目（CARS20）；国家重点研发计划资助项目(2017YFD0601002)；高等学校学科创新引智计划资助项目(D17014)；国家重点基础研究发展计划(973)资助项目(2014CB138305)；吉林省秸秆综合利用技术创新平台资助项目(吉高平合字[2014]C-1)；长春市科技局资助项目(15SS11)；吉林省科技发展资助项目(20170101053JC)。

收稿日期：2018－05－23

1　材料与方法

1.1　试验材料

1.1.1　供试菌株

大革耳野生子实体采自黑龙江胜山国家级自然保护区，经常规组织分离法得到纯菌丝；采集人程国辉，菌株编号 CCMJ2565，保存于吉林农业大

31. 有害疣孢霉*Hypomyces perniciosus*遗传转化体系的建立及其突变体库的构建

刊 载 地：菌物学报（2018）

作者单位：吉林农业大学

通讯作者：李玉、付永平

内容提要：有害疣孢霉*Hypomyces perniciosus*是引起双孢蘑菇*Agaricus bisporus*湿泡病的病原真菌，目前其致病分子机理尚不清楚，而高效稳定的遗传转化体系和突变体库构建是挖掘和研究病原菌致病基因的基础和有效手段。因此，本项目以高致病力的有害疣孢霉菌株WH001为研究对象，采用冻融法将双元载体pBHt1转入农杆菌AGL^{-1}中，建立并优化根癌农杆菌介导的遗传转化体系，并利用其构建T-DNA插入突变体库。结果表明：有害疣孢霉菌株WH001的潮霉素（Hygromycin，Hyg）耐受浓度为250ng/L，当农杆菌侵染液浓度OD_{600}=1，侵染时间为30min，乙酰丁香酮（Acetosyringone，AS）浓度为1.5mg/mL，共培养时间为3d时，转化体系效率最高。项目利用该优化体系构建有害疣孢霉的突变体库，通过PCR检测和形态学鉴定获得若干表型发生改变、稳定遗传的T-DNA插入突变体，与原菌种WH001相比，突变体在菌丝形态、生长速率、色素分泌和致病力等方面发生改变。本研究结果为进一步挖掘有害疣孢霉未知基因功能、解析生物学性状、探讨致病分子机制奠定基础。

Research paper 研究论文
22 August, 37(8): 1027-1034 Mycosystema ISSN1672-6472 CN11-5180/Q DOI: 10.13346/j.mycosystema.180049

有害疣孢霉 *Hypomyces perniciosus* 遗传转化体系的建立及其突变体库的构建

纪策 刘源 李丹 Sossah Frederick Leo 杨阳 付永平[○] 李玉[○]

吉林农业大学食药用菌教育部工程研究中心 吉林 长春 130118

摘 要：有害疣孢霉 *Hypomyces perniciosus* 是引起双孢蘑菇 *Agaricus bisporus* 湿泡病的病原真菌，目前其致病分子机理尚不清楚，而高效稳定的遗传转化体系和突变体库构建是挖掘和研究病原菌致病基因的基础和有效手段。因此，本实验以高致病力的有害疣孢霉菌株 WH001 为研究对象，采用冻融法将双元载体 pBHt1 转入农杆菌 AGL-1 中，建立并优化根癌农杆菌介导的遗传转化体系，并利用其构建 T-DNA 插入突变体库。结果表明有害疣孢霉菌株 WH001 的潮霉素（Hygromycin，Hyg）耐受浓度为 250ng/L，当农杆菌侵染液浓度 OD_{600}=1，侵染时间为 30min，乙酰丁香酮（Acetosyringone，AS）浓度为 1.5mg/mL，共培养时间为 3d 时，转化体系效率最高。然后利用该优化体系构建有害疣孢霉的突变体库，通过 PCR 检测和形态学鉴定获得若干表型发生改变、稳定遗传的 T-DNA 插入突变体，与原菌种 WH001 相比，突变体在菌丝形态、生长速率、色素分泌和致病力等方面发生改变。本研究为进一步挖掘有害疣孢霉未知基因功能、解析生物学性状、探讨致病分子机制奠定基础。

关键词：有害疣孢霉，农杆菌，转化，突变体库，表型变异

Generation of *Agrobacterium*-mediated transformation system and construction of T-DNA insertional mutant library for *Hypomyces perniciosus*

JI Ce LIU Yuan LI Dan Sossah Frederick Leo YANG Yang FU Yong-Ping[○] LI Yu[○]

Engineering Research Center of Chinese Ministry of Education for Edible and Medicinal Fungi, College of Agronomy, Jilin Agricultural University, Changchun, Jilin 130118, China

Abstract: Wet bubble disease caused by *Hypomyces perniciosus* is a disease of mushroom *Agaricus bisporus*. The molecular pathogenesis mechanisms of the disease have not been investigated. *Agrobacterium*-mediated genetic transformation (ATMT) system is an efficient and stable method for fungal transformation and insertion-mutant library construction to determine the function of pathogenicity related genes. In this study, ATMT protocol for T-DNA insertional mutagenesis transformation of *H. perniciosus* was optimized. *Agrobacterium tumefaciens* AGL-1 strain containing the binary vector pBHt1 carrying hygromycin-resistance gene was used to generate *H. perniciosus* strain WH001 mutant library. Our results showed that the concentration of hygromycin sensitivity of *H. perniciosus* was 250ng/L. The optimum T-DNA insertion mutation library system

基金项目：公益性行业（农业）科研专项（201503137）；国家重点基础研究发展规划（973 计划）（2014CB138305）；国家自然科学基金（31471926）
Supported by Special Fund for Agro-scientific Research in the Public Interest (201503137); National Basic Research Program of China (973 Program, 2014CB138305); the National Natural Science Foundation of China (31471926).
○ Corresponding authors. E-mail: yuli966@126.com; fuyongping81@126.com
Received: 2018-03-07, accepted: 2018-05-02

32. 玉木耳原生质体制备条件的优化及再生菌株的变异检测

刊 载 地：分子植物育种（2019）

作者单位：吉林农业大学

通讯作者：李玉、付永平

内容提要：玉木耳是毛木耳的天然白色变异菌株。为研究玉木耳天然突变的分子机制，本试验分别从菌丝培养时间、溶壁酶浓度、稳渗剂种类、酶解温度和酶解时间角度对玉木耳原生质体制备条件进行筛选及优化，并利用显微观察鉴定再生单核菌株。结果表明：玉木耳原生质体制备的适宜条件是菌丝培养时间为15d，溶壁酶（Lywallzyme）浓度为2.0%，甘露醇作为稳渗剂且浓度为0.6mol/L，27℃酶解5h。通过对再生菌株的显微镜观察、荧光染色以及分子鉴定，鉴定出共有13个玉木耳单核菌株。与双核菌株相比，单核菌丝生长速度慢但更浓密。在基因组水平发现大量变异，共产生1 432 175个SNPs（Single nucleotide polymorphisms）和251 663个InDel（Insertion-deletion）位点。本试验研究结果为玉木耳的全基因组测序、基因功能验证及分子育种提供了良好的参考。

分子植物育种，2019年，第17卷，第18期，第6006 6012页
Molecular Plant Breeding, 2019, Vol.17, No.18, 6006 6012

研究报告
Research Report

玉木耳原生质体制备条件的优化及再生菌株的变异检测

崔玮洁 赵一橦 宋冰 代月婷 孙磊 付永平* 李玉*
吉林农业大学，食药用菌教育部工程研究中心，长春，130118
* 通信作者，fuyongping81@126.com; yuli966@126.com

摘 要 玉木耳是毛木耳的天然白色变异菌株。为研究玉木耳天然突变的分子机制，本研究分别从菌丝培养时间、溶壁酶浓度、稳渗剂种类、酶解温度和酶解时间对玉木耳原生质体制备条件进行筛选及优化，并利用显微观察鉴定再生单核菌株。结果表明：玉木耳原生质体制备的适宜条件是菌丝培养时间为15 d，溶壁酶(Lywallzyme)浓度为2.0%，甘露醇作为稳渗剂且浓度为0.6 mol/L，27℃酶解5 h。通过对再生菌株的显微镜观察、荧光染色以及分子鉴定，鉴定出共有13个玉木耳单核菌株。与双核菌株相比，单核菌丝生长速度慢但更浓密。在基因组水平发现大量变异，共产生1 432 175个SNPs (Single nucleotide polymorphisms)和251 663个InDel (Insertion-deletion)位点。本研究为玉木耳的全基因组测序、基因功能验证及分子育种提供了良好的参考基础。

关键词 玉木耳(*Auricularia cornea*)，原生质体，单核菌株，变异

Optimization of Protoplast Preparation of *Auricularia cornea* (Yumuer) and Variation Detection of Regenerated Strain

Cui Weijie Zhao Yitong Song Bing Dai Yueting Sun Lei Fu Yongping* Li Yu*
Engineering Research Center of Chinese Ministry of Education for Edible and Medicinal Fungi, Jilin Agricultural University, Changchun, 130118
* Corresponding authors, fuyongping81@126.com; yuli966@126.com

DOI: 10.13271/j.mpb.017.006006

Abstract *Auricularia cornea* (Yumuer) is a white mutant strain of *Auricularia cornea*. In order to study the molecular mechanism of natural mutation of *A. cornea*, this study screened the preparation conditions of protoplasts of *A. cornea* from mycelial culture time, concentration of lywallzyme, type of osmotic stabilizer, enzymatic hydrolysis temperature and enzymatic hydrolysis time. The regenerated mononuclear strains were identified by microscopic observation. The results showed that the conditions of protoplast preparation for optimal were mycelia culture time of 15 d, using 2% digestion enzyme (Lywallzyme) with 0.6 mol/L mannitol, incubated for 5 h at 27℃. A total of 13 monokaryons of *A. cornea* were identified by microscopic observation of the regenerated strain, DAPI fluorescence staining and molecular identification. Compared with the dikaryon strain, the mononuclear hyphae grew slowly but more strong. A large number of mutations were found at the genome level, resulting in a total of 1 432 175 SNPs and 251 663 InDel sites. The above results would provide a good foundation for the whole genome sequencing, gene function verification and molecular breeding of *A. cornea*.

Keywords Yumuer (*Auricularia cornea*), Protoplast, Monokaryon, Variation

基金项目：本研究由公益性行业(农业)科研专项(201503137)、吉林省科技厅项目(20170101053JC)和吉林省地方标准项目(DBXM028 2018)共同资助

引用格式：Cui W.J., Zhao Y.T., Song B., Dai Y.T., Sun L., Fu Y.P., and Li Y., 2019, Optimization of protoplast preparation of *Auricularia cornea* (Yumuer) and variation detection of regenerated strain, Fenzi Zhiwu Yuzhong (Molecular Plant Breeding), 17(18): 6006-6012(崔玮洁，赵一橦，宋冰，代月婷，孙磊，付永平，李玉，2019，玉木耳原生质体制备条件的优化及再生菌株的变异检测，分子植物育种，17(18): 6006-6012)

33. 毡毛栓孔菌生物学特性及驯化栽培初探

刊 载 地：分子植物育种（2019）

作者单位：吉林农业大学

通讯作者：李玉、付永平

内容提要：本文为优化中国种质资源，对采自辽宁省建昌县白狼山国家级自然保护区的毡毛栓孔菌（*Trametes velutina*）子实体进行菌种分离，得到纯菌种作为实验材料，采用十字划线法研究不同碳源、氮源、pH和温度在培养皿培养条件下对毡毛栓孔菌菌丝生长的影响；对以上4个因素进行单因素试验，从中选出3个最优的水平进行正交试验，制作液体种测定酶活性，并成功进行驯化栽培。结果表明：试验范围内毡毛栓孔菌的最适生长温度为30℃；灭菌后最适pH为5；最适碳源为葡萄糖；最适氮源为酵母浸粉。随后通过正交试验得出 4个因素对毡毛栓孔菌的影响程度为：温度＞碳源＞pH=氮源，且正交试验得到的毡毛栓孔菌菌丝最适生长条件与各单因素试验结果一致。毡毛栓孔菌漆酶活性最高达74.01U/L、锰过氧化物酶活性最高达14.79U/L。驯化栽培试验中培养料配方为：阔叶树木屑78%、麦麸20%、石灰粉1%、石膏1%、调节含水量在60%左右。在85%～90%空气湿度、一定散射光、20～22℃下培养 15d现菇蕾，20d后出现原基，加大空气湿度至95%～96%并保持温度培养30～35d后，子实体成熟。

分子植物育种，2019年，第17卷，第21期，第7269-7276页
Molecular Plant Breeding, 2019, Vol.17, No.21, 7269-7276

研究报告
Research Report

毡毛栓孔菌生物学特性及驯化栽培初探

马敖 胡佳君 孟灵思 徐帅 李丹 张波* 李玉*
吉林农业大学，食药用菌教育部工程研究中心，长春，130118
*通信作者，zhangbofungi@126.com; fungi966@126.com

摘 要 为优化中国种质资源对采自辽宁省建昌县白狼山国家级自然保护区的毡毛栓孔菌(*Trametes velutina*)子实体进行菌种分离得到纯菌种作为实验材料，采用十字划线法研究不同碳源、氮源、pH值和温度在培养皿培养条件下对毡毛栓孔菌菌丝生长的影响，对以上4个因素进行单因素试验，从中选出3个最优的水平进行正交试验，制作液体种测定酶活性，并成功进行驯化栽培。结果表明：试验范围内毡毛栓孔菌的最适生长温度为30℃；灭菌后最适pH值为5；最适碳源为葡萄糖；最适氮源为酵母浸粉。随后通过正交试验得出4个因素对毡毛栓孔菌的影响程度为：温度>碳源>(pH=氮源)，且正交试验得到的毡毛栓孔菌菌丝最适生长条件与各单因素试验结果一致。毡毛栓孔菌漆酶活性最高达74.01 U/L、锰过氧化物酶活性最高达14.79 U/L。驯化栽培试验中培养料配方为：阔叶树木屑78%、麦麸20%、石灰粉1%、石膏1%、调节含水量在60%左右。在85%~90%空气湿度、一定散射光、20℃~22℃下培养15 d现菇蕾，20 d后出现原基，加大空气湿度至95%~96%并保持温度培养30~35 d后子实体成熟。

关键词 毡毛栓孔菌，生物学特性，酶活性，驯化栽培

Biological Characteristics and Artificial Domestication Cultivation of *Trametes velutina*

Ma Ao Hu Jiajun Meng Lingsi Xu Shuai Li Dan Zhang Bo* Li Yu*
Engineering Research Center of Chinese Ministry of Education for Edible and Medicinal Fungi, Jilin Agricultural University, Changchun, 130118
* Corresponding authors, zhangbofungi@126.com; fungi966@126.com

DOI: 10.13271/j.mpb.017.007269

Abstract In order to optimize the germplasm resources of our country, the *Trametes velutina* strain which was collected from Bailang Mountain National Nature Reserve, Liaoning Province was used as material, Cross-hatch method was used to study the effects of different carbon and nitrogen source, pH value and temperature on the mycelium growth. Three optimal levels were selected from four single factor experiments for orthogonal experiment. The optimum growth temperature was 30℃; the optimum ph value after sterilization was 5; the optimum carbon source was glucose, and the optimum nitrogen source is yeast extract powder. Then, through orthogonal test, it was found that the influence degree of four factors on *Trametes velutina* was as follows: temperature>carbon source>(pH=nitrogen source). The optimum growth conditions of the hyphal obtained by orthogonal test were consistent with the results of each single factor test. The highest laccase activity of *Trametes velutina* was 74.01 U/L, and the highest manganese peroxide activity was 14.79 U/L. In the experiment of domestication and cultivation, the formula of culture material is as follows: broad-leaf tree sawdust 78%, wheat bran 20%, lime powder 1%, gypsum

基金项目 本研究由现代农业产业技术体系建设专项资金项目(CARS20)和公益性行业(农业)科研专项资金项目(201503137)共同资助
引用格式 Ma A., Hu J.J., Meng L.S., Xu S., Li D., Zhang B., and Li Y., 2019, Biological characteristics and artificial domestication cultivation of *Trametes velutina*, Fenzi Zhiwu Yuzhong (Molecular Plant Breeding), 17(21): 7269-7276 (马敖，胡佳君，孟灵思，徐帅，李丹，张波，李玉，2019，毡毛栓孔菌生物学特性及驯化栽培初探，分子植物育种，17(21): 7269-7276)

34. 灰树花生理成熟期到出菇期生理生化初探

刊 载 地：江苏农业科学（2018）

作者单位：吉林农业大学

通讯作者：李玉

内容提要：本文为较全面地了解灰树花生理后熟期及其以后的生理生化变化，进行温度差、pH、菌料单位面积压力、含水量、失质量、羧甲基纤维素酶活性、滤纸纤维素酶活性、淀粉酶活性、半纤维素酶活性、胞外水溶性糖含量、胞外水溶性蛋白含量的研究。结果表明，不同指标变化趋势不完全相同，同一指标不同时期变化也不完全相同。菌料单位面积压力在生理成熟期不断升高到一定水平，在出菇期的原基形成时明显升高，达到最大值后不断降低；羧甲基纤维素酶活性在生理成熟期降低到稳定值，在出菇期明显升高，原基形成后不断降低；胞外可溶性蛋白含量在生理成熟期不断升高到一定水平，在出菇期菌丝恢复时降低，后又升高到稳定水平。pH和漆酶相关酶与原基形成有一定正相关，这对灰树花原基形成研究具有积极意义，同时为灰树花栽培过程中的生理成熟期及出菇管理提供理论依据。

江苏农业科学 2018 年第46 卷第19 期 — 133 —

叶建强，宋 冰，李 玉，等. 灰树花生理成熟期到出菇期生理生化初探[J]. 江苏农业科学，2018，46(19)：133－136.
doi：10.15889/j.issn.1002－1302.2018.19.035

灰树花生理成熟期到出菇期生理生化初探

叶建强，宋 冰，李 玉，付永平，李 丹，李长田，王 菲，徐安然，孟灵思
（吉林农业大学/食药用菌教育部工程研究中心，吉林长春 130118）

摘要：为较全面地了解灰树花生理后熟期及其以后的生理生化变化，进行温度差、pH 值、菌料单位面积压力、含水量、失质量、羧甲基纤维素酶活性、滤纸纤维素酶活性、淀粉酶活性、半纤维素酶活性、胞外水溶性糖含量、胞外水溶性蛋白含量的研究。结果表明，不同指标变化趋势不完全相同，同一指标不同时期变化也不完全相同。菌料单位面积压力在生理成熟期不断升高到一定水平，在出菇期的原基形成时明显升高，达到最大值后不断降低；羧甲基纤维素酶活性在生理成熟期降低到稳定值，在出菇期明显升高，原基形成后不断降低；胞外可溶性蛋白含量在生理成熟期不断升高到一定水平，在出菇期菌丝恢复时降低，后又升高到稳定水平。pH 值和漆酶相关酶与原基形成有一定正相关，这对灰树花原基形成研究具有积极意义，同时为灰树花栽培过程中的生理成熟期及出菇管理提供理论依据。

关键词：灰树花；生理成熟期；出菇期；生理生化；酶活性；原基形成
中图分类号：S646.201 文献标志码：A 文章编号：1002－1302(2018)19－0133－04

灰树花[*Grifola frondosa*（Dicks.）Gray]商品名别称栗子蘑（中国河北省迁西县）、舞茸（日本）[1]，具有很高的食药价值[2-5]，素有“食用菌王子”之美称[6]。目前，灰树花在日本的销量已仅次于香菇和金针菇，稳居第3位[7]，在我国也是主要栽培珍稀食药用菌之一[8]，在河北省迁西县、山东省泰安市及浙江省庆元县等地已形成区域特色产业[9]。

食用菌栽培过程分为培养过程及出菇过程。培养过程分为定植期、发热期和生理成熟期[10]。生理成熟期能显著影响食用菌的产量和效益。近些年，关于食用菌生理成熟期的研究不断增多。以往的研究表明，不同食用菌拥有不同的较适应的生理成熟期培养天数，如香菇（20～40 d）、白灵菇（30～60 d）、茶薪菇（20～25 d）、蟹味菇（30～35 d）、灰树花（20～30 d）、杏鲍菇（7 d）、金针菇（2～5 d）、真姬菇（25～40 d）等[11]，但未有针对关于该阶段的深入研究。灰树花属于中高温型菌[12]，出菇温度和发菌温度基本一致，可以减少其他因素的影响。虽然已有关于灰树花栽培过程中胞外酶等方面的报道[13-14]，但都没有进入该阶段的深入研究。本试验以主要栽培料硬杂木木屑、麦麸、轻质碳酸钙等为栽培培养基[15]，研究灰树花生理成熟期到出菇阶段的培养基质量、含水量等生理生化变化，以期为灰树花栽培提供参考。

1 材料与方法

1.1 试验材料

1.1.1 灰树花菌种 菌株号为H34，由吉林农业大学食药用菌教育部工程研究中心提供，来源于山东省泰安市。栽培料主料（硬杂木木屑）和辅料（麦麸、轻质碳酸钙），均购自吉林省长春市农博园菌菜基地。

1.1.2 培养基 配方：75%硬杂木木屑（主料），23%麦麸（辅料），2%轻质碳酸钙（辅料），培养料含水量在62.5%左右，pH值自然。

1.2 试验方法

1.2.1 栽培试验 各料运用烘干箱在105 ℃烘干30 min，测定含水量。按配方配比及含水量称取各材料，加水拌至含水量为62.5%左右，采用33.00 cm×17.50 cm×0.05 cm聚丙烯袋装湿料800.0 g（干料300.0 g），袋口套直径为2.5 cm的套环，插入直径为2.5 cm、深12 cm的柱型塑料插棒，在121 ℃灭菌85 min，冷却至室温，接种菌棒（拔出塑料插棒），每袋接种10 mL液体菌种，盖上透气盖，在23～26 ℃培养大

收稿日期：2017－05－16
基金项目：公益性行业（农业）科研专项（编号：201503137）；国家重点基础研究发展规划项目（编号：2014CB138305）；吉林省秸秆综合利用技术创新平台（编号：吉高平合字2014B－1）；吉林农业大学启动资金（编号：2015007）。

作者简介：叶建强（1990—），男，江西鹰潭人，硕士研究生，主要从事食用菌栽培研究。E－mail：1508409301@qq.com。
通信作者：李 玉，男，教授，博士生导师，主要从事菌物科学与食用菌工程技术和产业化研究。E－mail：yuli966@126.com。

[13] 王英男，陶 爽，华晓雨，等. 盐碱胁迫下AM真菌对羊草生长及生理代谢的影响[J]. 生态学报，2018，38(6)：1－8.
[14] Phillips J M，Hayman D S，Improved procedures for clearing roots and staining parasitic and vesicular arbuscular mycorrhizal fungi for rapid assessment of infection[J]. Transactions of the British Mycological Society，1970，55(1)：158－160.
[15] Tsang A，Maunm A. Mycorrhizal fungi increase salt tolerance of *Atrophostyles helvola* in coastal foredunes[J]. Plant Ecology，1999，144(11)：159－166.
[16] 陆 爽，郭 欢，王绍明，等. 盐胁迫下AM真菌对紫花苜蓿生长及生理特征的影响[J]. 水土保持学报，2011，25(2)：227－231.
[17] 樊瑞苹，周 琴，周 波，等. 盐胁迫对高羊茅生长及抗氧化系统的影响[J]. 草业学报，2012，21(1)：112－117.
[18] 魏秀君，殷云龙，芦治国，等. NaCl胁迫对5种绿化植物幼苗生长和生理指标的影响及耐盐性综合评价[J]. 植物资源与环境学报，2011，20(2)：35－42.

35. 金针菇退化菌株复壮条件的优化初探

刊 载 地：食药用菌（2019）

作者单位：吉林农业大学

通讯作者：李玉、宋冰

内容提要：金针菇在工厂化栽培的过程中，经常出现菌种退化问题，严重影响产量和质量。本研究试以金针菇的退化菌株为材料，通过组织分离、菌丝尖端分离的方法进行复壮；通过接种在4种不同培养基质上进行生长速度测定，筛选最适合金针菇复壮菌株生长的基质，并考察不同光质对复壮菌株生长的影响。结果表明：构树基质可以促进金针菇复壮菌株生长；相对于白光和红光，蓝光更有利于金针菇复壮菌株的生长，并在一定程度上提高了产量。

食药用菌 Edible and medicinal mushrooms 2019，27（1）：52～56

金针菇退化菌株复壮条件的优化初探

李雪飞　佟希丹　李长田　付永平　宋　冰*　李　玉*

（吉林农业大学食药用菌教育部工程研究中心，吉林 长春 130118）

摘　要　金针菇在工厂化栽培的过程中，经常出现菌种退化问题，严重影响产量和质量。试以金针菇的退化菌株为材料，通过组织分离、菌丝尖端分离的方法进行复壮，通过接种在4种不同培养基质上进行生长速度测定，筛选最适合金针菇复壮菌株生长的基质，并考察不同光质对复壮菌株生长的影响。结果表明：构树基质可以促进金针菇复壮菌株生长；相对于白光和红光，蓝光更有利于金针菇复壮菌株的生长，并在一定程度上提高了产量。

关键词　金针菇；退化菌株；复壮；培养基质；光质

中图分类号：S646　　**文献标识码**：B　　**文章编号**：2095-0934（2019）01-052-05

Preliminary study on optimization of conditions for rejuvenation of degenerated strains of *Flammulina filiformis*

Li Xuefei　Tong Xidan　Li Changtian　Fu Yongping　Song Bing*　Li Yu*

（Engineering Research Center of Chinese Ministry of Education for Edible and Medicinal Fungi, College of Agronomy, Jilin Agricultural University, Changchun 130118, JilinProvince, China）

Abstract　Industrial cultivation of *Flammulina filiformis* strains are often affected by degeneration leading to yield and quality loss. In this study, two degenerated strains of *Flammulina filiformis* were used as starter materials from which rejuvenated strains were obtained by tissue and mycelial tip isolation technique. The most suitable media for reviving the growth of the degenerated strains was screened by measuring their growth rate on four different media, and the effects of different light quality on their growth were also investigated.The results showed that a media prepared from *Broussonetia papvrifera* in addition to blue light was the best in rejuvenating the growth of degenerated strains of *Flammulina filiformis* and increased their yield to a certain extent. This rejuvenation method will provide technical support for commercial production of *Flammulina filiformis*, as well as in the preservation of strains.

Key words　*Flammulina filiformis*; Degenerated strains; Rejuvenation; Illumination

金针菇（*Flammulina filiformis*）又名构菌、冬菇、毛柄金钱菌等[1-2]。其颜色有白色、褐色和淡黄色，是我国重要的栽培食用菌之一，有较高的经济价值和营养价值，且因独特的口感和风味，备受

基金项目：长春市科技局资助项目(15SS11)，公益性行业（农业）科研专项（No.201503137）；吉林省教育厅项目（No.JJKH20180670KJ）；高等学校学科创新引智计划资助项目（No.D17014）

*为通讯作者，E-mail：yuli@126.com（李玉）；song19800123@126.com（宋冰）。

36. 灵芝蛛网病病原菌及其生物学特性

刊 载 地：菌物学报（2019）

作者单位：吉林农业大学

通讯作者：李玉、付永平

内容提要：本项目为明确吉林省蛟河市灵芝*Ganoderma lingzhi*栽培主产区发生的疑似灵芝蛛网病的病原菌，作者通过罹病灵芝子实体病原物的分离纯化、致病性测定、形态学和分子生物学鉴定，以及病原菌的生物学特性研究，证明引起吉林省蛟河市灵芝蛛网病的病原菌为嗜菌枝葡霉*Cladobotryum mycophilum*。该菌营养体最适生长条件为温度25℃、pH 5、蔗糖作碳源、酵母浸粉作氮源，光照对菌丝体生长有一定的抑制作用，完全黑暗最适宜生长。本项目研究结果为进一步研究该病害的发生规律和防治措施提供了理论参考。

Research paper **研究论文**

22 May 2019, 38(5): 669-678 Mycosystema ISSN1672-6472 CN11-5180/Q DOI: 10.13346/j.mycosystema.180328

灵芝蛛网病病原菌及其生物学特性

许蓉 刘正慧 付永平[©] 李玉[©]

吉林农业大学食药用菌教育部工程研究中心 吉林 长春 130118

摘 要：为明确吉林省蛟河市灵芝 *Ganoderma lingzhi* 栽培主产区发生的疑似灵芝蛛网病的病原菌，作者通过罹病灵芝子实体病原物的分离纯化、致病性测定、形态学和分子生物学鉴定以及病原菌的生物学特性研究，证明引起吉林省蛟河市灵芝蛛网病的病原菌为嗜菌枝葡霉 *Cladobotryum mycophilum*。该菌营养体最适生长条件为温度 25℃、pH 5、蔗糖作碳源、酵母浸粉作氮源，光照对菌丝体生长有一定的抑制作用，完全黑暗最适宜生长。本文研究结果为进一步研究该病害的发生规律和防治措施提供了理论参考。

关键词：灵芝，蛛网病，形态学，ITS 序列，生物学特性

Identification and biological characteristics of *Cladobotryum mycophilum* causing cobweb disease on *Ganoderma lingzhi*

XU Rong LIU Zheng-Hui FU Yong-Ping[©] LI Yu[©]

Engineering Research Center of Chinese Ministry of Education for Edible and Medicinal Fungi, Jilin Agricultural University, Changchun, Jilin 130118, China

Abstract: In 2018, the alleged cobweb disease was found in *Ganoderma lingzhi*-growing farm at Jiaohe, Jilin Province. Morphological identification and molecular analysis of ITS DNA sequence proved that the pathogen was *Cladobotryum mycophilum*. Artificial inoculation confirmed that the pathogen infected fruitbodies of *Ganoderma lingzhi*. Its mycelia grew favorably under the conditions of 25°C and pH 5 on medium using glucose as carbon source and yeast extract as nitrogen source. Light might inhibit mycelial growth to some extent, while dark stimulated mycelial growth. The results provide a useful reference for effective control of the cobweb disease.

Key words: *Ganoderma lingzhi*, cobweb disease, morphology, ITS sequence, biological characteristics

基金项目：公益性行业（农业）科研专项（201503137）；菌类作物优质高产抗病种质资源挖掘、创制及应用学科创新引智基地（“111”基地）（D17014）

Supported by Special Fund for Agro-scientific Research in the Public Interest (201503137), The Program of Creation and Utilization of Germplasm of Mushroom Crop of “111” Project (D17014).

© Corresponding authors. E-mail: yuli966@126.com, fuyongping81@126.com

Received: 2018-12-24, accepted: 2019-02-13

37.香菇蛛网病病原菌树状枝葡霉生物学特性

刊 载 地：菌物学报（2019）

作者单位：吉林农业大学

通讯作者：李玉、付永平

内容提要：香菇是我国产量最高的食用菌之一，因独特浓郁的风味而广受赞誉。然而随着香菇栽培面积的不断扩大，其各种病害的发生也日趋频繁。近期，在浙江省庆元县多个菇棚内发现一种新病害。为了明确致病菌，本项目通过对罹病香菇子实体进行组织分离和单孢分离获得纯化菌株QS02，随后结合形态学特征和分子生物学技术对其进行鉴定，并通过柯赫氏法则的验证，确定该病原菌为树状枝葡霉*Cladobotryum dendroides*。同时，本项目还对该病原菌展开了生物学特性研究，结果表明：病原菌菌丝生长最适培养基为PDA培养基，最适温度为25℃，最适碳源为可溶性淀粉，最适氮源为牛肉膏，最适pH为5～6；光照对该菌菌丝生长有一定的抑制作用。这是由树状枝葡霉引起的香菇蛛网病在国内的首次研究报道。

Research paper **研究论文**
22 May 2019, 38(5): 646-657 Mycosystema ISSN1672-6472 CN11-5180/Q DOI: 10.13346/j.mycosystema.180310

香菇蛛网病病原菌树状枝葡霉生物学特性

吴希禹 付永平[✪] 李玉[✪]

吉林农业大学食药用菌教育部工程研究中心 吉林 长春 130118

摘 要：香菇是我国产量最高的食用菌之一，因其独特浓郁的风味而广受赞誉。然而随着香菇栽培面积的不断扩大，其各种病害的发生也日趋频繁。近期在浙江省庆元县多个菇棚内发现一种新病害。为了明确致病菌，本研究通过对罹病香菇子实体进行组织分离和单孢分离获得纯化菌株QS02，随后结合形态学特征和分子生物学技术对其进行鉴定，并通过柯赫氏法则的验证，确定该病原菌为树状枝葡霉*Cladobotryum dendroides*。同时，本文还对该病原菌展开了生物学特性研究，结果表明：病原菌菌丝生长最适培养基为PDA培养基，最适温度为25℃，最适碳源为可溶性淀粉，最适氮源为牛肉膏，最适pH区间为5–6；光照对该菌菌丝生长有一定的抑制作用。这是由树状枝葡霉引起的香菇蛛网病在国内的首次报道。

关键词：香菇，蛛网病，树状枝葡霉，生物学特性

Biological characteristics of *Cladobotryum dendroides*, a causal pathogen of *Lentinula edodes* cobweb disease

WU Xi-Yu FU Yong-Ping[✪] LI Yu[✪]

Engineering Research Center of Chinese Ministry of Education for Edible and Medicinal Fungi, Jilin Agricultural University, Changchun, Jilin 130118, China

Abstract: A new fungal disease was found in several *Lentinula edodes* mushroom growing sheds in Qingyuan, Zhejiang Province. Observation of morphological characteristics, phylogenetic analysis using rDNA sequences of ITS and partial 28S rDNA, and confirmation of pathogenicity using Koch's postulates revealed that the causal agent of the cobweb disease was *Cladobotryum dendroides*. Biological characterization showed that the optimum growth condition for the pathogen was growing temperature of 25°C, pH value of 5–6 and culture medium using soluble starch as carbon source and beef extract as nitrogen source. PDA was also suitable medium for growth. Light showed certain inhibitory effect on pathogen growth. This is the first report of the pathogen responsible for cobweb disease on *Lentinula edodes* in China.

Key words: *Lentinula edodes*, cobweb disease, *Cladobotryum dendroides*, biological characteristics

基金项目：公益性行业（农业）科研专项（201503137）
Supported by Special Fund for Agro-scientific Research in the Public Interest (201503137).
✪ Corresponding authors. E-mail: yuli966@126.com, fuyongping81@126.com
Received: 2018-12-05, accepted: 2019-01-18

646 菌物学报

38. 玉米粉添加量对玉木耳室内栽培的影响

刊 载 地：分子植物育种（2020）

作者单位：吉林农业大学

通讯作者：李玉、宋冰

内容提要：本试验采用室内挂袋出耳的模式，在玉木耳栽培配方中添加1%、2%、3%的玉米粉，分析了不同玉米粉添加量对菌包质量、一潮产量和玉木耳营养成分的影响，并探索了玉木耳室内栽培工艺流程及相关管理技术。结果表明：随着玉米粉添加量的增加，打孔后菌丝恢复能力、菌包质量、原基整齐度均有所改善、一潮菇产量逐步增加，其中添加3%玉米粉的配方A3较CK提高了11.39%，且未延长原基形成时间。添加2%玉米粉的配方A2在总糖、蛋白质、粗纤维、氨基酸总含量上皆高于CK。玉木耳室内挂袋出耳从制种到一潮采收栽培周期为 80 ~ 90d，本试验记录了不同时期管理所需温度、湿度、CO_2浓度的环境参数，初步获得了玉木耳室内栽培工艺流程，可为玉木耳工厂化栽培生产和研究提供参考。

分子植物育种，2020年，第18卷，第1期，第340 346页
Molecular Plant Breeding, 2020, Vol.18, No.1, 340 346

研究报告
Research Report

玉米粉添加量对玉木耳室内栽培的影响

陈艳琦[1] 简冰[2] 孙晓仲[3] 吕志文[2] 杨蕾蕾[2] 李雪飞[1] 李长田[1] 宋冰[1*] 李玉[1*]
1 吉林农业大学，食药用菌教育部工程研究中心，长春，130118；2 吉林农业大学农学院，长春，130118；3 长春吉林省产品质量监督检验院，长春，130118
* 共同通信作者，song19800123@126.com; fungi966@126.com

摘　要　本研究采用室内挂袋出耳的模式，在玉木耳栽培配方中添加1%、2%、3%的玉米粉，分析了不同玉米粉添加量对菌包质量、一潮产量和玉木耳营养成分的影响，并探索了玉木耳室内栽培工艺流程及相关管理技术。结果表明：随着玉米粉添加量的增加，打孔后菌丝恢复能力、菌包质量、原基整齐度均有所改善、一潮菇产量逐步增加，其中添加3%玉米粉的配方A3较CK提高了11.39%，且未延长原基形成时间。添加2%玉米粉的配方A2在总糖、蛋白质、粗纤维、氨基酸总含量皆高于CK。玉木耳室内挂袋出耳从制种到一潮采收栽培周期为80~90 d，记录了不同时期管理所需温度、湿度、CO_2浓度的环境参数，初步获得了玉木耳室内栽培工艺流程，为玉木耳工厂化栽培生产和研究提供参考。

关键词　玉木耳(*Auricularia cornea* cv. Yu Muer)，室内栽培，玉米粉，产量

Effect of Indoor Cultivation of *Auricularia cornea* cv. Yu Muer by Adding Different Quantity of Corn Meal

Chen Yanqi[1] Jian Bing[2] Sun Xiaozhong[3] Lü Zhiwen[2] Yang Leilei[2] Li Xuefei[1] Li Changtian[1] Song Bing[1*] Li Yu[1*]
1 Engineering Research Centre of Chinese Ministry of Education for Edible and Medicinal Fungi, Jilin Agricultural University, Changchun, 130118; 2 College of Agriculture, Jilin Agricultural University, Changchun, 130118; 3 Jilin Province Product Quality Supervision and Inspection Institute, Changchun, 130118
* Co-corresponding authors, song19800123@126.com; fungi966@126.com
DOI: 10.13271/j.mpb.018.000340

Abstract　The different rate of corn meal was added in the substrate of white wood ear which cultivated in growing room by hanging method. Quality of bags, yield and nutrition was analyzed. Cultivation method and manage technology were explored. The results showed that with the increase of corn meal added in substrate, the recovery capability, bags quality, primodia uniformity, yield were improved. The yield increased 11.39% compared with control group when added 3% corn meal and never prolong the time of primodia. The quantity of total sugar, protein, crude fiber, amino acid all higher than control group when added 2% corn meal. The temperature, humidity and concentration of carbon deoxide were recorded in the cultivation period which sustained 80 to 90 days. Cultivation technology was built that can provide foundation for industrial cultivation.

Keywords　Yumuer (*Auricularia cornea* cv. Yu Muer), Indoor cultivation, Corn meal, Production

食用菌新品种玉木耳(*Auricularia cornea* cv. Yu Muer) (曹玉春等, 2017)是白色变异毛木耳(*Auricularia cornea*)经多孢自交得到的具有特异性、稳定性、一致性的优良品种(任梓铭等, 2018)，其隶属于担子

基金项目：本研究由国家重点研发计划项目(2018YFD1001001; 2017YFD0601002)、公益性行业(农业)科研专项(201503137)、吉林省教育厅项目(JJKH20180670KJ)和"111"引智基地项目(D17014)共同资助
引用格式：Chen Y.Q., Jian B., Sun X.Z., Lü Z.W., Yang L.L., Li X.F., Li C.T., Song B., and Li Y., 2020, Effect of indoor cultivation of *Auricularia cornea* cv. Yu Muer by adding different quantity of corn meal, Fenzi Zhiwu Yuzhong (Molecular Plant Breeding), 18(1): 340-346 (陈艳琦, 简冰, 孙晓仲, 吕志文, 杨蕾蕾, 李雪飞, 李长田, 宋冰, 李玉, 2020, 玉米粉添加量对玉木耳室内栽培的影响, 分子植物育种, 18(1): 340-346)

39. 玉木耳冷水复水护色剂初步筛选

刊 载 地：多彩菌物美丽中国——中国菌物学会2019年学术年会论文摘要

作者单位：吉林农业大学

通讯作者：李玉、宋冰

内容提要：玉木耳（*Auricularia cornea* cv. Yu Muer)是由吉林农业大学食药用菌教育部工程研究中心从毛木耳变异株选育出的一个白色新品种，隶属于担子菌门（Basidiomycota)，蘑菇纲（Agaricomycetes)，木耳目（Auriculariales)，木耳科（Auriculariaceae)，木耳属（*Auricularia*)，是一种食药兼用的蕈菌。在以往的研究中发现，与黑木耳、毛木耳不同的是，通过传统的冷水复水方法会导致玉木耳耳片及水体发生一定的褐变现象，影响玉木耳食用及销售，因此筛选适宜的冷水复水护色剂也是玉木耳产业发展中需要解决的一个重要问题。本研究以新鲜干玉木耳为原材料，通过对不同复水过程中产生的多酚氧化酶（polyphenol oxidase，PPO)活性进行比较，发现褐变主要是由PPO造成的，经试验证明了高温处理及隔绝空气可以起到抑制PPO活性的作用，从而降低复水过程中的褐变反应。此外，本课题组对干耳片进行常温冷水浸泡，通过比较添加不同浓度护色剂对褐变的抑制效果，发现四种护色剂均可以有效地抑制褐变。各护色剂适宜的使用浓度分别为：异抗坏血酸钠1.6g/L、抗坏血酸1.6g/L、L-半胱氨酸2g/L、柠檬酸6g/L，结合成本及护色效果，本研究建议使用柠檬酸作为玉木耳冷水复水护色剂。随着玉木耳产业的发展，鲜耳销售也将走向市场，护色剂可在鲜耳运输、货架期延长、玉木耳罐头等产品开发上得到应用。本研究结果可为玉木耳冷链运输及延长货架期提供理论依据和实践参考，也为干耳片复水加工提供新的技术途径。

玉木耳冷水复水护色剂初步筛选

陈艳琦[1] 吕志文[2] 王媚[2] 宋冰[1*] 李玉[1*]
（吉林农业大学食药用菌教育部工程研究中心，吉林省长春市新城大街 2888 号 130118）

摘要：玉木耳(*Auricularia cornea* cv. Yu Muer)是由吉林农业大学食药用菌教育部工程研究中心从毛木耳变异株选育出的一个白色新品种，隶属于担子菌门(Basidiomycota)，蘑菇纲(Agaricomycetes)，木耳目(Auriculariales)，木耳科(Auriculariaceae)，木耳属(*Auricularia*)，是一种食药兼用的蕈菌。在以往的研究中发现，与黑木耳、毛木耳不同的是通过传统的冷水复水方法会导致玉木耳耳片及水体发生一定的褐变现象，影响玉木耳食用及销售，因此筛选适宜的冷水复水护色剂也是玉木耳产业发展需要解决的一个重要问题。本研究以新鲜干玉木耳为原材料，通过对不同复水过程中产生的多酚氧化酶(polyphenol oxidase，PPO)活性进行比较，发现褐变主要是由 PPO 造成的，经试验证明了高温处理及隔绝空气可以起到抑制 PPO 活性的作用，从而降低复水过程中的褐变反应。此外，本课题组对干耳片采用常温冷水浸泡，通过比较添加不同浓度护色剂对褐变的抑制效果，发现四种护色剂均可以有效的抑制褐变，各护色剂适宜的使用浓度分别为：异抗坏血酸钠 1.6 g/L、抗坏血酸 1.6 g/L、L-半胱氨酸 2 g/L、柠檬酸 6 g/L，结合成本及护色效果，建议使用柠檬酸作为玉木耳冷水复水护色剂。随着玉木耳产业的发展，鲜耳销售也将走向市场，护色剂可在鲜耳运输、货架期延长、玉木耳罐头等产品开发上得到应用。该研究可以为玉木耳冷链运输及延长货架期提供理论依据和实践参考，也为干耳片复水加工提供新的技术途径。

关键词：玉木耳，多酚氧化酶（PPO），复水，护色剂

资助基金：本研究由国家重点研发计划项目(2018YFD1001001、2017YFD0601002)、公益性行业(农业)科研专项(201503137)、“111”引智基地项目(D17014)

参考文献：

Di Wang, Xue Jiang, Shanshan Teng, Yaqin Zhang, Yang Liu, Xiao Li, Yu Li. 2019.The Antidiabetic and Antinephritic Activities of *Auricularia cornea* (An Albino Mutant Strain) via Modulation of Oxidative Stress in the db/db Mice. Frontiers in Immunology , 10,1039, 1-11.

曹玉春, 包海鹰, 图力古尔, 李玉, 2017.用 GC-MS 方法对四种药用胶质菌化学成分进行比较分析, 菌物学报, 36(12): 1674-1685.

陈艳琦,简冰,孙晓仲,吕志文,杨蕾蕾,李雪飞,李长田,宋冰,李玉.2019,玉米粉添加量对玉木耳室内栽培的影响.分子植物育种:1-14[2019-07-01].http://kns.cnki.net/kcms/detail/46.1068.s.20190328.1709.012.html.

李玉,李晓.2016.图说玉木耳优质高产栽培,中国,北京.中国农业出版社, pp.1-2.

Sajid Ali, Ahmad Sattar Khan, Aman Ullah Malik .2016,Postharvest L-cysteine application delayed pericarp browning, suppressed lipid peroxidation and maintained antioxidative activities of litchi fruit.Postharvest Biology and Technology,121: 135-142.

胡烨,胡秋辉,郁志芳,裴斐等,马宁,杨建文.2018.复合护色剂预处理及不同冻融条件对冷冻双孢蘑菇品质的影响.食品科学,39(23):192-198.

潘寒姁,谢芳,王姣,袁树枝,曹建康,赵玉梅.2015,碳酸氢钠与抗坏血酸复合处理对鲜切苹果褐变和品质的影响.中国农业大学学报,20(02):114-123.

40. 姬松茸单孢分离研究

刊 载 地：福建食用菌（2016）

作者单位：福建省农业科学院食用菌研究所

作　　者：廖剑华、李洪荣、郭仲杰、陈美元、蔡志欣

内容提要：本研究采用食用菌单孢子分离及配对杂交技术，研究了姬松茸担孢子萌发的温度条件及提高孢子萌发率的刺激方式；通过显微操作分离担孢子萌发菌丝，对单孢分离物进行形态观察及配对杂交。研究结果表明：姬松茸担孢子萌发的适宜温度为26℃。姬松茸菌丝对孢子萌发有明显的促进作用，孢子萌发率由5%提高到35%。姬松茸菌丝具有锁状联合，而单孢分离物中，85%为无锁状联合的菌落，表现为菌丝生长速度慢，15%为有锁状联合的菌落，菌丝生长速度正常，无锁状联合的菌落经过配对杂交可恢复有正常生长，并均有锁状联合。根据单孢分离及配对杂交结果，可以确定姬松茸的交配类型为异宗配合。

第 2 卷 第 6 期（总第 18 期）　福建食用菌（2016）　FUJIAN MUSHROOM JOURNAL

姬松茸单孢分离研究

廖剑华　李洪荣　郭仲杰　陈美元　蔡志欣

福建省农业科学院食用菌研究所，特色食用菌繁育与栽培国家地方联合工程研究中心，福州 350014

摘　要：采用食用菌单孢子分离及配对杂交技术，研究了姬松茸担孢子萌发的温度条件及提高孢子萌发率的刺激方式，通过显微操作分离担孢子萌发菌丝，对单孢分离物进行形态观察及配对杂交。研究结果表明：姬松茸担孢子萌发的适宜温度为 26℃。姬松茸菌丝对孢子萌发有明显的促进作用，孢子萌发率由 5%提高到 35%。姬松茸菌丝具有锁状联合，而单孢分离物中，85%为无锁状联合的菌落，表现为菌丝生长速度慢，15%为有锁状联合的菌落，菌丝生长速度正常，无锁状联合的菌落经过配对杂交可恢复有正常生长，并均有锁状联合。根据单孢分离及配对杂交结果可以确定姬松茸的交配类型为异宗配合。

关键词：姬松茸，孢子分离，　配对杂交

巴西蘑菇原产于巴西东南部圣保罗市 Piedade 山地草原上，美国加利福尼亚州南部和弗罗里达州海岸草地以及秘鲁等国亦有分布。在巴西圣保罗地区，巴西蘑菇被作为健康食品由来已久，在当地语言中被称作“Cogmelo de Deus”，即“上帝的蘑菇”的意思。在第 39 届日本癌病学总会(1980 年)和第 54 届日本药理学总会(1981 年)，伊藤均和志村圭四郎等相继发表有关巴西蘑菇抗肿瘤和生物活性的研究报告，　作为代替多孔菌和灵芝的新的药用和食用菌而受到人们的关注。

1975 年，日本的室内高垄栽培法首次获得成功，经努力改良才确立了现在的大规模人工栽培方法[1]。1976 年三重、爱知、歧集三个县以经济效益为目标推广普及其栽培技术，直至 1978 年才商业化栽培成功。1988 年巴西蘑菇传至越南、泰国、印度尼西亚、台湾等东南亚地区。

1992 年，福建省农业科学院土肥所和植保所引进了巴西蘑菇菌种，1994 开始先后在福建省仙游、莆田、松溪、顺昌、屏南、尤溪、罗源、霞浦等地推广，仙游县姬松茸栽培面积高峰时达 150 万平方米，年产鲜品 6000 吨，产值 7000 万元以上。目前巴西蘑菇栽培已从福建省进一步推广到云南、广西、四川等省份。

2003 年郭倩等对我国姬松茸种质资源多样性进行了报道，他结合拮抗试验方法，对国内收集到的 19 个姬松茸菌株遗传多样性进行了初步研究，认为这 19 个姬松茸菌株主要来源于两个菌株的组织分离物[2]。国内栽培的品种主要是引自日本驯化的品种“岩出 101”，近年来福建省农科院土肥所通过孢子的物理诱变及化学诱变技术，选育出诱变新菌株，产量得到提高[3, 4]。

姬松茸商业栽培已有 40 年的历史，新品种的选育主要是通过诱变获得新菌株，尚未开展杂交育

基金来源：公益性行业（农业）科研专项研究任务 (201503137)；福建省现代农业食用菌产业技术体系建设项目(2013-2017)。

作者简介：廖剑华（1965-），男，莆田人，教授级高级工程师，主要从事食用菌杂交育种，E-mail: ljhua1@qq.com

41. 不同覆土材料对巴氏蘑菇工厂化栽培的影响

刊 载 地：福建食用菌（2018）

作者单位：福建省农业科学院食用菌研究所

作　　者：廖剑华　郭仲杰　陈美元　蔡志欣　卢圆萍

内容提要：本研究在巴氏蘑菇工厂化栽培中，采用泥炭土、稻田土、红壤土及不同土壤按一定比例混合制备的混合物作为覆土材料，对比不同覆土材料对巴氏蘑菇菌丝爬土快慢、扭结时间、出菇时间及产质量的影响。研究结果表明：草腐菌常用的三种覆土材料中，泥炭土产量最高，稻田土次之，红壤土产量最低。采用泥炭土与稻田土或红壤土混合制备的覆土材料，均可提高巴氏蘑菇的单位产量，菇的质量没有明显的变化。泥炭土与红壤土按不同比例混合制备的覆土材料，比例为1 ：1时产量最高，红壤土混合得太多或太少，都会降低巴氏蘑菇工厂化栽培的单位产量。

第 2 卷 第 8 期（总第 20 期）　福建食用菌（2018）　FUJIAN MUSHROOM JOURNAL

不同覆土材料对巴氏蘑菇工厂化栽培的影响

廖剑华　郭仲杰　陈美元　蔡志欣　卢圆萍

福建省农科院食用菌研究所，特色食用菌繁育与栽培国家地方联合工程研究中心 福建，福州，350014

摘 要：在巴氏蘑菇工厂化栽培中，采用泥炭土、稻田土、红壤土及不同土壤按一定比例混合制备的混合物作为覆土材料，对比不同覆土材料对巴氏蘑菇菌丝爬土快慢、扭结时间、出菇时间及产质量的影响。研究结果表明：草腐菌常用的三种覆土材料中泥炭土产量最高，稻田土次之，红壤土产量最低。采用泥炭土与稻田土或红壤土混合制备的覆土材料，均可提高巴氏蘑菇的单位产量，菇的质量没有明显的变化。泥炭土与红壤土不同比例混合制备的覆土材料，比例为 1:1 时产量最高，红壤土混合的太多或太少，都会降低巴氏蘑菇工厂化栽培的单位产量。

关键词：巴氏蘑菇，栽培，覆土

巴氏蘑菇原产于巴西东南部圣保罗市 Piedade 山地草原上，美国加利福尼亚州南部和弗罗里达州海岸草地以及秘鲁等国亦有分布。在巴西圣保罗地区，巴西蘑菇被作为健康食品由来已久，在当地语言中被称作“Cogmelo de Deus”，即“上帝的蘑菇”的意思。在第 39 届日本癌病学总会(1980 年)和第 54 届日本药理学总会(1981 年), 伊藤均和志村圭四郎等相继发表有关巴西蘑菇抗肿瘤和生物活性的研究报告, 作为代替多孔菌和灵芝的新的药用和食用菌而受到人们的关注[1]。

1975 年，日本的室内高垄栽培法首次获得成功，经努力改良才确立了现在的大规模人工栽培方法[2]。1976 年三重、爱知、歧集三个县以经济效益为目标推广普及其栽培技术，直至 1978 年才商业化栽培成功。1992 年，福建省农业科学院土肥所和植保所引进了巴西蘑菇菌种，1994 开始先后在福建省仙游、莆田、松溪、顺昌、屏南、尤溪、罗源、霞浦等地推广，仙游县巴氏蘑菇栽培面积高峰时达 150 万平方米，年产鲜品 6000 吨，产值 7000 万元以上。目前巴西蘑菇栽培已从福建省进一步推广到云南、广西、四川等省份。

在工厂化栽培中，草腐菌种植的覆土材料是影响产质量的关键因素，覆土材料的物理结构、吸水率、持水率等对草腐菌出菇的影响较大[3]。根据不同覆土材料的物理特性，在覆土材料制备过程中，进行不同覆土材料按一定比例进行混合制备，提高覆土材料的含水量、持水力及通透性等物理性状，通过不同覆土材料出菇的对比试验，测定不同覆土材料对菌丝的爬土速度、原基形成时间及产质量的影响，筛选出适合巴氏蘑菇工厂化栽培的覆土材料,为巴氏蘑菇的工厂化栽培提供技术支撑。

基金项目：公益性行业（农业）科研专项(201503137)；　福建省现代农业食用菌产业技术体系（2013-2017 年）

作者简介：廖剑华，男，1965 年出身，莆田，高级工程师，主要从事食用菌杂交育种，通信地址：350014　福建省晋安区前横路 95 弄 10 号 福建省农业科学院食用菌研究所，0591-83334374，E-mail: ljhua1@qq.com。

42. 中国食用菌生产装备发展现状与重点分析

刊 载 地：江苏农业科学（2016）

作者单位：农业部南京农业机械化研究所

通讯作者：宋卫东

内容提要：食用菌生产装备是我国实现食用菌大国向强国迈进的重要保障，是涵盖基质粉碎、搅拌、装袋（瓶）、灭菌、接种等多工序的成套装备，研究分析食用菌生产装备对食用菌产业提升与规模发展都有极其重大的意义。为了梳理中国食用菌生产装备发展现状，有效推进我国食用菌生产装备研究开发重点，促进食用菌产业现代化建设，本文在梳理我国食用菌生产装备发展现状的基础上，阐述当前我国食用菌生产装备存在的主要问题，即生产装备企业规模小、技术人才缺乏、与国外存在较大差距、科研平台少、标准滞后等。本文分析草腐菌生产装备、木腐菌生产装备和生长环境等方面的研究开发重点：①草腐菌以智能化发酵隧道、送料布料一体机、堆肥打包机、自动割菇机、卷帘式自动上料覆土机等为主；②木腐菌以瓶栽食用菌机械化生产成套装备的优化提升与袋栽筐式栽培技术体系为主；③生长环境以质量可追溯的全程物联网测控系统为主。最后，本文提出中国食用菌生产装备应向智能化、成套化、标准化、国情化方向发展。

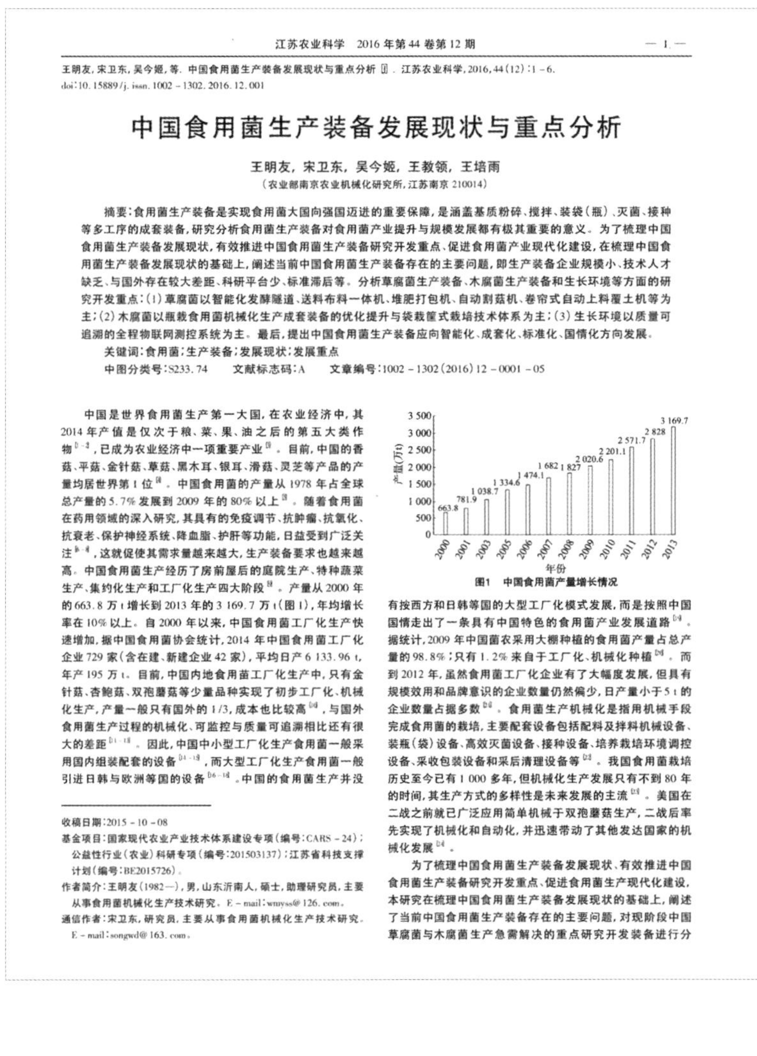

江苏农业科学　2016 年第 44 卷第 12 期　— 1 —

王明友，宋卫东，吴今姬，等. 中国食用菌生产装备发展现状与重点分析[J]. 江苏农业科学，2016，44(12)：1－6.
doi：10.15889/j.issn.1002－1302.2016.12.001

中国食用菌生产装备发展现状与重点分析

王明友，宋卫东，吴今姬，王教领，王培雨
（农业部南京农业机械化研究所，江苏南京 210014）

摘要：食用菌生产装备是实现食用菌大国向强国迈进的重要保障，是涵盖基质粉碎、搅拌、装袋（瓶）、灭菌、接种等多工序的成套装备，研究分析食用菌生产装备对食用菌产业提升与规模发展都有极其重要的意义。为了梳理中国食用菌生产装备发展现状，有效推进中国食用菌生产装备研究开发重点、促进食用菌产业现代化建设，在梳理中国食用菌生产装备发展现状的基础上，阐述当前中国食用菌生产装备存在的主要问题，即生产装备企业规模小、技术人才缺乏、与国外存在较大差距、科研平台少、标准滞后等。分析草腐菌生产装备、木腐菌生产装备和生长环境等方面的研究开发重点：(1) 草腐菌以智能化发酵隧道、送料布料一体机、堆肥打包机、自动割菇机、卷帘式自动上料覆土机等为主；(2) 木腐菌以瓶栽食用菌机械化生产成套装备的优化提升与袋栽筐式栽培技术体系为主；(3) 生长环境以质量可追溯的全程物联网测控系统为主。最后，提出中国食用菌生产装备应向智能化、成套化、标准化、国情化方向发展。

关键词：食用菌；生产装备；发展现状；发展重点
中图分类号：S233.74　　文献标志码：A　　文章编号：1002－1302(2016)12－0001－05

中国是世界食用菌生产第一大国，在农业经济中，其 2014 年产值是仅次于粮、菜、果、油之后的第五大类作物[1-2]，已成为农业经济中一项重要产业[3]。目前，中国的香菇、平菇、金针菇、草菇、黑木耳、银耳、滑菇、灵芝等产品的产量均居世界第 1 位[4]。中国食用菌的产量从 1978 年占全球总产量的 5.7% 发展到 2009 年的 80% 以上[5]。随着食用菌在药用领域的深入研究，其具有的免疫调节、抗肿瘤、抗氧化、抗衰老、保护神经系统、降血脂、护肝等功能，日益受到广泛关注[6-8]，这就促使其需求量越来越大，生产装备要求也越来越高。中国食用菌生产经历了房前屋后的庭院生产、特种蔬菜生产、集约化生产和工厂化生产四大阶段[9]。产量从 2000 年的 663.8 万 t 增长到 2013 年的 3 169.7 万 t（图 1），年均增长率在 10% 以上。自 2000 年以来，中国食用菌工厂化生产快速增加，据中国食用菌协会统计，2014 年中国食用菌工厂化企业 729 家（含在建、新建企业 42 家），平均日产 6 133.96 t，年产 195 万 t。目前，中国内地食用苗工厂化生产中，只有金针菇、杏鲍菇、双孢蘑菇等少量品种实现了初步工厂化、机械化生产，产量一般只有国外的 1/3，成本也比较高[10]，与国外食用菌生产过程的机械化、可监控与质量可追溯相比还有很大的差距[11-13]。因此，中国中小型工厂化生产食用菌一般采用国内组装配套的设备[14-15]，而大型工厂化生产食用菌一般引进日韩与欧洲等国的设备[16-18]。中国的食用菌生产并没有按西方和日韩等国的大型工厂化模式发展，而是按照中国国情走出了一条具有中国特色的食用菌产业发展道路[19]。据统计，2009 年中国菌农采用大棚种植的食用菌产量占总产量的 98.8%；只有 1.2% 来自于工厂化、机械化种植[20]。而到 2012 年，虽然食用菌工厂化企业有了大幅度发展，但具有规模效用和品牌意识的企业数量仍然偏少，日产量小于 5 t 的企业数量占据多数[21]。食用菌生产机械化是指用机械手段完成食用菌的栽培，主要配套设备包括配料及拌料机械设备、装瓶（袋）设备、高效灭菌设备、接种设备、培养栽培环境调控设备、采收包装设备和采后清理设备等[22]。我国食用菌栽培历史至今已有 1 000 多年，但机械化生产发展只有不到 80 年的时间，其生产方式的多样性是未来发展的主流[23]。美国在二战之前就已广泛应用简单机械于双孢蘑菇生产，二战后率先实现了机械化和自动化，并迅速带动了其他发达国家的机械化发展[24]。

图1　中国食用菌产量增长情况

为了梳理中国食用菌生产装备发展现状、有效推进中国食用菌生产装备研究开发重点、促进食用菌生产现代化建设，本研究在梳理中国食用菌生产装备发展现状的基础上，阐述了当前中国食用菌生产装备存在的主要问题，对现阶段中国草腐菌与木腐菌生产急需解决的重点研究开发装备进行分

收稿日期：2015－10－08
基金项目：国家现代农业产业技术体系建设专项（编号：CARS－24）；公益性行业（农业）科研专项（编号：201503137）；江苏省科技支撑计划（编号：BE2015726）。

作者简介：王明友（1982—），男，山东沂南人，硕士，助理研究员，主要从事食用菌机械化生产技术研究。E－mail：wmyss@126.com。
通信作者：宋卫东，研究员，主要从事食用菌机械化生产技术研究。E－mail：songwd@163.com。

43. 基于食用菌生产的农业废弃物基质化利用研究进展

刊 载 地：山东农业科学（2017）

作者单位：农业部南京农业机械化研究所

通讯作者：宋卫东

内容提要：随着我国食用菌产业的快速发展，传统的以木屑为主的生产方式将受到严重限制，而选择资源分布广、产量大、有机质含量高的农业废弃物生产食用菌将带来较好的经济效益与生态效益。本文在分析我国农业废弃物特点的基础上，介绍了国内外农业废弃物在食用菌生产上的应用现状，指出现阶段我国农业废弃物生产食用菌存在的主要问题，并对其今后的发展方向进行了展望，提出应完善农业废弃物生产食用菌的理论体系和建立栽培食用菌的标准化技术体系的建议。

山 东 农 业 科 学　2017,49(1):155～159　Shandong Agricultural Sciences

DOI:10.14083/j.issn.1001－4942.2017.1.032

基于食用菌生产的农业废弃物基质化利用研究进展

王明友，宋卫东，王教领，吴今姬，丁天航，李锋

（农业部南京农业机械化研究所，江苏 南京 210014）

摘要：随着我国食用菌产业的快速发展，传统的以木屑为主的生产方式将受到严重限制，而选择资源分布广、产量大、有机质含量高的农业废弃物生产食用菌将带来较好的经济效益与生态效益。本文在分析我国农业废弃物特点的基础上，介绍了国内外农业废弃物在食用菌生产上的应用现状，指出现阶段我国农业废弃物生产食用菌存在的主要问题，并对其今后的发展方向进行了展望，提出应完善农业废弃物生产食用菌的理论体系和建立栽培食用菌的标准化技术体系的建议。

关键词：食用菌；废弃物；栽培料；循环利用

中图分类号：S39　文献标识号：A　文章编号：1001－4942(2017)01－0155－05

Advances in Research of Agricultural Wastes Utilization Based on Production of Edible Fungi

Wang Mingyou, Song Weidong, Wang Jiaoling, Wu Jinji, Ding Tianhang, Li Feng

(*Nanjing Research Institute for Agricultural Mechanization, Ministry of Agriculture, Nanjing 210014, China*)

Abstract Along with the rapid development of edible fungus industry in China, the traditional production mode with wood chips as the main cultivation material will be severely limited. To select the agricultural waste resources widely distributed with large output and high content of organic matter for production of edible fungus has better economic benefit and ecological benefit. In this paper, based on the analysis of characteristics of agricultural wastes in China, the application situation of agricultural wastes on the production of edible fungi at home and abroad was introduced, and its main problems in China at present stage were pointed out. Finally, the development direction for edible fungi culture with agricultural wastes was discussed, and the proposals were put forward for improving the theory system of edible fungi production with agricultural wastes and establishing the standardization technology system of edible fungi cultivation.

Keywords Edible fungi; Waste; Cultivation material; Cyclic utilization

食用菌是指可供人们食用的一类大型真菌[1]，在物质循环的过程中，除了充当物质的还原者以外，同时又是对人类有贡献的次级生产者[2]。其主要是以农作物秸秆、畜禽粪便等农业废弃物中的大分子物质，如纤维素、半纤维素、木质素、蛋白质、多糖等为主要原料，通过菌丝体分泌的水解酶及氧化酶将栽培原料高效降解，最终形成可供人们食（药）用的高蛋白食品。我国是世界食用菌生产第一大国，2014 年农业经济中产值仅次于粮、菜、果、油之后的第五大类作物[3,4]。目前，中国的香菇、平菇、金针菇、草菇、黑木耳、银耳、滑菇、灵芝等产品的产量均居世界第一位[5]。中国食用菌的产量从 1978 年占全球总产量的 5.7% 发展到 2009 年的 80% 以上[6]。随着

收稿日期：2016－08－02

基金项目：江苏省科技项目专项资金（BE2015726）；国家现代农业产业技术体系建设专项资金（CARS－24）；公益性行业（农业）科研专项经费（201503137）

作者简介：王明友（1982－），男，山东沂南人，硕士，助理研究员，主要从事食用菌机械化生产技术研究。E－mail：wmyss@126.com

通讯作者：宋卫东（1965－），男，江苏泰州人，研究员，主要从事食用菌机械化生产技术研究。E－mail：songwd@163.com

44. 双孢菇麦粒菌种离散元分析参数试验研究及仿真标定

刊 载 地：江苏农业科学（2019）

作者单位：农业部南京农业机械化研究所

通讯作者：宋卫东

内容提要：本文为确定双孢菇麦粒菌种 EDEM 离散元仿真参数，通过实测试验测得其3轴尺寸、含水率、千粒质量、颗粒密度等本征参数，借助Matlab图像处理技术测得双孢菇堆积角为25.25°。本文利用EDEM仿真软件设计Plackett－Berman试验和二次回归通用旋转组合试验，筛选显著因素并建立二次回归模型，进而得出双孢菇麦粒菌种离散元仿真分析参数最优组合，泊松比为0.305，剪切模量为5.07MPa，颗粒密度为1 916kg /m^3，种间碰撞恢复系数为0.55、滑动摩擦因数为0.4、滚动摩擦因数为0.018，种与塑料的碰撞恢复系数为0.335，滑动摩擦因数为0.55，滚动摩擦因数为0.055。设计验证试验结果表明，该参数组合下的仿真试验和实测试验结果无显著差异。标定所得双孢菇麦粒菌种仿真分析参数组合可为麦粒菌种仿真试验提供参考。

江苏农业科学　2019 年第 47 卷第 18 期　— 271 —

霍星辰，宋卫东，王明友，等. 双孢菇麦粒菌种离散元分析参数试验研究及仿真标定[J]. 江苏农业科学，2019，47（18）：271－276.
doi：10.15889/j.issn.1002－1302.2019.18.058

双孢菇麦粒菌种离散元分析参数试验研究及仿真标定

霍星辰，宋卫东，王明友，王教领，丁天航，李　锋
（农业农村部南京农业机械化研究所，江苏南京 210014）

摘要：为确定双孢菇麦粒菌种 EDEM 离散元仿真参数，通过实测试验测得其 3 轴尺寸、含水率、千粒质量、颗粒密度等本征参数，借助 Matlab 图像处理技术测得双孢菇堆积角为 25.25°。利用 EDEM 仿真软件设计 Plackett－Berman 试验和二次回归通用旋转组合试验，筛选显著因素并建立二次回归模型，进而得出双孢菇麦粒菌种离散元仿真分析参数最优组合，泊松比为 0.305，剪切模量为 5.07 MPa，颗粒密度为 1 916 kg/m^3，种间碰撞恢复系数 0.5、滑动摩擦因数 0.4、滚动摩擦因数 0.018，种与塑料的碰撞恢复系数为 0.335，滑动摩擦因数为 0.55，滚动摩擦因数为 0.055。设计验证试验结果表明，该参数组合下的仿真试验和实测试验结果无显著差异。标定所得双孢菇麦粒菌种仿真分析参数组合可为麦粒菌种仿真试验提供参考。

关键词：双孢菇麦粒菌种；离散元；Matlab；堆积角；仿真标定
中图分类号：S220.1；O347.7　文献标志码：A　文章编号：1002－1302（2019）18－0271－06

双孢菇营养丰富，味道鲜美，是人们日常生活中主要消费的食用菌之一。双孢菇产地分布广泛，是全球性栽培的食用菌，其产量占食用菌总产量的45%左右[1-4]。双孢菇在我国十分受欢迎，近年来，我国成为世界双孢菇年平均产量最大的国家，占世界双孢菇年产量的70%[5]。2016 年我国双孢菇产量达 254.69 万 t，位于香菇和平菇之后，居于第 3 位[6]。但我国双孢菇生产水平落后，相关理论知识尚不完善。若要规范化标准化双孢菇生产的各个环节，包括拌料、培养料堆制与发酵、接种、播种、覆土、喷水、采收和清床，需要确定双孢菇及其麦粒菌种的表征参数。随着计算机技术的发展与广泛应用，仿真模拟技术在农业生产领域得到了巨大发展。随着有限元法和计算流体力学在工程上用于解决复杂机械系统问题之后，针对颗粒物料和岩土工程的离散元法也得到普遍应用。利用离散元法模拟分析可以获得颗粒物料复杂的运动信息、力学信息以及能量信息等，帮助解决产品设计、研发、优化过程中遇到的问题。仿真模拟参数直接决定了仿真的精度，所以进行离散元模拟分析之前需要获得准确的仿真参数[7-10]。

双孢菇麦粒菌种是由麦粒经过温水浸泡、沥干、搅拌、装袋、灭菌、冷却、接种、发菌而形成的。特殊的制作流程使其含水率变高、弹性增大、质地变软，改变了其原有物料的参数，双孢菇麦粒菌种播种时不能完全参照小麦的物料参数，为了得到准确的离散元仿真结果，需要对麦粒菌种物料参数进行试验测量和仿真标定。鹿芳媛等通过内部坍塌法和侧壁坍塌法的堆积试验得出 2 种堆积角，利用 EDEM 设计仿真试验标定不同含水率下水稻芽种离散元仿真接触参数[11]。罗帅等设计 PB 试验和 Box－Benken 试验，标定了 JKR 粘结模型蚯蚓粪基质离散元仿真参数[12]。贾富国等利用 Matlab 图像处理技术读取了稻谷颗粒物料堆积角[13]。刘凡一等在最陡爬坡试验的基础上确定仿真离散元参数的区间，利用 Box－Benken 试验结果优化了小麦离散元仿真参数[14]。王云霞等基于不同的接触材料设计仿真试验，得到不同的回归方程，联立求解标定了玉米种间滑动摩擦系数和滚动摩擦系数[15]。李海伟利用 EDEM 软件批处理功能标定了散状物料 JKR 模型的能量密度、颗粒间的静摩擦系数和滚动摩擦系数[16]。目前，国内外尚无关于双孢菇麦粒菌种离散元仿真参数的研究，本研究基于已有的对各类测量散状颗粒物料的物料参数的测定方法和仿真标定资料，在农业农村部南京农业机械化研究所实验室通过实测试验测定双孢菇麦粒菌种的部分本征参数，并结合麦粒菌种的实际轮廓，设计堆积角试验，采用图像处理技术和离散元软件 EDEM 对难以测量的本征参数和接触参数进行仿真标定。本研究为双孢菇麦粒菌种排种仿真试验提供依据，最大程度减小由于仿真参数造成的试验误差，并为后续双孢菇生产问题研究提供参考依据。

1　双孢菇麦粒菌种本征参数的实测试验测定

使用离散元分析软件 EDEM 进行仿真分析时，前处理部分包含 4 个子面板，分别是全局设置（Globals）、粒子系统（Particles）、几何体（Geometry）和粒子工厂（Factories）。在全局设置中需要填写粒子和接触材料的本征参数，包括泊松比、密度和剪切模量，接触参数包括粒子间和粒子与接触材料的碰撞恢复系数、滑动摩擦系数以及滚动摩擦系数。麦粒菌种的泊松比和剪切模量不易通过试验方法测得，通过查找文献资料和基于试验所测得的含水率确定其范围，其中麦粒菌种的泊松比为 0.16～0.45，剪切模量为（1.5×10^6）～（1×10^7）Pa[17-20]，由于麦粒菌种具有吸水性，所以其密度用小米置换法测定[21]。麦粒菌种排种器的排种轮材质为工程塑料，

收稿日期：2018－06－11
基金项目：公益性行业（农业）科研专项（编号：201503137）；国家食用菌产业技术体系项目（编号：CARS－20）。
作者简介：霍星辰（1992—），男，辽宁阜新人，硕士研究生，主要从事农业机械化工程研究。E－mail：2572410338@qq.com。
通信作者：宋卫东，研究员，硕士生导师，主要从事食用菌栽培全程机械化技术与装备研究。E－mail：songwd@163.com。

45. 基于水稻、小麦秸秆工厂化栽培双孢蘑菇的理化性质变化研究

刊 载 地：中国农学通报（2017）

作者单位：上海市农业科学院

通讯作者：黄建春

内容提要：本文为研究稻、小麦秸秆工厂化栽培双孢蘑菇（Agaricus bisporus）的差异，以60%水稻秸秆配方和100%小麦秸秆配方的培养料为栽培基质，研究发菌料在工厂化栽培双孢蘑菇过程中的pH、电导率、含水量、灰分、碳氮含量、C/N等理化性质及木质纤维素含量的变化情况。结果表明：与100%小麦秸秆配方相比，60%水稻秸秆配方栽培双孢蘑菇的培养料电导率、灰分含量较低，而第二潮菇后的碳氮含量迅速升高。三潮菇结束后，60%水稻秸秆配方的培养料纤维素与木质素的降解率低于100%小麦秸秆配方，而半纤维素的降解率差异不大。研究初步探明了水稻、小麦秸秆在双孢蘑菇栽培过程中的理化性质差异，为进一步利用水稻秸秆工厂化栽培双孢蘑菇提供理论依据。

中国农学通报 2017,33(7):86-91
Chinese Agricultural Science Bulletin

基于稻、麦秸秆工厂化栽培双孢蘑菇的理化性质变化研究

朱燕华，王 倩，宋晓霞，张津京，黄建春
（上海市农业科学院食用菌研究所/农业部南方食用菌资源利用重点实验室/国家食用菌工程技术研究中心/国家食用菌加工技术研发分中心/上海市农业遗传育种重点开放实验室，上海 201403）

摘 要：为研究稻、麦秸秆工厂化栽培双孢蘑菇(*Agaricus bisporus*)的差异，以60%稻草配方和100%麦草配方的培养料为栽培基质，研究发菌料在工厂化栽培双孢蘑菇过程中的pH、电导率、含水量、灰分、碳氮含量、C/N等理化性质及木质纤维素含量的变化情况。结果表明，与100%麦草配方相比，60%稻草配方栽培双孢蘑菇的培养料电导率、灰分含量较低，而第二潮菇后的碳氮含量迅速升高。三潮菇结束后，60%稻草配方的培养料纤维素与木质素的降解率低于100%麦草配方，而半纤维素的降解率差异不大。研究初步探明了稻、麦秸秆在双孢蘑菇栽培过程中的理化性质差异，为进一步利用稻秸秆工厂化栽培双孢蘑菇提供理论依据。

关键词：双孢蘑菇；稻草；理化性质；发菌料；降解率
中图分类号：S646.9 文献标志码：A 论文编号：casb16040168

Industrial Cultivation of *Agaricus bisporus* Based on Rice Straw and Wheat Straw: Changes of Physical and Chemical Characteristics

Zhu Yanhua, Wang Qian, Song Xiaoxia, Zhang Jinjing, Huang Jianchun
(Institute of Edible Fungi, Shanghai Academy of Agricultural Sciences/Key Laboratory of Edible Fungi Resources and Utilization (South), Ministry of Agriculture, P. R. China/National Engineering Research Center of Edible Fungi/National R&D Center for Edible Fungi Processing/Key Laboratory of Agricultural Genetics and Breeding of Shanghai, Shanghai 201403)

Abstract: In order to investigate the differences between industrial cultivation of *Agaricus bisporus* based on rice straw and wheat straw, physical and chemical characteristics (pH, electric conductivity, water content, ash content, carbon and nitrogen content, C/N) and lignocelluloses content of spawn running compost were investigated during the industrial cultivation of *A. bisporus* based on 60% rice straw formula and 100% wheat straw formula. The electric conductivity, ash content of 60% rice straw formula's compost were less than that of 100% wheat straw formula, but the degradation of carbon content and nitrogen content after second flush increased rapidly. Compared with 100% wheat straw formula, 60% rice straw formula mainly reduced the degradation rate of cellulose and lignin, and had little effect on the degradation rate of hemicelluloses. This study preliminarily revealed the physical and chemical characteristics differences of substrates during cultivation of button mushroom, provided the theory basis for utilizing the rice straw for industrial cultivation of *A. bisporus*.

Key words: *Agaricus bisporus*; rice straw; physical and chemical characteristics; spawn running compost; degradation rate

基金项目：公益性行业(农业)科研专项“作物秸秆基质化利用”(201503137)；上海市科技兴农推广项目“基于稻秸基质的双孢蘑菇、草菇工厂化生产技术研究与应用”[沪农科推字(2014)第2-2号]；上海市科学技术委员会科研计划项目“双孢蘑菇工厂化生产关键技术研究与示范”(15391900200)。

第一作者简介：朱燕华，女，1982年出生，助理研究员，博士，主要从事双孢蘑菇栽培与生理研究。通信地址：201403 上海市奉贤区金齐路 上海市农业科学院食用菌研究所，Tel:021-62200538，E-mail:zhuyanhua2007@163.com。
通讯作者：黄建春，男，1964年出生，研究员，主要从事双孢蘑菇栽培技术与示范推广。通信地址：201403 上海市奉贤区金齐路 上海市农业科学院食用菌研究所，Tel:021-37195727，E-mail:jianmushroom@163.com。

收稿日期：2016-04-27，修回日期：2016-06-09。

46. Diversity of bacterial and fungal communities in wheat straw compost for *Agaricus bisporus* cultivation.

刊 载 地：HORTSCIENCE（2019）

作者单位：浙江省农业科学院

通讯作者：蔡为明

内容提要：The Agaricus genus represents the most popular edible mushroom in the world. Wheat straw often is used as the substrate for mushroom cultivation following pretreatment to degrade the lignocellulosic biomass in agricultural waste. In this study, we investigated the changes in bacterial and fungal microflora of wheat straw substrate during different phases of composting. We collected samples of the raw material（M1), phase I aerobic fermentation（F1, F2, F3), and phase Ⅱ after-fermentation（AF1）for high-throughput 16S rRNA and internal transcribed spacer（ITS）sequencing to analyze the microbial diversity in the substrate during composting. Our data revealed that among the five stages, 365 operational taxonomic units（OTUs）were shared, with *Firmicutes*, *Proteobacteria*, and *Actinobacteria* being the predominant bacterial phyla. In addition, *Thermobispora*, *Thermopolyspora*, *Ruminiclostridium*, *Thermobacillus*, and Bacillus were the predominant genera in F3 and AF1, with the species Thermobispora bispora and Pseudoxanthomonas taiwanensis being predominant in F2. Both principal component analysis（PCA）and nonmetric multidimensional scaling（NMDS）plots showed that the bacterial communities of five stages could be distinguished from each other based on their composting time. The Shannon and Simpson indexes of F2 were lower than M1（$P < 0.05$), and the clustering dendrogram showed that the bacterial communities in AF1 were similar to F3, with Micromonosporaceae, Streptosporaceae, Thermomonosporaceae, and Vulgatibacteraceae representing the differential bacterial families by linear discriminant analysis with effect size（LEfSe）analysis. The analysis of fungal communities showed that 384 OTUs were common among the five stages, with 1054 and 454 OTUs unique to M1 and AF1, respectively. Ascomycota and Basidiomycota were the two predominant phyla in all stages, and Chytridiomycota was predominant in F2, F3, and AF1 stages. PCA and NMDS plots showed that the clusters of F2 and AF1 were more dispersed than the other stages. No differences were observed in alpha diversity between the stages, and samples of F1, F2, and F3 were closer to AF1 in the clustering dendrogram. By LEfSe analysis, Mycothermus thermophilus, Gonapodya polymorpha, and Phaeophleospora_eugeniae were identified as the predominant fungal species in AF1.

HortScience 54(1):100–109. 2019. https://doi.org/10.21273/HORTSCI13598-18

Diversity of Bacterial and Fungal Communities in Wheat Straw Compost for *Agaricus bisporus* Cultivation

Guangtian Cao[1]
Department of Horticulture, Zhejiang Academy of Agricultural Sciences, Hangzhou 310021, Zhejiang, China; and College of Standardisation, China Jiliang University, Hangzhou 310018, Zhejiang, China

Tingting Song[1], **Yingyue Shen, Qunli Jin, Weilin Feng, Lijun Fan, and Weiming Cai**[2]
Department of Horticulture, Zhejiang Academy of Agricultural Sciences, Hangzhou 310021, Zhejiang, China

Additional index words. microbiota, thermophilic, composting, microflora, 16S rRNA sequencing, ITS sequencing

***Abstract*. The *Agaricus* genus represents the most popular edible mushroom in the world. Wheat straw often is used as the substrate for mushroom cultivation following pretreatment to degrade the lignocellulosic biomass in agricultural waste. In this study, we investigated the changes in bacterial and fungal microflora of wheat straw substrate during different phases of composting. We collected samples of the raw material (M1), phase I aerobic fermentation (F1, F2, F3), and phase II after-fermentation (AF1) for high-throughput 16S rRNA and internal transcribed spacer (ITS) sequencing to analyze the microbial diversity in the substrate during composting. Our data revealed that among the five stages, 365 operational taxonomic units (OTUs) were shared, with *Firmicutes*, *Proteobacteria*, and *Actinobacteria* being the predominant bacterial phyla. In addition, *Thermobispora*, *Thermopolyspora*, *Ruminiclostridium*, *Thermobacillus*, and *Bacillus* were the predominant genera in F3 and AF1, with the species *Thermobispora bispora* and *Pseudoxanthomonas taiwanensis* being predominant in F2. Both principal component analysis (PCA) and nonmetric multidimensional scaling (NMDS) plots showed that the bacterial communities of five stages could be distinguished from each other based on their composting time. The Shannon and Simpson indexes of F2 were lower than M1 ($P < 0.05$), and the clustering dendrogram showed that the bacterial communities in AF1 were similar to F3, with *Micromonosporaceae*, *Streptosporaceae*, *Thermomonosporaceae*, and *Vulgatibacteraceae* representing the differential bacterial families by linear discriminant analysis with effect size (LEfSe) analysis. The analysis of fungal communities showed that 384 OTUs were common among the five stages, with 1054 and 454 OTUs unique to M1 and AF1, respectively. *Ascomycota* and *Basidiomycota* were the two predominant phyla in all stages, and *Chytridiomycota* was predominant in F2, F3, and AF1 stages. PCA and NMDS plots showed that the clusters of F2 and AF1 were more dispersed than the other stages. No differences were observed in alpha diversity between the stages, and samples of F1, F2, and F3 were closer to AF1 in the clustering dendrogram. By LEfSe analysis, *Mycothermus thermophilus*, *Gonapodya polymorpha*, and *Phaeophleospora_eugeniae* were identified as the predominant fungal species in AF1.**

China, Malaysia, India, and Ireland are leading in global mushroom production (Hanafi et al., 2018). *Agaricus* genus is the most popular edible mushroom in the world, which is cultivated on the agricultural waste, including straw, wheat, and hay base (Rinker, 2017; Treuer et al., 2018). A previous study has reported the application of agroindustrial biomass from agricultural waste for the production of energy and promoting the growth of mushrooms (Hanafi et al., 2018). Pala et al. (2012) also suggested that high-quality mushrooms could be produced when agricultural waste was used as the mushroom substrate. Harith et al. (2014) reported that agrowaste is rich in carbon and nitrogen, which contributes to the production of better mushroom fruiting bodies. In addition, the micro-organisms during fermentation dramatically influence the *Agaricus bisporus* (*A. bisporus*) production, which more studies are needed to conducted.

Wheat straw is a lignocellulosic substrate composed of cellulose, hemicellulose, and lignin and is the second largest biomass feedstock in the world (Saha and Cotta, 2006). Hua et al. (2016) found that micro-organisms could enzymatically digest the cell walls of plant biomass. Among the lignocellulolytic and nonlignocellulolytic microbes present on natural substrates, the former shows biodegradability (Tejirian and Xu, 2010). In a recent study, *Proteobacteria* was reported to be the dominant phylum in different fermentative stages of lignocellulosic material (Xiao et al., 2018). Compared with chemical and physical biomass pretreatment methods, biological pretreatment demonstrates an outstanding delignification ability with low energy consumption and the absence of toxic substances. During aerobic fermentation, temperature in the wheat straw substrate varies over time. Microbial activity leads to temperature increments, as their metabolic activity produces energy by the codigestion of lignocellulosic biomass. In addition, ligninolytic fungi produce highly active ligninolytic enzymes, which further delignify the plant biomass (Ćilerdžić et al., 2017; Rouches et al., 2017; Saparrat and Guillén, 2005; Šnajdr and Baldrian, 2006). A study confirmed that the micro-organisms degrade about 40% of the dry matter of in the compost, and the dry matter holds potential valuable nutrients of *A. bisporus* (Straatsma et al., 1994). Thus, changes in the *Agaricus* sp. of fungi are crucial to mushroom production. In this study, we investigated the changes in microflora of the wheat straw substrate used for the cultivation of *A. bisporus*.

Materials and Methods

Preparation of wheat straw substrate. Wheat straw was composted in the ventilation fermentation chamber of the Horticulture Institute, Zhejiang Academy of Agricultural Sciences in 2016. Composting windrows (15 × 2 × 1.8 m) consisted of 600 kg of wheat straw mixture, 40 kg of rapeseed cake, 15 kg of $CaSO_4{\cdot}2H_2O$, 5 kg of $Ca(H_2PO_4)_2{\cdot}H_2O$, 4 kg of $(NH_4)_2SO_4$, and 6 kg of urea (CH_4N_2O).

Sample collection. The substrate mixture was moistened by manual spraying, and ≈200 g of samples (M1) were collected in triplicate before initiating the self-heating composting phase. To enhance the composting process, the windrows were turned on the fifth (F1), ninth (F2), and 12th (F3) day of Phase I. During turning, water and $CaCO_3$ were added manually to maintain the moisture content (60% to 70%) and pH (6–8). At the end of each stage, samples (≈200 g each) were collected in triplicate. The three samples collected at five different points (at all depths from the four edges and center) were pooled and mixed thoroughly. Phase II, consisting of 6 d, was characterized by a rapid increase in temperature up to 60 °C for 8–9 h, followed by stabilization of the compost temperature to 45 to 50 °C for 5 d, and

Received for publication 25 Sept. 2018. Accepted for publication 25 Nov. 2018.
This work was supported by the "China's Ministry of Agriculture, Agricultural Public Welfare Industry Research (201503137)" and National Science Foundation of Zhejiang Province of China (LQ16C150004). We also thank Yu Shangting for help in obtaining the wheat straw substrates used in this work.
[1]These authors contributed equally to this work.
[2]Corresponding author. E-mail: caiwm527@126.com.

47. 桃树枝栽培黑木耳比较试验

刊 载 地：食药用菌（2015）

作者单位：浙江省农业科学院园艺研究所

通讯作者：蔡为明

内容提要：自国家实施天然林保护工程以来，黑木耳的栽培原料紧缺问题日益凸显，已成为制约黑木耳产业发展的瓶颈。另外，随着人民生活水平的提高，桃等水果类经济作物的种植面积日益扩大，一棵桃树每年修剪枝条的湿重可达 10 ～ 25kg，这些枝条一般都是作焚烧处理，不仅污染环境，也容易引发火灾。本文从保护环境、提高农副产品资源利用率、开发黑木耳栽培原料、降低生产成本的角度，开展了对桃树枝条木屑代替杂木屑栽培黑木耳的试验研究，取得了良好的结果。

食药用菌 Edible and medicinal mushrooms 2015，23（4）：246～247

桃树枝栽培黑木耳比较试验

范丽军　金群力　冯伟林　宋婷婷　沈颖越　田芳芳　蔡为明*
（浙江省农业科学院园艺研究所，杭州 310021）

关键词　桃树枝；黑木耳；栽培；原料
中图分类号：S646　文献标识码：A　文章编号：2095-0934（2015）04-246-02

自国家实施天然林保护工程以来，黑木耳的栽培原料紧缺问题日益凸显，已成为制约黑木耳产业发展的瓶颈。另一方面，随着人民生活水平的提高，桃等水果类经济作物的种植面积日益扩大，一棵桃树每年修剪枝条的湿重可达 10～25 kg，这些枝条一般都是作焚烧处理，不仅污染环境，也容易引发火灾。我们从保护环境、提高农副产品资源利用率、开发黑木耳栽培原料、降低生产成本的角度，开展了对桃树枝条木屑代替杂木屑栽培黑木耳的试验研究，取得了良好的效果。现将结果报道如下。

1　材料与方法

1.1　试验材料

供试菌种为“浙耳 508”，由浙江省农业科学院园艺研究所选育提供。供试桃树枝为水蜜桃枝条，由浙江省农业科学院园艺研究所果树室提供，经晒干粉碎处理，颗粒大小在 1 cm 以下。

1.2　试验方法

（1）试验设计。试验设杂木屑、桃枝屑、桑枝屑+杂木屑三种原料配方，分别为①（CK）杂木屑 90%，麸皮 8%，石膏粉 1%，石灰 0.5%，红糖 0.5%；②桃枝屑 90%，麸皮 8%，石膏粉 1%，石灰 0.5%，红糖 0.5%；③桑枝屑 60%，杂木屑（细）30%，麸皮 8%，石膏粉 1%，石灰 0.5%，红糖 0.5%。试验设 3 个重复，每个重复 30 袋，每个配方装料 90 袋，比较发菌速度、菌丝生长和出耳情况。

（2）栽培方法。采用 PDA 培养基制作母种，常规杂木屑培养基制作原种、栽培种。栽培采用规格为 15×55×0.005（cm）的低压聚乙烯袋，培养基含水量均为 65%左右，pH 6～7，高压灭菌，冷却接种。接种后置培养室发菌，菌丝长满菌袋并经一周左右后熟培养后进行刺孔，每袋刺孔 180 个左右，孔深 1 cm、直径 0.5 cm。待菌丝恢复生长后，按常规方法进行催芽、出耳管理。定时观测记录菌丝形态、长势、生长速度。鲜耳采收后晒干称重。

2　结果与分析

2.1　不同配方菌棒的菌丝生长情况

不同原料配方的菌棒和菌丝生长情况如表 1 所示，各配方黑木耳菌丝长势均较强。其中配方②和对照①的平均满袋时间均为 51 天，配方③为 50 天。3 种配方的菌丝生长速度和菌棒成品率均无显著差异。

表 1　3 种配方黑木耳的菌棒及菌丝生长情况

配方	干料重/kg	湿料重/kg	满袋时间/d	菌丝长势	成品率/%
①（CK）	0.800	1.76	51	++++	98
②	0.850	1.82	51	++++	98
③	0.645	1.65	50	++++	97

2.2　不同配方的产量表现

基金项目：农业部公益性行业（农业）科研专项，项目编号：201503137
*为通讯作者，E-mail：caiwm527@126.com

48. 不同栽培原料配方及装瓶容重对金针菇生长发育的影响

刊 载 地：浙江农业学报（2016）

作者单位：浙江省农业科学院

通讯作者：蔡为明

内容提要：为了开发新型金针菇栽培基质原料，优化基质配方和用量，本文研究了不同碳源、氮源基质原料配方以及不同装瓶容重对金针菇菌丝及子实体生长发育的影响。结果表明：在7种参试的碳源主料培养基中，以玉米芯为碳源主料的培养基效果最优，其金针菇的产量和生物学效率分别为150.6g · 瓶$^{-1}$和51.2%，显著高于其他6个配方；以豆秆屑为碳源主料的培养基配方可以获得较理想的产量，菌丝生长速度与长势、子实体生长发育数量与长度等性状均表现良好，具有较高开发价值。在6种参试的氮源辅料培养基配方中，菜籽饼配方产量最高，达到186.0g · 瓶$^{-1}$，高于麸皮、米糠等常规氮源辅料；啤酒渣配方平均单瓶产量157.5g，是一种可用于金针菇栽培的良好氮源基质原料，而油茶饼不适于作为金针菇栽培的氮源基质原料。培养基装瓶容重对金针菇产量和生物学效率具有较大的影响，该试验最佳装瓶容重为740g · 瓶$^{-1}$。

浙江农业学报 *Acta Agriculturae Zhejiangensis*, 2016,28(11)：1874－1880　　http://www.zjnyxb.cn
金群力，范丽军，冯伟林，等.不同栽培原料配方及装瓶容重对金针菇生长发育的影响[J].浙江农业学报，2016，28(11)：1874－1880.

DOI：10.3969/j.issn.1004-1524.2016.11.11

不同栽培原料配方及装瓶容重对金针菇生长发育的影响

金群力，范丽军，冯伟林，宋婷婷，沈颖越，田芳芳，蔡为明*
（浙江省农业科学院 园艺研究所，浙江 杭州 310021）

摘　要：为了开发新型金针菇栽培基质原料，优化基质配方和用量，研究了不同碳源、氮源基质原料配方以及不同装瓶容重对金针菇菌丝及子实体生长发育的影响。结果表明，7种参试的碳源主料培养基中，以玉米芯为碳源主料的培养基效果最优，金针菇的产量和生物学效率分别为150.6 g·瓶$^{-1}$和51.2%，显著高于其他6个配方；以豆秆屑为碳源主料的培养基配方可以获得较理想的产量，菌丝生长速度与长势、子实体生长发育数量与长度等性状均表现良好，具有较高开发价值。6种参试的氮源辅料培养基配方中，以菜籽饼配方产量最高，达到186.0 g·瓶$^{-1}$，高于麸皮、米糠等常规氮源辅料；啤酒渣配方平均单瓶产量157.5 g，是一种可用于金针菇栽培的良好氮源基质原料，而油茶饼不适于作为金针菇栽培的氮源基质原料。培养基装瓶容重对金针菇产量和生物学效率具有较大的影响，该试验最佳装瓶容重为740 g·瓶$^{-1}$。

关键词：金针菇；基质；碳源；氮源；装瓶容重；子实体；金针菇产量
中图分类号：S287；Q939.5　　文献标志码：A　　文章编号：1004-1524(2016)11-1874-07

Effect of substrate formula with different raw materials and bottling bulk density on growth and development of *Flammulina velutipes*

JIN Qun-li, FAN Li-jun, FENG Wei-lin, SONG Ting-ting, SHEN Ying-yue, TIAN Fang-fang, CAI Wei-ming*
(*Institute of Horticulture, Zhejiang Academy of Agricultural Sciences, Hangzhou 310021, China*)

Abstract: In order to develop new substrate materials, optimize matrix formula and substrates quantity for *Flammulina velutipes* cultivation, effects of substrate formula with different main raw materials of carbon source and supplementary materials of nitrogen source, and bottling bulk density on growth and development of *F. velutipes* were tested. The results were as follows: Among 7 substrate formulas with different main raw materials of carbon sources, the optimal one was the substrate formula with corn cob as main raw materials of carbon source, mushroom yield and biological efficiency were 150.6 g·bottle^{-1} and 51.2%, significantly higher than the other six formulas. The test also found that the substrate formula with beanstalk as main raw materials of carbon source could obtain a more ideal yield of *F. velutipes* mushroom, indicating that beanstalk had potential value of developing as a new raw material for *F. velutipes* cultivation. Among 6 substrate formulas with different supplementary materials of nitrogen sources, the highest yield was obtained from the substrate formula with rapeseed cake as supplementary material of nitrogen source, which reached to 186.0 g·bottle^{-1}, higher than current common substrate formula with wheat bran and rice bran as supplementary material of nitrogen source. The test also found that beer residue was a good supplementary material of nitro-

收稿日期：2016-03-23
基金项目：农业部公益性行业（农业）科研专项（201503137）；浙江省“三农六方”科技协作计划项目（SN201317）
作者简介：金群力（1972—），男，浙江东阳人，副研究员，从事食用菌遗传育种与栽培技术研究。E-mail：mushroomjin@163.com
* 通信作者，蔡为明，E-mail：caiwm527@126.com

49. 培养料中玉米秸和玉米芯的不同颗粒度对栽培双孢蘑菇效应

刊 载 地：食药用菌（2018）

作者单位：浙江省农业科学院

通讯作者：蔡为明

内容提要：本文以传统水稻秸秆配方为对照，对非传统双孢蘑菇栽培原料玉米秸、玉米芯及其不同颗粒度处理的培养料，在隧道一次、二次发酵过程中理化性状的动态变化及与双孢蘑菇产量关系进行试验。试验结果显示：玉米秸和玉米芯不同颗粒度处理的培养料栽培双孢蘑菇，产量存在显著差异，其中，2 ～ 3cm 玉米秸和 15 ～ 20cm 玉米芯处理表现较优，与常规水稻秸秆培养料栽培的生物学效率和产量相近；而不同双孢蘑菇品种的产量表现也存在一定的差异。

食药用菌 Edible and medicinal mushrooms 2018，26（5）：289～293

培养料中玉米秸和玉米芯的不同颗粒度对栽培双孢蘑菇效应

余敏佳　宋婷婷　范丽军　冯伟林　金群力　蔡为明*

（浙江省农业科学院园艺研究所，浙江 杭州 310021）

摘　要　以传统稻草配方为对照，对非传统双孢蘑菇栽培原料玉米秸、玉米芯及其不同颗粒度处理的培养料，在隧道一次、二次发酵过程中理化性状的动态变化及与双孢蘑菇产量关系的试验结果显示，玉米秸和玉米芯不同颗粒度处理的培养料栽培双孢蘑菇，产量存在显著差异，其中，2～3 cm 玉米秸和 15～20 cm 玉米芯处理表现较优，与常规稻草培养料栽培的生物学效率和产量相近；而不同双孢蘑菇品种的产量表现也存在一定的差异。

关键词　玉米秸；玉米芯；颗粒度；隧道发酵；双孢蘑菇；栽培；产量

中图分类号：S646　**文献标识码**：B　**文章编号**：2095-0934（2018）05-289-05

我国是一个农业大国，也是秸秆生产大国。据估算，2015 年全国主要农作物秸秆理论资源量为 10.4 亿吨，可收集资源量为 9.0 亿吨，目前我国大量的农作物秸秆没有得到资源化利用，许多农村将秸秆堆放于村头地尾，或直接燃烧，成为重要的环境污染源[1]。双孢蘑菇可以降解利用农作物秸秆、禽畜粪便等农畜业废弃物中的蛋白质、纤维素、半纤维素、多糖、木质素等营养物质，生产集美味、营养和保健功能于一体的子实体，不仅为农畜业废弃物提供生态化高效利用途径，而且可生产优质食品，变废为宝[2]。玉米一直为我国重要的粮食作物之一，据国家农业部统计 2017 年度我国玉米种植面积 3 584 万公顷，玉米秸和玉米芯资源丰富。本试验以玉米秸和玉米芯为双孢蘑菇栽培原料，进行不同颗粒大小处理对培养料发酵与双孢蘑菇产量的影响试验，以期为高效利用玉米秸和玉米芯栽培双孢蘑菇提供基础资料。

1　试验项目与方法

1.1　供试菌株

双孢蘑菇菌株‘As2796’和‘英秀 1 号’分别来自福建省农业科学院食用菌研究所和浙江省农业科学院园艺研究所。

1.2　培养料配方试验

根据对试验用的玉米芯、玉米秸、稻草和菜饼等的含 C、N 量的分析，以培养料初始碳氮比（C/N）为 30:1 的统一理论标准值设计培养料配方，如表 1 所示[3]。

表 1　培养料配方百分比（%）

培养料配方	主原	菜	过磷酸	石	石	尿
玉米芯配方I	83.0	12.0	1.0	1.5	1.5	1.0
玉米秸配方	95.2	0	1.0	1.5	1.5	0.8
稻草配方	85.0	10.0	1.0	1.5	1.5	1.0

1.3　玉米芯、玉米秸颗粒大小试验

玉米芯颗粒大小设 0.5 cm、2～3 cm 和 15～20 cm，玉米秸颗粒大小设 2～3 cm、10 cm 和 20～30 cm 各 3 个处理，对照稻草草段的长度约 10 cm。按常规方法提前预湿玉米芯、玉米秸、稻草和菜饼，分别按配方混合均匀，预堆 4 天，参照文献[4]的方法，使用本实验室设计的小型通气发酵隧道进行发酵。

基金项目：国家食用菌产业技术体系（CARS-20）

*为通讯作者，E-mail：caiwm527@126.com。

50. Biochemical Characterization of a Psychrophilic Phytase from an Artificially Cultivable Morel *Morchella importuna*

刊 载 地：J. Microbiol. Biotechnol.（2017）

作者单位：四川省农业科学院土壤肥料研究所

通讯作者：彭卫红

内容提要：Psychrophilic phytases suitable for aquaculture are rare. In this study, a phytase of the histidine acid phosphatase (HAP) family was identified in *Morchella importuna*, a psychrophilic mushroom. The phytase showed 38% identity with Aspergillus niger PhyB, which was the closest hit. The M. importuna phytase was overexpressed in Pichia pastoris, purified, and characterized. The phytase had an optimum temperature at 25℃ , which is the lowest among all the known phytases to our best knowledge. The optimum pH (6.5) is higher than most of the known HAP phytases, which is fit for the weak acidic condition in fish gut. At the optimum pH and temperature, MiPhyA showed the maximum activity level (2 384.6 ± 90.4μmol · min^{-1} · mg^{-1}), suggesting that the enzyme possesses a higher activity level over many known phytases at low temperatures. The phytate-degrading efficacy was tested on three common feed materials (soybean meal/rapeseed meal/corn meal)and was compared with the well-known phytases of Escherichia coli and A. niger. When using the same amount of activity units, MiPhyA could yield at least 3 × more inorganic phosphate than the two reference phytases. When using the same weight of protein, MiPhyA could yield at least 5 × more inorganic phosphate than the other two. Since it could degrade phytate in feed materials efficiently under low temperature and weak acidic conditions, which are common for aquacultural application, MiPhyA might be a promising candidate as a feed additive enzyme.

J. Microbiol. Biotechnol. (2017), 27(12), 2180–2189
https://doi.org/10.4014/jmb.1708.08007

jmb

Biochemical Characterization of a Psychrophilic Phytase from an Artificially Cultivable Morel *Morchella importuna*

Hao Tan[1,2], Jie Tang[1,2], Xiaolin Li[1,2], Tianhai Liu[1,2], Renyun Miao[1,2], Zhongqian Huang[1,2], Yong Wang[1,2], Bingcheng Gan[1,2], and Weihong Peng[1,2*]

[1]*National-Local Joint Engineering Laboratory of Breeding and Cultivation of Edible and Medicinal Fungi, Soil and Fertilizer Institute, Sichuan Academy of Agricultural Sciences, Chengdu 610066, P.R. China*
[2]*Scientific Observing and Experimental Station of Agro-microbial Resource and Utilization in Southwest China, Ministry of Agriculture, Chengdu 610066, P.R. China*

Received: August 4, 2017
Revised: September 14, 2017
Accepted: September 15, 2017

First published online
October 11, 2017

*Corresponding author
Phone: +86-28-84504712;
Fax: +86-28-84787971;
E-mail: pwh424@163.com

Supplementary data for this paper are available on-line only at http://jmb.or.kr.

pISSN 1017-7825, eISSN 1738-8872

Psychrophilic phytases suitable for aquaculture are rare. In this study, a phytase of the histidine acid phosphatase (HAP) family was identified in *Morchella importuna*, a psychrophilic mushroom. The phytase showed 38% identity with *Aspergillus niger* PhyB, which was the closest hit. The *M. importuna* phytase was overexpressed in *Pichia pastoris*, purified, and characterized. The phytase had an optimum temperature at 25°C, which is the lowest among all the known phytases to our best knowledge. The optimum pH (6.5) is higher than most of the known HAP phytases, which is fit for the weak acidic condition in fish gut. At the optimum pH and temperature, MiPhyA showed the maximum activity level (2,384.6 ± 90.4 μmol·min^{-1}·mg^{-1}), suggesting that the enzyme possesses a higher activity level over many known phytases at low temperatures. The phytate-degrading efficacy was tested on three common feed materials (soybean meal/rapeseed meal/corn meal) and was compared with the well-known phytases of *Escherichia coli* and *A. niger*. When using the same amount of activity units, MiPhyA could yield at least 3× more inorganic phosphate than the two reference phytases. When using the same weight of protein, MiPhyA could yield at least 5× more inorganic phosphate than the other two. Since it could degrade phytate in feed materials efficiently under low temperature and weak acidic conditions, which are common for aquacultural application, MiPhyA might be a promising candidate as a feed additive enzyme.

Keywords: *Morchella importuna*, phytase, psychrophilic, optimum at weak acidic pH, phosphate yield from feed material

Introduction

Phytases are hydrolytic enzymes that can degrade phytate (*myo*-inositol hexakisphosphate) and release inorganic phosphate (Pi), and thus could be utilized as additive enzymes in animal feed to enhance phosphorus nutrient availability. Phytases could be applied in feed with three strategies: When using phytases to degrade phytate during the steam pelleting process in feed manufacturing, thermophilic phytases are favored [1, 2]. For livestock and poultry, which always possess a highly acidic pH in the stomach, acidophilic and acid-stable phytases have an advantage, for they are able to work at low pH and withstand acid denaturation [3]. In comparison, aquaculture demands special phytases with competitive activity level at the typical low temperatures in water (usually between 0°C and 25°C), as well as at the weak acidic or near-neutral pH in fish gastrointestinal environments [4]. Many thermophilic, thermostable, and acid-stable phytases have been identified or engineered [5–10], whereas only a few psychrophilic phytases are reported to date [11–13]. It is necessary to exploit new psychrophilic phytase candidates with aquacultural

51. A bifunctional cellulase–xylanase of a new *Chryseobacterium* strain isolated from the dung of a straw-fed cattle

刊 载 地：Microbial Biotechnology（2018）

作者单位：四川省农业科学院土壤肥料研究所

通讯作者：黄忠乾

内容提要：A new cellulolytic strain of Chryseobacterium genus was screened from the dung of a cattle fed with cereal straw. A putative cellulase gene（cbGH5）belonging to glycoside hydrolase family 5 subfamily 46（GH5_46）was identified and cloned by degenerate PCR plus genome walking. The CbGH5 protein was overexpressed in Pichia pastoris, purified and characterized. It is the first bifunctional cellulase–xylanase reported in GH5_46 as well as in Chryseobacterium genus. The enzyme showed an endoglucanase activity on carboxymethyl cellulose of 3 237 μmol min^{-1} mg^{-1} at pH 9, 90℃ and a xylanase activity on birchwood xylan of 1 793 μmol · $min^{-1}mg^{-1}$at pH 8, 90℃ . The activity level and thermophilicity are in the front rank of all the known cellulases and xylanases. Core hydrophobicity had a positive effect on the thermophilicity of this enzyme. When similar quantity of enzymatic activity units was applied on the straws of wheat, rice, corn and oilseed rape, CbGH5 could obtain 3.5–5.0 × glucose and 1.2–1.8 × xylose than a mixed commercial cellulase plus xylanase of Novozymes. When applied on spent mushroom substrates made from the four straws, CbGH5 could obtain 9.2–15.7 × glucose and 3.5–4.3 × xylose than the mixed Novozymes cellulase+xylanase. The results suggest that CbGH5 could be a promising candidate for industrial lignocellulosic biomass conversion.

microbial biotechnology Open Access

A bifunctional cellulase–xylanase of a new *Chryseobacterium* strain isolated from the dung of a straw-fed cattle

Hao Tan,[1,2] Renyun Miao,[1,2] Tianhai Liu,[1,2] Lufang Yang,[2] Yumin Yang,[2] Chunxiu Chen,[2] Jianrong Lei,[2] Yuhui Li,[1,3] Jiabei He,[1,3] Qun Sun,[3] Weihong Peng,[1,2] Bingcheng Gan[1,2] and Zhongqian Huang[1,2,*]
[1]*National-local Joint Engineering Laboratory of Breeding and Cultivation of Edible and Medicinal Fungi, Soil and Fertilizer Institute, Sichuan Academy of Agricultural Sciences, Chengdu, China.*
[2]*Scientific Observing and Experimental Station of Agro-microbial Resource and Utilization in Southwest China, Ministry of Agriculture, Chengdu, China.*
[3]*College of Life Sciences, Sichuan University, Chengdu, China.*

Summary

A new cellulolytic strain of *Chryseobacterium* genus was screened from the dung of a cattle fed with cereal straw. A putative cellulase gene (*cbGH5*) belonging to glycoside hydrolase family 5 subfamily 46 (GH5_46) was identified and cloned by degenerate PCR plus genome walking. The CbGH5 protein was overexpressed in *Pichia pastoris*, purified and characterized. It is the first bifunctional cellulase–xylanase reported in GH5_46 as well as in *Chryseobacterium* genus. The enzyme showed an endoglucanase activity on carboxymethylcellulose of 3237 μmol min^{-1} mg^{-1} at pH 9, 90 °C and a xylanase activity on birchwood xylan of 1793 μmol min^{-1} mg^{-1} at pH 8, 90 °C. The activity level and thermophilicity are in the front rank of all the known cellulases and xylanases. Core hydrophobicity had a positive effect on the thermophilicity of this enzyme. When similar quantity of enzymatic activity units was applied on the straws of wheat, rice, corn and oilseed rape, CbGH5 could obtain 3.5–5.0× glucose and 1.2–1.8× xylose than a mixed commercial cellulase plus xylanase of Novozymes. When applied on spent mushroom substrates made from the four straws, CbGH5 could obtain 9.2–15.7× glucose and 3.5–4.3× xylose than the mixed Novozymes cellulase+xylanase. The results suggest that CbGH5 could be a promising candidate for industrial lignocellulosic biomass conversion.

Introduction

Crop straw is a major agricultural waste as well as an abundant resource of lignocellulosic biomass. The global production of straw is estimated to reach at least 1500 million tons per year, in which China contributes over 700 million tons (Sun, 2010). Inadequate recycling and treatment of crop straw such as burning may cause severe environmental problems, for instance, particulate matter (PM) 2.5 pollution in the air (Libo *et al.*, 2016). To utilize crop straw in ecological friendly ways, there is a growing need to convert the polysaccharides in straw to saccharides (Gupta and Verma, 2015), by physiochemical treatments and enzymatic degradation. In another way, crop straw is a main substrate in oyster mushroom cultivation (*Pleurotus ostreastus*) (Zhang *et al.*, 2002). After oyster mushroom harvesting, the residual cultivation substrate is called spent mushroom substrate, which was estimated to reach 50 million tons per year in China (Wu *et al.*, 2013). Spent mushroom substrate is also rich in lignocellulosic biomass, which could be converted to saccharides and biofertilizers (Zhu *et al.*, 2013).

Saccharification effects on both crop straw and spent mushroom substrate are greatly influenced by catalytic performance of cellulase during enzymatic treatments, which play a crucial role in lignocellulose degradation (Jiang *et al.*, 2016). As high temperature is beneficial for converting lignocellulosic biomass to saccharides (Wang *et al.*, 2015; Shirkavand *et al.*, 2016), cellulase with high activity and stability at high-temperature is favoured

Received 23 July, 2017; accepted 10 November, 2017.
*For correspondence. E-mail z-q.huang@foxmail.com; Tel. +86 28 84504575; Fax +86 28 84787971.
Microbial Biotechnology (2017) 0(0), 000–000
doi:10.1111/1751-7915.13034
Funding Information
This research was mainly supported by the Special Fund for Agro-scientific Research in the Public Interest (201503137) and the Financial Innovative Improvement Project of Sichuan Province (2017LWJJ-007). The authors were also supported by these grants: the Financial Innovative Improvement Project of Sichuan Province (2016ZYPZ-028), the Special Fund of Sichuan Province for Strategic Emerging Industry Development (SC2013510104007) and the Positional Expert Project by Ministry of Agriculture for National Technological System of Edible Fungi Industry (CARS-24).

52. Multi-omic analyses of exogenous nutrient bagdecomposition by the black morel *Morchella importuna* reveal sustained carbon acquisition and transferring

刊 载 地：Environmental Microbiology（2019）

作者单位：四川省农业科学院土壤肥料研究所

通讯作者：谭昊、Francis M. Martin

内容提要：The black morel（Morchella importuna Kuo, O'Donnell and Volk）was once an uncultivable wild mushroom, until the development of exogenous nutrient bag（ENB), making its agricultural production quite feasible and stable. To date, how the nutritional acquisition of the morel mycelium is fulfilled to trigger its fruiting remains unknown. To investigate the mechanisms involved in ENB decomposition, the genome of a cultivable morel strain（M. importuna SCYDJ1-A1）was sequenced and the genes coding for the decay apparatus were identified. Expression of the encoded carbohydrate-active enzymes（CAZymes）was then analyzed by metatranscriptomics and metaproteomics in combination with biochemical assays. The results show that a diverse set of hydrolytic and redox CAZymes secreted by the morel mycelium is the main force driving the substrate decomposition. Plant polysaccharides such as starch and cellulose present in ENB substrate（wheat grains plus rice husks）were rapidly degraded, whereas triglycerides were accumulated initially and consumed later. ENB decomposition led to a rapid increase in the organic carbon content in the surface soil of the mushroom bed, which was thereafter consumed during morel fruiting. In contrast to the high carbon consumption, no significant acquisition of nitrogen was observed. Our findings contribute to an increasingly detailed portrait of molecular features triggering morel fruiting.

environmental microbiology
Environmental Microbiology (2019) 21(10), 3909–3926 doi:10.1111/1462-2920.14741

Multi-omic analyses of exogenous nutrient bag decomposition by the black morel *Morchella importuna* reveal sustained carbon acquisition and transferring

Hao Tan,[1,2*] Annegret Kohler,[3] Renyun Miao,[1,2] Tianhai Liu,[1,2] Qiang Zhang,[1,2] Bo Zhang,[1,2] Lin Jiang,[1,2] Yong Wang,[1,2] Liyuan Xie,[1,2] Jie Tang,[1,2] Xiaolin Li,[1,2] Lixu Liu,[1,2] Igor V. Grigoriev,[4,5] Chris Daum,[4,5] Kurt LaButti,[4,5] Anna Lipzen,[4,5] Alan Kuo,[4,5] Emmanuelle Morin,[3] Elodie Drula,[6,7,8] Bernard Henrissat,[6,7,8] Bo Wang,[1,2] Zhongqian Huang,[1,2] Bingcheng Gan,[1,2] Weihong Peng[1,2] and Francis M. Martin[3*]

[1]*National-Local Joint Engineering Laboratory of Breeding and Cultivation of Edible and Medicinal Fungi, Mushroom Research Center, Soil and Fertilizer Institute, Sichuan Academy of Agricultural Sciences, Chengdu, China.*
[2]*Scientific Observing and Experimental Station of Agro-Microbial Resource and Utilization in Southwest China, Ministry of Agriculture, Chengdu, China.*
[3]*Université de Lorraine, Institut National de la Recherche Agronomique, UMR Interactions Arbres/Microorganismes, Centre INRA-GrandEst, Champenoux, 54280, France.*
[4]*US Department of Energy Joint Genome Institute, Walnut Creek, CA, USA.*
[5]*Department of Plant and Microbial Biology, University of California Berkeley, Berkeley, CA, USA.*
[6]*Architecture et Fonction des Macromolécules Biologiques, CNRS, Aix-Marseille University, Marseille, F-13288, France.*
[7]*Institut National de la Recherche Agronomique, USC1408 Architecture et Fonction des Macromolécules Biologiques, Marseille, F-13288, France.*
[8]*Department of Biological Sciences, King Abdulaziz University, Jeddah, 21589, Saudi Arabia.*

Summary

The black morel (*Morchella importuna* Kuo, O'Donnell and Volk) was once an uncultivable wild mushroom, until the development of exogenous nutrient bag (ENB), making its agricultural production quite feasible and stable. To date, how the nutritional acquisition of the morel mycelium is fulfilled to trigger its fruiting remains unknown. To investigate the mechanisms involved in ENB decomposition, the genome of a cultivable morel strain (*M. importuna* SCYDJ1-A1) was sequenced and the genes coding for the decay apparatus were identified. Expression of the encoded carbohydrate-active enzymes (CAZymes) was then analyzed by metatranscriptomics and metaproteomics in combination with biochemical assays. The results show that a diverse set of hydrolytic and redox CAZymes secreted by the morel mycelium is the main force driving the substrate decomposition. Plant polysaccharides such as starch and cellulose present in ENB substrate (wheat grains plus rice husks) were rapidly degraded, whereas triglycerides were accumulated initially and consumed later. ENB decomposition led to a rapid increase in the organic carbon content in the surface soil of the mushroom bed, which was thereafter consumed during morel fruiting. In contrast to the high carbon consumption, no significant acquisition of nitrogen was observed. Our findings contribute to an increasingly detailed portrait of molecular features triggering morel fruiting.

Received 1 February, 2019; revised 12 July, 2019; accepted 13 July, 2019. *For correspondence. E-mail francis.martin@inra.fr; Tel. +33 383 39 40 80; Fax +33 383 39 40 69. E-mail h.tan@foxmail.com; Tel. +86 28 84504867; Fax +86 28 84787971.

Introduction

Species in the fungal genus *Morchella*, commonly known as morels, are important gourmet mushrooms. Morels possess diverse ecological types including saprotrophic, pyrophilic and ectomycorrhizal, and the boundary of ecological types can be vague (Pilz *et al.*, 2004). Commercial demand for morel in world market is constantly growing, despite their high prize (Tietel and Masaphy, 2018). Due to limited production of wild morels, attempts to cultivate morels artificially started over 130 years ago (Roze, 1882). Ascocarps (fruiting bodies) were once produced in walk-in growth chambers (Ower *et al.*, 1989), but further development of this method ceased, as repeating Ower's success by others has proven difficult (Masaphy, 2010). Although several kinds of morel cultivating techniques

53. A Novel Peroxidase from Fresh Fruiting Bodies of the Mushroom *Pleurotus pulmonarius*

刊 载 地：International Journal of Peptide Research and Therapeutics（2018）

作者单位：中国农业科学院农业资源与农业区划研究所

通讯作者：张金霞

内容提要：A novel peroxidase has been isolated from fresh fruiting bodies of the mushroom *Pleurotus pulmonarius*, with a purification protocol of ion exchange chromatography on DEAE-cellulose, affinity chromatography on ConA-Sepharose, ion exchange chromatography on CM-cellulose, and gel filtration by FPLC on Superdex 75. The peroxidase was unadsorbed on either DEAE-cellulose or ConA-Sepharose, but was adsorbed on CM-cellulose. It exhibited a molecular mass of 55 kDa in gel filtration and also in sodium dodecyl sulfate–polyacrylamide gel electrophoresis, indicating that it is a monomeric protein. It possessed a distinctive N-terminal amino acid sequences from other isolated mushroom peroxidases. The optimal pH and temperature for the enzyme were 4.0 and 70℃ , respectively. All enzyme activity was destroyed after exposured in 100℃ for 10min. The peroxidase did not exhibit HIV-1 reverse transcriptase inhibitory activity and antifungal activity. The stability against high temperature and extreme pH supported that the enzyme could be a potential peroxidase source for special industrial applications.

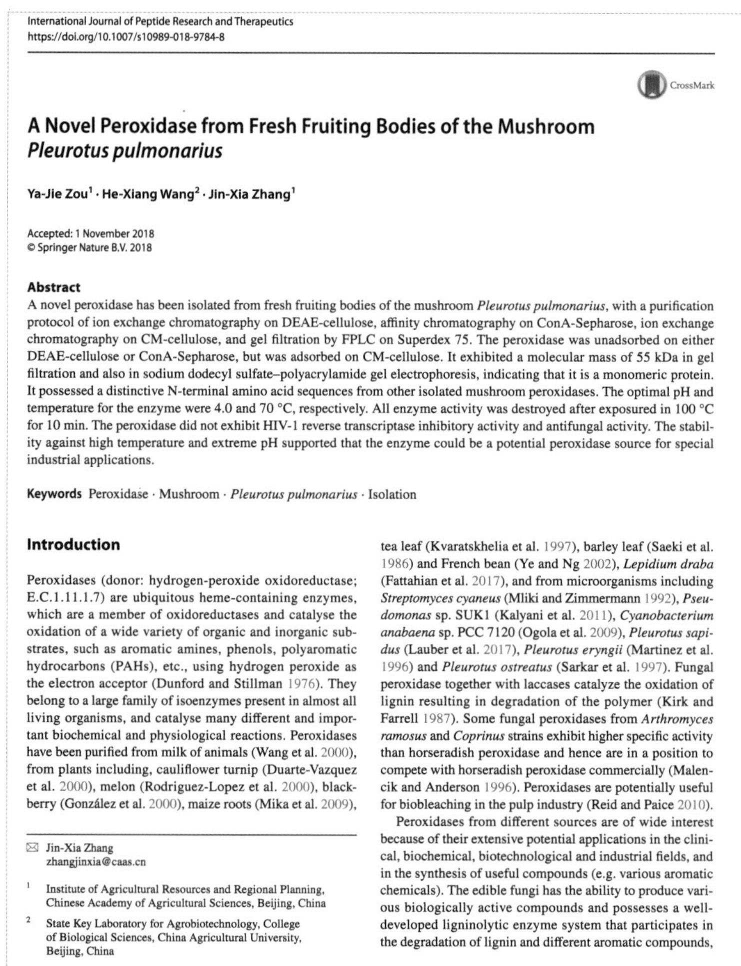

International Journal of Peptide Research and Therapeutics
https://doi.org/10.1007/s10989-018-9784-8

CrossMark

A Novel Peroxidase from Fresh Fruiting Bodies of the Mushroom *Pleurotus pulmonarius*

Ya-Jie Zou[1] · He-Xiang Wang[2] · Jin-Xia Zhang[1]

Accepted: 1 November 2018

Abstract
A novel peroxidase has been isolated from fresh fruiting bodies of the mushroom *Pleurotus pulmonarius*, with a purification protocol of ion exchange chromatography on DEAE-cellulose, affinity chromatography on ConA-Sepharose, ion exchange chromatography on CM-cellulose, and gel filtration by FPLC on Superdex 75. The peroxidase was unadsorbed on either DEAE-cellulose or ConA-Sepharose, but was adsorbed on CM-cellulose. It exhibited a molecular mass of 55 kDa in gel filtration and also in sodium dodecyl sulfate–polyacrylamide gel electrophoresis, indicating that it is a monomeric protein. It possessed a distinctive N-terminal amino acid sequences from other isolated mushroom peroxidases. The optimal pH and temperature for the enzyme were 4.0 and 70 °C, respectively. All enzyme activity was destroyed after exposured in 100 °C for 10 min. The peroxidase did not exhibit HIV-1 reverse transcriptase inhibitory activity and antifungal activity. The stability against high temperature and extreme pH supported that the enzyme could be a potential peroxidase source for special industrial applications.

Keywords Peroxidase · Mushroom · *Pleurotus pulmonarius* · Isolation

Introduction

Peroxidases (donor: hydrogen-peroxide oxidoreductase; E.C.1.11.1.7) are ubiquitous heme-containing enzymes, which are a member of oxidoreductases and catalyse the oxidation of a wide variety of organic and inorganic substrates, such as aromatic amines, phenols, polyaromatic hydrocarbons (PAHs), etc., using hydrogen peroxide as the electron acceptor (Dunford and Stillman 1976). They belong to a large family of isoenzymes present in almost all living organisms, and catalyse many different and important biochemical and physiological reactions. Peroxidases have been purified from milk of animals (Wang et al. 2000), from plants including, cauliflower turnip (Duarte-Vazquez et al. 2000), melon (Rodriguez-Lopez et al. 2000), blackberry (González et al. 2000), maize roots (Mika et al. 2009), tea leaf (Kvaratskhelia et al. 1997), barley leaf (Saeki et al. 1986) and French bean (Ye and Ng 2002), *Lepidium draba* (Fattahian et al. 2017), and from microorganisms including *Streptomyces cyaneus* (Mliki and Zimmermann 1992), *Pseudomonas* sp. SUK1 (Kalyani et al. 2011), *Cyanobacterium anabaena* sp. PCC 7120 (Ogola et al. 2009), *Pleurotus sapidus* (Lauber et al. 2017), *Pleurotus eryngii* (Martinez et al. 1996) and *Pleurotus ostreatus* (Sarkar et al. 1997). Fungal peroxidase together with laccases catalyze the oxidation of lignin resulting in degradation of the polymer (Kirk and Farrell 1987). Some fungal peroxidases from *Arthromyces ramosus* and *Coprinus* strains exhibit higher specific activity than horseradish peroxidase and hence are in a position to compete with horseradish peroxidase commercially (Malencik and Anderson 1996). Peroxidases are potentially useful for biobleaching in the pulp industry (Reid and Paice 2010).

Peroxidases from different sources are of wide interest because of their extensive potential applications in the clinical, biochemical, biotechnological and industrial fields, and in the synthesis of useful compounds (e.g. various aromatic chemicals). The edible fungi has the ability to produce various biologically active compounds and possesses a well-developed ligninolytic enzyme system that participates in the degradation of lignin and different aromatic compounds,

✉ Jin-Xia Zhang
zhangjinxia@caas.cn

1 Institute of Agricultural Resources and Regional Planning, Chinese Academy of Agricultural Sciences, Beijing, China

2 State Key Laboratory for Agrobiotechnology, College of Biological Sciences, China Agricultural University, Beijing, China

54. Selenium speciation and biological characteristics of selenium-rich Bailing mushroom, *Pleurotus tuoliensis*

刊 载 地：Emirates Journal of Food and Agriculture（2018）

作者单位：中国农业科学院农业资源与农业区划研究所

通讯作者：胡清秀

内容提要：Nowadays the study of selenium-rich mushrooms is very popular. In the present study，selenium speciation in fruiting body of *Pleurotus tuoliensis* was investigated in cultivation substrates with different concentrations of sodium selenite，as well as mycelia growth and mushroom development. The results showed that the *P. tuoliensis* mycelia appeared good tolerance to selenium at all test concentrations. A selenium concentration of 10 mg/kg promoted fruiting of *P. tuoliensis*；the fruiting bodies were of good quality and had a low malformation rate. HPLC–ICP-MS determined that organic seleniums enriched in stipes and caps existed mainly in the form of seleno Cystine and seleno Methionine at selenium concentrations of 10-100 mg/kg. These findings suggest that P. tuoliensis could be developed as a selenium-rich mushroom product for use as a novel dietary source of bioavailable supplemental selenium.

Emirates Journal of Food and Agriculture. 2018. 30(8): 704-708
doi: 10.9755/ejfa.2018.v30.i8.1758
http://www.ejfa.me/

SHORT COMMUNICATION

Selenium speciation and biological characteristics of selenium-rich Bailing mushroom, *Pleurotus tuoliensis*

Yajie Zou, Fang Du, Haijun Zhang, Qingxiu Hu*
Institute of Agricultural Resources and Regional Planning, Chinese Academy of Agricultural Sciences, Beijing, China

ABSTRACT

Nowadays the study of selenium-rich mushrooms is very popular. In the present study, selenium speciation in fruiting body of *Pleurotus tuoliensis* was investigated in cultivation substrates with different concentrations of sodium selenite, as well as mycelia growth and mushroom development. The results showed that the *P. tuoliensis* mycelia appeared good tolerance to selenium at all test concentrations. A selenium concentration of 10 mg/kg promoted fruiting of *P. tuoliensis*; the fruiting bodies were of good quality and had a low malformation rate. HPLC–ICP-MS determined that organic seleniums enriched in stipes and caps existed mainly in the form of selenoCystine and selenoMethionine at selenium concentrations of 10-100 mg/kg. These findings suggest that *P. tuoliensis* could be developed as a selenium-rich mushroom product for use as a novel dietary source of bioavailable supplemental selenium.

Keywords: Mycelia growth rate; *Pleurotus tuoliensis*; Selenium speciation; Selenium-rich product

INTRODUCTION

Selenium is an important trace element in the environment and a necessary component of selenocysteine and selenium enzymes, such as peroxidase, which have important biological functions, including cancer prevention (Pd 2004), antioxidation (Whanger 2002), immune stimulation (Silva et al., 2010), and HIV inhibition (Yu et al., 2007). Insufficient or excessive intake of selenium can lead to many diseases. Selenium poisoning causes symptoms such as nausea, upper abdominal discomfort, constipation and pain in the shoulder and foot (Hamilton 2004). However, an insufficient supply of selenium may cause growth retardation and dysfunctional bone metabolism, which can lead to abnormal thyroid function (Köhrle et al. 1992). Many diseases in humans and animals are closely associated with selenium deficiency, such as Kashin-Beck disease (Jie et al., 2017), atherosclerotic heart disease (Alehagen and Aaseth 2014), or diarrheal disease (Amare et al., 2011). Although selenium may be acquired from foods such as eggs, onions, malts, meat, mushrooms and nuts, its abundance in most natural and processed foods is low. It has been reported that certain endemic diseases such as Keshan disease and Kashin-Beck disease are prevalent in northeastern China and southeastern Siberia due to the insufficient amount of selenium in locally produced food. Therefore, it is necessary to add selenium to the diet in such regions to meet the requirements of the human body.

Mushrooms are excellent accumulators of minerals from the environments in which they grow. Mushrooms can accumulate selenium in their fruiting bodies when cultivation substrates are supplemented with selenium in the form of organic salt or inorganic salt. Cultivation of *Agaricus bisporus* on substrates supplemented with 0.6 mmol L^{-1} Se resulted in a 2.5-fold increase in the selenium content of the fruiting bodies (Rzymski et al., 2016). Moreover, selenium enrichment by *Cordyceps militaris* (Dong et al., 2013), *Pleurotus ostreatus* (Yan and Chang 2012) and *Lentinula edodes* (Ogra et al., 2004) was enhanced remarkably when they were grown on a selenium-enriched substrates. However, the ability of different species of mushrooms to accumulate selenium varies widely. For example, Jerzy Falandysz reported that the total selenium content in *Hericium erinaceus* and *Ganoderma lucidum* fruiting bodies grown on substrates with 0.1 mM inorganic selenium was 17.1 mg/kg DW and 28.3 mg/kg DW, respectively, while the control mushrooms had total selenium content of 14.1 mg/kg DW and 8.5 mg/kg DW, respectively (Niedzielski et al., 2014).

***Corresponding author:**
Qingxiu Hu, Institute of Agricultural Resources and Regional Planning, Chinese Academy of Agricultural Sciences, Beijing, China.
Tel: 8610-8210-8681. **E-mail:** huqingxiu@caas.cn

Received: 29 December 2017; **Accepted:** 11 April 2018

55. Evaluation of Korshinsk Peashrub（*Caragana korshinskii* Kom.） as a Substrate for the Cultivation of *Pleurotus eryngii*

刊 载 地：Waste and Biomass Valorization（2018）

作者单位：中国农业科学院农业资源与农业区划研究所

通讯作者：胡清秀

内容提要：The cultivation of *Pleurotus eryngii* is increasing rapidly in China due to its nutritional and medicinal importance, excellent flavor, and long shelf life；therefore, cheaper and locally available alternative substrates are urgently needed. Experiments were performed to investigate the use of alternative substrates for *P. eryngii* cultivation. Korshinsk peashrub（*Caragana korshinskii* Kom.), a perennial shrub, was included in the substrate at varying rates to substitute for the sawdust and sugarcane bagasse（21 / 38 and 21 / 35 % , respectively）in the typical substrate. The cultivation substrate including 38% Korshinsk peashrub did not significantly affect linear mycelial growth. The fruit body yield（247.3g / bag）and biological efficiency（70.66 %）achieved by using this substrate were significantly higher than those achieved using the control substrate（229.6g / bag and 65.59 %). Crude polysaccharide content was highest（6.12%）in the mushroom grown on 38% Korshinsk peashrub substrate；in this mushroom, crude polysaccharide content was increased by 70.47% compared with that of the mushroom grown on the control substrate（3.59%). These results reveal that supplementing the substrate in which P. eryngii is grown with Korshinsk peashrub can improve polysaccharose accumulation by *P. eryngii*. The findings described above reveal that Korshinsk peashrub is an efficient, cost-effective, and promising substrate additive that can improve *P. eryngii* quality and yield while largely substituting for sawdust and sugarcane bagasse.

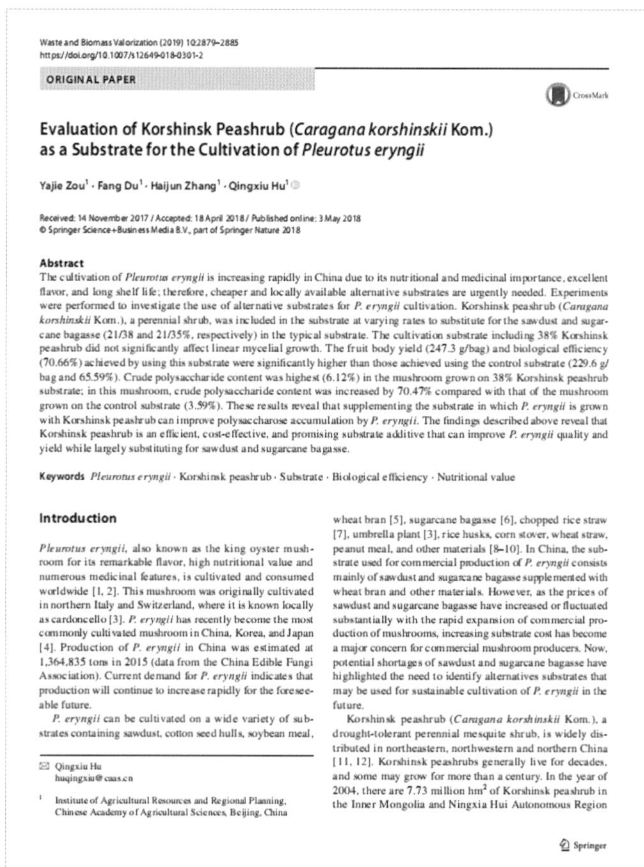

Waste and Biomass Valorization (2019) 10:2879–2885
https://doi.org/10.1007/s12649-018-0301-2

ORIGINAL PAPER

Evaluation of Korshinsk Peashrub (*Caragana korshinskii* Kom.) as a Substrate for the Cultivation of *Pleurotus eryngii*

Yajie Zou[1] · Fang Du[1] · Haijun Zhang[1] · Qingxiu Hu[1]

Received: 14 November 2017 / Accepted: 18 April 2018 / Published online: 3 May 2018

Abstract

The cultivation of *Pleurotus eryngii* is increasing rapidly in China due to its nutritional and medicinal importance, excellent flavor, and long shelf life; therefore, cheaper and locally available alternative substrates are urgently needed. Experiments were performed to investigate the use of alternative substrates for *P. eryngii* cultivation. Korshinsk peashrub (*Caragana korshinskii* Kom.), a perennial shrub, was included in the substrate at varying rates to substitute for the sawdust and sugarcane bagasse (21/38 and 21/35%, respectively) in the typical substrate. The cultivation substrate including 38% Korshinsk peashrub did not significantly affect linear mycelial growth. The fruit body yield (247.3 g/bag) and biological efficiency (70.66%) achieved by using this substrate were significantly higher than those achieved using the control substrate (229.6 g/bag and 65.59%). Crude polysaccharide content was highest (6.12%) in the mushroom grown on 38% Korshinsk peashrub substrate; in this mushroom, crude polysaccharide content was increased by 70.47% compared with that of the mushroom grown on the control substrate (3.59%). These results reveal that supplementing the substrate in which *P. eryngii* is grown with Korshinsk peashrub can improve polysaccharose accumulation by *P. eryngii*. The findings described above reveal that Korshinsk peashrub is an efficient, cost-effective, and promising substrate additive that can improve *P. eryngii* quality and yield while largely substituting for sawdust and sugarcane bagasse.

Keywords *Pleurotus eryngii* · Korshinsk peashrub · Substrate · Biological efficiency · Nutritional value

Introduction

Pleurotus eryngii, also known as the king oyster mushroom for its remarkable flavor, high nutritional value and numerous medicinal features, is cultivated and consumed worldwide [1, 2]. This mushroom was originally cultivated in northern Italy and Switzerland, where it is known locally as cardoncello [3]. *P. eryngii* has recently become the most commonly cultivated mushroom in China, Korea, and Japan [4]. Production of *P. eryngii* in China was estimated at 1,364,835 tons in 2015 (data from the China Edible Fungi Association). Current demand for *P. eryngii* indicates that production will continue to increase rapidly for the foreseeable future.

P. eryngii can be cultivated on a wide variety of substrates containing sawdust, cotton seed hulls, soybean meal, wheat bran [5], sugarcane bagasse [6], chopped rice straw [7], umbrella plant [3], rice husks, corn stover, wheat straw, peanut meal, and other materials [8–10]. In China, the substrate used for commercial production of *P. eryngii* consists mainly of sawdust and sugarcane bagasse supplemented with wheat bran and other materials. However, as the prices of sawdust and sugarcane bagasse have increased or fluctuated substantially with the rapid expansion of commercial production of mushrooms, increasing substrate cost has become a major concern for commercial mushroom producers. Now, potential shortages of sawdust and sugarcane bagasse have highlighted the need to identify alternatives substrates that may be used for sustainable cultivation of *P. eryngii* in the future.

Korshinsk peashrub (*Caragana korshinskii* Kom.), a drought-tolerant perennial mesquite shrub, is widely distributed in northeastern, northwestern and northern China [11, 12]. Korshinsk peashrubs generally live for decades, and some may grow for more than a century. In the year of 2004, there are 7.73 million hm^2 of Korshinsk peashrub in the Inner Mongolia and Ningxia Hui Autonomous Region

✉ Qingxiu Hu
huqingxiu@caas.cn

1 Institute of Agricultural Resources and Regional Planning, Chinese Academy of Agricultural Sciences, Beijing, China

Springer

56. Comparative transcriptomic analysis reveals molecular processes involved in pileus morphogenesis in *Pleurotus eryngii* under different light conditions

刊 载 地：Genomics（2019）

作者单位：中国农业科学院农业资源与农业区划研究所

通讯作者：胡清秀

内容提要：Light plays an important role in pileus differentiation in *Pleurotus eryngii* cultivation, and pileus morphology is influenced by light quality. To understand the effects of light quality on pileus morphology at the transcriptional level, we performed a comparative transcriptomic analysis of pilei grown under blue and red light irradiation. We identified 3 959 differentially expressed genes（DEGs）between the blue and red light-treated pilei, which included 1 664 up-regulated and 2 295 down-regulated genes. These DEGs were significantly associated with light sensing, signal transduction, cell wall degradation and melanogenesis, suggesting that these processes are involved in pileus morphogenesis. Multiple DEGs related to respiratory functions were differentially expressed, suggesting that respiratory activity increased during pileus development regardless of light quality. These results provide a valuable view of the transcriptional changes and molecular processes involved in pileus morphogenesis under different light conditions and provide a foundation for yield improvement and quality control of *P. eryngii*.

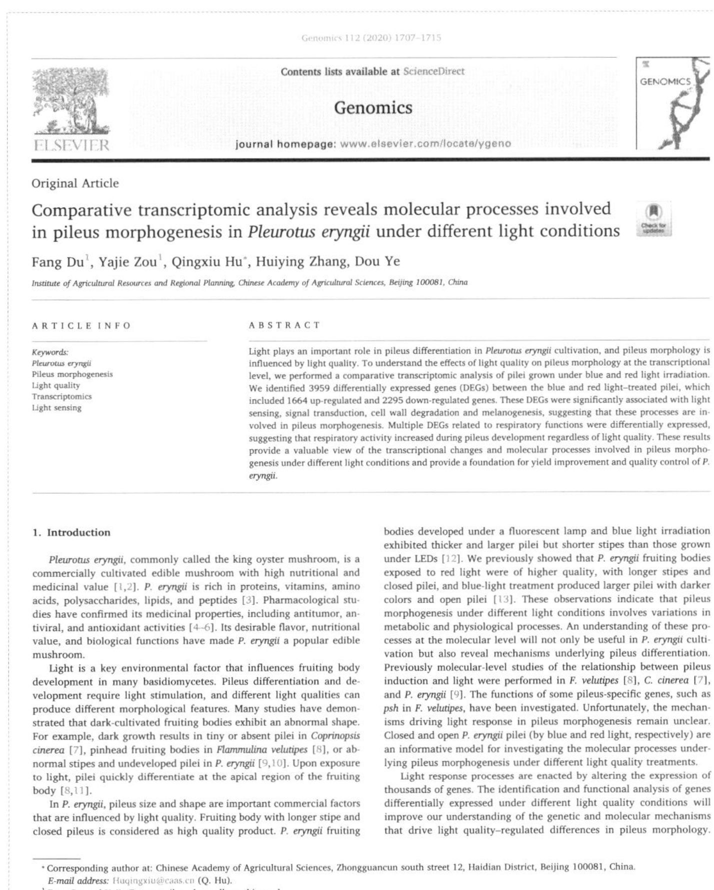

Genomics 112 (2020) 1707–1715

Contents lists available at ScienceDirect

Genomics

ELSEVIER

journal homepage: www.elsevier.com/locate/ygeno

GENOMICS

Original Article

Comparative transcriptomic analysis reveals molecular processes involved in pileus morphogenesis in *Pleurotus eryngii* under different light conditions

Fang Du[1], Yajie Zou[1], Qingxiu Hu*, Huiying Zhang, Dou Ye

Institute of Agricultural Resources and Regional Planning, Chinese Academy of Agricultural Sciences, Beijing 100081, China

ARTICLE INFO

Keywords:
Pleurotus eryngii
Pileus morphogenesis
Light quality
Transcriptomics
Light sensing

ABSTRACT

Light plays an important role in pileus differentiation in *Pleurotus eryngii* cultivation, and pileus morphology is influenced by light quality. To understand the effects of light quality on pileus morphology at the transcriptional level, we performed a comparative transcriptomic analysis of pilei grown under blue and red light irradiation. We identified 3959 differentially expressed genes (DEGs) between the blue and red light–treated pilei, which included 1664 up-regulated and 2295 down-regulated genes. These DEGs were significantly associated with light sensing, signal transduction, cell wall degradation and melanogenesis, suggesting that these processes are involved in pileus morphogenesis. Multiple DEGs related to respiratory functions were differentially expressed, suggesting that respiratory activity increased during pileus development regardless of light quality. These results provide a valuable view of the transcriptional changes and molecular processes involved in pileus morphogenesis under different light conditions and provide a foundation for yield improvement and quality control of *P. eryngii*.

1. Introduction

Pleurotus eryngii, commonly called the king oyster mushroom, is a commercially cultivated edible mushroom with high nutritional and medicinal value [1,2]. *P. eryngii* is rich in proteins, vitamins, amino acids, polysaccharides, lipids, and peptides [3]. Pharmacological studies have confirmed its medicinal properties, including antitumor, antiviral, and antioxidant activities [4–6]. Its desirable flavor, nutritional value, and biological functions have made *P. eryngii* a popular edible mushroom.

Light is a key environmental factor that influences fruiting body development in many basidiomycetes. Pileus differentiation and development require light stimulation, and different light qualities can produce different morphological features. Many studies have demonstrated that dark-cultivated fruiting bodies exhibit an abnormal shape. For example, dark growth results in tiny or absent pilei in *Coprinopsis cinerea* [7], pinhead fruiting bodies in *Flammulina velutipes* [8], or abnormal stipes and undeveloped pilei in *P. eryngii* [9,10]. Upon exposure to light, pilei quickly differentiate at the apical region of the fruiting body [8,11].

In *P. eryngii*, pileus size and shape are important commercial factors that are influenced by light quality. Fruiting body with longer stipe and closed pileus is considered as high quality product. *P. eryngii* fruiting bodies developed under a fluorescent lamp and blue light irradiation exhibited thicker and larger pilei but shorter stipes than those grown under LEDs [12]. We previously showed that *P. eryngii* fruiting bodies exposed to red light were of higher quality, with longer stipes and closed pilei, and blue-light treatment produced larger pilei with darker colors and open pilei [13]. These observations indicate that pileus morphogenesis under different light conditions involves variations in metabolic and physiological processes. An understanding of these processes at the molecular level will not only be useful in *P. eryngii* cultivation but also reveal mechanisms underlying pileus differentiation. Previously molecular-level studies of the relationship between pileus induction and light were performed in *F. velutipes* [8], *C. cinerea* [7], and *P. eryngii* [9]. The functions of some pileus-specific genes, such as *psh* in *F. velutipes*, have been investigated. Unfortunately, the mechanisms driving light response in pileus morphogenesis remain unclear. Closed and open *P. eryngii* pilei (by blue and red light, respectively) are an informative model for investigating the molecular processes underlying pileus morphogenesis under different light quality treatments.

Light response processes are enacted by altering the expression of thousands of genes. The identification and functional analysis of genes differentially expressed under different light quality conditions will improve our understanding of the genetic and molecular mechanisms that drive light quality–regulated differences in pileus morphology.

* Corresponding author at: Chinese Academy of Agricultural Sciences, Zhongguancun south street 12, Haidian District, Beijing 100081, China.
E-mail address: Huqingxiu@caas.cn (Q. Hu).

[1] Fang Du and Yajie Zou contributed equally to this work

57. A comparative transcriptome analysis reveals physiological maturation properties of mycelia in *Pleurotus tuoliensis*

刊 载 地：Genes（2019）

作者单位：中国农业科学院农业资源与农业区划研究所

通讯作者：胡清秀

内容提要：*Pleurotus tuoliensis* is a precious edible fungus with extremely high nutritive and medicinal value. The cultivation period of *P. tuoliensis* is longer than those of other Pleurotus species, which is mainly due to a longer mycelium physiological maturation period（30–60days). Currently, the molecular processes underlying physiological maturation of the mycelium remain unclear. We performed a comparative transcriptomic analysis of immature and mature mycelia using RNA-seq. De novo transcriptome assembly resulted in identification of 17 030 unigenes. 451 differentially expressed genes—including those encoding nucleoside diphosphate kinase（NDPK), glycoside hydrolase family proteins, exopolygalacturonase, and versatile peroxidases—were identified. Gene Ontology（GO）and Kyoto Encyclopedia of Genes and Genomes（KEGG）analyses revealed that nucleotide synthesis and energy metabolism are highly active during the physiological maturation of mycelia, and genes related to these pathways were significantly upregulated in mature mycelia. NDPK is predicted to be essential for mycelia maturation. Our findings contribute to a comprehensive understanding of mycelia maturation in a commercially important fungal species. Future efforts will focus on the function of NDPK and the mechanism by which it regulates mycelia maturation.

GCAT TACG GCAT genes MDPI

Article

A Comparative Transcriptome Analysis Reveals Physiological Maturation Properties of Mycelia in *Pleurotus tuoliensis*

Fang Du [1], Nu Er zi ya Ya Li mai mai ti [2], Qingxiu Hu [1,*], Yajie Zou [1], Dou Ye [1] and Haijun Zhang [1]

1 Institute of Agricultural Resources and Regional Planning, Chinese Academy of Agricultural Sciences, Beijing 100081, China
2 Institute of Plant Protection, Xinjiang Academy of Agricultural Sciences/Key Laboratory of Integrated Pest Management on Crop in Northwestern Oasis, Urumqi 830091, China
* Correspondence: huqingxiu@caas.cn

Received: 22 August 2019; Accepted: 10 September 2019; Published: 11 September 2019 check for updates

Abstract: *Pleurotus tuoliensis* is a precious edible fungus with extremely high nutritive and medicinal value. The cultivation period of *P. tuoliensis* is longer than those of other *Pleurotus* species, which is mainly due to a longer mycelium physiological maturation period (30–60 days). Currently, the molecular processes underlying physiological maturation of the mycelium remain unclear. We performed a comparative transcriptomic analysis of immature and mature mycelia using RNA-seq. De novo transcriptome assembly resulted in identification of 17,030 unigenes. 451 differentially expressed genes—including those encoding nucleoside diphosphate kinase (NDPK), glycoside hydrolase family proteins, exopolygalacturonase, and versatile peroxidases—were identified. Gene Ontology (GO) and Kyoto Encyclopedia of Genes and Genomes (KEGG) analyses revealed that nucleotide synthesis and energy metabolism are highly active during the physiological maturation of mycelia, and genes related to these pathways were significantly upregulated in mature mycelia. NDPK is predicted to be essential for mycelia maturation. Our findings contribute to a comprehensive understanding of mycelia maturation in a commercially important fungal species. Future efforts will focus on the function of NDPK and the mechanism by which it regulates mycelia maturation.

Keywords: *Pleurotus tuoliensis*; mycelium physiological maturation; comparative transcriptomic analysis; nucleoside diphosphate kinase

1. Introduction

Pleurotus tuoliensis, also known as Bailinggu, is one of the most commercially important species of edible mushrooms [1]. *P. tuoliensis* was initially found in Xinjiang province [2] and is now widely commercially cultivated in China, Japan, and Korea, due to its desirable nutritional and medicinal value [3].

In recent years, *P. tuoliensis* yield decreased year by year. In 2017, only 70,000 tons were produced, which represents a 77% decrease from 2012 (http://hz.cefa.org.cn/2019/03/18/10498.html). This decrease may be due to this fungus' biological characteristics, such as long cultivation period, a high proportion of deformed fruiting bodies, poor uniformity of fruiting bodies, and strain degeneration [4]. Together, these factors present challenges for mushroom farmers and thus lead to a decline in cultivation enthusiasm. Physiological maturation of *P. tuoliensis* mycelia is essential for its fruiting. This maturation takes 30–60 days and is responsible for the above-mentioned long cultivation period. In this physiological maturation stage, mycelia accumulate and metabolize nutrients [5]. Cold stimulation of physiologically mature mycelia can result in improved consistency in budding of primordia in culture bottles and ensures a high degree of fruiting body uniformity [6]. Our previous study demonstrated that

58. Metabolic Profiling of *Pleurotus tuoliensis* During Mycelium Physiological Maturation and Exploration on a Potential Indicator of Mycelial Maturation

刊 载 地：Front Microbiol（2019）

作者单位：中国农业科学院农业资源与农业区划研究所

通讯作者：胡清秀

内 容 提 要：*Pleurotus tuoliensis* is a valuable and rare edible fungus with extremely high nutritional and medicinal value. However, the relative immaturity of *P. tuoliensis* cultivation technology leads to fluctuating yields and quality. The main difficulty in *P. tuoliensis* cultivation is estimate of mycelial maturity. There is currently no measurable indicator that clearly characterizes the physiological maturation of mycelia. The aim of this study was to identify potential indicators of physiological maturation for *P. tuoliensis* mycelia by using metabolomics approach. A metabolite profiling strategy involving gas chromatography-mass spectrometry（GC/MS）was used to analyze changes to extracellular metabolites in mycelia collected at mycelium physiological maturation period（MPMP）day 0, MPMP day 35 at 17 ℃ and MPMP day 35 at 29 ℃ . 72 differential metabolites（37.8 % up-regulated and 62.2% down-regulated）were identified based on the selected criteria [variable important in projection（VIP）greater than 1.0 and $p < 0.01$]. Metabolic pathways enrichment analysis showed that these metabolites are involved in glycolysis, organic acid metabolism, amino acid metabolism, tricarboxylic acid cycle（TCA), sugar metabolism, nicotinate and nicotinamide metabolism, and oxidative phosphorylation. In addition, the pyrimidine synthesis pathway was significantly activated during mycelium physiological maturation of *P. tuoliensis*. The abundance of N-carbamoyl-L-aspartate（CA-asp), a component of this pathway, was significantly increased at MPMP day 35, which motivated us to explore its potential as an indicator for physiological maturation of mycelia. The content of CA-asp in mycelia changed in a consistent manner during physiological maturation. The feasibility of using CA-asp as an indicator for mycelial maturation requires further investigation.

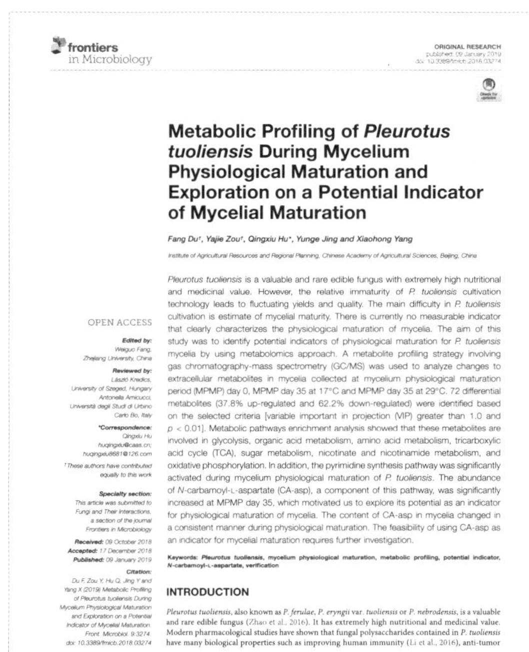
frontiers in Microbiology

ORIGINAL RESEARCH
published: 09 January 2019
doi: 10.3389/fmicb.2018.03274

Metabolic Profiling of *Pleurotus tuoliensis* During Mycelium Physiological Maturation and Exploration on a Potential Indicator of Mycelial Maturation

Fang Du†, Yajie Zou†, Qingxiu Hu, Yunge Jing and Xiaohong Yang*

Institute of Agricultural Resources and Regional Planning, Chinese Academy of Agricultural Sciences, Beijing, China

OPEN ACCESS

Edited by: Weiguo Fang, Zhejiang University, China

Reviewed by: László Kredics, University of Szeged, Hungary; Antonella Amicucci, Università degli Studi di Urbino Carlo Bo, Italy

***Correspondence:** Qingxiu Hu huqingxiu@caas.cn; huqingxiu8681@126.com

† These authors have contributed equally to this work

Specialty section: This article was submitted to Fungi and Their Interactions, a section of the journal Frontiers in Microbiology

Received: 09 October 2018
Accepted: 17 December 2018
Published: 09 January 2019

Citation: Du F, Zou Y, Hu Q, Jing Y and Yang X (2019) Metabolic Profiling of Pleurotus tuoliensis During Mycelium Physiological Maturation and Exploration on a Potential Indicator of Mycelial Maturation. Front. Microbiol. 9:3274. doi: 10.3389/fmicb.2018.03274

Pleurotus tuoliensis is a valuable and rare edible fungus with extremely high nutritional and medicinal value. However, the relative immaturity of *P. tuoliensis* cultivation technology leads to fluctuating yields and quality. The main difficulty in *P. tuoliensis* cultivation is estimate of mycelial maturity. There is currently no measurable indicator that clearly characterizes the physiological maturation of mycelia. The aim of this study was to identify potential indicators of physiological maturation for *P. tuoliensis* mycelia by using metabolomics approach. A metabolite profiling strategy involving gas chromatography-mass spectrometry (GC/MS) was used to analyze changes to extracellular metabolites in mycelia collected at mycelium physiological maturation period (MPMP) day 0, MPMP day 35 at 17°C and MPMP day 35 at 29°C. 72 differential metabolites (37.8% up-regulated and 62.2% down-regulated) were identified based on the selected criteria [variable important in projection (VIP) greater than 1.0 and $p < 0.01$]. Metabolic pathways enrichment analysis showed that these metabolites are involved in glycolysis, organic acid metabolism, amino acid metabolism, tricarboxylic acid cycle (TCA), sugar metabolism, nicotinate and nicotinamide metabolism, and oxidative phosphorylation. In addition, the pyrimidine synthesis pathway was significantly activated during mycelium physiological maturation of *P. tuoliensis*. The abundance of *N*-carbamoyl-L-aspartate (CA-asp), a component of this pathway, was significantly increased at MPMP day 35, which motivated us to explore its potential as an indicator for physiological maturation of mycelia. The content of CA-asp in mycelia changed in a consistent manner during physiological maturation. The feasibility of using CA-asp as an indicator for mycelial maturation requires further investigation.

Keywords: *Pleurotus tuoliensis*, mycelium physiological maturation, metabolic profiling, potential indicator, *N*-carbamoyl-L-aspartate, verification

INTRODUCTION

Pleurotus tuoliensis, also known as *P. ferulae*, *P. eryngii* var. *tuoliensis* or *P. nebrodensis*, is a valuable and rare edible fungus (Zhao et al., 2016). It has extremely high nutritional and medicinal value. Modern pharmacological studies have shown that fungal polysaccharides contained in *P. tuoliensis* have many biological properties such as improving human immunity (Li et al., 2016), anti-tumor

59. 白灵侧耳栽培基质C/N研究

刊 载 地：中国食用菌（2017）

作者单位：中国农业科学院农业资源与农业区划研究所

通讯作者：胡清秀

内容提要：本文分别以尿素和麦麸为补充氮源，调节栽培基质的C/N，对不同C/N下白灵侧耳（*Pleurotus eryngii var.tuoliensis*）菌丝生长速度、子实体发育和产量等指标进行测定和数据分析。结果表明：栽培基质的C/N在（30 ：1）—（51 ：1）范围内菌丝生长速度较快，但添加尿素时菌丝生长速度更快；在相同C/N条件下，添加麸皮的配方比添加尿素的配方现蕾时间更短、生物学效率更高；在添加麸皮的配方中，生物学效率随着C/N的降低（麸皮添加量增加）而升高，但当C/N为25:1时出菇率仅为73.3%，最佳C/N为（36 ：1）—（41.5 ：1）；在添加尿素的配方中，C/N为36 ：1时，生物学效率最高，达到52.15%，出菇率为96.67%。

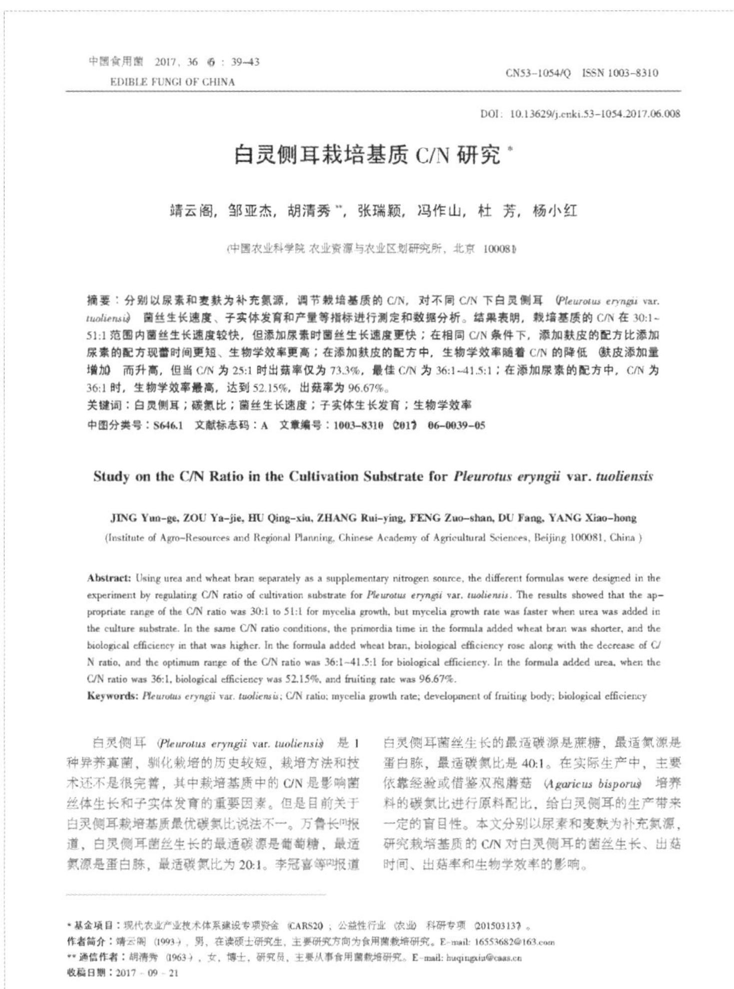

中国食用菌 2017，36（6）：39-43
EDIBLE FUNGI OF CHINA
CN53-1054/Q ISSN 1003-8310
DOI：10.13629/j.cnki.53-1054.2017.06.008

白灵侧耳栽培基质C/N研究*

靖云阁，邹亚杰，胡清秀**，张瑞颖，冯作山，杜 芳，杨小红
（中国农业科学院 农业资源与农业区划研究所，北京 100081）

摘要：分别以尿素和麦麸为补充氮源，调节栽培基质的C/N，对不同C/N下白灵侧耳（*Pleurotus eryngii* var. *tuoliensis*）菌丝生长速度、子实体发育和产量等指标进行测定和数据分析。结果表明，栽培基质的C/N在30:1~51:1范围内菌丝生长速度较快，但添加尿素时菌丝生长速度更快；在相同C/N条件下，添加麸皮的配方比添加尿素的配方现蕾时间更短、生物学效率更高；在添加麸皮的配方中，生物学效率随着C/N的降低（麸皮添加量增加）而升高，但当C/N为25:1时出菇率仅为73.3%，最佳C/N为36:1~41.5:1；在添加尿素的配方中，C/N为36:1时，生物学效率最高，达到52.15%，出菇率为96.67%。

关键词：白灵侧耳；碳氮比；菌丝生长速度；子实体生长发育；生物学效率
中图分类号：S646.1 文献标志码：A 文章编号：1003-8310（2017）06-0039-05

Study on the C/N Ratio in the Cultivation Substrate for *Pleurotus eryngii* var. *tuoliensis*

JING Yun-ge, ZOU Ya-jie, HU Qing-xiu, ZHANG Rui-ying, FENG Zuo-shan, DU Fang, YANG Xiao-hong
(Institute of Agro-Resources and Regional Planning, Chinese Academy of Agricultural Sciences, Beijing 100081, China)

Abstract: Using urea and wheat bran separately as a supplementary nitrogen source, the different formulas were designed in the experiment by regulating C/N ratio of cultivation substrate for *Pleurotus eryngii* var. *tuoliensis*. The results showed that the appropriate range of the C/N ratio was 30:1 to 51:1 for mycelia growth, but mycelia growth rate was faster when urea was added in the culture substrate. In the same C/N ratio conditions, the primordia time in the formula added wheat bran was shorter, and the biological efficiency in that was higher. In the formula added wheat bran, biological efficiency rose along with the decrease of C/N ratio, and the optimum range of the C/N ratio was 36:1~41.5:1 for biological efficiency. In the formula added urea, when the C/N ratio was 36:1, biological efficiency was 52.15%, and fruiting rate was 96.67%.

Keywords: *Pleurotus eryngii* var. *tuoliensis*; C/N ratio; mycelia growth rate; development of fruiting body; biological efficiency

白灵侧耳（*Pleurotus eryngii* var. *tuoliensis*）是1种异养真菌，驯化栽培的历史较短，栽培方法和技术还不是很完善，其中栽培基质中的C/N是影响菌丝体生长和子实体发育的重要因素。但是目前关于白灵侧耳栽培基质最优碳氮比说法不一。万鲁长[1]报道，白灵侧耳菌丝生长的最适碳源是葡萄糖，最适氮源是蛋白胨，最适碳氮比为20:1。李冠喜等[2]报道白灵侧耳菌丝生长的最适碳源是蔗糖，最适氮源是蛋白胨，最适碳氮比是40:1。在实际生产中，主要依靠经验或借鉴双孢蘑菇（*Agaricus bisporus*）培养料的碳氮比进行原料配比，给白灵侧耳的生产带来一定的盲目性。本文分别以尿素和麦麸为补充氮源，研究栽培基质的C/N对白灵侧耳的菌丝生长、出菇时间、出菇率和生物学效率的影响。

* 基金项目：现代农业产业技术体系建设专项资金（CARS20）；公益性行业（农业）科研专项（201503137）。
作者简介：靖云阁（1993-），男，在读硕士研究生，主要研究方向为食用菌栽培研究。E-mail: 16553682@163.com
** 通信作者：胡清秀（1963-），女，博士，研究员，主要从事食用菌栽培研究。E-mail: huqingxiu@caas.cn
收稿日期：2017-09-21

二、秸秆基质作物、瓜菜、果树等栽培和育苗基质技术研究与示范

1. Effects of Different Biochars on *Pinus elliottii* Growth，N Use Efficiency，Soil N_2O and CH_4 Emissions and Carbon Dynamics in a Subtropical Area of China

刊 载 地：Pedosphere（2017）

作者单位：中国科学院南京土壤研究所

通讯作者：谢祖彬

内容提要：Intensive management of planted forests may result in soil degradation and decline in timber yield with successive rotations. Biochars may be beneficial for plant production，nutrient uptake and greenhouse gas mitigation. Biochar properties vary widely and are known to be highly dependent on feedstocks，but their effects on planted forest ecosystem are elusive. This study investigated the effects of chicken manure biochar，sawdust biochar and their feedstocks on 2-year-old *Pinus elliottii* growth，fertilizer N use efficiency（NUE），soil N_2O and CH_4 emissions，and C storage in an acidic forest soil in a subtropical area of China for one year. The soil was mixed with materials in a total of 8 treatments: non-amended control（CK）；sawdust at 2.16kg m^{-2}（SD）；chicken manure at 1.26kg m^{-2}（CM）；sawdust biochar at 2.4kg m^{-2}（SDB）；chicken manure biochar at 2.4kg m^{-2}（CMB）；15N-fertilizer alone（10.23 atom% 15N）（NF）；sawdust biochar at 2.4kg m^{-2}plus 15N-fertilizer（SDBN）and chicken manure biochar at 2.4kg m^{-2}plus 15N-fertilizer（CMBN). Results showed that the CMB treatment increased *P. elliottii* net primary production（aboveground biomass plus litterfall）and annual net C fixation（ANCF）by about 180% and 157%，respectively，while the the SDB treatment had little effect on *P. elliottii* growth. The 15N stable isotope labelling technique revealed that fertilizer NUE was 22.7% in CK，25.5% in the NF treatment，and 37.0% in the CMB treatment. Chicken manure biochar significantly increased soil pH，total N，total P，total K，available P and available K. Only 2% of the N in chicken manure biochar was available to the tree. The soil N_2O emission and CH_4 uptake showed no significant differences among the treatments. The apparent C losses from the SD and CM treatments were 35% and 61%，respectively；while those from the CMB and SDB treatments were negligible. These demonstrated that it is crucial to consider biochar properties while evaluating their effects on plant growth and C sequestration.

PEDOSPHERE

Effects of Different Biochars on *Pinus elliottii* Growth, N Use Efficiency, Soil N_2O and CH_4 Emissions and C Storage in a Subtropical Area of China

ABSTRACT

2. How does biochar influence soil N cycle? A meta-analysis

刊 载 地：Plant Soil（2018）

作者单位：中国科学院南京土壤研究所

通讯作者：P. Ambus、谢祖彬

内容提要：Background and aims Modern agriculture is driving the release of excessive amounts of reactive nitrogen（N）from the soils to the environment，thereby threatening ecological balances and functions. The amendment of soils with biochar has been suggested as a promising solution to regulate the soil N cycle and reduce N effluxes. However，a comprehensive and quantitative understanding of biochar impacts on soil N cycle remains elusive. Methods A meta-analysis was conducted to assess the influence of biochar on different variables involved in soil N cycle using data compiled across 208 peerreviewed studies. Results On average，biochar beneficially increases symbiotic biological N_2fixation（63 %），improves plant N uptake（11 %），reduces soil N_2O emissions（32 %），and decreases soil N leaching（26 %），but it poses a risk of increased soil NH3volatilization（19 %）. Biochar-induced increase in soil NH_3 volatilization commonly occurs in studies with soils of low buffering capacity（soil pH ⩽ 5，organic carbon ⩽ 10g kg^{-1}，or clay texture)，the application of high alkaline biochar（straw- or manurederived biochar)，or biochar at high application rate（>40t ha^{-1}）. Besides，if the pyrolytic syngas is not purified，the biochar production process may be a potential source of N_2O and NOx emissions which correspond to 2% –4% and 3% –24% of the feedstock-N，respectively. Conclusions This study suggests that to make biochar beneficial for decreasing soil N effluxes，clean advanced pyrolysis technique and adapted use of biochar are of great importance.

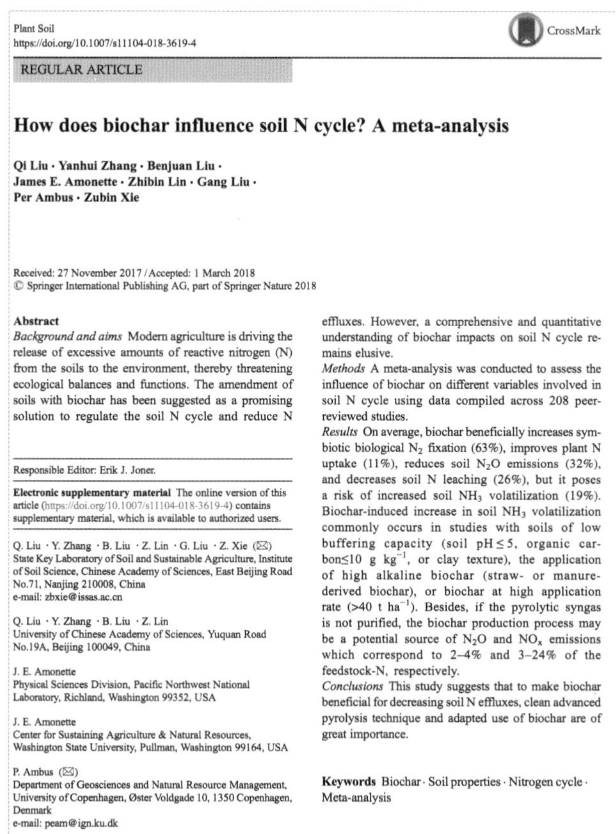
Plant Soil
https://doi.org/10.1007/s11104-018-3619-4
CrossMark

REGULAR ARTICLE

How does biochar influence soil N cycle? A meta-analysis

Qi Liu · Yanhui Zhang · Benjuan Liu ·
James E. Amonette · Zhibin Lin · Gang Liu ·
Per Ambus · Zubin Xie

Received: 27 November 2017 / Accepted: 1 March 2018

Abstract
Background and aims Modern agriculture is driving the release of excessive amounts of reactive nitrogen (N) from the soils to the environment, thereby threatening ecological balances and functions. The amendment of soils with biochar has been suggested as a promising solution to regulate the soil N cycle and reduce N effluxes. However, a comprehensive and quantitative understanding of biochar impacts on soil N cycle remains elusive.
Methods A meta-analysis was conducted to assess the influence of biochar on different variables involved in soil N cycle using data compiled across 208 peer-reviewed studies.
Results On average, biochar beneficially increases symbiotic biological N_2 fixation (63%), improves plant N uptake (11%), reduces soil N_2O emissions (32%), and decreases soil N leaching (26%), but it poses a risk of increased soil NH_3 volatilization (19%). Biochar-induced increase in soil NH_3 volatilization commonly occurs in studies with soils of low buffering capacity (soil pH ≤ 5, organic carbon≤10 g kg^{-1}, or clay texture), the application of high alkaline biochar (straw- or manure-derived biochar), or biochar at high application rate (>40 t ha^{-1}). Besides, if the pyrolytic syngas is not purified, the biochar production process may be a potential source of N_2O and NO_x emissions which correspond to 2–4% and 3–24% of the feedstock-N, respectively.
Conclusions This study suggests that to make biochar beneficial for decreasing soil N effluxes, clean advanced pyrolysis technique and adapted use of biochar are of great importance.

Keywords Biochar · Soil properties · Nitrogen cycle · Meta-analysis

Responsible Editor: Erik J. Joner.

Electronic supplementary material The online version of this article (https://doi.org/10.1007/s11104-018-3619-4) contains supplementary material, which is available to authorized users.

Q. Liu · Y. Zhang · B. Liu · Z. Lin · G. Liu · Z. Xie (✉)
State Key Laboratory of Soil and Sustainable Agriculture, Institute of Soil Science, Chinese Academy of Sciences, East Beijing Road No.71, Nanjing 210008, China
e-mail: zbxie@issas.ac.cn

Q. Liu · Y. Zhang · B. Liu · Z. Lin
University of Chinese Academy of Sciences, Yuquan Road No.19A, Beijing 100049, China

J. E. Amonette
Physical Sciences Division, Pacific Northwest National Laboratory, Richland, Washington 99352, USA

J. E. Amonette
Center for Sustaining Agriculture & Natural Resources, Washington State University, Pullman, Washington 99164, USA

P. Ambus (✉)
Department of Geosciences and Natural Resource Management, University of Copenhagen, Øster Voldgade 10, 1350 Copenhagen, Denmark
e-mail: peam@ign.ku.dk

3. Biochar application as a tool to decrease soil nitrogen losses（NH_3 volatilization，N_2O emissions and N leaching）from croplands: options and mitigation strength in a global perspective

刊 载 地：Global Change Biology（2019）

作者单位：中国科学院南京土壤研究所

通讯作者：Per Ambus、James E. Amonette、谢祖彬

内容提要：Biochar application to croplands has been proposed as a potential strategy to decrease losses of soil-reactive nitrogen（N）to the air and water. However，the extent and spatial variability of biochar function at the global level are still unclear. Using Random Forest regression modelling of machine learning based on data compiled from the literature，we mapped the impacts of different biochar types（derived from wood，straw，or manure)，and their interactions with biochar application rates，soil properties，and environmental factors，on soil N losses（NH_3 volatilization，N_2O emissions，and N leaching）and crop productivity. The results show that a suitable distribution of biochar across global croplands（i.e.，one application of <40t ha^{-1} wood biochar for poorly buffered soils，such as those characterized by soil pH<5，organic carbon<1 %，or clay>30 %；and one application of <80 t ha^{-1} wood biochar，<40t ha^{-1} straw biochar，or <10t ha^{-1} manure biochar for other soils）could achieve an increase in global crop yields by 222–766Tg yr^{-1}（4 % –16 % increase)，a mitigation of cropland N_2O emissions by 0.19–0.88Tg N yr^{-1}（6 % –30 % decrease)，a decline of cropland N leaching by 3.9–9.2Tg N yr^{-1}（12 % –29 % decrease)，but also a fluctuation of cropland NH_3 volatilization by −1.9–4.7 Tg N yr^{-1}（−12% –31% change). The decreased sum of the three major reactive N losses amount to 1.7–9.4 Tg N yr^{-1}，which corresponds to 3% –14% of the global cropland total N loss. Biochar generally has a larger potential for decreasing soil N losses but with less benefits to crop production in temperate regions than in tropical regions.

Received: 4 January 2018 | Accepted: 1 February 2019
DOI: 10.1111/gcb.14613

Check for updates

PRIMARY RESEARCH ARTICLE

WILEY Global Change Biology

Biochar application as a tool to decrease soil nitrogen losses (NH_3 volatilization, N_2O emissions, and N leaching) from croplands: Options and mitigation strength in a global perspective

Qi Liu[1,2,3] | Benjuan Liu[1,2] | Yanhui Zhang[1,2] | Tianlong Hu[1,2] | Zhibin Lin[1,2] | Gang Liu[1] | Xiaojie Wang[1,2] | Jing Ma[1,2] | Hui Wang[1,2] | Haiyang Jin[1,2] | Per Ambus[4] | James E. Amonette[5,6] | Zubin Xie[1]

[1]State Key Laboratory of Soil and Sustainable Agriculture, Institute of Soil Science, Chinese Academy of Sciences, Nanjing, China
[2]University of Chinese Academy of Sciences, Beijing, China
[3]College of Forestry, Nanjing Forestry University, Nanjing, China
[4]Department of Geosciences and Natural Resource Management, University of Copenhagen, Copenhagen, Denmark
[5]Physical Sciences Division, Pacific Northwest National Laboratory, Richland, USA
[6]Center for Sustaining Agriculture & Natural Resources, Washington State University, Pullman, USA

Correspondence
Zubin Xie, State Key Laboratory of Soil and Sustainable Agriculture, Institute of Soil Science, Chinese Academy of Sciences, China.
Email: zbxie@issas.ac.cn
Per Ambus, Department of Geosciences and Natural Resource Management, University of Copenhagen, Denmark.
Email: peam@ign.ku.dk
James E. Amonette, Physical Sciences Division, Pacific Northwest National Laboratory, Richland, Washington DC
Email: jim.amonette@pnnl.gov

Funding information
Natural Science Foundation of China Grant No. NFSC-41171191, Special Project on Agricultural Science and Technology (201503137), the Danish Agency for Science (1370-00036B), and Special Project on the Basis of National Science and Technology of China (2015FY110700)

Abstract
Biochar application to croplands has been proposed as a potential strategy to decrease losses of soil-reactive nitrogen (N) to the air and water. However, the extent and spatial variability of biochar function at the global level are still unclear. Using Random Forest regression modelling of machine learning based on data compiled from the literature, we mapped the impacts of different biochar types (derived from wood, straw, or manure), and their interactions with biochar application rates, soil properties, and environmental factors, on soil N losses (NH_3 volatilization, N_2O emissions, and N leaching) and crop productivity. The results show that a suitable distribution of biochar across global croplands (i.e., one application of <40 t ha^{-1} wood biochar for poorly buffered soils, such as those characterized by soil pH<5, organic carbon<1%, or clay>30%; and one application of <80 t ha^{-1} wood biochar, <40 t ha^{-1} straw biochar, or <10 t ha^{-1} manure biochar for other soils) could achieve an increase in global crop yields by 222–766 Tg yr^{-1} (4%–16% increase), a mitigation of cropland N_2O emissions by 0.19–0.88 Tg N yr^{-1} (6%–30% decrease), a decline of cropland N leaching by 3.9–9.2 Tg N yr^{-1} (12%–29% decrease), but with a fluctuation of cropland NH_3 volatilization by −1.9–4.7 Tg N yr^{-1} (−12%–31% change). The decreased sum of the three major reactive N losses amount to 1.7–9.4 Tg N yr^{-1}, which corresponds to 3%–14% of the global cropland total N loss. Biochar generally has a larger potential for decreasing soil N losses but with less benefits to crop production in temperate regions than in tropical regions.

KEYWORDS
biochar, machine learning, N leaching, N_2O, NH_3, spatial variability

4.鸡粪热裂解对重金属Mn、Cu、Zn和Cr生物有效性的影响

刊 载 地：环境科学学报（2019）

作者单位：中国科学院南京土壤研究所

通讯作者：谢祖彬

内容提要：畜禽粪便直接农用引起的重金属污染是社会普遍关注的问题，如何有效降低畜禽粪便重金属生物有效性的技术是急需解决的难题。本文分析鸡粪（CM）裂解前后Mn、Cu、Zn和Cr等4种重金属形态分布变化，并采用林地大型盆栽试验研究添加CM和鸡粪炭（CMB）处理对湿地松地上部分重金属吸收的影响。结果表明：与CM直接还田相比，添加CMB（400℃）处理降低Mn、Cu和Zn在湿地松地上部分的吸收量和富集系数，而处理之间植株Cr元素的吸收量和富集系数差异不显著。Tessier连续提取结果表明：Mn、Cu和Zn的交换态含量分别由CM的94.8、10.0和34.9mg · kg^{-1}显著降为CMB的16.6mg · kg^{-1}、未检测出和1.8mg · kg^{-1}。CM裂解成CMB后，Cr元素残渣态含量显著提高。从元素质量守恒来看，CM制成CMB后Mn、Cu、Zn和Cr损失率分别为29.3%、35.6%、33.5%和3.3%。裂解油中Mn、Cu、Zn和Cr的金属总量分别占CM金属损失量的51.7%、53.0%、32.9%和13.1%。CM裂解成CMB后，91.7%的交换态Mn、几乎100%交换态Cu和97.5%的交换态Zn会随裂解转化为铁锰氧化态、有机结合态和残渣态形式，或挥发从而降低有效性。1年盆栽试验结果表明：在CMB处理中，土壤Mn、Cu和Zn交换态含量显著低于CM处理。相关性分析发现，植物体内重金属吸收量与土壤金属有效态含量显著相关，而与总量相关性不明显。由此可见，将鸡粪制成鸡粪炭是一种有效降低Mn、Cu和Zn生物有效性的途径。

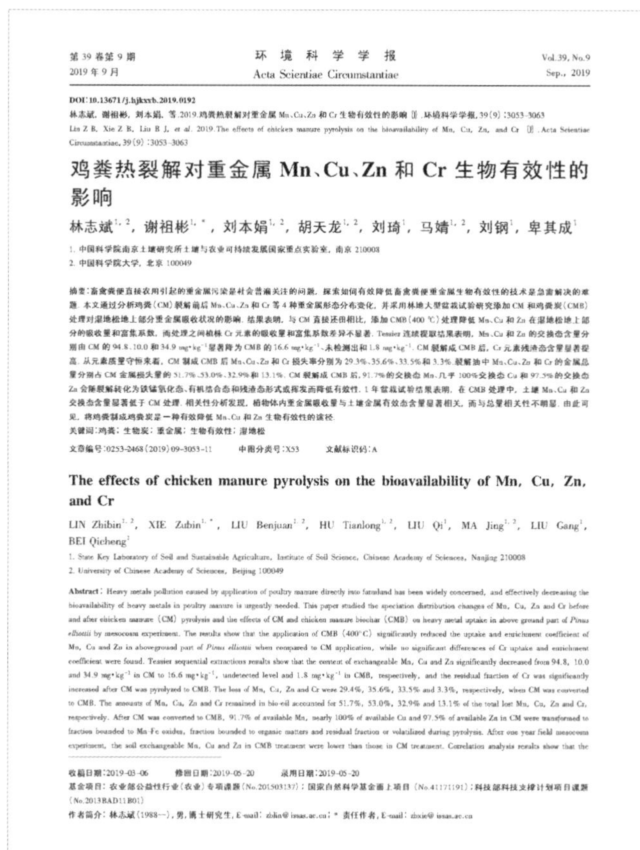

第39卷第9期　环　境　科　学　学　报　Vol.39, No.9
2019年9月　Acta Scientiae Circumstantiae　Sep., 2019

DOI:10.13671/j.hjkxxb.2019.0192
林志斌，谢祖彬，刘本娟，等.2019.鸡粪热裂解对重金属Mn、Cu、Zn和Cr生物有效性的影响[J].环境科学学报,39(9):3053-3063
Lin Z B, Xie Z B, Liu B J, et al. 2019.The effects of chicken manure pyrolysis on the bioavailability of Mn, Cu, Zn, and Cr[J].Acta Scientiae Circumstantiae,39(9):3053-3063

鸡粪热裂解对重金属Mn、Cu、Zn和Cr生物有效性的影响

林志斌[1,2]，谢祖彬[1,*]，刘本娟[1,2]，胡天龙[1,2]，刘琦[1]，马婧[1,2]，刘钢[1]，卑其成[1]
1. 中国科学院南京土壤研究所土壤与农业可持续发展国家重点实验室，南京 210008
2. 中国科学院大学，北京 100049

摘要：畜禽粪便直接农用引起的重金属污染是社会普遍关注的问题，探索如何有效降低畜禽粪便重金属生物有效性的技术是急需解决的难题.本文通过分析鸡粪(CM)裂解前后Mn、Cu、Zn和Cr等4种重金属形态分布变化，并采用林地大型盆栽试验研究添加CM和鸡粪炭(CMB)处理对湿地松地上部分重金属吸收状况的影响.结果表明，与CM直接还田相比，添加CMB(400℃)处理降低Mn、Cu和Zn在湿地松地上部分的吸收量和富集系数，而处理之间植株Cr元素的吸收量和富集系数差异不显著.Tessier连续提取结果表明，Mn、Cu和Zn的交换态含量分别由CM的94.8、10.0和34.9 mg·kg^{-1}显著降为CMB的16.6 mg·kg^{-1}、未检测出和1.8 mg·kg^{-1}. CM裂解成CMB后，Cr元素残渣态含量显著提高.从元素质量守恒来看，CM制成CMB后Mn、Cu、Zn和Cr损失率分别为29.3%、35.6%、33.5%和3.3%.裂解油中Mn、Cu、Zn和Cr的金属总量分别占CM金属损失量的51.7%、53.0%、32.9%和13.1%. CM裂解成CMB后，91.7%的交换态Mn、几乎100%交换态Cu和97.5%的交换态Zn会随裂解转化为铁锰氧化态、有机结合态和残渣态形式或挥发而降低有效性.1年盆栽试验结果表明，在CMB处理中，土壤Mn、Cu和Zn交换态含量显著低于CM处理.相关性分析发现，植物体内重金属吸收量与土壤金属有效态含量显著相关，而与总量相关性不明显.由此可见，将鸡粪制成鸡粪炭是一种有效降低Mn、Cu和Zn生物有效性的途径.

关键词：鸡粪；生物炭；重金属；生物有效性；湿地松
文章编号：0253-2468(2019)09-3053-11　中图分类号：X53　文献标识码：A

The effects of chicken manure pyrolysis on the bioavailability of Mn, Cu, Zn, and Cr

LIN Zhibin[1,2], XIE Zubin[1,*], LIU Benjuan[1,2], HU Tianlong[1,2], LIU Qi[1], MA Jing[1,2], LIU Gang[1], BEI Qicheng[2]
1. State Key Laboratory of Soil and Sustainable Agriculture, Institute of Soil Science, Chinese Academy of Sciences, Nanjing 210008
2. University of Chinese Academy of Sciences, Beijing 100049

Abstract: Heavy metals pollution caused by application of poultry manure directly into farmland has been widely concerned, and effectively decreasing the bioavailability of heavy metals in poultry manure is urgently needed. This paper studied the speciation distribution changes of Mn, Cu, Zn and Cr before and after chicken manure (CM) pyrolysis and the effects of CM and chicken manure biochar (CMB) on heavy metal uptake in above ground part of *Pinus elliottii* by mesocosm experiment. The results show that the application of CMB (400°C) significantly reduced the uptake and enrichment coefficient of Mn, Cu and Zn in aboveground part of *Pinus elliottii* when compared to CM application, while no significant differences of Cr uptake and enrichment coefficient were found. Tessier sequential extractions results show that the content of exchangeable Mn, Cu and Zn significantly decreased from 94.8, 10.0 and 34.9 mg·kg^{-1} in CM to 16.6 mg·kg^{-1}, undetected level and 1.8 mg·kg^{-1} in CMB, respectively, and the residual fraction of Cr was significantly increased after CM was pyrolyzed to CMB. The loss of Mn, Cu, Zn and Cr were 29.4%, 35.6%, 33.5% and 3.3%, respectively, when CM was converted to CMB. The amounts of Mn, Cu, Zn and Cr remained in bio-oil accounted for 51.7%, 53.0%, 32.9% and 13.1% of the total lost Mn, Cu, Zn and Cr, respectively. After CM was converted to CMB, 91.7% of available Mn, nearly 100% of available Cu and 97.5% of available Zn in CM were transformed to fraction bounded to Mn-Fe oxides, fraction bounded to organic matters and residual fraction or volatilized during pyrolysis. After one year field mesocosm experiment, the soil exchangeable Mn, Cu and Zn in CMB treatment were lower than those in CM treatment. Correlation analysis results show that the

收稿日期：2019-03-06　修回日期：2019-05-20　录用日期：2019-05-20
基金项目：农业部公益性行业(农业)专项课题(No.201503137)；国家自然科学基金面上项目(No.41171191)；科技部科技支撑计划项目课题(No.2013BAD11B01)

作者简介：林志斌(1988—)，男，博士研究生，E-mail：zblin@issas.ac.cn；* 责任作者，E-mail：zbxie@issas.ac.cn

5.非耕地日光温室4种樱桃番茄初果期生长和叶绿素荧光参数及品质的比较

刊 载 地：西北农业学报（2016）

作者单位：宁夏农林科学研

通讯作者：杨子强

内容提要：本文以4种樱桃番茄“碧娇”“爱莉特诺”“绿宝石”和“金妃”为材料，在开始开花时进行定量灌水处理。本文探索在非耕地日光温室基质桶栽水肥一体化条件下，4种樱桃番茄初果期生长和叶绿素荧光参数及品质，为非耕地高效节水农业发展及种植品种提供参考依据。结果表明：株高为“爱莉特诺”＞“绿宝石”＞“金妃”＞“碧娇”，茎粗为“绿宝石“＞“爱莉特诺”＞“碧娇”＞“金妃”；4种樱桃番茄光系统Ⅱ的反应中心用于电子传递的能量均高于用于热耗散的能量，其中“绿宝石”PSⅡ反应中心用于电子传递的能量和用于热耗散的能量均为最高；相比其他3个品种，“碧娇”相应启动御防机制能力更强，叶片中的过剩激发能更好地及时耗散；“金妃”的维生素C和可溶性糖达最高，“碧娇”最低；“碧娇”“爱莉特诺”“绿宝石”和“金妃”的可溶性糖质量分数影响不大。研究表明：4种樱桃番茄在定量灌水后，叶绿素荧光参数受到不同程度影响，进而影响番茄植株的生长和果实品质。

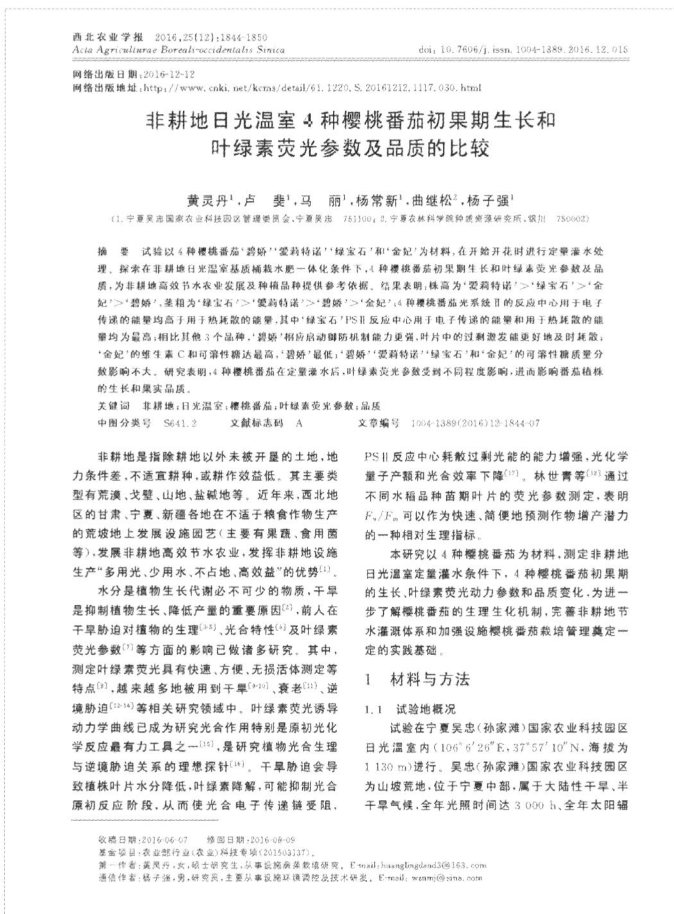

西北农业学报 2016,25(12):1844-1850
Acta Agriculturae Boreali-occidentalis Sinica
doi: 10.7606/j.issn.1004-1389.2016.12.015
网络出版日期：2016-12-12
网络出版地址：http://www.cnki.net/kcms/detail/61.1220.S.20161212.1117.030.html

非耕地日光温室4种樱桃番茄初果期生长和叶绿素荧光参数及品质的比较

黄灵丹[1]，卢 斐[1]，马 丽[1]，杨常新[1]，曲继松[2]，杨子强[1]
（1.宁夏吴忠国家农业科技园区管理委员会，宁夏吴忠 751100；2.宁夏农林科学院种质资源研究所，银川 750002）

摘 要 试验以4种樱桃番茄‘碧娇’‘爱莉特诺’‘绿宝石’和‘金妃’为材料，在开始开花时进行定量灌水处理。探索在非耕地日光温室基质桶栽水肥一体化条件下，4种樱桃番茄初果期生长和叶绿素荧光参数及品质，为非耕地高效节水农业发展及种植品种提供参考依据。结果表明：株高为‘爱莉特诺’＞‘绿宝石’＞‘金妃’＞‘碧娇’，茎粗为‘绿宝石’＞‘爱莉特诺’＞‘碧娇’＞‘金妃’；4种樱桃番茄光系统Ⅱ的反应中心用于电子传递的能量均高于用于热耗散的能量，其中‘绿宝石’PSⅡ反应中心用于电子传递的能量和用于热耗散的能量均为最高；相比其他3个品种，‘碧娇’相应启动御防机制能力更强，叶片中的过剩激发能更好地及时耗散；‘金妃’的维生素C和可溶性糖达最高，‘碧娇’最低；‘碧娇’‘爱莉特诺’‘绿宝石’和‘金妃’的可溶性糖质量分数影响不大。研究表明，4种樱桃番茄在定量灌水后，叶绿素荧光参数受到不同程度影响，进而影响番茄植株的生长和果实品质。

关键词 非耕地；日光温室；樱桃番茄；叶绿素荧光参数；品质
中图分类号 S641.2 文献标志码 A 文章编号 1004-1389(2016)12-1844-07

非耕地是指除耕地以外未被开垦的土地，地力条件差，不适宜耕种，或耕作效益低。其主要类型有荒漠、戈壁、山地、盐碱地等。近年来，西北地区的甘肃、宁夏、新疆各地在不适于粮食作物生产的荒坡地上发展设施园艺（主要有果蔬、食用菌等），发展非耕地高效节水农业，发挥非耕地设施生产“多用光、少用水、不占地、高效益”的优势[1]。

水分是植物生长代谢必不可少的物质，干旱是抑制植物生长、降低产量的重要原因[2]，前人在干旱胁迫对植物的生理[3-5]、光合特性[6]及叶绿素荧光参数[7]等方面的影响已做诸多研究。其中，测定叶绿素荧光具有快速、方便、无损活体测定等特点[8]，越来越多地被用到干旱[9-10]、衰老[11]、逆境胁迫[12-14]等相关研究领域中。叶绿素荧光诱导动力学曲线已成为研究光合作用特别是原初光化学反应最有力工具之一[15]，是研究植物光合生理与逆境胁迫关系的理想探针[16]。干旱胁迫会导致植株叶片水分降低，叶绿素降解，可能抑制光合原初反应阶段，从而使光合电子传递链受阻，PSⅡ反应中心耗散过剩光能的能力增强，光化学量子产额和光合效率下降[17]。林世青等[18]通过不同水稻品种苗期叶片的荧光参数测定，表明 F_v/F_m 可以作为快速、简便地预测作物增产潜力的一种相对生理指标。

本研究以4种樱桃番茄为材料，测定非耕地日光温室定量灌水条件下，4种樱桃番茄初果期的生长、叶绿素荧光动力参数和品质变化，为进一步了解樱桃番茄的生理生化机制，完善非耕地节水灌溉体系和加强设施樱桃番茄栽培管理奠定一定的实践基础。

1 材料与方法

1.1 试验地概况

试验在宁夏吴忠（孙家滩）国家农业科技园区日光温室内（106°6′26″E，37°57′10″N，海拔为1 130 m）进行。吴忠（孙家滩）国家农业科技园区为山坡荒地，位于宁夏中部，属于大陆性干旱、半干旱气候，全年光照时间达3 000 h、全年太阳辐

收稿日期：2016-06-07 修回日期：2016-08-09
基金项目：农业部行业（农业）科技专项（201503137）。
第一作者：黄灵丹，女，硕士研究生，从事设施蔬菜栽培研究。E-mail: huanglingdand3@163.com
通信作者：杨子强，男，研究员，主要从事设施环境调控及技术研发。E-mail: wzzmj@sina.com

6.枸杞枝条复配基质对番茄幼苗生长和光合的影响

刊 载 地：西北农林科技大学学报（自然科学版）（2018）

作者单位：宁夏农林科学院

通讯作者：曲继松

内容提要：本文研究目的是分析枸杞枝条不同复配基质对番茄幼苗生长发育及光合参数的影响，以筛选适宜的番茄育苗基质配比方案。本文采用的方法是以枸杞枝条、珍珠岩和蛭石作为基质材料，共设10个处理，其中T1处理全部使用枸杞枝条，其余9个处理中枸杞枝条、珍珠岩、蛭石的体积比分别为2 ∶ 1 ∶ 1（T2）、3 ∶ 1 ∶ 1（T3）、4 ∶ 1 ∶ 1（T4）、5 ∶ 1 ∶ 1（T5）、6 ∶ 1 ∶ 1（T6）、3 ∶ 1 ∶ 2（T7）、4 ∶ 1 ∶ 2（T8）、5 ∶ 1 ∶ 2（T9）、6 ∶ 1 ∶ 2（T10），以“壮苗二号”育苗基质作为对照（CK），分析不同复配基质的物理性状及其对番茄幼苗生长发育、光合参数和部分生理指标的影响。研究结果表明：添加枸杞枝条可降低复配基质的容重，提高复配基质的通气孔隙和持水孔隙，其中T10处理［*V*（枸杞枝条）∶*V*（珍珠岩）∶*V*（蛭石）=6 ∶ 1 ∶ 2］复配基质的物理性状在栽培基质的适宜范围内。由育苗指标可知，T10处理番茄幼苗的株高、茎粗、叶片数和根体积指标较好，壮苗指数较大，长势最强；番茄叶片的净光合速率最高，比CK高51.28%；番茄的单位中心吸收光能（ABS/RC）、能量散耗（DIo/RC）比CK高出7.2%和25.73%；番茄幼苗的总叶绿素含量最高，比CK高17.02%；番茄的MDA含量较低，比CK低39.65%。本文研究结论是：*V*（枸杞枝条）∶*V*（珍珠岩）∶*V*（蛭石）=6 ∶ 1 ∶ 2为番茄育苗的最适枸杞枝条基质配比方案，可作为无土栽培基质进行研发和利用。

第46卷 第12期　西北农林科技大学学报（自然科学版）　Vol. 46 No. 12
2018年12月　Journal of Northwest A&F University(Nat. Sci. Ed.)　Dec. 2018

网络出版时间：2018-06-15 16:08　DOI:10.13207/j.cnki.jnwafu.2018.12.010
网络出版地址：http://kns.cnki.net/kcms/detail/61.1390.S.20180615.1606.020.html

枸杞枝条复配基质对番茄幼苗生长和光合的影响

李 堃，曲继松，张丽娟，朱倩楠
（宁夏农林科学院 种质资源研究所，宁夏 银川 750002）

［摘 要］【目的】分析枸杞枝条不同复配基质对番茄幼苗生长发育及光合参数的影响，以筛选适宜的番茄育苗基质配比方案。【方法】以枸杞枝条、珍珠岩和蛭石作为基质材料，共设10个处理，其中T1处理全部使用枸杞枝条，其余9个处理中枸杞枝条、珍珠岩、蛭石的体积比分别为2∶1∶1(T2)、3∶1∶1(T3)、4∶1∶1(T4)、5∶1∶1(T5)、6∶1∶1(T6)、3∶1∶2(T7)、4∶1∶2(T8)、5∶1∶2(T9)、6∶1∶2(T10)，以“壮苗二号”育苗基质作为对照(CK)，分析不同复配基质的物理性状及其对番茄幼苗生长发育、光合参数和部分生理指标的影响。【结果】添加枸杞枝条可降低复配基质的容重，提高复配基质的通气孔隙和持水孔隙，其中T10处理(*V*(枸杞枝条)∶*V*(珍珠岩)∶*V*(蛭石)=6∶1∶2)复配基质的物理性状在栽培基质的适宜范围内。由育苗指标可知，T10处理番茄幼苗的株高、茎粗、叶片数和根体积指标较好，壮苗指数较大，长势最强；番茄叶片的净光合速率最高，比CK高51.28%；番茄的单位中心吸收光能(*ABS/RC*)、能量散耗(*DIo/RC*)比CK高出7.2%和25.73%；番茄幼苗的总叶绿素含量最高，比CK高17.02%；番茄的MDA含量较低，比CK低39.65%。【结论】综合比较认为，*V*(枸杞枝条)∶*V*(珍珠岩)∶*V*(蛭石)=6∶1∶2为番茄育苗的最适枸杞枝条基质配比方案，可作为无土栽培基质进行研发和利用。

［关键词］ 枸杞枝条；基质复配；番茄；生长；光合作用；叶绿素荧光参数

［中图分类号］ S641.201　［文献标志码］ A　［文章编号］ 1671-9387(2018)12-0074-08

Effects of wolfberry branches mixed substrate on growth and photosynthesis parameters of tomato seedlings

LI Kun, QU Jisong, ZHANG Lijuan, ZHU Qiannan
(*Institute of Germplasm Resources, Ningxia Academy of Agriculture and Forestry Science, Yinchuan, Ningxia 750002, China*)

Abstract: 【Purpose】 This experiment analyzed the effects of different compound substrates of Chinese wolfberry branch baking powder on the growth, development and photosynthetic parameters of tomato seedlings to select suitable mixing scheme for tomato seedling substrate. 【Method】 The project used Chinese wolfberry branch, perlite, and vermiculite as matrix materials and set a total of 10 treatments. T1 treatment used all lychee bars, and the remaining 9 treatments had the Chinese wolfberry branch, perlite and vermiculite volume ratios of 2∶1∶1(T2), 3∶1∶1(T3), 4∶1∶1(T4), 5∶1∶1(T5), 6∶1∶1(T6), 3∶1∶2(T7), 4∶1∶2(T8), 5∶1∶2(T9), and 6∶1∶2(T10), respectively. Using “Zhuangmiao No. 2” seedling substrate as control (CK), the physical properties of different compounded substrates and the effects on growth, and development, photosynthetic parameters and physiological indicators of tomato seedlings were analyzed. 【Result】 The addition of lychee bars reduced the bulk density while increased the

［收稿日期］ 2017-09-15
［基金项目］ 公益性行业（农业）科研专项（201503137）
［作者简介］ 李 堃（1991－），女，宁夏银川人，硕士，主要从事设施蔬菜生理与无土栽培研究。E-mail:1157401463@qq.com
［通信作者］ 曲继松（1980－），男，吉林永吉人，副研究员，硕士，主要从事设施环境调控和生物质基质化利用研究。E-mail:qujs119@126.com

7.不同有机肥施入对基质栽培设施厚皮甜瓜生长发育的影响

刊 载 地：长江蔬菜（2018）

作者单位：宁夏农林科学院

通讯作者：曲继松

内容提要：本文为研究不同有机肥料施入对基质栽培设施厚皮甜瓜生长发育的影响，采用田间小区试验的方法，以不施有机肥为CK，在有机肥总施用量165kg/667m^{2}前提下，按照2种肥料（雷力有机肥和光碳基肥）质量比（T1=5 ∶ 0，T2=4 ∶ 1，T3=3 ∶ 2，T4=2 ∶ 3，T5=1 ∶ 4，T6=0 ∶ 5）设置6个施肥处理，进行厚皮甜瓜农艺性状、品质指标、产量和光合参数比较研究。试验结果表明：T4果实横径为10.24cm，T1、T4品质、产量指标较佳，T1可溶性糖含量为151.7g/kg，T1和T4VC含量分别为87.2、85.6mg/kg，T3、T4的光合性能较优，T4的Pn为15.30μmol · m^{-2} · s^{-1}，T5的WUE为2.41。即在基质栽培条件下，有机肥总用量一致时，全部施用雷力有机肥的处理T1效果较优，其次是雷力有机肥 ∶ 光碳基肥=2 ∶ 3和1 ∶ 4处理的T4、T5。

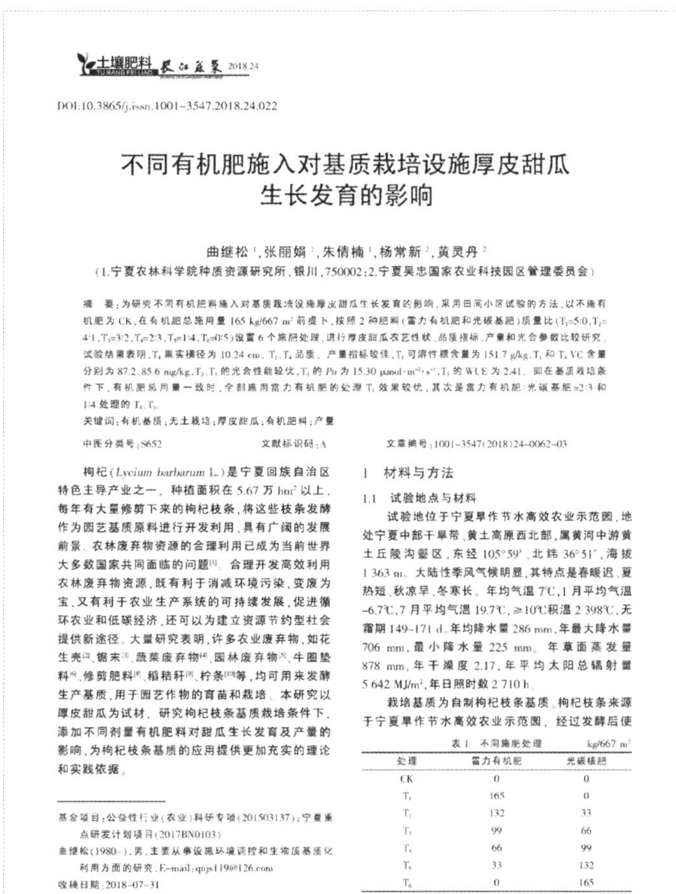

土壤肥料 长江蔬菜 2018.24

DOI:10.3865/j.issn.1001-3547.2018.24.022

不同有机肥施入对基质栽培设施厚皮甜瓜生长发育的影响

曲继松[1]，张丽娟[1]，朱倩楠[1]，杨常新[2]，黄灵丹[2]
（1.宁夏农林科学院种质资源研究所，银川，750002；2.宁夏吴忠国家农业科技园区管理委员会）

摘　要：为研究不同有机肥料施入对基质栽培设施厚皮甜瓜生长发育的影响，采用田间小区试验的方法，以不施有机肥为CK，在有机肥总施用量165 kg/667 m^{2}前提下，按照2种肥料（雷力有机肥和光碳基肥）质量比（T_1=5:0，T_2=4:1，T_3=3:2，T_4=2:3，T_5=1:4，T_6=0:5）设置6个施肥处理，进行厚皮甜瓜农艺性状、品质指标、产量和光合参数比较研究。试验结果表明，T_4果实横径为10.24 cm，T_1、T_4品质、产量指标较佳，T_1可溶性糖含量为151.7 g/kg，T_1和T_4 VC含量分别为87.2、85.6 mg/kg，T_3、T_4的光合性能较优，T_4的*Pn*为15.30 μmol·m^{-2}·s^{-1}，T_5的WUE为2.41。即在基质栽培条件下，有机肥总用量一致时，全部施用雷力有机肥的处理T_1效果较优，其次是雷力有机肥:光碳基肥=2:3和1:4处理的T_4、T_5。

关键词：有机基质；无土栽培；厚皮甜瓜；有机肥料；产量

中图分类号：S652　　文献标识码：A　　文章编号：1001-3547(2018)24-0062-03

枸杞（*Lycium barbarum* L.）是宁夏回族自治区特色主导产业之一，种植面积在5.67万hm^{2}以上，每年有大量修剪下来的枸杞枝条，将这些枝条发酵作为园艺基质原料进行开发利用，具有广阔的发展前景。农林废弃物资源的合理利用已成为当前世界大多数国家共同面临的问题[1]。合理开发高效利用农林废弃物资源，既有利于消减环境污染，变废为宝，又有利于农业生产系统的可持续发展，促进循环农业和低碳经济，还可以为建立资源节约型社会提供新途径。大量研究表明，许多农业废弃物，如花生壳[2]、锯末[3]、蔬菜废弃物[4]、园林废弃物[5]、牛圈垫料[6]、修剪肥料[8]、稻秸秆[9]、柠条[10]等，均可用来发酵生产基质，用于园艺作物的育苗和栽培。本研究以厚皮甜瓜为试材，研究枸杞枝条基质栽培条件下，添加不同剂量有机肥料对甜瓜生长发育及产量的影响，为枸杞枝条基质的应用提供更加充实的理论和实践依据。

基金项目：公益性行业（农业）科研专项（201503137）；宁夏重点研发计划项目（2017BN0103）

曲继松（1980-），男，主要从事设施环境调控和生物质基质化利用方面的研究，E-mail：qnjs119@126.com

收稿日期：2018-07-31

1　材料与方法

1.1　试验地点与材料

试验地位于宁夏旱作节水高效农业示范园，地处宁夏中部干旱带、黄土高原西北部，属黄河中游黄土丘陵沟壑区，东经105°59′、北纬36°51′，海拔1 363 m。大陆性季风气候明显，其特点是春暖迟、夏热短、秋凉早、冬寒长。年均气温7℃，1月平均气温-6.7℃，7月平均气温19.7℃，≥10℃积温2 398℃，无霜期149~171 d。年均降水量286 mm，年最大降水量706 mm，最小降水量225 mm。年草面蒸发量878 mm，年干燥度2.17，年平均太阳总辐射量5 642 MJ/m^2，年日照时数2 710 h。

栽培基质为自制枸杞枝条基质。枸杞枝条来源于宁夏旱作节水高效农业示范园，经过发酵后使

表1　不同施肥处理　kg/667 m^2

处理	雷力有机肥	光碳核肥
CK	0	0
T_1	165	0
T_2	132	33
T_3	99	66
T_4	66	99
T_5	33	132
T_6	0	165

8.水分胁迫对柠条基质栽培黄瓜幼苗生长及光合特性的影响

刊 载 地：江苏农业学报（2019）

作者单位：宁夏农林科学院

通讯作者：高丽红

内容提要：本文研究水分胁迫对柠条基质栽培黄瓜幼苗光合作用及相关生理指标的影响，为利用新型园艺基质培育优质黄瓜幼苗提供理论参考。本文采用72穴标准穴盘进行育苗，测定正常供水（CK）、中度水分胁迫（5% PEG-6000，DR-M）和重度水分胁迫（10% PEG-6000，DR-S）处理下黄瓜幼苗的株高、茎粗、根冠比、丙二醛（MDA）含量、超氧化物歧化酶（SOD）活性、过氧化物酶（POD）活性、光合参数、叶绿素荧光参数的变化。结果表明：水分胁迫显著抑制了黄瓜幼苗的生长，处理后第17d，与CK相比，DR-M处理的株高降低8.30%，DR-S处理的株高降低16.20%，DR-M处理的黄瓜幼苗茎粗增加0.85%，DR-S处理的茎粗下降7.67%。与CK相比，DR-M处理下黄瓜幼苗干物质积累量增加，根冠比下降，叶绿素含量降低，丙二醛含量增加，SOD和POD活性升高，净光合速率（Pn）、蒸腾速率（Tr）、气孔导度（Gs）、胞间CO2浓度（Ci）、水分利用效率（WUE）、初始荧光（Fo）、最大荧光（Fm）、可变荧光（Fv）、单位反应中心捕获的用于电子传递的能量（ETo/RC）均下降。对夏季柠条基质培育黄瓜幼苗而言，中度水分胁迫处理可抑制因温度过高、水分充足引起的徒长，有利于提高抗逆能力，增加干物质积累量，培育优质壮苗。

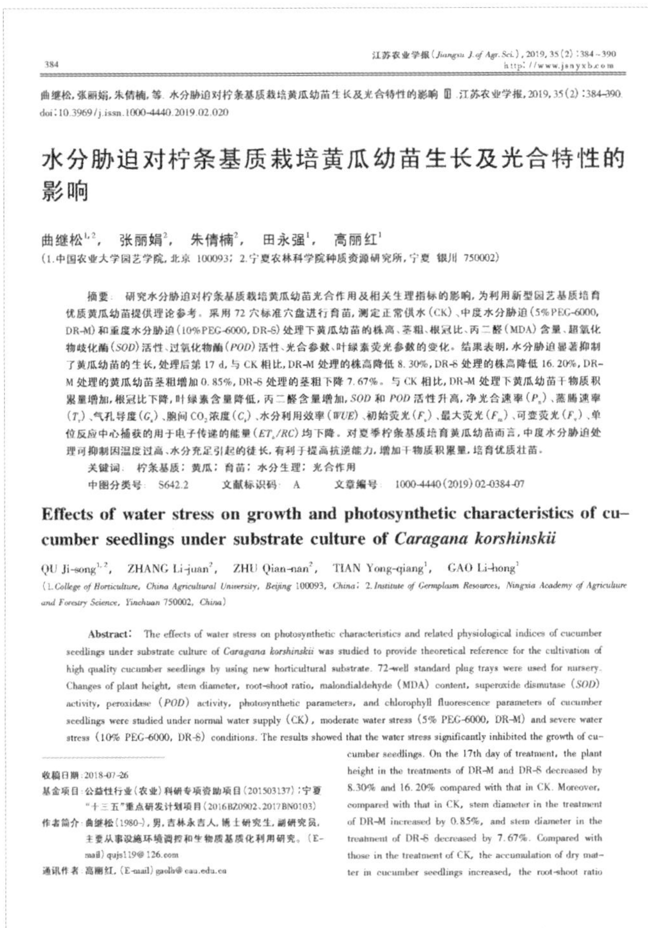
384　江苏农业学报（Jiangsu J. of Agr. Sci.），2019，35（2）：384～390　http://www.jsnyxb.com

曲继松，张丽娟，朱倩楠，等. 水分胁迫对柠条基质栽培黄瓜幼苗生长及光合特性的影响[J]. 江苏农业学报，2019，35（2）：384-390.
doi：10.3969/j.issn.1000-4440.2019.02.020

水分胁迫对柠条基质栽培黄瓜幼苗生长及光合特性的影响

曲继松[1,2]，张丽娟[2]，朱倩楠[2]，田永强[1]，高丽红[1]
（1.中国农业大学园艺学院，北京 100093；2.宁夏农林科学院种质资源研究所，宁夏 银川 750002）

摘要：研究水分胁迫对柠条基质栽培黄瓜幼苗光合作用及相关生理指标的影响，为利用新型园艺基质培育优质黄瓜幼苗提供理论参考。采用72穴标准穴盘进行育苗，测定正常供水（CK）、中度水分胁迫（5%PEG-6000，DR-M）和重度水分胁迫（10%PEG-6000，DR-S）处理下黄瓜幼苗的株高、茎粗、根冠比、丙二醛（MDA）含量、超氧化物歧化酶（SOD）活性、过氧化物酶（POD）活性、光合参数、叶绿素荧光参数的变化。结果表明，水分胁迫显著抑制了黄瓜幼苗的生长，处理后第17 d，与CK相比，DR-M处理的株高降低8.30%，DR-S处理的株高降低16.20%，DR-M处理的黄瓜幼苗茎粗增加0.85%，DR-S处理的茎粗下降7.67%。与CK相比，DR-M处理下黄瓜幼苗干物质积累量增加，根冠比下降，叶绿素含量降低，丙二醛含量增加，SOD和POD活性升高，净光合速率（P_n）、蒸腾速率（T_r）、气孔导度（G_s）、胞间CO_2浓度（C_i）、水分利用效率（WUE）、初始荧光（F_o）、最大荧光（F_m）、可变荧光（F_v）、单位反应中心捕获的用于电子传递的能量（ET_o/RC）均下降。对夏季柠条基质培育黄瓜幼苗而言，中度水分胁迫处理可抑制因温度过高、水分充足引起的徒长，有利于提高抗逆能力，增加干物质积累量，培育优质壮苗。

关键词：柠条基质；黄瓜；育苗；水分生理；光合作用
中图分类号：S642.2　文献标识码：A　文章编号：1000-4440（2019）02-0384-07

Effects of water stress on growth and photosynthetic characteristics of cucumber seedlings under substrate culture of *Caragana korshinskii*

QU Ji-song[1,2]，ZHANG Li-juan[2]，ZHU Qian-nan[2]，TIAN Yong-qiang[1]，GAO Li-hong[1]
（1.*College of Horticulture, China Agricultural University, Beijing* 100093，*China*；2.*Institute of Germplasm Resources, Ningxia Academy of Agriculture and Forestry Science, Yinchuan* 750002，*China*）

Abstract：The effects of water stress on photosynthetic characteristics and related physiological indices of cucumber seedlings under substrate culture of *Caragana korshinskii* was studied to provide theoretical reference for the cultivation of high quality cucumber seedlings by using new horticultural substrate. 72-well standard plug trays were used for nursery. Changes of plant height, stem diameter, root-shoot ratio, malondialdehyde（MDA）content, superoxide dismutase（SOD）activity, peroxidase（POD）activity, photosynthetic parameters, and chlorophyll fluorescence parameters of cucumber seedlings were studied under normal water supply（CK），moderate water stress（5% PEG-6000, DR-M）and severe water stress（10% PEG-6000, DR-S）conditions. The results showed that the water stress significantly inhibited the growth of cucumber seedlings. On the 17th day of treatment, the plant height in the treatments of DR-M and DR-S decreased by 8.30% and 16.20% compared with that in CK. Moreover, compared with that in CK, stem diameter in the treatment of DR-M increased by 0.85%, and stem diameter in the treatment of DR-S decreased by 7.67%. Compared with those in the treatment of CK, the accumulation of dry matter in cucumber seedlings increased, the root-shoot ratio

收稿日期：2018-07-26
基金项目：公益性行业（农业）科研专项资助项目（201503137）；宁夏"十三五"重点研发计划项目（2016BZ0902、2017BN0103）
作者简介：曲继松（1980-），男，吉林永吉人，博士研究生，副研究员，主要从事设施环境调控和生物质基质化利用研究。（E-mail）qujs119@126.com
通讯作者：高丽红，（E-mail）gaolh@cau.edu.cn

9.微生物菌剂对枸杞枝条粉发酵堆体腐熟效果的影响

刊 载 地：环境科学研究（2019）

作者单位：宁夏农林科学院

通讯作者：高丽红

内容提要：本文为探讨外源微生物对枸杞枝条粉基质化发酵堆体腐熟进程的影响，采用随机区组设计[T1（CK），枸杞枝条粉150kg；T2，枸杞枝条粉150kg+尿素4.15kg；T3，T2+粗纤维降解菌Ⅰ75g；T4，T2+粗纤维降解菌Ⅱ75g；T5，T2+锯末专用复合益菌75g；T6，T2+EM菌液75g；T7，T2+纤维素酶制剂75g]，以尿素为氮源，研究添加外源微生物对枸杞枝条粉基质化发酵过程中发酵指标参数的影响。结果表明：堆腐发酵至第6天时，各处理组的温度均达到最高值，其中，T3的温度达到68.2℃，T2 ～ T7内部温度超过50℃的时间依次为6d、9d、9d、7d、8d、7d。外源微生物菌剂的施用增加了枸杞枝条粉腐熟发酵后的湿容重、干容重、总孔隙度、通气孔隙、持水孔隙。至发酵结束后，各处理组的湿容重在（0.43 ～ 0.47）g/cm^3之间，T6的增幅最大。堆腐发酵过程中w（NH_4^+-N）变化呈先增后减的变化规律，发酵至第21天时，T4达784.81mg/kg；w（NO_3-N）呈逐渐增加的趋势，在发酵14 ～ 49d之间的增幅最大，其中，T3的平均日增加值最大，为16.02mg/（kg · d），而发酵70d后各处理组w（NO_3-N）逐渐趋于平稳。发酵前21d w（TOC）呈近直线下降，发酵前14dw（TN）呈直线上升；堆腐发酵至第49天 时，T2 ～ T7的GI（germination index，发芽指数）均高于50%，其中，T7为73.92%，较T1（CK）高出26.52%；发酵至第91天时，T1 ～ T7的GI均超过85%。研究结果表明：枸杞枝条发酵堆体基质化过程中添加尿素+粗纤维降解菌Ⅰ（Ⅱ）、尿素+EM菌液、尿素+锯末专用复合益菌等更有助于加快基质化进程、缩短发酵时间、提高发酵效率，可为枸杞枝条基质化工厂利用提供理论支撑。

第32卷 第2期 环境科学研究 Vol.32, No.2
2019年2月 Research of Environmental Sciences Feb., 2019

微生物菌剂对枸杞枝条粉发酵堆体腐熟效果的影响

曲继松[1,2]，张丽娟[2]，朱倩楠[2]，田永强[1]，高丽红[1*]
1.中国农业大学园艺学院，北京 100093
2.宁夏农林科学院种质资源研究所，宁夏 银川 750002

摘要：为探讨外源微生物对枸杞枝条粉基质化发酵堆体腐熟进程的影响，采用随机区组设计［T1（CK），枸杞枝条粉150 kg；T2，枸杞枝条粉150 kg+尿素4.15 kg；T3，T2+粗纤维降解菌Ⅰ 75 g；T4，T2+粗纤维降解菌Ⅱ 75 g；T5，T2+锯末专用复合益菌75 g；T6，T2+EM菌液75 g；T7，T2+纤维素酶制剂75 g］，以尿素为氮源，研究添加外源微生物对枸杞枝条粉基质化发酵过程中发酵指标参数的影响。结果表明：堆腐发酵至第6天时，各处理组的温度均达到最高值，其中，T3的温度达到68.2 ℃，T2～T7内部温度超过50 ℃的时间依次为6、9、9、7、8、7 d。外源微生物菌剂的施用增加了枸杞枝条粉腐熟发酵后的湿容重、干容重、总孔隙度、通气孔隙、持水孔隙。至发酵结束后，各处理组的湿容重在0.43～0.47 g/cm^3之间，T6的增幅最大。堆腐发酵过程中w（NH_4^+-N）变化呈先增后减的变化规律，发酵至第21天时，T4达784.81 mg/kg；w（NO_3^--N）呈逐渐增加的趋势，在发酵14～49 d之间的增幅最大，其中，T3的平均日增加值最大，为16.02 mg/（kg·d），而发酵70 d后各处理组w（NO_3^--N）逐渐趋于平稳。发酵前21 d w（TOC）呈近直线下降，发酵前14 d w（TN）呈直线上升；堆腐发酵至第49天时，T2～T7的GI（germination index，发芽指数）均高于50%，其中，T7为73.92%，较T1（CK）高出26.52%；发酵至第91天时，T1～T7的GI均超过85%。研究显示，枸杞枝条发酵堆体基质化过程中添加尿素+粗纤维降解菌Ⅰ（Ⅱ）、尿素+EM菌液、尿素+锯末专用复合益菌等更有助于加快基质化进程、缩短发酵时间、提高发酵效率，可为枸杞枝条基质化工厂利用提供理论支撑。

关键词：微生物菌剂；枸杞枝条粉；基质发酵；氮素；腐熟进程
中图分类号：X172 文章编号：1001-6929（2019）02-0332-08
文献标志码：A DOI：10.13198/j.issn.1001-6929.2018.08.19

Effect of Microbial Inoculum on the Humification Degree of ***Lycium barbarum*** L. Branches Powder Substrate Fermentation

QU Jisong[1,2], ZHANG Lijuan[2], ZHU Qiannan[2], TIAN Yongqiang[1], GAO Lihong[1*]
1.College of Horticulture, China Agricultural University, Beijing 100093, China
2.Institute of Germplasm Resources, Ningxia Academy of Agriculture and Forestry Science, Yinchuan 750002, China

Abstract: To investigate the effects of microbial inoculum (MI) on the fermentation process of Chinese wolfberry (goji) (*Lycium barbarum* L.), a randomized block design was conducted in this study. The treatments include (1) 150 kg goji powder (GP), (2) 150 kg GP plus 4.15 kg urea (GPU), (3) GPU plus 75 g crude fiber degradation bacteria (CFDB) Ⅰ, (4) GPU plus 75 g CFDB Ⅱ, (5) GPU plus 75 g sawdust special compound beneficial bacteria, (6) GPU plus 75 g EM fluid and (7) GPU plus 75 g cellulose enzyme preparation. The urea served as the nitrogen source for microbes. The results showed that on day 6 after treatment, all treatments showed the highest temperatures (HT), and for the T3 treatment the HT was 68.2 ℃. The treatments T2, T3, T4, T5, T6 and T7 showed temperatures higher than 50 ℃ on days 6, 9, 9, 7, 8 and 7, respectively. The MI increased the wet and dry quality, total porosity, aeration pore and water holding porosity. By the end of fermentation, the wet mass volumes among treatments varied from 0.43 to 0.47 g/cm^3, with the largest increase for the T6 treatment. Generally, ammonium-N content first increased and then decreased during the process of heap decay, and for the T4 treatment it reached 784.81 mg/kg on day 21 after fermentation. The nitrate-N increased gradually until peaked on days 14-49 after fermentation (T3 had the largest value of 16.02 mg/(kg·d)), and then decreased gradually and reached

收稿日期：2018-03-06 修订日期：2018-05-17
作者简介：曲继松（1980-），男，吉林永吉人，副研究员，硕士，主要从事设施环境调控和生物质基质化利用研究，qujs119@126.com.
* 责任作者，高丽红（1967-），女，内蒙古赤峰人，教授，博士，博导，主要从事设施环境调控与无土栽培研究，gaolh@cau.edu.cn
基金项目：公益性行业（农业）科研专项（No.201503137）；农业部现代农业产业技术体系大宗蔬菜项目（No.CARS-23）；宁夏"十三五"重点研发计划项目（No.2016BZ0902）
Supported by Special Fund for Agroscientific Research in the Public Interest, China (No.201503137); Modern Agricultural Industry Technology System Bulk Vegetable Project, China (No.CARS-23); Ningxia 13th Five-Year Key R&D Project, China (No.2016BZ0902)

10.枸杞枝条粉复配园艺基质对辣椒育苗的影响

刊 载 地：西北农业学报（2019）

作者单位：宁夏农林科学院

通讯作者：高丽红

内容提要：本文分析比较枸杞枝条粉复配基质对辣椒幼苗生长发育及光合参数的影响，筛选适宜的辣椒育苗基质配比方案，为枸杞枝条基质的研发、工厂化生产提供技术支撑。本文以枸杞枝条粉、珍珠岩和蛭石作为基质材料，共设11个复配处理，以“壮苗二号”育苗基质作为对照，分析不同复配基质的物理性状及其对辣椒幼苗生长发育及光合参数的影响。结果表明：T2处理和T7处理的成本核算较低，均为450元 · m^{-3}；添加枸杞枝条粉可降低复配基质的体积质量，提高复配基质的通气孔隙和持水孔隙。T6处理辣椒幼苗的长势最强，地上部鲜质量每株达到0.657g，根系活力达到1.06mg · g^{-1} · h^{-1}，MDA质量摩尔浓度比CK降低10.09％，净光合速率为5.45μmol · m^{-2} · s^{-1}，较CK提高50.14％；T10茎粗比CK提高4％，壮苗指数比CK提高41.93％，MDA质量摩尔浓度比CK降低6.33％，叶绿素a、叶绿素b及叶绿素总量的质量分数分别为0.6569mg · g^{-1}、0.309mg · g^{-1}、0.966mg · g^{-1}，净光合速率较CK提高4.68％，气孔导度和蒸腾速率较CK分别提高85.45％和41.27％。通过综合性状分析得出:T10处理和T6处理［V（枸杞枝条粉）：V（珍珠岩）：V（蛭石)=6 ：1 ：2和6 ：1 ：1］的枸杞枝条粉复配基质物理性质和育苗效果较好，较适于作为辣椒穴盘育苗的基质配比方案。

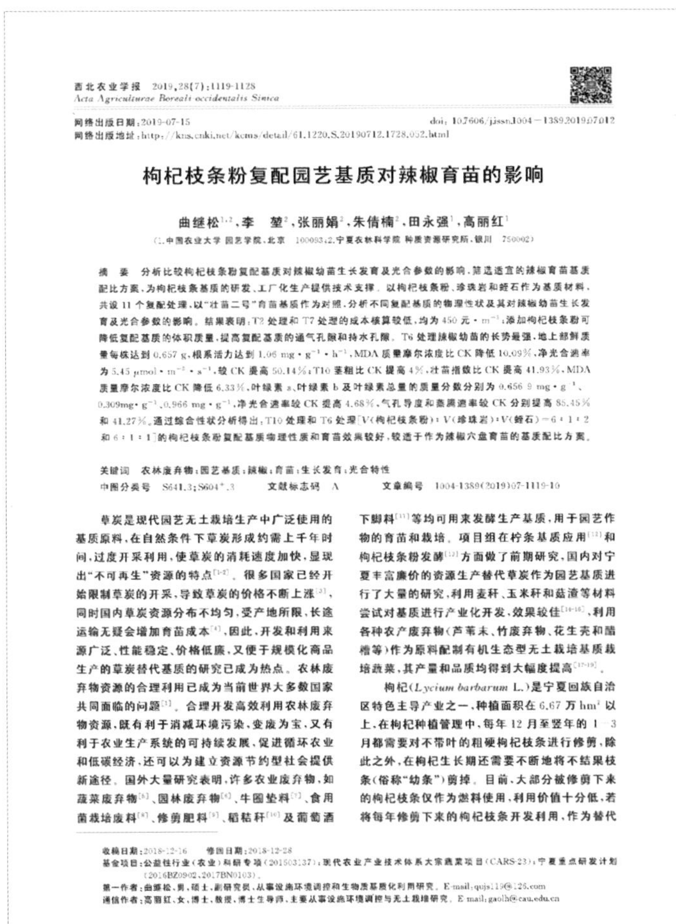

西北农业学报 2019,28(7):1119-1128
Acta Agriculturae Boreali-occidentalis Sinica
网络出版日期:2019-07-15 doi: 10.7606/j.issn.1004-1389.2019.07.012
网络出版地址:http://kns.cnki.net/kcms/detail/61.1220.S.20190712.1728.052.html

枸杞枝条粉复配园艺基质对辣椒育苗的影响

曲继松[1,2],李 堃[2],张丽娟[2],朱倩楠[2],田永强[1],高丽红[1]
(1.中国农业大学 园艺学院,北京 100093;2.宁夏农林科学院 种质资源研究所,银川 750002)

摘 要 分析比较枸杞枝条粉复配基质对辣椒幼苗生长发育及光合参数的影响,筛选适宜的辣椒育苗基质配比方案,为枸杞枝条基质的研发、工厂化生产提供技术支撑. 以枸杞枝条粉、珍珠岩和蛭石作为基质材料,共设11个复配处理,以"壮苗二号"育苗基质作为对照,分析不同复配基质的物理性状及其对辣椒幼苗生长发育及光合参数的影响。结果表明:T2处理和T7处理的成本核算较低,均为450元 · m^{-3};添加枸杞枝条粉可降低复配基质的体积质量,提高复配基质的通气孔隙和持水孔隙. T6处理辣椒幼苗的长势最强,地上部鲜质量每株达到0.657 g,根系活力达到1.06 mg · g^{-1} · h^{-1},MDA质量摩尔浓度比CK降低10.09%,净光合速率为5.45 μmol · m^{-2} · s^{-1},较CK提高50.14%;T10茎粗比CK提高4%,壮苗指数比CK提高41.93%,MDA质量摩尔浓度比CK降低6.33%,叶绿素a、叶绿素b及叶绿素总量的质量分数分别为0.656 9 mg · g^{-1}、0.309mg · g^{-1}、0.966 mg · g^{-1},净光合速率较CK提高4.68%,气孔导度和蒸腾速率较CK分别提高85.45%和41.27%。通过综合性状分析得出:T10处理和T6处理[V(枸杞枝条粉):V(珍珠岩):V(蛭石)=6:1:2和6:1:1]的枸杞枝条粉复配基质物理性质和育苗效果较好,较适于作为辣椒穴盘育苗的基质配比方案。

关键词 农林废弃物;园艺基质;辣椒;育苗;生长发育;光合特性
中图分类号 S641.3;S604+.3 文献标志码 A 文章编号 1004-1389(2019)07-1119-10

草炭是现代园艺无土栽培生产中广泛使用的基质原料,在自然条件下草炭形成约需上千年时间,过度开采利用,使草炭的消耗速度加快,显现出"不可再生"资源的特点[1-2]. 很多国家已经开始限制草炭的开采,导致草炭的价格不断上涨[3],同时国内草炭资源分布不均匀,受产地所限,长途运输无疑会增加育苗成本[4],因此,开发和利用来源广泛、性能稳定、价格低廉,又便于规模化商品生产的草炭替代基质的研究已成为热点。农林废弃物资源的合理利用已成为当前世界大多数国家共同面临的问题[1]. 合理开发高效利用农林废弃物资源,既有利于消减环境污染、变废为宝,又有利于农业生产系统的可持续发展、促进循环农业和低碳经济,还可以为建立资源节约型社会提供新途径. 国外大量研究表明,许多农业废弃物,如蔬菜废弃物[5]、园林废弃物[6]、牛圈垫料[7]、食用菌栽培废料[8]、修剪肥料[9]、稻秸秆[10]及葡萄酒下脚料[11]等均可用来发酵生产基质,用于园艺作物的育苗和栽培. 项目组在柠条基质应用[12]和枸杞枝条粉发酵[13]方面做了前期研究,国内对宁夏丰富廉价的资源生产替代草炭作为园艺基质进行了大量的研究,利用麦秆、玉米秆和菇渣等材料尝试对基质进行产业化开发,效果较佳[14-16],利用各种农产废弃物(芦苇末、竹废弃物、花生壳和醋糟等)作为原料配制有机生态型无土栽培基质栽培蔬菜,其产量和品质均得到大幅度提高[17-19].

枸杞(*Lycium barbarum* L.)是宁夏回族自治区特色主导产业之一,种植面积在6.67万 hm^2 以上,在枸杞种植管理中,每年12月至翌年的1—3月都需要对不带叶的粗硬枸杞枝条进行修剪,除此之外,在枸杞生长期还需要不断地将不结果枝条(俗称"幼条")剪掉. 目前,大部分被修剪下来的枸杞枝条仅作为燃料使用,利用价值十分低,若将每年修剪下来的枸杞枝条开发利用,作为替代

收稿日期:2018-12-16 修回日期:2018-12-28
基金项目:公益性行业(农业)科研专项(201503137);现代农业产业技术体系大宗蔬菜项目(CARS-23);宁夏重点研发计划(2016BZ0902、2017BN0103).
第一作者:曲继松,男,硕士,副研究员,从事设施环境调控和生物质基质化利用研究. E-mail:qujs119@126.com
通信作者:高丽红,女,博士,教授,博士生导师,主要从事设施环境调控与无土栽培研究. E-mail:gaolh@cau.edu.cn

11.复配基质对茄子幼苗生长和光合参数的影响

刊 载 地：中国瓜菜（2019）

作者单位：宁夏农林科学院

通讯作者：曲继松

内容提要：本文分析不同枸杞枝条复配基质对茄子幼苗生长发育的影响，比较复配基质的育苗效果，筛选适宜的茄子育苗基质配比方案，为枸杞枝条复配基质的研发、工厂化生产提供技术支撑。本文以枸杞枝条、珍珠岩和蛭石作为基质材料，共设11个处理，以“壮苗二号”育苗基质作为对照（CK），分析不同复配基质的物理性状及其对茄子幼苗生长及光合参数的影响。添加枸杞枝条可降低复配基质的容重，提高复配基质的通气孔隙和持水孔隙。T7处理（*V*枸杞枝条：*V*珍珠岩：*V*蛭石=3：1：2）茄子幼苗株高达到5.15cm，茎粗值最高达到1.99mm，单株叶片数为4.00片，叶绿素a质量分数为0.978 2mg · g^{-1}，叶绿素b质量分数为0.386 9mg · g^{-1}，总叶绿素质量分数达到1.365 1mg · g^{-1}，较CK高出42.90%，壮苗指数达到0.058 9，较CK高出19.96%；T7处理POD酶活性为328.83U · g^{-1}，较CK高出168.39%，MDA质量分数显著高于CK，净光合速率达到6.17μmol · m^{-2} · s^{-1}，较CK高出65.42%，蒸腾速率、胞间CO_2浓度、气孔导度均高于CK，其中气孔导度较CK高47.03%。通过综合性状分析得出*V*（枸杞枝条）：*V*（珍珠岩）：*V*（蛭石）=3：1：2为茄子育苗的最适枸杞枝条基质配比方案，可作为园艺栽培基质进行研发和利用。

2019,32(11):53-58 中国瓜菜 试验研究

复配基质对茄子幼苗生长和光合参数的影响

曲继松，张丽娟，朱倩楠

（宁夏农林科学院种质资源研究所 银川 750002）

摘 要：分析不同枸杞枝条复配基质对茄子幼苗生长发育的影响，比较复配基质的育苗效果，筛选适宜的茄子育苗基质配比方案，为枸杞枝条复配基质的研发、工厂化生产提供技术支撑。以枸杞枝条、珍珠岩和蛭石作为基质材料，共设11个处理，以“壮苗二号”育苗基质作为对照（CK），分析不同复配基质的物理性状及其对茄子幼苗生长及光合参数的影响。添加枸杞枝条可降低复配基质的容重，提高复配基质的通气孔隙和持水孔隙。T7处理（$V_{枸杞枝条}$:$V_{珍珠岩}$:$V_{蛭石}$=3:1:2）茄子幼苗株高达到5.15 cm，茎粗值最高达到1.99 mm，单株叶片数为4.00片，叶绿素a质量分数为0.978 2 mg·g^{-1}，叶绿素b质量分数为0.386 9 mg·g^{-1}，总叶绿素质量分数达到1.365 1 mg·g^{-1}，较CK高出42.90%，壮苗指数达到0.058 9，较CK高出19.96%；T7处理POD酶活性为328.83 U·g^{-1}，较CK高出168.39%，MDA质量分数显著高于CK，净光合速率达到6.17 μmol·m^{-2}·s^{-1}，较CK高出65.42%，蒸腾速率、胞间CO_2浓度、气孔导度均高于CK，其中气孔导度较CK高47.03%。通过综合性状分析得出$V_{枸杞枝条}$:$V_{珍珠岩}$:$V_{蛭石}$=3:1:2为茄子育苗的最适枸杞枝条基质配比方案，可作为园艺栽培基质进行研发和利用。

关键词：茄子；枸杞枝条；复配基质；生长；光合作用

DOI:10.16861/j.cnki.zggc.2019.0295

Effects of mixed substrate on the growth and photosynthesis parameters of eggplant seedlings

QU Jisong, ZHANG Lijuan, ZHU Qiannan

(*Institute of Germplasm Resources, Ningxia Academy of Agriculture and Forestry Science, Yinchuan 750002, Ningxia, China*)

Abstract: The effects of different wolfberry branches compound substrates on the growth and development of eggplant seedlings were analyzed, and the seedling-raising effects of the compound substrates were compared. The suitable proportioning scheme of the eggplant seedling-raising substrates was screened, which provided technical support for the research and development of wolfberry branches compound substrates and the industrialized production. Wolfberry branches, perlite and vermiculite were used as matrix materials. Eleven treatments were set up. The physical properties of different compound matrices and their effects on growth and photosynthetic parameters of eggplant seedlings were analyzed with ‘Zhuangmiao 2’ as control (CK). The addition of wolfberry branches can reduce the bulk density of the composite matrix, and increase the aeration and water-holding pore of the composite matrix. Eggplant seedlings treated with T7 reached 5.15 cm, stem diameter reached 1.99 mm, leaf number was 4.00 pieces each plant, chlorophyll a content was 0.978 2 mg · g^{-1}, chlorophyll b content was 0.386 9 mg · g^{-1}, total chlorophyll content was 1.365 1 mg · g^{-1}, 42.90% higher than CK, POD activity was 328.83 U · g^{-1}, 168.39% higher than CK, MDA content was significantly higher than CK, net light. The combined rate reached 6.17 μmol m^{-2} · s^{-1}, 65.42% higher than CK. The transpiration rate, intercellular CO_2 concentration and stomatal conductance were higher than CK, and stomatal conductance was 47.03% higher than CK. Through the analysis of comprehensive characteristics, it is concluded that: $V_{Wolfberry\ branch}$: $V_{Perlite}$: $V_{Vermiculite}$ = 3 : 1 : 2 is the optimum ratio of wolfberry branches matrix for eggplant seedling, which can be used as horticultural cultivation medium for research and development.

Key words: Eggplant; Wolfberry branches; Mixed substrate; Growth; Photosynthesis

随着现代园艺产业急速发展，草炭已经成为现代园艺无土栽培生产中广泛使用的基质原料，在自然条件下草炭形成约需上千年时间，但由于过度开采利用，使草炭的消耗速度加快，体现出“不可再生”资源的特点[1-2]。很多国家已经开始限制草炭的开采，导致草炭的价格不断上涨[3]，草炭资源分布不

收稿日期：2019-02-27；修回日期：2019-03-23

基金项目：国家自然科学基金（31860576）；公益性行业（农业）科研专项（201503137）；宁夏农林科学院科技先导资金项目（NKYJ-18-20）

作者简介：曲继松，男，副研究员，主要从事设施环境调控和生物质基质化利用研究。E-mail：qujs119@126.com

12.椰糠栽培条件下两个樱桃番茄品种的比较

刊 载 地：宁夏农林科技（2018）

作者单位：宁夏农林科学院

通讯作者：曲继松

内容提要：本文以樱桃番茄品种爱吉蓓丽、金妃为试材，在现代日光温室条件下，对品种的平均单株果穗数、平均单穗果个数、平均单果重、单株产量、抗病性、果实商品性、果实品质进行综合比较与评价。结果表明：粉果樱桃番茄爱吉蓓丽植株生长势强、抗病性好，果实商品性状好、口感风味俱佳，单株产量较高，更适宜于当地日光温室种植。

18　宁夏农林科技，Ningxia Journal of Agri. and Fores. Sci.& Tech. 2018，59(12):18-19

椰糠栽培条件下两个樱桃番茄品种的比较

李 佳[1]，黄灵丹[1]，杨常新[1]，陈立鑫[2]，俞凤娟[3]，曲继松[4*]

1.宁夏吴忠国家农业科技园区管理委员会，宁夏 吴忠 751100

2.吴忠市天禾农牧开发服务有限公司，宁夏 吴忠 751100

3.宁夏回族自治区园艺技术推广站，宁夏 银川 750002

4.宁夏农林科学院种质资源研究所，宁夏 银川 750002

摘 要：以樱桃番茄品种爱吉蓓丽、金妃为试材，在现代日光温室条件下，对品种的平均单株果穗数、平均单穗果个数、平均单果重、单株产量、抗病性、果实商品性、果实品质进行综合比较与评价。结果表明：粉果樱桃番茄爱吉蓓丽植株生长势强、抗病性好，果实商品性状好、口感风味俱佳，单株产量较高，更适宜于当地日光温室种植。

关键词：樱桃番茄；品种比较；日光温室

中图分类号：S626；S641.2　　文献标识码：A　　文章编号：1002-204X(2018)12-0018-02

doi:10.3969/j.issn.1002-204x.2018.12.006

Comparative Study on Two Cherry Tomato Varieties by Coco Coir Cultivation Method

LI Jia et al. (National Agricultural Science & Technology Park Management Committee in Wuzhong, Ningxia, Wuzhong, Ningxia 751100)

Abstract The Cherry tomato varieties of Aijibeili and Jinfei were taken as test materials. Under modern solar greenhouse conditions, the comprehensive comparison and evaluation were carried out in the fields of the number of ears per plant, the number of fruits per ear, the average weight of single fruit, yield per plant, disease resistance, fruit marketability, fruit quality and etc. The results showed that the Aijibeili was more suitable for local solar greenhouse planting with stronger growth potential and better disease resistance and fruit commodity, preferred taste flavor as well as higher yield per plant.

Key words Cherry tomato; Variety comparison; Solar greenhouse

樱桃番茄又名小番茄，属于茄科番茄属的一种特殊类型，其外形小巧可爱，色泽艳丽，且风味独特，可作为水果型蔬菜。樱桃番茄大多为无限生长型，产量高，且营养丰富，其糖度、维生素和矿物质含量都远高于普通大果番茄，深受消费者喜爱[1]。樱桃番茄还具有很高的观赏价值，良好的经济效益，在设施蔬菜生产中有很大的栽培面积。本试验以2个樱桃番茄为试材，对品种的植物学性状、果实品质、产量等进行了比较研究，旨在筛选出适宜吴忠国家农业科技园区日光温室栽培的高产、优质的樱桃番茄新品种，为生产实践提供一定的指导。

1 材料与方法

1.1 试验材料

供试樱桃番茄品种为爱吉蓓丽、金妃，种子分别由江苏绿港现代农业发展有限公司和农友种苗(中国)有限公司提供，2个品种均为无限生长型。

1.2 试验方法

试验在宁夏吴忠国家农业示范园区基地的日光温室内进行，温室长度100 m，跨度15 m。采用槽式椰糠栽培技术，由于椰糠具有成本较低、理化性状良好、清洁无污染等特性逐渐成为重要的无土栽培基质。该技术是以椰糠为栽培基质的一种无土栽培技术，将消毒后的椰糠袋放置于栽培槽中，每行放置81个，摆放前椰糠袋正面按株距25 cm剪出定植孔。

采用东西横向双行种植，株距25 cm，每小区定植760株，单杆整枝。于2017年7月14日定植，9月12日首次采收，次年4月下旬采收结束。试验采用单因素随机区组设计，以每个品种为1个处理，设3次重复，小区面积175 m^2，每小区随机选样10株，挂牌标记，定期进行观察记录。田间管理和病虫害防治按照常规进行。

1.3 测定项目

1.3.1 植物学性状调查　每小区随机选取不同穗的10个果实测定其单果重，统计10株樱桃番茄的单穗果个数、单株穗数、单株结果数及其单株产量，观察各品种整体生长情况。

1.3.2 番茄的果实性状　在果实成熟期，每小区随机选取不同穗的10个果实，观察记载其果型、果色、口感等，测定其果实纵横径，计算果型指数。果型通过果型指数(纵径/横径)来判断。

1.3.3 番茄营养成分　于果实成熟期采集鲜果样，分别测

基金项目：公益性行业(农业)科研专项(201503137)。

作者简介：李佳(1991-)，女，甘肃武威人，硕士研究生，主要从事设施蔬菜栽培研究和试验示范。

*通讯作者：曲继松，硕士，副研究员，主要从事设施园艺工程技术与蔬菜栽培生理研究。

收稿日期：2018-10-09　修回日期：2018-11-06

13. *Pontibacter silvestris* sp. nov., isolated from the soil of a *Populus euphratica* forest and emended description of the genus *Pontibacter*

刊 载 地：Int.J.Syst Evol Microbio（2018）

作者单位：新疆农科院微生物应用研究所

通讯作者：Ghenijan Osman、杨新平

内容提要：Strain XAAS-R86^T，a Gram-stain-negative，short rod-shaped，non-motile，aerobic bacterium，was isolated from a *Populus euphratica* forest near the city of Hotan，Xinjiang，PR China. The cells were found to be positive for catalase and oxidase activities. Growth occurred optimally at 28–30 C，pH 7.0–7.5 and in the presence of 0.5% –2.0% NaCl（w/v). The results of phylogenetic analysis of the 16S rRNA gene indicated that XAAS-R86^T represents a member of the genus *Pontibacter* within the family *Hymenobacteraceae*. *Pontibacter akesuensis* CCTCC AB 206086^T is the most closely related species with a validly published name，based on 16S rRNA gene sequence identity（95.7%）. The DNA G+C content of the strain is 43.9mol% . The main respiratory quinone is MK-7 and the major cellular fatty acids are summed feature 4（iso-$C_{17:1}$I and/or anteiso-$C_{17:1}$B）and iso-$C_{15:0}$ and its major polar lipids are phosphatidylethanolamine and two unidentified lipids. On the basis of the results of tests performed using a polyphasic approach，XAAS-R86^T represents a novel species of the genus *Pontibacter*，for which the name *Pontibacter silvestris* sp. nov. is proposed，with the type strain XAAS-R86^T (=CCTCC AB 2017165^T =KCTC 62047^T).

INTERNATIONAL JOURNAL OF SYSTEMATIC AND EVOLUTIONARY MICROBIOLOGY

TAXONOMIC DESCRIPTION
Osman et al., Int J Syst Evol Microbiol 2018;68:3243–3247
DOI 10.1099/ijsem.0.002972

MICROBIOLOGY SOCIETY

Pontibacter silvestris sp. nov., isolated from the soil of a *Populus euphratica* forest and emended description of the genus *Pontibacter*

Ghenijan Osman,[1,2,*]† Zhifang Wang,[1,2]† Ning Wang,[1,2]† Gulinisha Shayimu,[1,2] Min Hou,[1,2] Wenchao Guo[1,2] and Xinping Yang[1,2,*]

Abstract

Strain XAAS-R86^T, a Gram-stain-negative, short rod-shaped, non-motile, aerobic bacterium, was isolated from a *Populus euphratica* forest near the city of Hotan, Xinjiang, PR China. The cells were found to be positive for catalase and oxidase activities. Growth occurred optimally at 28–30 °C, pH 7.0–7.5 and in the presence of 0.5–2.0 % NaCl (w/v). The results of phylogenetic analysis of the 16S rRNA gene indicated that XAAS-R86^T represents a member of the genus *Pontibacter* within the family *Hymenobacteraceae*. *Pontibacter akesuensis* CCTCC AB 206086^T is the most closely related species with a validly published name, based on 16S rRNA gene sequence identity (95.7 %). The DNA G+C content of the strain is 43.9 mol%. The main respiratory quinone is MK-7 and the major cellular fatty acids are summed feature 4 (iso-$C_{17:1}$I and/or anteiso-$C_{17:1}$B) and iso-$C_{15:0}$ and its major polar lipids are phosphatidylethanolamine and two unidentified lipids. On the basis of the results of tests performed using a polyphasic approach, XAAS-R86^T represents a novel species of the genus *Pontibacter*, for which the name *Pontibacter silvestris* sp. nov. is proposed, with the type strain XAAS-R86^T (=CCTCC AB 2017165^T=KCTC 62047^T).

The genus *Pontibacter* Nedashkovskaya *et al.* 2005 emend. Wang *et al.* 2010 with its type species *Pontibacter actiniarum* Nedashkovskaya *et al.* 2005, belongs to the family *Hymenobacteraceae* Munoz *et al.* 2016 and the phylum *Bacteroidetes* Krieg *et al.* 2012 [1–3]. Members of this genus are aerobic, Gram-stain-negative, non-spore-forming, motile or non-motile bacteria that possess phosphatidylethanolamine (PE) as the major polar lipid and menaquinone 7 (MK-7) as the major respiratory quinone. Species of this genus with validly published names have been isolated from a marine coelenterate, solar saltern, desert, sea water, forests, mountains, plant rhizospheres, pond sediments, a hexachlorocyclohexane dumpsite and a salt lake [1, 2, 4–10]. This study focuses on the description of a novel strain, XAAS-R86^T, isolated from the soil sample of a *Populus euphratica* forest.

Strain XAAS-R86^T was isolated from a soil sample from a *Populus euphratica* forest near the city of Hotan, Xinjiang, PR China, (37° 15′ 31.6″ N, 80° 22′ 48.5″ E) on 14 October 2016. *Populus euphratica* is a rare, ancient and endangered species, and is only able to form forests in inland river basins located in arid areas. It is also an essential component of desert riparian ecosystems. *Pontibacter populi* Xu *et al.* 2012 [7] was also isolated from a *Populus euphratica* forest. The soil sample was diluted serially with a sterile 0.85 % (w/v) NaCl solution, and these dilutions were plated onto 0.3× marine broth 2216 (MB, Difco) agar plates (containing 11.22 g marine broth 2216, 15 g agar and 1 l deionized water). XAAS-R86^T was purified by repeated subculture on 0.3× MB agar plates and stored at −80 °C in glycerol suspensions (20 % in distilled water, w/v). On the basis of 16S rRNA gene sequence similarities and analysis of phylogenetic trees, *Pontibacter akesuensis* CCTCC AB 206086^T and *Pontibacter rugosus* KACC 18739^T were selected as reference strains, and as the type strain of the type species of the genus *Pontibacter*, *Pontibacter actiniarum* KACC 15405^T was also selected as reference strain and evaluated in parallel with XAAS-R86^T.

Cell morphology was examined by phase-contrast microscopy (CX41, Olympus) and by transmission electron microscopy (H-600A, Hitachi) (Fig. S1, available in the online version of this article) after incubation in 0.3× MB at 28 °C for 2 days with shaking at 150 r.p.m. Gram staining

Author affiliations: [1]Institute of Microbiology, Xinjiang Academy of Agricultural Sciences, Urumqi, 830091, PR China; [2]Xingjian Laboratory of Special Environmental Microbiology, Urumqi, 830091, PR China.
***Correspondence:** Ghenijan Osman, ghenijan85@foxmail.com *or* ghenijan_nur@yahoo.com; Xinping Yang, 920553133@qq.com
Keywords: *Pontibacter*; forest soil; *Populus euphratica*.
Abbreviations: AL, aminolipid; GL, glycolipid; MK-7, menaquinone 7; PE, phosphatidylethanolamine; PL, phospholipid; UL, unidentified lipid.
†These authors contributed equally to this work.
The GenBank accession number for the 16S rRNA gene sequence of XAAS-R86^T is MG547902.
Two supplementary figures are available with the online version of this article.

14.棉秸秆自然腐解过程中细菌菌群多样性分析

刊 载 地：新疆农业科学（2019）

作者单位：新疆农科院微生物应用研究所

通讯作者：杨新平

内容提要：本文的研究目的是分析棉秸秆在自然腐解过程中细菌群落组成和多样性，获得与棉秸秆腐解有关的优势细菌菌属，为秸秆腐熟菌剂的制备奠定基础。本文的研究方法是采用高通量测序技术，对棉秸秆自然腐解过程、不同时间样品中的细菌16S rDNA基因的V4区测序，利用生物信息学方法分析测序结果。本文研究结果是测序共得到354 067条有效序列，2 111条OTU序列，腐解初期有268个菌属，中期有300个菌属，末期有325个菌属。菌群α多样性指数分析显示，随着腐解时间的延长，7d以后菌群多样性增加，与起始时相比差异显著（$P<0.05$），而7 ～ 28d菌群多样性差异不显著（$P>0.05$）。在整个堆制过程中始终存在的优势菌属包括鞘氨醇杆菌属（*Sphingobacterium*）、橄榄球菌属（*Olivibacter*）、假黄单胞菌属（*Pseudoxanthomonas*）、德沃斯氏菌属（*Devosia*）、根瘤菌属（*Rhizobium*）。本文的研究结论是棉秸秆自然腐解过程中，在7d时细菌群落多样性在属水平上与腐解起始阶段差异显著（$P<0.05$），随着腐解时间延长，菌落多样性趋于一致；在整个腐熟过程中始终存在5个优势属，功能预测为降解纤维素、木质素、果胶类物质以及提供氮素营养。

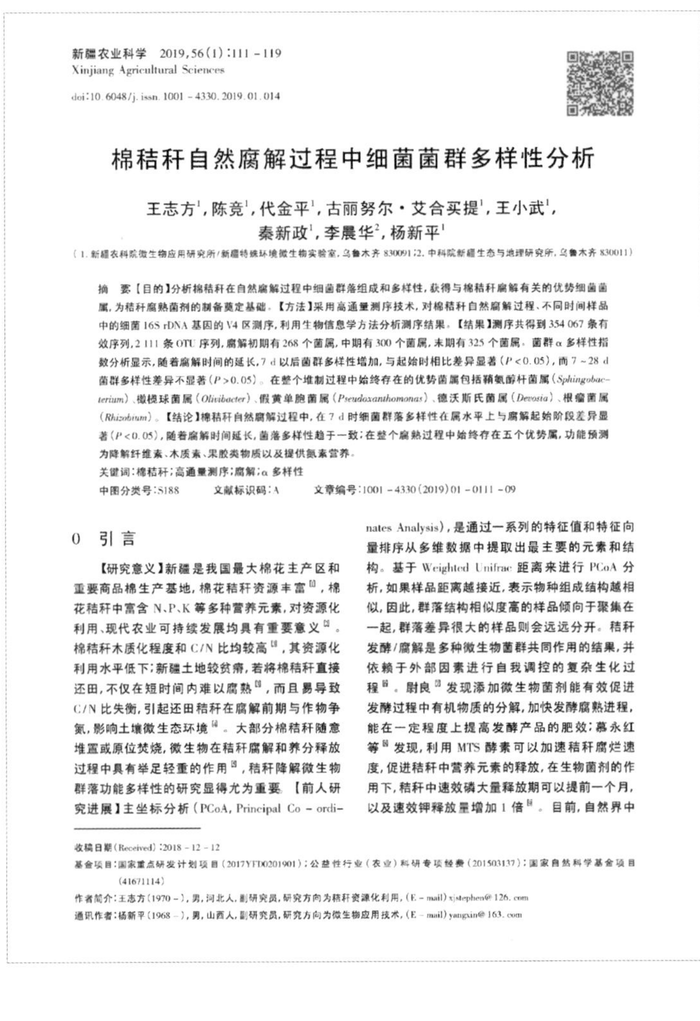
新疆农业科学 2019,56(1):111－119
Xinjiang Agricultural Sciences
doi:10.6048/j.issn.1001－4330.2019.01.014

棉秸秆自然腐解过程中细菌菌群多样性分析

王志方[1]，陈竞[1]，代金平[1]，古丽努尔·艾合买提[1]，王小武[1]，
秦新政[1]，李晨华[2]，杨新平[1]
（1.新疆农科院微生物应用研究所/新疆特殊环境微生物实验室，乌鲁木齐 830091；2.中科院新疆生态与地理研究所，乌鲁木齐 830011）

摘 要【目的】分析棉秸秆在自然腐解过程中细菌群落组成和多样性，获得与棉秸秆腐解有关的优势细菌菌属，为秸秆腐熟菌剂的制备奠定基础。【方法】采用高通量测序技术，对棉秸秆自然腐解过程、不同时间样品中的细菌16S rDNA基因的V4区测序，利用生物信息学方法分析测序结果。【结果】测序共得到354 067条有效序列，2 111条OTU序列，腐解初期有268个菌属，中期有300个菌属，末期有325个菌属。菌群α多样性指数分析显示，随着腐解时间的延长，7 d以后菌群多样性增加，与起始时相比差异显著（$P<0.05$），而7～28 d菌群多样性差异不显著（$P>0.05$）。在整个堆制过程中始终存在的优势菌属包括鞘氨醇杆菌属（*Sphingobacterium*）、橄榄球菌属（*Olivibacter*）、假黄单胞菌属（*Pseudoxanthomonas*）、德沃斯氏菌属（*Devosia*）、根瘤菌属（*Rhizobium*）。【结论】棉秸秆自然腐解过程中，在7 d时细菌群落多样性在属水平上与腐解起始阶段差异显著（$P<0.05$），随着腐解时间延长，菌落多样性趋于一致；在整个腐熟过程中始终存在五个优势属，功能预测为降解纤维素、木质素、果胶类物质以及提供氮素营养。

关键词：棉秸秆；高通量测序；腐解；α多样性
中图分类号：S188 文献标识码：A 文章编号：1001－4330(2019)01－0111－09

0 引言

【研究意义】新疆是我国最大棉花主产区和重要商品棉生产基地，棉花秸秆资源丰富[1]，棉花秸秆中富含N、P、K等多种营养元素，对资源化利用、现代农业可持续发展均具有重要意义[2]。棉秸秆木质化程度和C/N比均较高[3]，其资源化利用水平低下；新疆土地较贫瘠，若将棉秸秆直接还田，不仅在短时间内难以腐熟[3]，而且易导致C/N比失衡，引起还田秸秆在腐解前期与作物争氮，影响土壤微生态环境[4]。大部分棉秸秆随意堆置或原位焚烧，微生物在秸秆腐解和养分释放过程中具有举足轻重的作用[5]，秸秆降解微生物群落功能多样性的研究显得尤为重要。【前人研究进展】主坐标分析（PCoA，Principal Co－ordinates Analysis），是通过一系列的特征值和特征向量排序从多维数据中提取出最主要的元素和结构。基于Weighted Unifrac距离来进行PCoA分析，如果样品距离越接近，表示物种组成结构越相似，因此，群落结构相似度高的样品倾向于聚集在一起，群落差异很大的样品则会远远分开。秸秆发酵/腐解是多种微生物菌群共同作用的结果，并依赖于外部因素进行自我调控的复杂生化过程[6]。尉良[7]发现添加微生物菌剂能有效促进发酵过程中有机物质的分解，加快发酵腐熟进程，能在一定程度上提高发酵产品的肥效；慕永红等[8]发现，利用MTS酵素可以加速秸秆腐烂速度，促进秸秆中营养元素的释放，在生物菌剂的作用下，秸秆中速效磷大量释放期可以提前一个月，以及速效钾释放量增加1倍[8]。目前，自然界中

收稿日期（Received）：2018－12－12
基金项目：国家重点研发计划项目（2017YFD0201901）；公益性行业（农业）科研专项经费（201503137）；国家自然科学基金项目（41671114）
作者简介：王志方（1970－），男，河北人，副研究员，研究方向为秸秆资源化利用，（E－mail）xjstephen@126.com
通讯作者：杨新平（1968－），男，山西人，副研究员，研究方向为微生物应用技术，（E－mail）yangxin@163.com

15.响应面法优化甜瓜枯萎病拮抗菌F1发酵条件

刊 载 地：华北农学报（2015）

作者单位：中国热带农业科学院环境与植物保护研究所

通讯作者：李勤奋

内容提要：本文为了找出甜瓜枯萎病拮抗菌F1的最佳发酵条件，应用Plackett-Burman设计试验确定无机盐含量、温度、豆饼粉含量是影响F1菌株有效活菌数的主要影响因子。本文经最陡爬坡实验、响应面优化，建立数学模型且通过模型得到最优发酵条件，当接菌量为4%、初始pH为7、摇床转速为200r/min、玉米粉含量为30g/L、豆饼粉含量为17.92g/L、$MgSO_4$为0.604g/L、NaH_2PO_4为1.51g/L、$CaC_{12}\cdot 2H_2O$为0.302g/L、K_2HPO_4为1.51g/L、培养温度为30.0℃时，有效活菌数为1.507×109cfu/mL。验证试验显示真实值为预测值的101.0%，说明该模型可用于指导F1在实际生产中发酵条件的优化。

ACTA AGRICULTURAE BOREALI-SINICA 华北农学报·2015,30(增刊):303-308

响应面法优化甜瓜枯萎病拮抗菌F1发酵条件

邹立飞[1,2,4]，邹雨坤[1,2,3]，李光义[2,3]，徐　林[2,3]，侯宪文[2,3]，李勤奋[2,3]

（1.热带动植物生态学省部共建教育部重点实验室，海南 海口　571158；2.中国热带农业科学院 环境与植物保护研究所，海南 海口　571101；3.农业部儋州农业环境科学观测实验站，海南 儋州　571737；4.兴义民族师范学院，贵州 兴义　562400）

摘要：为了找出甜瓜枯萎病拮抗菌F1的最佳发酵条件，应用Plackett-Burman设计试验确定无机盐含量、温度、豆饼粉含量是影响F1菌株有效活菌数的主要影响因子。经最陡爬坡实验、响应面优化，建立数学模型且通过模型得到最优发酵条件，当接菌量为4%、初始pH值为7、摇床转速为200 r/min、玉米粉含量为30 g/L、豆饼粉含量为17.92 g/L、$MgSO_4$ 0.604 g/L、NaH_2PO_4 1.51 g/L、$CaCl_2\cdot 2H_2O$ 0.302 g/L、K_2HPO_4 1.51 g/L、培养温度为30.0℃时，有效活菌数为1.507×10^9 cfu/mL。验证试验显示真实值为预测值的101.0%，说明该模型可用于指导F1在实际生产中发酵条件的优化。

关键词：拮抗菌；Plackett-Burman设计；响应面

中图分类号：S636.42　　文献标识码：A　　文章编号：1000-7091(2015)增刊-0303-06

doi：10.7668/hbnxb.2015.S1.055

Optimization of Fermentation Conditions of Antagonistic Bacteria F1 Against Muskmelon *Fusarium* Wilt by Response Surface Methodology

ZOU Li-fei[1,2,4], ZOU Yu-kun[1,2,3], LI Guang-yi[2,3], XU Lin[2,3], HOU Xian-wen[2,3], LI Qin-fen[2,3]

(1. Key Laboratory for Tropical Animal and Plant Ecology Co-established by Hainan Province and the Ministry of Education, Haikou　571158, China; 2. Environment and Plant Protection Institute, Chinese Academy of Tropical Agriculture Sciences, Haikou　571101, China; 3. Danzhou Scientific Observing and Experimental Station of Agro-Environment, Ministry of Agriculture, Danzhou　571737, China; 4. Xingyi Normal University for Nationalities, Xingyi　562400, China)

Abstract: In order to find out the optimization of fermentation conditions of antagonistic bacteria F1 against muskmelon *Fusarium* wilt. Plackett-Burman design was employed to investigate the main factors affecting colony-forming units of strain F1 and confirmed that temperature, content of inorganic salt and bean powder were the main factors. After steepest ascent experiment, response surface analysis and mathematic modeling we obtained the optimum conditions of fermentation as following: 4% of inoculation; initial pH value 7; 200 r/min of rotating speed; the content of corn powder, bean powder, $MgSO_4$, NaH_2PO_4, $CaCl_2$ $2H_2O$ and K_2HPO_4 was 30, 17.92, 0.604, 1.51, 0.302, 1.51 g/L respectively; 30.0 ℃ of cultivation temperature. So the colony-forming units of strain F1 increased nearly 117 times to 1.507×10^9 cfu/mL and the experimental values was 101.0% times to the predict values. These results revealed that the predicted model was reliable and available for the optimization of fermentation conditions of F1 during production.

Key words: Antagonistic bacteria; Plackett-Burman design; Response surface methodology

甜瓜枯萎病是由尖孢镰刀菌甜瓜专化型（*Fusariumoxysporum*(Schi.) f. sp. *melonis*）侵染而引

收稿日期：2015-10-26

基金项目：公益性行业（农业）科研专项（201203072-04；201503137）

作者简介：邹立飞（1987-），男，江西吉安人，助理研究员，硕士，主要从事农业生态环境保护研究。

通讯作者：李勤奋（1974-），女，内蒙古鄂尔多斯人，副研究员，博士，主要从事土壤环境修复与保育、农业废弃物资源化利用研究。

16.海南省淮山产业发展现状及可持续性分析

刊 载 地：热带农业科学（2015）

作者单位：中国热带农业科学院环境与植物保护研究所

通讯作者：李勤奋

内容提要：海南省作为热带地区具有发展淮山产业的独特优势，海南淮山产业逐渐成为振兴农村经济、使农民脱贫致富的一个重要产业。海南淮山产业在发展的同时也存在病虫害发生严重、栽培及采收技术相对落后、缺乏产品深加工的企业和技术等问题，束缚了产业的快速发展。本文通过调查分析，提出扩大宣传、提升品牌效应、选育新品种、改进栽培技术、大力发展产品深加工等产业可持续发展措施。

2015年12月　　热带农业科学　　第35卷第12期
Dec. 2015　　CHINESE JOURNAL OF TROPICAL AGRICULTURE　　Vol.35, No.12

海南省淮山产业发展现状及可持续性分析①

吴　琳②　彭黎旭　武春媛　邹雨坤　徐　林　李勤奋③
（中国热带农业科学院环境与植物保护研究所　海南海口 571101）

摘　要　海南省作为热带地区具有发展淮山产业的独特优势，海南淮山逐渐成为振兴农村经济、使农民脱贫致富的一个重要产业。海南淮山产业在发展的同时也存在病虫害发生严重、栽培及采收技术相对落后、缺乏产品深加工的企业和技术等问题，束缚了产业的快速发展。通过调查分析，本文提出扩大宣传、提升品牌效应、选育新品种、改进栽培技术、大力发展产品深加工等产业可持续发展措施。

关键词　淮山；产业；可持续性；海南
分类号　S632.1

Development Situation and Sustainability of *Dioscorea opposite* Industry in Hainan

WU Lin　PENG Lixu　WU Chunyuan　ZOU Yukun　XU Lin　LI Qinfen
(Environment and Plant Protection Institute, CATAS, Haikou,Hainan 571101)

Abstract　The *Dioscorea opposite* is gradually become the revitalization of rural economy and turn into one of the important industries that make the farmer takes off deficient. As a tropical region, some advantages exist in Hainan *Dioscorea opposite* industry, but some disadvantages also exist, such as, plant diseases and pests occurs seriously; legging in cultivation and harvesting technology; lack of the technical problems in deep processing products. All of them impede the rapid development of industry. Through investigation and analysis, in here we propose some measures for the sustainable development of *Dioscorea opposite* industry in Hainan that includes expand the propaganda, enhance the brand effect, breeding of new cultivars, improvement of cultivation techniques and development of deep processing products.

Keywords　*Dioscorea opposite*；industry；sustainability；Hainan

淮山，俗名“怀参”，即山药，薯蓣科薯蓣属（*Dioscorea*），中国百姓视其为“山中之药”、“小人参”，保健价值高，味甘、性平，补中益气，是集保健、美食、药用于一体的高产高效经济作物，亦粮亦菜，不仅耐贮藏、易运输，而且易于加工增值、外销出口[1]，目前广泛应用于食品、制药等行业。中国淮山栽培已有3 000多年的历史，《本草纲目》记载，淮山可以“除寒热邪气，补中益气。长肌肉，强阴，治虚劳羸瘦。充五脏，益肾气，健脾胃”。在现代医学上，淮山是补虚益气、深受百姓喜爱的佳品。随着经济的发展与社会的进步，人们讲究营养搭配、绿色环保和文化内涵。淮山作为一种食疗效果甚好的产品而日趋受到重视，不仅是国内百姓日常食品，在东南亚和欧美，淮山也被称为“林野山珍”、“神仙食品”[2]，对淮山的功能认知度也越来越高，需求量不断增大，淮山的国际市场日趋广阔。

目前中国淮山分布广泛，广西、山东、河南、

① 基金项目：公益性行业（农业）科研专项（No.201503137）“热带农业废弃物基质化利用技术研究”。
收稿日期：2015-10-08；责任编辑/张海东；编辑部 E-mail：rdnk@163.com。

② 吴　琳（1982～），女，山东省济宁市人，硕士，助理研究员。
③ 通讯作者：李勤奋（1974～），女，博士，研究员，主要从事土壤环境修复与保育及农业废弃物资源化利用方面的研究。

17.蚯蚓粪－土复合基质对益智幼苗生长和叶绿素荧光特征的影响

刊 载 地：热带作物学报（2017）

作者单位：中国热带农业科学院环境与植物保护研究所

通讯作者：王进闯

内容提要：本文以蚯蚓粪与砖红土混配，比例为0 ： 10、1 ： 10、2 ： 10、3 ： 10、5 ： 10、10 ： 10、10 ： 5、10 ： 0，获得蚯蚓粪－土复合基质，同时设置1个单施化肥处理，研究其对益智幼苗生长和叶绿素荧光参数的影响。结果表明：试验处理60d后随着蚯蚓粪含量的增加，益智幼苗的株高、叶面积、地上部分干物质积累量、总干物质积累量、根系活力、总叶绿素含量均显著增加，且同等肥力条件下施用蚯蚓粪处理（T6）的生长指标高于化肥处理（HF），而其地下部分干物质积累量和根冠比显著下降；蚯蚓粪含量高于50%时，益智叶片*Fv*/*Fm*和Y（*II*）值显著高于纯土处理（CK），但是当蚯蚓粪含量为50％时，益智幼苗生长发育指标与单施化肥处理无显著差异。结合不同配比蚯蚓粪－土育苗基质对益智幼苗生长发育指标和生产成本综合考虑，蚯蚓粪含量为50%的蚯蚓粪－土复合基质（T5）可以在生产上规模化推广应用。

热带作物学报 2017，38(12)：2266-2272
Chinese Journal of Tropical Crops

蚯蚓粪-土复合基质对益智幼苗生长和叶绿素荧光特征的影响

程汉亭，李勤奋，刘景坤，严廷良，张俏燕，王进闯*

中国热带农业科学院环境与植物保护研究所
农业部儋州农业环境科学观测实验站 海南海口 571101

摘 要 以蚯蚓粪与砖红土混配比例为0:10、1:10、2:10、3:10、5:10、10:10、10:5、10:0获得蚯蚓粪-土复合基质，同时设置1个单施化肥处理，研究其对益智幼苗生长和叶绿素荧光参数的影响。结果表明，试验处理60 d后随着蚯蚓粪含量的增加，益智幼苗的株高、叶面积、地上部分干物质积累量、总干物质积累量、根系活力、总叶绿素含量均显著增加，且同等肥力条件下施用蚯蚓粪处理(T_6)的生长指标高于化肥处理(HF)，而其地下部分干物质积累量和根冠比显著下降；蚯蚓粪含量高于50%时，益智叶片*Fv/Fm*和*Y(II)*值显著高于纯土处理(CK)，但是当蚯蚓粪含量为50%时，益智幼苗生长发育指标与单施化肥处理无显著差异。结合不同配比蚯蚓粪-土育苗基质对益智幼苗生长发育指标和生产成本综合考虑，蚯蚓粪含量为50%的蚯蚓粪-土复合基质(T_5)可以在生产上规模化推广应用。

关键词 蚯蚓粪；益智；叶绿素荧光参数；基质
中图分类号 S567.5 文献标识码 A

Effects of Vermicompost-soil Complex Media on Growth and Chlorophyll Fluorescence Characters of *Alpinia oxyphylla* Miq Seedlings

CHENG Hanting, LI Qinfen, LIU Jingkun, YAN Tingliang, ZHANG Qiaoyan, WANG Jinchuang*

Environment and Plant Protection Institute, CATAS/Danzhou Scientific Observing and Experimental Station of Agro-Environment, Ministry of Agriculture, Haikou, Hainan 571101, China

Abstract The 0 : 10, 1 : 10, 2 : 10, 3 : 10, 5 : 10, 10 : 10, 10 : 5 and 10 : 0 mixtures of vermicompost and soil, compared with chemical fertilizer treatment, were used to investigate the effects of vermicompost-soil complex media, mixing different volume ratio of vermicompost and soil on the growth and chlorophyll fluorescence characters of *Alpinia oxyphylla* Miq seedlings. Results showed that high proportion of vermicompost significantly increased stem height, leaf area, aboveground dry weight, total dry weight, root activity, and chlorophyll fluorescence parameters. In the same fertilizer condition, the growth indicators of seedlings with vermicompost-soil complex media (T_6) were superior to the treatment groups of chemical fertilizer (HF), but significantly increased root dry weight ratio and root shoot ratio. When the ratio of vermicompost was above 50%, the quantum yield (*Y(II)*) and maximum photochemical efficiency of *PSII* (*Fv/Fm*) were significantly higher than that of the soil treatment group (CK). Compared with the chemical fertilizer treatment, the volume ratio of 50% vermicompost was not significantly different in total dry weight, root activity, and chlorophyll fluorescence parameters. In conclusion, considering the growth indicators of seedlings and production costs, the vermicompost-soil complex media with 50% of vermicompost (T_5) could be applied in seedling production.

Key words Vermicompost; *Alpinia oxyphylla* Miq; chlorophyll a fluorescence parameters; substrate
doi 10.3969/j.issn.1000-2561.2017.12.012

益智(*Alpinia oxyphylla* Miq.)为姜科(Zingiberaceae)山姜属(*Alpinia*)植物，其果实称为益智或益智仁，是我国著名四大“南药”之一。橡胶园间作益智具有较好的经济效益和生态效益，已成为提高橡胶生产效益和胶农收入的一项重要措施[1]。随着胶园间作益智面积的迅速扩大，开展益智种苗规模化繁育对保障其产业的健康发展具有重要的意义。项目组研究发现，现阶段针对益智育苗基质研发不足。主要表现在益智种苗的育苗基质使用随意性大，普遍存在理化性状较差、营养成分缺乏的现象，导致益智育苗成活率较低、幼苗生长发育不良，形成大量的弱苗、死苗、病苗的现象。因此研发低成本、高

收稿日期 2017-06-14 修回日期 2017-07-16
基金项目 公益性行业(农业)科研专项(No. 201503137)；中国热带农业科学院基本科研业务费专项资金(No. 1630042017007、1630042017028)。
作者简介 程汉亭(1983—)，男，硕士，助理研究员；研究方向：生态农业。*通讯作者(Corresponding author)：王进闯(WANG Jinchuang)，E-mail: jinchuangwang@yahoo.com。

18. 抗甜瓜枯萎病链霉菌D2菌株发酵条件的优化

刊 载 地：南方农业学报（2018）

作者单位：中国热带农业科学院环境与植物保护研究所

通讯作者：李勤奋

内容提要：本文研究目的是优化甜瓜枯萎病拮抗链霉菌D2菌株的发酵条件，为该菌发酵方法的建立及工业化生产提供科学依据。本文研究方法是以D2菌株有效活菌数为考察指标，玉米粉含量、豆饼粉含量、pH、摇床转速、接种量和温度为影响因素，利用响应面法对D2菌株的发酵条件进行优化。本文研究结果是豆饼粉含量、玉米粉含量和温度对D2菌株有效活菌数有显著影响（$P<0.05$）。D2菌株有效活菌数回归模型为：$Y=8.287\ 57+0.12344X_1+0.214\ 77X_2+0.061\ 84X_3-0.059\ 29X_1^2-0.098\ 17X_2^2-0.149\ 42X_3^2$（式中，$Y$为有效活菌数对数，$X_1$、$X_2$和$X_3$分别为玉米粉含量、豆饼粉含量和温度的编码值），理论有效活菌数为2.99×108CFU/m L。D2菌株最优发酵条件为:玉米粉含量39.08g/L、豆饼粉含量39.19g/L、培养温度37.4℃，在此条件下D2菌株有效活菌数为3.01×108CFU/m L，与理论值接近，但极显著高于未经优化采用培养基Ⅱ得到的有效活菌数（1.0×106CFU/m L）（$P<0.01$）。本文研究结论是采用响应面法优化得到的D2菌株发酵条件可有效提高该菌株有效活菌数，且回归模型推算出的理论活菌数与优化条件发酵的有效活菌数接近，可用于指导D2菌株的实际规模化生产。

南方农业学报 Journal of Southern Agriculture 2018,49(5):905-911
ISSN 2095-1191; CODEN NNXAAB
http://www.nfnyxb.com
DOI:10.3969/j.issn.2095-1191.2018.05.12

拮抗甜瓜枯萎病链霉菌D2菌株发酵条件的优化

邹立飞[1,2,3]，余小兰[1,4]，邹雨坤[1,4]，李光义[1,4]，李晓亮[5]，郑 鹏[6]，李勤奋[1,4*]

([1]中国热带农业科学院 环境与植物保护研究所，海口 571101；[2]兴义民族师范学院，贵州 兴义 562400；[3]海南大学 环境与植物保护学院，海口 570228；[4]农业农村部儋州农业环境科学观测实验站，海南 儋州 571737；[5]中国热带农业科学院热带作物品种资源研究所，海南 儋州 571700；[6]华南农业大学 科学技术处，广州 510642)

摘要:【目的】优化甜瓜枯萎病拮抗链霉菌D2菌株的发酵条件，为该菌发酵方法的建立及工业化生产提供科学依据。【方法】以D2菌株有效活菌数为考察指标，玉米粉含量、豆饼粉含量、pH、摇床转速、接种量和温度为影响因素，利用响应面法对D2菌株的发酵条件进行优化。【结果】豆饼粉含量、玉米粉含量和温度对D2菌株有效活菌数有显著影响($P<0.05$)。D2菌株有效活菌数回归模型为:$Y=8.28757+0.12344X_1+0.21477X_2+0.06184X_3-0.05929X_1^2-0.09817X_2^2-0.14942X_3^2$(式中，$Y$为有效活菌数对数，$X_1$、$X_2$和$X_3$分别为玉米粉含量、豆饼粉含量和温度的编码值)，理论有效活菌数为2.99×10^8 CFU/mL。D2菌株最优发酵条件为:玉米粉含量39.08 g/L、豆饼粉含量39.19 g/L、培养温度37.4 ℃，在此条件下D2菌株有效活菌数为3.01×10^8 CFU/mL，与理论值接近，但极显著高于未经优化采用培养基Ⅱ得到的有效活菌数(1.0×10^6 CFU/mL)($P<0.01$)。【结论】采用响应面法优化得到的D2菌株发酵条件可有效提高该菌株有效活菌数，且回归模型推算出的理论活菌数与优化条件发酵的有效活菌数接近，可用于指导D2菌株的实际规模化生产。

关键词: 甜瓜枯萎病；拮抗菌；链霉菌；响应面法；发酵条件

中图分类号: S436.5 **文献标志码**:A **文章编号**:2095-1191(2018)05-0905-07

Optimition of fermentation conditions of streptomyces strain D2, an antagonistic strepomyces against muskmelon fusarium wilt

ZOU Li-fei[1,2,3], YU Xiao-lan[1,4], ZOU Yu-kun[1,4], LI Guang-yi[1,4], LI Xiao-liang[5], ZHENG Peng[6], LI Qin-fen[1,4*]

([1]Environment and Plant Protection Institute, Chinese Academy of Tropical Agricultural Sciences, Haikou 571101, China; [2]Xingyi Normal University for Nationalities, Xingyi, Guizhou 562400, China; [3]College of Environment and Plant Protection, Hainan University, Haikou 570228, China; [4]Danzhou Scientific Observing and Experimental Station of Agro-environment, Ministry of Agriculture and Rural Affairs, Danzhou, Hainan 571737, China; [5]Tropical Crops Genetic Resources Institute, Chinese Academy of Tropical Agricultural Sciences, Danzhou, Hainan 571700, China; [6]Department of Science and Technology, South China Agricultural University, Guangzhou 510642, China)

Abstract:【Objective】The present study aimed to explore an optimal fermentation condition of streptomyces strain D2 that was against muskmelon fusarium wilt so as to provide scientific basis for the establishment of the strain fermentation method and industrial production.【Method】The viable bacteria number of strain D2 was taken as the indicator of the investigation, and influencing factors included corn powder content, soybean powder content, pH, rotation speed, inoculation amount and temperature. The fermentation condition of strain D2 was optimized by employing the combination of Plackett-Burman(P-B) design, uphill path method, central composite design(CCD) and response surface method.【Result】The results showed that corn powder content, soybean powder content and temperature significantly affected viable bacteria number of strain D2($P<0.05$). The regression model of viable bacteria number of strain D2 was: $Y=8.28757+0.12344X_1+0.21477X_2+0.06184X_3-0.05929X_1^2-0.09817X_2^2-0.14942X_3^2$, and the viable bacteria number was 2.99×10^8 CFU/mL in theory. The optimal fermentation conditions for strain D2 was: corn powder content 39.08 g/L, soybean powder content 39.19 g/L and culture temperature 37.4 ℃. Under these conditions, the viable bacteria number of strain D2 was 3.01×10^8 CFU/mL, which was close to the theoretical content, but was extremely significant higher than the viable bacteria number(1.0×10^6

收稿日期:2017-12-22
基金项目:公益性行业(农业)科研专项项目(201503137)；中国热带农业科学院基本科研业务费专项项目(1630042017001，1630032016013)
作者简介:*为通讯作者，李勤奋(1974-)，博士，副研究员，主要从事土壤环境修复及农业废弃物资源化利用研究工作，E-mail:qinfenli2005@163.com。邹立飞(1987-)，主要从事农业生态环境保护研究工作，E-mail:zoulifei2007@163.com

19.甜瓜枯萎病拮抗菌的筛选及鉴定

刊 载 地：南方农业学报（2018）

作者单位：中国热带农业科学院环境与植物保护研究所

通讯作者：李勤奋

内容提要：本文研究目的是筛选对甜瓜枯萎病菌有较强拮抗活性的菌株，并对拮抗菌株进行分类鉴定，为丰富热带地区甜瓜枯萎病生防菌资源库及田间应用提供参考。本文研究方法是以前期筛选获得的82株菌株为试验材料，通过平板对峙、继代培养、发芽率及盆栽试验筛选出对甜瓜枯萎病菌有较强拮抗活性的菌株，并通过形态特征、生理生化特征及16S rDNA序列分析对筛选获得的菌株进行分类鉴定。本文研究结果是筛选出一株对甜瓜枯萎病菌有较强拮抗活性的放线菌菌株D2，其对枯萎病的防治效果达73.53%。D2菌株可形成气生菌丝和孢子丝，孢子丝呈螺旋形，孢子卵呈圆形，且与利迪链霉菌(*Streptomyces lydicus*)聚于同一分支中，其同源性达99.6%；综合D2菌株的形态特征及生理生化特性，可鉴定其为利迪链霉菌(*S.lydicus*)。本文研究结论是D2菌株对甜瓜枯萎病有较好的防治效果，具有开发成生物农药或生物肥料的潜力。

南方农业学报 Journal of Southern Agriculture 2018,49(6):1118-1124
ISSN 2095-1191; CODEN NNXAAB
http://www.nfnyxb.com
DOI:10.3969/j.issn.2095-1191.2018.06.11

甜瓜枯萎病拮抗菌的筛选及鉴定

余小兰[1,2]，邹立飞[1,3,4]，邹雨坤[1,3]，李光义[1,2]，李晓亮[5]，李勤奋[1,2*]

([1]中国热带农业科学院 环境与植物保护研究所，海口 571101；[2]农业农村部儋州农业环境科学观测实验站，海南 儋州 571737；[3]兴义民族师范学院，贵州 兴义 562400；[4]海南大学 环境与植物保护学院，海口 570228；[5]中国热带农业科学院 热带作物品种资源研究所，海南 儋州 571700)

摘要：【目的】筛选对甜瓜枯萎病菌有较强拮抗活性的菌株，并对拮抗菌株进行分类鉴定，为丰富热带地区甜瓜枯萎病生防菌资源库及田间应用提供参考。【方法】以前期筛选获得的82株菌株为试验材料，通过平板对峙、继代培养、发芽率及盆栽试验筛选出对甜瓜枯萎病菌有较强拮抗活性的菌株，并通过形态特征、生理生化特征及16S rDNA序列分析对筛选获得的菌株进行分类鉴定。【结果】筛选出一株对甜瓜枯萎病菌有较强拮抗活性的放线菌菌株D2，其对枯萎病的防治效果达73.53%。D2菌株可形成气生菌丝和孢子丝，孢子丝呈螺旋形，孢子卵呈圆形，且与利迪链霉菌(*Streptomyces lydicus*)聚于同一分支中，其同源性达99.6%；综合D2菌株的形态特征及生理生化特性，可鉴定其为利迪链霉菌(*S. lydicus*)。【结论】D2菌株对甜瓜枯萎病有较好的防治效果，具有开发成生物农药或生物肥料的潜力。

关键词：甜瓜枯萎病；拮抗菌；筛选；鉴定；热带地区

中图分类号：S182　　**文献标志码**：A　　**文章编号**：2095-1191(2018)06-1118-07

Screening and identification of antagonistic bacteria to muskmelon fusarium wilt

YU Xiao-lan[1,2], ZOU Li-fei[1,3,4], ZOU Yu-kun[1,3], LI Guang-yi[1,2], LI Xiao-liang[5], LI Qin-fen[1,2*]

([1]Environment and Plant Protection Institute, China Tropical Agricultural Academy of Sciences, Haikou 571101, China; [2]Danzhou Scientific Observing and Experimental Station of Agro-Environment, Ministry of Agriculture and Rural Affairs, Danzhou, Hainan 571737, China; [3]Xingyi Normal University for Nationalities, Xingyi, Guizhou 562400, China; [4]College of Environment and Plant Protection, Hainan University, Haikou 570228, China; [5]Tropical Crops Genetic Resources Institute, Chinese Academy of Tropical Agricultural Sciences, Danzhou, Hainan 571700, China)

Abstract: 【Objective】Antagonistic bacteria with strong antagonistic effect to fusarium wilt of melon was screened and identified to provide reference for enriching the resources of biocontrol bacteria against melon fusarium wilt in tropical zone. 【Method】Eighty-two strains obtained in preliminary screening were used as experimental material, and antagonistic bacteria against melon fusarium wilt were screened by using plate confront culture, successive transfer culture, germination experiment and pot experiment. The strains were classified through characteristics in morphology, physiology and biochemistry and information of 16S rDNA. 【Result】A strain of actinomycetes D2 with strong antagonistic effect to melon fusarium wilt was screened and it had 73.53% control efficiency to fusarium wit of muskmelon. Strain D2 would form aerial hyphae and fibrillae of spores, and fibrillae of spores were spiral, and spore eggs were round. Strain D2 and *Streptomyces lydicus* were clustered in the same branch with 99.6% homology. Taking the morphological characters and physiological and biochemical characters of strain D2 into consideration, strain D2 was finally identified as *S. lydicus*. 【Conclusion】Strain D2 has strong antagonistic effect to fusarium wilt of melon and worth to be developed as biological pesticides and fertilizers.

Key words: melon fusarium wilt; antagonistic bacteria; screening; identification; tropical zone

0 引言

【研究意义】甜瓜是我国广泛栽种的经济作物之一(张永平等，2017)，据中国农业统计年鉴数据显示，2016年我国甜瓜种植面积超过48万ha，产量达

收稿日期：2017-12-22
基金项目：公益性行业(农业)科研专项项目(201503137)；中国热带农业科学院基本科研业务费专项项目(1630042017001，1630032016013，No.2017hzs1J021)
作者简介：*为通讯作者，李勤奋(1974-)，博士，副研究员，主要从事土壤环境修复、保育及农业废弃物资源化利用研究工作，E-mail：qinfenli2005@163.com　余小兰(1985-)，主要从事农业废弃物资源化利用研究工作，E-mail：2005myschool@163.com

20.秀珍菇菌渣在霍山石斛栽培基质上的应用效果分析

刊 载 地：热带作物学报（2019）

作者单位：中国热带农业科学院环境与植物保护研究所

通讯作者：李勤奋

内容提要：基质的理化性质是影响石斛生长的主要因素之一，本文旨在探究不同比例腐熟及新鲜秀珍菇菌渣替代市售基质（松树皮）作为栽培基质对霍山石斛生长的影响，分析菌渣理化性质与霍山石斛生长的内在关系，探究菌渣废弃物替代树皮进行栽培的可行性。将腐熟菌渣按体积比替代0、25%、50%、75%的松树皮，新鲜菌渣按体积比替代0、25%、50%、75%、100%配制基质栽培石斛，测定基质的理化性质及石斛的各项生长指标，通过冗余分析确定基质理化性质与石斛生长的相关关系及主要影响因素。结果发现：①腐熟菌渣及新鲜菌渣均具有较好的透气性，利于石斛生长；②菌渣腐熟后pH及电导率升高，严重影响石斛的成活率，而新鲜菌渣的总孔隙度、持水孔隙度是影响存活率及根长根数的主要因子；③将50%腐熟菌渣，25%新鲜菌渣替代树皮栽培石斛，其叶片数、株高、根系发育、成活率等生长指标不受影响，当菌渣添加量超过50%时，基质的较高的pH、电导率、持水孔隙度、总孔隙度均不利于石斛的生长。因此，菌渣可以部分替代树皮栽培石斛，但添加量不宜超过50%，为充分利用菌渣作为石斛栽培基质要全面考虑pH和电导率等理化性质从而调整添加比例。

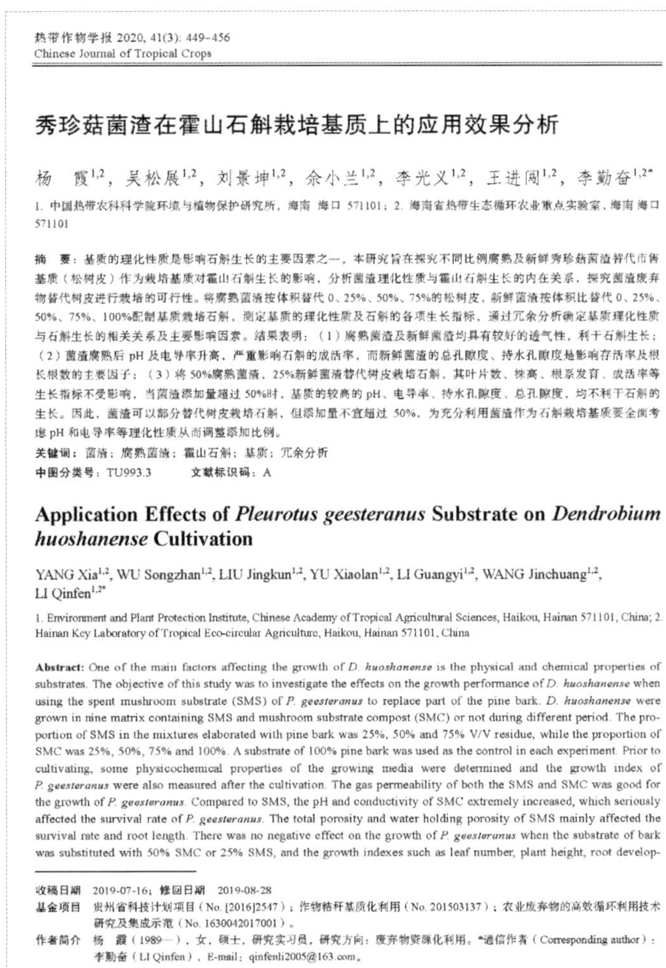
热带作物学报 2020, 41(3): 449-456
Chinese Journal of Tropical Crops

秀珍菇菌渣在霍山石斛栽培基质上的应用效果分析

杨 霞[1,2]，吴松展[1,2]，刘景坤[1,2]，余小兰[1,2]，李光义[1,2]，王进闯[1,2]，李勤奋[1,2*]
1. 中国热带农科科学院环境与植物保护研究所，海南 海口 571101；2. 海南省热带生态循环农业重点实验室，海南 海口 571101

摘 要：基质的理化性质是影响石斛生长的主要因素之一，本研究旨在探究不同比例腐熟及新鲜秀珍菇菌渣替代市售基质（松树皮）作为栽培基质对霍山石斛生长的影响，分析菌渣理化性质与霍山石斛生长的内在关系，探究菌渣废弃物替代树皮进行栽培的可行性。将腐熟菌渣按体积替代 0、25%、50%、75%的松树皮，新鲜菌渣按体积比替代 0、25%、50%、75%、100%配制基质栽培石斛，测定基质的理化性质及石斛的各项生长指标，通过冗余分析确定基质理化性质与石斛生长的相关关系及主要影响因素。结果表明：（1）腐熟菌渣及新鲜菌渣均具有较好的透气性，利于石斛生长；（2）菌渣腐熟后 pH 及电导率升高，严重影响石斛的成活率，而新鲜菌渣的总孔隙度、持水孔隙度是影响存活率及根长根数的主要因子；（3）将 50%腐熟菌渣，25%新鲜菌渣替代树皮栽培石斛，其叶片数、株高、根系发育、成活率等生长指标不受影响，当菌渣添加量超过 50%时，基质的较高的 pH、电导率、持水孔隙度、总孔隙度，均不利于石斛的生长。因此，菌渣可以部分替代树皮栽培石斛，但添加量不宜超过 50%，为充分利用菌渣作为石斛栽培基质要全面考虑 pH 和电导率等理化性质从而调整添加比例。

关键词：菌渣；腐熟菌渣；霍山石斛；基质；冗余分析
中图分类号：TU993.3　　文献标识码：A

Application Effects of *Pleurotus geesteranus* Substrate on *Dendrobium huoshanense* Cultivation

YANG Xia[1,2], WU Songzhan[1,2], LIU Jingkun[1,2], YU Xiaolan[1,2], LI Guangyi[1,2], WANG Jinchuang[1,2], LI Qinfen[1,2*]
1. Environment and Plant Protection Institute, Chinese Academy of Tropical Agricultural Sciences, Haikou, Hainan 571101, China; 2. Hainan Key Laboratory of Tropical Eco-circular Agriculture, Haikou, Hainan 571101, China

Abstract: One of the main factors affecting the growth of *D. huoshanense* is the physical and chemical properties of substrates. The objective of this study was to investigate the effects on the growth performance of *D. huoshanense* when using the spent mushroom substrate (SMS) of *P. geesteranus* to replace part of the pine bark. *D. huoshanense* were grown in nine matrix containing SMS and mushroom substrate compost (SMC) or not during different period. The proportion of SMS in the mixtures elaborated with pine bark was 25%, 50% and 75% V/V residue, while the proportion of SMC was 25%, 50%, 75% and 100%. A substrate of 100% pine bark was used as the control in each experiment. Prior to cultivating, some physicochemical properties of the growing media were determined and the growth index of *P. geesteranus* were also measured after the cultivation. The gas permeability of both the SMS and SMC was good for the growth of *P. geesteranus*. Compared to SMS, the pH and conductivity of SMC extremely increased, which seriously affected the survival rate of *P. geesteranus*. The total porosity and water holding porosity of SMS mainly affected the survival rate and root length. There was no negative effect on the growth of *P. geesteranus* when the substrate of bark was substituted with 50% SMC or 25% SMS, and the growth indexes such as leaf number, plant height, root develop-

收稿日期　2019-07-16；修回日期　2019-08-28
基金项目　贵州省科技计划项目（No. [2016]2547）；作物秸秆基质化利用（No. 201503137）；农业废弃物的高效循环利用技术研究及集成示范（No. 1630042017001）。
作者简介　杨 霞（1989—），女，硕士，研究实习员，研究方向：废弃物资源化利用。*通信作者（Corresponding author）：李勤奋（LI Qinfen），E-mail：qinfenli2005@163.com。

21. Evaluation of Biogas Production Performance and Archaeal Microbial Dynamics of Corn Straw during Anaerobic Co-Digestion with Cattle Manure Liquid

刊 载 地：Journal of Microbiology and Biotechnology（2015）

作者单位：中国农业大学

通讯作者：朴仁哲、崔宗均

内容提要：The rational utilization of crop straw as a raw material for natural gas production is of economic significance. In order to increase the efficiency of biogas production from agricultural straw, seasonal restrictions must be overcome. Therefore, the potential for biogas production via anaerobic straw digestion was assessed by exposing fresh, silage, and dry yellow corn straw to cow dung liquid extract as a nitrogen source. The characteristics of anaerobic corn straw digestion were comprehensively evaluated by measuring the pH, gas production, chemical oxygen demand, methane production, and volatile fatty acid content, as well as applying a modified Gompertz model and high-throughput sequencing technology to the resident microbial community. The efficiency of biogas production from fresh straw（433.8ml/g） was higher than that of production from straw silage and dry yellow straw（46.55ml/g and 68.75ml/g, respectively). The cumulative biogas production from fresh straw, silage straw, and dry yellow straw was 365 $lm^{-1}g^{-1}VS$, 322 $lm^{-1}g^{-1}VS$, and 304 $lm^{-1}g^{-1}VS$, respectively, whereas cumulative methane production was 1, 426.33% , 1, 351.35% , and 1, 286.14% , respectively, and potential biogas production was 470.06$ml^{-1}g^{-1}VS$, 461.73$ml^{-1}g^{-1}VS$, and 451.76$ml^{-1}g^{-1}VS$, respectively. Microbial community analysis showed that the corn straw was mainly metabolized by acetate-utilizing methanogens, with Methanosaeta as the dominant archaeal community. These findings provide important guidance to the biogas industry and farmers with respect to rational and efficient utilization of crop straw resources as material for biogas production.

J. Microbiol. Biotechnol. (2016), 26(4), 739–747
http://dx.doi.org/10.4014/jmb.1509.09043

jmb

Evaluation of Biogas Production Performance and Archaeal Microbial Dynamics of Corn Straw during Anaerobic Co-Digestion with Cattle Manure Liquid

Benyue Zhang[1†], Hongyan Zhao[1†], Hairu Yu[2], Di Chen[1], Xue Li[1], Weidong Wang[3], Renzhe Piao[1*], and Zongjun Cui[4*]

[1]*Yanbian University, Yanji 133002, P.R. China*
[2]*Yanbian Academy of Agricultural Science, Longjing 133400, P.R. China*
[3]*Heilongjiang August First Land Reclamation University, Daqing 163319, P.R. China*
[4]*China Agricultural University, Beijing 100083, P.R. China*

Received: September 14, 2015
Revised: December 3, 2015
Accepted: December 29, 2015

First published online
December 31, 2015

*Corresponding authors
Z.C.
Phone: +86-10-62731857;
Fax: +86-10-62731857;
E-mail: acuizj@cau.edu.cn
H.Z.
Phone: +86-10-62731857;
Fax: +86-10-62731857;
E-mail: zhy@ybu.edu.cn

†These authors contributed equally to this work.

pISSN 1017-7825, eISSN 1738-8872

The rational utilization of crop straw as a raw material for natural gas production is of economic significance. In order to increase the efficiency of biogas production from agricultural straw, seasonal restrictions must be overcome. Therefore, the potential for biogas production via anaerobic straw digestion was assessed by exposing fresh, silage, and dry yellow corn straw to cow dung liquid extract as a nitrogen source. The characteristics of anaerobic corn straw digestion were comprehensively evaluated by measuring the pH, gas production, chemical oxygen demand, methane production, and volatile fatty acid content, as well as applying a modified Gompertz model and high-throughput sequencing technology to the resident microbial community. The efficiency of biogas production from fresh straw (433.8 ml/g) was higher than that of production from straw silage and dry yellow straw (46.55 ml/g and 68.75 ml/g, respectively). The cumulative biogas production from fresh straw, silage straw, and dry yellow straw was 365 $l^{-1} g^{-1}$ VS, 322 $l^{-1} g^{-1}$ VS, and 304 $l^{-1} g^{-1}$ VS, respectively, whereas cumulative methane production was 1,426.33%, 1,351.35%, and 1,286.14%, respectively, and potential biogas production was 470.06 $ml^{-1} g^{-1}$ VS, 461.73 $ml^{-1} g^{-1}$ VS, and 451.76 $ml^{-1} g^{-1}$ VS, respectively. Microbial community analysis showed that the corn straw was mainly metabolized by acetate-utilizing methanogens, with *Methanosaeta* as the dominant archaeal community. These findings provide important guidance to the biogas industry and farmers with respect to rational and efficient utilization of crop straw resources as material for biogas production.

Keywords: Anaerobic fermentation, biogas, corn straw, cow dung, methane, *Methanosaeta*

Introduction

Because of its significant agricultural production, China is rich in crop straw resources. In 2002, the annual output of crop stalks in China was 6.4 million tons, of which 3.7 million tons consisted of straw with the potential to be used for energy production; however, only 33% of this potential energy resources was utilized [8]. In Jilin Province alone, 0.6 tons of straw is wasted each year, most of which was discarded or burned, leading to serious environmental pollution, in addition to wasted economic potential [27]. Therefore, processes supporting comprehensive utilization of straw resources are an important research focus, because such methods will facilitate sustainable agricultural development and protection of the environment.

Anaerobic fermentation technology is an effective means of converting agricultural waste into clean energy [7]. Corn (*Zea mays*) is the primary crop utilized for biogas production

22. Hydrolysis and acidification of agricultural waste in a non-airtight system: Effect of solid content，temperature，and mixing mode

刊 载 地：Waste Management（2016）

作者单位：中国农业大学

通讯作者：崔宗均

内容提要：A two-phase digestion system for treating agricultural waste is beneficial for methane production. This study explored the effect of solid content, temperature, and mixing mode on the process of hydrolysis and acidification using rice straw and cow dung launched in non-airtight acidogenic system. The results showed that the substrate could be hydrolyzed efficiently in the initial stage, the hydrolysis coefficient（k）of maximum cellulose and hemicellulose can be increased by 217.9 % and 290.5 % , respectively, compared with those of middle and last stages. High solid content played a leading role in promoting hydrolysis, resulted in hydrolysate content（sCOD）that was significantly higher than in treatments with low solid content ($P < 0.01$), and led to organic acids accumulation up to 5.8and 6.7g/L at mesophilic and thermophilic temperatures. Thermophilic temperature stimulated the hydrolysis and acidification of low solid content ($P < 0.05$), and improved organic acid accumulation of high solid content only during the middle stage ($P < 0.01$). Mixing mode was not a major factor, but increasing the mixing time was necessary for organic acid accumulation during the last stage（$P < 0.05$). In addition, the study comprehensively analyzed a series of corresponding relationships among each operating parameter during the whole treatment process using canonical correspondence analysis.

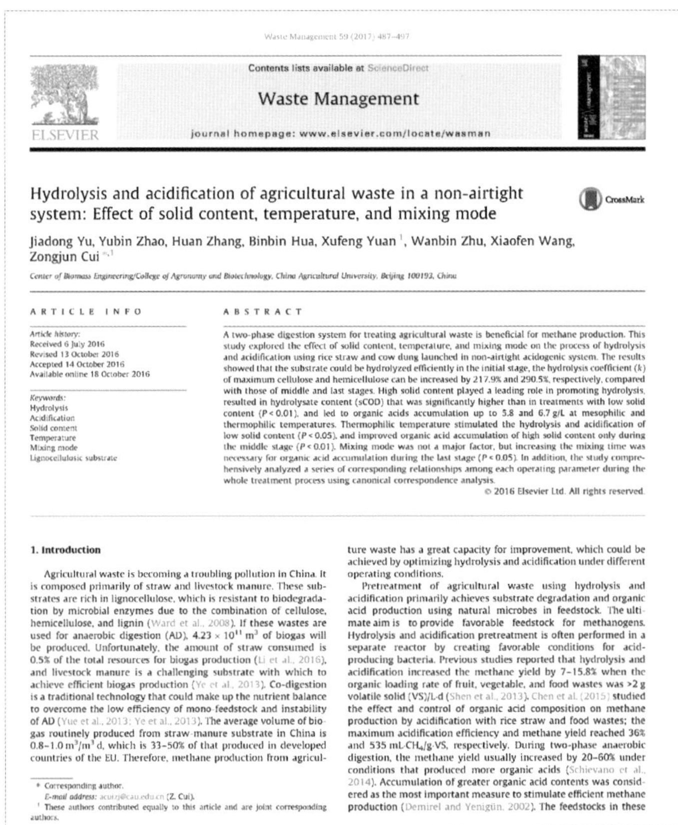

Waste Management 59 (2017) 487–497

Contents lists available at ScienceDirect

Waste Management

journal homepage: www.elsevier.com/locate/wasman

Hydrolysis and acidification of agricultural waste in a non-airtight system: Effect of solid content, temperature, and mixing mode

Jiadong Yu, Yubin Zhao, Huan Zhang, Binbin Hua, Xufeng Yuan [1], Wanbin Zhu, Xiaofen Wang, Zongjun Cui [*,1]

Center of Biomass Engineering/College of Agronomy and Biotechnology, China Agricultural University, Beijing 100193, China

ARTICLE INFO

Article history:
Received 6 July 2016
Revised 13 October 2016
Accepted 14 October 2016
Available online 18 October 2016

Keywords:
Hydrolysis
Acidification
Solid content
Temperature
Mixing mode
Lignocellulosic substrate

ABSTRACT

A two-phase digestion system for treating agricultural waste is beneficial for methane production. This study explored the effect of solid content, temperature, and mixing mode on the process of hydrolysis and acidification using rice straw and cow dung launched in non-airtight acidogenic system. The results showed that the substrate could be hydrolyzed efficiently in the initial stage, the hydrolysis coefficient (k) of maximum cellulose and hemicellulose can be increased by 217.9% and 290.5%, respectively, compared with those of middle and last stages. High solid content played a leading role in promoting hydrolysis, resulted in hydrolysate content (sCOD) that was significantly higher than in treatments with low solid content ($P < 0.01$), and led to organic acids accumulation up to 5.8 and 6.7 g/L at mesophilic and thermophilic temperatures. Thermophilic temperature stimulated the hydrolysis and acidification of low solid content ($P < 0.05$), and improved organic acid accumulation of high solid content only during the middle stage ($P < 0.01$). Mixing mode was not a major factor, but increasing the mixing time was necessary for organic acid accumulation during the last stage ($P < 0.05$). In addition, the study comprehensively analyzed a series of corresponding relationships among each operating parameter during the whole treatment process using canonical correspondence analysis.

1. Introduction

Agricultural waste is becoming a troubling pollution in China. It is composed primarily of straw and livestock manure. These substrates are rich in lignocellulose, which is resistant to biodegradation by microbial enzymes due to the combination of cellulose, hemicellulose, and lignin (Ward et al., 2008). If these wastes are used for anaerobic digestion (AD), 4.23×10^{11} m^3 of biogas will be produced. Unfortunately, the amount of straw consumed is 0.5% of the total resources for biogas production (Li et al., 2016), and livestock manure is a challenging substrate with which to achieve efficient biogas production (Ye et al., 2013). Co-digestion is a traditional technology that could make up the nutrient balance to overcome the low efficiency of mono-feedstock and instability of AD (Yue et al., 2013; Ye et al., 2013). The average volume of biogas routinely produced from straw-manure substrate in China is 0.8–1.0 m^3/m^3 d, which is 33–50% of that produced in developed countries of the EU. Therefore, methane production from agriculture waste has a great capacity for improvement, which could be achieved by optimizing hydrolysis and acidification under different operating conditions.

Pretreatment of agricultural waste using hydrolysis and acidification primarily achieves substrate degradation and organic acid production using natural microbes in feedstock. The ultimate aim is to provide favorable feedstock for methanogens. Hydrolysis and acidification pretreatment is often performed in a separate reactor by creating favorable conditions for acid-producing bacteria. Previous studies reported that hydrolysis and acidification increased the methane yield by 7–15.8% when the organic loading rate of fruit, vegetable, and food wastes was >2 g volatile solid (VS)/L·d (Shen et al., 2013). Chen et al. (2015) studied the effect and control of organic acid composition on methane production by acidification with rice straw and food wastes; the maximum acidification efficiency and methane yield reached 36% and 535 mL·CH_4/g·VS, respectively. During two-phase anaerobic digestion, the methane yield usually increased by 20–60% under conditions that produced more organic acids (Schievano et al., 2014). Accumulation of greater organic acid contents was considered as the most important measure to stimulate efficient methane production (Demirel and Yenigün, 2002). The feedstocks in these

* Corresponding author.
E-mail address: acuizj@cau.edu.cn (Z. Cui).
[1] These authors contributed equally to this article and are joint corresponding authors.

23. Material and microbial changes during corn stalk silage and their effects on methane fermentation

刊 载 地：Bioresource Technology（2016）

作者单位：中国农业大学

通讯作者：崔宗均

内容提要：Silage efficiency is crucial for corn stalk storage in methane production. This study investigated characteristics of dynamic changes in materials and microbes during the silage process of corn stalks from the initial to stable state. We conducted laboratory-scale study of different silage corn stalks, and optimized silage time（0, 2, 5, 10, 20, and 30days）for methane production and the endogenous microbial community. The volatile fatty acid concentration increased to 3.00g/L on Day 10from 0.42g/L on Day 0, and the pH remained below 4.20from 5.80. The lactic acid concentration（44 %）on Day 10 lowered the pH and inhibited the methane yield, which gradually decreased from 229mL/g TS at the initial state（Day 0, 2）to 207mL/g TS at the stable state (Day 10, 20, 30). *Methanosaeta* was the predominant archaea in both fresh and silage stalks; however, richness decreased from 14.11% to 4.75% .

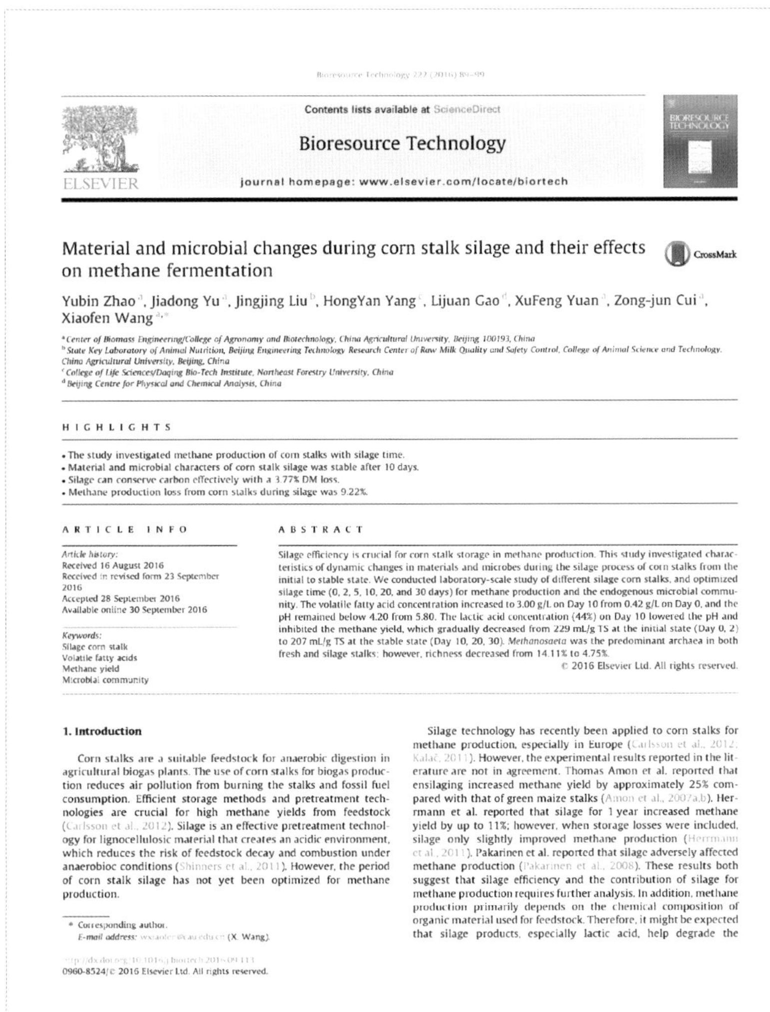

Bioresource Technology 222 (2016) 89–99

Contents lists available at ScienceDirect

Bioresource Technology

journal homepage: www.elsevier.com/locate/biortech

Material and microbial changes during corn stalk silage and their effects on methane fermentation

Yubin Zhao[a], Jiadong Yu[a], Jingjing Liu[b], HongYan Yang[c], Lijuan Gao[d], XuFeng Yuan[a], Zong-jun Cui[a], Xiaofen Wang[a,*]

[a] Center of Biomass Engineering/College of Agronomy and Biotechnology, China Agricultural University, Beijing 100193, China
[b] State Key Laboratory of Animal Nutrition, Beijing Engineering Technology Research Center of Raw Milk Quality and Safety Control, College of Animal Science and Technology, China Agricultural University, Beijing, China
[c] College of Life Sciences/Daqing Bio-Tech Institute, Northeast Forestry University, China
[d] Beijing Centre for Physical and Chemical Analysis, China

HIGHLIGHTS

- The study investigated methane production of corn stalks with silage time.
- Material and microbial characters of corn stalk silage was stable after 10 days.
- Silage can conserve carbon effectively with a 3.77% DM loss.
- Methane production loss from corn stalks during silage was 9.22%.

ARTICLE INFO

Article history:
Received 16 August 2016
Received in revised form 23 September 2016
Accepted 28 September 2016
Available online 30 September 2016

Keywords:
Silage corn stalk
Volatile fatty acids
Methane yield
Microbial community

ABSTRACT

Silage efficiency is crucial for corn stalk storage in methane production. This study investigated characteristics of dynamic changes in materials and microbes during the silage process of corn stalks from the initial to stable state. We conducted laboratory-scale study of different silage corn stalks, and optimized silage time (0, 2, 5, 10, 20, and 30 days) for methane production and the endogenous microbial community. The volatile fatty acid concentration increased to 3.00 g/L on Day 10 from 0.42 g/L on Day 0, and the pH remained below 4.20 from 5.80. The lactic acid concentration (44%) on Day 10 lowered the pH and inhibited the methane yield, which gradually decreased from 229 mL/g TS at the initial state (Day 0, 2) to 207 mL/g TS at the stable state (Day 10, 20, 30). *Methanosaeta* was the predominant archaea in both fresh and silage stalks; however, richness decreased from 14.11% to 4.75%.

1. Introduction

Corn stalks are a suitable feedstock for anaerobic digestion in agricultural biogas plants. The use of corn stalks for biogas production reduces air pollution from burning the stalks and fossil fuel consumption. Efficient storage methods and pretreatment technologies are crucial for high methane yields from feedstock (Carlsson et al., 2012). Silage is an effective pretreatment technology for lignocellulosic material that creates an acidic environment, which reduces the risk of feedstock decay and combustion under anaerobioc conditions (Shinners et al., 2011). However, the period of corn stalk silage has not yet been optimized for methane production.

Silage technology has recently been applied to corn stalks for methane production, especially in Europe (Carlsson et al., 2012; Kalač, 2011). However, the experimental results reported in the literature are not in agreement. Thomas Amon et al. reported that ensilaging increased methane yield by approximately 25% compared with that of green maize stalks (Amon et al., 2007a,b). Herrmann et al. reported that silage for 1 year increased methane yield by up to 11%; however, when storage losses were included, silage only slightly improved methane production (Herrmann et al., 2011). Pakarinen et al. reported that silage adversely affected methane production (Pakarinen et al., 2008). These results both suggest that silage efficiency and the contribution of silage for methane production requires further analysis. In addition, methane production primarily depends on the chemical composition of organic material used for feedstock. Therefore, it might be expected that silage products, especially lactic acid, help degrade the

* Corresponding author.
E-mail address: wxiaofen@cau.edu.cn (X. Wang).

http://dx.doi.org/10.1016/j.biortech.2016.09.113
0960-8524/© 2016 Elsevier Ltd. All rights reserved.

24. Effects of agitating intensity on anaerobic digestion performance of corn straw silage

刊 载 地：Asian Agricultural Research（2016）

作者单位：中国农业大学、延边大学

通讯作者：崔宗均、赵洪颜

内 容 提 要：Anaerobic fermentation can increase biomass energy use efficiency of crop straws and realize win-win of energy and environment.This paper explored the biogas generation performance of anaerobic digestion of cow dung liquid as nitrogen source in three different levels of stirring intensity at 30 ℃ constant temperature condition. Through pH value, biogas production, chemical oxygen demand (COD), methane content, volatile fatty acid (VFA), principal component analysis (PCA) and modified Gompertz model, effects of agitating intensity on anaerobic digestion performance of corn straw silage were evaluated. Results indicate that the COD removal rate of three agitating intensity levels is higher than 85% , and pH value is about 6.5；the cumulative biogas production after 20days is 2h > 4h > 1h of agitating；in the 49th day, the biogas production is 1.9 Lat 30min / 2h, 1.7L at 30min / 4h, and 1. 6Lat 30min / h；the maximum biogas production rate is 30min / 2h > 30min / 4h > 30min /h；and the maximum methane production rate is 30min / 4h > 30min / 2h > 30min / h；in the same energy consumption, the biogas production at 30min / 4h is higher than 1h. In conclusion, overall analysis of energy consumption and economic factors indicate that 30min / 4h agitating intensity is more suitable for straw biogas fermentation project. This study is expected to provide theoretical foundation for biogas fermentation project.

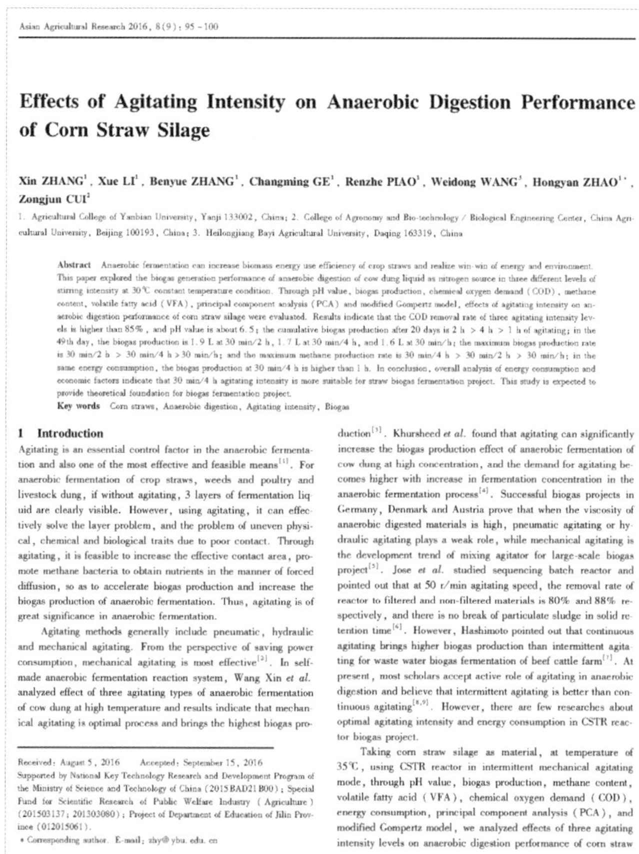
Asian Agricultural Research 2016, 8(9): 95 - 100

Effects of Agitating Intensity on Anaerobic Digestion Performance of Corn Straw Silage

Xin ZHANG[1], Xue LI[1], Benyue ZHANG[1], Changming GE[1], Renzhe PIAO[1], Weidong WANG[3], Hongyan ZHAO[1*], Zongjun CUI[2]

1. Agricultural College of Yanbian University, Yanji 133002, China; 2. College of Agronomy and Bio-technology / Biological Engineering Center, China Agricultural University, Beijing 100193, China; 3. Heilongjiang Bayi Agricultural University, Daqing 163319, China

Abstract Anaerobic fermentation can increase biomass energy use efficiency of crop straws and realize win-win of energy and environment. This paper explored the biogas generation performance of anaerobic digestion of cow dung liquid as nitrogen source in three different levels of stirring intensity at 30℃ constant temperature condition. Through pH value, biogas production, chemical oxygen demand (COD), methane content, volatile fatty acid (VFA), principal component analysis (PCA) and modified Gompertz model, effects of agitating intensity on anaerobic digestion performance of corn straw silage were evaluated. Results indicate that the COD removal rate of three agitating intensity levels is higher than 85%, and pH value is about 6.5; the cumulative biogas production after 20 days is 2 h > 4 h > 1 h of agitating; in the 49th day, the biogas production is 1.9 L at 30 min/2 h, 1.7 L at 30 min/4 h, and 1.6 L at 30 min/h; the maximum biogas production rate is 30 min/2 h > 30 min/4 h > 30 min/h; and the maximum methane production rate is 30 min/4 h > 30 min/2 h > 30 min/h; in the same energy consumption, the biogas production at 30 min/4 h is higher than 1 h. In conclusion, overall analysis of energy consumption and economic factors indicate that 30 min/4 h agitating intensity is more suitable for straw biogas fermentation project. This study is expected to provide theoretical foundation for biogas fermentation project.

Key words Corn straws, Anaerobic digestion, Agitating intensity, Biogas

1 Introduction

Agitating is an essential control factor in the anaerobic fermentation and also one of the most effective and feasible means[1]. For anaerobic fermentation of crop straws, weeds and poultry and livestock dung, if without agitating, 3 layers of fermentation liquid are clearly visible. However, using agitating, it can effectively solve the layer problem, and the problem of uneven physical, chemical and biological traits due to poor contact. Through agitating, it is feasible to increase the effective contact area, promote methane bacteria to obtain nutrients in the manner of forced diffusion, so as to accelerate biogas production and increase the biogas production of anaerobic fermentation. Thus, agitating is of great significance in anaerobic fermentation.

Agitating methods generally include pneumatic, hydraulic and mechanical agitating. From the perspective of saving power consumption, mechanical agitating is most effective[2]. In self-made anaerobic fermentation reaction system, Wang Xin *et al.* analyzed effect of three agitating types of anaerobic fermentation of cow dung at high temperature and results indicate that mechanical agitating is optimal process and brings the highest biogas production[3]. Khursheed *et al.* found that agitating can significantly increase the biogas production effect of anaerobic fermentation of cow dung at high concentration, and the demand for agitating becomes higher with increase in fermentation concentration in the anaerobic fermentation process[4]. Successful biogas projects in Germany, Denmark and Austria prove that when the viscosity of anaerobic digested materials is high, pneumatic agitating or hydraulic agitating plays a weak role, while mechanical agitating is the development trend of mixing agitator for large-scale biogas project[5]. Jose *et al.* studied sequencing batch reactor and pointed out that at 50 r/min agitating speed, the removal rate of reactor to filtered and non-filtered materials is 80% and 88% respectively, and there is no break of particulate sludge in solid retention time[6]. However, Hashimoto pointed out that continuous agitating brings higher biogas production than intermittent agitating for waste water biogas fermentation of beef cattle farm[7]. At present, most scholars accept active role of agitating in anaerobic digestion and believe that intermittent agitating is better than continuous agitating[8,9]. However, there are few researches about optimal agitating intensity and energy consumption in CSTR reactor biogas project.

Taking corn straw silage as material, at temperature of 35℃, using CSTR reactor in intermittent mechanical agitating mode, through pH value, biogas production, methane content, volatile fatty acid (VFA), chemical oxygen demand (COD), energy consumption, principal component analysis (PCA), and modified Gompertz model, we analyzed effects of three agitating intensity levels on anaerobic digestion performance of corn straw

Received: August 5, 2016 Accepted: September 15, 2016
Supported by National Key Technology Research and Development Program of the Ministry of Science and Technology of China (2015BAD21B00); Special Fund for Scientific Research of Public Welfare Industry (Agriculture) (201503137; 201303080); Project of Department of Education of Jilin Province (012015061).
* Corresponding author. E-mail: zhy@ybu.edu.cn

25. Enhancing anaerobic digestion of cotton stalk by pretreatment with a microbial consortium（MC1）

刊 载 地：Bioresource Technology（2016）

作者单位：中国农业大学

通讯作者：崔宗均

内 容 提 要：Microbial pretreatment is beneficial in some anaerobic digestion systems, but the consortia used to date have not been able to effectively increase methane production from cotton stalk. In this study, a thermophilic microbial consortium（MC1） was used for pretreatment in order to enhance biogas and methane production yields. The results indicated that the concentrations of soluble chemical oxygen demand and volatile organic products increased significantly in the early stages of pretreatment. Ethanol, acetic acid, propionic acid, and butyric acid were the predominant volatile organic products in the MC1 hydrolysate. Biogas and methane production yields from cotton stalk were significantly increased following MC1 pretreatment. In addition, the methane production rate from the treated cotton stalk was greater than that from the untreated sample.

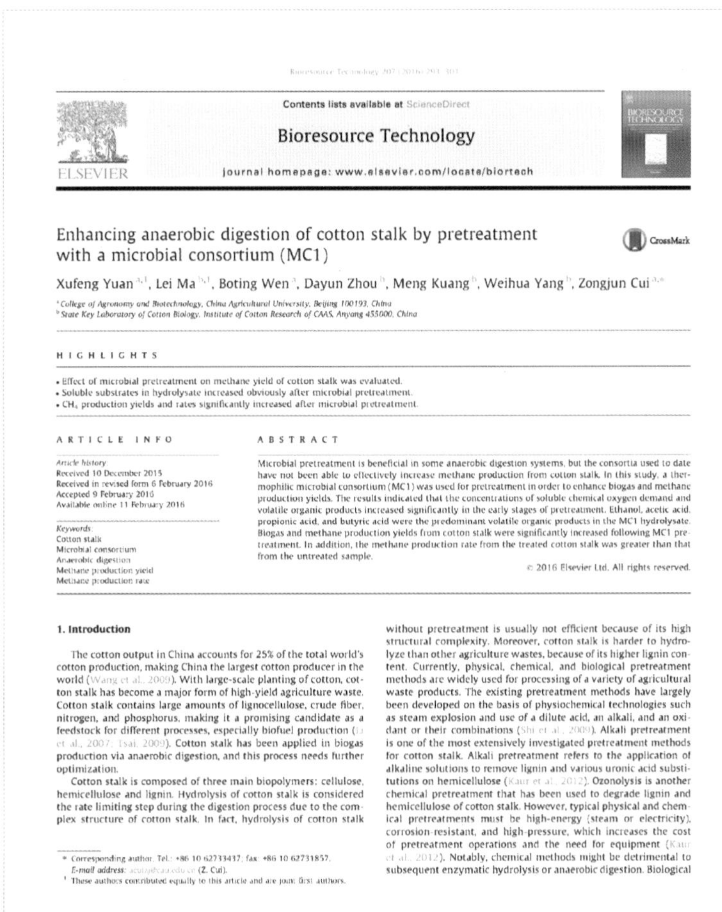

Bioresource Technology 207 (2016) 293–301

Contents lists available at ScienceDirect

Bioresource Technology

journal homepage: www.elsevier.com/locate/biortech

Enhancing anaerobic digestion of cotton stalk by pretreatment with a microbial consortium (MC1)

Xufeng Yuan [a,1], Lei Ma [b,1], Boting Wen [a], Dayun Zhou [b], Meng Kuang [b], Weihua Yang [b], Zongjun Cui [a,*]

[a] College of Agronomy and Biotechnology, China Agricultural University, Beijing 100193, China
[b] State Key Laboratory of Cotton Biology, Institute of Cotton Research of CAAS, Anyang 455000, China

HIGHLIGHTS

- Effect of microbial pretreatment on methane yield of cotton stalk was evaluated.
- Soluble substrates in hydrolysate increased obviously after microbial pretreatment.
- CH_4 production yields and rates significantly increased after microbial pretreatment.

ARTICLE INFO

Article history:
Received 10 December 2015
Received in revised form 6 February 2016
Accepted 9 February 2016
Available online 11 February 2016

Keywords:
Cotton stalk
Microbial consortium
Anaerobic digestion
Methane production yield
Methane production rate

ABSTRACT

Microbial pretreatment is beneficial in some anaerobic digestion systems, but the consortia used to date have not been able to effectively increase methane production from cotton stalk. In this study, a thermophilic microbial consortium (MC1) was used for pretreatment in order to enhance biogas and methane production yields. The results indicated that the concentrations of soluble chemical oxygen demand and volatile organic products increased significantly in the early stages of pretreatment. Ethanol, acetic acid, propionic acid, and butyric acid were the predominant volatile organic products in the MC1 hydrolysate. Biogas and methane production yields from cotton stalk were significantly increased following MC1 pretreatment. In addition, the methane production rate from the treated cotton stalk was greater than that from the untreated sample.

1. Introduction

The cotton output in China accounts for 25% of the total world's cotton production, making China the largest cotton producer in the world (Wang et al., 2009). With large-scale planting of cotton, cotton stalk has become a major form of high-yield agriculture waste. Cotton stalk contains large amounts of lignocellulose, crude fiber, nitrogen, and phosphorus, making it a promising candidate as a feedstock for different processes, especially biofuel production (Li et al., 2007; Tsai, 2009). Cotton stalk has been applied in biogas production via anaerobic digestion, and this process needs further optimization.

Cotton stalk is composed of three main biopolymers: cellulose, hemicellulose and lignin. Hydrolysis of cotton stalk is considered the rate limiting step during the digestion process due to the complex structure of cotton stalk. In fact, hydrolysis of cotton stalk without pretreatment is usually not efficient because of its high structural complexity. Moreover, cotton stalk is harder to hydrolyze than other agriculture wastes, because of its higher lignin content. Currently, physical, chemical, and biological pretreatment methods are widely used for processing of a variety of agricultural waste products. The existing pretreatment methods have largely been developed on the basis of physiochemical technologies such as steam explosion and use of a dilute acid, an alkali, and an oxidant or their combinations (Shi et al., 2009). Alkali pretreatment is one of the most extensively investigated pretreatment methods for cotton stalk. Alkali pretreatment refers to the application of alkaline solutions to remove lignin and various uronic acid substitutions on hemicellulose (Kaur et al., 2012). Ozonolysis is another chemical pretreatment that has been used to degrade lignin and hemicellulose of cotton stalk. However, typical physical and chemical pretreatments must be high-energy (steam or electricity), corrosion-resistant, and high-pressure, which increases the cost of pretreatment operations and the need for equipment (Kaur et al., 2012). Notably, chemical methods might be detrimental to subsequent enzymatic hydrolysis or anaerobic digestion. Biological

* Corresponding author. Tel.: +86 10 62733437; fax: +86 10 62731857.
E-mail address: acuizj@cau.edu.cn (Z. Cui).
[1] These authors contributed equally to this article and are joint first authors.

26. Accelerated acidification by inoculation with a microbial consortia in a complex open environment

刊 载 地：Bioresource Technology（2016）

作者单位：中国农业大学

通讯作者：崔宗均

内容提要：Bioaugmentation using microbial consortia is helpful in some anaerobic digestion（AD）systems, but accelerated acidification to produce methane has not been performed effectively with corn stalks and cow dung. In this study, the thermophilic microbial consortia MC1 was inoculated into a complex open environment（unsterilized and sterilized systems）to evaluate the feasibility of bioaugmentation to improve acidification efficiency. The results indicated that MC1 itself degraded lignocellulose efficiently, and accumulated more organic acids within 3days. Similar trends were also observed in the unsterilized system, where the hemicellulose degradation rate and organic acid concentrations increased significantly by two-fold and 20.1%（$P < 0.05$), respectively, and clearly reduced the loss of product. Microbial composition did not change obviously after inoculating MC1, but the abundance of members of MC1, such as Bacillus and Clostridium, increased clearly on day 3. Finally, the acidogenic fluid improved methane yield significantly（$P < 0.05$）via bioaugmentation.

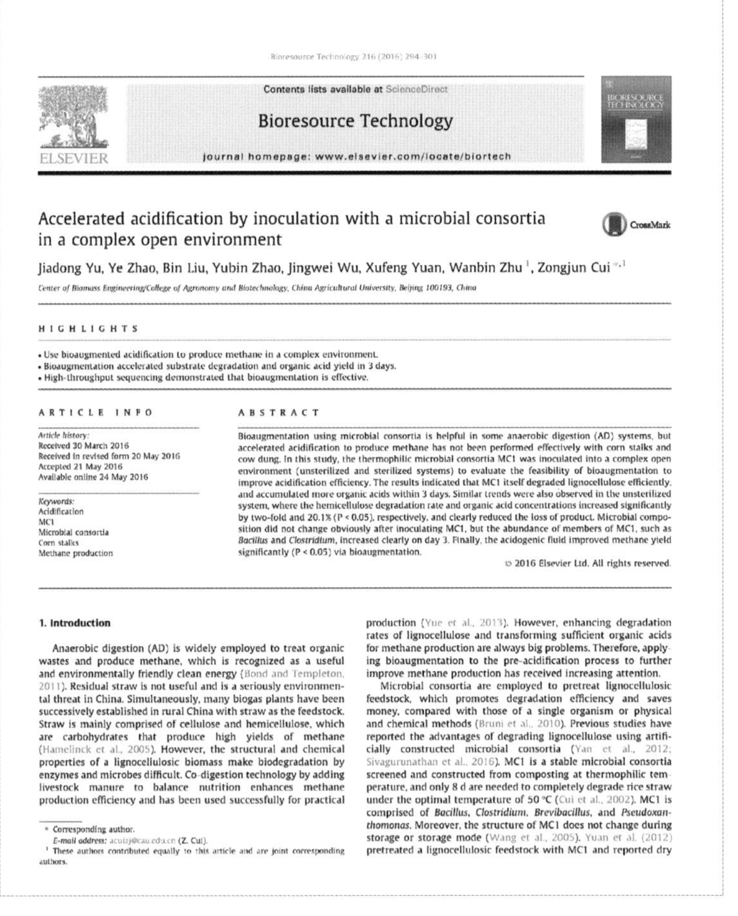

Bioresource Technology 216 (2016) 294–301

Contents lists available at ScienceDirect

Bioresource Technology

journal homepage: www.elsevier.com/locate/biortech

Accelerated acidification by inoculation with a microbial consortia in a complex open environment

Jiadong Yu, Ye Zhao, Bin Liu, Yubin Zhao, Jingwei Wu, Xufeng Yuan, Wanbin Zhu [1], Zongjun Cui [*,1]

Center of Biomass Engineering/College of Agronomy and Biotechnology, China Agricultural University, Beijing 100193, China

HIGHLIGHTS

- Use bioaugmented acidification to produce methane in a complex environment.
- Bioaugmentation accelerated substrate degradation and organic acid yield in 3 days.
- High-throughput sequencing demonstrated that bioaugmentation is effective.

ARTICLE INFO

Article history:
Received 30 March 2016
Received in revised form 20 May 2016
Accepted 21 May 2016
Available online 24 May 2016

Keywords:
Acidification
MC1
Microbial consortia
Corn stalks
Methane production

ABSTRACT

Bioaugmentation using microbial consortia is helpful in some anaerobic digestion (AD) systems, but accelerated acidification to produce methane has not been performed effectively with corn stalks and cow dung. In this study, the thermophilic microbial consortia MC1 was inoculated into a complex open environment (unsterilized and sterilized systems) to evaluate the feasibility of bioaugmentation to improve acidification efficiency. The results indicated that MC1 itself degraded lignocellulose efficiently, and accumulated more organic acids within 3 days. Similar trends were also observed in the unsterilized system, where the hemicellulose degradation rate and organic acid concentrations increased significantly by two-fold and 20.1% ($P < 0.05$), respectively, and clearly reduced the loss of product. Microbial composition did not change obviously after inoculating MC1, but the abundance of members of MC1, such as *Bacillus* and *Clostridium*, increased clearly on day 3. Finally, the acidogenic fluid improved methane yield significantly ($P < 0.05$) via bioaugmentation.

1. Introduction

Anaerobic digestion (AD) is widely employed to treat organic wastes and produce methane, which is recognized as a useful and environmentally friendly clean energy (Bond and Templeton, 2011). Residual straw is not useful and is a seriously environmental threat in China. Simultaneously, many biogas plants have been successively established in rural China with straw as the feedstock. Straw is mainly comprised of cellulose and hemicellulose, which are carbohydrates that produce high yields of methane (Hamelinck et al., 2005). However, the structural and chemical properties of a lignocellulosic biomass make biodegradation by enzymes and microbes difficult. Co-digestion technology by adding livestock manure to balance nutrition enhances methane production efficiency and has been used successfully for practical production (Yue et al., 2013). However, enhancing degradation rates of lignocellulose and transforming sufficient organic acids for methane production are always big problems. Therefore, applying bioaugmentation to the pre-acidification process to further improve methane production has received increasing attention.

Microbial consortia are employed to pretreat lignocellulosic feedstock, which promotes degradation efficiency and saves money, compared with those of a single organism or physical and chemical methods (Bruni et al., 2010). Previous studies have reported the advantages of degrading lignocellulose using artificially constructed microbial consortia (Yan et al., 2012; Sivagurunathan et al., 2016). MC1 is a stable microbial consortia screened and constructed from composting at thermophilic temperature, and only 8 d are needed to completely degrade rice straw under the optimal temperature of 50 ℃ (Cui et al., 2002). MC1 is comprised of *Bacillus*, *Clostridium*, *Brevibacillus*, and *Pseudoxanthomonas*. Moreover, the structure of MC1 does not change during storage or storage mode (Wang et al., 2005). Yuan et al. (2012) pretreated a lignocellulosic feedstock with MC1 and reported dry

* Corresponding author.
E-mail address: acuizj@cau.edu.cn (Z. Cui).
[1] These authors contributed equally to this article and are joint corresponding authors.

27. Pretreatment of non-sterile, rotted silage maize straw by the microbial community MC1 increases biogas production

刊 载 地：Bioresource Technology（2016）

作者单位：中国农业大学

通讯作者：王晓峰

内容提要：Using microbial community MC1 to pretreat lignocellulosic materials increased the yield of biogas production, and the substrate did not need to be sterilized, lowering the cost. Rotted silage maize straw carries many microbes. To determine whether such contamination affects MC1, rotted silage maize straw was pretreated with MC1 prior to biogas production. The decreases in the weights of unsterilized and sterilized rotted silage maize straw were similar, as were their carboxymethyl cellulase activities. After 5d pretreatment, denaturing gradient gel electrophoresis and quantitative polymerase chain reaction results indicated that the proportions of five key strains in MC1 were the same in the unsterilized and sterilized groups；thus, MC1 was resistant to microbial contamination. However, its resistance to contamination decreased as the degradation time increased. Following pretreatment, volatile fatty acids, especially acetic acid, were detected, and MC1 enhanced biogas yields by 74.7% compared with the untreated group.

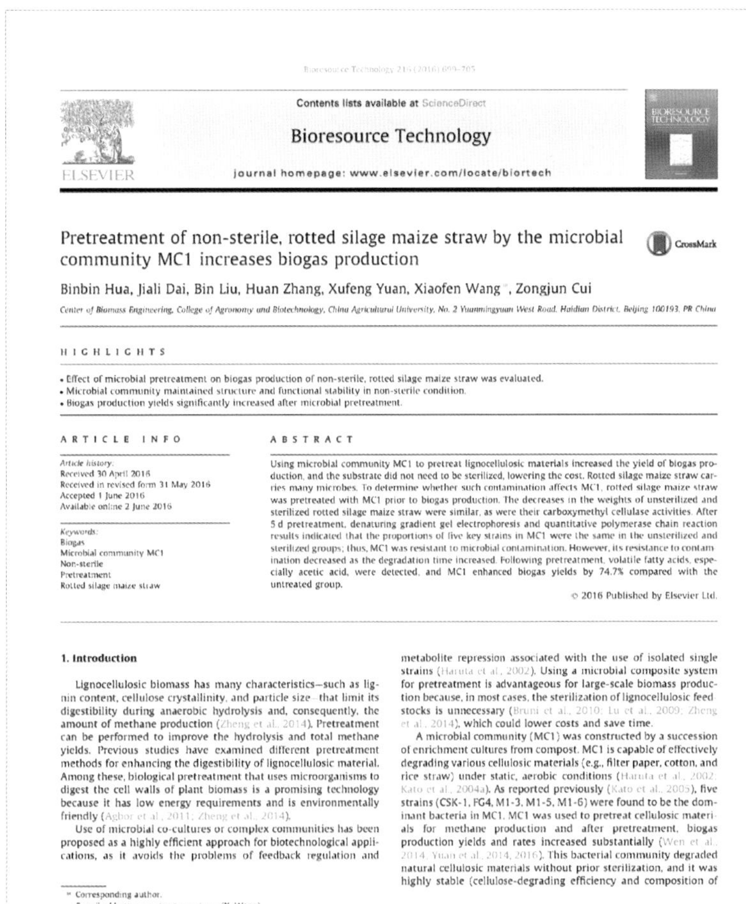

Bioresource Technology 216 (2016) 699–705

Contents lists available at ScienceDirect

Bioresource Technology

journal homepage: www.elsevier.com/locate/biortech

Pretreatment of non-sterile, rotted silage maize straw by the microbial community MC1 increases biogas production

Binbin Hua, Jiali Dai, Bin Liu, Huan Zhang, Xufeng Yuan, Xiaofen Wang *, Zongjun Cui

Center of Biomass Engineering, College of Agronomy and Biotechnology, China Agricultural University, No. 2 Yuanmingyuan West Road, Haidian District, Beijing 100193, PR China

HIGHLIGHTS

- Effect of microbial pretreatment on biogas production of non-sterile, rotted silage maize straw was evaluated.
- Microbial community maintained structure and functional stability in non-sterile condition.
- Biogas production yields significantly increased after microbial pretreatment.

ARTICLE INFO

Article history:
Received 30 April 2016
Received in revised form 31 May 2016
Accepted 1 June 2016
Available online 2 June 2016

Keywords:
Biogas
Microbial community MC1
Non-sterile
Pretreatment
Rotted silage maize straw

ABSTRACT

Using microbial community MC1 to pretreat lignocellulosic materials increased the yield of biogas production, and the substrate did not need to be sterilized, lowering the cost. Rotted silage maize straw carries many microbes. To determine whether such contamination affects MC1, rotted silage maize straw was pretreated with MC1 prior to biogas production. The decreases in the weights of unsterilized and sterilized rotted silage maize straw were similar, as were their carboxymethyl cellulase activities. After 5 d pretreatment, denaturing gradient gel electrophoresis and quantitative polymerase chain reaction results indicated that the proportions of five key strains in MC1 were the same in the unsterilized and sterilized groups; thus, MC1 was resistant to microbial contamination. However, its resistance to contamination decreased as the degradation time increased. Following pretreatment, volatile fatty acids, especially acetic acid, were detected, and MC1 enhanced biogas yields by 74.7% compared with the untreated group.

1. Introduction

Lignocellulosic biomass has many characteristics—such as lignin content, cellulose crystallinity, and particle size—that limit its digestibility during anaerobic hydrolysis and, consequently, the amount of methane production (Zheng et al., 2014). Pretreatment can be performed to improve the hydrolysis and total methane yields. Previous studies have examined different pretreatment methods for enhancing the digestibility of lignocellulosic material. Among these, biological pretreatment that uses microorganisms to digest the cell walls of plant biomass is a promising technology because it has low energy requirements and is environmentally friendly (Agbor et al., 2011; Zheng et al., 2014).

Use of microbial co-cultures or complex communities has been proposed as a highly efficient approach for biotechnological applications, as it avoids the problems of feedback regulation and metabolite repression associated with the use of isolated single strains (Haruta et al., 2002). Using a microbial composite system for pretreatment is advantageous for large-scale biomass production because, in most cases, the sterilization of lignocellulosic feedstocks is unnecessary (Bruni et al., 2010; Lu et al., 2009; Zheng et al., 2014), which could lower costs and save time.

A microbial community (MC1) was constructed by a succession of enrichment cultures from compost. MC1 is capable of effectively degrading various cellulosic materials (e.g., filter paper, cotton, and rice straw) under static, aerobic conditions (Haruta et al., 2002; Kato et al., 2004a). As reported previously (Kato et al., 2005), five strains (CSK-1, FG4, M1-3, M1-5, M1-6) were found to be the dominant bacteria in MC1. MC1 was used to pretreat cellulosic materials for methane production and after pretreatment, biogas production yields and rates increased substantially (Wen et al., 2014; Yuan et al., 2014, 2016). This bacterial community degraded natural cellulosic materials without prior sterilization, and it was highly stable (cellulose-degrading efficiency and composition of

* Corresponding author.
E-mail address: (X. Wang).

28. Improving the methane yield of maize straw: Focus on the effects of pretreatment with fungi and their secreted enzymes combined with sodium hydroxide

刊 载 地：Bioresource Technology（2017）

作者单位：中国农业大学

通讯作者：王晓峰

内 容 提 要：In order to improve the methane yield, the alkaline and biological pretreatments on anaerobic digestion（AD）were investigated. Three treatments were tested: NaOH, biological（enzyme and fungi), and combined NaOH with biological. The maximum reducing sugar concentrations were obtained using Enzyme T（2.20 mg/mL）on the 6th day. The methane yield of NaOH + Enzyme A was 300.85 mL/g TS, 20.24 % higher than the control. Methane yield obtained from Enzyme（T + A）and Enzyme T pretreatments were 277.03 and 273.75 mL/g TS, respectively, which were as effective as 1 % NaOH（276.16 mL/g TS）in boosting methane production, and are environmentally friendly and inexpensive biological substitutes. Fungal pretreatment inhibited methane fermentation of maize straw, 15.68 % was reduced by T + A compared with the control. The simultaneous reduction of DM, cellulose and hemicellulose achieved high methane yields. This study provides important guidance for the application of enzymes to AD from lignocellulosic agricultural waste.

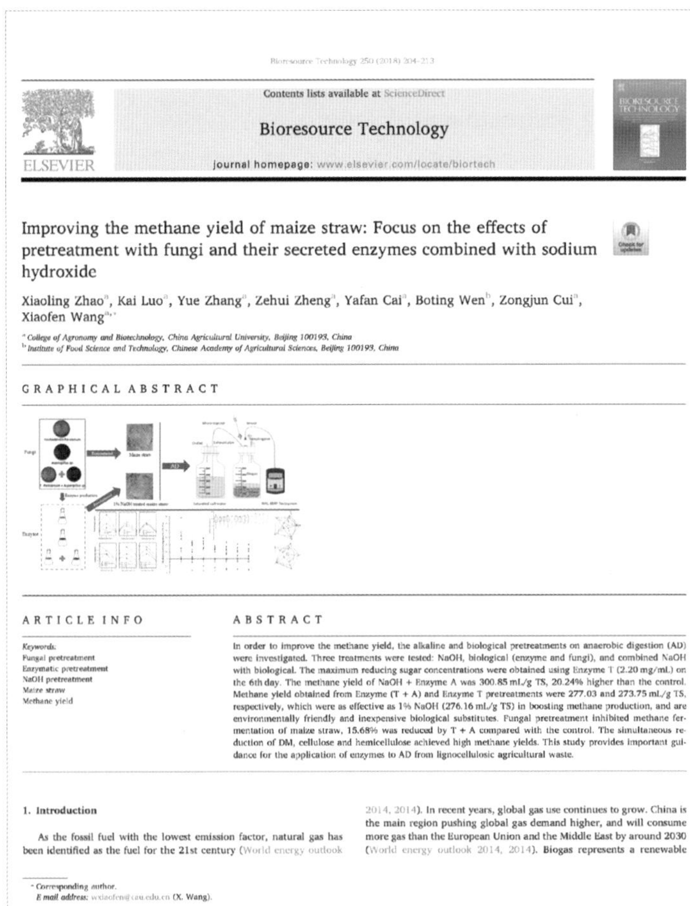

Bioresource Technology 250 (2018) 204–213

Contents lists available at ScienceDirect

Bioresource Technology

journal homepage: www.elsevier.com/locate/biortech

Improving the methane yield of maize straw: Focus on the effects of pretreatment with fungi and their secreted enzymes combined with sodium hydroxide

Xiaoling Zhao[a], Kai Luo[a], Yue Zhang[a], Zehui Zheng[a], Yafan Cai[a], Boting Wen[b], Zongjun Cui[a], Xiaofen Wang[a,*]

[a] College of Agronomy and Biotechnology, China Agricultural University, Beijing 100193, China
[b] Institute of Food Science and Technology, Chinese Academy of Agricultural Sciences, Beijing 100193, China

GRAPHICAL ABSTRACT

ARTICLE INFO

Keywords:
Fungal pretreatment
Enzymatic pretreatment
NaOH pretreatment
Maize straw
Methane yield

ABSTRACT

In order to improve the methane yield, the alkaline and biological pretreatments on anaerobic digestion (AD) were investigated. Three treatments were tested: NaOH, biological (enzyme and fungi), and combined NaOH with biological. The maximum reducing sugar concentrations were obtained using Enzyme T (2.20 mg/mL) on the 6th day. The methane yield of NaOH + Enzyme A was 300.85 mL/g TS, 20.24% higher than the control. Methane yield obtained from Enzyme (T + A) and Enzyme T pretreatments were 277.03 and 273.75 mL/g TS, respectively, which were as effective as 1% NaOH (276.16 mL/g TS) in boosting methane production, and are environmentally friendly and inexpensive biological substitutes. Fungal pretreatment inhibited methane fermentation of maize straw, 15.68% was reduced by T + A compared with the control. The simultaneous reduction of DM, cellulose and hemicellulose achieved high methane yields. This study provides important guidance for the application of enzymes to AD from lignocellulosic agricultural waste.

1. Introduction

As the fossil fuel with the lowest emission factor, natural gas has been identified as the fuel for the 21st century (World energy outlook 2014, 2014). In recent years, global gas use continues to grow. China is the main region pushing global gas demand higher, and will consume more gas than the European Union and the Middle East by around 2030 (World energy outlook 2014, 2014). Biogas represents a renewable

* Corresponding author.
E mail address: wxiaofen@cau.edu.cn (X. Wang).

29. Aerobic deterioration of corn stalk silage and its effect on methane production and microbial community dynamics in anaerobic digestion

刊 载 地：Bioresource Technology（2017）

作者单位：中国农业大学

通讯作者：崔宗均

内容提要：Ensilage is a commonly used method of preserving energy crops for biogas production. However, aerobic deterioration of silage is an inevitable problem. This study investigated the effect of aerobic deterioration on methane production and microbial community dynamics through anaerobic digestion（AD）of maize stalk silage, following 9 days air exposure of silage. After air exposure, hydrolytic activity and methanogenic archaea amount in AD were reduced, decreasing the specific methane yield（SMY）；whereas lignocellulose decomposition during exposure improved the degradability of silage in AD and enhanced SMY, partially compensating the dry matter（DM）loss. 29.3% of the DM and 40.7% of methane yield were lost following 0–9 days exposure. Metagenomic analysis showed a shift from *Clostridia* to *Bacteroidia* and *Anaerolineae* in AD after silage deterioration；*Methanosaetaceae* was the dominant methanogenic archaea.

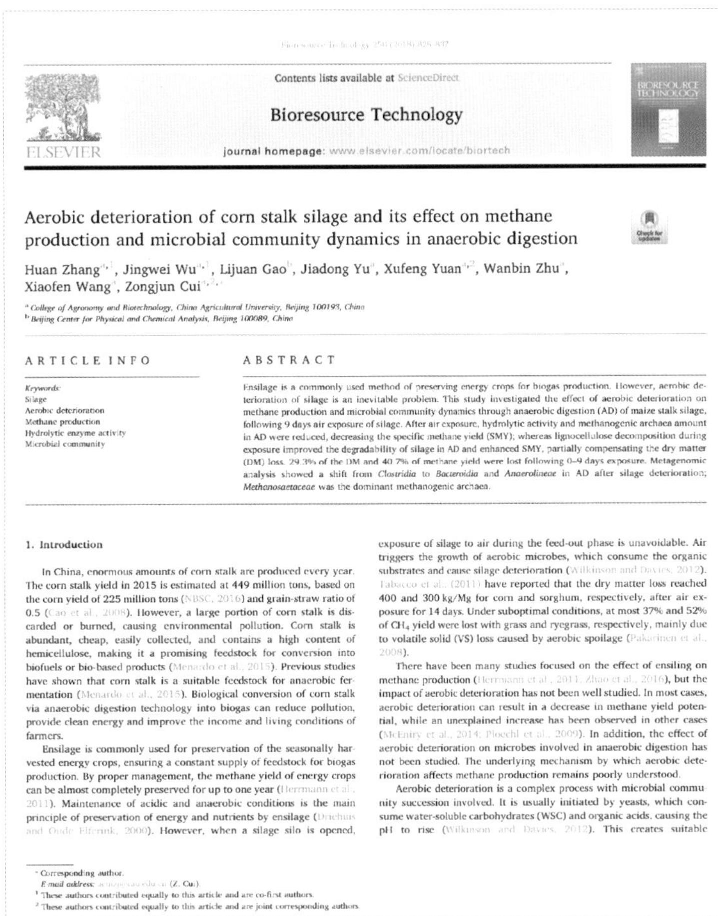

Bioresource Technology 250 (2018) 828–837

Contents lists available at ScienceDirect

Bioresource Technology

journal homepage: www.elsevier.com/locate/biortech

Aerobic deterioration of corn stalk silage and its effect on methane production and microbial community dynamics in anaerobic digestion

Huan Zhang[a,1], Jingwei Wu[a,1], Lijuan Gao[b], Jiadong Yu[a], Xufeng Yuan[a,2], Wanbin Zhu[a], Xiaofen Wang[a], Zongjun Cui[a,2,*]

[a] College of Agronomy and Biotechnology, China Agricultural University, Beijing 100193, China
[b] Beijing Center for Physical and Chemical Analysis, Beijing 100089, China

ARTICLE INFO

Keywords:
Silage
Aerobic deterioration
Methane production
Hydrolytic enzyme activity
Microbial community

ABSTRACT

Ensilage is a commonly used method of preserving energy crops for biogas production. However, aerobic deterioration of silage is an inevitable problem. This study investigated the effect of aerobic deterioration on methane production and microbial community dynamics through anaerobic digestion (AD) of maize stalk silage, following 9 days air exposure of silage. After air exposure, hydrolytic activity and methanogenic archaea amount in AD were reduced, decreasing the specific methane yield (SMY); whereas lignocellulose decomposition during exposure improved the degradability of silage in AD and enhanced SMY, partially compensating the dry matter (DM) loss. 29.3% of the DM and 40.7% of methane yield were lost following 0–9 days exposure. Metagenomic analysis showed a shift from *Clostridia* to *Bacteroidia* and *Anaerolineae* in AD after silage deterioration; *Methanosaetaceae* was the dominant methanogenic archaea.

1. Introduction

In China, enormous amounts of corn stalk are produced every year. The corn stalk yield in 2015 is estimated at 449 million tons, based on the corn yield of 225 million tons (NBSC, 2016) and grain-straw ratio of 0.5 (Cao et al., 2008). However, a large portion of corn stalk is discarded or burned, causing environmental pollution. Corn stalk is abundant, cheap, easily collected, and contains a high content of hemicellulose, making it a promising feedstock for conversion into biofuels or bio-based products (Menardo et al., 2015). Previous studies have shown that corn stalk is a suitable feedstock for anaerobic fermentation (Menardo et al., 2015). Biological conversion of corn stalk via anaerobic digestion technology into biogas can reduce pollution, provide clean energy and improve the income and living conditions of farmers.

Ensilage is commonly used for preservation of the seasonally harvested energy crops, ensuring a constant supply of feedstock for biogas production. By proper management, the methane yield of energy crops can be almost completely preserved for up to one year (Herrmann et al., 2011). Maintenance of acidic and anaerobic conditions is the main principle of preservation of energy and nutrients by ensilage (Driehuis and Oude Elferink, 2000). However, when a silage silo is opened, exposure of silage to air during the feed-out phase is unavoidable. Air triggers the growth of aerobic microbes, which consume the organic substrates and cause silage deterioration (Wilkinson and Davies, 2012). Tabacco et al. (2011) have reported that the dry matter loss reached 400 and 300 kg/Mg for corn and sorghum, respectively, after air exposure for 14 days. Under suboptimal conditions, at most 37% and 52% of CH_4 yield were lost with grass and ryegrass, respectively, mainly due to volatile solid (VS) loss caused by aerobic spoilage (Pakarinen et al., 2008).

There have been many studies focused on the effect of ensiling on methane production (Herrmann et al., 2011; Zhao et al., 2016), but the impact of aerobic deterioration has not been well studied. In most cases, aerobic deterioration can result in a decrease in methane yield potential, while an unexplained increase has been observed in other cases (McEniry et al., 2014; Ploechl et al., 2009). In addition, the effect of aerobic deterioration on microbes involved in anaerobic digestion has not been studied. The underlying mechanism by which aerobic deterioration affects methane production remains poorly understood.

Aerobic deterioration is a complex process with microbial community succession involved. It is usually initiated by yeasts, which consume water-soluble carbohydrates (WSC) and organic acids, causing the pH to rise (Wilkinson and Davies, 2012). This creates suitable

* Corresponding author.
E-mail address: (Z. Cui).
[1] These authors contributed equally to this article and are co-first authors.
[2] These authors contributed equally to this article and are joint corresponding authors.

30. Effect of pig manure on the chemical composition and microbial diversity during co-composting with spent mushroom substrate and rice husks

刊 载 地：Bioresource Technology（2017）

作者单位：中国农业大学

通讯作者：崔宗均

内容提要：In this study, the impact of pig manure on the maturity of compost consisting of spent mushroom substrate and rice husks was accessed. The results showed that the addition of pig manure（SMS-PM）reached 50℃ 5 days earlier and lasted 15 days longer than without pig manure（SMS). Furthermore, the addition of pig manure improved nutrition and germination index. High-throughput 16S rRNA pyrosequencing was used to evaluate the bacterial and fungal composition during the composting process of SMS-PM compared to SMS alone. The SMS treatment showed a relatively higher abundance of carbon-degrading microbes（Bacillaceae and *Thermomyces*）and plant pathogenic fungi（Sordariomycetes_unclassified）at the end of the compost. In contrast, the SMS-PM showed an increased bacterial diversity with anti-pathogen（*Pseudomonas*). The results indicated that the addition of pig manure improved the decomposition of refractory carbon from the spent mushroom substrate and promoted the maturity and nutritional content of the compost product.

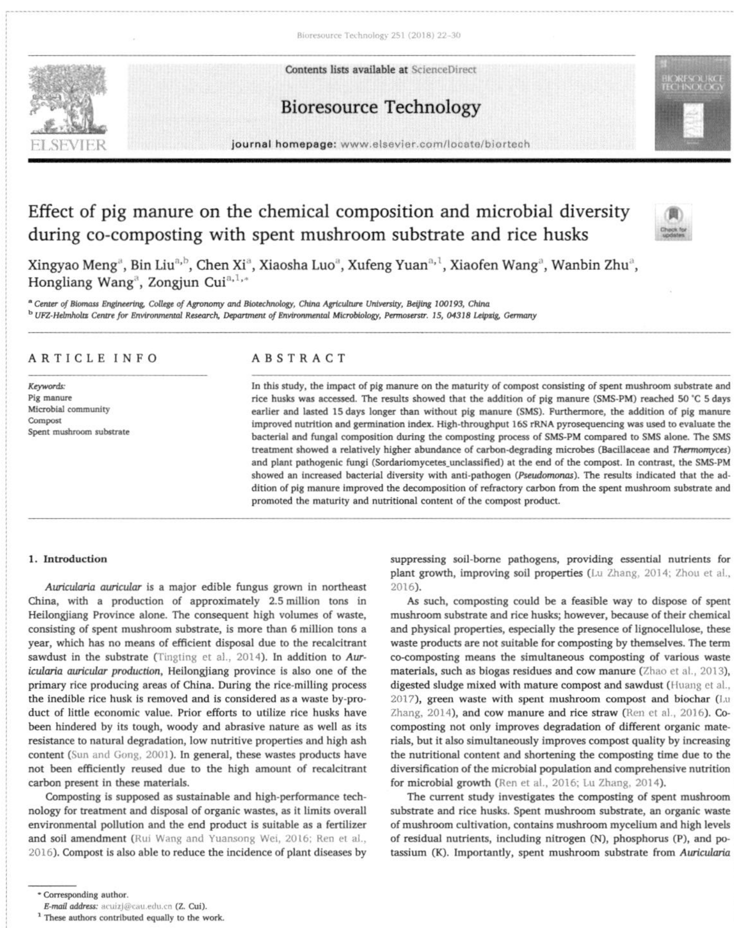
Bioresource Technology 251 (2018) 22–30

Contents lists available at ScienceDirect

Bioresource Technology

journal homepage: www.elsevier.com/locate/biortech

Effect of pig manure on the chemical composition and microbial diversity during co-composting with spent mushroom substrate and rice husks

Xingyao Meng[a], Bin Liu[a,b], Chen Xi[a], Xiaosha Luo[a], Xufeng Yuan[a,1], Xiaofen Wang[a], Wanbin Zhu[a], Hongliang Wang[a], Zongjun Cui[a,1,*]

[a] Center of Biomass Engineering, College of Agronomy and Biotechnology, China Agriculture University, Beijing 100193, China
[b] UFZ-Helmholtz Centre for Environmental Research, Department of Environmental Microbiology, Permoserstr. 15, 04318 Leipzig, Germany

A R T I C L E I N F O

Keywords:
Pig manure
Microbial community
Compost
Spent mushroom substrate

A B S T R A C T

In this study, the impact of pig manure on the maturity of compost consisting of spent mushroom substrate and rice husks was accessed. The results showed that the addition of pig manure (SMS-PM) reached 50 °C 5 days earlier and lasted 15 days longer than without pig manure (SMS). Furthermore, the addition of pig manure improved nutrition and germination index. High-throughput 16S rRNA pyrosequencing was used to evaluate the bacterial and fungal composition during the composting process of SMS-PM compared to SMS alone. The SMS treatment showed a relatively higher abundance of carbon-degrading microbes (Bacillaceae and *Thermomyces*) and plant pathogenic fungi (Sordariomycetes_unclassified) at the end of the compost. In contrast, the SMS-PM showed an increased bacterial diversity with anti-pathogen (*Pseudomonas*). The results indicated that the addition of pig manure improved the decomposition of refractory carbon from the spent mushroom substrate and promoted the maturity and nutritional content of the compost product.

1. Introduction

Auricularia auricular is a major edible fungus grown in northeast China, with a production of approximately 2.5 million tons in Heilongjiang Province alone. The consequent high volumes of waste, consisting of spent mushroom substrate, is more than 6 million tons a year, which has no means of efficient disposal due to the recalcitrant sawdust in the substrate (Tingting et al., 2014). In addition to *Auricularia auricular production*, Heilongjiang province is also one of the primary rice producing areas of China. During the rice-milling process the inedible rice husk is removed and is considered as a waste by-product of little economic value. Prior efforts to utilize rice husks have been hindered by its tough, woody and abrasive nature as well as its resistance to natural degradation, low nutritive properties and high ash content (Sun and Gong, 2001). In general, these wastes products have not been efficiently reused due to the high amount of recalcitrant carbon present in these materials.

Composting is supposed as sustainable and high-performance technology for treatment and disposal of organic wastes, as it limits overall environmental pollution and the end product is suitable as a fertilizer and soil amendment (Rui Wang and Yuansong Wei, 2016; Ren et al., 2016). Compost is also able to reduce the incidence of plant diseases by suppressing soil-borne pathogens, providing essential nutrients for plant growth, improving soil properties (Lu Zhang, 2014; Zhou et al., 2016).

As such, composting could be a feasible way to dispose of spent mushroom substrate and rice husks; however, because of their chemical and physical properties, especially the presence of lignocellulose, these waste products are not suitable for composting by themselves. The term co-composting means the simultaneous composting of various waste materials, such as biogas residues and cow manure (Zhao et al., 2013), digested sludge mixed with mature compost and sawdust (Huang et al., 2017), green waste with spent mushroom compost and biochar (Lu Zhang, 2014), and cow manure and rice straw (Ren et al., 2016). Co-composting not only improves degradation of different organic materials, but it also simultaneously improves compost quality by increasing the nutritional content and shortening the composting time due to the diversification of the microbial population and comprehensive nutrition for microbial growth (Ren et al., 2016; Lu Zhang, 2014).

The current study investigates the composting of spent mushroom substrate and rice husks. Spent mushroom substrate, an organic waste of mushroom cultivation, contains mushroom mycelium and high levels of residual nutrients, including nitrogen (N), phosphorus (P), and potassium (K). Importantly, spent mushroom substrate from *Auricularia*

* Corresponding author.
E-mail address: acuizj@cau.edu.cn (Z. Cui).
[1] These authors contributed equally to the work.

31. Composted biogas residue and spent mushroom substrate as a growth medium for tomato and pepper seedlings

刊 载 地：Journal of Environmental Management（2017）

作者单位：中国农业大学

通讯作者：崔宗均

内容提要：A composted material derived from biogas production residues, spent mushroom substrate（SMS）and pig manure was evaluated as a partial or total replacement for peat in growth medium for tomato and pepper seedlings. Five different substrates were tested: T1, compost + perlite（5:1, v:v）；T2, compost + peat + perlite（4:1:1, v:v:v）；T3, compost + peat + perlite（2.5:2.5:1, v:v:v）；T4, compost + peat + perlite（1:4:1, v:v:v）；and CK, a commercial peat + perlite（5:1, v:v). The physical-chemical characteristics of the various media were analyzed, and the germination rate and morphological growth were also measured. Real-time Quantitative PCR（qPCR）was used to quantify *Fusarium* concentrations. The addition of compost to peat-based growth medium increased the pH, electrical conductivity, air porosity, bulk density, and nutrition（NPK), and decreased the water holding capacity and total porosity. The use of compost did not affect the percent germination at day 15 of the tomato and pepper seedlings. The addition of compost resulted in better or comparable seedling quality compared with CK and fertilized CK. The best growth parameters were seen in tomato and pepper seedlings grown in T1 and T2, with higher morphological growth in comparison with CK and fertilized CK. However, T2 showed the highest *Fusarium* concentration compared to compost and all growth media. *Fusarium* concentrations in T1, T3, and T4 did not differ significantly from those in CK for tomato seedlings, and those in T1 and T4 were also similar to those in CK for pepper seedlings. The results suggest that biogas residues and SMS compost is a good alternative to peat, allowing 100% replacement, and that 20% -50% replacement produces tomato and pepper seedlings with higher morphological growth and lower *Fusarium* concentrations.

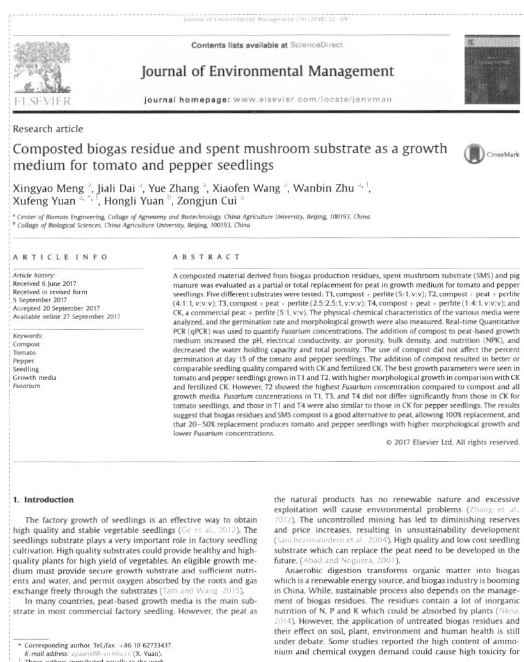
Journal of Environmental Management 216 (2018) 62–69

Contents lists available at ScienceDirect

Journal of Environmental Management

journal homepage: www.elsevier.com/locate/jenvman

Research article

Composted biogas residue and spent mushroom substrate as a growth medium for tomato and pepper seedlings

Xingyao Meng [a], Jiali Dai [a], Yue Zhang [a], Xiaofen Wang [a], Wanbin Zhu [a, 1], Xufeng Yuan [a, *, 1], Hongli Yuan [b], Zongjun Cui [a]

[a] Center of Biomass Engineering, Collage of Agronomy and Biotechnology, China Agriculture University, Beijing, 100193, China
[b] Collage of Biological Sciences, China Agriculture University, Beijing, 100193, China

A R T I C L E I N F O

Article history:
Received 6 June 2017
Received in revised form
5 September 2017
Accepted 20 September 2017
Available online 27 September 2017

Keywords:
Compost
Tomato
Pepper
Seedling
Growth media
Fusarium

A B S T R A C T

A composted material derived from biogas production residues, spent mushroom substrate (SMS) and pig manure was evaluated as a partial or total replacement for peat in growth medium for tomato and pepper seedlings. Five different substrates were tested: T1, compost + perlite (5:1, v:v); T2, compost + peat + perlite (4:1:1, v:v:v); T3, compost + peat + perlite (2.5:2.5:1, v:v:v); T4, compost + peat + perlite (1:4:1, v:v:v); and CK, a commercial peat + perlite (5:1, v:v). The physical-chemical characteristics of the various media were analyzed, and the germination rate and morphological growth were also measured. Real-time Quantitative PCR (qPCR) was used to quantify *Fusarium* concentrations. The addition of compost to peat-based growth medium increased the pH, electrical conductivity, air porosity, bulk density, and nutrition (NPK), and decreased the water holding capacity and total porosity. The use of compost did not affect the percent germination at day 15 of the tomato and pepper seedlings. The addition of compost resulted in better or comparable seedling quality compared with CK and fertilized CK. The best growth parameters were seen in tomato and pepper seedlings grown in T1 and T2, with higher morphological growth in comparison with CK and fertilized CK. However, T2 showed the highest *Fusarium* concentration compared to compost and all growth media. *Fusarium* concentrations in T1, T3, and T4 did not differ significantly from those in CK for tomato seedlings, and those in T1 and T4 were also similar to those in CK for pepper seedlings. The results suggest that biogas residues and SMS compost is a good alternative to peat, allowing 100% replacement, and that 20–50% replacement produces tomato and pepper seedlings with higher morphological growth and lower *Fusarium* concentrations.

1. Introduction

The factory growth of seedlings is an effective way to obtain high quality and stable vegetable seedlings (Ge et al., 2012). The seedlings substrate plays a very important role in factory seedling cultivation. High quality substrates could provide healthy and high-quality plants for high yield of vegetables. An eligible growth medium must provide secure growth substrate and sufficient nutrients and water, and permit oxygen absorbed by the roots and gas exchange freely through the substrates (Tam and Wang, 2015).

In many countries, peat-based growth media is the main substrate in most commercial factory seedling. However, the peat as the natural products has no renewable nature and excessive exploitation will cause environmental problems (Zhang et al., 2012). The uncontrolled mining has led to diminishing reserves and price increases, resulting in unsustainability development (Sanchezmonedero et al., 2004). High quality and low cost seedling substrate which can replace the peat need to be developed in the future. (Abad and Noguera, 2001).

Anaerobic digestion transforms organic matter into biogas which is a renewable energy source, and biogas industry is booming in China. While, sustainable process also depends on the management of biogas residues. The residues contain a lot of inorganic nutrition of N, P and K which could be absorbed by plants (Nkoa, 2014). However, the application of untreated biogas residues and their effect on soil, plant, environment and human health is still under debate. Some studies reported the high content of ammonium and chemical oxygen demand could cause high toxicity for

* Corresponding author. Tel./fax: +86 10 62733437.
E-mail address: ayuanxf@cau.edu.cn (X. Yuan).
[1] These authors contributed equally to the work.

32. Methane production and characteristics of the microbial community in a two-stage fixed-bed anaerobic reactor using molasses

刊 载 地：Bioresource Technology（2017）

作者单位：中国农业大学

通讯作者：崔宗均

内容提要：Molasses is a typical feedstock for fermentation, but the effluent is hard to treat. In this study, molasses containing a high concentration of organic matter was treated by a two-stage Fix-bed reactor system with an increased organic loading rate (OLR). The results indicated at high molasses loading rate, the two-stage system was more efficient (i.e. organic matter removal, the COD of effluent and biogas production) than the single-stage system. The relative abundance of *Anaerolineaceae* and *W5*_norank was higher in the first stage (R1), where these organisms digest carbohydrates, while the second stage (R2) had higher relative abundance of *Synergistaceae* and *SB-1*_norank, which digest VFAs and decomposition-resistant compounds to produce compounds used by hydrogen methanogens. The qPCR analysis demonstrated that the *Methanosaetaceae* dominated the archaeal community in the first stage (R1), while *Methanomicrobiales* and *Methanobacteriales* were predominant in the second stage (R2), where they were involved in hydrogen production.

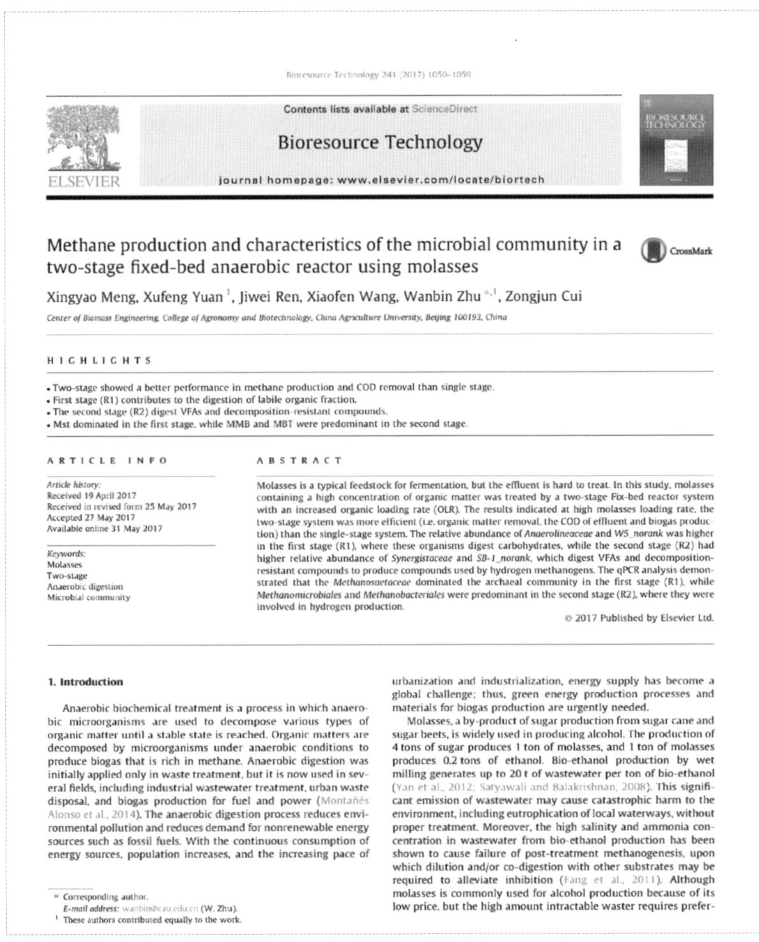
Bioresource Technology 241 (2017) 1050–1059

Contents lists available at ScienceDirect

Bioresource Technology

journal homepage: www.elsevier.com/locate/biortech

Methane production and characteristics of the microbial community in a two-stage fixed-bed anaerobic reactor using molasses

Xingyao Meng, Xufeng Yuan [1], Jiwei Ren, Xiaofen Wang, Wanbin Zhu [*,1], Zongjun Cui

Center of Biomass Engineering, College of Agronomy and Biotechnology, China Agriculture University, Beijing 100193, China

HIGHLIGHTS

- Two-stage showed a better performance in methane production and COD removal than single stage.
- First stage (R1) contributes to the digestion of labile organic fraction.
- The second stage (R2) digest VFAs and decomposition-resistant compounds.
- Mst dominated in the first stage, while MMB and MBT were predominant in the second stage.

ARTICLE INFO

Article history:
Received 19 April 2017
Received in revised form 25 May 2017
Accepted 27 May 2017
Available online 31 May 2017

Keywords:
Molasses
Two-stage
Anaerobic digestion
Microbial community

ABSTRACT

Molasses is a typical feedstock for fermentation, but the effluent is hard to treat. In this study, molasses containing a high concentration of organic matter was treated by a two-stage Fix-bed reactor system with an increased organic loading rate (OLR). The results indicated at high molasses loading rate, the two-stage system was more efficient (i.e. organic matter removal, the COD of effluent and biogas production) than the single-stage system. The relative abundance of *Anaerolineaceae* and *W5_norank* was higher in the first stage (R1), where these organisms digest carbohydrates, while the second stage (R2) had higher relative abundance of *Synergistaceae* and *SB-1_norank*, which digest VFAs and decomposition-resistant compounds to produce compounds used by hydrogen methanogens. The qPCR analysis demonstrated that the *Methanosaetaceae* dominated the archaeal community in the first stage (R1), while *Methanomicrobiales* and *Methanobacteriales* were predominant in the second stage (R2), where they were involved in hydrogen production.

1. Introduction

Anaerobic biochemical treatment is a process in which anaerobic microorganisms are used to decompose various types of organic matter until a stable state is reached. Organic matters are decomposed by microorganisms under anaerobic conditions to produce biogas that is rich in methane. Anaerobic digestion was initially applied only in waste treatment, but it is now used in several fields, including industrial wastewater treatment, urban waste disposal, and biogas production for fuel and power (Montañés Alonso et al., 2014). The anaerobic digestion process reduces environmental pollution and reduces demand for nonrenewable energy sources such as fossil fuels. With the continuous consumption of energy sources, population increases, and the increasing pace of urbanization and industrialization, energy supply has become a global challenge; thus, green energy production processes and materials for biogas production are urgently needed.

Molasses, a by-product of sugar production from sugar cane and sugar beets, is widely used in producing alcohol. The production of 4 tons of sugar produces 1 ton of molasses, and 1 ton of molasses produces 0.2 tons of ethanol. Bio-ethanol production by wet milling generates up to 20 t of wastewater per ton of bio-ethanol (Yan et al., 2012; Satyawali and Balakrishnan, 2008). This significant emission of wastewater may cause catastrophic harm to the environment, including eutrophication of local waterways, without proper treatment. Moreover, the high salinity and ammonia concentration in wastewater from bio-ethanol production has been shown to cause failure of post-treatment methanogenesis, upon which dilution and/or co-digestion with other substrates may be required to alleviate inhibition (Fang et al., 2011). Although molasses is commonly used for alcohol production because of its low price, but the high amount intractable waster requires prefer-

* Corresponding author.
E-mail address: wanbin@cau.edu.cn (W. Zhu).
[1] These authors contributed equally to the work.

33. Optimization of Fe^{2+} supplement in anaerobic digestion accounting for the Fe-bioavailability

刊 载 地：Bioresource Technology（2017）

作者单位：中国农业大学

通讯作者：王晓峰

内容提要：Fe is widely used as an additive in anaerobic digestion, but its bioavailability and the mechanism by which it enhances digestion are unclear. In this study, sequential extraction was used to measure Fe bioavailability, while biochemical parameters, kinetics model and Q-PCR（fluorescence quantitative PCR） were used to explore its mechanism of stimulation. The results showed that sequential extraction is a suitable method to assess the anaerobic system bioavailability of Fe, which is low and fluctuates to a limited extent（1.7 to-3.1 wt%）, indicating that it would be easy for Fe levels to be insufficient. Methane yield increased when the added Fe^{2+} was 10–500mg/L. Appropriate amounts of Fe^{2+} accelerated the decomposition of rice straw and facilitated methanogen metabolism, thereby improving reactor performance. The modified Gompertz model better fitted the results than the first-order kinetic model. Feasibility analysis showed that addition of Fe^{2+} at ⩽ 50mg/L was suitable.

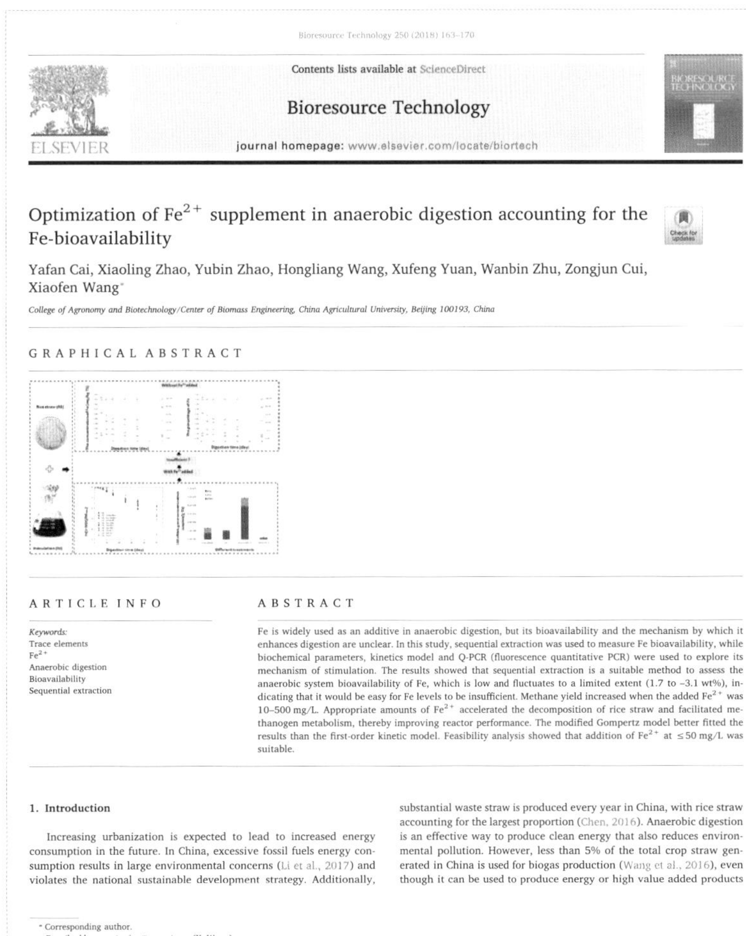

Bioresource Technology 250 (2018) 163–170

Contents lists available at ScienceDirect

Bioresource Technology

journal homepage: www.elsevier.com/locate/biortech

Optimization of Fe^{2+} supplement in anaerobic digestion accounting for the Fe-bioavailability

Yafan Cai, Xiaoling Zhao, Yubin Zhao, Hongliang Wang, Xufeng Yuan, Wanbin Zhu, Zongjun Cui, Xiaofen Wang*

College of Agronomy and Biotechnology/Center of Biomass Engineering, China Agricultural University, Beijing 100193, China

GRAPHICAL ABSTRACT

ARTICLE INFO

Keywords:
Trace elements
Fe^{2+}
Anaerobic digestion
Bioavailability
Sequential extraction

ABSTRACT

Fe is widely used as an additive in anaerobic digestion, but its bioavailability and the mechanism by which it enhances digestion are unclear. In this study, sequential extraction was used to measure Fe bioavailability, while biochemical parameters, kinetics model and Q-PCR (fluorescence quantitative PCR) were used to explore its mechanism of stimulation. The results showed that sequential extraction is a suitable method to assess the anaerobic system bioavailability of Fe, which is low and fluctuates to a limited extent (1.7 to –3.1 wt%), indicating that it would be easy for Fe levels to be insufficient. Methane yield increased when the added Fe^{2+} was 10–500 mg/L. Appropriate amounts of Fe^{2+} accelerated the decomposition of rice straw and facilitated methanogen metabolism, thereby improving reactor performance. The modified Gompertz model better fitted the results than the first-order kinetic model. Feasibility analysis showed that addition of Fe^{2+} at ≤50 mg/L was suitable.

1. Introduction

Increasing urbanization is expected to lead to increased energy consumption in the future. In China, excessive fossil fuels energy consumption results in large environmental concerns (Li et al., 2017) and violates the national sustainable development strategy. Additionally, substantial waste straw is produced every year in China, with rice straw accounting for the largest proportion (Chen, 2016). Anaerobic digestion is an effective way to produce clean energy that also reduces environmental pollution. However, less than 5% of the total crop straw generated in China is used for biogas production (Wang et al., 2016), even though it can be used to produce energy or high value added products

* Corresponding author.
E-mail address: wxiaofen@cau.edu.cn (X. Wang).

34. The effect of mixing intensity on the performance and microbial dynamics of a single vertical reactor integrating acidogenic and methanogenic phases in lignocellulosic biomass digestion

刊 载 地：Bioresource Technology (2017)

作者单位：中国农业大学

通讯作者：崔宗均

内容提要：The ready formation of scum in vertical reactors has been a bottleneck in the digestion of lignocellulosic materials for biogas production. This study describes a single vertical reactor that integrates the acidogenic and methanogenic phases of this process. The effects of two types of maize stover feedstock (fresh and silage) and two mixing intensities (20 and 70 rpm) on methane yield were orthogonally determined. Fresh maize stover yielded approximately 14% more methane than silage maize stover. Mixing at 20 rpm contributed to methane yield, while mixing at 70 rpm blurred the phase boundary, resulting in accumulation of volatile fatty acids and loss of methanogens. The upper and lower phases clearly constituted a two-phase fermentation system. *Clostridiales* occupied the acidogenic phase, while the predominant bacteria in the methanogenic phase were *Bacteroidetes*, *Chloroflexi*, and *Synergistetes*. The absolute predominance of *Methanosaetaceae* clearly demonstrated that aceticlastic methanogenesis was the main route of methane production.

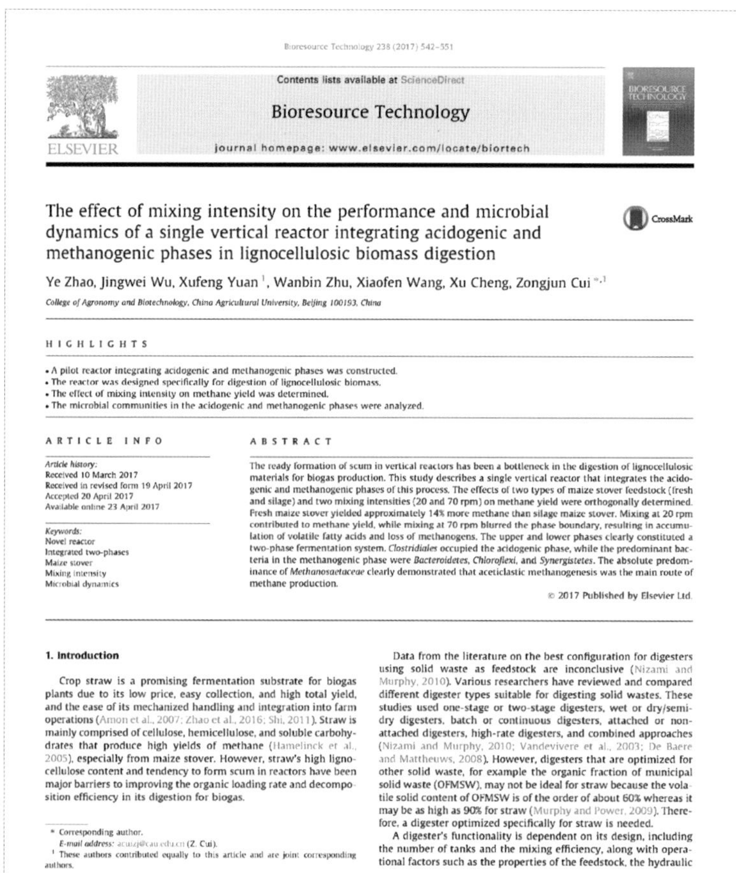

Bioresource Technology 238 (2017) 542–551

Contents lists available at ScienceDirect

Bioresource Technology

journal homepage: www.elsevier.com/locate/biortech

The effect of mixing intensity on the performance and microbial dynamics of a single vertical reactor integrating acidogenic and methanogenic phases in lignocellulosic biomass digestion

Ye Zhao, Jingwei Wu, Xufeng Yuan [1], Wanbin Zhu, Xiaofen Wang, Xu Cheng, Zongjun Cui [*,1]

College of Agronomy and Biotechnology, China Agricultural University, Beijing 100193, China

HIGHLIGHTS

- A pilot reactor integrating acidogenic and methanogenic phases was constructed.
- The reactor was designed specifically for digestion of lignocellulosic biomass.
- The effect of mixing intensity on methane yield was determined.
- The microbial communities in the acidogenic and methanogenic phases were analyzed.

ARTICLE INFO

Article history:
Received 10 March 2017
Received in revised form 19 April 2017
Accepted 20 April 2017
Available online 23 April 2017

Keywords:
Novel reactor
Integrated two-phases
Maize stover
Mixing intensity
Microbial dynamics

ABSTRACT

The ready formation of scum in vertical reactors has been a bottleneck in the digestion of lignocellulosic materials for biogas production. This study describes a single vertical reactor that integrates the acidogenic and methanogenic phases of this process. The effects of two types of maize stover feedstock (fresh and silage) and two mixing intensities (20 and 70 rpm) on methane yield were orthogonally determined. Fresh maize stover yielded approximately 14% more methane than silage maize stover. Mixing at 20 rpm contributed to methane yield, while mixing at 70 rpm blurred the phase boundary, resulting in accumulation of volatile fatty acids and loss of methanogens. The upper and lower phases clearly constituted a two-phase fermentation system. *Clostridiales* occupied the acidogenic phase, while the predominant bacteria in the methanogenic phase were *Bacteroidetes*, *Chloroflexi*, and *Synergistetes*. The absolute predominance of *Methanosaetaceae* clearly demonstrated that aceticlastic methanogenesis was the main route of methane production.

1. Introduction

Crop straw is a promising fermentation substrate for biogas plants due to its low price, easy collection, and high total yield, and the ease of its mechanized handling and integration into farm operations (Amon et al., 2007; Zhao et al., 2016; Shi, 2011). Straw is mainly comprised of cellulose, hemicellulose, and soluble carbohydrates that produce high yields of methane (Hamelinck et al., 2005), especially from maize stover. However, straw's high lignocellulose content and tendency to form scum in reactors have been major barriers to improving the organic loading rate and decomposition efficiency in its digestion for biogas.

Data from the literature on the best configuration for digesters using solid waste as feedstock are inconclusive (Nizami and Murphy, 2010). Various researchers have reviewed and compared different digester types suitable for digesting solid wastes. These studies used one-stage or two-stage digesters, wet or dry/semi-dry digesters, batch or continuous digesters, attached or non-attached digesters, high-rate digesters, and combined approaches (Nizami and Murphy, 2010; Vandevivere et al., 2003; De Baere and Mattheuws, 2008). However, digesters that are optimized for other solid waste, for example the organic fraction of municipal solid waste (OFMSW), may not be ideal for straw because the volatile solid content of OFMSW is of the order of about 60% whereas it may be as high as 90% for straw (Murphy and Power, 2009). Therefore, a digester optimized specifically for straw is needed.

A digester's functionality is dependent on its design, including the number of tanks and the mixing efficiency, along with operational factors such as the properties of the feedstock, the hydraulic

* Corresponding author.
E-mail address: acuizj@cau.edu.cn (Z. Cui).
[1] These authors contributed equally to this article and are joint corresponding authors.

35. Effects of adding trace elements on rice straw anaerobic mono-digestion: Focus on changes in microbial communities using high-throughput sequencing

刊 载 地：Bioresource Technology（2017）

作者单位：中国农业大学

通讯作者：王小芬

内容提要：Although trace elements are known to aid anaerobic digestion, their mechanism of action is still unclear. High-throughput sequencing was used to reveal the mechanism by which adding trace elements affects microbial communities and their action. The results showed that the highest methane yields, with addition of Fe, Mo, Se and Mn were 289.2, 289.6, 285.3, 293.0 mL/g volatile solids（VS), respectively. The addition of Fe, Mo, Se and Mn significantly（$P<0.05$）reduced the level of volatile fatty acids（VFAs). The dominant bacteria and archaea were *Bacteroidetes* and *Methanosaeta*, respectively. Compared with the proportion of *Methanosaeta* in the control group, treatment with added trace elements increased *Methanosaeta* by as much as 12.4 % . Microbial community analysis indicated that adding trace elements changed the composition and diversity of archaea and bacteria. Methane yield was positively correlated with bacterial diversity and negatively correlated with archaeal diversity for most treatments.

Bioresource Technology 239 (2017) 454–463

Contents lists available at ScienceDirect

Bioresource Technology

journal homepage: www.elsevier.com/locate/biortech

Effects of adding trace elements on rice straw anaerobic mono-digestion: Focus on changes in microbial communities using high-throughput sequencing

Yafan Cai [a], Binbin Hua [a], Lijuan Gao [b], Yuegao Hu [a], Xufeng Yuan [a], Zongjun Cui [a], Wanbin Zhu [a], Xiaofen Wang [a,*]

[a] College of Agronomy and Biotechnology, China Agricultural University, Beijing 100193, China
[b] Beijing Centre for Physical and Chemical Analysis, Beijing 100089, China

HIGHLIGHTS

- The effects of trace elements on rice straw anaerobic digestion were evaluated.
- Adding Co and Ni did not improve reactor performance.
- Fe, Mn, Mo, Se accelerated the degradation of VFAs and methane generation.
- The change of composition and diversity of microorganism affected methane yield.

GRAPHICAL ABSTRACT

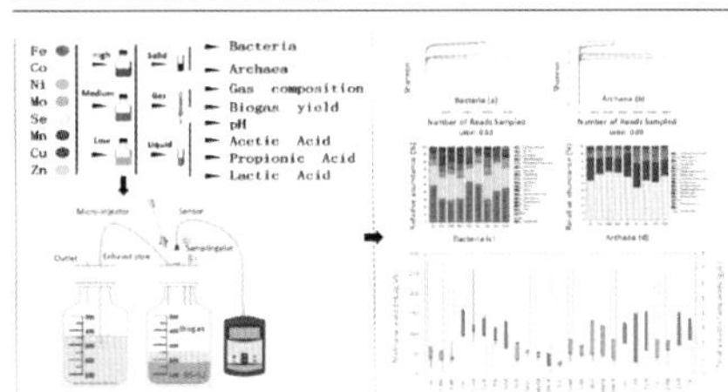

ARTICLE INFO

Article history:
Received 23 February 2017
Received in revised form 15 April 2017
Accepted 18 April 2017
Available online 21 April 2017

Keywords:
Trace element
Microbial community
High-throughput sequencing
Anaerobic digestion

ABSTRACT

Although trace elements are known to aid anaerobic digestion, their mechanism of action is still unclear. High-throughput sequencing was used to reveal the mechanism by which adding trace elements affects microbial communities and their action. The results showed that the highest methane yields, with addition of Fe, Mo, Se and Mn were 289.2, 289.6, 285.3, 293.0 mL/g volatile solids (VS), respectively. The addition of Fe, Mo, Se and Mn significantly ($P < 0.05$) reduced the level of volatile fatty acids (VFAs). The dominant bacteria and archaea were *Bacteroidetes* and *Methanosaeta*, respectively. Compared with the proportion of *Methanosaeta* in the control group, treatment with added trace elements increased *Methanosaeta* by as much as 12.4%. Microbial community analysis indicated that adding trace elements changed the composition and diversity of archaea and bacteria. Methane yield was positively correlated with bacterial diversity and negatively correlated with archaeal diversity for most treatments.

* Corresponding author.
E-mail address: (X. Wang).

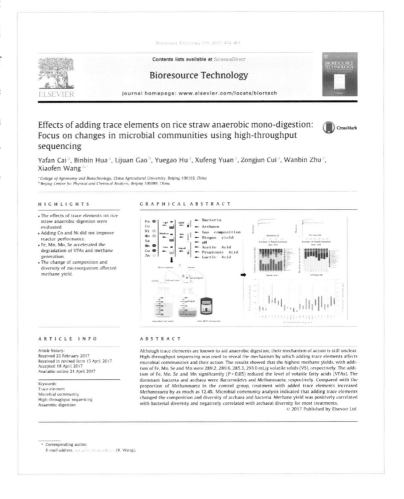

36. Effect of ensiling and silage additives on biogas production and microbial community dynamics during anaerobic digestion of switchgrass

刊 载 地：Bioresource Technology（2017）

作者单位：中国农业大学

通讯作者：王小芬

内容提要：Silage processing has a crucial positive impact on the methane yield of anaerobic treated substrates. Changes in the characteristics of switchgrass after ensiling with different additives and their effects on methane production and microbial community changes during anaerobic digestion were investigated. After ensiling (CK), methane yield was increased by 33.59% relative to that of fresh switchgrass (FS). In comparison with the CK treatment, methane production was improved by 17.41%，13.08% and 8.72% in response to ensiling with LBr+X, LBr and X, respectively. A modified Gompertz model predicted that the optimum treatment was LBr+X, with a potential cumulative methane yield of 178.31 mL/g total solids (TS) and a maximum biogas production rate of 44.39 mL/g TS · d. *Firmicutes* and *Bacteroidetes* were the predominant bacteria in FS and silage switchgrass；however, the switchgrass treated with LBr+X was rich in *Synergistetes* , which was crucial for methane production.

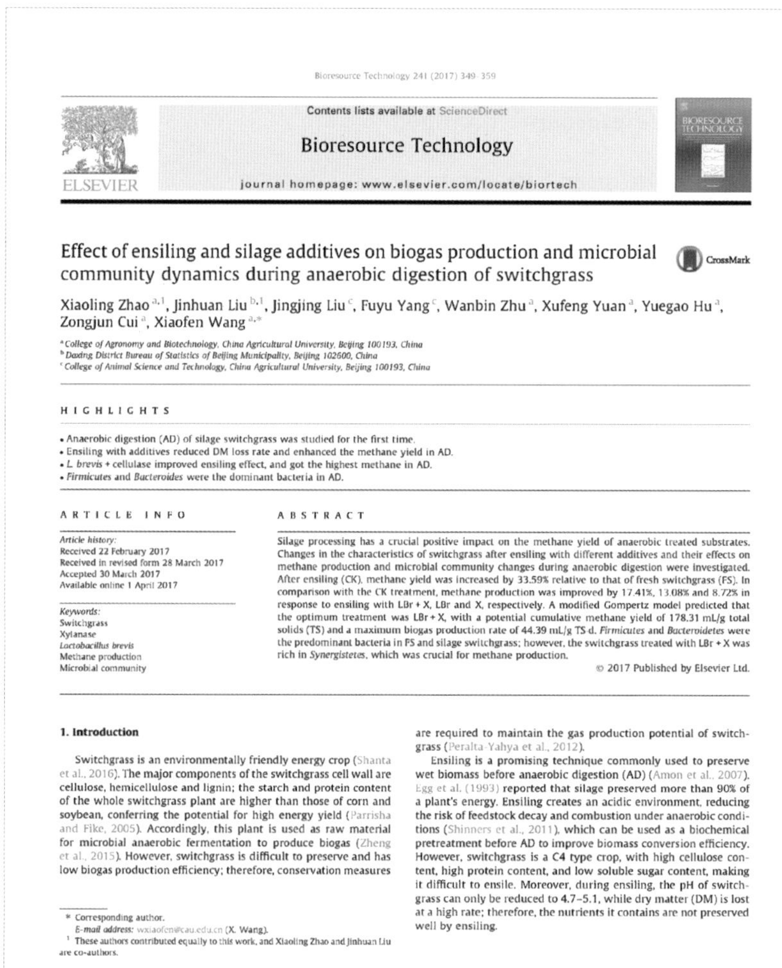

Bioresource Technology 241 (2017) 349–359

Contents lists available at ScienceDirect

Bioresource Technology

journal homepage: www.elsevier.com/locate/biortech

Effect of ensiling and silage additives on biogas production and microbial community dynamics during anaerobic digestion of switchgrass

Xiaoling Zhao [a,1], Jinhuan Liu [b,1], Jingjing Liu [c], Fuyu Yang [c], Wanbin Zhu [a], Xufeng Yuan [a], Yuegao Hu [a], Zongjun Cui [a], Xiaofen Wang [a,*]

[a] College of Agronomy and Biotechnology, China Agricultural University, Beijing 100193, China
[b] Daxing District Bureau of Statistics of Beijing Municipality, Beijing 102600, China
[c] College of Animal Science and Technology, China Agricultural University, Beijing 100193, China

HIGHLIGHTS

- Anaerobic digestion (AD) of silage switchgrass was studied for the first time.
- Ensiling with additives reduced DM loss rate and enhanced the methane yield in AD.
- *L. brevis* + cellulase improved ensiling effect, and got the highest methane in AD.
- *Firmicutes* and *Bacteroides* were the dominant bacteria in AD.

ARTICLE INFO

Article history:
Received 22 February 2017
Received in revised form 28 March 2017
Accepted 30 March 2017
Available online 1 April 2017

Keywords:
Switchgrass
Xylanase
Lactobacillus brevis
Methane production
Microbial community

ABSTRACT

Silage processing has a crucial positive impact on the methane yield of anaerobic treated substrates. Changes in the characteristics of switchgrass after ensiling with different additives and their effects on methane production and microbial community changes during anaerobic digestion were investigated. After ensiling (CK), methane yield was increased by 33.59% relative to that of fresh switchgrass (FS). In comparison with the CK treatment, methane production was improved by 17.41%, 13.08% and 8.72% in response to ensiling with LBr + X, LBr and X, respectively. A modified Gompertz model predicted that the optimum treatment was LBr + X, with a potential cumulative methane yield of 178.31 mL/g total solids (TS) and a maximum biogas production rate of 44.39 mL/g TS·d. *Firmicutes* and *Bacteroidetes* were the predominant bacteria in FS and silage switchgrass; however, the switchgrass treated with LBr + X was rich in *Synergistetes*, which was crucial for methane production.

1. Introduction

Switchgrass is an environmentally friendly energy crop (Shanta et al., 2016). The major components of the switchgrass cell wall are cellulose, hemicellulose and lignin; the starch and protein content of the whole switchgrass plant are higher than those of corn and soybean, conferring the potential for high energy yield (Parrisha and Fike, 2005). Accordingly, this plant is used as raw material for microbial anaerobic fermentation to produce biogas (Zheng et al., 2015). However, switchgrass is difficult to preserve and has low biogas production efficiency; therefore, conservation measures are required to maintain the gas production potential of switchgrass (Peralta-Yahya et al., 2012).

Ensiling is a promising technique commonly used to preserve wet biomass before anaerobic digestion (AD) (Amon et al., 2007). Egg et al. (1993) reported that silage preserved more than 90% of a plant's energy. Ensiling creates an acidic environment, reducing the risk of feedstock decay and combustion under anaerobic conditions (Shinners et al., 2011), which can be used as a biochemical pretreatment before AD to improve biomass conversion efficiency. However, switchgrass is a C4 type crop, with high cellulose content, high protein content, and low soluble sugar content, making it difficult to ensile. Moreover, during ensiling, the pH of switchgrass can only be reduced to 4.7–5.1, while dry matter (DM) is lost at a high rate; therefore, the nutrients it contains are not preserved well by ensiling.

* Corresponding author.
E-mail address: wxiaofen@cau.edu.cn (X. Wang).
[1] These authors contributed equally to this work, and Xiaoling Zhao and Jinhuan Liu are co-authors.

37. Effects of adding EDTA and Fe^{2+} on the performance of reactor and microbial community structure in two simulated phases of anaerobic digestion

刊 载 地：Bioresource Technology（2018）

作者单位：中国农业大学

通讯作者：王小芬

内容提要：The uptake of trace elements can be impeded by precipitation in the presence of carbonates and sulfates. The objective of this study was to investigate whether ethylenediaminetetraacetic acid（EDTA）enhances the performance of anaerobic digestion by forming dissolved complexes with Fe^{2+}. Batch experiments were performed in this study and acidogenic and methanogenic phases were artificially simulated. EDTA was added to both of phases to examine its effects on Fe bioavailability, metabolic parameters and microbial community structure. The results showed that EDTA significantly accelerated the digestion process in both phases because its addition changed the Fe sorption law and increased Fe-bioavailability. The microbial community structure changed following by the change of Fe-fractions which was determined by EDTA. This study demonstrated that EDTA as ligand could increase the Fe-bioavailability and then reduced or replaced the addition of Fe.

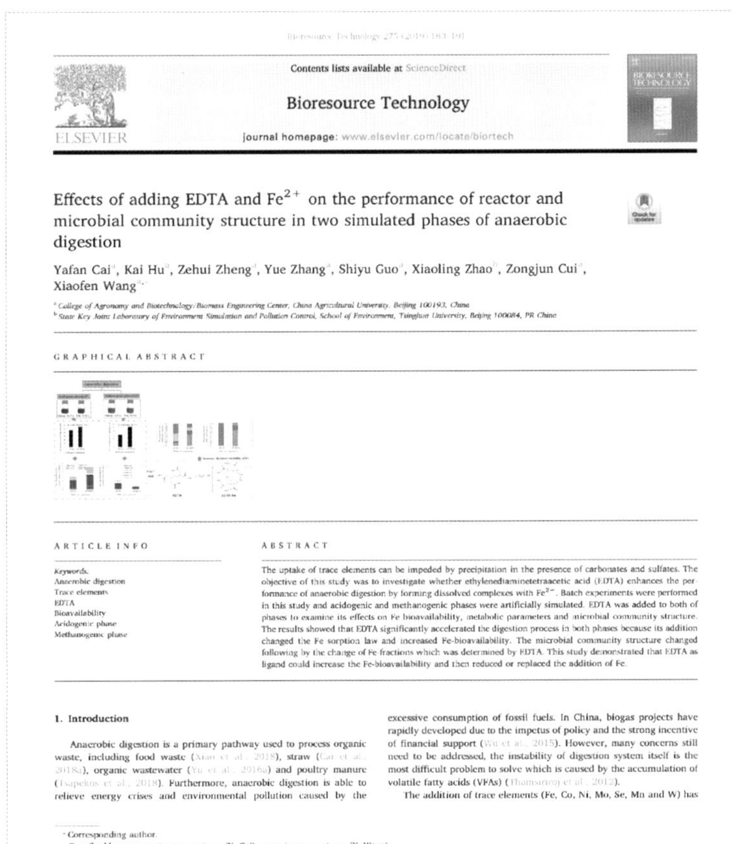

Bioresource Technology 275 (2019) 183–191

Contents lists available at ScienceDirect

Bioresource Technology

journal homepage: www.elsevier.com/locate/biortech

Effects of adding EDTA and Fe^{2+} on the performance of reactor and microbial community structure in two simulated phases of anaerobic digestion

Yafan Cai[a], Kai Hu[a], Zehui Zheng[a], Yue Zhang[a], Shiyu Guo[a], Xiaoling Zhao[b], Zongjun Cui[a], Xiaofen Wang[a,*]

[a] College of Agronomy and Biotechnology/Biomass Engineering Center, China Agricultural University, Beijing 100193, China
[b] State Key Joint Laboratory of Environment Simulation and Pollution Control, School of Environment, Tsinghua University, Beijing 100084, PR China

GRAPHICAL ABSTRACT

ARTICLE INFO

Keywords:
Anaerobic digestion
Trace elements
EDTA
Bioavailability
Acidogenic phase
Methanogenic phase

ABSTRACT

The uptake of trace elements can be impeded by precipitation in the presence of carbonates and sulfates. The objective of this study was to investigate whether ethylenediaminetetraacetic acid (EDTA) enhances the performance of anaerobic digestion by forming dissolved complexes with Fe^{2+}. Batch experiments were performed in this study and acidogenic and methanogenic phases were artificially simulated. EDTA was added to both of phases to examine its effects on Fe bioavailability, metabolic parameters and microbial community structure. The results showed that EDTA significantly accelerated the digestion process in both phases because its addition changed the Fe sorption law and increased Fe-bioavailability. The microbial community structure changed following by the change of Fe-fractions which was determined by EDTA. This study demonstrated that EDTA as ligand could increase the Fe-bioavailability and then reduced or replaced the addition of Fe.

1. Introduction

Anaerobic digestion is a primary pathway used to process organic waste, including food waste (Xiao et al., 2018), straw (Cai et al., 2018a), organic wastewater (Yu et al., 2016a) and poultry manure (Tsapekos et al., 2018). Furthermore, anaerobic digestion is able to relieve energy crises and environmental pollution caused by the excessive consumption of fossil fuels. In China, biogas projects have rapidly developed due to the impetus of policy and the strong incentive of financial support (Wu et al., 2015). However, many concerns still need to be addressed, the instability of digestion system itself is the most difficult problem to solve which is caused by the accumulation of volatile fatty acids (VFAs) (Thamsiriroj et al., 2012).

The addition of trace elements (Fe, Co, Ni, Mo, Se, Mn and W) has

* Corresponding author.
E-mail addresses: [illegible] (Y. Cai), [illegible] (X. Wang).

38.Co-composting of the biogas residues and spent mushroom substrate: Physicochemical properties and maturity assessment

刊 载 地：Bioresource Technology（2018）

作者单位：中国农业大学

通讯作者：袁晓峰

内容提要：Recycling of BR and SMS are crucial for the development of biogas industry and commercial mushroom cultivation. The seed germination test is limited to examine the maturity of compost because of lacking the effect of insoluble part on plant growth. The aim of this study was to evaluate the maturity of compost by analysis the relationship between agronomic parameters of plant growth with physicochemical parameters of compost. The thermophilic period (over 50 degrees C) was lasted 52 days. TOC, C/N, AP and NH^{4+} -N was decreased along with composting process, while TK, TP, AK and NO_3^- -N showed an opposite trend. As for seedling quality, the raw material (T0) showed the worst plant growth but the 100 % compost (T1) showed better seedling quality compared with commercial seedlings. According to the analysis of Spearman correlation, the results indicated that TOC, C/N, NH^{4+}-N, NO_3^- -N, AK and lignocellulose can be used to evaluate compost maturity.

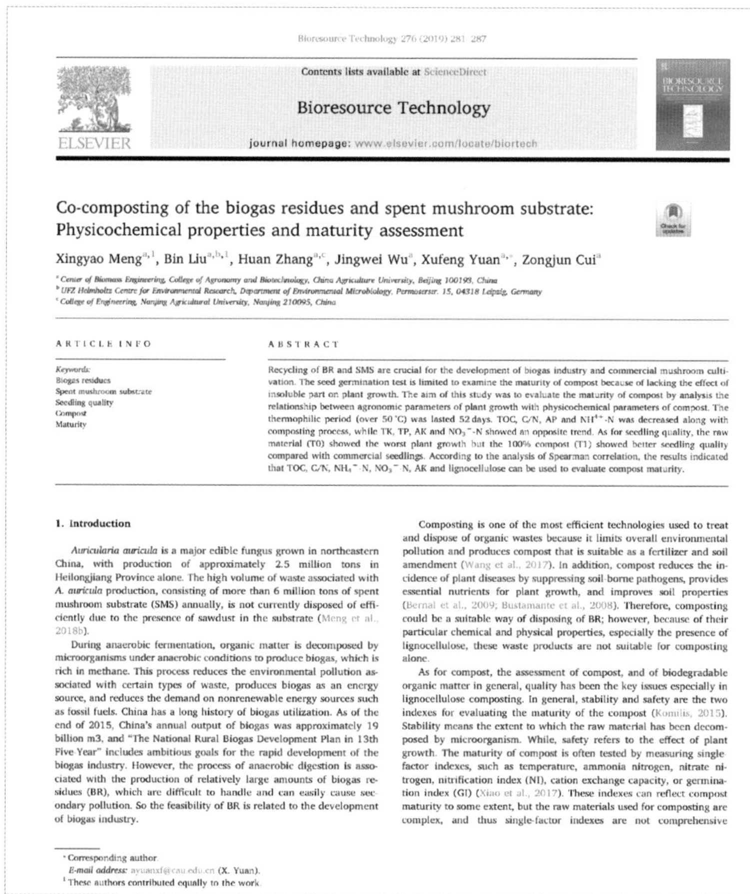

Bioresource Technology 276 (2019) 281–287

Contents lists available at ScienceDirect

Bioresource Technology

journal homepage: www.elsevier.com/locate/biortech

Co-composting of the biogas residues and spent mushroom substrate: Physicochemical properties and maturity assessment

Xingyao Meng[a,1], Bin Liu[a,b,1], Huan Zhang[a,c], Jingwei Wu[a], Xufeng Yuan[a,*], Zongjun Cui[a]

[a] Center of Biomass Engineering, College of Agronomy and Biotechnology, China Agriculture University, Beijing 100193, China
[b] UFZ Helmholtz Centre for Environmental Research, Department of Environmental Microbiology, Permoserstr. 15, 04318 Leipzig, Germany
[c] College of Engineering, Nanjing Agricultural University, Nanjing 210095, China

ARTICLE INFO

Keywords:
Biogas residues
Spent mushroom substrate
Seedling quality
Compost
Maturity

ABSTRACT

Recycling of BR and SMS are crucial for the development of biogas industry and commercial mushroom cultivation. The seed germination test is limited to examine the maturity of compost because of lacking the effect of insoluble part on plant growth. The aim of this study was to evaluate the maturity of compost by analysis the relationship between agronomic parameters of plant growth with physicochemical parameters of compost. The thermophilic period (over 50 °C) was lasted 52 days. TOC, C/N, AP and NH^{4+}-N was decreased along with composting process, while TK, TP, AK and NO_3^--N showed an opposite trend. As for seedling quality, the raw material (T0) showed the worst plant growth but the 100% compost (T1) showed better seedling quality compared with commercial seedlings. According to the analysis of Spearman correlation, the results indicated that TOC, C/N, NH_4^--N, NO_3^--N, AK and lignocellulose can be used to evaluate compost maturity.

1. Introduction

Auricularia auricula is a major edible fungus grown in northeastern China, with production of approximately 2.5 million tons in Heilongjiang Province alone. The high volume of waste associated with *A. auricula* production, consisting of more than 6 million tons of spent mushroom substrate (SMS) annually, is not currently disposed of efficiently due to the presence of sawdust in the substrate (Meng et al., 2018b).

During anaerobic fermentation, organic matter is decomposed by microorganisms under anaerobic conditions to produce biogas, which is rich in methane. This process reduces the environmental pollution associated with certain types of waste, produces biogas as an energy source, and reduces the demand on nonrenewable energy sources such as fossil fuels. China has a long history of biogas utilization. As of the end of 2015, China's annual output of biogas was approximately 19 billion m3, and "The National Rural Biogas Development Plan in 13th Five-Year" includes ambitious goals for the rapid development of the biogas industry. However, the process of anaerobic digestion is associated with the production of relatively large amounts of biogas residues (BR), which are difficult to handle and can easily cause secondary pollution. So the feasibility of BR is related to the development of biogas industry.

Composting is one of the most efficient technologies used to treat and dispose of organic wastes because it limits overall environmental pollution and produces compost that is suitable as a fertilizer and soil amendment (Wang et al., 2017). In addition, compost reduces the incidence of plant diseases by suppressing soil-borne pathogens, provides essential nutrients for plant growth, and improves soil properties (Bernal et al., 2009; Bustamante et al., 2008). Therefore, composting could be a suitable way of disposing of BR; however, because of their particular chemical and physical properties, especially the presence of lignocellulose, these waste products are not suitable for composting alone.

As for compost, the assessment of compost, and of biodegradable organic matter in general, quality has been the key issues especially in lignocellulose composting. In general, stability and safety are the two indexes for evaluating the maturity of the compost (Komilis, 2015). Stability means the extent to which the raw material has been decomposed by microorganism. While, safety refers to the effect of plant growth. The maturity of compost is often tested by measuring single-factor indexes, such as temperature, ammonia nitrogen, nitrate nitrogen, nitrification index (NI), cation exchange capacity, or germination index (GI) (Xiao et al., 2017). These indexes can reflect compost maturity to some extent, but the raw materials used for composting are complex, and thus single-factor indexes are not comprehensive

* Corresponding author.
E-mail address: ayuanxf@cau.edu.cn (X. Yuan).
[1] These authors contributed equally to the work.

39.Co-digestion of oat straw and cow manure during anaerobic digestion: Stimulative and inhibitory effects on fermentation

刊 载 地：Bioresource Technology（2018）

作者单位：中国农业大学

通讯作者：王小芬

内容提要：Impacts of adding different amounts of cow manure（CM）on the anaerobic digestion（AD）of oat straw（OS）with total solids content（TS）values of 4%，6%，8% and 10% was assessed over 50 days using batch experiments. A modified Gompertz model was introduced to predict the methane yield and determine the kinetic parameters. The optimum addition was a 1 ： 2 ratio of CM to the OS added, which resulted in a suitable C/N ratio of 27and a higher degradation rate of lignocellulose. The best cumulative methane yield of 841.77 mL/g volatile solids added（VS_{added}）was 26.64% greater than that of digesting OS alone. In addition, the amount of CM added produced larger effects than that of changes in the TS. However, higher CM concentrations were found to be inhibitory. Clustering analysis could provide significant guidance for demonstrating project process and combining farming and animal husbandry.

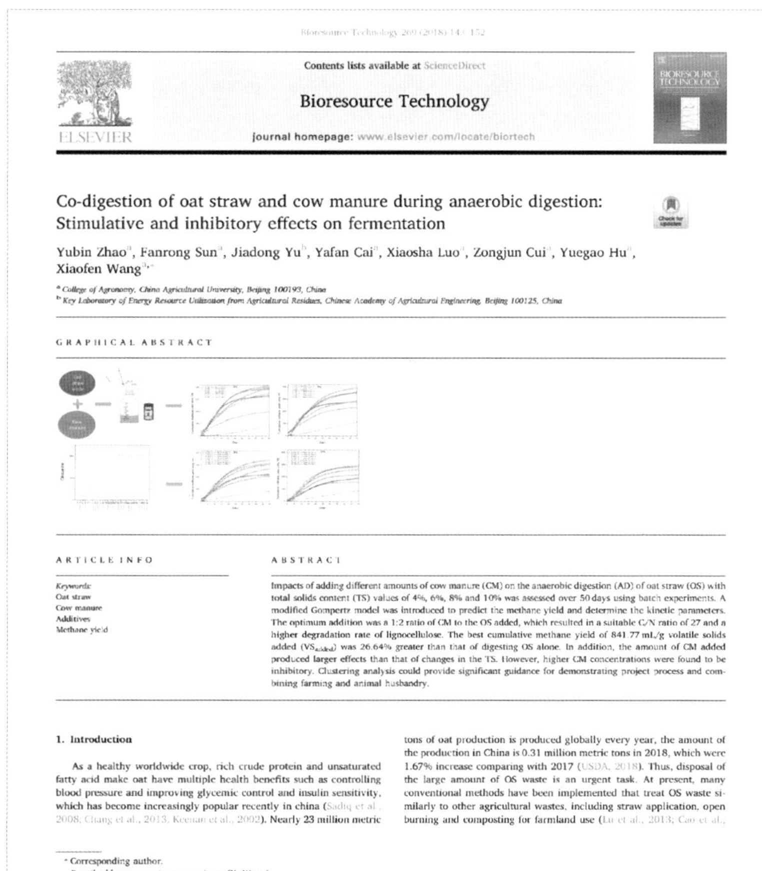

Bioresource Technology 269 (2018) 143–152

Contents lists available at ScienceDirect

Bioresource Technology

journal homepage: www.elsevier.com/locate/biortech

Co-digestion of oat straw and cow manure during anaerobic digestion: Stimulative and inhibitory effects on fermentation

Yubin Zhao[a], Fanrong Sun[a], Jiadong Yu[b], Yafan Cai[a], Xiaosha Luo[a], Zongjun Cui[a], Yuegao Hu[a], Xiaofen Wang[a,*]

[a] College of Agronomy, China Agricultural University, Beijing 100193, China
[b] Key Laboratory of Energy Resource Utilization from Agricultural Residues, Chinese Academy of Agricultural Engineering, Beijing 100125, China

GRAPHICAL ABSTRACT

ARTICLE INFO

Keywords:
Oat straw
Cow manure
Additives
Methane yield

ABSTRACT

Impacts of adding different amounts of cow manure (CM) on the anaerobic digestion (AD) of oat straw (OS) with total solids content (TS) values of 4%, 6%, 8% and 10% was assessed over 50 days using batch experiments. A modified Gompertz model was introduced to predict the methane yield and determine the kinetic parameters. The optimum addition was a 1:2 ratio of CM to the OS added, which resulted in a suitable C/N ratio of 27 and a higher degradation rate of lignocellulose. The best cumulative methane yield of 841.77 mL/g volatile solids added (VS_{added}) was 26.64% greater than that of digesting OS alone. In addition, the amount of CM added produced larger effects than that of changes in the TS. However, higher CM concentrations were found to be inhibitory. Clustering analysis could provide significant guidance for demonstrating project process and combining farming and animal husbandry.

1. Introduction

As a healthy worldwide crop, rich crude protein and unsaturated fatty acid make oat have multiple health benefits such as controlling blood pressure and improving glycemic control and insulin sensitivity, which has become increasingly popular recently in china (Sadiq et al., 2008; Chang et al., 2013; Keenan et al., 2002). Nearly 23 million metric tons of oat production is produced globally every year, the amount of the production in China is 0.31 million metric tons in 2018, which were 1.67% increase comparing with 2017 (USDA, 2018). Thus, disposal of the large amount of OS waste is an urgent task. At present, many conventional methods have been implemented that treat OS waste similarly to other agricultural wastes, including straw application, open burning and composting for farmland use (Lu et al., 2013; Cao et al.,

* Corresponding author.
E-mail address: [illegible] (X. Wang).

40. Effects of molybdenum, selenium and manganese supplementation on the performance of anaerobic digestion and the characteristics of bacterial community in acidogenic stage

刊 载 地：Bioresource Technology（2018）

作者单位：中国农业大学

通讯作者：王小芬

内 容 提 要：The addition of trace elements to aid anaerobic digestion has already been widely studied. However, the effects of rare trace elements on anaerobic digestion remain unclear. In this study, the effects of Mo, Se and Mn on anaerobic digestion of rice straw were explored. The results showed the methane yield increased by 59.3％，47.1％ and 48.9％ in the first 10 days following addition of Mo（0.01 mg/L), Se（0.1 mg/L）and Mn（1.0 mg/L), respectively. Toxic effects and the accumulation of volatile fatty acids（VFAs）were observed when the Se, Mo and Mn concentrations were greater than 1001 000 and 1 000 mg/L, respectively. The half-maximal inhibitory concentrations（IC_{50}）for Se, Mn and Mo were 79.9 mg/L, 773.9 mg/L and 792.3 mg/L, respectively. The addition of trace elements has changed the bacterial structure of the bacteria, which in turn has affected the digestion performance.

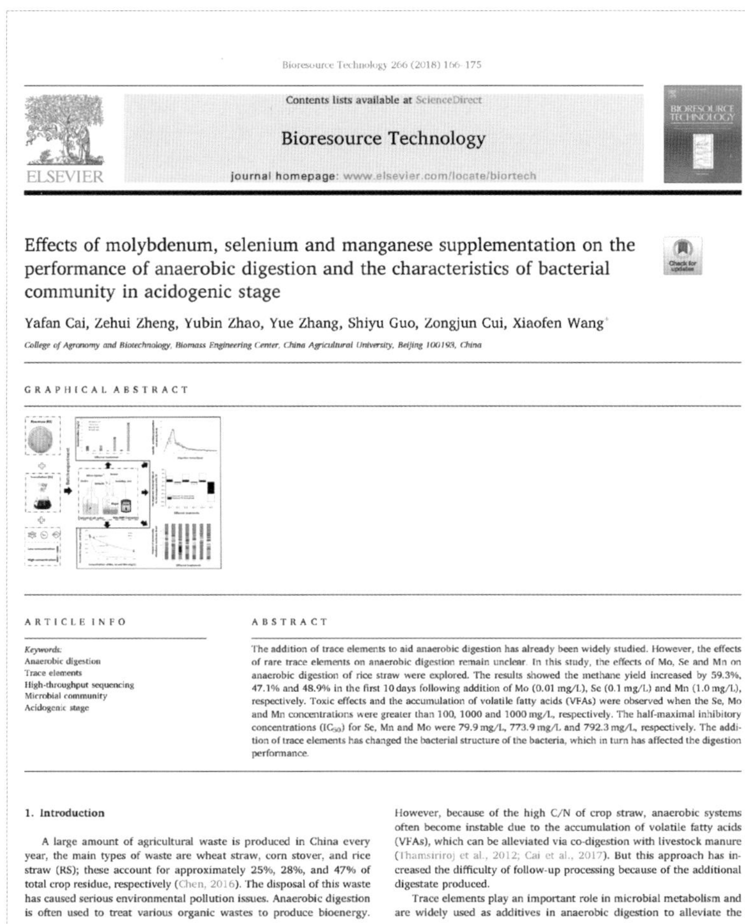

Bioresource Technology 266 (2018) 166–175

Contents lists available at ScienceDirect

Bioresource Technology

journal homepage: www.elsevier.com/locate/biortech

Effects of molybdenum, selenium and manganese supplementation on the performance of anaerobic digestion and the characteristics of bacterial community in acidogenic stage

Yafan Cai, Zehui Zheng, Yubin Zhao, Yue Zhang, Shiyu Guo, Zongjun Cui, Xiaofen Wang*

College of Agronomy and Biotechnology, Biomass Engineering Center, China Agricultural University, Beijing 100193, China

GRAPHICAL ABSTRACT

ARTICLE INFO

Keywords:
Anaerobic digestion
Trace elements
High-throughput sequencing
Microbial community
Acidogenic stage

ABSTRACT

The addition of trace elements to aid anaerobic digestion has already been widely studied. However, the effects of rare trace elements on anaerobic digestion remain unclear. In this study, the effects of Mo, Se and Mn on anaerobic digestion of rice straw were explored. The results showed the methane yield increased by 59.3%, 47.1% and 48.9% in the first 10 days following addition of Mo (0.01 mg/L), Se (0.1 mg/L) and Mn (1.0 mg/L), respectively. Toxic effects and the accumulation of volatile fatty acids (VFAs) were observed when the Se, Mo and Mn concentrations were greater than 100, 1000 and 1000 mg/L, respectively. The half-maximal inhibitory concentrations (IC_{50}) for Se, Mn and Mo were 79.9 mg/L, 773.9 mg/L and 792.3 mg/L, respectively. The addition of trace elements has changed the bacterial structure of the bacteria, which in turn has affected the digestion performance.

1. Introduction

A large amount of agricultural waste is produced in China every year, the main types of waste are wheat straw, corn stover, and rice straw (RS); these account for approximately 25%, 28%, and 47% of total crop residue, respectively (Chen, 2016). The disposal of this waste has caused serious environmental pollution issues. Anaerobic digestion is often used to treat various organic wastes to produce bioenergy. However, because of the high C/N of crop straw, anaerobic systems often become instable due to the accumulation of volatile fatty acids (VFAs), which can be alleviated via co-digestion with livestock manure (Thamsiriroj et al., 2012; Cai et al., 2017). But this approach has increased the difficulty of follow-up processing because of the additional digestate produced.

Trace elements play an important role in microbial metabolism and are widely used as additives in anaerobic digestion to alleviate the

41. A new perspective of using sequential extraction: To predict the deficiency of trace elements during anaerobic digestion

刊 载 地：Water Research（2018）

作者单位：中国农业大学

通讯作者：王小芬

内 容 提 要：Trace elements were commonly used as additives to facilitate anaerobic digestion. However, their addition is often blind because of the complexity of reaction conditions, which has impeded their widespread application. Therefore, this study was conducted to evaluate deficiencies in trace elements during anaerobic digestion by establishing relationships between changes in trace element bioavailability（the degree to which elements are available for interaction with biological systems）and digestion performance. To accomplish this, two batch experiments were conducted. In the first, sequential extraction was used to detect changes in trace element fractions and then to evaluate trace element bioavailability in the whole digestion cycle. In the second batch experiment, trace elements（Co, Fe, Cu, Zn, Mn, Mo and Se）were added to the reaction system at three concentrations（low, medium and high）and their effects were monitored. The results showed that sequential extraction was a suitable method for assessment of the bioavailability of trace elements（appropriate coefficient of variation and recovery rate). The results revealed that Se had the highest（44.2% –70.9%）bioavailability, while Fe had the lowest（1.7 % –3.0 %). A lack of trace elements was not directly related to their absolute bioavailability, but was instead associated with changes in their bioavailability throughout the digestion cycle. Trace elements were insufficient when their bioavailability was steady or increased over the digestion cycle. These results indicate that changes in trace element bioavailability during the digestion cycle can be used to predict their deficiency.

Contents lists available at ScienceDirect
Water Research
journal homepage: www.elsevier.com/locate/watres

A new perspective of using sequential extraction: To predict the deficiency of trace elements during anaerobic digestion

Yafan Cai[a], Jungang Wang[b], Yubin Zhao[a], Xiaoling Zhao[a], Zehui Zheng[a], Boting Wen[c], Zongjun Cui[a], Xiaofen Wang[a,*]
[a] College of Agronomy and Biotechnology/Center of Biomass Engineering, China Agricultural University, Beijing 100193, China
[b] Department of Biological Systems Engineering, Washington State University, Pullman, WA 99164, United States
[c] Institute of Food Science and Technology, Chinese Academy of Agricultural Science, Beijing, China

ARTICLE INFO

Article history:
Received 7 December 2017
Received in revised form
9 April 2018
Accepted 21 April 2018
Available online 23 April 2018

Keywords:
Trace elements
Anaerobic digestion
Bioavailability
Sequential extraction

ABSTRACT

Trace elements were commonly used as additives to facilitate anaerobic digestion. However, their addition is often blind because of the complexity of reaction conditions, which has impeded their widespread application. Therefore, this study was conducted to evaluate deficiencies in trace elements during anaerobic digestion by establishing relationships between changes in trace element bioavailability (the degree to which elements are available for interaction with biological systems) and digestion performance. To accomplish this, two batch experiments were conducted. In the first, sequential extraction was used to detect changes in trace element fractions and then to evaluate trace element bioavailability in the whole digestion cycle. In the second batch experiment, trace elements (Co, Fe, Cu, Zn, Mn, Mo and Se) were added to the reaction system at three concentrations (low, medium and high) and their effects were monitored. The results showed that sequential extraction was a suitable method for assessment of the bioavailability of trace elements (appropriate coefficient of variation and recovery rate). The results revealed that Se had the highest (44.2%–70.9%) bioavailability, while Fe had the lowest (1.7%–3.0%). A lack of trace elements was not directly related to their absolute bioavailability, but was instead associated with changes in their bioavailability throughout the digestion cycle. Trace elements were insufficient when their bioavailability was steady or increased over the digestion cycle. These results indicate that changes in trace element bioavailability during the digestion cycle can be used to predict their deficiency.

1. Introduction

Anaerobic digestion is widely-used to process various organic wastes, such as crop straw (Khatri et al., 2015), food waste (Zhang et al., 2011a), organic wastewater (Zhang et al., 2011b) and municipal waste (Pavi et al., 2017). Anaerobic digestion can greatly reduce environmental pollution caused by improper disposal of these wastes (Xu et al., 2018; Sophie et al., 2017). In addition, it can produce renewable energy, thereby helping to meet the increasing demand for energy. However, anaerobic digestion systems are often unstable or fail because of excessive accumulation of Volatile Fatty Acids (VFAs) (Thamsiriroj et al., 2012). Research conducted to reduce the inhibition of VFAs has led to methods, such as separated two-phase technology, which separates the digestion process into an acidogenic phase and methanogenic phase for VFAs production and methane production. However, the relatively high construction costs associated with these systems have limited their application (Zhao et al., 2017). Co-digestion is another way to reduce the inhibition of VFAs that employs raw materials with high buffer capacity (such as animal manure) as co-digestion substances. Although co-digestion can improve the utilization efficiency of VFAs, it can also increase the difficulty of follow-up processing because of the additional digestate produced (Moestedt et al., 2016; Zhang et al., 2011a). In recent years, adding trace elements (Fe, Mn, Mo, Cu, Zn, Se, Co), that improve the activity of various key methanogenic enzymes has been found to be an effective approach to alleviation of the accumulation of VFAs that improves anaerobic digestion performance (Lubken et al., 2015; Moestedt et al., 2016). However, it is difficult to determine whether digestion systems are being impeded by trace element deficiencies. Studies have shown

* Corresponding author.
E-mail address: (X. Wang).

42. The macro- and micro-prospects of the energy potential of the anaerobic digestion of corn straw under different storage conditions

刊 载 地：Bioresource Technology Reports（2019）

作者单位：中国农业大学

通讯作者：王小芬

内容提要：This study demonstrated the efficiency of storage conditions for corn straw is very important in maintaining high methane production. Using data from lab-scale experiments with fresh, silage and dry corn straw, the relationships among the different materials, microbial changes and methane production were analyzed. Moreover, the economic evaluation of three different straw types was conducted. The results showed a cumulative methane production of 207 mL/g total solids（TS）for silage straw. This yield was 9.34 % less than that of fresh straw and 17.08% more than that of dry straw. The silage straw with higher organic acids successfully reduced the loss of dry matter（DM）to 3.77 % , and the loss of DM was 15.6 % for dry straw. The dominant *Spirochaeta*, *Treponema* and *Methanosaeta* in silage straw were reasonable for high methane production. Furthermore, the economic evaluation suggested silage should completely replace traditional dry storage prior to anaerobic digestion in North China.

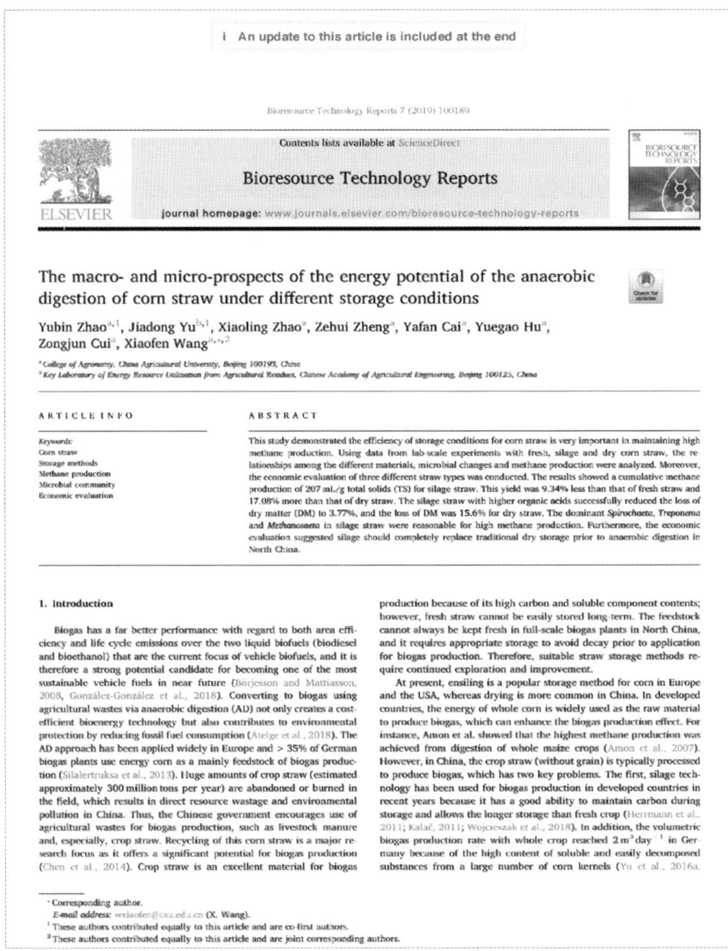

i An update to this article is included at the end

Bioresource Technology Reports 7 (2019) 100189

Contents lists available at ScienceDirect

Bioresource Technology Reports

journal homepage: www.journals.elsevier.com/bioresource-technology-reports

The macro- and micro-prospects of the energy potential of the anaerobic digestion of corn straw under different storage conditions

Yubin Zhao[a,1], Jiadong Yu[b,1], Xiaoling Zhao[a], Zehui Zheng[a], Yafan Cai[a], Yuegao Hu[a], Zongjun Cui[a], Xiaofen Wang[a,*,2]

[a] College of Agronomy, China Agricultural University, Beijing 100193, China
[b] Key Laboratory of Energy Resource Utilization from Agricultural Residues, Chinese Academy of Agricultural Engineering, Beijing 100125, China

ARTICLE INFO

Keywords:
Corn straw
Storage methods
Methane production
Microbial community
Economic evaluation

ABSTRACT

This study demonstrated the efficiency of storage conditions for corn straw is very important in maintaining high methane production. Using data from lab-scale experiments with fresh, silage and dry corn straw, the relationships among the different materials, microbial changes and methane production were analyzed. Moreover, the economic evaluation of three different straw types was conducted. The results showed a cumulative methane production of 207 mL/g total solids (TS) for silage straw. This yield was 9.34% less than that of fresh straw and 17.08% more than that of dry straw. The silage straw with higher organic acids successfully reduced the loss of dry matter (DM) to 3.77%, and the loss of DM was 15.6% for dry straw. The dominant *Spirochaeta*, *Treponema* and *Methanosaeta* in silage straw were reasonable for high methane production. Furthermore, the economic evaluation suggested silage should completely replace traditional dry storage prior to anaerobic digestion in North China.

1. Introduction

Biogas has a far better performance with regard to both area efficiency and life cycle emissions over the two liquid biofuels (biodiesel and bioethanol) that are the current focus of vehicle biofuels, and it is therefore a strong potential candidate for becoming one of the most sustainable vehicle fuels in near future (Börjesson and Mattiasson, 2008, González-González et al., 2018). Converting to biogas using agricultural wastes via anaerobic digestion (AD) not only creates a cost-efficient bioenergy technology but also contributes to environmental protection by reducing fossil fuel consumption (Atelge et al., 2018). The AD approach has been applied widely in Europe and > 35% of German biogas plants use energy corn as a mainly feedstock of biogas production (Silalertruksa et al., 2013). Huge amounts of crop straw (estimated approximately 300 million tons per year) are abandoned or burned in the field, which results in direct resource wastage and environmental pollution in China. Thus, the Chinese government encourages use of agricultural wastes for biogas production, such as livestock manure and, especially, crop straw. Recycling of this corn straw is a major research focus as it offers a significant potential for biogas production (Chen et al., 2014). Crop straw is an excellent material for biogas production because of its high carbon and soluble component contents; however, fresh straw cannot be easily stored long-term. The feedstock cannot always be kept fresh in full-scale biogas plants in North China, and it requires appropriate storage to avoid decay prior to application for biogas production. Therefore, suitable straw storage methods require continued exploration and improvement.

At present, ensiling is a popular storage method for corn in Europe and the USA, whereas drying is more common in China. In developed countries, the energy of whole corn is widely used as the raw material to produce biogas, which can enhance the biogas production effect. For instance, Amon et al. showed that the highest methane production was achieved from digestion of whole maize crops (Amon et al., 2007). However, in China, the crop straw (without grain) is typically processed to produce biogas, which has two key problems. The first, silage technology has been used for biogas production in developed countries in recent years because it has a good ability to maintain carbon during storage and allows the longer storage than fresh crop (Herrmann et al., 2011; Kalač, 2011; Wojcieszak et al., 2018). In addition, the volumetric biogas production rate with whole crop reached 2 m^3 day^{-1} in Germany because of the high content of soluble and easily decomposed substances from a large number of corn kernels (Yu et al., 2016a,

* Corresponding author.
E-mail address: wxiaofen@cau.edu.cn (X. Wang).
[1] These authors contributed equally to this article and are co-first authors.
[2] These authors contributed equally to this article and are joint corresponding authors.

43. Effects of a Superabsorbent Resin with Boron on Bacterial Diversity of Peat Substrate and Maize Straw

刊 载 地：BioMed Research International（2018）

作者单位：中国农业大学

作　　者：王宇欣

内容提要：As a chemical water-saving material，superabsorbent resin is often applied to improve soil physicochemical properties for the purpose of promoting crop growth. In this study，a new type of superabsorbent resin with boron（SARB）was used as a functional material mixed with peat substrate and maize straw in percentages（mass ratio）of 0.05%，0.1%，0.15%，and 0.2%，respectively，and high-throughput sequencing technology was used to test bacterial diversity，analyzing and exploring ecological safety of the superabsorbent resin with boron（SARB）in order to provide theoretical support for field applications. The research results show that the superabsorbent resin with boron（SARB）can promote bacterial community diversity in the maize straw. In ten treatments，Proteobacteria accounted for the absolute advantage of the bacterial population in the CT group and in the JG group. However，the superabsorbent resin with boron（SARB）synthesized in the laboratory cannot change the original structure of the bacterial community and has scarcely any toxic effect on the bacterial community in both peat substrate and maize straw，and，indeed，it has a strengthening effect on *Proteobacteria* and *Actinobacteria* and a weakening effect on *Acidobacteria* and *Firmicutes* to some extent.

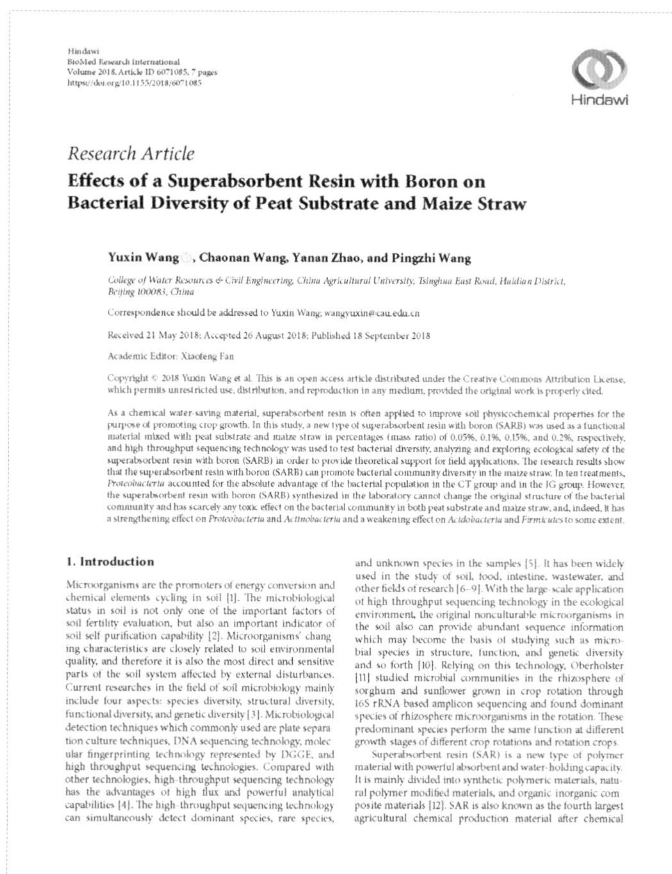

Hindawi
BioMed Research International
Volume 2018, Article ID 6071085, 7 pages
https://doi.org/10.1155/2018/6071085

Hindawi

Research Article

Effects of a Superabsorbent Resin with Boron on Bacterial Diversity of Peat Substrate and Maize Straw

Yuxin Wang, Chaonan Wang, Yanan Zhao, and Pingzhi Wang

College of Water Resources & Civil Engineering, China Agricultural University, Tsinghua East Road, Haidian District, Beijing 100083, China

Correspondence should be addressed to Yuxin Wang; wangyuxin@cau.edu.cn

Received 21 May 2018; Accepted 26 August 2018; Published 18 September 2018

Academic Editor: Xiaofeng Fan

As a chemical water-saving material, superabsorbent resin is often applied to improve soil physicochemical properties for the purpose of promoting crop growth. In this study, a new type of superabsorbent resin with boron (SARB) was used as a functional material mixed with peat substrate and maize straw in percentages (mass ratio) of 0.05%, 0.1%, 0.15%, and 0.2%, respectively, and high throughput sequencing technology was used to test bacterial diversity, analyzing and exploring ecological safety of the superabsorbent resin with boron (SARB) in order to provide theoretical support for field applications. The research results show that the superabsorbent resin with boron (SARB) can promote bacterial community diversity in the maize straw. In ten treatments, *Proteobacteria* accounted for the absolute advantage of the bacterial population in the CT group and in the JG group. However, the superabsorbent resin with boron (SARB) synthesized in the laboratory cannot change the original structure of the bacterial community and has scarcely any toxic effect on the bacterial community in both peat substrate and maize straw, and, indeed, it has a strengthening effect on *Proteobacteria* and *Actinobacteria* and a weakening effect on *Acidobacteria* and *Firmicutes* to some extent.

1. Introduction

Microorganisms are the promoters of energy conversion and chemical elements cycling in soil [1]. The microbiological status in soil is not only one of the important factors of soil fertility evaluation, but also an important indicator of soil self purification capability [2]. Microorganisms' changing characteristics are closely related to soil environmental quality, and therefore it is also the most direct and sensitive parts of the soil system affected by external disturbances. Current researches in the field of soil microbiology mainly include four aspects: species diversity, structural diversity, functional diversity, and genetic diversity [3]. Microbiological detection techniques which commonly used are plate separation culture techniques, DNA sequencing technology, molecular fingerprinting technology represented by DGGE, and high throughput sequencing technologies. Compared with other technologies, high-throughput sequencing technology has the advantages of high flux and powerful analytical capabilities [4]. The high-throughput sequencing technology can simultaneously detect dominant species, rare species, and unknown species in the samples [5]. It has been widely used in the study of soil, food, intestine, wastewater, and other fields of research [6–9]. With the large-scale application of high throughput sequencing technology in the ecological environment, the original nonculturable microorganisms in the soil also can provide abundant sequence information which may become the basis of studying such as microbial species in structure, function, and genetic diversity and so forth [10]. Relying on this technology, Oberholster [11] studied microbial communities in the rhizosphere of sorghum and sunflower grown in crop rotation through 16S rRNA based amplicon sequencing and found dominant species of rhizosphere microorganisms in the rotation. These predominant species perform the same function at different growth stages of different crop rotations and rotation crops.

Superabsorbent resin (SAR) is a new type of polymer material with powerful absorbent and water-holding capacity. It is mainly divided into synthetic polymeric materials, natural polymer modified materials, and organic inorganic composite materials [12]. SAR is also known as the fourth largest agricultural chemical production material after chemical

44.纤维素保水剂对基质特性和黄瓜幼苗生长的影响

刊 载 地：农业机械学报（2016年）

作者单位：中国农业大学

作　　者：王越

内容提要：作为新型高分子节水材料，保水剂能够改善土壤结构，提高土壤储水能力，促进作物生长。本文比较了微晶纤维素保水剂和秸秆沼渣保水剂在穴盘育苗中对基质理化性质和黄瓜幼苗根系活力、壮苗指数、日均干质量增长量等生长生理指标的影响。试验结果显示：2种保水剂的施用对改善土壤理化性质和促进黄瓜幼苗生长都具有显著的效果；第36天时，加入保水剂的各处理黄瓜幼苗壮苗指数均高于对照组，施用微晶纤维素保水剂质量分数在0.3%时，黄瓜幼苗日均干质量增长量可达 (0.015 4±0.000 9) g/d，壮苗指数达0.489 2±0.076 2，根系活力达61.82μg/(g · h)；施用秸秆沼渣保水剂质量分数在0.3%时，黄瓜幼苗日均干质量增长量可达（0.015 6±0.000 4) g/d，壮苗指数达0.508 9±0.098 5，根系活力达60.90μg/（g · h)。研究结果表明：秸秆沼渣保水剂可作为一种新型土壤保水剂应用到黄瓜育苗生产中。

2016年1月　　农业机械学报　　第47卷第1期

doi:10.6041/j.issn.1000-1298.2016.01.021

纤维素保水剂对基质特性和黄瓜幼苗生长的影响

王　越　王宇欣　时光营

（中国农业大学水利与土木工程学院，北京 100083）

摘要：作为新型高分子节水材料，保水剂能够改善土壤结构，提高土壤储水能力，促进作物生长。比较了微晶纤维素保水剂和秸秆沼渣保水剂在穴盘育苗中对基质理化性质和黄瓜幼苗根系活力、壮苗指数、日均干质量增长量等生长生理指标的影响。试验显示，2种保水剂的施用对改善土壤理化性质和促进黄瓜幼苗生长都具有显著的效果；第36天时，加入保水剂的各处理黄瓜幼苗壮苗指数均高于对照组，施用微晶纤维素保水剂质量分数在0.3%时，黄瓜幼苗日均干质量增长量可达(0.015 4±0.000 9)g/d，壮苗指数达0.489 2±0.076 2，根系活力达61.82 μg/(g·h)；施用秸秆沼渣保水剂质量分数在0.3%时，黄瓜幼苗日均干质量增长量可达(0.015 6±0.000 4)g/d，壮苗指数达0.508 9±0.098 5，根系活力达60.90 μg/(g·h)。研究结果表明，秸秆沼渣保水剂可作为一种新型土壤保水剂应用到黄瓜育苗生产中。

关键词：黄瓜幼苗；纤维素保水剂；秸秆沼渣；基质

中图分类号：S626.5　　文献标识码：A　　文章编号：1000-1298(2016)01-0162-08

Effects of Cellulose Aquasorb on Properties of Substrate and Growth of Cucumber Seedling

Wang Yue　Wang Yuxin　Shi Guangying

(*College of Water Conservancy and Civil Engineering, China Agricultural University, Beijing* 100083, *China*)

Abstract: As a new type of water-saving polymer materials, aquasorb can ameliorate soil structure, facilitate formation of soil aggregate, enhance water holding capacity of soil, adjust plant rhizosphere environment, reduce the loss of soil nutrients and promote crop growth. In the experiment, microcrystalline cellulose aquasorb and straw residue aquasorb were synthesized using by orthogonal optimization. In the process, acrylic acid was employed as graft monomer, potassium persulfate (KSP) as initiator, and N, N′-methylene bisacrylamide (NMBA) as crosslinking agent. The the max water absorbency of two aquasorbs (microcrystalline cellulose aquasorb and straw residue aquasorb) were 401.20 g/g and 382.22 g/g, respectively. In this paper, the effects of these two kinds of cellulose aquasorbs on the physicochemical properties of the substrate and growth physiological indexes of cucumber seedlings such as roots activity, seedling index and G value (the growth rate of the daily average dry mass) etc. were compared. The results indicate that after the addition of two cellulose aquasorbs in plug seedling, there are significant effects on promoting soil physicochemical properties and the growth of cucumber seedlings. After 36 days, when the mass fraction of microcrystalline cellulose aquasorb is 0.3%, the G value, seedling index and root activity of cucumber seedlings samples can reach (0.015 4±0.000 9) g/d, 0.489 2±0.076 2 and 61.82 μg/(g·h), respectively. When the mass fraction of added straw residue aquasorb is 0.3%, the G value, seedling index and root activity of cucumber seedlings samples can reach (0.015 6±0.000 4) g/d, 0.508 9±0.098 5, 60.90 μg/(g·h), respectively. The research results show that straw residue aquasorb can be used as a new type soil aquasorb applied in field production.

Key words: cucumber seedling; cellulose aquasorb; straw residue; substrate

收稿日期：2015-10-08　修回日期：2015-11-04

基金项目：公益性行业（农业）科研专项资金项目(201303108、201503137)

作者简介：王越(1990—)，女，实验师，主要从事生物质能源研究，E-mail: ivyue119@163.com

通信作者：王宇欣(1967—)，男，副教授，主要从事农业生物环境与能源工程研究，E-mail: meller@163.com

45.木耳菌糠的5种前处理对水稻育苗基质性质及稻苗生长的影响

刊 载 地：中国农业科学（2016年）

作者单位：中国农业大学
通讯作者：崔宗均

内容提要：本文研究目的是以未经处理的木耳菌糠作水稻育秧基质存在腐熟度严重不足的问题，采用5种不同的前处理，探明针对基质性质和秧苗生长情况最优的处理方式，为农业废弃物作水稻育秧基质的开发利用提供参考。本文研究方法是采用菌糠生材料（T1)、堆腐发酵（T2)、加10％猪粪堆腐发酵（T3)、蒸汽灭菌（T4)、干热灭菌（T5)等5种处理方式，以土壤为对照，并模拟东北地区春季气候条件，进行温室水稻育秧试验。综合分析各处理基质容重、孔隙度（总孔隙度、持水孔隙度、通气孔隙度)、养分（总氮、总磷、总钾、有机质含量、碱解氮、速效磷、速效钾)、苗期立枯病发生情况（离乳期的发病面积和病斑数量)和稻苗生长状况（苗龄30d后，水稻秧苗的农艺性状，包括叶龄、单株根数、株高、茎粗、SPAD值、百株干鲜重)等指标，并采用单位容积营养元素含量的计算方法替代传统的质量比，来比较5种处理间差异。本文研究结果是经处理后，基质的容重均达到理想基质要求；与生材料T1相比，T2和T3总孔隙和持水孔隙度均明显上升，T4和T5孔隙度有所下降。单位容积营养元素含量，全氮以T3最高（$3.0\times10^{-3}g\cdot cm^{-3}$)，其他处理全氮为$1.6\times10^{-3}$ ～ $1.8\times10^{-3}g\cdot cm^{-3}$；全磷为$4.0\times10^{-4}$ ～ $6.0\times10^{-4}g\cdot cm^{-3}$，全钾含量以T2最高（$1.4\times10^{-3}g\cdot cm^{-3}$)，其他处理全钾为$7.0\times10^{-4}$ ～ $9.0\times10^{-4}g\cdot cm^{-3}$；总有机质含量均为$6.6\times10^{-2}$ ～ $8.0\times10^{-2}g\cdot cm^{-3}$；碱解氮含量以T3最高（$2.1\times10^{-4}g\cdot cm^{-3}$)，其他处理为$0.9\times10^{-4}$ ～ $1.2\times10^{-4}g\cdot cm^{-3}$；速效磷含量均为$3.3\times10^{-5}$ ～ $5.0\times10^{-5}g\cdot cm^{-3}$；速效钾含量均为$0.6\times10^{-4}$ ～ $1.2\times10^{-4}g\cdot cm^{-3}$；另外，通过计算不同处理育秧基质的C/N显示，仅添加猪粪发酵的T3处理在20以下。水稻立枯病发生情况，综合分析离乳期病斑数目和发病面积，得出T1发病率为30.53％，T5发病率为3.27％，T2和T4发病率均为1.09％，而T3未出现立枯病。30d龄稻苗，株高在12 ～ 14cm，茎粗在0.21 ～ 0.23cm，三叶期叶片总SPAD值为25 ～ 35，T3处理在此三方面均表现最好；百株鲜重范围在14.50 ～ 16.00g，百株干重为3.15 ～ 3.75g，最大为T2和T3处理；根冠比最大值为T2和T3（0.30)，最小值为T5（0.22)，5组处理全株干鲜比均在0.20 ～ 0.23。本文研究结论是前处理并不显著影响木耳菌糠等材料的养分含量，其主要由构成基质材料的本身性质决定；堆制腐熟发酵的前处理方式在基质性质和秧苗生长情况上都表现很好，且减轻立枯病的效果明显，尤其是添加10%猪粪堆腐发酵表现最优，是今后利用农业废弃物开发水稻无土育秧基质值得推广的前处理手段。

中国农业科学 2016,49(16):3098-3107
Scientia Agricultura Sinica doi: 10.3864/j.issn.0578-1752.2016.16.004

木耳菌糠的5种前处理对水稻育苗基质性质及稻苗生长的影响

刘　斌，韩亚男，袁旭峰，朱万斌，王小芬，崔宗均

（中国农业大学农学院，北京 100193）

摘要：【目的】以未经处理的木耳菌糠作水稻育秧基质存在腐熟度严重不足的问题，采用5种不同的前处理，探明针对基质性质和秧苗生长情况最优的处理方式，为农业废弃物作水稻育秧基质的开发利用提供参考。【方法】采用菌糠生材料（T1）、堆腐发酵（T2）、加10%猪粪堆腐发酵（T3）、蒸汽灭菌（T4）、干热灭菌（T5）等5种处理方式，以土壤为对照，并模拟东北地区春季气候条件，进行温室水稻育秧试验。综合分析各处理基质容重、孔隙度（总孔隙度、持水孔隙度、通气孔隙度）、养分（总氮、总磷、总钾、有机质含量、碱解氮、速效磷、速效钾）、苗期立枯病发生情况（离乳期的发病面积和病斑数量）和稻苗生长状况（苗龄30 d后，水稻秧苗的农艺性状，包括叶龄、单株根数、株高、茎粗、SPAD值、百株干鲜重）等指标，并采用单位容积营养元素含量的计算方法替代传统的质量比，来比较5种处理间差异。【结果】经处理后，基质的容重均达到理想基质要求；与生材料T1相比，T2和T3总孔隙和持水孔隙度均明显上升，T4和T5孔隙度有所下降。单位容积营养元素含量，全氮以T3最高（3.0×10^{-3} $g\cdot cm^{-3}$），其他处理全氮为1.6×10^{-3}—1.8×10^{-3} $g\cdot cm^{-3}$；全磷为4.0×10^{-4}—6.0×10^{-4} $g\cdot cm^{-3}$，全钾含量以T2最高（1.4×10^{-3} $g\cdot cm^{-3}$），其他处理全钾为7.0×10^{-4}—9.0×10^{-4} $g\cdot cm^{-3}$；总有机质含量均为6.6×10^{-2}—8.0×10^{-2} $g\cdot cm^{-3}$；碱解氮含量以T3最高（2.1×10^{-4} $g\cdot cm^{-3}$），其他处理为0.9×10^{-4}—1.2×10^{-4} $g\cdot cm^{-3}$；速效磷含量均为3.3×10^{-5}—5.0×10^{-5} $g\cdot cm^{-3}$；速效钾含量均为0.6×10^{-4}—1.2×10^{-4} $g\cdot cm^{-3}$；另外，通过计算不同处理育秧基质的C/N显示，仅添加猪粪发酵的T3处理在20以下。水稻立枯病发生情况，综合分析离乳期病斑数目和发病面积，得出T1发病率为30.53%，T5发病率为3.27%，T2和T4发病率均为1.09%，而T3未出现立枯病。30 d龄稻苗，株高在12—14 cm，茎粗在0.21—0.23 cm，三叶期叶片总SPAD值为25—35，T3处理在此三方面均表现最好；百株鲜重范围在14.50—16.00 g，百株干重为3.15—3.75 g，最大为T2和T3处理；根冠比最大值为T2和T3（0.30），最小值为T5（0.22），5组处理全株干鲜比均在0.20—0.23。【结论】前处理并不显著影响木耳菌糠等材料的养分含量，其主要由构成基质材料的本身性质决定；堆制腐熟发酵的前处理方式在基质性质和秧苗生长情况上都表现很好，且减轻立枯病的效果明显，尤其是添加10%猪粪堆腐发酵表现最优，是今后利用农业废弃物开发水稻无土育秧基质值得推广的前处理手段。

关键词：菌糠；水稻；堆肥腐熟；前处理；无土栽培基质；水稻立枯病

Effects of Five Fungal Chaff Pretreatment Methods on Substrate Properties and Growth of Rice Seedlings

LIU Bin, HAN Ya-nan, YUAN Xu-feng, ZHU Wan-bin, WANG Xiao-fen, CUI Zong-jun

(*College of Agriculture, China Agricultural University, Beijing 100193*)

Abstract:【Objective】 Fungal chaff is a practical choice for rice seedling substrate technology. However, it can cause poor growth, seedling blight, and prevent maturation without pretreatment. Therefore, this study used five different pretreatments to explore optimal growth substrate properties and seedling growth to utilize agricultural wastes as rice seedling substrates.【Method】

收稿日期：2016-03-07；接受日期：2016-05-16
基金项目：国家公益性行业（农业）科研专项（201503137、201303080-7）
联系方式：刘斌，E-mail：agri_liubin@cau.edu.cn。通信作者崔宗均，Tel：010-62733437；E-mail：acuizj@cau.edu.cn

46. 玉米秸秆厌氧消化性能评价

刊 载 地：环境科学与技术（2016年）

作者单位：中国农业大学

通讯作者：崔宗均

内容提要：本文为提高农作物秸秆产沼气的效率，突破季节性限制问题。本文探讨了新鲜、青贮、干黄3种玉米秸秆在30℃的恒温条件下，以牛粪液为氮源的厌氧消化产沼气潜力。本文通过pH、产气量、化学需氧量（COD）、甲烷含量、挥发性有机酸（VFA）、主成分（PCA）分析和修正Gompertz模型等综合评价玉米秸秆的厌氧消化性能。研究结果表明：新鲜秸秆的产沼气效率比青贮秸秆和干黄秸秆的产沼气效率分别高46.55mg/L和68.75mg/L；新鲜秸秆的最大沼气生产速率和甲烷生产速率最高分别是537.8mL/（g·d）和57.05mL/（g·d），其次是青贮秸秆和干黄秸秆；发酵时间与甲烷含量、产气量、有机酸、累积产气量等因子均呈正相关关系。本文对合理利用农作物秸秆为原料生产生物天然气具有重要经济意义。

第39卷 第6期
2016年6月
环境科学与技术
Environmental Science & Technology
Vol. 39 No.6
Jun. 2016

张本月，赵洪颜，于海茹，等. 玉米秸秆厌氧消化性能评价[J]. 环境科学与技术，2016, 39(6): 70-74. Zhang Benyue, Zhao Hongyan, Yu Hairu, et al. Evaluation of biogas production performance of corn straw by anaerobic digestion[J]. Environmental Science & Technology, 2016, 39(6): 70-74.

玉米秸秆厌氧消化性能评价

张本月[1]， 赵洪颜[1]， 于海茹[2]， 陈迪[1]， 李雪[1]， 葛长明[1]， 朴仁哲[1]， 崔宗均[3*]

（1.延边大学，吉林 延吉 133002；2.延边州农科院，吉林 龙井 133400；3.中国农业大学，北京 100913）

摘 要：为提高农作物秸秆产沼气的效率，突破季节性限制问题，探讨了新鲜、青贮、干黄3种玉米秸秆，在30 ℃的恒温条件下，以牛粪液为氮源的厌氧消化产沼气潜力。通过pH、产气量、化学需氧量（COD）、甲烷含量、挥发性有机酸（VFA）、主成分（PCA）分析和修正Gompertz模型等综合评价玉米秸秆的厌氧消化性能。结果表明：新鲜秸秆的产沼气效率比青贮秸秆和干黄秸秆的产沼气效率分别高46.55和68.75 mg/L；新鲜秸秆的最大沼气速率和甲烷生产速率最高分别是537.8和57.05 mL/（g·d），其次是青贮秸秆和干黄秸秆；发酵时间与甲烷含量、产气量、有机酸、累积产气量等因子均呈正相关关系。为合理利用农作物秸秆为原料生产生物天然气具有重要经济意义。

关键词：厌氧发酵； 玉米秸秆； 沼气； 潜力

中图分类号：X712 文献标志码：A doi：10.3969/j.issn.1003-6504.2016.06.013 文章编号：1003-6504(2016)06-0070-05

Evaluation of Biogas Production Performance of Corn Straw by Anaerobic Digestion

ZHANG Benyue[1], ZHAO Hongyan[1], YU Hairu[2], CHEN Di[1], LI Xue[1], GE Changming[1], PIAO Renzhe[1], CUI Zongjun[3*]

（1.Yanbian University, Yanji 133002, China；2.Yanbian Academy of Agricultural Science, Longjing 133400, China；3.China Agricultural University, Beijing 100913, China）

Abstract：In order to improve the efficiency of agricultural straw biogas, break the seasonal restrictions, the potentials of anaerobic digestion production were discussed with fresh, silage, dry yellow corn straw by the cow dung liquid extract as nitrogen source under 30 ℃. The characters of anaerobic digestion from the corn straw was comprehensive evaluated by pH, gas production, chemical oxygen demand (COD), methane production, volatile organic acid (VFA), principal component analysis and correction Gompertz model. Results showed that the efficiency of biogas production of fresh straw was higher than straw silage and dry yellow straw of 46.55 mg/L and 68.75 mg/L. The highest rate of biogas and methane production of fresh straw was 537.8 and 57.05 mL/(g·d), respectively, followed by the silage straw and dry yellow straw. The fermentation time, the content of methane, gas production, organic acid, cumulative gas production and other factors were positively related. Rational utilization of crop straw as raw material to the production of natural gas has important economic significance.

Key words：anaerobic；corn stalk；biogas；potential

中国作为农业大国，农作物秸秆资源非常丰富。据统计，我国年产农作物秸秆6.8亿t，其中有3.7亿t秸秆可作为能源物质，但只有33%的资源被利用[1]。吉林省每年有秸秆废弃物资源0.6亿t，大部分的秸秆被丢弃或直接焚烧，不仅导致了资源浪费，而且造成了严重的环境污染[2]。因此，如何将秸秆资源综合利用是实现农业环境保护和可持续发展的重要课题。

厌氧发酵技术是将农业废弃物资源转化为清洁能源（沼气）的有效手段[3]。秸秆资源具有明显的区域性、季节性、时效性，必须稳妥储存才能为沼气生产提供良好的原材料。国内外学者针对一种储存方式的玉米秸秆资源的利用做了大量研究。Herrmann等[4]研究

《环境科学与技术》编辑部：（网址）http://fjks.chinajournal.net.cn（电话）027-87643502（电子信箱）hjkxyj@vip.126.com

收稿日期：2015-08-15；修回：2015-10-24

基金项目：公益性行业（农业）科研专项（201503137，201303080）；吉林省教育厅项目（201508013）；延边大学校项目（952013012）

作者简介：张本月（1989-），女，硕士研究生，研究方向生物质资源利用，共同第一作者，赵洪颜（1980-），男，讲师，博士，主要从事生物质资源利用与微生物分子生态，（电子信箱）zhy@ybu.edu.cn；*通讯作者，（电话）0433-2435568（电子信箱）acuizj@cau.edu.cn。

47.厌氧发酵系统中的微量元素及其生物利用度的研究综述

刊 载 地：中国农业大学学报（2017年）

作者单位：中国农业大学

通讯作者：王小芬

内容提要：本文针对微量元素对厌氧发酵系统影响进行综述。一方面，本文归纳了不同发酵底物和接种物中微量元素的组成，微量元素和酶之间的关系，不同的发酵条件下微量元素对发酵体系性能及微生物群落演替的影响；另一方面，本文对顺序提取法的应用，微量元素的化学形态与生物利用度的关系，影响生物利用度的因素（配体和pH），提高生物利用度的策略等做了介绍，以期对沼气工程的高效稳定运行起到借鉴指导的作用。

中国农业大学学报 2017,22(9):01-11 http://xuebao.cau.edu.cn
Journal of China Agricultural University DOI:10.11841/j.issn.1007-4333.2017.09.01

厌氧发酵系统中的微量元素及其生物利用度的研究综述

蔡亚凡 崔宗均 王小芬*
（中国农业大学 农学院/有机废弃物资源再利用研究中心，北京 100193）

摘 要 针对微量元素对厌氧发酵系统影响进行综述。一方面归纳了不同发酵底物和接种物中微量元素的组成，微量元素和酶之间的关系，不同的发酵条件下微量元素对发酵体系性能及微生物群落演替的影响；另一方面对顺序提取法的应用，微量元素的化学形态与生物利用度的关系，影响生物利用度的因素（配体和pH），提高生物利用度的策略等做了介绍，以期对沼气工程的高效稳定运行起到借鉴指导的作用。

关键词 沼气；厌氧发酵；微量元素；生物利用度；顺序提取法
中图分类号 TK6 文章编号 1007-4333(2017)09-0001-11 文献标志码 A

A critical review on trace elements and bioavailability in anaerobic digestion system

CAI Yafan, CUI Zongjun, WANG Xiaofen*
(College of Agronomy and Biotechnology/The Center of Biomass Recycling Utilization, China Agricultural University, Beijing 100193, China)

Abstract The effects of trace elements on anaerobic digestion system were reviewed in this paper. On one hand, the composition of trace element in different fermented raw materials, the relationship between trace elements and enzymes, the effects of trace elements on the performance of the digestion system and microbial community succession were summarized. On the other hand, the application of sequential extraction method, the relationship between the chemical fraction and bioavailability, the factors affecting the bioavailability (ligands and pH), and the strategies for stabilizing bioavailability were introduced. This review would provide guidance for efficient and stable operation of biogas project.

Keywords biogas; anaerobic fermentation; trace elements; bioavailability; sequential extraction process

沼气的产生是复杂的微生物活动过程，影响此过程的因素包括温度、水力停留时间（HRT）、混合及搅拌、pH、碱度、挥发性脂肪酸（VFAs）和营养物质等。而在此过程微生物对营养物质需求方面的研究大部分集中在C、N和P等大量元素上[1-6]，而对微量元素的相关研究非常有限。随着人们对沼气发酵过程研究的不断深入，越来越多的学者认识到了微量元素在厌氧发酵系统中的重要性[7-12]。厌氧发酵产沼气的底物往往是畜禽粪便、农业废弃物、工业有机废水和餐厨垃圾等。Speece等[13]指出微量元素能够影响微生物的活性，缺少其中的一种就会严重影响生物代谢过程。另外，微量元素在发酵系统中的生物利用度也是不可忽视的部分，其生物利用度随发酵条件的变化而变化。目前，对微量元素在发酵系统中的生物利用度的研究仍处于初级阶段。

对于微量元素的研究，大多集中在以餐厨垃圾、酒糟和废水等易分解原料，而针对以能源作物、动物粪便、农业废弃物和市政垃圾等较难分解的物料为底物的沼气工程中微量元素需求的研究较少[14]。由于发酵系统的复杂性，添加微量元素后的作用效果不同。对不同的底物，微量元素的添加量、添加种类和生物利用度等说法不一。微量元素生物利用度动态变化、微量元素的不同形态与其利用度的关系、以及测定微量元素利用度的方法、影响微量元素利

收稿日期：2016-08-07
基金项目：公益性行业（农业）科研专项（201503137/201303080）；教育部新世纪优秀人才项目支持（2014FG039）
第一作者：蔡亚凡，博士研究生，E-mail:caiyafan@cau.edu.cn
通讯作者：王小芬，副教授，主要从事微生物群体功能和纤维素分解转化研究，E-mail:wxiaofen@cau.edu.cn

48. 玉米秸秆复配基质对黄瓜幼苗生长发育的影响

刊 载 地：农业机械学报（2018年）

作者单位：中国农业大学

作　　者：王宇欣

内容提要：为探索玉米秸秆替代传统基质草炭的可行性，本文以中农19号黄瓜为供试材料，将玉米秸秆、草炭、沼渣、蛭石、珍珠岩等按不同体积比混配制成育苗基质。本文通过电镜扫描和能谱分析对玉米秸秆和草炭的形貌特征及元素组成进行分析比较，并进行穴盘育苗试验，研究玉米秸秆对基质理化性质和黄瓜幼苗生长的影响。研究结果表明：添加玉米秸秆对基质的容重、总孔隙度、有机质含量、pH和电导率EC等理化性质有改善作用；将玉米秸秆按照适宜的体积配比代替草炭和沼渣育苗时，对黄瓜幼苗的生长发育有促进作用。试验表明，与对照组CK1（草炭25%、沼渣25%、珍珠岩25%、蛭石25%）相比，T1（秸秆10%、草炭20%、沼渣20%、珍珠岩25%、蛭石25%）和T2（秸秆20%、草炭15%、沼渣15 %、珍珠岩25 %、蛭石25%）更适宜作物生长，种子萌发40d时，T1组黄瓜幼苗的株高为（8.61±0.34）cm、茎粗为（4.34±0.27）mm、叶绿素相对含量为（37.40±2.15）SPAD、叶面积为（60.21±1.69）cm^2、根系活力为（118.306±30.611）TTFμg/（g·h），均显著高于对照组CK1。因此，玉米秸秆对黄瓜幼苗的生长具有一定的促进作用，可代替部分草炭用于育苗基质的配制。

2018年7月　　农业机械学报　　第49卷第7期

doi:10.6041/j.issn.1000-1298.2018.07.034

玉米秸秆复配基质对黄瓜幼苗生长发育的影响

王宇欣　孙倩倩　王平智　赵亚楠　李雪媛
（中国农业大学水利与土木工程学院，北京 100083）

摘要：为探索玉米秸秆替代传统基质草炭的可行性，以"中农19号"黄瓜为供试材料，将玉米秸秆、草炭、沼渣、蛭石、珍珠岩等按不同体积比混配制成育苗基质。通过电镜扫描和能谱分析对玉米秸秆和草炭的形貌特征及元素组成进行分析比较，并进行穴盘育苗试验，研究玉米秸秆对基质理化性质和黄瓜幼苗生长的影响。结果表明：添加玉米秸秆对基质的容重、总孔隙度、有机质含量、pH值和电导率EC等理化性质有改善作用；将玉米秸秆按照适宜的体积配比代替草炭和沼渣育苗时，对黄瓜幼苗的生长发育有促进作用。试验表明，与对照组CK1（草炭25%、沼渣25%、珍珠岩25%、蛭石25%）相比，T1（秸秆10%、草炭20%、沼渣20%、珍珠岩25%、蛭石25%）和T2（秸秆20%、草炭15%、沼渣15%、珍珠岩25%、蛭石25%）更适宜作物生长，种子萌发40 d时，T1组黄瓜幼苗的株高为（8.61±0.34）cm、茎粗为（4.34±0.27）mm、叶绿素相对含量为（37.40±2.15）SPAD、叶面积为（60.21±1.69）cm^2、根系活力为（118.306±30.611）TTFμg/（g·h），均显著高于对照组CK1。因此，玉米秸秆对黄瓜幼苗的生长具有一定的促进作用，可代替部分草炭用于育苗基质的配制。

关键词：玉米秸秆；草炭；黄瓜育苗；电导率
中图分类号：S642.2；S723.1　　文献标识码：A　　文章编号：1000-1298（2018）07-0286-10

Effect of Corn Stalk Compound Substrate on Cucumber Seedling Growth

WANG Yuxin　SUN Qianqian　WANG Pingzhi　ZHAO Ya'nan　LI Xueyuan
(*College of Water Resources and Civil Engineering, China Agricultural University, Beijing* 100083, *China*)

Abstract: In order to explore the feasibility of replacing non-renewable peat with corn straw in traditional substrate, the cucumber varieties "Zhongnong 19" was used as the test material, and cornstalk, peat, biogas residue, vermiculite, perlite and so on were mixed according to different volume ratios to make seedling substrate. The morphology and element composition of straw and peat were analyzed and compared by electron microscope scanning and energy spectrum analysis, the effects of corn straw on the physicochemical properties of substrate and the growth of cucumber plug seedlings were investigated. Furthermore, a suitable compound substrate formula for cucumber seedling production was screened out. Twelve different substrates were tested, including a mixture of 25% peat, 25% biogas residue, 25% vermiculite and 25% perlite (CK1); 100% corn straw (CK2); 100% soil (CK3); a mixture of 10% corn straw, 20% peat, 20% biogas residue, 25% vermiculite and 25% perlite (T1); a mixture of 20% corn straw, 15% peat, 15% biogas residue, 25% vermiculite and 25% perlite (T2); a mixture of 30% corn straw, 10% peat, 10% biogas residue, 25% vermiculite and 25% perlite (T3); a mixture of 40% corn straw, 5% peat, 5% biogas residue, 25% vermiculite and 25% perlite (T4); a mixture of 50% corn straw, 25% vermiculite and 25% perlite (T5); a mixture of 80% soil and 20% corn straw (T6); a mixture of 60% soil and 40% corn straw (T7); a mixture of 40% soil and 60% corn straw (T8); and a mixture of 20% soil and 80% corn straw (T9). The experiment was arranged in a randomized block design with three replications. The effects of corn stalk on seedling emergence rate, plant height, stem diameter, leaf area and seedling biomass were analyzed as well as the physicochemical properties of different substrates, including bulk density, total porosity, organic matter, pH value and EC values. Corn straw can be used as a suitable volume ratio instead of peat and biogas residue to raise seedlings, which can promote the growth and development of cucumber seedlings. To a certain extent, the substrate

收稿日期：2018-04-18　修回日期：2018-05-28
基金项目：公益性行业（农业）科研专项资金项目（201503137）
作者简介：王宇欣（1967—），男，副教授，主要从事农业生物环境与能源工程研究，E-mail：meller@163.com

49. 哈茨木霉和黑曲霉粗酶液预处理改善秸秆产甲烷性能

刊 载 地：农业工程学报（2018年）

作者单位：中国农业大学

通讯作者：王小芬

内容提要：为提高玉米秸秆甲烷产率，本文研究了酶对玉米秸秆预处理后厌氧发酵的指标性质和对微生物的冲击。研究发现，哈茨木霉粗酶液（酶T）和黑曲霉粗酶液（酶A）预处理后，发酵体系中初始挥发性脂肪酸（volatile fatty acid，VFA）显著增加，主要体现在乙酸的积累。发酵1d后，酶T处理组和酶A处理组的碱度/VFA比值及可溶性化学需氧量/VFA（s COD/VFA）比值较CK组显著增加，该变化主要体现在VFA的大量减少。发酵20d，酶T处理组和酶A处理组的累积产甲烷量分别比CK组提高了7.79%和10.06%。厌氧发酵24h，酶T处理组中9个属的细菌丰度显著高于CK组，其中*Clostridium*，*vadin BC27*，*Ruminofilibacter*与纤维素的降解有关。发酵系统中古菌主要为*Methanosaeta*，*Bathyarchaeota*，*Methanosarcina*，*Methanobacterium*等。预处理影响了发酵系统中微生物的菌群结构，对改善发酵条件具有重要的调节作用。本文为木质纤维素的沼气转化提供参考。

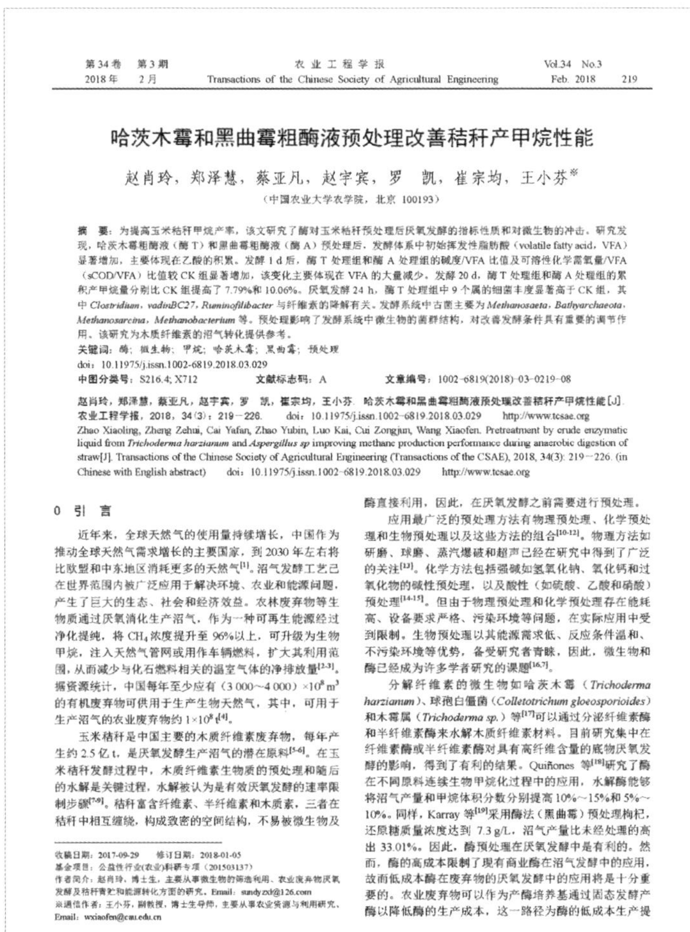
第34卷 第3期 农业工程学报 Vol.34 No.3
2018年 2月 Transactions of the Chinese Society of Agricultural Engineering Feb. 2018 219

哈茨木霉和黑曲霉粗酶液预处理改善秸秆产甲烷性能

赵肖玲，郑泽慧，蔡亚凡，赵宇宾，罗 凯，崔宗均，王小芬※
（中国农业大学农学院，北京 100193）

摘 要：为提高玉米秸秆甲烷产率，该文研究了酶对玉米秸秆预处理后厌氧发酵的指标性质和对微生物的冲击。研究发现，哈茨木霉粗酶液（酶T）和黑曲霉粗酶液（酶A）预处理后，发酵体系中初始挥发性脂肪酸（volatile fatty acid，VFA）显著增加，主要体现在乙酸的积累。发酵1 d后，酶T处理组和酶A处理组的碱度/VFA比值及可溶性化学需氧量/VFA（sCOD/VFA）比值较CK组显著增加，该变化主要体现在VFA的大量减少。发酵20 d，酶T处理组和酶A处理组的累积产甲烷量分别比CK组提高了7.79%和10.06%。厌氧发酵24 h，酶T处理组中9个属的细菌丰度显著高于CK组，其中*Clostridium*，*vadinBC27*，*Ruminofilibacter*与纤维素的降解有关。发酵系统中古菌主要为*Methanosaeta*，*Bathyarchaeota*，*Methanosarcina*，*Methanobacterium*等。预处理影响了发酵系统中微生物的菌群结构，对改善发酵条件具有重要的调节作用。该研究为木质纤维素的沼气转化提供参考。

关键词：酶；微生物；甲烷；哈茨木霉；黑曲霉；预处理
doi：10.11975/j.issn.1002-6819.2018.03.029
中图分类号：S216.4; X712 文献标志码：A 文章编号：1002-6819(2018)-03-0219-08

赵肖玲，郑泽慧，蔡亚凡，赵宇宾，罗 凯，崔宗均，王小芬．哈茨木霉和黑曲霉粗酶液预处理改善秸秆产甲烷性能[J]．农业工程学报，2018，34(3)：219－226. doi：10.11975/j.issn.1002-6819.2018.03.029 http://www.tcsae.org

Zhao Xiaoling, Zheng Zehui, Cai Yafan, Zhao Yubin, Luo Kai, Cui Zongjun, Wang Xiaofen. Pretreatment by crude enzymatic liquid from *Trichoderma harzianum* and *Aspergillus sp* improving methane production performance during anaerobic digestion of straw[J]. Transactions of the Chinese Society of Agricultural Engineering (Transactions of the CSAE), 2018, 34(3): 219－226. (in Chinese with English abstract) doi：10.11975/j.issn.1002-6819.2018.03.029 http://www.tcsae.org

0 引 言

近年来，全球天然气的使用量持续增长，中国作为推动全球天然气需求增长的主要国家，到2030年左右将比欧盟和中东地区消耗更多的天然气[1]。沼气发酵工艺已在世界范围内被广泛应用于解决环境、农业和能源问题，产生了巨大的生态、社会和经济效益。农林废弃物等生物质通过厌氧消化生产沼气，作为一种可再生能源经过净化提纯，将CH_4浓度提升至96%以上，可升级为生物甲烷，注入天然气管网或用作车辆燃料，扩大其利用范围，从而减少与化石燃料相关的温室气体的净排放量[2-3]。据资源统计，中国每年至少应有（3 000～4 000）$\times 10^8$ m^3的有机废弃物可供用于生产生物天然气，其中，可用于生产沼气的农业废弃物约1×10^8 t[4]。

玉米秸秆是中国主要的木质纤维素废弃物，每年产生约2.5亿t，是厌氧发酵生产沼气的潜在原料[5-6]。在玉米秸秆发酵过程中，木质纤维素生物质的预处理和随后的水解是关键过程，水解被认为是有效厌氧发酵的速率限制步骤[7-9]。秸秆富含纤维素、半纤维素和木质素，三者在秸秆中相互缠绕，构成致密的空间结构，不易被微生物及酶直接利用，因此，在厌氧发酵之前需要进行预处理。

应用最广泛的预处理方法有物理预处理、化学预处理和生物预处理以及这些方法的组合[10-12]。物理方法如研磨、球磨、蒸汽爆破和超声已经在研究中得到了广泛的关注[13]。化学方法包括强碱如氢氧化钠、氧化钙和过氧化物的碱性预处理，以及酸性（如硫酸、乙酸和硝酸）预处理[14-15]。但由于物理预处理和化学预处理存在能耗高、设备要求严格、污染环境等问题，在实际应用中受到限制。生物预处理以其能源需求低、反应条件温和、不污染环境等优势，备受研究者青睐，因此，微生物和酶已经成为许多学者研究的课题[16,7]。

分解纤维素的微生物如哈茨木霉（*Trichoderma harzianum*）、球孢白僵菌（*Colletotrichum gloeosporioides*）和木霉属（*Trichoderma sp.*）等[17]可以通过分泌纤维素酶和半纤维素酶来水解木质纤维素材料。目前研究集中在纤维素酶或半纤维素酶对具有高纤维含量的底物厌氧发酵的影响，得到了有利的结果。Quiñones等[18]研究了酶在不同原料连续生物甲烷化过程中的应用，水解酶能够将沼气产量和甲烷体积分数分别提高10%～15%和5%～10%。同样，Karray等[19]采用酶法（黑曲霉）预处理枸杞，还原糖质量浓度达到7.3 g/L，沼气产量比未经处理的高出33.01%。因此，酶预处理在厌氧发酵中是有利的。然而，酶的高成本限制了现有商业酶在沼气发酵中的应用，故而低成本酶在废弃物的厌氧发酵中的应用将是十分重要的。农业废弃物可以作为产酶培养基通过固态发酵产酶以降低酶的生产成本，这一路径为酶的低成本生产提

收稿日期：2017-09-29 修订日期：2018-01-05
基金项目：公益性行业(农业)科研专项（201503137）
作者简介：赵肖玲，博士生，主要从事微生物的筛选利用、农业废弃物厌氧发酵及秸秆青贮和能源转化方面的研究。Email：sundyzxl@126.com
※通信作者：王小芬，副教授，博士生导师，主要从事农业资源与利用研究。Email：wxiaofen@cau.edu.cn

50.温度对FBAR反应器的运行特性及古菌微生物群落影响

刊 载 地：中国环境科学（2018年）

作者单位：中国农业大学

通讯作者：崔宗均

内容提要：本文为探讨固定床厌氧反应器（FBAR)在不同温度下的运行特性及微生物群落变化，比较了高温（50℃）、中温（35℃）、低温（4℃)3个温度阶段反应器产甲烷特性及古菌群落变化。研究结果表明；绝对产气量由大至小依次为高（50℃）、中（35℃）、低温（4℃），单位负荷产气量依次为中温（2.84L/OLR)、低温（2.5L/OLR)、高温（1.8L/OLR)；甲烷含量依次为低温（74.5%）、中温（63.5%)、高温（57.3%)，不同温度阶段对挥发性有机酸含量变化有一定的影响。克隆文库分析表明：不同温度条件下固定床厌氧反应器内部微生物群落的丰富性存在很大的差异。定量PCR分析表明：甲烷鬃毛菌是中温和高温反应器内的优势菌，低温4℃炭纤维载体和污泥中的优势菌都是甲烷微菌。从能耗、经济效益角度分析，低温条件更适合沼气发酵，而主要是以嗜氢产甲烷菌代谢途径为主。

中国环境科学 2018,38(1)：169~178 China Environmental Science

温度对 FBAR 反应器的运行特性及古菌微生物群落影响

赵洪颜[1],李 雪[1],李 楠[1],刘虹豆[1],朴仁哲[1],许广波[1],李艳茹[1],王伟东[2],崔宗均[3*] (1.延边大学农学院,吉林 延吉 133002；2.黑龙江八一农垦大学生命技术学院,黑龙江 大庆 163000；3.中国农业大学生物质工程中心,北京 100091)

摘要：为探讨固定床厌氧反应器(FBAR)在不同温度下的运行特性及微生物群落变化,比较了高温(50℃)、中温(35℃)、低温(4℃)3 个温度阶段反应器产甲烷特性及古菌群落变化.结果表明;绝对产气量由大至小依次为高(50℃)、中(35℃)、低温(4℃),单位负荷产气量依次为中温(2.84L/OLR),低温(2.5L/OLR),高温(1.8L/OLR);甲烷含量依次为低温(74.5%)、中温(63.5%),高温(57.3%),不同温度阶段对挥发性有机酸含量变化有一定的影响.克隆文库分析表明:不同温度条件下固定床厌氧反应器内部微生物群落的丰富性存在很大的差异.定量 PCR 分析表明:甲烷鬃毛菌是中温和高温反应器内的优势菌,低温 4℃炭纤维载体和污泥中的优势菌都是甲烷微菌.从能耗、经济效益角度分析低温条件更适合沼气发酵,而主要是以嗜氢产甲烷菌代谢途径为主.

关键词：固定床厌氧反应器(FBAR)；温度；运行特性；微生物群落；产甲烷菌

中图分类号：X703 文献标识码：A 文章编号：1000-6923(2018)01-0169-10

DOI:10.19674/j.cnki.issn1000-6923.2018.0021

Comparison to the characteristics and archaea communites under different temperature stages of thermophilic, mesophilic and psychrophilic of fixed bed anaerobic reactor. ZHAO Hong-yan[1], LI Xue[1], LI Nan[1], LIU Hong-dou[1], PIAO Ren-zhe[1], XU Guang-bo[1], LI Yan-ru[1], WANG Wei-dong[2], CUI Zong-jun[3*] (1.Agricultural College, Yanbian University, Yanji 133002, China；2.Life Sciences and Biotechnology, Heilongjiang August First Land Reclamation University, Daqing 163000, China；3.Center of Biomass Engineering, Agricultural University, Beijing 100091, China). *China Environmental Science*, 2018,38(1)：169~178

Abstract： In order to investigate the change of characteristics and methanogenic microorganisms under three temperature stages. Comparison to the dynamic of methane character and archaea communites under three temperature stages of thermophilic (50℃), mesophilic(35℃) and psychrophilic(4℃). The result showed that the order of absolute biogas production from high to low was thermophilic (50℃), mesophilic(35℃) and psychrophilic(4℃). The order of biogas production mesophilic, psychrophilic and thermophilic was 2.84, 2.5 and 1.8L/OLR, respectively. The order of methane content psychrophilic, mesophilic and thermophilic was 74.5, 63.5 and 57.3%, respectively. The volatile organic acids content was a big influence under different temperature stage. Clone library analysis that the diversity of microbiology was significant difference within different temperature stage. Quantitative PCR analysis that the methanosaetaceae was the dominant methanogens within 50℃ and 35℃reactors, the methanomicrobiales was the dominant methanogens in the adhering sludge at 4℃. From energy consumption an economic benefit analysis that the biogas fermentation was more suitable under low temperature, and the main metabolic pathways was hydrogenotrophic methanogenesis.

Key words： fixed bed anaerobic reactor(FBAR)；temperature；operating characteristics；microbial community；methanogens

温度是影响有机废水厌氧发酵的重要因素之一.厌氧发酵温度大体上分为低温发酵(<20℃)、中温发酵(25~40℃)、高温发酵(>45℃)[1].高温厌氧发酵可以缩短发酵时间,底物广泛,杀死农业害虫,出水满足卫生标准[2],但能耗较高;中温厌氧消化目前研究较为广泛,但是对大肠杆菌等灭菌率低,反应运行也需要一定的能耗.研究表明未来厌氧发酵趋势是发展低温和室温厌氧发酵

收稿日期：2017-06-16

基金项目：国家科技支撑计划课题(2015BAD21B04);公益性行业科研专项(201503137);国家自然科学基金(51741809)

* 责任作者，教授，acuizj@cau.edu.cn

三、规模化利用秸秆饲养经济昆虫及建立乳酸发酵生产技术研究与示范

1. The effect of silencing 20E biosynthesis relative genes by feeding bacterially expressed dsRNA on the larval development of *Chilo suppressalis*

刊 载 地：Scientific Reports（2016）

作者单位：华中农业大学

作　　者：牛长缨

内容提要：RNA interference（RNAi）is a robust tool to study gene functions as well as potential for insect pest control. Finding suitable target genes is the key step in the development of an efficient RNAi-mediated pest control technique. Based on the transcriptome of *Chilo suppressalis*, 24 unigenes which putatively associated with insect hormone biosynthesis were identified. Amongst these, four genes involved in ecdysteroidogenesis *i.e.*, *ptth*, *torso*, *spook* and *nm-g* were evaluated as candidate targets for function study. The partial cDNA of these four genes were cloned and their bacterially expressed dsRNA were fed to the insects. Results revealed a significant reduction in mRNA abundance of target genes after 3 days. Furthermore, knocked down of these four genes resulted in abnormal phenotypes and high larval mortality. After 15 days, the survival rates of insects in *dsspook*, *dsptth*, *dstorso*, and *dsnm-g* groups were significantly reduced by 32 %, 38 %, 56 %, and 67 % respectively, compared with control. Moreover, about 80% of surviving larvae showed retarded development in dsRNA-treated groups. These results suggest that oral ingestion of bacterially expressed dsRNA in *C. suppressalis* could silence *ptth*, *torso*, *spook* and *nm-g*. Oral delivery of bacterially expressed dsRNA provides a simple and potential management scheme against *C. suppressalis*.

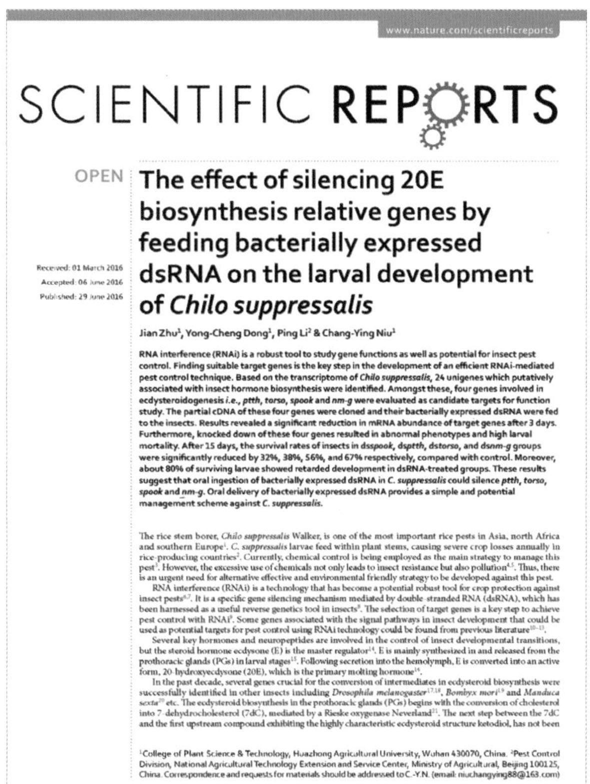

www.nature.com/scientificreports

SCIENTIFIC REPORTS

OPEN

Received: 01 March 2016
Accepted: 06 June 2016
Published: 29 June 2016

The effect of silencing 20E biosynthesis relative genes by feeding bacterially expressed dsRNA on the larval development of *Chilo suppressalis*

Jian Zhu[1], Yong-Cheng Dong[1], Ping Li[2] & Chang-Ying Niu[1]

RNA interference (RNAi) is a robust tool to study gene functions as well as potential for insect pest control. Finding suitable target genes is the key step in the development of an efficient RNAi-mediated pest control technique. Based on the transcriptome of *Chilo suppressalis*, 24 unigenes which putatively associated with insect hormone biosynthesis were identified. Amongst these, four genes involved in ecdysteroidogenesis *i.e.*, *ptth*, *torso*, *spook* and *nm-g* were evaluated as candidate targets for function study. The partial cDNA of these four genes were cloned and their bacterially expressed dsRNA were fed to the insects. Results revealed a significant reduction in mRNA abundance of target genes after 3 days. Furthermore, knocked down of these four genes resulted in abnormal phenotypes and high larval mortality. After 15 days, the survival rates of insects in *dsspook*, *dsptth*, *dstorso*, and *dsnm-g* groups were significantly reduced by 32%, 38%, 56%, and 67% respectively, compared with control. Moreover, about 80% of surviving larvae showed retarded development in dsRNA-treated groups. These results suggest that oral ingestion of bacterially expressed dsRNA in *C. suppressalis* could silence *ptth*, *torso*, *spook* and *nm-g*. Oral delivery of bacterially expressed dsRNA provides a simple and potential management scheme against *C. suppressalis*.

The rice stem borer, *Chilo suppressalis* Walker, is one of the most important rice pests in Asia, north Africa and southern Europe[1]. *C. suppressalis* larvae feed within plant stems, causing severe crop losses annually in rice-producing countries[2]. Currently, chemical control is being employed as the main strategy to manage this pest[3]. However, the excessive use of chemicals not only leads to insect resistance but also pollution[4,5]. Thus, there is an urgent need for alternative effective and environmental friendly strategy to be developed against this pest.

RNA interference (RNAi) is a technology that has become a potential robust tool for crop protection against insect pests[6,7]. It is a specific gene silencing mechanism mediated by double-stranded RNA (dsRNA), which has been harnessed as a useful reverse genetics tool in insects[8]. The selection of target genes is a key step to achieve pest control with RNAi[9]. Some genes associated with the signal pathways in insect development that could be used as potential targets for pest control using RNAi technology could be found from previous literature[10–13].

Several key hormones and neuropeptides are involved in the control of insect developmental transitions, but the steroid hormone ecdysone (E) is the master regulator[14]. E is mainly synthesized in and released from the prothoracic glands (PGs) in larval stages[15]. Following secretion into the hemolymph, E is converted into an active form, 20-hydroxyecdysone (20E), which is the primary molting hormone[16].

In the past decade, several genes crucial for the conversion of intermediates in ecdysteroid biosynthesis were successfully identified in other insects including *Drosophila melanogaster*[17,18], *Bombyx mori*[19] and *Manduca sexta*[20] etc. The ecdysteroid biosynthesis in the prothoracic glands (PGs) begins with the conversion of cholesterol into 7-dehydrocholesterol (7dC), mediated by a Rieske oxygenase Neverland[21]. The next step between the 7dC and the first upstream compound exhibiting the highly characteristic ecdysteroid structure ketodiol, has not been

[1]College of Plant Science & Technology, Huazhong Agricultural University, Wuhan 430070, China. [2]Pest Control Division, National Agricultural Technology Extension and Service Center, Ministry of Agricultural, Beijing 100125, China. Correspondence and requests for materials should be addressed to C.-Y.N. (email: niuchangying88@163.com)

2. Comparative expression of two detoxification genes by *Callosobruchus maculatus* in response to dichlorvos and *Lippia adoensis* essential oil treatments

刊 载 地：Journal of Pest Science（2019）

作者单位：华中农业大学

作　　者：牛长缨

内 容 提 要：The cowpea beetle, *Callosobruchus maculatus*（F.）（Coleoptera: Chrysomelidae), is a field-to-store pest, which can cause up to 80% damage of cowpea grains within 3 months of storage. The control approach consisting of application of synthetic pesticides has become challenging following the increased resistance and toxicity to non-target organisms and the environment. Here, we hypothesized that *Lippia adoensis* essential oil（EO）（plant-based insecticide）can repress cytochrome P450-dependent mono-oxygenase and glutathione-S-transferase（GST）genes and suppress *C. maculatus* resistance to dichlorvos（O, O-dimethyl-O-2, 2-dichlorovinylphosphate or DDVP). The methods consisted of separately exposing *C. maculatus* adults to cowpea seeds treated with DDVP and *L. adoensis* EO. Their physiological and molecular responses were monitored for five generations. Adult mortality of DDVP-treated beetles signifcantly decreased across generations and negatively correlated with the reproduction parameters（increase in fecundity and adult emergence）and seed damage. Similarly, the decrease in adult susceptibility corresponded with the increase in the expression levels of cytochrome P450 and GST genes (overexpression of genes). However, the adult susceptibility to EO treatments remained consistent across generations and correlated with the down-regulation of targeted genes from the third generation（F3). These results support our hypotheses and provide a probable molecular basis of resistance to DDVP and susceptibility to *L. adoensis* EO in *C. maculatus*. Therefore, *L. adoensis* EO represents an alternative insecticide that could be employed to enhance the vulnerability of this pest.

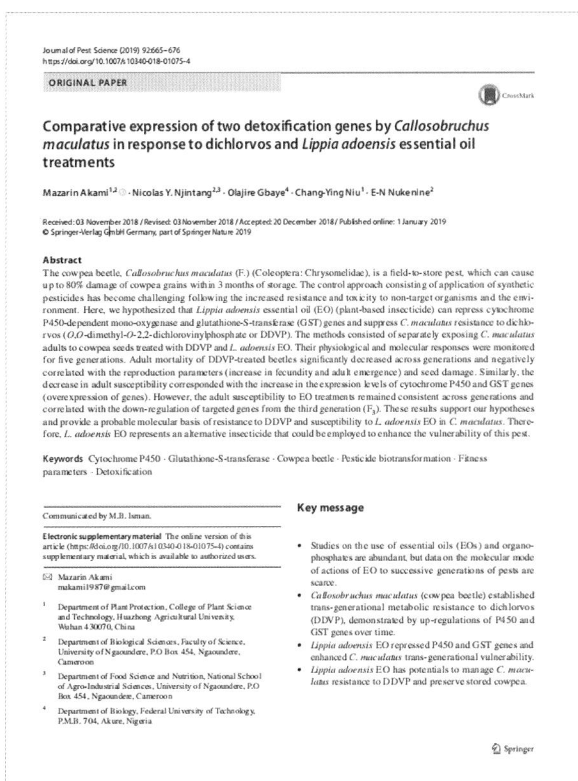
Journal of Pest Science (2019) 92:665–676
https://doi.org/10.1007/s10340-018-01075-4

ORIGINAL PAPER

Comparative expression of two detoxification genes by *Callosobruchus maculatus* in response to dichlorvos and *Lippia adoensis* essential oil treatments

Mazarin Akami[1,2] · Nicolas Y. Njintang[2,3] · Olajire Gbaye[4] · Chang-Ying Niu[1] · E-N Nukenine[2]

Received: 03 November 2018 / Revised: 03 November 2018 / Accepted: 20 December 2018 / Published online: 1 January 2019

Abstract
The cowpea beetle, *Callosobruchus maculatus* (F.) (Coleoptera: Chrysomelidae), is a field-to-store pest, which can cause up to 80% damage of cowpea grains within 3 months of storage. The control approach consisting of application of synthetic pesticides has become challenging following the increased resistance and toxicity to non-target organisms and the environment. Here, we hypothesized that *Lippia adoensis* essential oil (EO) (plant-based insecticide) can repress cytochrome P450-dependent mono-oxygenase and glutathione-S-transferase (GST) genes and suppress *C. maculatus* resistance to dichlorvos (*O,O*-dimethyl-*O*-2,2-dichlorovinylphosphate or DDVP). The methods consisted of separately exposing *C. maculatus* adults to cowpea seeds treated with DDVP and *L. adoensis* EO. Their physiological and molecular responses were monitored for five generations. Adult mortality of DDVP-treated beetles significantly decreased across generations and negatively correlated with the reproduction parameters (increase in fecundity and adult emergence) and seed damage. Similarly, the decrease in adult susceptibility corresponded with the increase in the expression levels of cytochrome P450 and GST genes (overexpression of genes). However, the adult susceptibility to EO treatments remained consistent across generations and correlated with the down-regulation of targeted genes from the third generation (F_3). These results support our hypotheses and provide a probable molecular basis of resistance to DDVP and susceptibility to *L. adoensis* EO in *C. maculatus*. Therefore, *L. adoensis* EO represents an alternative insecticide that could be employed to enhance the vulnerability of this pest.

Keywords Cytochrome P450 · Glutathione-S-transferase · Cowpea beetle · Pesticide biotransformation · Fitness parameters · Detoxification

Communicated by M.B. Isman.

Electronic supplementary material The online version of this article (https://doi.org/10.1007/s10340-018-01075-4) contains supplementary material, which is available to authorized users.

✉ Mazarin Akami
makami1987@gmail.com

1 Department of Plant Protection, College of Plant Science and Technology, Huazhong Agricultural University, Wuhan 430070, China

2 Department of Biological Sciences, Faculty of Science, University of Ngaoundere, P.O Box 454, Ngaoundere, Cameroon

3 Department of Food Science and Nutrition, National School of Agro-Industrial Sciences, University of Ngaoundere, P.O Box 454, Ngaoundere, Cameroon

4 Department of Biology, Federal University of Technology, P.M.B. 704, Akure, Nigeria

Key message

- Studies on the use of essential oils (EOs) and organophosphates are abundant, but data on the molecular mode of actions of EO to successive generations of pests are scarce.
- *Callosobruchus maculatus* (cowpea beetle) established trans-generational metabolic resistance to dichlorvos (DDVP), demonstrated by up-regulations of P450 and GST genes over time.
- *Lippia adoensis* EO repressed P450 and GST genes and enhanced *C. maculatus* trans-generational vulnerability.
- *Lippia adoensis* EO has potentials to manage *C. maculatus* resistance to DDVP and preserve stored cowpea.

Springer

3. Intestinal bacteria modulate the foraging behavior of the oriental fruit fly *Bactrocera dorsalis* (Diptera: Tephritidae)

刊 载 地：Plos One（2019）

作者单位：华中农业大学

作　　者：牛长缨

内容提要：The gut microbiome of insects directly or indirectly affects the metabolism, immune status, sensory perception and feeding behavior of its host. Here, we examine the hypothesis that in the oriental fruit fly (*Bactrocera dorsalis*, Diptera: Tephritidae), the presence or absence of gut symbionts affects foraging behavior and nutrient ingestion. We offered protein-starved flies, symbiotic or aposymbiotic, a choice between diets containing all amino acids or only the non-essential ones. The different diets were presented in a foraging arena as drops that varied in their size and density, creating an imbalanced foraging environment. Suppressing the microbiome resulted in significant changes of the foraging behavior of both male and female flies. Aposymbiotic flies responded faster to the diets offered in experimental arenas, spent more time feeding, ingested more drops of food, and were constrained to feed on time-consuming patches (containing small drops of food), when these offered the full complement of amino acids. We discuss these results in the context of previous studies on the effect of the gut microbiome on host behavior, and suggest that these be extended to the life history dimension.

PLOS | ONE

RESEARCH ARTICLE

Intestinal bacteria modulate the foraging behavior of the oriental fruit fly *Bactrocera dorsalis* (Diptera: Tephritidae)

Mazarin Akami[1,2], Awawing A. Andongma[1], Chen Zhengzhong[1], Jiang Nan[1], Kanjana Khaeso[1], Edouard Jurkevitch[3], Chang-Ying Niu[1]*, Boaz Yuval[4]*

1 Department of Plant Protection, College of Plant Science & Technology, Huazhong Agricultural University, Wuhan, China, 2 Department of Biological Sciences, Faculty of Science, University of Ngaoundere, Ngaoundere, Cameroon, 3 Department of Microbiology and Plant Diseases, The Robert H. Smith Faculty of Agriculture, Food and Environment, The Hebrew University of Jerusalem, Rehovot, Israel, 4 Department of Entomology, The Robert H. Smith Faculty of Agriculture, Food and Environment, The Hebrew University of Jerusalem, Rehovot, Israel

* boaz.yuval@mail.huji.ac.il (BY); niuchangying88@163.com (CYN)

Check for updates

OPEN ACCESS

Citation: Akami M, Andongma AA, Zhengzhong C, Nan J, Khaeso K, Jurkevitch E, et al. (2019) Intestinal bacteria modulate the foraging behavior of the oriental fruit fly *Bactrocera dorsalis* (Diptera: Tephritidae). PLoS ONE 14(1): e0210109. https://doi.org/10.1371/journal.pone.0210109

Editor: Nikos T. Papadopoulos, University of Thessaly School of Agricultural Sciences, GREECE

Received: July 3, 2018

Accepted: December 16, 2018

Published: January 16, 2019

Data Availability Statement: All relevant data are uploaded along with this manuscript.

Funding: This study was funded by the Joint programme of the Israel Science Foundation and the Science Foundation of China (2482/16), National Natural Science Foundation of China (31661143045), International Atomic Energy Agency (CRP No. 17153 and No. 18269), Agricultural public welfare industry research supported by Ministry of Agriculture of People's Republic of China (201503137) and the

Abstract

The gut microbiome of insects directly or indirectly affects the metabolism, immune status, sensory perception and feeding behavior of its host. Here, we examine the hypothesis that in the oriental fruit fly (*Bactrocera dorsalis*, Diptera: Tephritidae), the presence or absence of gut symbionts affects foraging behavior and nutrient ingestion. We offered protein-starved flies, symbiotic or aposymbiotic, a choice between diets containing all amino acids or only the non-essential ones. The different diets were presented in a foraging arena as drops that varied in their size and density, creating an imbalanced foraging environment. Suppressing the microbiome resulted in significant changes of the foraging behavior of both male and female flies. Aposymbiotic flies responded faster to the diets offered in experimental arenas, spent more time feeding, ingested more drops of food, and were constrained to feed on time-consuming patches (containing small drops of food), when these offered the full complement of amino acids. We discuss these results in the context of previous studies on the effect of the gut microbiome on host behavior, and suggest that these be extended to the life history dimension.

Introduction

Animals forage for nutritional resources in order to satisfy their requirements for growth and reproduction [1,2]. This behavior is constrained by spatial and temporal factors (biotic and abiotic), and modulated to a large extent by the phenotypic plasticity and metabolic state of each organism [3]. Evidence from numerous studies suggests that insects (and other arthropods) are capable of tailoring their foraging activity and ingestion of nutrients in a manner that corresponds to their specific requirements [4] (and references therein).

In insects, responses to environmental stimuli are modulated by substrate specific chemoreceptors, whose sensitivity is modulated by the nutritional status of the individual [5–7]. Thus,

4. Identification of olfactory genes and functional analysis of *BminCSP* and *BminOBP21* in *Bactrocera minax*

刊 载 地：Plos One（2019）

作者单位：华中农业大学

作　　者：牛长缨

内容提要：Insects possess highly developed olfactory systems which play pivotal roles in its ecological adaptations, host plant location, and oviposition behavior. *Bactrocera minax* is an oligophagous tephritid insect whose host selection, and oviposition behavior largely depend on the perception of chemical cues. However, there have been very few reports on molecular components related to the olfactory system of *B. minax*. Therefore, the transcriptome of *B. minax* were sequenced in this study, with 1 candidate chemosensory protein（CSP), 21 candidate odorant binding proteins（OBPs), 53 candidate odorant receptors（ORs), 29 candidate ionotropic receptors（IRs）and 4 candidate sensory neuron membrane proteins（SNMPs）being identified. After that, we sequenced the candidate olfactory genes and performed phylogenetic analysis. qRT-PCR was used to express and characterize 9 genes in olfactory and non-olfactory tissues. Compared with GFP-injected fly（control), dsOBP21-treated *B. minax* and dsCSP-treated *B. minax* had lower electrophysiological response to D-limonene（attractant), suggesting the potential involvement of *BminOBP21* and *BminCSP* genes in olfactory perceptions of the fly. Our study establishes the molecular basis of olfaction, tributary for further functional analyses of chemosensory processes in *B. minax*.

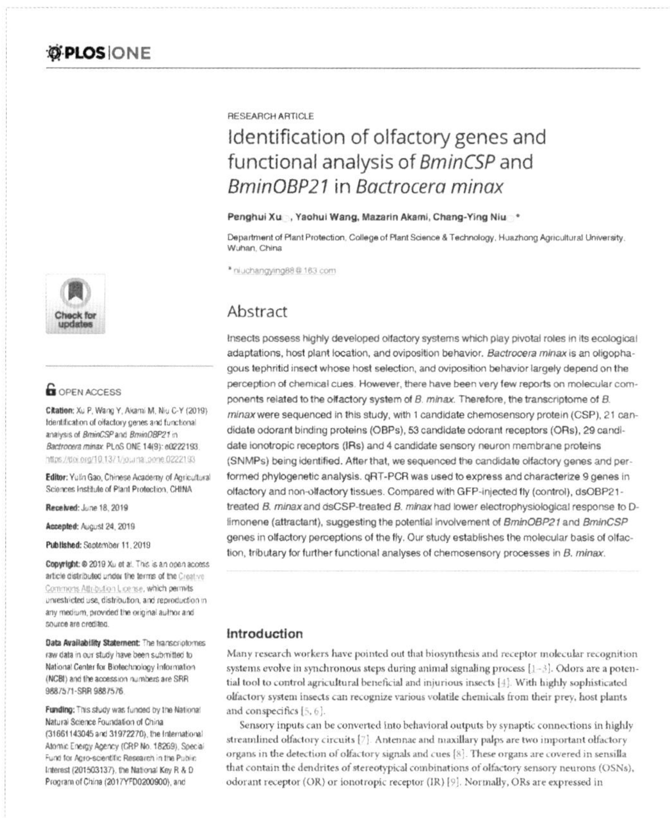

PLOS ONE

RESEARCH ARTICLE

Identification of olfactory genes and functional analysis of *BminCSP* and *BminOBP21* in *Bactrocera minax*

Penghui Xu, Yaohui Wang, Mazarin Akami, Chang-Ying Niu *

Department of Plant Protection, College of Plant Science & Technology, Huazhong Agricultural University, Wuhan, China

* niuchangying88@163.com

Check for updates

OPEN ACCESS

Citation: Xu P, Wang Y, Akami M, Niu C-Y (2019) Identification of olfactory genes and functional analysis of *BminCSP* and *BminOBP21* in *Bactrocera minax*. PLoS ONE 14(9): e0222193. https://doi.org/10.1371/journal.pone.0222193

Editor: Yulin Gao, Chinese Academy of Agricultural Sciences Institute of Plant Protection, CHINA

Received: June 18, 2019

Accepted: August 24, 2019

Published: September 11, 2019

Data Availability Statement: The transcriptomes raw data in our study have been submitted to National Center for Biotechnology Information (NCBI) and the accession numbers are SRR 9887571-SRR 9887576.

Funding: This study was funded by the National Natural Science Foundation of China (31661143045 and 31972270), the International Atomic Energy Agency (CRP No. 18269), Special Fund for Agro-scientific Research in the Public Interest (201503137), the National Key R & D Program of China (2017YFD0200900), and

Abstract

Insects possess highly developed olfactory systems which play pivotal roles in its ecological adaptations, host plant location, and oviposition behavior. *Bactrocera minax* is an oligophagous tephritid insect whose host selection, and oviposition behavior largely depend on the perception of chemical cues. However, there have been very few reports on molecular components related to the olfactory system of *B. minax*. Therefore, the transcriptome of *B. minax* were sequenced in this study, with 1 candidate chemosensory protein (CSP), 21 candidate odorant binding proteins (OBPs), 53 candidate odorant receptors (ORs), 29 candidate ionotropic receptors (IRs) and 4 candidate sensory neuron membrane proteins (SNMPs) being identified. After that, we sequenced the candidate olfactory genes and performed phylogenetic analysis. qRT-PCR was used to express and characterize 9 genes in olfactory and non-olfactory tissues. Compared with GFP-injected fly (control), dsOBP21-treated *B. minax* and dsCSP-treated *B. minax* had lower electrophysiological response to D-limonene (attractant), suggesting the potential involvement of *BminOBP21* and *BminCSP* genes in olfactory perceptions of the fly. Our study establishes the molecular basis of olfaction, tributary for further functional analyses of chemosensory processes in *B. minax*.

Introduction

Many research workers have pointed out that biosynthesis and receptor molecular recognition systems evolve in synchronous steps during animal signaling process [1–3]. Odors are a potential tool to control agricultural beneficial and injurious insects [4]. With highly sophisticated olfactory system insects can recognize various volatile chemicals from their prey, host plants and conspecifics [5, 6].

Sensory inputs can be converted into behavioral outputs by synaptic connections in highly streamlined olfactory circuits [7]. Antennae and maxillary palps are two important olfactory organs in the detection of olfactory signals and cues [8]. These organs are covered in sensilla that contain the dendrites of stereotypical combinations of olfactory sensory neurons (OSNs), odorant receptor (OR) or ionotropic receptor (IR) [9]. Normally, ORs are expressed in

5. Mutation of *Bdpaired* induces embryo lethality in the oriental fruit fly, *Bactrocera dorsalis*

刊 载 地：Pest Management Science（2019）

作者单位：华中农业大学

作　　者：牛长缨

内容提要：BACKGROUND: Pair-rule genes were identified and named for their role in segmentation in animal embryos. *Paired*, a homolog of mammalian *PAX3*, acts as one of several pair-rule genes and is key in defining the boundaries of future parasegments and segments during insect embryogenesis.

RESULTS: We cloned the *paired* gene from the oriental fruit fly, *Bactrocera dorsalis*, and then applied CRISPR/Cas9-mediated genome editing to investigate its physiological function in the embryonic stage of this pest. We identified one transcript for a *paired* homolog in *B. dorsalis*, which encodes a protein containing a Paired Box domain and a Homeobox domain. Phylogenetic analysis confirmed that the *paired* gene is highly conserved and the gene was highly expressed at the 12–14 h-old embryonic stage. Knock-out of *Bdpaired* led to lack of segment boundaries, cuticular deficiency, and embryonic lethality. Sequence analysis of the CRISPR/Cas9 mutants exhibited different insertion and deletions in the *Bdpaired* locus. In addition, the relative expression of *Wingless* (*Wg*) and *Abdominal A* (*Abd-A*)genes were significantly down-regulated in the *Bdpaired* mutant embryos.

CONCLUSION: These results indicate that *Bdpaired* gene is critical for the embryonic development of *B. dorsalis*, and could be a novel molecular target for genetic-based pest management practices to combat this serious invasive pest.

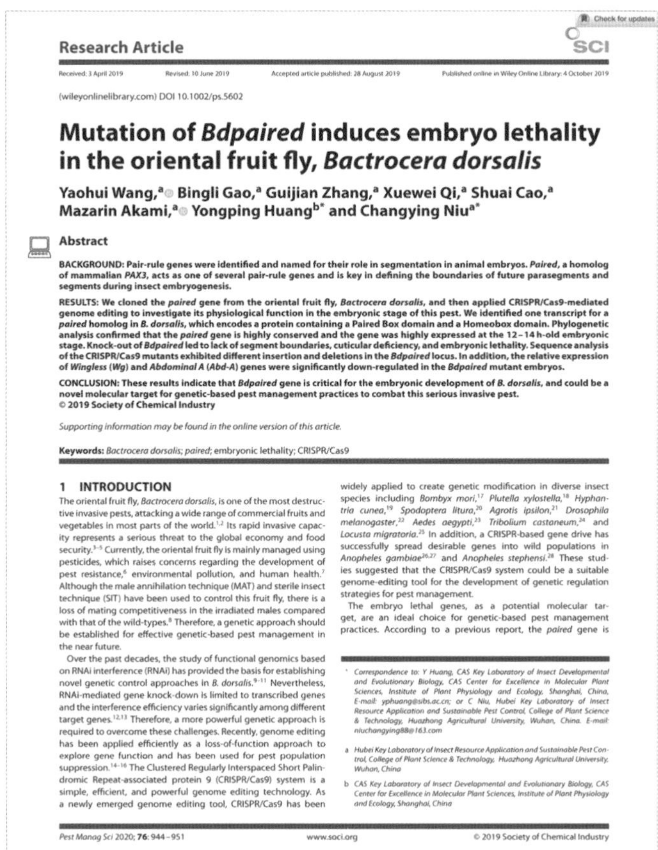

Check for updates
Research Article
SCI
Received: 3 April 2019 Revised: 10 June 2019 Accepted article published: 28 August 2019 Published online in Wiley Online Library: 4 October 2019
(wileyonlinelibrary.com) DOI 10.1002/ps.5602

Mutation of *Bdpaired* induces embryo lethality in the oriental fruit fly, *Bactrocera dorsalis*

Yaohui Wang,[a] Bingli Gao,[a] Guijian Zhang,[a] Xuewei Qi,[a] Shuai Cao,[a] Mazarin Akami,[a] Yongping Huang[b*] and Changying Niu[a*]

Abstract

BACKGROUND: Pair-rule genes were identified and named for their role in segmentation in animal embryos. *Paired*, a homolog of mammalian *PAX3*, acts as one of several pair-rule genes and is key in defining the boundaries of future parasegments and segments during insect embryogenesis.

RESULTS: We cloned the *paired* gene from the oriental fruit fly, *Bactrocera dorsalis*, and then applied CRISPR/Cas9-mediated genome editing to investigate its physiological function in the embryonic stage of this pest. We identified one transcript for a *paired* homolog in *B. dorsalis*, which encodes a protein containing a Paired Box domain and a Homeobox domain. Phylogenetic analysis confirmed that the *paired* gene is highly conserved and the gene was highly expressed at the 12–14 h-old embryonic stage. Knock-out of *Bdpaired* led to lack of segment boundaries, cuticular deficiency, and embryonic lethality. Sequence analysis of the CRISPR/Cas9 mutants exhibited different insertion and deletions in the *Bdpaired* locus. In addition, the relative expression of *Wingless* (*Wg*) and *Abdominal A* (*Abd-A*) genes were significantly down-regulated in the *Bdpaired* mutant embryos.

CONCLUSION: These results indicate that *Bdpaired* gene is critical for the embryonic development of *B. dorsalis*, and could be a novel molecular target for genetic-based pest management practices to combat this serious invasive pest.

Supporting information may be found in the online version of this article.

Keywords: *Bactrocera dorsalis*; *paired*; embryonic lethality; CRISPR/Cas9

1 INTRODUCTION

The oriental fruit fly, *Bactrocera dorsalis*, is one of the most destructive invasive pests, attacking a wide range of commercial fruits and vegetables in most parts of the world.[1,2] Its rapid invasive capacity represents a serious threat to the global economy and food security.[3–5] Currently, the oriental fruit fly is mainly managed using pesticides, which raises concerns regarding the development of pest resistance,[6] environmental pollution, and human health.[7] Although the male annihilation technique (MAT) and sterile insect technique (SIT) have been used to control this fruit fly, there is a loss of mating competitiveness in the irradiated males compared with that of the wild-types.[8] Therefore, a genetic approach should be established for effective genetic-based pest management in the near future.

Over the past decades, the study of functional genomics based on RNAi interference (RNAi) has provided the basis for establishing novel genetic control approaches in *B. dorsalis*.[9–11] Nevertheless, RNAi-mediated gene knock-down is limited to transcribed genes and the interference efficiency varies significantly among different target genes.[12,13] Therefore, a more powerful genetic approach is required to overcome these challenges. Recently, genome editing has been applied efficiently as a loss-of-function approach to explore gene function and has been used for pest population suppression.[14–16] The Clustered Regularly Interspaced Short Palindromic Repeat-associated protein 9 (CRISPR/Cas9) system is a simple, efficient, and powerful genome editing technology. As a newly emerged genome editing tool, CRISPR/Cas9 has been widely applied to create genetic modification in diverse insect species including *Bombyx mori*,[17] *Plutella xylostella*,[18] *Hyphantria cunea*,[19] *Spodoptera litura*,[20] *Agrotis ipsilon*,[21] *Drosophila melanogaster*,[22] *Aedes aegypti*,[23] *Tribolium castaneum*,[24] and *Locusta migratoria*.[25] In addition, a CRISPR-based gene drive has successfully spread desirable genes into wild populations in *Anopheles gambiae*[26,27] and *Anopheles stephensi*.[28] These studies suggested that the CRISPR/Cas9 system could be a suitable genome-editing tool for the development of genetic regulation strategies for pest management.

The embryo lethal genes, as a potential molecular target, are an ideal choice for genetic-based pest management practices. According to a previous report, the *paired* gene is

* Correspondence to: Y Huang, CAS Key Laboratory of Insect Developmental and Evolutionary Biology, CAS Center for Excellence in Molecular Plant Sciences, Institute of Plant Physiology and Ecology, Shanghai, China. E-mail: yphuang@sibs.ac.cn; or C Niu, Hubei Key Laboratory of Insect Resource Application and Sustainable Pest Control, College of Plant Science & Technology, Huazhong Agricultural University, Wuhan, China. E-mail: niuchangying88@163.com

a Hubei Key Laboratory of Insect Resource Application and Sustainable Pest Control, College of Plant Science & Technology, Huazhong Agricultural University, Wuhan, China

b CAS Key Laboratory of Insect Developmental and Evolutionary Biology, CAS Center for Excellence in Molecular Plant Sciences, Institute of Plant Physiology and Ecology, Shanghai, China

Pest Manag Sci 2020; **76**: 944–951 www.soci.org

6. 枯草芽胞杆菌发酵玉米秸秆后对家蝇的饲养效果

刊 载 地：生物资源（2017年）

作者单位：华中农业大学

通讯作者：牛长缨

内容提要：作物秸秆是重要的农业资源，为有效利用作物秸秆，本项目利用枯草芽胞杆菌发酵玉米秸秆，配制成人工饲料来饲养家蝇。从菌液加入量和发酵天数来考察对家蝇饲养效果的影响。研究结果表明：枯草芽胞杆菌菌液加入量为3mL（3.2×1011cfu/mL），发酵天数3d时对家蝇饲养效果较好，幼虫质量为16.91g，与不加菌液的对照组（13.30g）相比存在显著性差异（$P<0.05$）。经过枯草芽胞杆菌发酵和家蝇幼虫处理后，玉米秸秆的纤维素、半纤维素、木质素的绝对含量都显著降低（$P<0.05$）。经过家蝇取食后的饲料残渣，经检测，有机质等均达到国家标准。最优家蝇饲料配方为：枯草芽胞杆菌菌液加入量3mL（3.2×1011cfu/mL），发酵天数3d，玉米秸秆和麦麸各125g，每250g饲料添加初孵幼虫200mg。本项目利用枯草芽胞杆菌发酵玉米秸秆，提高其营养价值，并进一步饲养家蝇，为秸秆的资源化利用和家蝇规模化饲养奠定了基础。

生物资源 2017,39(6):448－454
Biotic Resources

DOI:10.14188/j.ajsh.2017.06.008

枯草芽胞杆菌发酵玉米秸秆后对家蝇的饲养效果

李志豪,漆学伟,刘 颖,陈振中,牛长缨*
(华中农业大学 植物科学技术学院,湖北 武汉 430070)

摘要：作物秸秆是重要的农业资源,为有效利用作物秸秆,本文利用枯草芽胞杆菌发酵玉米秸秆,配制成人工饲料来饲养家蝇。从菌液加入量和发酵天数来考察对家蝇饲养效果的影响,结果表明:枯草芽胞杆菌菌液加入量为3 mL(3.2×10^{11} cfu/mL),发酵天数3 d时对家蝇饲养效果较好,幼虫质量为16.91 g,与不加菌液的对照组(13.30 g)相比存在显著性差异($P<0.05$)。经过枯草芽胞杆菌发酵和家蝇幼虫处理后,玉米秸秆的纤维素、半纤维素、木质素的绝对含量都显著降低($P<0.05$)。经过家蝇取食后的饲料残渣,经检测,有机质等均达到国家标准。最优家蝇饲料配方为:枯草芽胞杆菌菌液加入量3 mL(3.2×10^{11} cfu/mL),发酵天数3 d,玉米秸秆和麦麸各125 g,每250 g饲料添加初孵幼虫200 mg。本研究利用枯草芽胞杆菌发酵玉米秸秆,提高其营养价值,并进一步饲养家蝇,为秸秆的资源化利用和家蝇规模化饲养奠定了基础。

关键词：枯草芽胞杆菌;玉米秸秆;家蝇;有机肥
中图分类号:S 39　　文献标识码:A　　文章编号:1006-8376(2017)06-0448-07

Effect of corn straw fermentation by *Bacillus subtilis* on rearing *Musca domestica* (Diptera: Muscidae)

LI Zhihao, QI Xuewei, LIU Ying, CHEN Zhenzhong, NIU Changying*
(College of Plant Science and Technology, Huazhong Agricultural University, Wuhan 430070, Hubei, China)

Abstract: Crop straw is a very important agricultural resource in China. In order to effectively use this resource, corn straw was fermented by *Bacillus subtilis*, and then used as an artificial diet for rearing of housefly, *Musca domestica* (Diptera: Muscidae). The results suggested that the recommended inoculation amount of *B. subtilis* is 3 mL (3.2×10^{11} cfu/mL) per 125 g corn straw and 125 g wheat bran for a 3-day fermentation. It resulted in the larva of 16.91 g, which was significantly different from control (13.30 g) without treatments of *B. subtilis* ($P<0.05$). After *B. subtilis* fermentation and larval feeding, the absolute content of cellulose, hemicellulose and lignin in corn straw were decreased significantly ($P<0.05$). After feeding, the content of organic matter in feed residue reached the national standard. The optimum formulation for rearing houseflies was as follows: corn straw and wheat bran were mixed 125 g respectively, then fermented with 3 mL (3.2×10^{11} cfu/mL) *B. subtilis* for 3 days, and finally 200 mg newly-hatched larvae were introduced into 250 g diet. In conclusion, corn straw can be utilized for feeding housefly larvae after fermented with *B. subtilis*. This study lays the foundation for a resourceful use of crop straw and mass-rearing of the housefly.

Key words: *Bacillus subtilis*; corn straw; *Musca domestica*; organic fertilizer

0 引 言

秸秆作为农业生产中的副产物,是重要的农业资源。我国是传统农业大国,每年秸秆产出量约8.2亿吨,占世界秸秆总产量的20～30%[1]。在我国,秸秆产地主要分布在河南、河北、山东、湖南、湖北等地[2]。每年产出的秸秆有相当一部分被丢弃或者焚烧,造成资源浪费并污染环境。同时,作物秸秆可作为动物饲料,是秸秆利用的重要组成部分,但由于其营养成分低、适口性差,制约其利用发展。随着科技的进步,如何有效利用秸秆资源成为现代农业可持续发展的关键问题[3]。

收稿日期:2017-06-22　　修回日期:2017-10-20
作者简介:李志豪(1993-),男,硕士研究生,研究方向为昆虫生理生化与分子生物学。E-mail:lizhihaohzau@163.com
*通讯联系人:E-mail:niuchangying88@163.com
基金项目:公益性行业(农业)科研专项(201503137)

7. 3种作物秸秆发酵后对家蝇的饲养效果

刊 载 地：华中农业大学学报（2017年）

作者单位：华中农业大学

通讯作者：牛长缨

内容提要：本项目为实现作物秸秆资源的循环利用，研究对玉米、小麦和水稻秸秆进行机械粉碎、酵母发酵及添加麦麸等处理后，配制成人工饲料饲养家蝇*Musca domestica*。结果显示：3种作物秸秆发酵后对家蝇的饲喂效果依次为：玉米秸秆优于小麦秸秆，小麦秸秆优于水稻秸秆；玉米秸秆饲料被家蝇幼虫取食后粗蛋白、粗脂肪的含量显著下降（$0.01<P<0.05$）；小麦秸秆饲料被取食后，可溶性糖、淀粉、粗蛋白和粗脂肪含量显著下降（$0.01<P<0.05$）。获得优化的秸秆人工饲料配方，即玉米秸秆或小麦秸秆：麦麸（质量比）=1 ：1，发酵时间3d，每250g饲料添加初孵幼虫200mg。

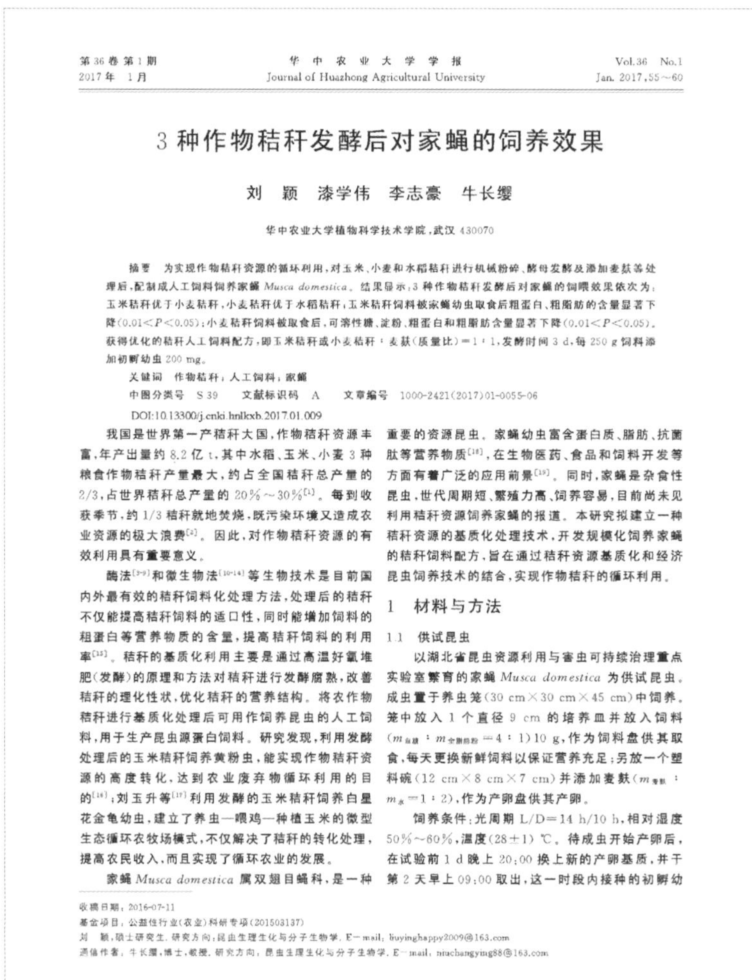

第36卷第1期 华中农业大学学报 Vol.36 No.1
2017年 1月 Journal of Huazhong Agricultural University Jan. 2017,55～60

3种作物秸秆发酵后对家蝇的饲养效果

刘 颖 漆学伟 李志豪 牛长缨

华中农业大学植物科学技术学院，武汉 430070

摘要 为实现作物秸秆资源的循环利用，对玉米、小麦和水稻秸秆进行机械粉碎、酵母发酵及添加麦麸等处理后，配制成人工饲料饲养家蝇 *Musca domestica*。结果显示：3 种作物秸秆发酵后对家蝇的饲喂效果依次为：玉米秸秆优于小麦秸秆，小麦秸秆优于水稻秸秆；玉米秸秆饲料被家蝇幼虫取食后粗蛋白、粗脂肪的含量显著下降（$0.01<P<0.05$）；小麦秸秆饲料被取食后，可溶性糖、淀粉、粗蛋白和粗脂肪含量显著下降（$0.01<P<0.05$）。获得优化的秸秆人工饲料配方，即玉米秸秆或小麦秸秆：麦麸（质量比）＝1：1，发酵时间 3 d，每 250 g 饲料添加初孵幼虫 200 mg。

关键词 作物秸秆；人工饲料；家蝇

中图分类号 S 39 文献标识码 A 文章编号 1000-2421(2017)01-0055-06

DOI:10.13300/j.cnki.hnlkxb.2017.01.009

我国是世界第一产秸秆大国，作物秸秆资源丰富，年产出量约 8.2 亿 t，其中水稻、玉米、小麦 3 种粮食作物秸秆产量最大，约占全国秸秆总产量的 2/3，占世界秸秆总产量的 20%～30%[1]。每到收获季节，约 1/3 秸秆就地焚烧，既污染环境又造成农业资源的极大浪费[2]。因此，对作物秸秆资源的有效利用具有重要意义。

酶法[3-9]和微生物法[10-14]等生物技术是目前国内外最有效的秸秆饲料化处理方法，处理后的秸秆不仅能提高秸秆饲料的适口性，同时能增加饲料的粗蛋白等营养物质的含量，提高秸秆饲料的利用率[15]。秸秆的基质化利用主要是通过高温好氧堆肥（发酵）的原理和方法对秸秆进行发酵腐熟，改善秸秆的理化性状，优化秸秆的营养结构。将农作物秸秆进行基质化处理后可用作饲养昆虫的人工饲料，用于生产昆虫源蛋白饲料。研究发现，利用发酵处理后的玉米秸秆饲养黄粉虫，能实现作物秸秆资源的高度转化，达到农业废弃物循环利用的目的[16]；刘玉升等[17]利用发酵的玉米秸秆饲养白星花金龟幼虫，建立了养虫—喂鸡—种植玉米的微型生态循环农牧场模式，不仅解决了秸秆的转化处理，提高农民收入，而且实现了循环农业的发展。

家蝇 *Musca domestica* 属双翅目蝇科，是一种重要的资源昆虫。家蝇幼虫富含蛋白质、脂肪、抗菌肽等营养物质[18]，在生物医药、食品和饲料开发等方面有着广泛的应用前景[19]。同时，家蝇是杂食性昆虫，世代周期短、繁殖力高、饲养容易，目前尚未见利用秸秆资源饲养家蝇的报道。本研究拟建立一种秸秆资源的基质化处理技术，开发规模化饲养家蝇的秸秆饲料配方，旨在通过秸秆资源基质化和经济昆虫饲养技术的结合，实现作物秸秆的循环利用。

1 材料与方法

1.1 供试昆虫

以湖北省昆虫资源利用与害虫可持续治理重点实验室繁育的家蝇 *Musca domestica* 为供试昆虫。成虫置于养虫笼（30 cm×30 cm×45 cm）中饲养。笼中放入 1 个直径 9 cm 的培养皿并放入饲料（$m_{白糖}:m_{全脂奶粉}=4:1$）10 g，作为饲料盘供其取食，每天更换新鲜饲料以保证营养充足；另放一个塑料碗（12 cm×8 cm×7 cm）并添加麦麸（$m_{麦麸}:m_{水}=1:2$），作为产卵盘供其产卵。

饲养条件：光周期 L/D＝14 h/10 h，相对湿度 50%～60%，温度（28±1）℃。待成虫开始产卵后，在试验前 1 d 晚上 20:00 换上新的产卵基质，并于第 2 天早上 09:00 取出，这一时段内接种的初孵幼

收稿日期：2016-07-11

基金项目：公益性行业（农业）科研专项（201503137）

刘 颖，硕士研究生．研究方向：昆虫生理生化与分子生物学．E－mail：liuyinghappy2009@163.com

通信作者：牛长缨，博士，教授．研究方向：昆虫生理生化与分子生物学．E－mail：niuchangying88@163.com

8.1种柑橘大实蝇寄生蜂鉴定及生物学研究

刊 载 地：华中农业大学学报（2019年）

作者单位：华中农业大学

通讯作者：牛长缨

内容提要：本文介绍在我国首次发现的柑橘大实蝇寄生蜂，对其进行形态、分子鉴定及相关生物学研究。该寄生蜂胸、腹部大部分黑色，前翅脉m-cu后端开叉，触角为63 ~ 67节，整个前足橙黄色，中足胫节和跗节橙黄色，后足黑色，中胸背板有明显的盾纵沟。进一步对COI基因和28sRNA基因构建NJ进化树分析，发现该寄生蜂与全裂茧蜂属中的长尾潜蝇茧蜂*Diachasmimorpha longicaudata*、*Diachasmimorpha kraussii*、*Diachasmimorpha tryoni*三者亲缘关系最近。在自然条件下，寄生蜂的羽化历期要明显长于柑橘大实蝇，且羽化寄生蜂的雌性比例随着温度的升高而增加。结合其形态特征，命名其为柑橘大实蝇茧蜂（*Diachasmimorpha feijeni*）。

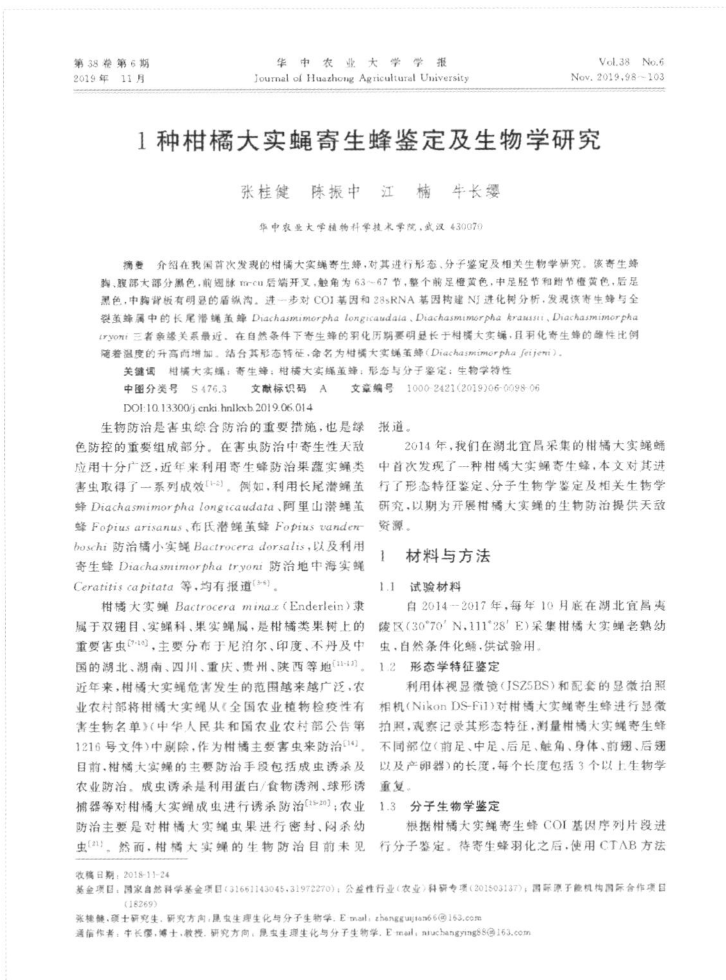

第 38 卷第 6 期 2019 年 11 月
华 中 农 业 大 学 学 报
Journal of Huazhong Agricultural University
Vol.38 No.6 Nov. 2019,98~103

1 种柑橘大实蝇寄生蜂鉴定及生物学研究

张桂健 陈振中 江 楠 牛长缨

华中农业大学植物科学技术学院，武汉 430070

摘要 介绍在我国首次发现的柑橘大实蝇寄生蜂，对其进行形态、分子鉴定及相关生物学研究。该寄生蜂胸、腹部大部分黑色，前翅脉 m-cu 后端开叉，触角为 63~67 节，整个前足橙黄色，中足胫节和跗节橙黄色，后足黑色，中胸背板有明显的盾纵沟。进一步对 COI 基因和 28sRNA 基因构建 NJ 进化树分析，发现该寄生蜂与全裂茧蜂属中的长尾潜蝇茧蜂 *Diachasmimorpha longicaudata*、*Diachasmimorpha kraussii*、*Diachasmimorpha tryoni* 三者亲缘关系最近。在自然条件下寄生蜂的羽化历期要明显长于柑橘大实蝇，且羽化寄生蜂的雌性比例随着温度的升高而增加。结合其形态特征，命名为柑橘大实蝇茧蜂（*Diachasmimorpha feijeni*）。

关键词 柑橘大实蝇；寄生蜂；柑橘大实蝇茧蜂；形态与分子鉴定；生物学特性

中图分类号 S476.3 **文献标识码** A **文章编号** 1000-2421(2019)06-0098-06

DOI:10.13300/j.cnki.hnlkxb.2019.06.014

生物防治是害虫综合防治的重要措施，也是绿色防控的重要组成部分。在害虫防治中寄生性天敌应用十分广泛，近年来利用寄生蜂防治果蔬实蝇类害虫取得了一系列成效[1-2]。例如，利用长尾潜蝇茧蜂 *Diachasmimorpha longicaudata*、阿里山潜蝇茧蜂 *Fopius arisanus*、布氏潜蝇茧蜂 *Fopius vandenboschi* 防治橘小实蝇 *Bactrocera dorsalis*，以及利用寄生蜂 *Diachasmimorpha tryoni* 防治地中海实蝇 *Ceratitis capitata* 等，均有报道[3-6]。

柑橘大实蝇 *Bactrocera minax*（Enderlein）隶属于双翅目、实蝇科、果实蝇属，是柑橘类果树上的重要害虫[7-10]，主要分布于尼泊尔、印度、不丹及中国的湖北、湖南、四川、重庆、贵州、陕西等地[11-13]。近年来，柑橘大实蝇危害发生的范围越来越广泛，农业农村部将柑橘大实蝇从《全国农业植物检疫性有害生物名单》（中华人民共和国农业农村部公告第1216号文件）中剔除，作为柑橘主要害虫来防治[14]。目前，柑橘大实蝇的主要防治手段包括成虫诱杀及农业防治。成虫诱杀是利用蛋白/食物诱剂、球形诱捕器等对柑橘大实蝇成虫进行诱杀防治[15-20]；农业防治主要是对柑橘大实蝇虫果进行密封、闷杀幼虫[21]。然而，柑橘大实蝇的生物防治目前未见报道。

2014 年，我们在湖北宜昌采集的柑橘大实蝇蛹中首次发现了一种柑橘大实蝇寄生蜂，本文对其进行了形态特征鉴定、分子生物学鉴定及相关生物学研究，以期为开展柑橘大实蝇的生物防治提供天敌资源。

1 材料与方法

1.1 试验材料

自 2014—2017 年，每年 10 月底在湖北宜昌夷陵区（30°70′ N，111°28′ E）采集柑橘大实蝇老熟幼虫，自然条件化蛹，供试验用。

1.2 形态学特征鉴定

利用体视显微镜（JSZ5BS）和配套的显微拍照相机（Nikon DS-Fi1）对柑橘大实蝇寄生蜂进行显微拍照，观察记录其形态特征，测量柑橘大实蝇寄生蜂不同部位（前足、中足、后足、触角、身体、前翅、后翅以及产卵器）的长度，每个长度包括 3 个以上生物学重复。

1.3 分子生物学鉴定

根据柑橘大实蝇寄生蜂 COI 基因序列片段进行分子鉴定。待寄生蜂羽化之后，使用 CTAB 方法

收稿日期：2018-11-24

基金项目：国家自然科学基金项目（31661143045，31972270）；公益性行业（农业）科研专项（201503137）；国际原子能机构国际合作项目（18269）

张桂健，硕士研究生．研究方向：昆虫生理生化与分子生物学．E-mail：zhangguijian66@163.com

通信作者：牛长缨，博士，教授．研究方向：昆虫生理生化与分子生物学．E-mail：niuchangying88@163.com

9. **斑翅果蝇气味结合蛋白OBP56h与小分子化合物的结合特征**

刊 载 地：中国农业科学（2019年）

作者单位：华中农业大学

通讯作者：牛长缨、李峰奇

内容提要：本项目研究目克隆斑翅果蝇（*Drosophila suzukii*）气味结合蛋白56h（odorant binding protein 56h，OBP56h）基因，诱导表达斑翅果蝇OBP56h重组蛋白（DsuzOBP56h），研究其与小分子化合物的结合特性。本项目研究方法是通过RT-PCR并设计特异性引物克隆斑翅果蝇*OBP56h ORF*全长，从NCBI数据库中下载相似度高的昆虫气味结合蛋白序列，进行序列比对和分析。以*Nde* Ⅰ和*Xho* Ⅰ为酶切位点，将OBP56h连入pET-30a（+）原核表达载体，将重组质粒转入BL21（DE3）大肠杆菌感受态细胞。扩大培养阳性菌株，并用IPTG诱导表达DsuzOBP56h重组蛋白。收集菌液，通过超声波破碎细胞得到蛋白，利用Ni-NTA柱纯化蛋白，进行Tris-HCl透析，用BCA法测定蛋白浓度。蛋白用50mmol·L^{-1}Tris-HCl（pH 7.4）稀释至终浓度2μmol·L^{-1}，配基用色谱级甲醇稀释至终浓度1mmol·L^{-1}，以4，4′-二苯胺基-1，1′-联萘-5，5′-二磺酸二钾盐（4，4′-dianilino-1，1′-binaphthyl-5，5′-disulfonicacid dipotassium salt，bis-ANS）荧光探针为报告子，利用荧光竞争结合试验检测DsuzOBP56h蛋白与18种候选小分子化合物配基的结合特性。本项目研究结果是克隆获得了斑翅果蝇OBP56h的ORF全长，共405bp，N-端含有19个氨基酸组成的信号肽，具有6个保守半胱氨酸位点，符合OBP的典型特征，与其同属的黑腹果蝇OBP56h进化关系最近。成功连入pET-30a（+）表达载体，在1mmol·L^{-1} IPTG、28℃条件下诱导DsuzOBP56h蛋白表达，并过柱纯化得到目的蛋白。荧光光谱试验显示，荧光探针bis-ANS与DsuzOBP56h的解离常数为0.9568μmol·L^{-1}，适合作为本试验中竞争性荧光结合试验的报告子；进一步的荧光竞争结合试验表明，在18种候选配基中，苦味物质盐酸小檗碱和香豆素与DsuzOBP56h的结合亲和性较强，解离常数分别为12.16μmol·L^{-1}和17.93μmol·L^{-1}，柚皮素与DsuzOBP56h的解离常数为25.32μmol·L^{-1}，草莓叶片产生的一种对斑翅果蝇具有吸引作用的挥发性气味物质β-环柠檬醛也能与DsuzOBP56h结合，其解离常数为31.37μmol·L^{-1}。本项目研究结论是斑翅果蝇气味结合蛋白OBP56h能与测试的多种植物苦味物质和挥发性气味物质结合，表明DsuzOBP56h很有可能参与斑翅果蝇对食物味觉和嗅觉的识别行为，研究结果可为理解斑翅果蝇的取食行为提供理论依据，并为开展斑翅果蝇的生态防控提供新思路。

中国农业科学 2019,52(15):2616-2623
Scientia Agricultura Sinica doi: 10.3864/j.issn.0578-1752.2019.15.006

斑翅果蝇气味结合蛋白 OBP56h 与小分子化合物的结合特征

李都[1,2]，牛长缨[1]，李峰奇[2]，罗晨[2]

([1]华中农业大学植物科学技术学院，武汉 430070；[2]北京市农林科学院植物保护环境保护研究所北方果树病虫害绿色防控北京市重点实验室，北京 100097)

摘要：【目的】克隆斑翅果蝇（*Drosophila suzukii*）气味结合蛋白 56h（odorant binding protein 56h，OBP56h）基因，诱导表达斑翅果蝇 OBP56h 重组蛋白(DsuzOBP56h)，研究其与小分子化合物的结合特性。【方法】通过 RT-PCR 并设计特异性引物克隆斑翅果蝇 *OBP56h* ORF 全长，从 NCBI 数据库中下载相似度高的昆虫气味结合蛋白序列，进行序列比对和分析。以 *Nde* I 和 *Xho* I 为酶切位点，将 OBP56h 连入 pET-30a(+)原核表达载体，将重组质粒转入 BL21(DE3)大肠杆菌感受态细胞。扩大培养阳性菌株，并用 IPTG 诱导表达 DsuzOBP56h 重组蛋白。收集菌液，通过超声波破碎细胞得到蛋白，利用 Ni-NTA 柱纯化蛋白，进行 Tris-HCl 透析，用 BCA 法测定蛋白浓度。蛋白用 50 mmol·L^{-1} Tris-HCl（pH 7.4）稀释至终浓度 2 μmol·L^{-1}，配基用色谱级甲醇稀释至终浓度 1 mmol·L^{-1}，以 4,4′-二苯胺基-1,1′-联萘-5,5′-二磺酸二钾盐（4,4′-dianilino-1,1′-binaphthyl-5,5′-disulfonic acid dipotassium salt，bis-ANS）荧光探针为报告子，利用荧光竞争结合试验检测 DsuzOBP56h 蛋白与 18 种候选小分子化合物配基的结合特性。【结果】克隆获得了斑翅果蝇 *OBP56h* 的 ORF 全长，共 405 bp，N-端含有 19 个氨基酸组成的信号肽，具有 6 个保守半胱氨酸位点，符合 OBP 的典型特征，与其同属的黑腹果蝇 OBP56h 进化关系最近。成功连入 pET-30a(+)表达载体，在 1 mmol·L^{-1} IPTG、28℃条件下诱导 DsuzOBP56h 蛋白表达，并过柱纯化得到目的蛋白。荧光光谱试验显示，荧光探针 bis-ANS 与 DsuzOBP56h 的解离常数为 0.9568 μmol·L^{-1}，适合作为本试验中竞争性荧光结合试验的报告子；进一步的荧光竞争结合试验表明，在 18 种候选配基中，苦味物质盐酸小蘖碱和香豆素与 DsuzOBP56h 的结合亲和性较强，解离常数分别为 12.16 和 17.93 μmol·L^{-1}，柚皮素与 DsuzOBP56h 的解离常数为 25.32 μmol·L^{-1}，草莓叶片产生的一种对斑翅果蝇具有吸引作用的挥发性气味物质 β-环柠檬醛也能与 DsuzOBP56h 结合，其解离常数为 31.37 μmol·L^{-1}。【结论】斑翅果蝇气味结合蛋白 OBP56h 能与测试的多种植物苦味物质和挥发性气味物质结合，表明 DsuzOBP56h 很有可能参与斑翅果蝇对食物味觉和嗅觉的识别行为，研究结果可为理解斑翅果蝇的取食行为提供理论依据，并为开展斑翅果蝇的生态防控提供新思路。

关键词：斑翅果蝇；气味结合蛋白；原核表达；竞争结合

Binding Characterization of Odorant Binding Protein OBP56h in *Drosophila suzukii* with Small Molecular Compounds

LI Du[1,2], NIU ChangYing[1], LI FengQi[2], LUO Chen[2]

([1]*College of Plant Science & Technology, Huazhong Agricultural University, Wuhan 430070*; [2]*Beijing Key Laboratory of Environment Friendly Management on Fruit Diseases and Pests in North China, Institute of Plant and Environment Protection, Beijing Academy of Agriculture and Forestry Sciences, Beijing 100097*)

Abstract: 【Objective】The objective of this study is to clone the odorant binding protein 56h (OBP56h) gene from *Drosophila suzukii*, get the recombinant DsuzOBP56h protein, and characterize the binding profiles of DsuzOBP56h with some small molecular

收稿日期：2019-04-02；接受日期：2019-04-29
基金项目：国家重点研发计划（2017YFD0200900）、国家自然科学基金（31661143045）、国家公益性行业（农业）科研专项（201503137）
联系方式：李都，E-mail：lidu94@163.com。通信作者牛长缨，E-mail：niuchangying88@163.com。通信作者李峰奇，E-mail：pandit@163.com

第四篇

65项成果专利索骥

课题组在项目执行的5年中，项目组累积申请专利65项。

1. **低温诱导型启动子PCPI及应用**（ZL201510085874.6）

完成单位：吉林农业大学

认可情况：授权

完成时间：2018年

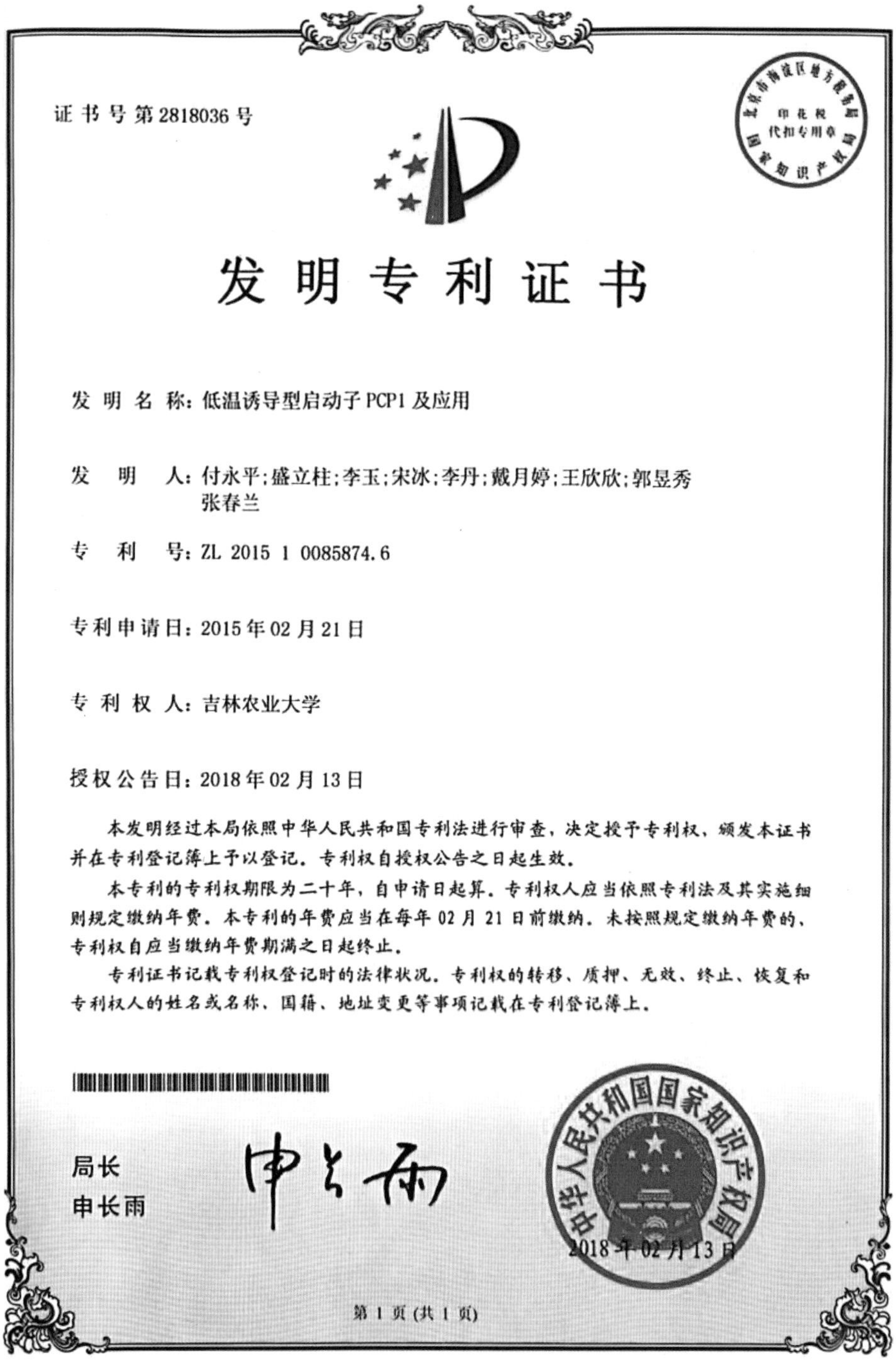

证书号第2818036号

发明专利证书

发明名称：低温诱导型启动子PCP1及应用

发明人：付永平；盛立柱；李玉；宋冰；李丹；戴月婷；王欣欣；郭昱秀
张春兰

专利号：ZL 2015 1 0085874.6

专利申请日：2015年02月21日

专利权人：吉林农业大学

授权公告日：2018年02月13日

本发明经过本局依照中华人民共和国专利法进行审查，决定授予专利权，颁发本证书并在专利登记簿上予以登记。专利权自授权公告之日起生效。

本专利的专利权期限为二十年，自申请日起算。专利权人应当依照专利法及其实施细则规定缴纳年费。本专利的年费应当在每年02月21日前缴纳。未按照规定缴纳年费的，专利权自应当缴纳年费期满之日起终止。

专利证书记载专利权登记时的法律状况。专利权的转移、质押、无效、终止、恢复和专利权人的姓名或名称、国籍、地址变更等事项记载在专利登记簿上。

局长
申长雨

中华人民共和国国家知识产权局
2018年02月13日

第1页（共1页）

2. 双孢蘑菇SSR分子标记特异引物体系及其应用（ZL201510807179.6）

完成单位：吉林农业大学

认可情况：授权

完成时间：2018年

证书号第2965473号

发明专利证书

发 明 名 称：双孢蘑菇SSR分子标记特异引物体系及其应用

发 明 人：付永平；王新新；李玉；王琦；李丹；宋冰；张春兰；苏文英
戴月婷；郭毓秀；段明正；刘源

专 利 号：ZL 2015 1 0807179.6

专利申请日：2015年11月22日

专 利 权 人：吉林农业大学

地 址：130118 吉林省长春市净月开发区新城大街2888号

授权公告日：2018年06月19日　　　授权公告号：CN 105255882 B

本发明经过本局依照中华人民共和国专利法进行审查，决定授予专利权，颁发本证书并在专利登记簿上予以登记。专利权自授权公告之日起生效。

本专利的专利权期限为二十年，自申请日起算。专利权人应当依照专利法及其实施细则规定缴纳年费。本专利的年费应当在每年11月22日前缴纳。未按照规定缴纳年费的，专利权自应当缴纳年费期满之日起终止。

专利证书记载专利权登记时的法律状况。专利权的转移、质押、无效、终止、恢复和专利权人的姓名或名称、国籍、地址变更等事项记载在专利登记簿上。

局长
申长雨

国家知识产权局
2018年06月19日

第1页（共1页）

3. 一种食用菌即冲饮品及其制备方法（ZL201510045389.6）

完成单位：吉林农业大学

认可情况：授权

完成时间：2017年

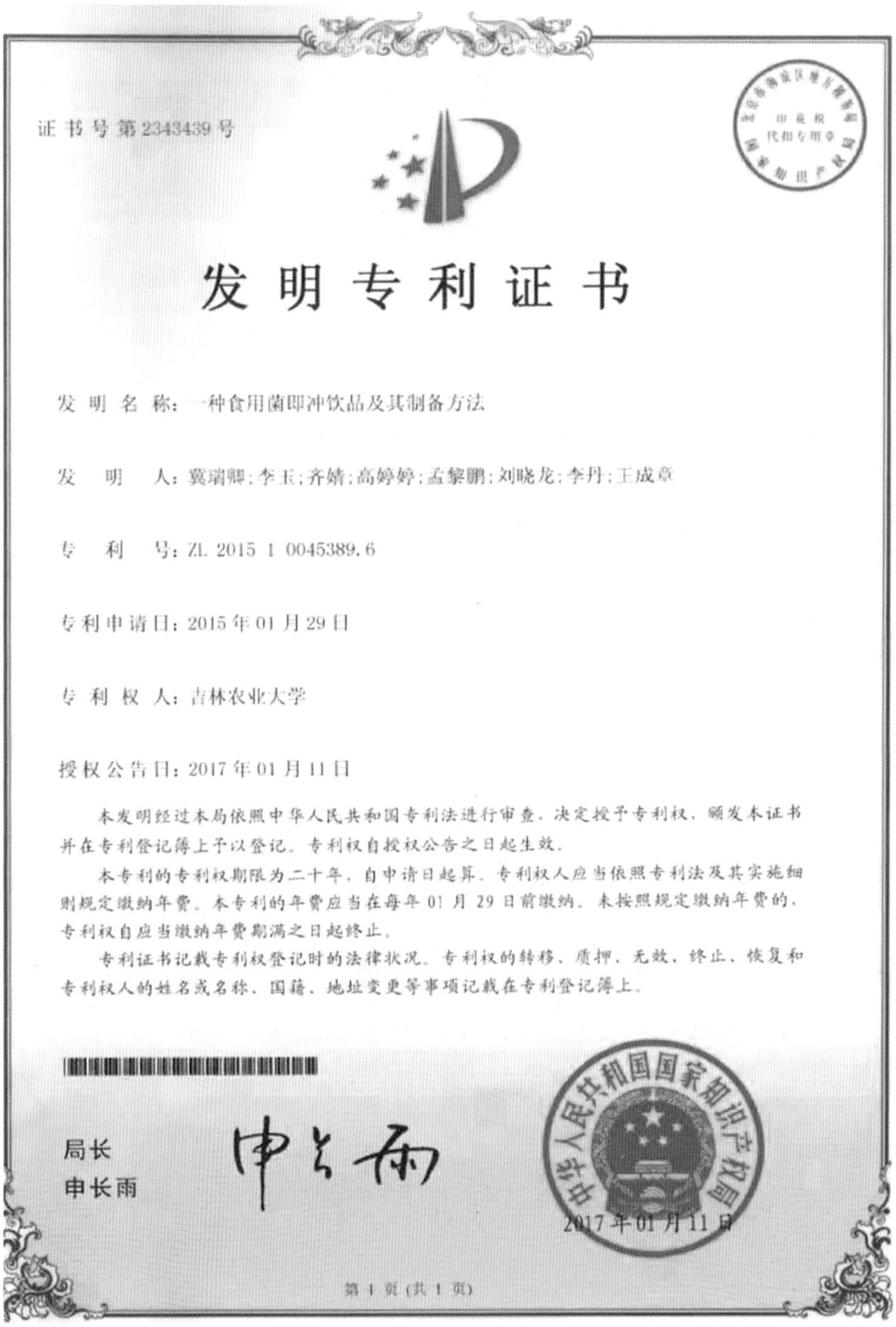

证书号第2343439号

发明专利证书

发 明 名 称：一种食用菌即冲饮品及其制备方法

发 明 人：冀瑞卿；李玉；齐婧；高婷婷；孟黎鹏；刘晓龙；李丹；王成章

专 利 号：ZL 2015 1 0045389.6

专利申请日：2015年01月29日

专 利 权 人：吉林农业大学

授权公告日：2017年01月11日

本发明经过本局依照中华人民共和国专利法进行审查，决定授予专利权，颁发本证书并在专利登记簿上予以登记。专利权自授权公告之日起生效。

本专利的专利权期限为二十年，自申请日起算。专利权人应当依照专利法及其实施细则规定缴纳年费。本专利的年费应当在每年01月29日前缴纳。未按照规定缴纳年费的，专利权自应当缴纳年费期满之日起终止。

专利证书记载专利权登记时的法律状况。专利权的转移、质押、无效、终止、恢复和专利权人的姓名或名称、国籍、地址变更等事项记载在专利登记簿上。

局长
申长雨

中华人民共和国国家知识产权局

2017年01月11日

第1页（共1页）

4. 一种简易节能木耳快速干制棚（ZL201521026512.1）

完成单位：吉林农业大学

认可情况：授权

完成时间：2016年

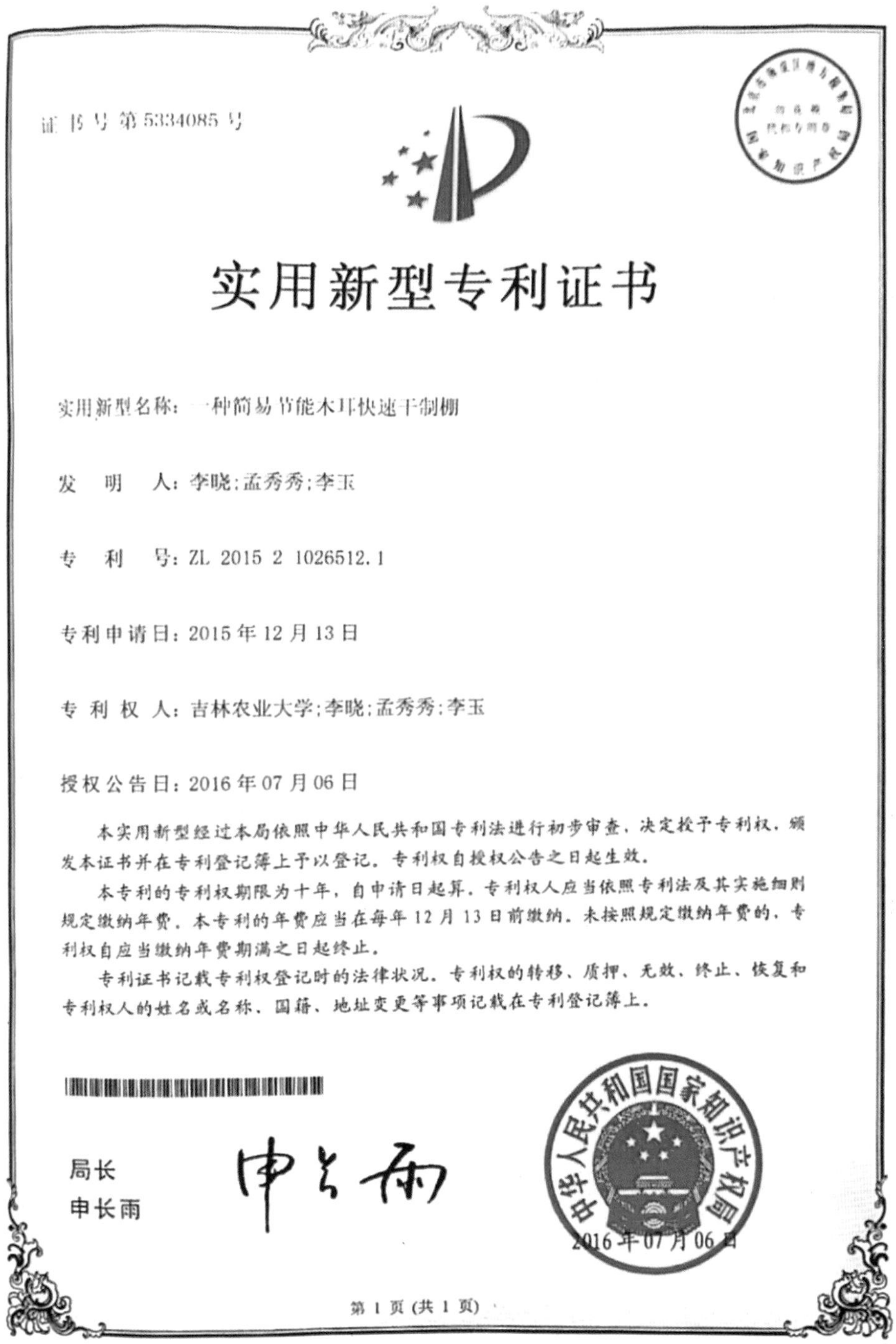

证书号第5334085号

实用新型专利证书

实用新型名称：一种简易节能木耳快速干制棚

发　明　人：李晓；孟秀秀；李玉

专　利　号：ZL 2015 2 1026512.1

专利申请日：2015年12月13日

专 利 权 人：吉林农业大学；李晓；孟秀秀；李玉

授权公告日：2016年07月06日

本实用新型经过本局依照中华人民共和国专利法进行初步审查，决定授予专利权，颁发本证书并在专利登记簿上予以登记。专利权自授权公告之日起生效。

本专利的专利权期限为十年，自申请日起算。专利权人应当依照专利法及其实施细则规定缴纳年费。本专利的年费应当在每年12月13日前缴纳。未按照规定缴纳年费的，专利权自应当缴纳年费期满之日起终止。

专利证书记载专利权登记时的法律状况。专利权的转移、质押、无效、终止、恢复和专利权人的姓名或名称、国籍、地址变更等事项记载在专利登记簿上。

局长
申长雨

中华人民共和国国家知识产权局

2016年07月06日

第1页（共1页）

5. 杏鲍菇复合群EST-SSR分子标记特异引物体系及其应用（ZL201510763415.9）

完成单位：吉林农业大学

认可情况：授权

完成时间：2018年

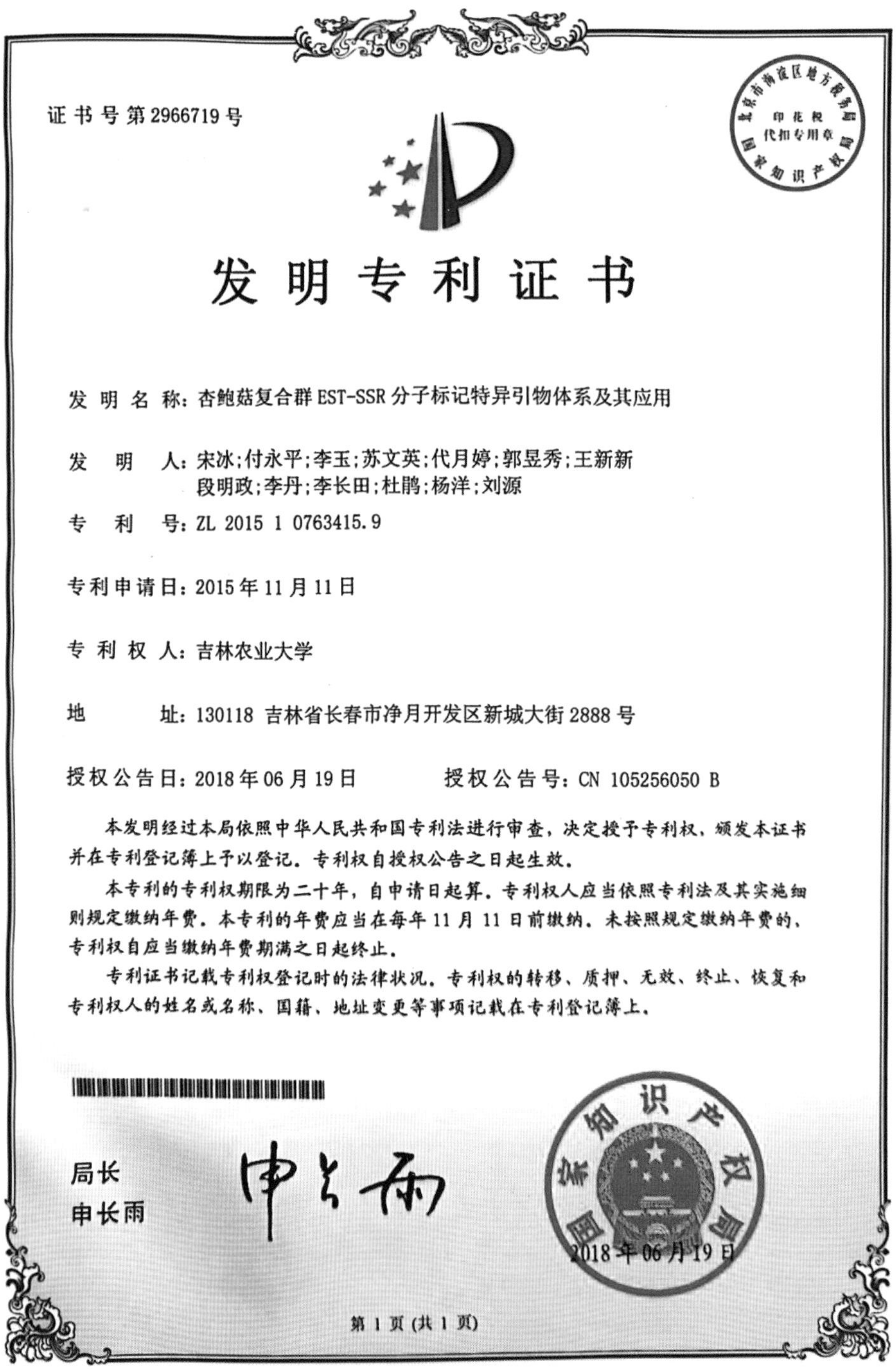

证书号第2966719号

发明专利证书

发 明 名 称：杏鲍菇复合群EST-SSR分子标记特异引物体系及其应用

发 明 人：宋冰；付永平；李玉；苏文英；代月婷；郭昱秀；王新新
段明政；李丹；李长田；杜鹃；杨洋；刘源

专 利 号：ZL 2015 1 0763415.9

专利申请日：2015年11月11日

专 利 权 人：吉林农业大学

地 址：130118 吉林省长春市净月开发区新城大街2888号

授权公告日：2018年06月19日　　授权公告号：CN 105256050 B

本发明经过本局依照中华人民共和国专利法进行审查，决定授予专利权，颁发本证书并在专利登记簿上予以登记。专利权自授权公告之日起生效。

本专利的专利权期限为二十年，自申请日起算。专利权人应当依照专利法及其实施细则规定缴纳年费。本专利的年费应当在每年11月11日前缴纳。未按照规定缴纳年费的，专利权自应当缴纳年费期满之日起终止。

专利证书记载专利权登记时的法律状况。专利权的转移、质押、无效、终止、恢复和专利权人的姓名或名称、国籍、地址变更等事项记载在专利登记簿上。

局长
申长雨

2018年06月19日

第1页（共1页）

6. 白灵菇生育间光控灯安装结构（ZL201520676335.5）

完成单位：盐城爱乐科网络科技有限公司

认可情况：授权

完成时间：2016年

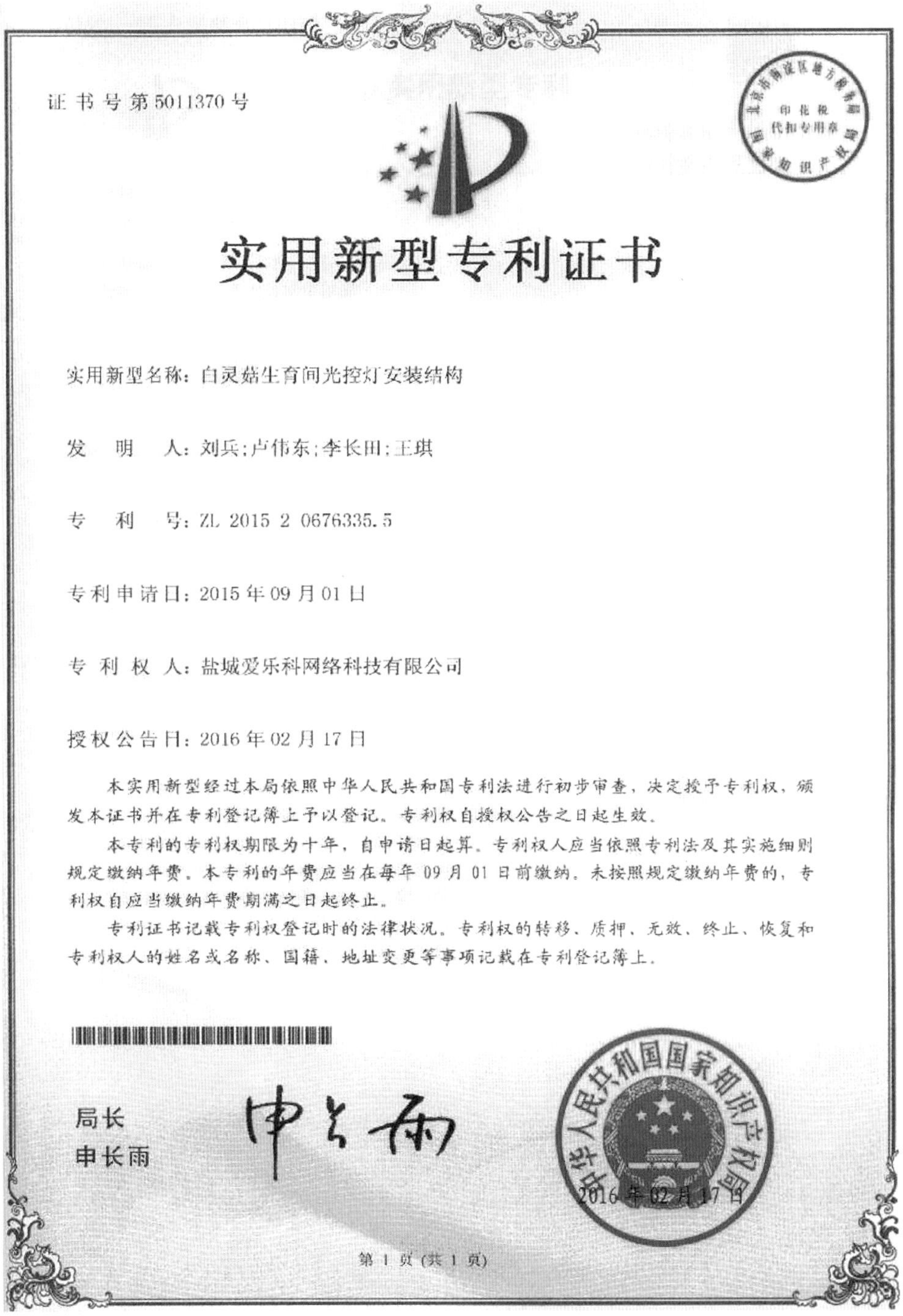

证书号第5011370号

实用新型专利证书

实用新型名称：白灵菇生育间光控灯安装结构

发　明　人：刘兵；卢伟东；李长田；王琪

专　利　号：ZL 2015 2 0676335.5

专利申请日：2015年09月01日

专 利 权 人：盐城爱乐科网络科技有限公司

授权公告日：2016年02月17日

本实用新型经过本局依照中华人民共和国专利法进行初步审查，决定授予专利权，颁发本证书并在专利登记簿上予以登记。专利权自授权公告之日起生效。

本专利的专利权期限为十年，自申请日起算。专利权人应当依照专利法及其实施细则规定缴纳年费。本专利的年费应当在每年09月01日前缴纳。未按照规定缴纳年费的，专利权自应当缴纳年费期满之日起终止。

专利证书记载专利权登记时的法律状况。专利权的转移、质押、无效、终止、恢复和专利权人的姓名或名称、国籍、地址变更等事项记载在专利登记簿上。

局长
申长雨

中华人民共和国国家知识产权局
2016年02月17日

第1页（共1页）

7. 一种草菇菇房配套用通风系统（ZL201420647151.1）

完成单位：江苏江南生物科技有限公司

认可情况：授权

完成时间：2015年

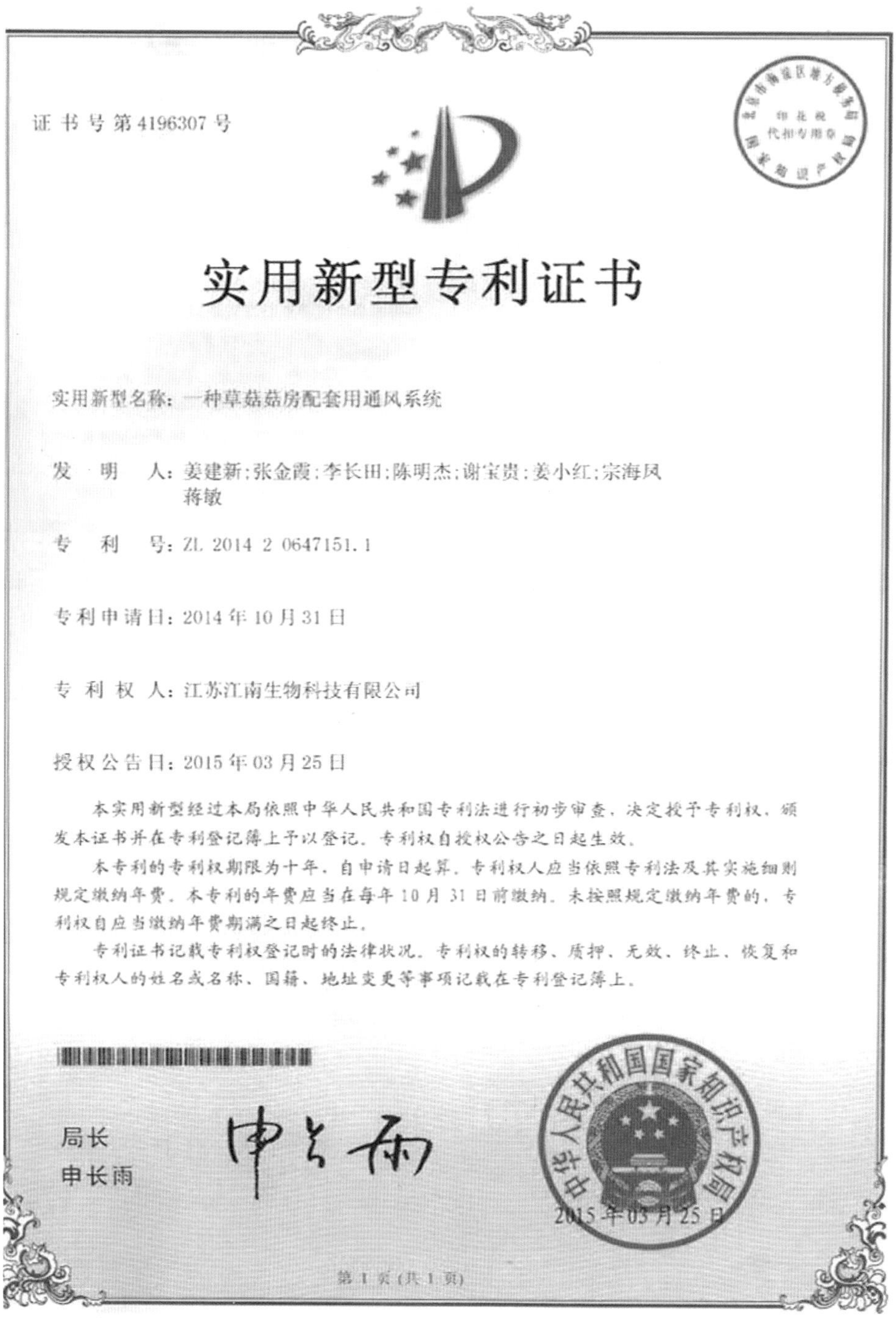
证书号第4196307号

实用新型专利证书

实用新型名称：一种草菇菇房配套用通风系统

发 明 人：姜建新；张金霞；李长田；陈明杰；谢宝贵；姜小红；宗海风
蒋敏

专 利 号：ZL 2014 2 0647151.1

专利申请日：2014年10月31日

专 利 权 人：江苏江南生物科技有限公司

授权公告日：2015年03月25日

本实用新型经过本局依照中华人民共和国专利法进行初步审查，决定授予专利权，颁发本证书并在专利登记簿上予以登记。专利权自授权公告之日起生效。

本专利的专利权期限为十年，自申请日起算。专利权人应当依照专利法及其实施细则规定缴纳年费。本专利的年费应当在每年10月31日前缴纳。未按照规定缴纳年费的，专利权自应当缴纳年费期满之日起终止。

专利证书记载专利权登记时的法律状况。专利权的转移、质押、无效、终止、恢复和专利权人的姓名或名称、国籍、地址变更等事项记载在专利登记簿上。

局长
申长雨

中华人民共和国国家知识产权局
2015年03月25日

第1页（共1页）

8. 一种草菇培养基及利用其栽培草菇的方法（ZL201510056994.3）

完成单位：江苏江南生物科技有限公司

认可情况：授权

完成时间：2017年

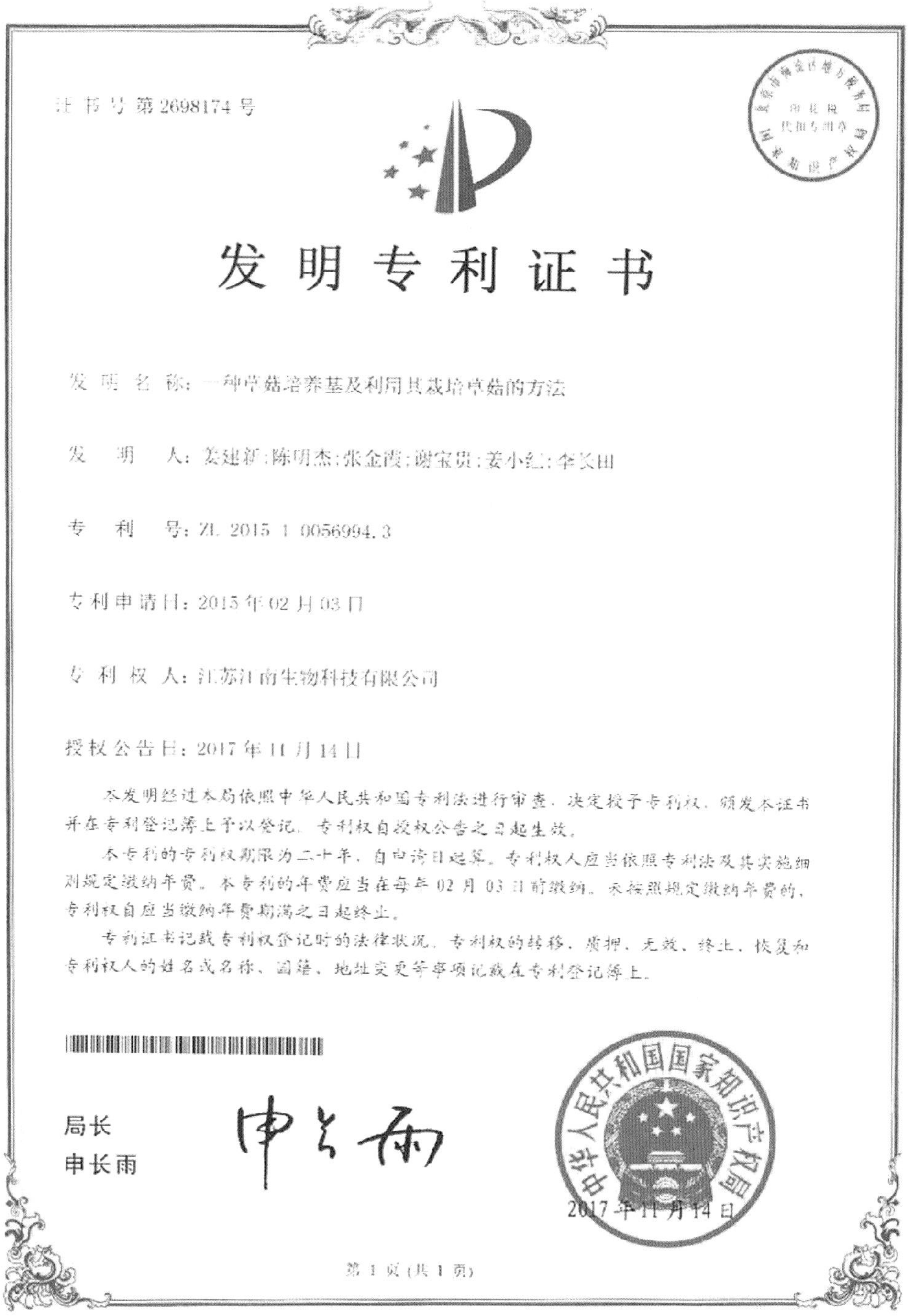

证书号第2698174号

发明专利证书

发明名称：一种草菇培养基及利用其栽培草菇的方法

发明人：姜建新；陈明杰；张金霞；谢宝贵；姜小红；李长田

专利号：ZL 2015 1 0056994.3

专利申请日：2015年02月03日

专利权人：江苏江南生物科技有限公司

授权公告日：2017年11月14日

本发明经过本局依照中华人民共和国专利法进行审查，决定授予专利权，颁发本证书并在专利登记簿上予以登记。专利权自授权公告之日起生效。

本专利的专利权期限为二十年，自申请日起算。专利权人应当依照专利法及其实施细则规定缴纳年费。本专利的年费应当在每年02月03日前缴纳。未按照规定缴纳年费的，专利权自应当缴纳年费期满之日起终止。

专利证书记载专利权登记时的法律状况。专利权的转移、质押、无效、终止、恢复和专利权人的姓名或名称、国籍、地址变更等事项记载在专利登记簿上。

局长
申长雨

2017年11月14日

第1页（共1页）

9. **一种用隧道发酵培养基的草菇栽培方法**（ZL201510054011.2）

完成单位：江苏江南生物科技有限公司

认可情况：授权

完成时间：2017年

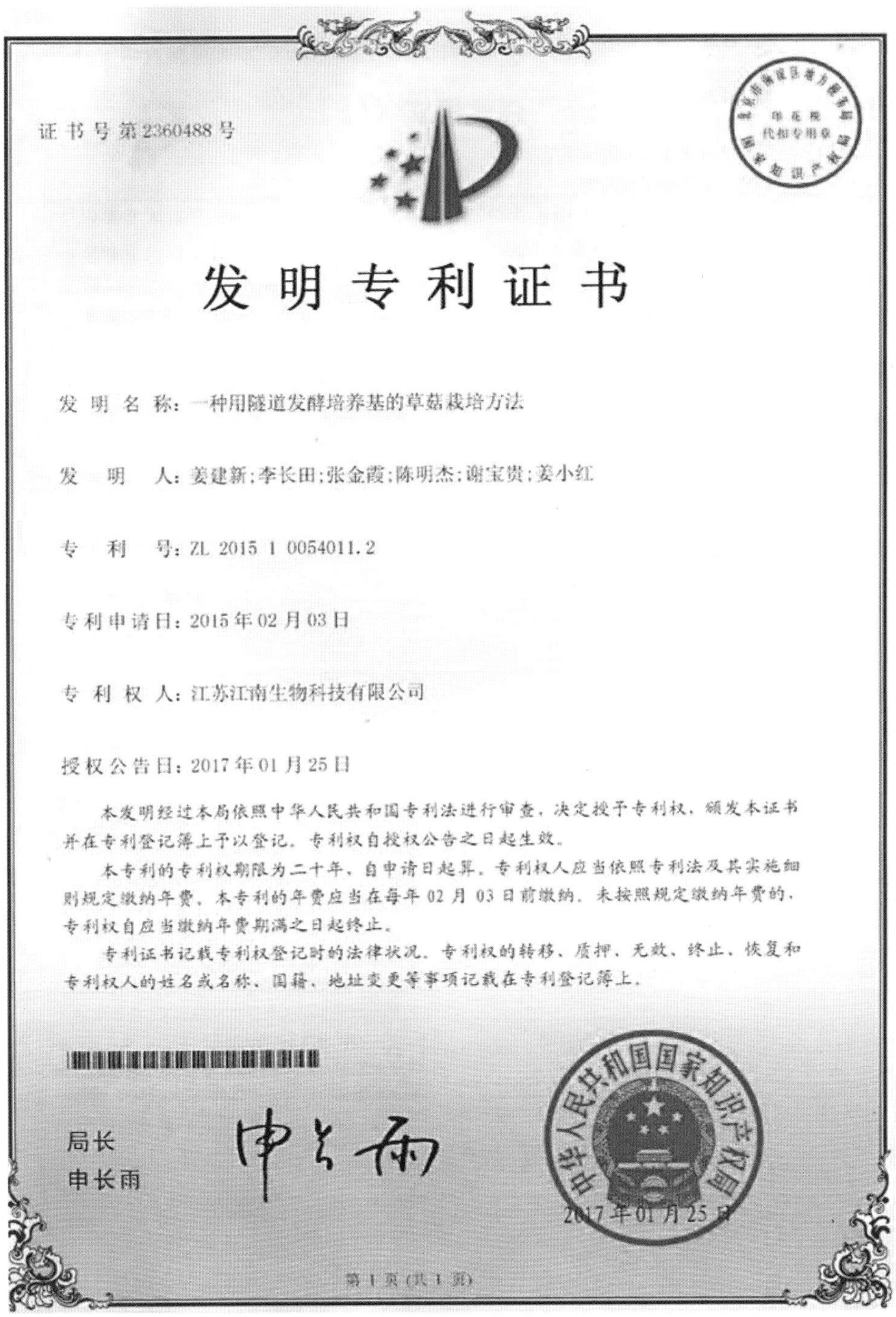

证书号第2360488号

发明专利证书

发 明 名 称：一种用隧道发酵培养基的草菇栽培方法

发 明 人：姜建新；李长田；张金霞；陈明杰；谢宝贵；姜小红

专 利 号：ZL 2015 1 0054011.2

专利申请日：2015年02月03日

专 利 权 人：江苏江南生物科技有限公司

授权公告日：2017年01月25日

本发明经过本局依照中华人民共和国专利法进行审查，决定授予专利权，颁发本证书并在专利登记簿上予以登记。专利权自授权公告之日起生效。

本专利的专利权期限为二十年，自申请日起算。专利权人应当依照专利法及其实施细则规定缴纳年费。本专利的年费应当在每年02月03日前缴纳。未按照规定缴纳年费的，专利权自应当缴纳年费期满之日起终止。

专利证书记载专利权登记时的法律状况。专利权的转移、质押、无效、终止、恢复和专利权人的姓名或名称、国籍、地址变更等事项记载在专利登记簿上。

局长
申长雨

中华人民共和国国家知识产权局

2017年01月25日

第1页（共1页）

10. 一种从双孢菇子实体中提取虫草素的方法（ZL201510545529.6）

完成单位：新疆农业科学院微生物应用研究所

认可情况：授权

完成时间：2017年

证书号第2630057号

发明专利证书

发明名称：一种从双孢菇子实体中提取虫草素的方法

发明人：买尔哈巴·艾合买提；古丽·艾合买提；杨新平；冯蕾
秦新政；陈竞

专利号：ZL 2015 1 0545529.6

专利申请日：2015年08月31日

专利权人：新疆农业科学院微生物应用研究所（中国新疆-亚美尼亚生物工程研究开发中心）

授权公告日：2017年09月19日

本发明经过本局依照中华人民共和国专利法进行审查，决定授予专利权，颁发本证书并在专利登记簿上予以登记。专利权自授权公告之日起生效。

本专利的专利权期限为二十年，自申请日起算。专利权人应当依照专利法及其实施细则规定缴纳年费。本专利的年费应当在每年08月31日前缴纳。未按照规定缴纳年费的，专利权自应当缴纳年费期满之日起终止。

专利证书记载专利权登记时的法律状况。专利权的转移、质押、无效、终止、恢复和专利权人的姓名或名称、国籍、地址变更等事项记载在专利登记簿上。

局长
申长雨

中华人民共和国国家知识产权局
2017年09月19日

第1页（共1页）

11. 一种相变蓄热温室育苗装置（ZL201510187762.1）

完成单位：中国农业大学

认可情况：授权

完成时间：2016年

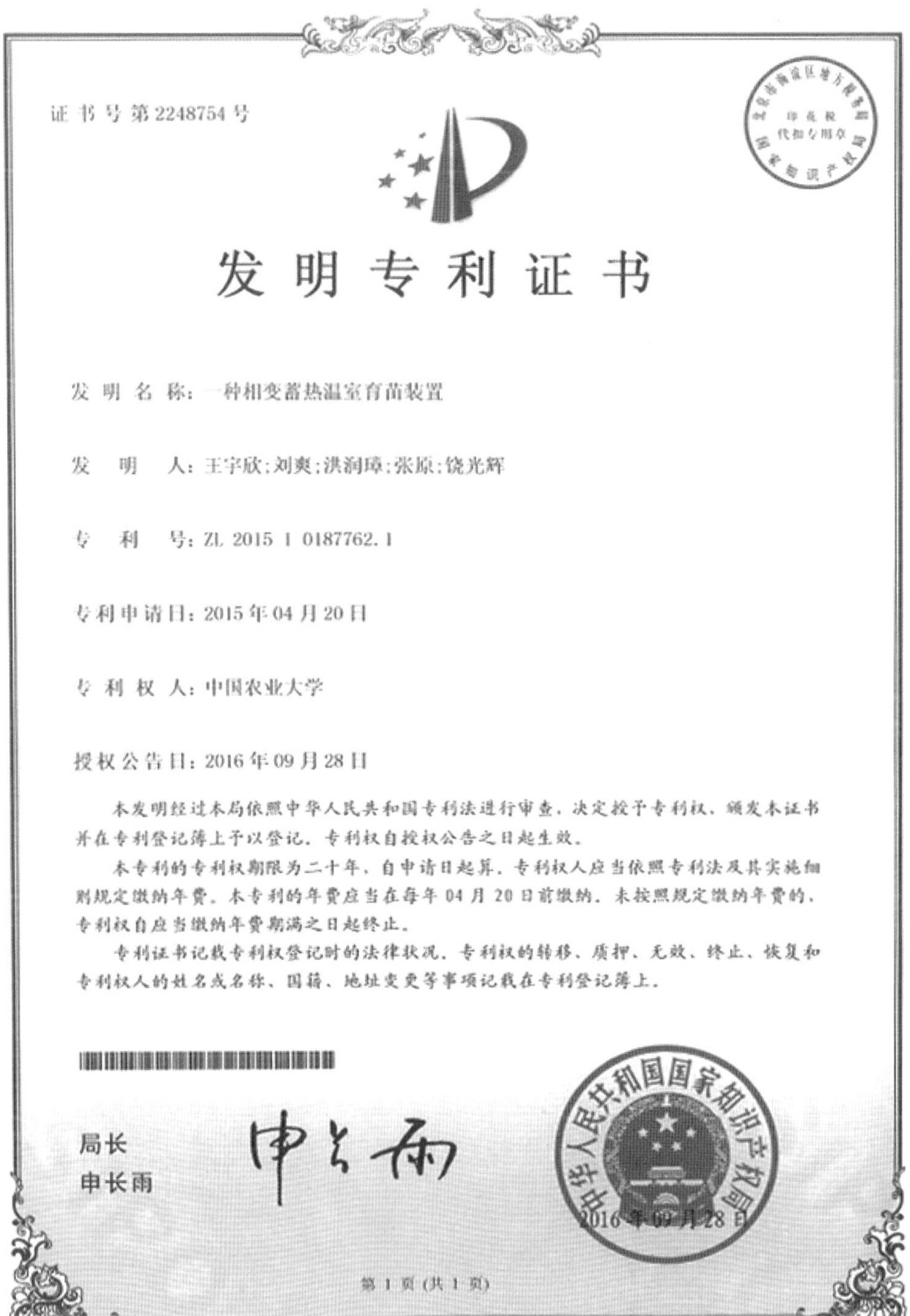

证书号第2248754号

发明专利证书

发 明 名 称：一种相变蓄热温室育苗装置

发　明　人：王宇欣；刘爽；洪润璋；张原；饶光辉

专　利　号：ZL 2015 1 0187762.1

专利申请日：2015年04月20日

专 利 权 人：中国农业大学

授权公告日：2016年09月28日

本发明经过本局依照中华人民共和国专利法进行审查，决定授予专利权，颁发本证书并在专利登记簿上予以登记。专利权自授权公告之日起生效。

本专利的专利权期限为二十年，自申请日起算。专利权人应当依照专利法及其实施细则规定缴纳年费。本专利的年费应当在每年04月20日前缴纳。未按照规定缴纳年费的，专利权自应当缴纳年费期满之日起终止。

专利证书记载专利权登记时的法律状况。专利权的转移、质押、无效、终止、恢复和专利权人的姓名或名称、国籍、地址变更等事项记载在专利登记簿上。

局长
申长雨

中华人民共和国国家知识产权局
2016年09月28日

第1页（共1页）

12. 一种果园秸秆与表土分层覆盖机（ZL201510487037.6）

完成单位：西北农林科技大学

认可情况：授权

完成时间：2017年

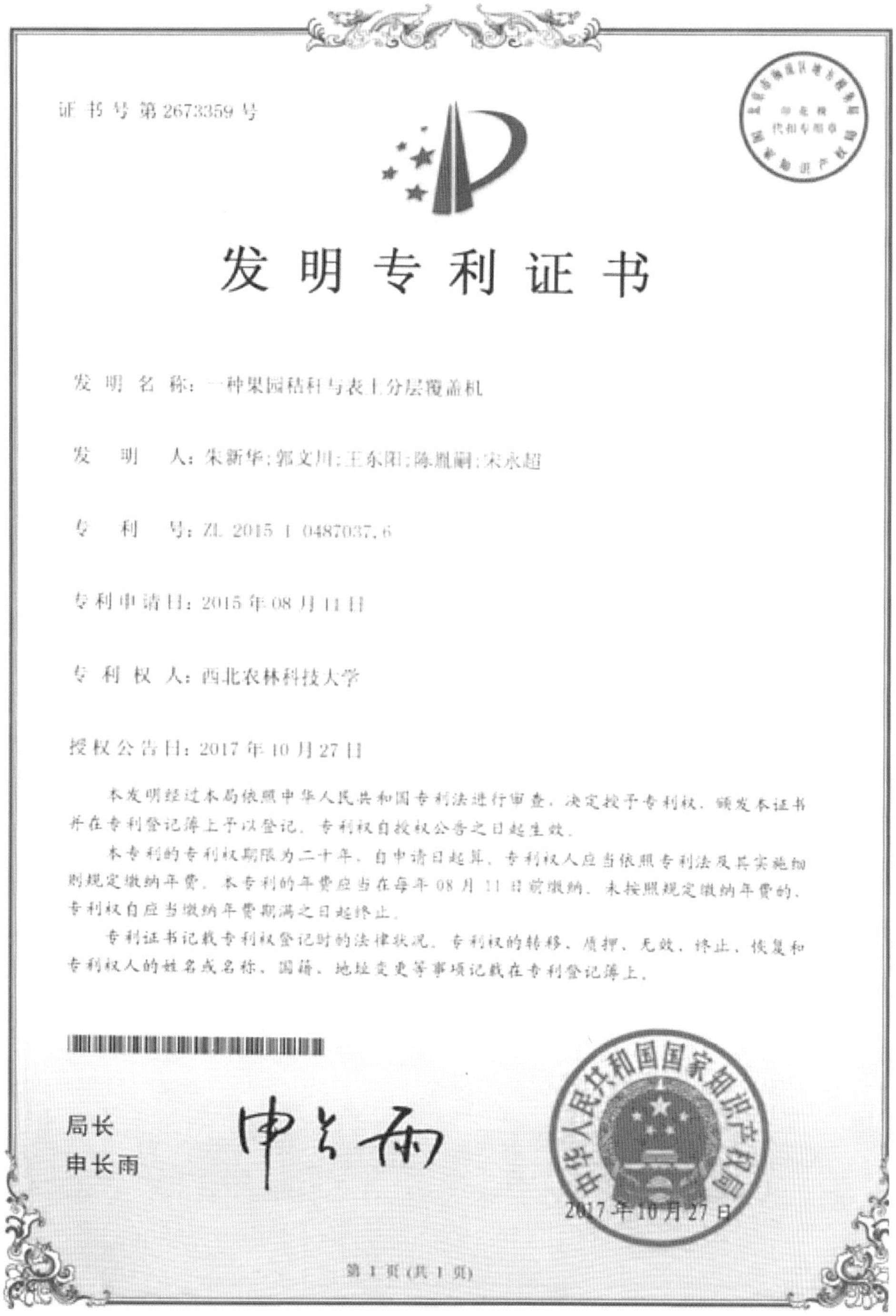

证书号第2673359号

发明专利证书

发 明 名 称：一种果园秸秆与表土分层覆盖机

发 明 人：朱新华；郭文川；王东阳；陈胤嗣；宋永超

专 利 号：ZL 2015 1 0487037.6

专利申请日：2015年08月11日

专 利 权 人：西北农林科技大学

授权公告日：2017年10月27日

本发明经过本局依照中华人民共和国专利法进行审查，决定授予专利权，颁发本证书并在专利登记簿上予以登记。专利权自授权公告之日起生效。

本专利的专利权期限为二十年，自申请日起算。专利权人应当依照专利法及其实施细则规定缴纳年费。本专利的年费应当在每年08月11日前缴纳。未按照规定缴纳年费的，专利权自应当缴纳年费期满之日起终止。

专利证书记载专利权登记时的法律状况。专利权的转移、质押、无效、终止、恢复和专利权人的姓名或名称、国籍、地址变更等事项记载在专利登记簿上。

局长
申长雨

中华人民共和国国家知识产权局
2017年10月27日

第1页（共1页）

13. **一种果园秸秆与表层土壤双层覆盖机**（ZL201420826538.3）

完成单位：西北农林科技大学

认可情况：授权

完成时间：2015年

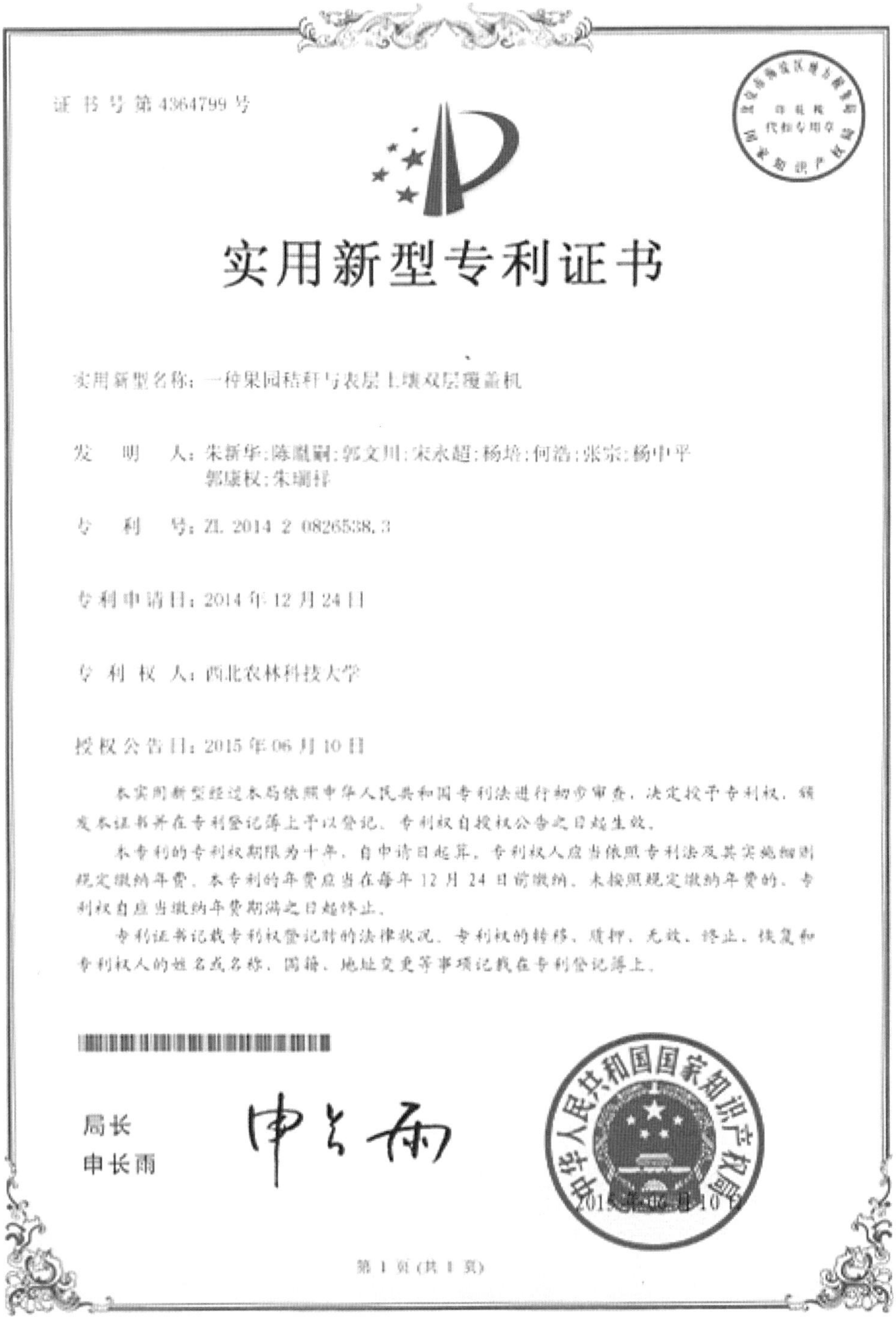

证书号第4364799号

实用新型专利证书

实用新型名称：一种果园秸秆与表层土壤双层覆盖机

发　明　人：朱新华；陈凰嗣；郭文川；宋永超；杨培；何浩；张宗；杨中平
郭康权；朱瑚祥

专　利　号：ZL 2014 2 0826538.3

专利申请日：2014年12月24日

专 利 权 人：西北农林科技大学

授权公告日：2015年06月10日

本实用新型经过本局依照中华人民共和国专利法进行初步审查，决定授予专利权，颁发本证书并在专利登记簿上予以登记。专利权自授权公告之日起生效。

本专利的专利权期限为十年，自申请日起算。专利权人应当依照专利法及其实施细则规定缴纳年费。本专利的年费应当在每年12月24日前缴纳。未按照规定缴纳年费的，专利权自应当缴纳年费期满之日起终止。

专利证书记载专利权登记时的法律状况。专利权的转移、质押、无效、终止、恢复和专利权人的姓名或名称、国籍、地址变更等事项记载在专利登记簿上。

局长
申长雨

中华人民共和国国家知识产权局
2015年06月10日

第1页（共1页）

14. 一种自走式果园秸秆与表层土壤双层覆盖机（ZL201520598228.5）

完成单位：西北农林科技大学

认可情况：授权

完成时间：2015年

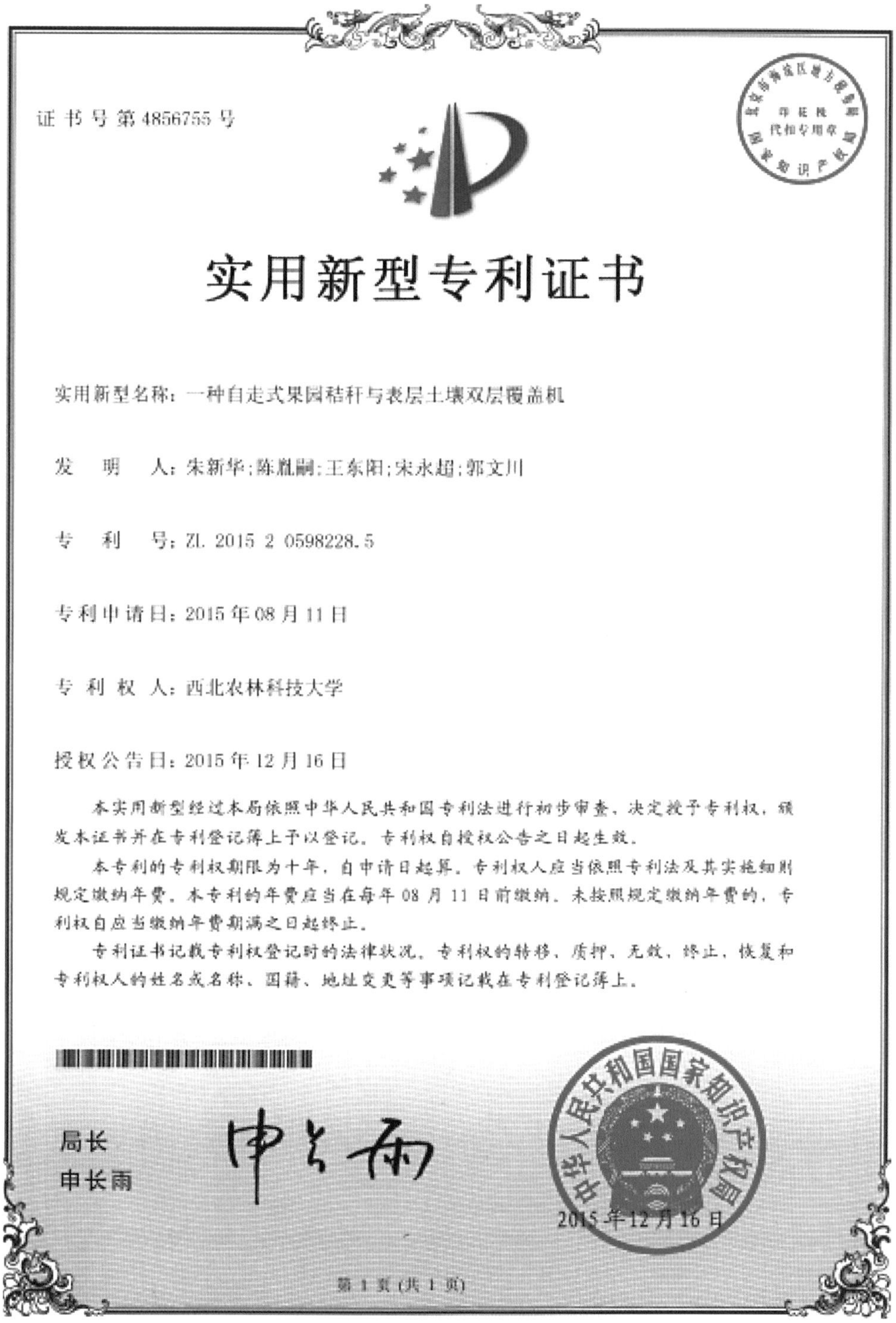

证书号第4856755号

实用新型专利证书

实用新型名称：一种自走式果园秸秆与表层土壤双层覆盖机

发　明　人：朱新华；陈胤嗣；王东阳；宋永超；郭文川

专　利　号：ZL 2015 2 0598228.5

专利申请日：2015年08月11日

专 利 权 人：西北农林科技大学

授权公告日：2015年12月16日

本实用新型经过本局依照中华人民共和国专利法进行初步审查，决定授予专利权，颁发本证书并在专利登记簿上予以登记。专利权自授权公告之日起生效。

本专利的专利权期限为十年，自申请日起算。专利权人应当依照专利法及其实施细则规定缴纳年费。本专利的年费应当在每年08月11日前缴纳。未按照规定缴纳年费的，专利权自应当缴纳年费期满之日起终止。

专利证书记载专利权登记时的法律状况。专利权的转移、质押、无效、终止、恢复和专利权人的姓名或名称、国籍、地址变更等事项记载在专利登记簿上。

局长
申长雨

中华人民共和国国家知识产权局
2015年12月16日

第1页（共1页）

15. 一种自走式果园秸秆双层覆盖机（ZL201520598220.9）

完成单位：西北农林科技大学

认可情况：授权

完成时间：2015年

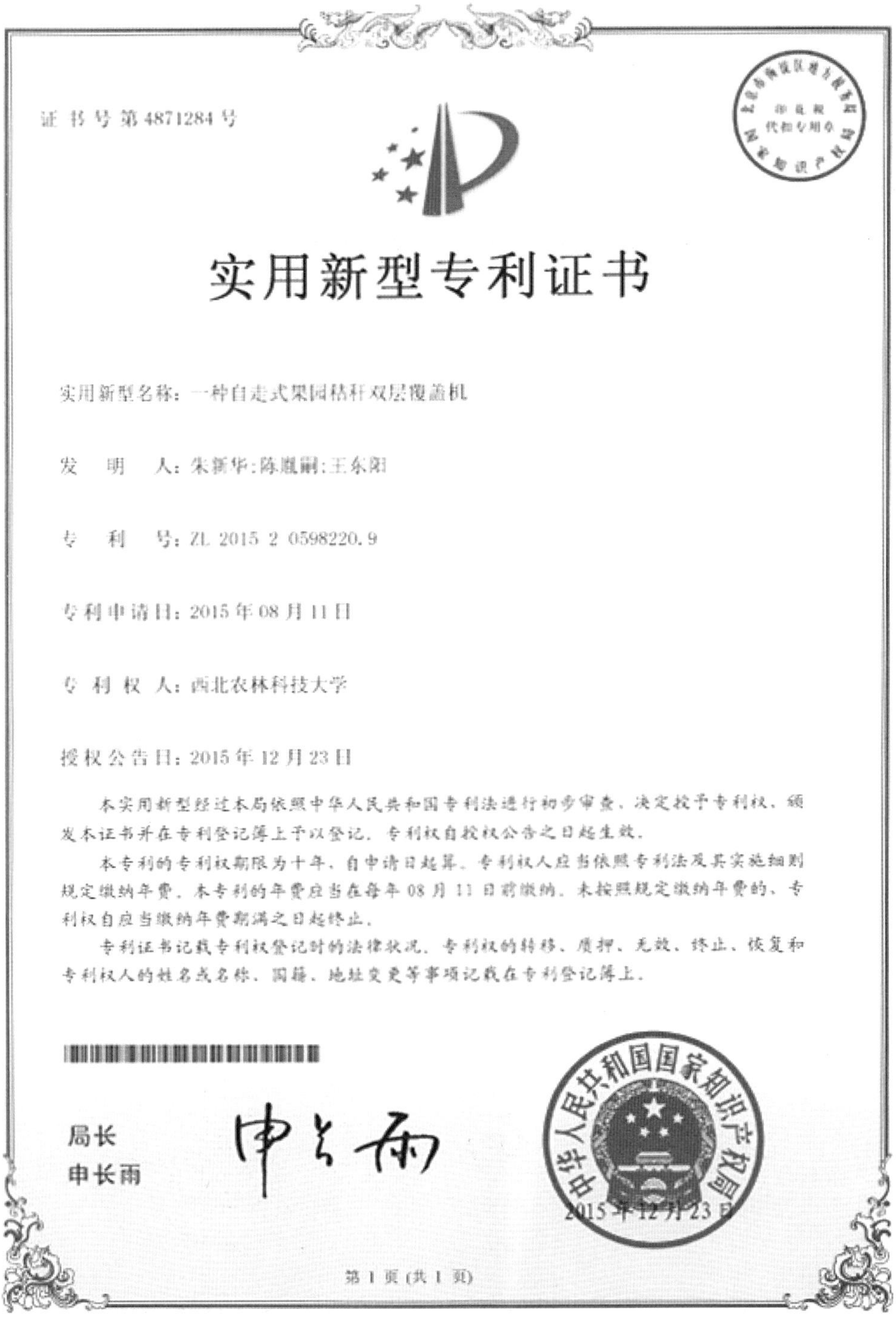

证书号第4871284号

实用新型专利证书

实用新型名称：一种自走式果园秸秆双层覆盖机

发 明 人：朱新华;陈胤嗣;王东阳

专 利 号：ZL 2015 2 0598220.9

专利申请日：2015年08月11日

专 利 权 人：西北农林科技大学

授权公告日：2015年12月23日

本实用新型经过本局依照中华人民共和国专利法进行初步审查，决定授予专利权，颁发本证书并在专利登记簿上予以登记。专利权自授权公告之日起生效。

本专利的专利权期限为十年，自申请日起算。专利权人应当依照专利法及其实施细则规定缴纳年费。本专利的年费应当在每年08月11日前缴纳。未按照规定缴纳年费的，专利权自应当缴纳年费期满之日起终止。

专利证书记载专利权登记时的法律状况。专利权的转移、质押、无效、终止、恢复和专利权人的姓名或名称、国籍、地址变更等事项记载在专利登记簿上。

局长
申长雨

中华人民共和国国家知识产权局
2015年12月23日

第1页（共1页）

16. 一种玉木耳工厂化栽培移动出耳车（ZL201620723812.3）

完成单位：吉林农业大学

认可情况：授权

完成时间：2016年

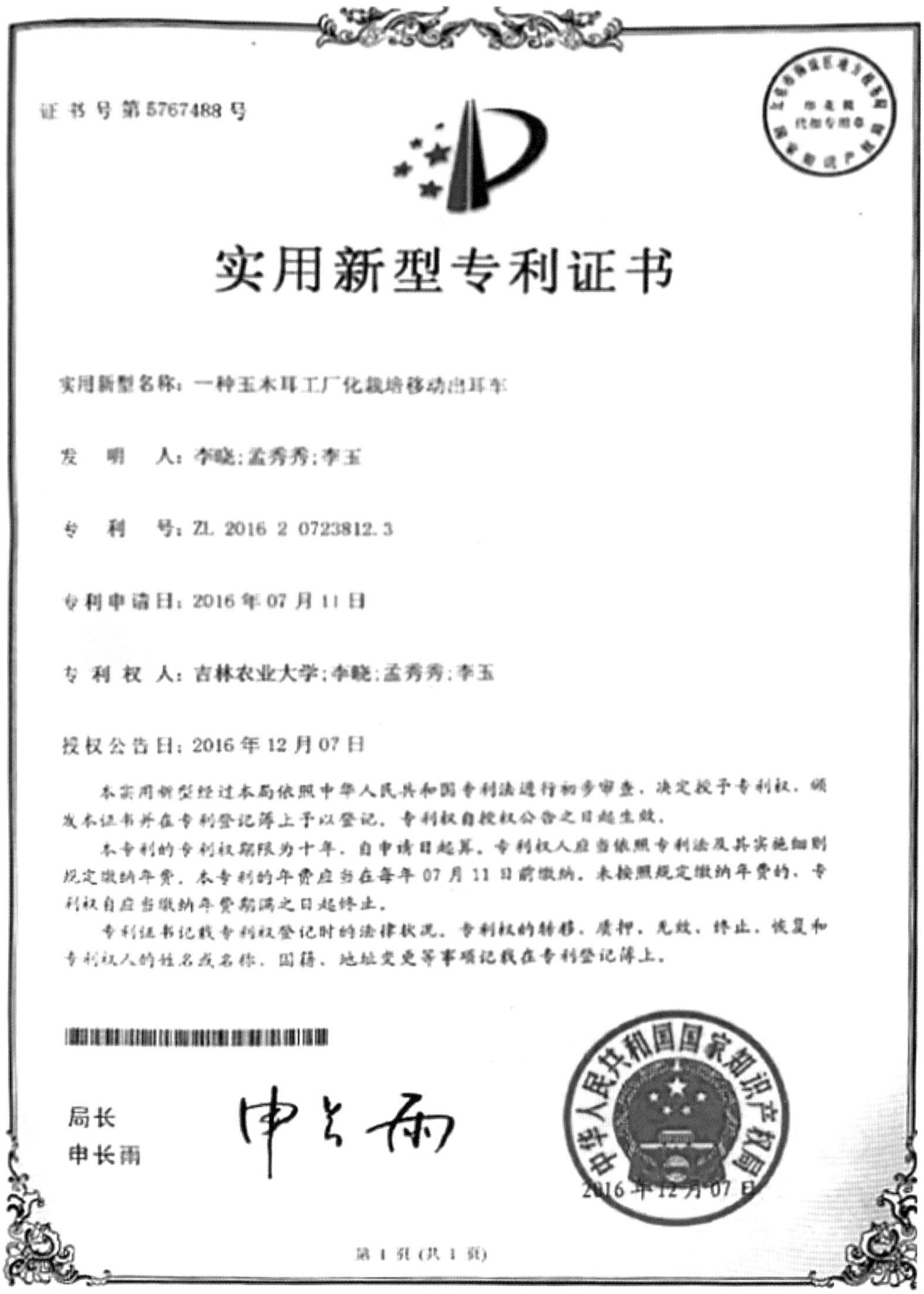
证书号第5767488号

实用新型专利证书

实用新型名称：一种玉木耳工厂化栽培移动出耳车

发　明　人：李晓;孟秀秀;李玉

专　利　号：ZL 2016 2 0723812.3

专利申请日：2016年07月11日

专 利 权 人：吉林农业大学;李晓;孟秀秀;李玉

授权公告日：2016年12月07日

本实用新型经过本局依照中华人民共和国专利法进行初步审查，决定授予专利权，颁发本证书并在专利登记簿上予以登记。专利权自授权公告之日起生效。

本专利的专利权期限为十年，自申请日起算。专利权人应当依照专利法及其实施细则规定缴纳年费。本专利的年费应当在每年07月11日前缴纳。未按照规定缴纳年费的，专利权自应当缴纳年费期满之日起终止。

专利证书记载专利权登记时的法律状况。专利权的转移、质押、无效、终止、恢复和专利权人的姓名或名称、国籍、地址变更等事项记载在专利登记簿上。

局长
申长雨

中华人民共和国国家知识产权局
2016年12月07日

第1页（共1页）

17. **食用菌工厂保温型止水带安装结构**（ZL201510549990.9）

完成单位：盐城爱菲尔菌菇装备科技有限公司

认可情况：授权

完成时间：2017年

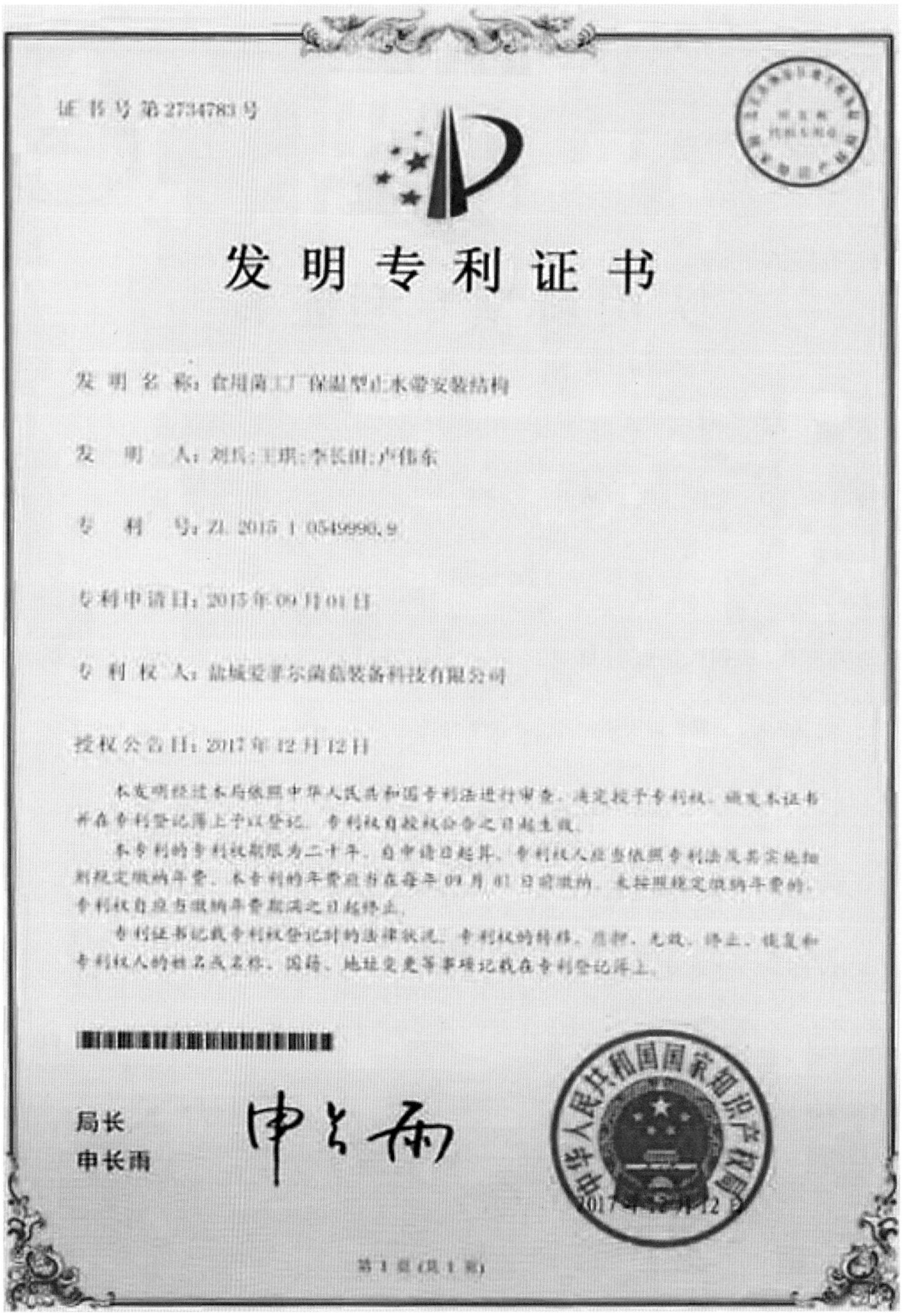
证书号第2734783号

发明专利证书

发明名称：食用菌工厂保温型止水带安装结构

发明人：刘兵;王琪;李长田;卢伟东

专利号：ZL 2015 1 0549990.9

专利申请日：2015年09月01日

专利权人：盐城爱菲尔菌菇装备科技有限公司

授权公告日：2017年12月12日

本发明经过本局依照中华人民共和国专利法进行审查，决定授予专利权，颁发本证书并在专利登记簿上予以登记。专利权自授权公告之日起生效。

本专利的专利权期限为二十年，自申请日起算。专利权人应当依照专利法及其实施细则规定缴纳年费。本专利的年费应当在每年09月01日前缴纳。未按照规定缴纳年费的，专利权自应当缴纳年费期满之日起终止。

专利证书记载专利权登记时的法律状况。专利权的转移、质押、无效、终止、恢复和专利权人的姓名或名称、国籍、地址变更等事项记载在专利登记簿上。

局长
申长雨

第1页（共1页）

18. 食用菌工厂防撞墙安装结构（ZL201520670755.2）

完成单位：盐城爱菲尔菌菇装备科技有限公司

认可情况：授权

完成时间：2016年

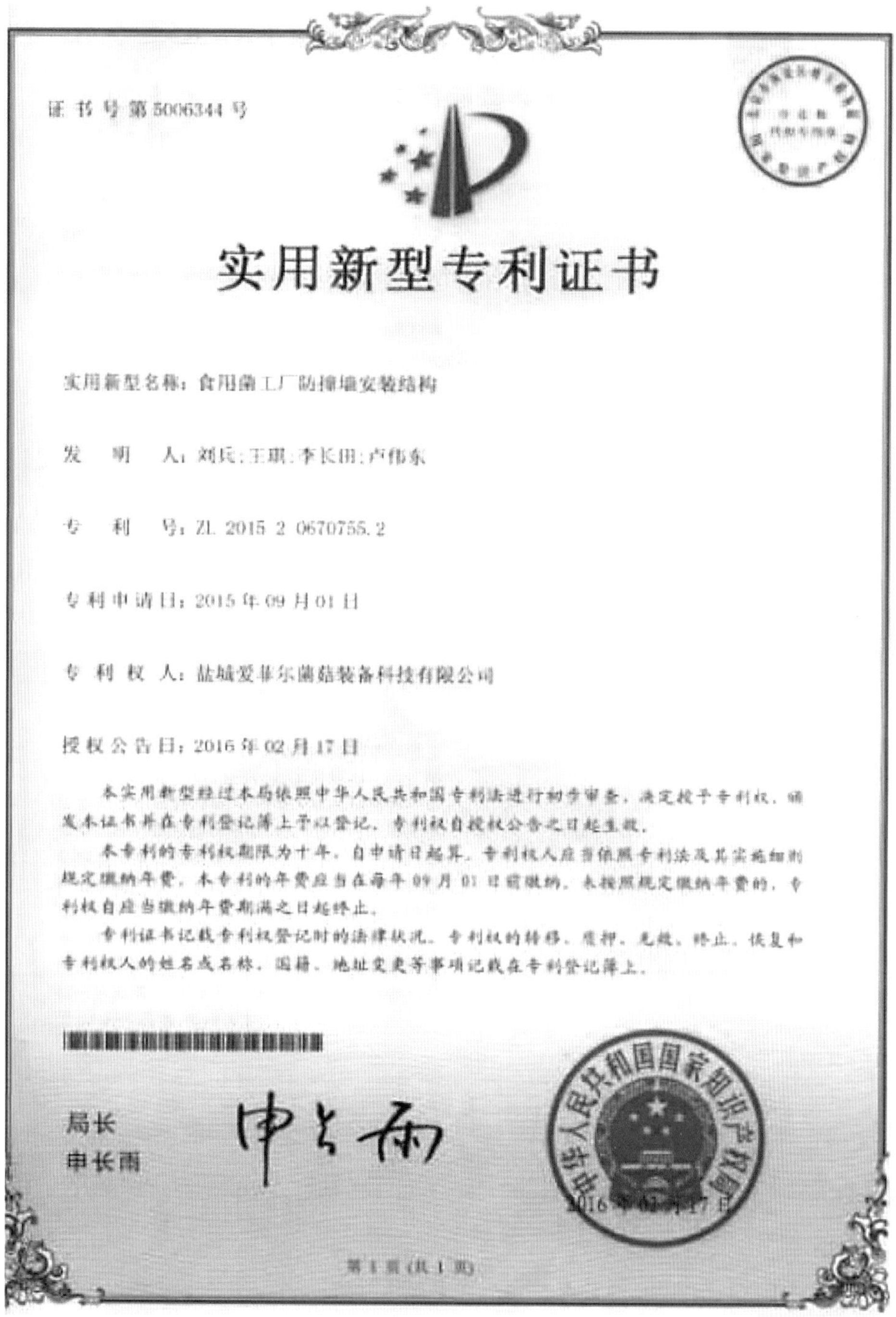

证书号第5006344号

实用新型专利证书

实用新型名称：食用菌工厂防撞墙安装结构

发 明 人：刘兵；王琪；李长田；卢伟东

专 利 号：ZL 2015 2 0670755.2

专利申请日：2015年09月01日

专 利 权 人：盐城爱菲尔菌菇装备科技有限公司

授权公告日：2016年02月17日

本实用新型经过本局依照中华人民共和国专利法进行初步审查，决定授予专利权，颁发本证书并在专利登记簿上予以登记。专利权自授权公告之日起生效。

本专利的专利权期限为十年，自申请日起算。专利权人应当依照专利法及其实施细则规定缴纳年费。本专利的年费应当在每年09月01日前缴纳。未按照规定缴纳年费的，专利权自应当缴纳年费期满之日起终止。

专利证书记载专利权登记时的法律状况。专利权的转移、质押、无效、终止、恢复和专利权人的姓名或名称、国籍、地址变更等事项记载在专利登记簿上。

局长
申长雨

中华人民共和国国家知识产权局

2016年02月17日

第1页（共1页）

19. **双孢菇工厂进出料大门开门器**（ZL201520670623.X）

完成单位：盐城爱乐科网络科技有限公司

认可情况：授权

完成时间：2016年

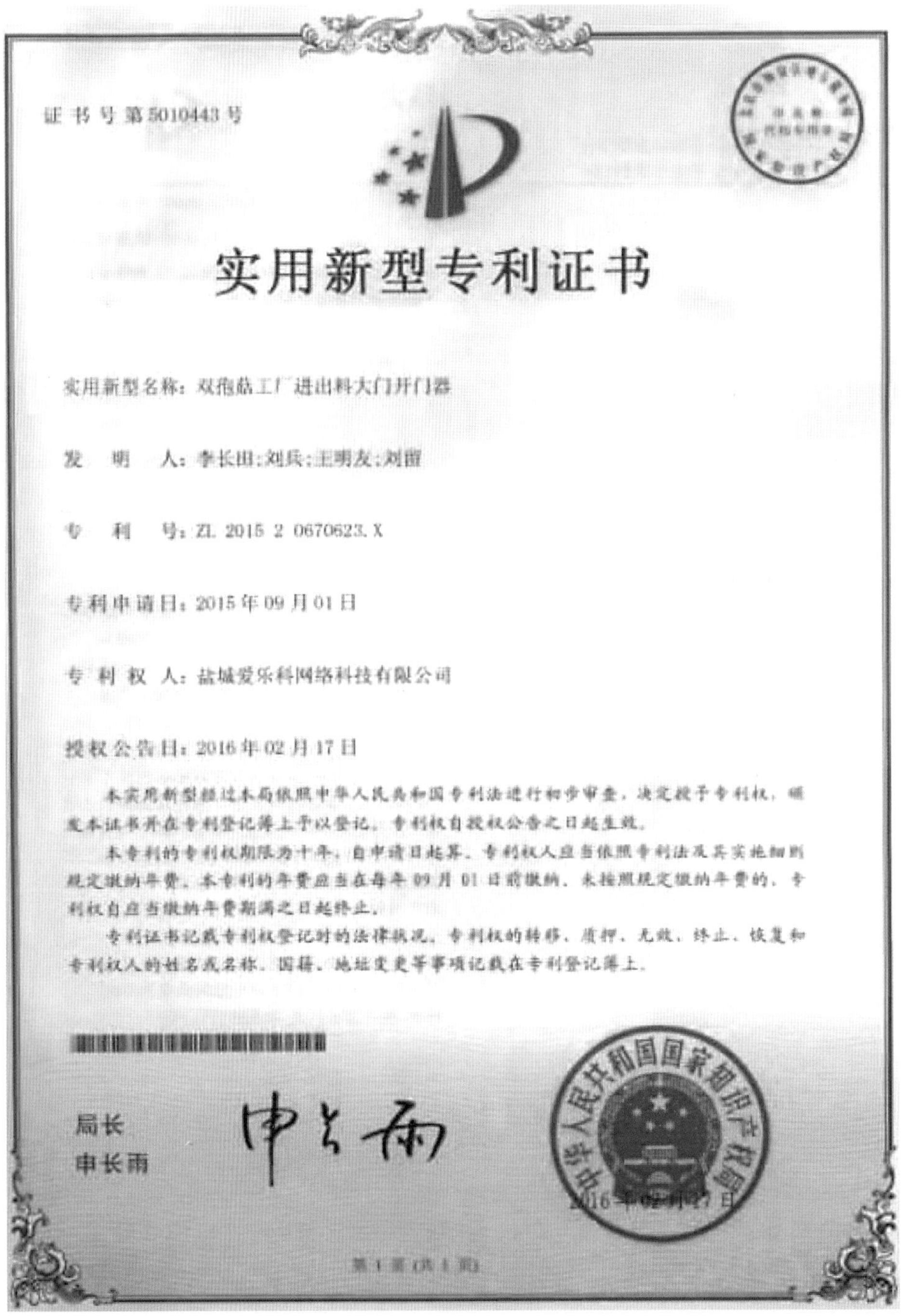

证书号第5010443号

实用新型专利证书

实用新型名称：双孢菇工厂进出料大门开门器

发　明　人：李长田；刘兵；王明友；刘蕾

专　利　号：ZL 2015 2 0670623.X

专利申请日：2015年09月01日

专 利 权 人：盐城爱乐科网络科技有限公司

授权公告日：2016年02月17日

本实用新型经过本局依照中华人民共和国专利法进行初步审查，决定授予专利权，颁发本证书并在专利登记簿上予以登记。专利权自授权公告之日起生效。

本专利的专利权期限为十年，自申请日起算。专利权人应当依照专利法及其实施细则规定缴纳年费。本专利的年费应当在每年09月01日前缴纳。未按照规定缴纳年费的，专利权自应当缴纳年费期满之日起终止。

专利证书记载专利权登记时的法律状况。专利权的转移、质押、无效、终止、恢复和专利权人的姓名或名称、国籍、地址变更等事项记载在专利登记簿上。

局长
申长雨

2016年02月17日

第1页（共1页）

20. 一种菌渣自动上料机（ZL201610571005.9）

完成单位：农业部南京农业机械化研究所

认可情况：授权

完成时间：2017年

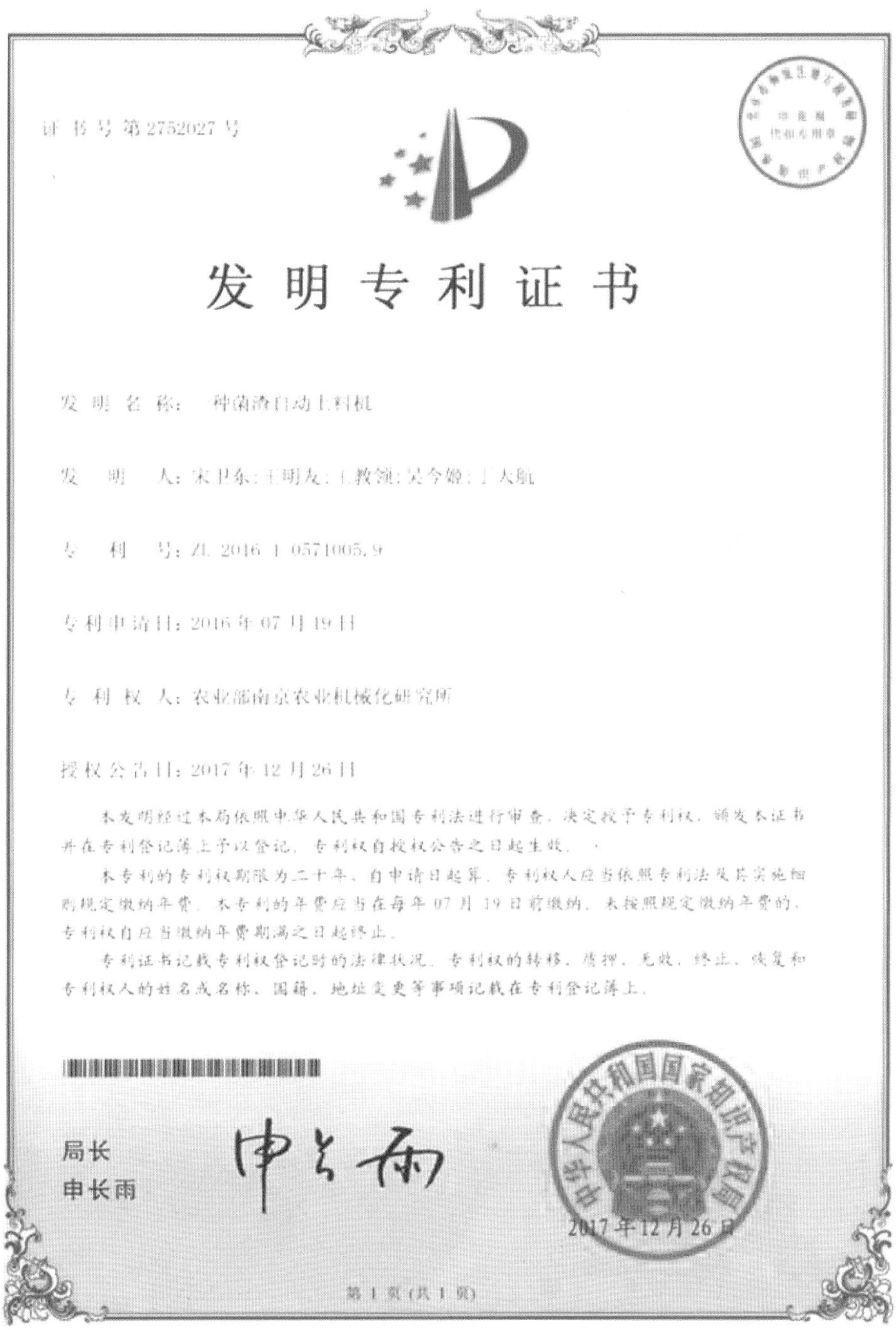

证书号第2752027号

发明专利证书

发明名称：一种菌渣自动上料机

发明人：宋卫东；王明友；王教领；吴今姬；丁天航

专利号：ZL 2016 1 0571005.9

专利申请日：2016年07月19日

专利权人：农业部南京农业机械化研究所

授权公告日：2017年12月26日

本发明经过本局依照中华人民共和国专利法进行审查，决定授予专利权，颁发本证书并在专利登记簿上予以登记。专利权自授权公告之日起生效。

本专利的专利权期限为二十年，自申请日起算。专利权人应当依照专利法及其实施细则规定缴纳年费。本专利的年费应当在每年07月19日前缴纳。未按照规定缴纳年费的，专利权自应当缴纳年费期满之日起终止。

专利证书记载专利权登记时的法律状况。专利权的转移、质押、无效、终止、恢复和专利权人的姓名或名称、国籍、地址变更等事项记载在专利登记簿上。

局长
申长雨

中华人民共和国国家知识产权局
2017年12月26日

第1页（共1页）

21. **一种菌渣铺料器**（ZL201620762727.8）

完成单位：农业部南京农业机械化研究所

认可情况：授权

完成时间：2017年

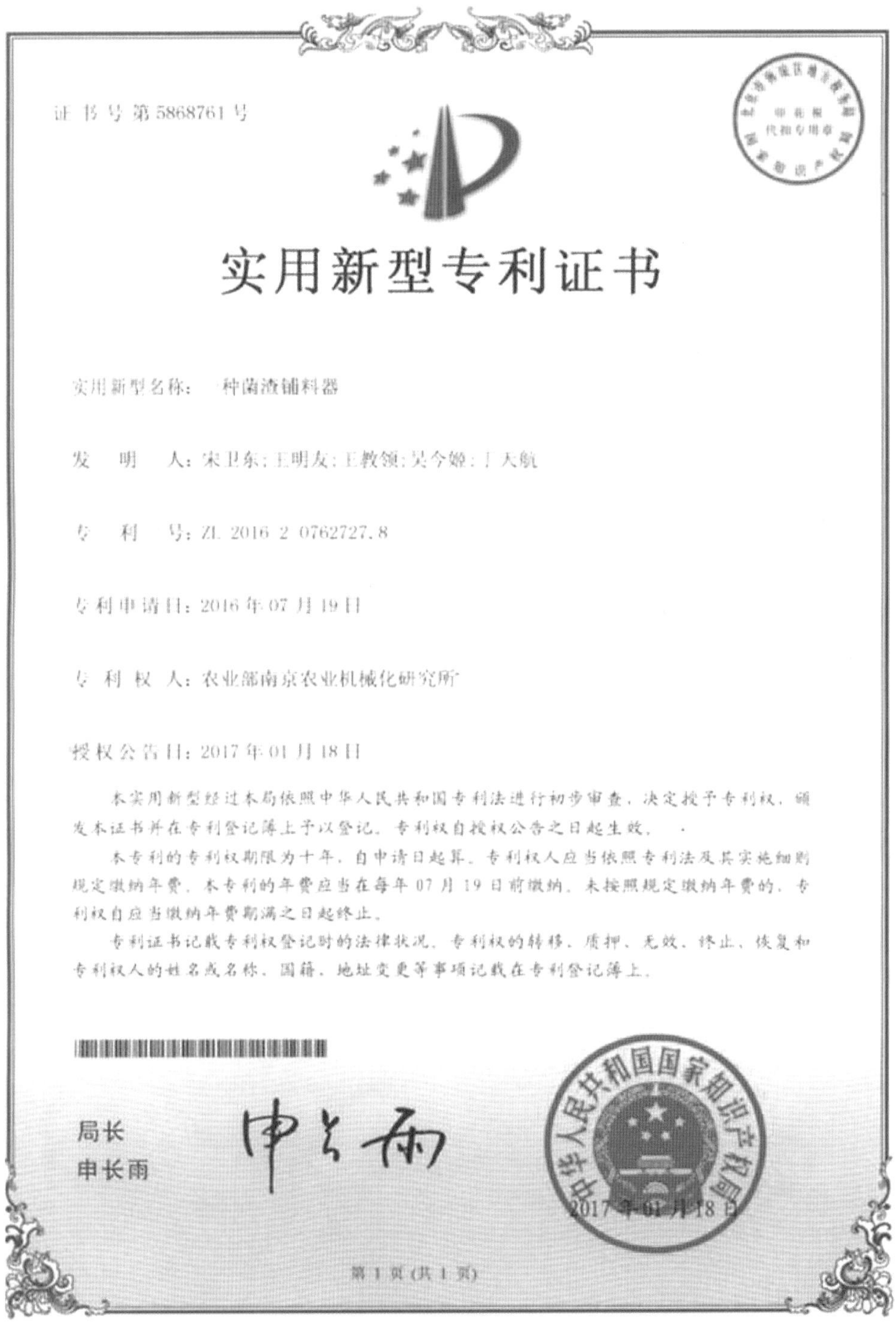
证书号第5868761号

实用新型专利证书

实用新型名称：一种菌渣铺料器

发　明　人：宋卫东；王明友；王教领；吴今姬；丁天航

专　利　号：ZL 2016 2 0762727.8

专利申请日：2016年07月19日

专 利 权 人：农业部南京农业机械化研究所

授权公告日：2017年01月18日

本实用新型经过本局依照中华人民共和国专利法进行初步审查，决定授予专利权，颁发本证书并在专利登记簿上予以登记。专利权自授权公告之日起生效。

本专利的专利权期限为十年，自申请日起算。专利权人应当依照专利法及其实施细则规定缴纳年费。本专利的年费应当在每年07月19日前缴纳。未按照规定缴纳年费的，专利权自应当缴纳年费期满之日起终止。

专利证书记载专利权登记时的法律状况。专利权的转移、质押、无效、终止、恢复和专利权人的姓名或名称、国籍、地址变更等事项记载在专利登记簿上。

局长
申长雨

中华人民共和国国家知识产权局
2017年01月18日

第1页（共1页）

22. 利用食用菌菌渣制作的羊肚菌营养袋及其制备方法（ZL201610573809.2）

完成单位：四川省农业科学院土壤肥料研究所

认可情况：授权

完成时间：2019年

证书号第3612144号

发明专利证书

发 明 名 称：利用食用菌菌渣制作的羊肚菌营养袋及其制备方法

发 明 人：谭昊;苗人云;刘天海;曹雪莲;甘炳成;彭卫红;唐杰
李小林;黄忠乾

专 利 号：ZL 2016 1 0573809.2

专利申请日：2016年07月20日

专 利 权 人：四川省农业科学院土壤肥料研究所

地 址：610066 四川省成都市锦江区狮子山路4号

授权公告日：2019年11月26日　　授权公告号：CN 106187515 B

国家知识产权局依照中华人民共和国专利法进行审查，决定授予专利权，颁发发明专利证书并在专利登记簿上予以登记。专利权自授权公告之日起生效。专利权期限为二十年，自申请日起算。

专利证书记载专利权登记时的法律状况。专利权的转移、质押、无效、终止、恢复和专利权人的姓名或名称、国籍、地址变更等事项记载在专利登记簿上。

局长
申长雨

第1页（共2页）

23. 菌渣发酵基质、羊肚菌菌种培养基质及其制法（ZL201610573659.5）

完成单位：四川省农业科学院土壤肥料研究所

认可情况：授权

完成时间：2019年

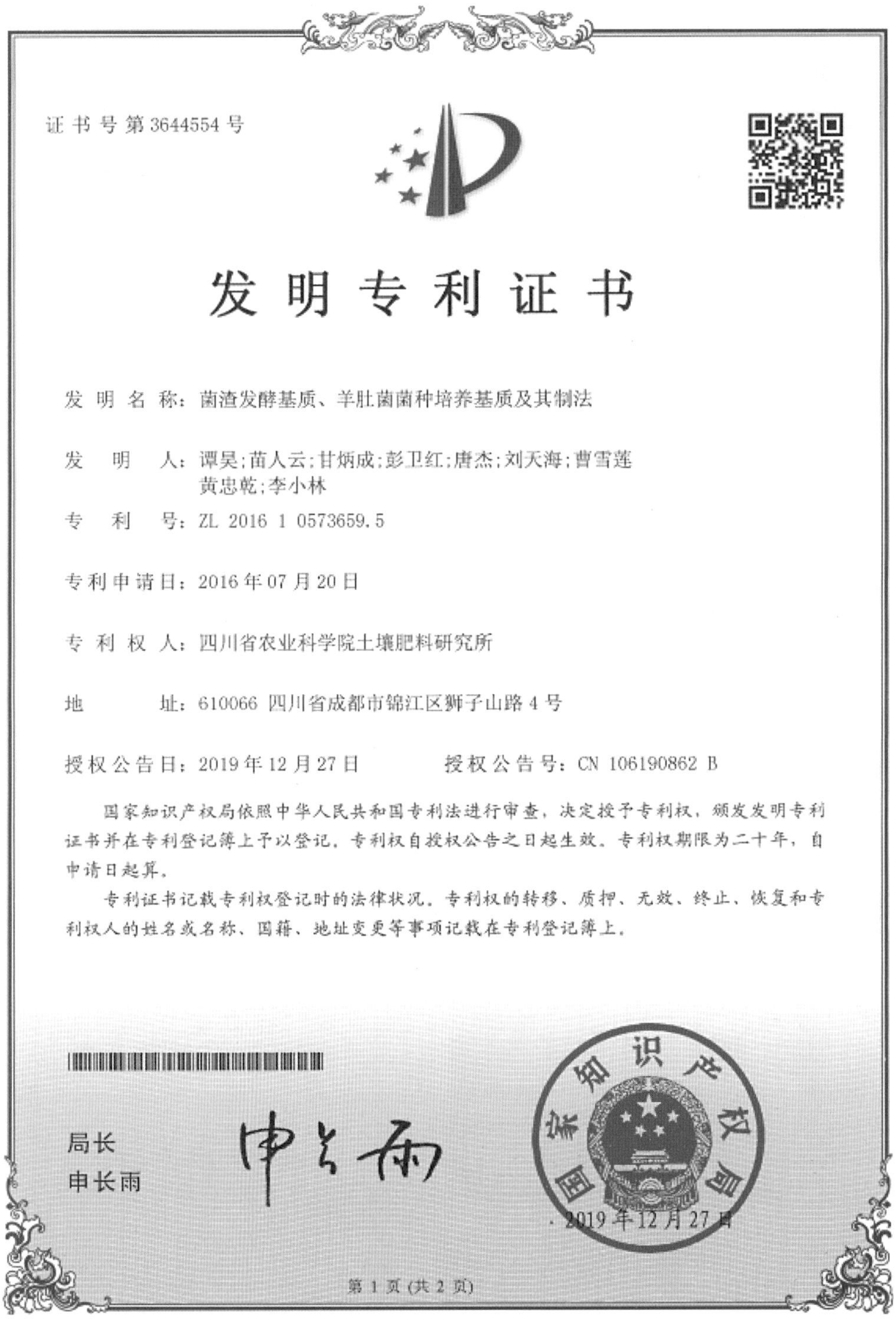

证书号第3644554号

发明专利证书

发 明 名 称：菌渣发酵基质、羊肚菌菌种培养基质及其制法

发 明 人：谭昊；苗人云；甘炳成；彭卫红；唐杰；刘天海；曹雪莲
黄忠乾；李小林

专 利 号：ZL 2016 1 0573659.5

专利申请日：2016年07月20日

专 利 权 人：四川省农业科学院土壤肥料研究所

地 址：610066 四川省成都市锦江区狮子山路4号

授权公告日：2019年12月27日　　授权公告号：CN 106190862 B

国家知识产权局依照中华人民共和国专利法进行审查，决定授予专利权，颁发发明专利证书并在专利登记簿上予以登记。专利权自授权公告之日起生效。专利权期限为二十年，自申请日起算。

专利证书记载专利权登记时的法律状况。专利权的转移、质押、无效、终止、恢复和专利权人的姓名或名称、国籍、地址变更等事项记载在专利登记簿上。

局长
申长雨

国家知识产权局
2019年12月27日

第1页（共2页）

24. 利用秸秆发酵基质制作的羊肚菌营养袋及其制备方法（ZL201610615618.8）

完成单位：四川省农业科学院土壤肥料研究所

认可情况：授权

完成时间：2020年

证书号第3653096号

发明专利证书

发 明 名 称：利用秸秆发酵基质制作的羊肚菌营养袋及其制备方法

发　明　人：苗人云；谭昊；甘炳成；彭卫红；唐杰；刘天海；曹雪莲
李小林；黄忠乾

专　利　号：ZL 2016 1 0615618.8

专利申请日：2016年07月29日

专 利 权 人：四川省农业科学院土壤肥料研究所

地　　　址：610066 四川省成都市锦江区狮子山路4号

授权公告日：2020年01月03日　　　授权公告号：CN 106258478 B

国家知识产权局依照中华人民共和国专利法进行审查，决定授予专利权，颁发发明专利证书并在专利登记簿上予以登记。专利权自授权公告之日起生效。专利权期限为二十年，自申请日起算。

专利证书记载专利权登记时的法律状况。专利权的转移、质押、无效、终止、恢复和专利权人的姓名或名称、国籍、地址变更等事项记载在专利登记簿上。

局长
申长雨

国家知识产权局
2020年01月03日

第1页（共2页）

25. 羊肚菌单孢菌株采用“人工授粉”进行栽培的方法（ZL201610852559.6）

完成单位：四川省农业科学院土壤肥料研究所

认可情况：授权

完成时间：2019年

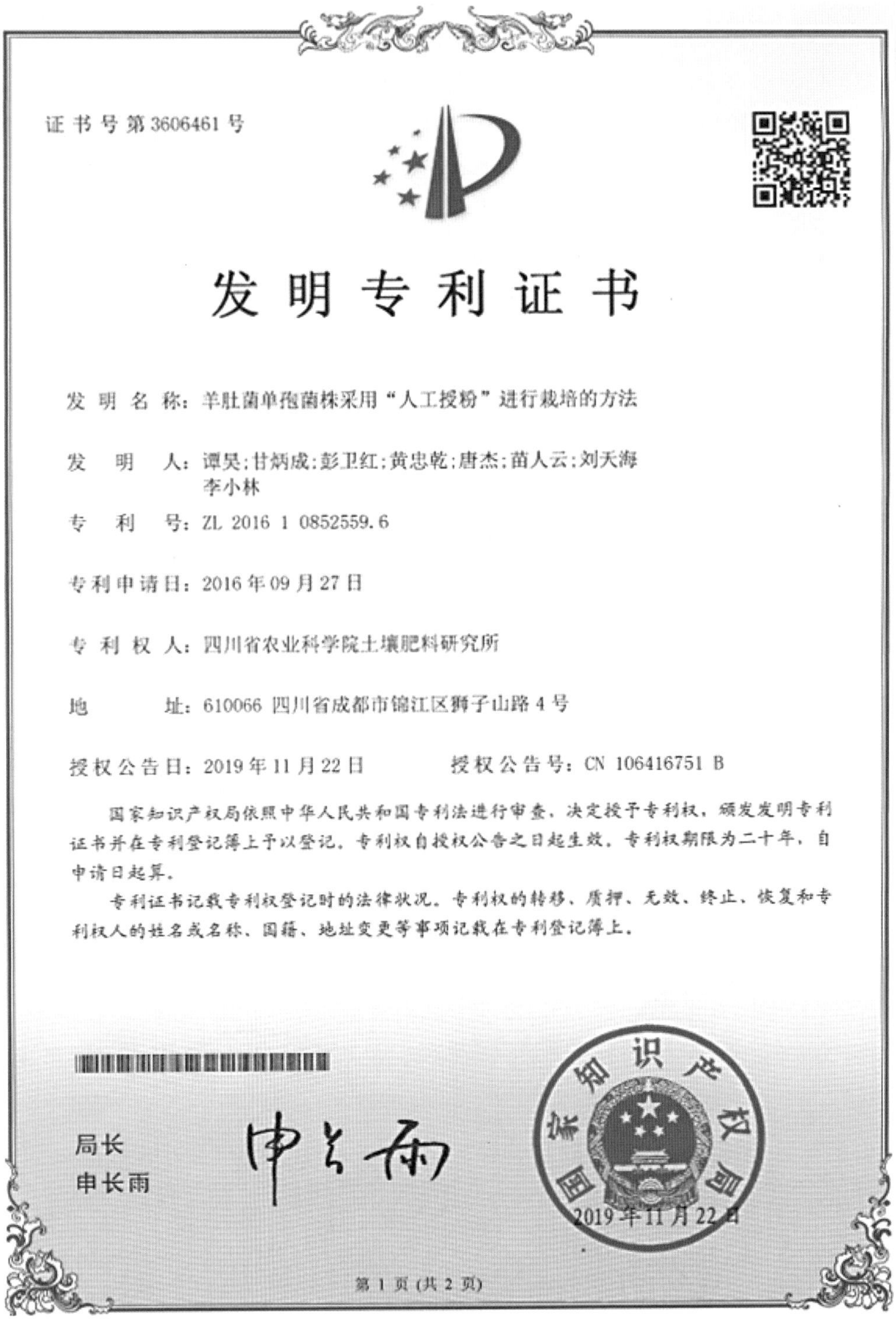

证书号第3606461号

发明专利证书

发 明 名 称：羊肚菌单孢菌株采用“人工授粉”进行栽培的方法

发 明 人：谭昊;甘炳成;彭卫红;黄忠乾;唐杰;苗人云;刘天海
李小林

专 利 号：ZL 2016 1 0852559.6

专利申请日：2016年09月27日

专 利 权 人：四川省农业科学院土壤肥料研究所

地 址：610066 四川省成都市锦江区狮子山路4号

授权公告日：2019年11月22日　　授权公告号：CN 106416751 B

国家知识产权局依照中华人民共和国专利法进行审查，决定授予专利权，颁发发明专利证书并在专利登记簿上予以登记。专利权自授权公告之日起生效。专利权期限为二十年，自申请日起算。

专利证书记载专利权登记时的法律状况。专利权的转移、质押、无效、终止、恢复和专利权人的姓名或名称、国籍、地址变更等事项记载在专利登记簿上。

局长
申长雨

国家知识产权局
2019年11月22日

第1页（共2页）

26.羊肚菌交配型决定基因鉴定专用引物及出菇能力预测方法（ZL201610834380.8）

完成单位：四川省农业科学院土壤肥料研究所

认可情况：授权

完成时间：2020年

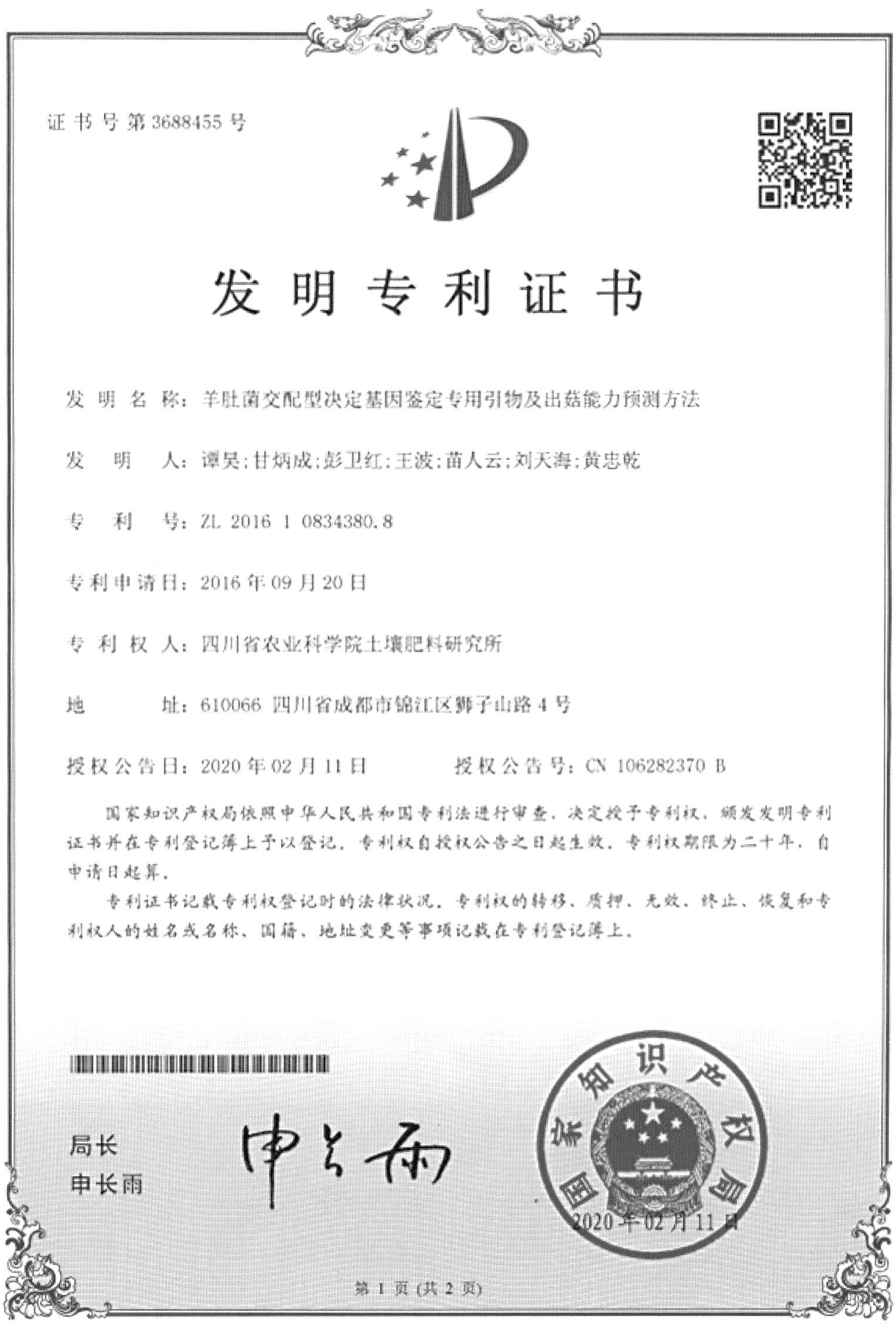

证书号第3688455号

发明专利证书

发明名称：羊肚菌交配型决定基因鉴定专用引物及出菇能力预测方法

发明人：谭昊；甘炳成；彭卫红；王波；苗人云；刘天海；黄忠乾

专利号：ZL 2016 1 0834380.8

专利申请日：2016年09月20日

专利权人：四川省农业科学院土壤肥料研究所

地址：610066 四川省成都市锦江区狮子山路4号

授权公告日：2020年02月11日　　授权公告号：CN 106282370 B

国家知识产权局依照中华人民共和国专利法进行审查，决定授予专利权，颁发发明专利证书并在专利登记簿上予以登记。专利权自授权公告之日起生效。专利权期限为二十年，自申请日起算。

专利证书记载专利权登记时的法律状况。专利权的转移、质押、无效、终止、恢复和专利权人的姓名或名称、国籍、地址变更等事项记载在专利登记簿上。

局长
申长雨

国家知识产权局
2020年02月11日

第1页（共2页）

27. 利用羊肚菌制作的发酵熟成香肠及其制备方法（ZL201610281347.7）

完成单位：四川省农业科学院土壤肥料研究所

认可情况：授权

完成时间：2020年

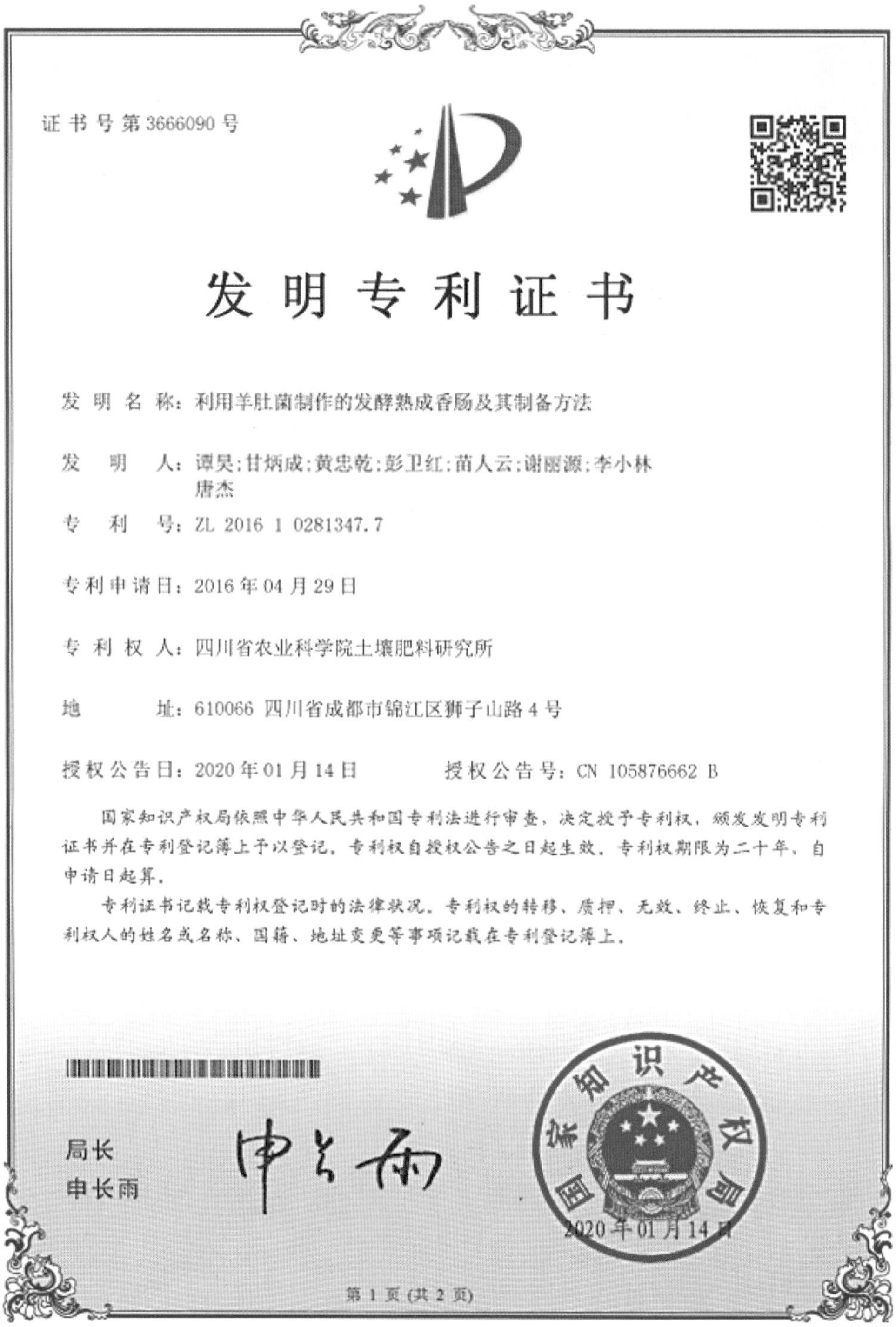

证书号第3666090号

发明专利证书

发 明 名 称：利用羊肚菌制作的发酵熟成香肠及其制备方法

发 明 人：谭昊；甘炳成；黄忠乾；彭卫红；苗人云；谢丽源；李小林
唐杰

专 利 号：ZL 2016 1 0281347.7

专利申请日：2016年04月29日

专 利 权 人：四川省农业科学院土壤肥料研究所

地 址：610066 四川省成都市锦江区狮子山路4号

授权公告日：2020年01月14日　　授权公告号：CN 105876662 B

国家知识产权局依照中华人民共和国专利法进行审查，决定授予专利权，颁发发明专利证书并在专利登记簿上予以登记。专利权自授权公告之日起生效。专利权期限为二十年，自申请日起算。

专利证书记载专利权登记时的法律状况。专利权的转移、质押、无效、终止、恢复和专利权人的姓名或名称、国籍、地址变更等事项记载在专利登记簿上。

局长
申长雨

国家知识产权局

2020年01月14日

第1页（共2页）

28. 利用羊肚菌制作的羊肚菌奶酪及其制备方法（ZL201610451439.5）

完成单位：四川省农业科学院土壤肥料研究所

认可情况：授权

完成时间：2020年

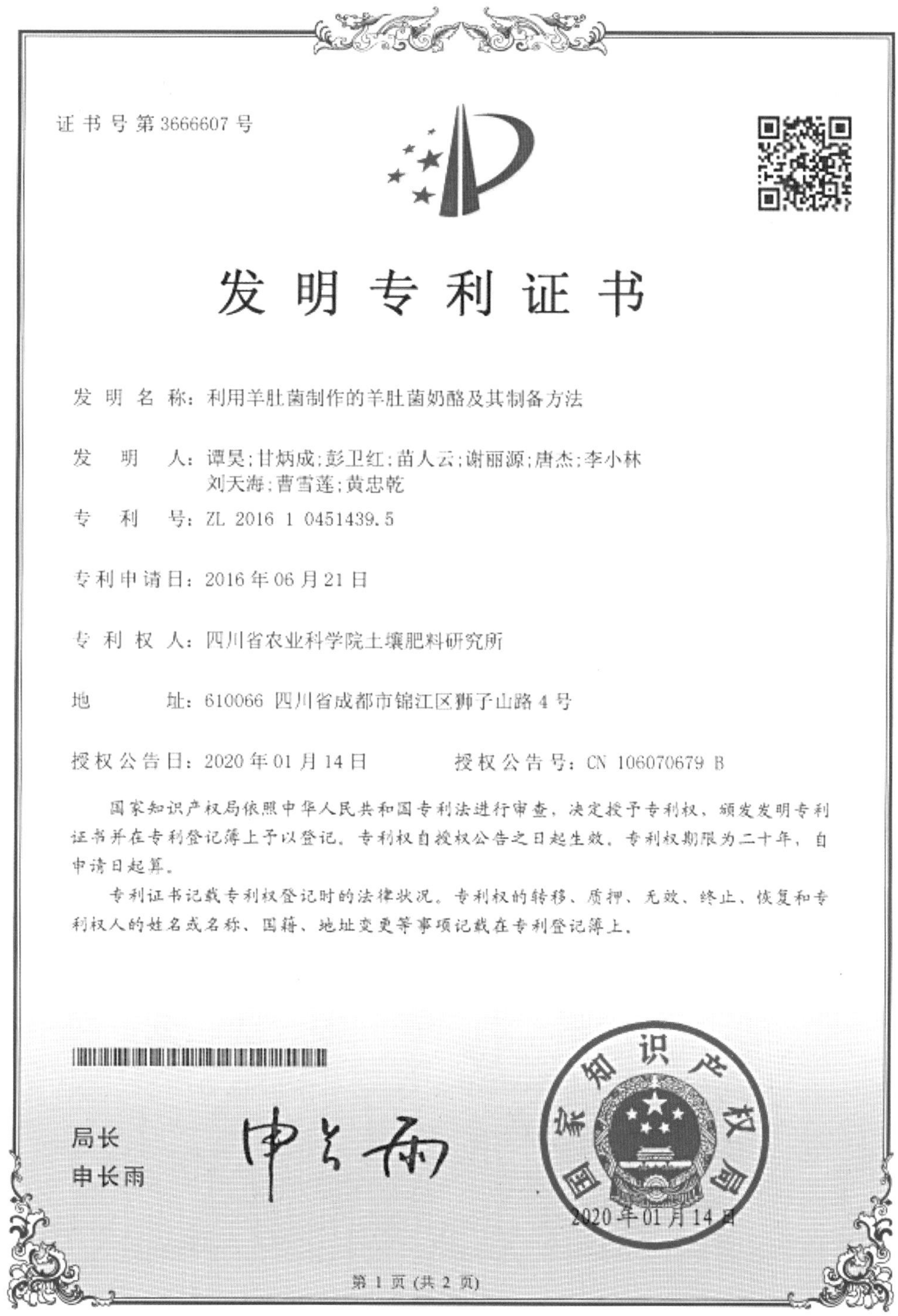

证书号第3666607号

发明专利证书

发 明 名 称：利用羊肚菌制作的羊肚菌奶酪及其制备方法

发 明 人：谭昊；甘炳成；彭卫红；苗人云；谢丽源；唐杰；李小林
刘天海；曹雪莲；黄忠乾

专 利 号：ZL 2016 1 0451439.5

专利申请日：2016年06月21日

专 利 权 人：四川省农业科学院土壤肥料研究所

地 址：610066 四川省成都市锦江区狮子山路4号

授权公告日：2020年01月14日　　　授权公告号：CN 106070679 B

国家知识产权局依照中华人民共和国专利法进行审查，决定授予专利权，颁发发明专利证书并在专利登记簿上予以登记。专利权自授权公告之日起生效。专利权期限为二十年，自申请日起算。

专利证书记载专利权登记时的法律状况。专利权的转移、质押、无效、终止、恢复和专利权人的姓名或名称、国籍、地址变更等事项记载在专利登记簿上。

局长
申长雨

国家知识产权局
2020年01月14日

第1页（共2页）

29. **用于大肠杆菌分泌表达重组蛋白的培养基及其制备方法**（ZL201610130056.8）

完成单位：四川省农业科学院土壤肥料研究所

认可情况：授权

完成时间：2019年

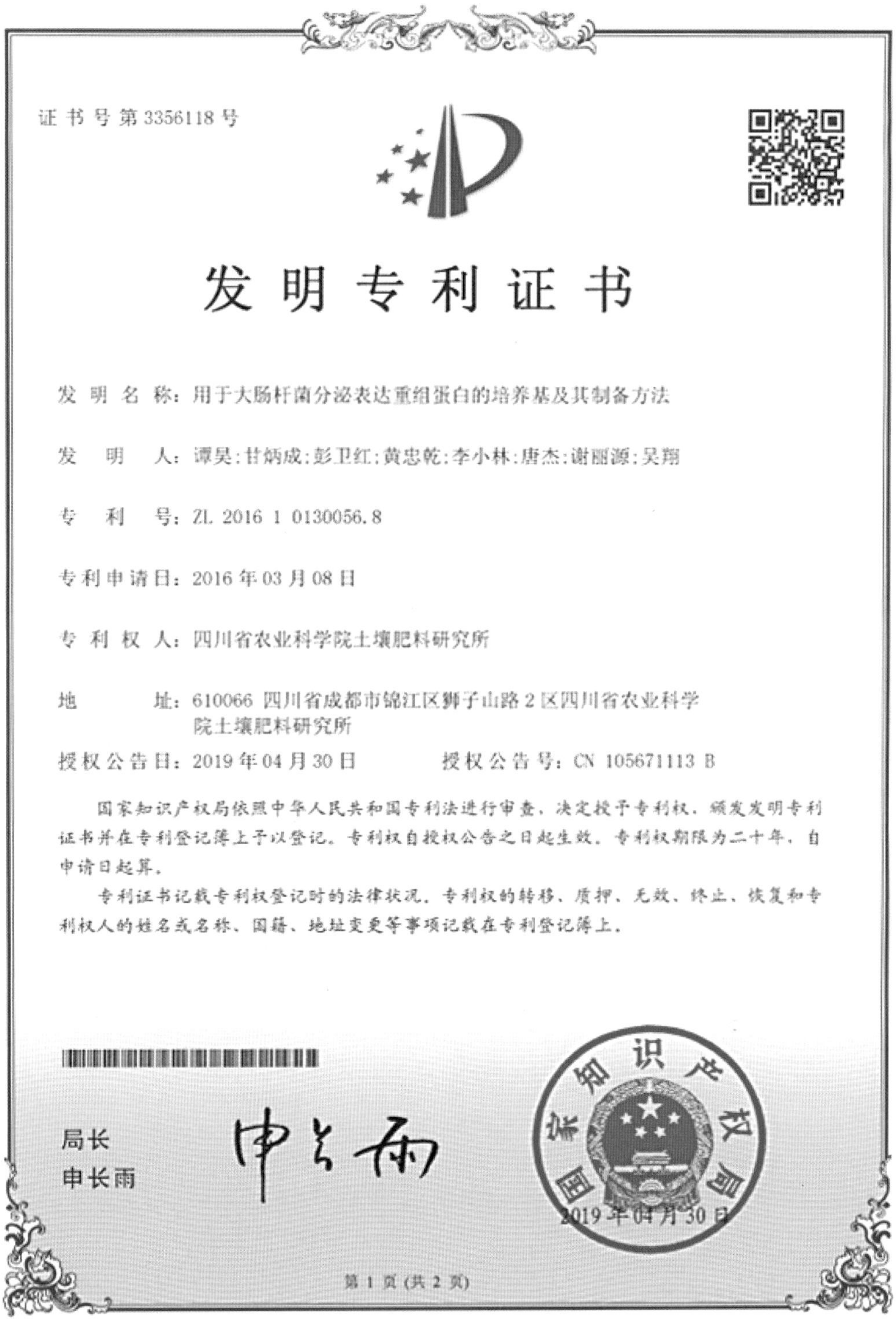

证书号第3356118号

发明专利证书

发 明 名 称：用于大肠杆菌分泌表达重组蛋白的培养基及其制备方法

发 明 人：谭昊；甘炳成；彭卫红；黄忠乾；李小林；唐杰；谢丽源；吴翔

专 利 号：ZL 2016 1 0130056.8

专利申请日：2016年03月08日

专 利 权 人：四川省农业科学院土壤肥料研究所

地 址：610066 四川省成都市锦江区狮子山路2区四川省农业科学院土壤肥料研究所

授权公告日：2019年04月30日　　授权公告号：CN 105671113 B

国家知识产权局依照中华人民共和国专利法进行审查，决定授予专利权，颁发发明专利证书并在专利登记簿上予以登记。专利权自授权公告之日起生效。专利权期限为二十年，自申请日起算。

专利证书记载专利权登记时的法律状况。专利权的转移、质押、无效、终止、恢复和专利权人的姓名或名称、国籍、地址变更等事项记载在专利登记簿上。

局长
申长雨

国家知识产权局
2019年04月30日

第1页（共2页）

30. 显微操作用镊子（ZL201621037854.8）

完成单位：四川省农业科学院土壤肥料研究所

认可情况：授权

完成时间：2017年

证书号第5988736号

实用新型专利证书

实用新型名称：显微操作用镊子

发　明　人：谭昊;甘炳成;彭卫红;王波;黄忠乾

专　利　号：ZL 2016 2 1037854.8

专利申请日：2016年09月05日

专　利　权　人：四川省农业科学院土壤肥料研究所

授权公告日：2017年03月15日

本实用新型经过本局依照中华人民共和国专利法进行初步审查，决定授予专利权，颁发本证书并在专利登记簿上予以登记。专利权自授权公告之日起生效。

本专利的专利权期限为十年，自申请日起算。专利权人应当依照专利法及其实施细则规定缴纳年费。本专利的年费应当在每年09月05日前缴纳。未按照规定缴纳年费的，专利权自应当缴纳年费期满之日起终止。

专利证书记载专利权登记时的法律状况。专利权的转移、质押、无效、终止、恢复和专利权人的姓名或名称、国籍、地址变更等事项记载在专利登记簿上。

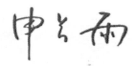

局长
申长雨

中华人民共和国国家知识产权局
2017年03月15日

第1页（共1页）

31. 一种无土栽培与水肥一体化循环系统（ZL201620283339.1）

完成单位：宁夏农林科学院

认可情况：授权

完成时间：2016年

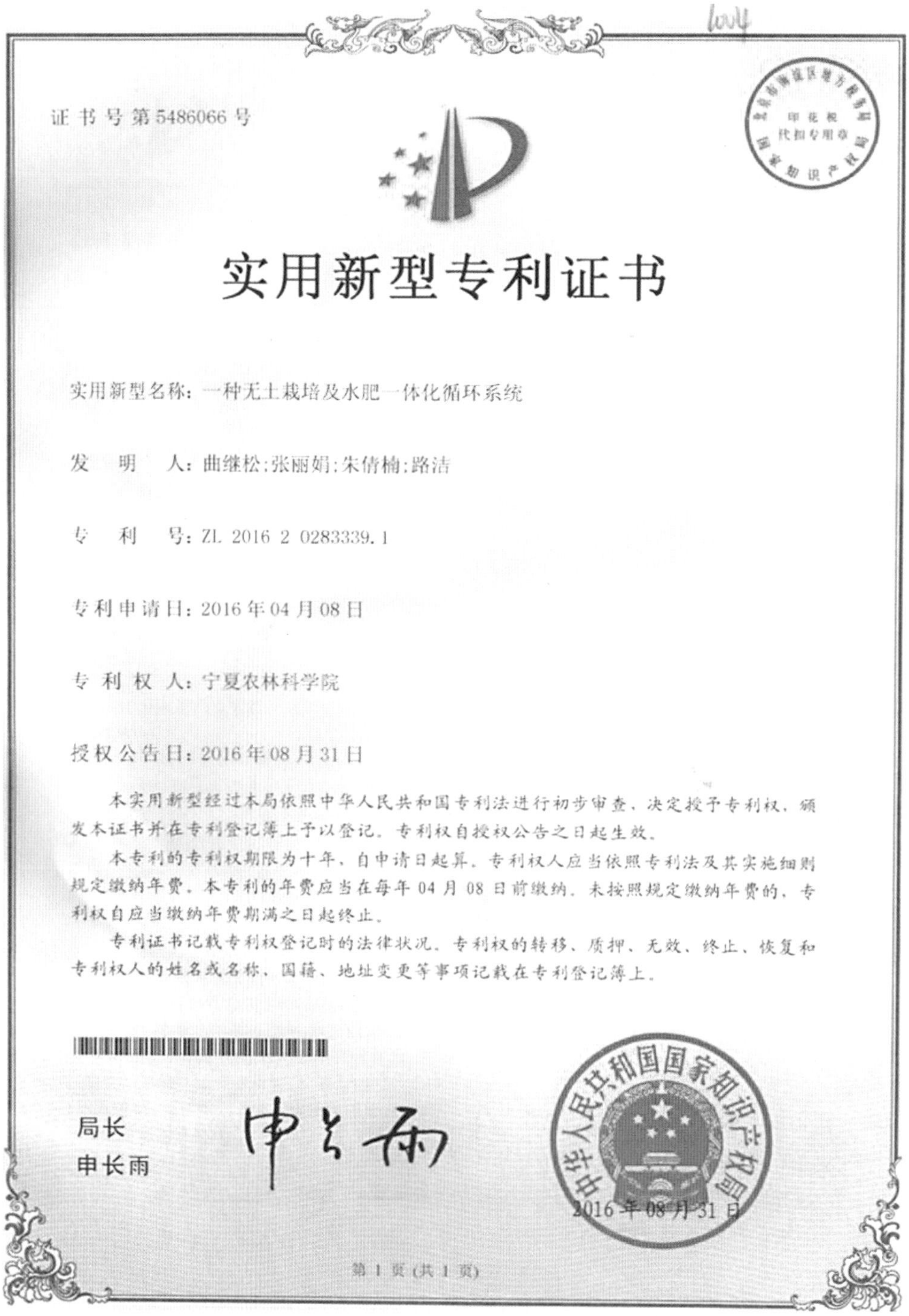

证书号第5486066号

实用新型专利证书

实用新型名称：一种无土栽培及水肥一体化循环系统

发　明　人：曲继松；张丽娟；朱倩楠；路洁

专　利　号：ZL 2016 2 0283339.1

专利申请日：2016年04月08日

专 利 权 人：宁夏农林科学院

授权公告日：2016年08月31日

本实用新型经过本局依照中华人民共和国专利法进行初步审查，决定授予专利权，颁发本证书并在专利登记簿上予以登记。专利权自授权公告之日起生效。

本专利的专利权期限为十年，自申请日起算。专利权人应当依照专利法及其实施细则规定缴纳年费。本专利的年费应当在每年04月08日前缴纳。未按照规定缴纳年费的，专利权自应当缴纳年费期满之日起终止。

专利证书记载专利权登记时的法律状况。专利权的转移、质押、无效、终止、恢复和专利权人的姓名或名称、国籍、地址变更等事项记载在专利登记簿上。

局长
申长雨

中华人民共和国国家知识产权局
2016年08月31日

第1页（共1页）

32. 果园秸秆与表层土壤双层覆盖机械化作业方法和覆盖机（ZL201410811317.3）

完成单位：西北农林科技大学

认可情况：授权

完成时间：2016年

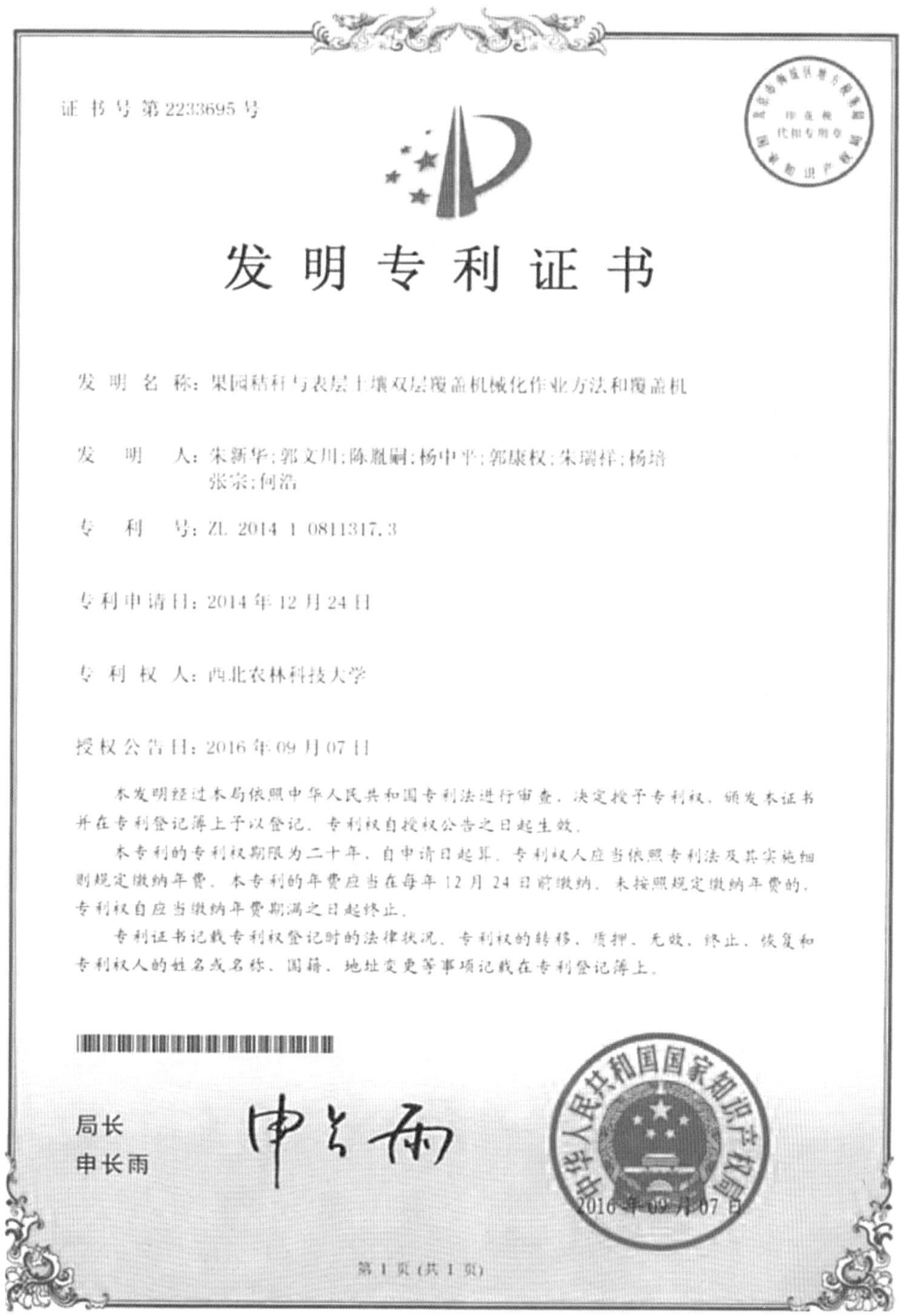

证书号第2233695号

发明专利证书

发明名称：果园秸秆与表层土壤双层覆盖机械化作业方法和覆盖机

发明人：朱新华；郭文川；陈胤嗣；杨中平；郭康权；朱瑞祥；杨培张宗；何浩

专利号：ZL 2014 1 0811317.3

专利申请日：2014年12月24日

专利权人：西北农林科技大学

授权公告日：2016年09月07日

本发明经过本局依照中华人民共和国专利法进行审查，决定授予专利权，颁发本证书并在专利登记簿上予以登记。专利权自授权公告之日起生效。

本专利的专利权期限为二十年，自申请日起算。专利权人应当依照专利法及其实施细则规定缴纳年费。本专利的年费应当在每年12月24日前缴纳。未按照规定缴纳年费的，专利权自应当缴纳年费期满之日起终止。

专利证书记载专利权登记时的法律状况。专利权的转移、质押、无效、终止、恢复和专利权人的姓名或名称、国籍、地址变更等事项记载在专利登记簿上。

局长
申长雨

中华人民共和国国家知识产权局
2016年09月07日

第1页（共1页）

33. **一种果园秸秆双层覆盖机**（ZL201410814199.1）

完成单位：西北农林科技大学

认可情况：授权

完成时间：2016年

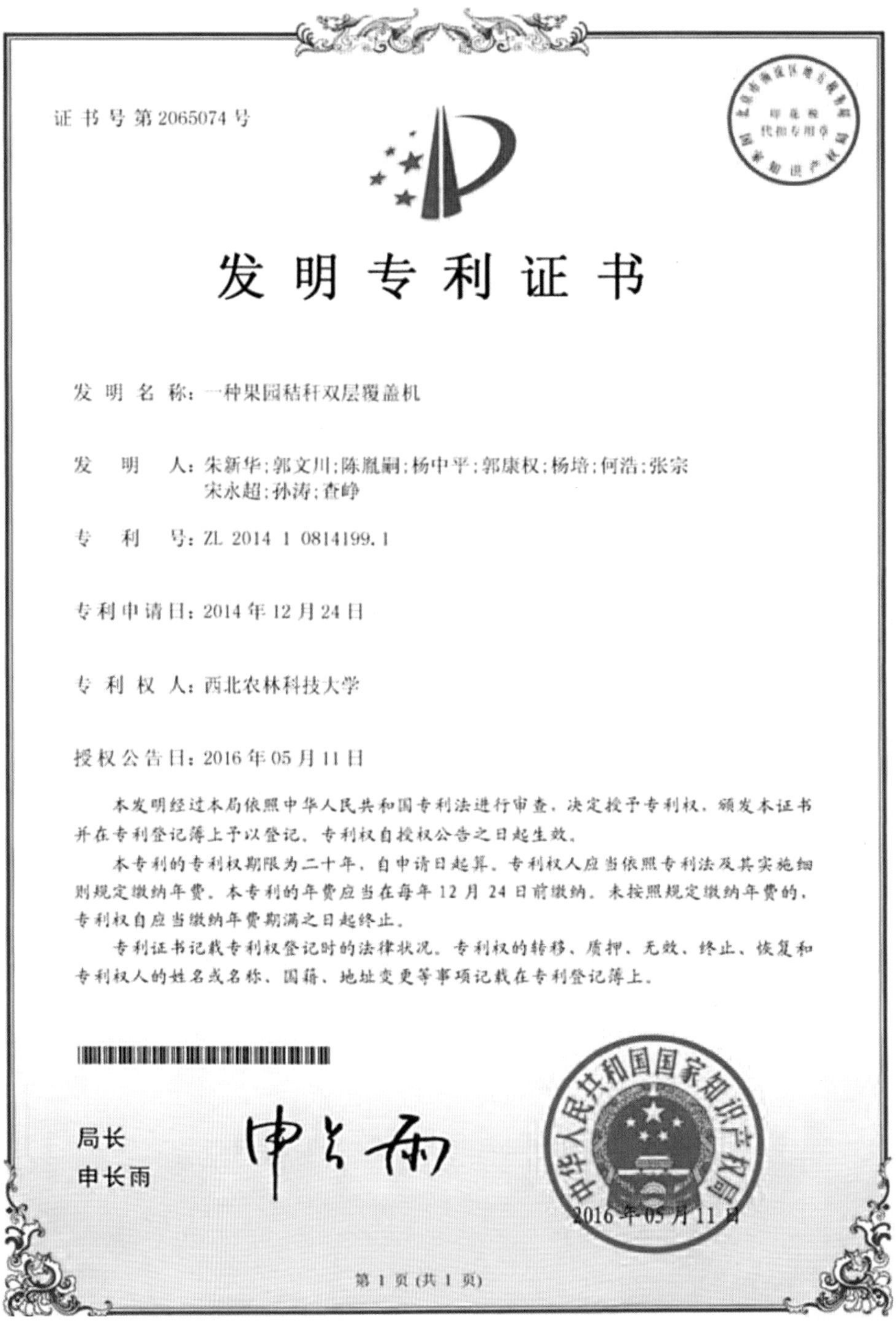

证书号第2065074号

发明专利证书

发明名称：一种果园秸秆双层覆盖机

发明人：朱新华;郭文川;陈胤嗣;杨中平;郭康权;杨培;何浩;张宗
宋永超;孙涛;查峥

专利号：ZL 2014 1 0814199.1

专利申请日：2014年12月24日

专利权人：西北农林科技大学

授权公告日：2016年05月11日

本发明经过本局依照中华人民共和国专利法进行审查，决定授予专利权，颁发本证书并在专利登记簿上予以登记。专利权自授权公告之日起生效。

本专利的专利权期限为二十年，自申请日起算。专利权人应当依照专利法及其实施细则规定缴纳年费。本专利的年费应当在每年12月24日前缴纳。未按照规定缴纳年费的，专利权自应当缴纳年费期满之日起终止。

专利证书记载专利权登记时的法律状况。专利权的转移、质押、无效、终止、恢复和专利权人的姓名或名称、国籍、地址变更等事项记载在专利登记簿上。

局长
申长雨

中华人民共和国国家知识产权局
2016年05月11日

第1页（共1页）

34. 一种旋转阻流式反应器及反应系统（ZL201720765492.2）

完成单位：中国农业大学

认可情况：授权

完成时间：2018年

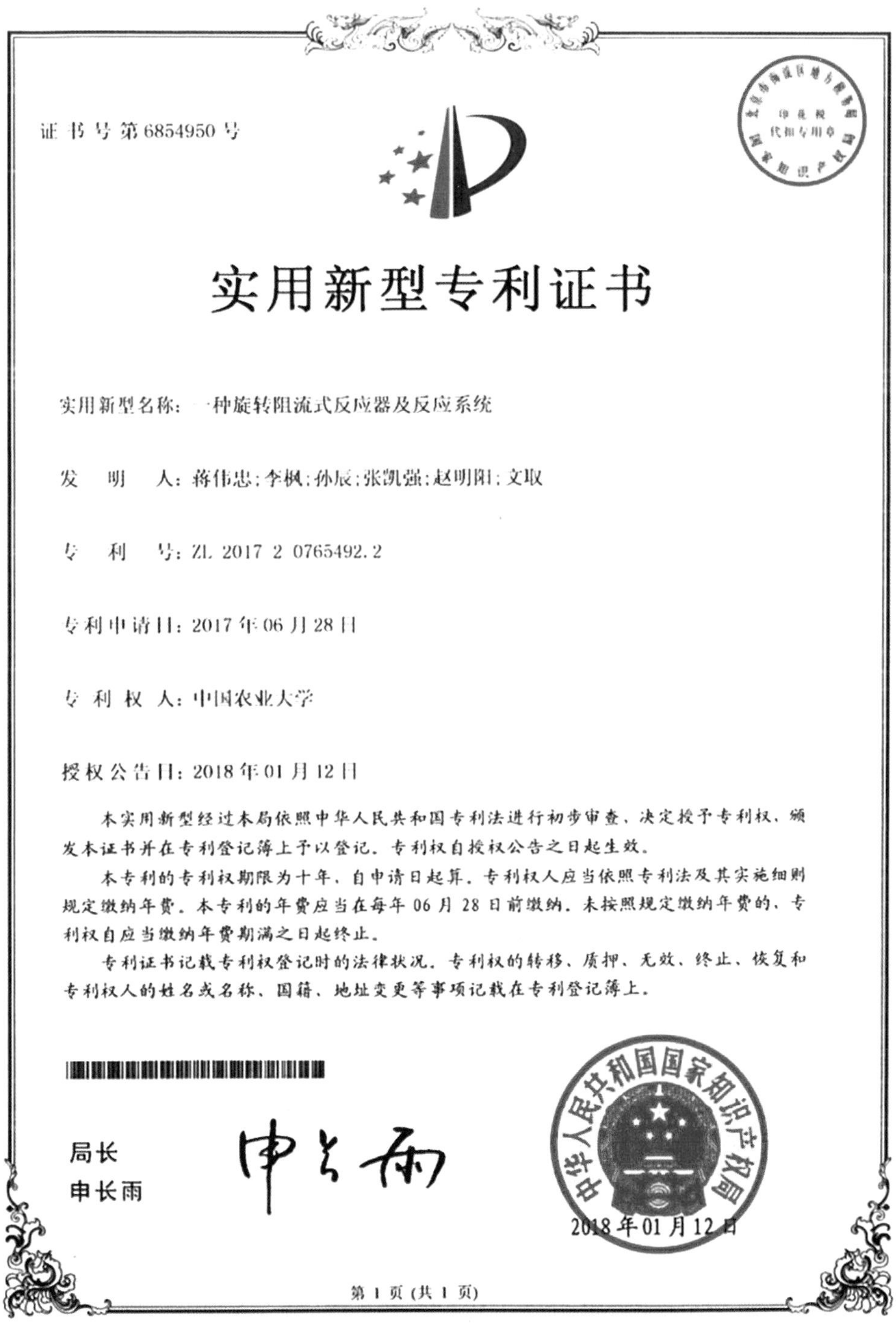

证书号第6854950号

实用新型专利证书

实用新型名称：一种旋转阻流式反应器及反应系统

发　明　人：蒋伟忠；李枫；孙辰；张凯强；赵明阳；文取

专　利　号：ZL 2017 2 0765492.2

专利申请日：2017年06月28日

专 利 权 人：中国农业大学

授权公告日：2018年01月12日

本实用新型经过本局依照中华人民共和国专利法进行初步审查，决定授予专利权，颁发本证书并在专利登记簿上予以登记。专利权自授权公告之日起生效。

本专利的专利权期限为十年，自申请日起算。专利权人应当依照专利法及其实施细则规定缴纳年费。本专利的年费应当在每年06月28日前缴纳。未按照规定缴纳年费的，专利权自应当缴纳年费期满之日起终止。

专利证书记载专利权登记时的法律状况。专利权的转移、质押、无效、终止、恢复和专利权人的姓名或名称、国籍、地址变更等事项记载在专利登记簿上。

局长
申长雨

中华人民共和国国家知识产权局
2018年01月12日

第1页（共1页）

35. 一种农作物秸秆好氧发酵的实验装置（ZL201720930414.3）

完成单位：中国农业大学

认可情况：授权

完成时间：2018年

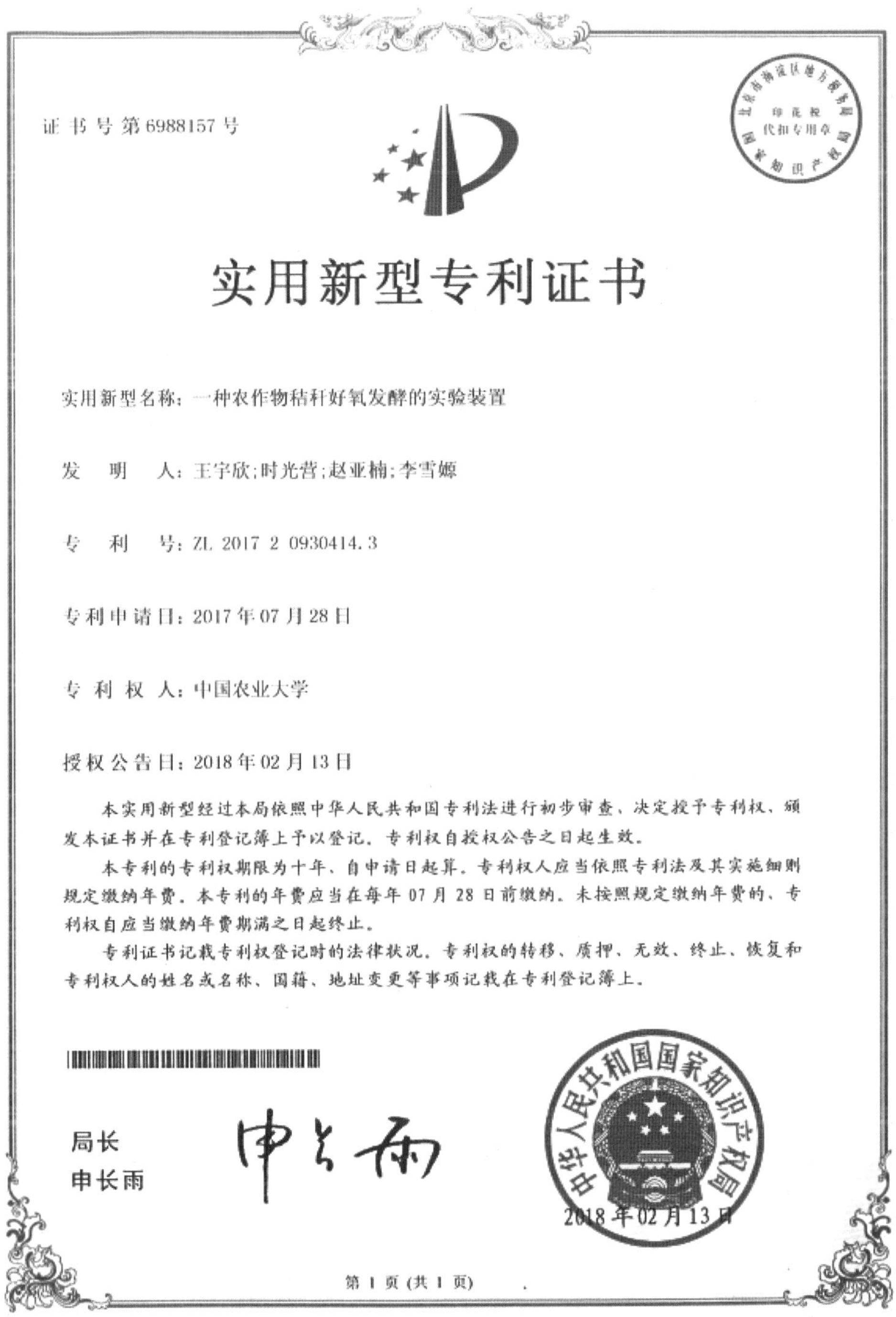

证书号第6988157号

实用新型专利证书

实用新型名称：一种农作物秸秆好氧发酵的实验装置

发　明　人：王宇欣；时光营；赵亚楠；李雪嫄

专　利　号：ZL 2017 2 0930414.3

专利申请日：2017年07月28日

专 利 权 人：中国农业大学

授权公告日：2018年02月13日

本实用新型经过本局依照中华人民共和国专利法进行初步审查，决定授予专利权，颁发本证书并在专利登记簿上予以登记。专利权自授权公告日起生效。

本专利的专利权期限为十年，自申请日起算。专利权人应当依照专利法及其实施细则规定缴纳年费。本专利的年费应当在每年07月28日前缴纳。未按照规定缴纳年费的，专利权自应当缴纳年费期满之日起终止。

专利证书记载专利权登记时的法律状况。专利权的转移、质押、无效、终止、恢复和专利权人的姓名或名称、国籍、地址变更等事项记载在专利登记簿上。

局长
申长雨

中华人民共和国国家知识产权局
2018年02月13日

第1页（共1页）

36. 一种果树枝条发酵料的制备方法及含有制备的发酵料的果蔬栽培和育苗基质（ZL201710866438.1）

完成单位：宁夏农林科学院

认可情况：授权

完成时间：2020年

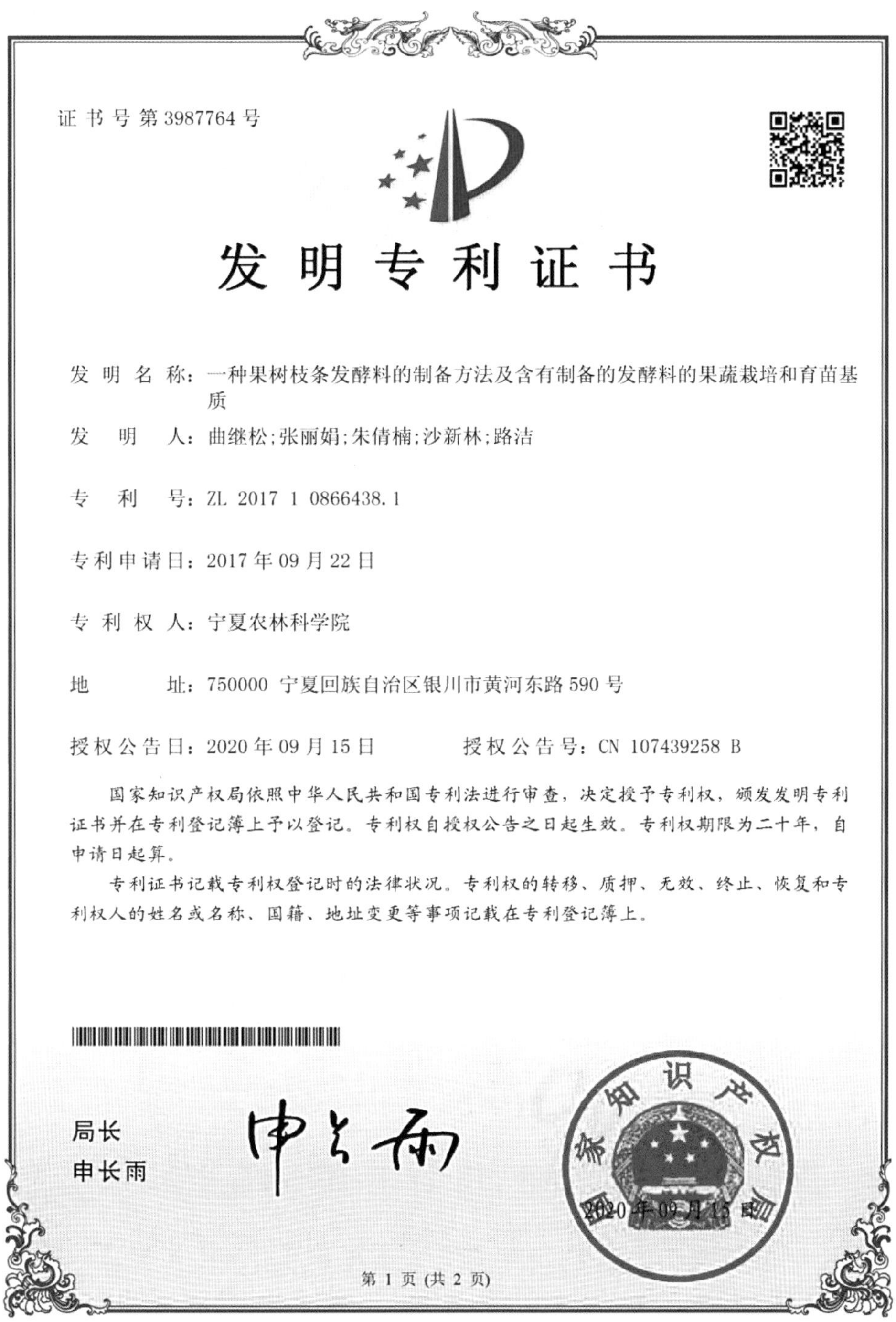

证书号第3987764号

发明专利证书

发明名称：一种果树枝条发酵料的制备方法及含有制备的发酵料的果蔬栽培和育苗基质

发明人：曲继松;张丽娟;朱倩楠;沙新林;路洁

专利号：ZL 2017 1 0866438.1

专利申请日：2017年09月22日

专利权人：宁夏农林科学院

地址：750000 宁夏回族自治区银川市黄河东路590号

授权公告日：2020年09月15日　　授权公告号：CN 107439258 B

国家知识产权局依照中华人民共和国专利法进行审查，决定授予专利权，颁发发明专利证书并在专利登记簿上予以登记。专利权自授权公告之日起生效。专利权期限为二十年，自申请日起算。

专利证书记载专利权登记时的法律状况。专利权的转移、质押、无效、终止、恢复和专利权人的姓名或名称、国籍、地址变更等事项记载在专利登记簿上。

局长
申长雨

国家知识产权局
2020年09月15日

第1页（共2页）

37. **一种果园秸秆与表土分层覆盖机**（ZL 201520598218.1）

完成单位：西北农林科技大学

认可情况：授权

完成时间：2016年

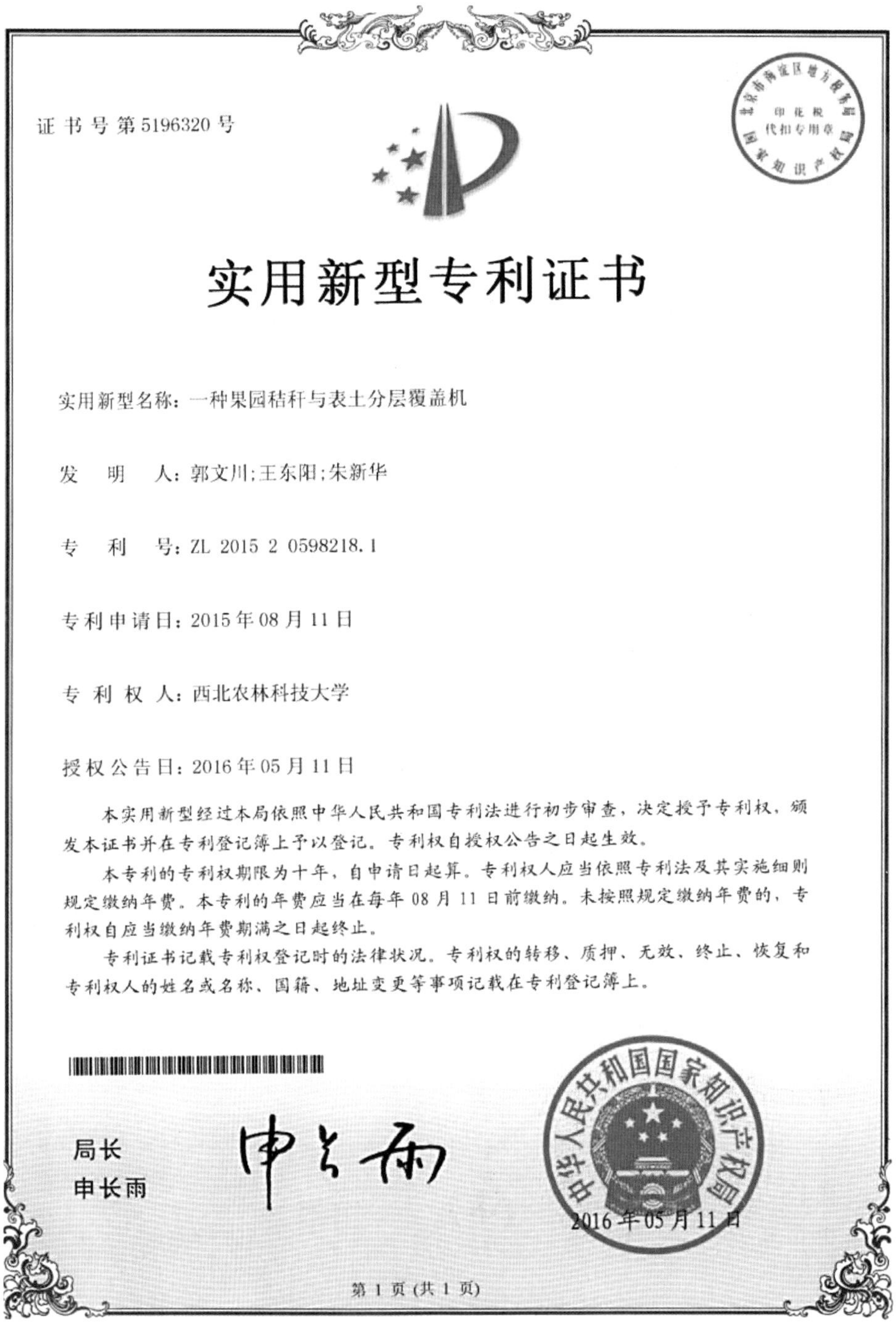

证书号第5196320号

实用新型专利证书

实用新型名称：一种果园秸秆与表土分层覆盖机

发　明　人：郭文川;王东阳;朱新华

专　利　号：ZL 2015 2 0598218.1

专利申请日：2015年08月11日

专 利 权 人：西北农林科技大学

授权公告日：2016年05月11日

本实用新型经过本局依照中华人民共和国专利法进行初步审查，决定授予专利权，颁发本证书并在专利登记簿上予以登记。专利权自授权公告之日起生效。

本专利的专利权期限为十年，自申请日起算。专利权人应当依照专利法及其实施细则规定缴纳年费。本专利的年费应当在每年08月11日前缴纳。未按照规定缴纳年费的，专利权自应当缴纳年费期满之日起终止。

专利证书记载专利权登记时的法律状况。专利权的转移、质押、无效、终止、恢复和专利权人的姓名或名称、国籍、地址变更等事项记载在专利登记簿上。

局长
申长雨

2016年05月11日

第1页（共1页）

38. 一种V形分土铲（ZL 21621199167.6）

完成单位：西北农林科技大学

认可情况：授权

完成时间：2017年

证书号第6140959号

实用新型专利证书

实用新型名称：一种V形分土铲

发　明　人：郭文川；王东阳；朱新华；查峥；邓海涛

专　利　号：ZL 2016 2 1199167.6

专利申请日：2016年11月07日

专 利 权 人：西北农林科技大学

授权公告日：2017年05月10日

本实用新型经过本局依照中华人民共和国专利法进行初步审查，决定授予专利权，颁发本证书并在专利登记簿上予以登记。专利权自授权公告之日起生效。

本专利的专利权期限为十年，自申请日起算。专利权人应当依照专利法及其实施细则规定缴纳年费。本专利的年费应当在每年11月07日前缴纳。未按照规定缴纳年费的，专利权自应当缴纳年费期满之日起终止。

专利证书记载专利权登记时的法律状况。专利权的转移、质押、无效、终止、恢复和专利权人的姓名或名称、国籍、地址变更等事项记载在专利登记簿上。

局长
申长雨

中华人民共和国国家知识产权局
2017年05月10日

第 1 页 (共 1 页)

39. 一种果园秸秆覆盖机液压系统（ZL 201621199156.8）

完成单位：西北农林科技大学

认可情况：授权

完成时间：2017年

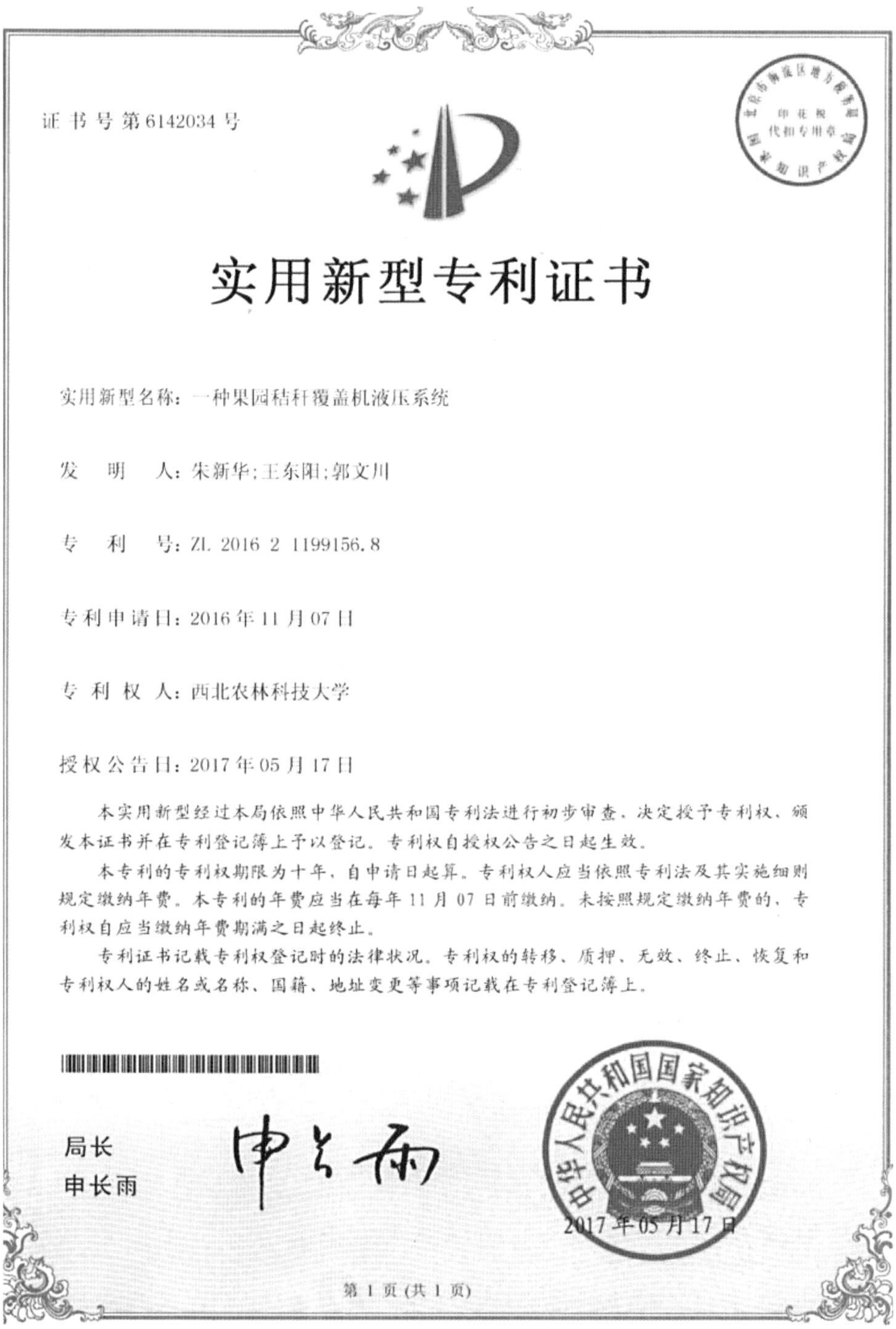

证书号第6142034号

实用新型专利证书

实用新型名称：一种果园秸秆覆盖机液压系统

发　明　人：朱新华；王东阳；郭文川

专　利　号：ZL 2016 2 1199156.8

专利申请日：2016年11月07日

专 利 权 人：西北农林科技大学

授权公告日：2017年05月17日

本实用新型经过本局依照中华人民共和国专利法进行初步审查，决定授予专利权，颁发本证书并在专利登记簿上予以登记。专利权自授权公告之日起生效。

本专利的专利权期限为十年，自申请日起算。专利权人应当依照专利法及其实施细则规定缴纳年费。本专利的年费应当在每年11月07日前缴纳。未按照规定缴纳年费的，专利权自应当缴纳年费期满之日起终止。

专利证书记载专利权登记时的法律状况。专利权的转移、质押、无效、终止、恢复和专利权人的姓名或名称、国籍、地址变更等事项记载在专利登记簿上。

局长
申长雨

中华人民共和国国家知识产权局

2017年05月17日

第1页（共1页）

40. 一种螺旋分土器（ZL 201621199427.X）

完成单位：西北农林科技大学

认可情况：授权

完成时间：2017年

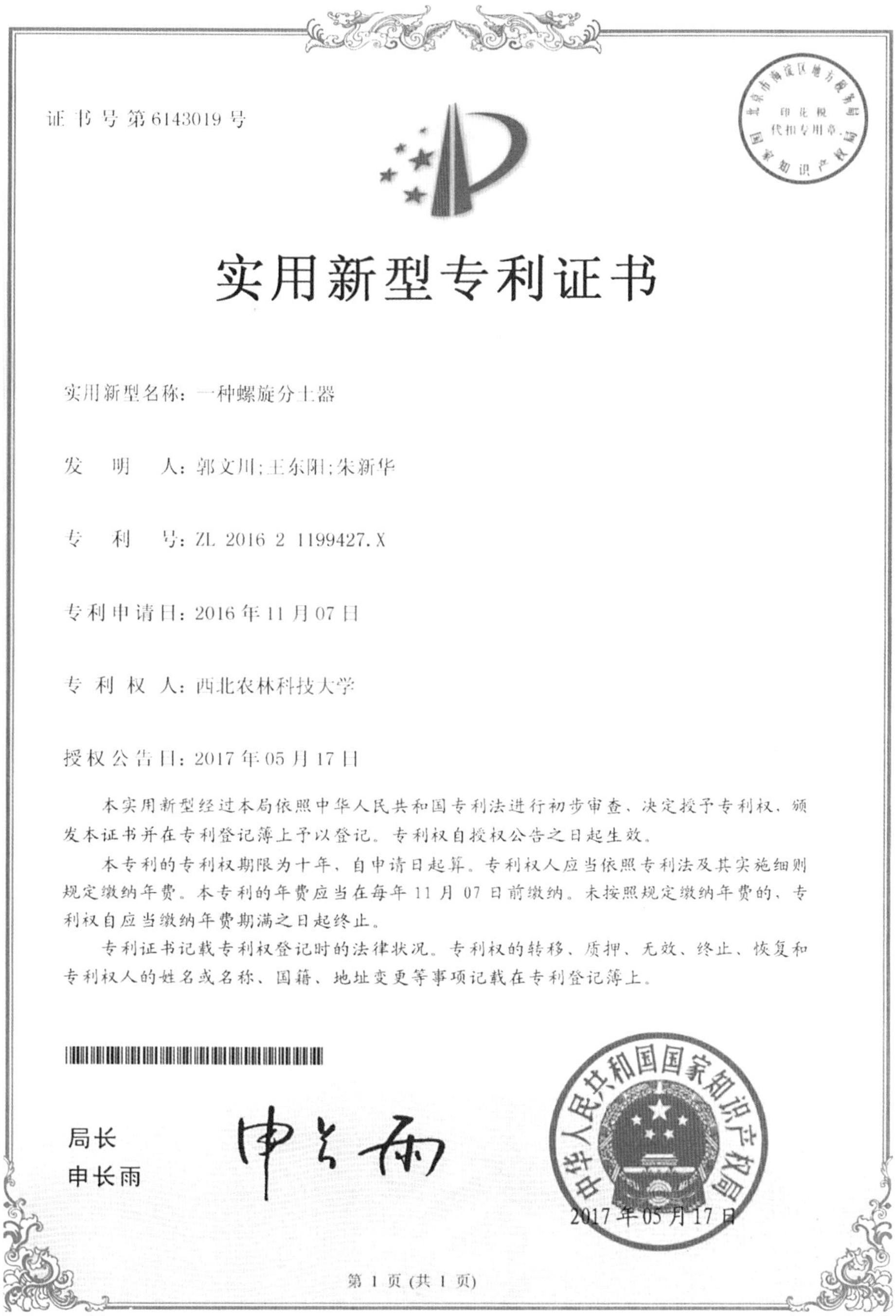

证书号第6143019号

实用新型专利证书

实用新型名称：一种螺旋分土器

发　明　人：郭文川；王东阳；朱新华

专　利　号：ZL 2016 2 1199427.X

专利申请日：2016年11月07日

专　利　权　人：西北农林科技大学

授权公告日：2017年05月17日

本实用新型经过本局依照中华人民共和国专利法进行初步审查，决定授予专利权，颁发本证书并在专利登记簿上予以登记。专利权自授权公告之日起生效。

本专利的专利权期限为十年，自申请日起算。专利权人应当依照专利法及其实施细则规定缴纳年费。本专利的年费应当在每年11月07日前缴纳。未按照规定缴纳年费的，专利权自应当缴纳年费期满之日起终止。

专利证书记载专利权登记时的法律状况。专利权的转移、质押、无效、终止、恢复和专利权人的姓名或名称、国籍、地址变更等事项记载在专利登记簿上。

局长
申长雨

中华人民共和国国家知识产权局
2017年05月17日

第1页（共1页）

41. 一种双螺旋覆土式果园秸秆覆盖机（ZL 201621199428.4）

完成单位：西北农林科技大学

认可情况：授权

完成时间：2017年

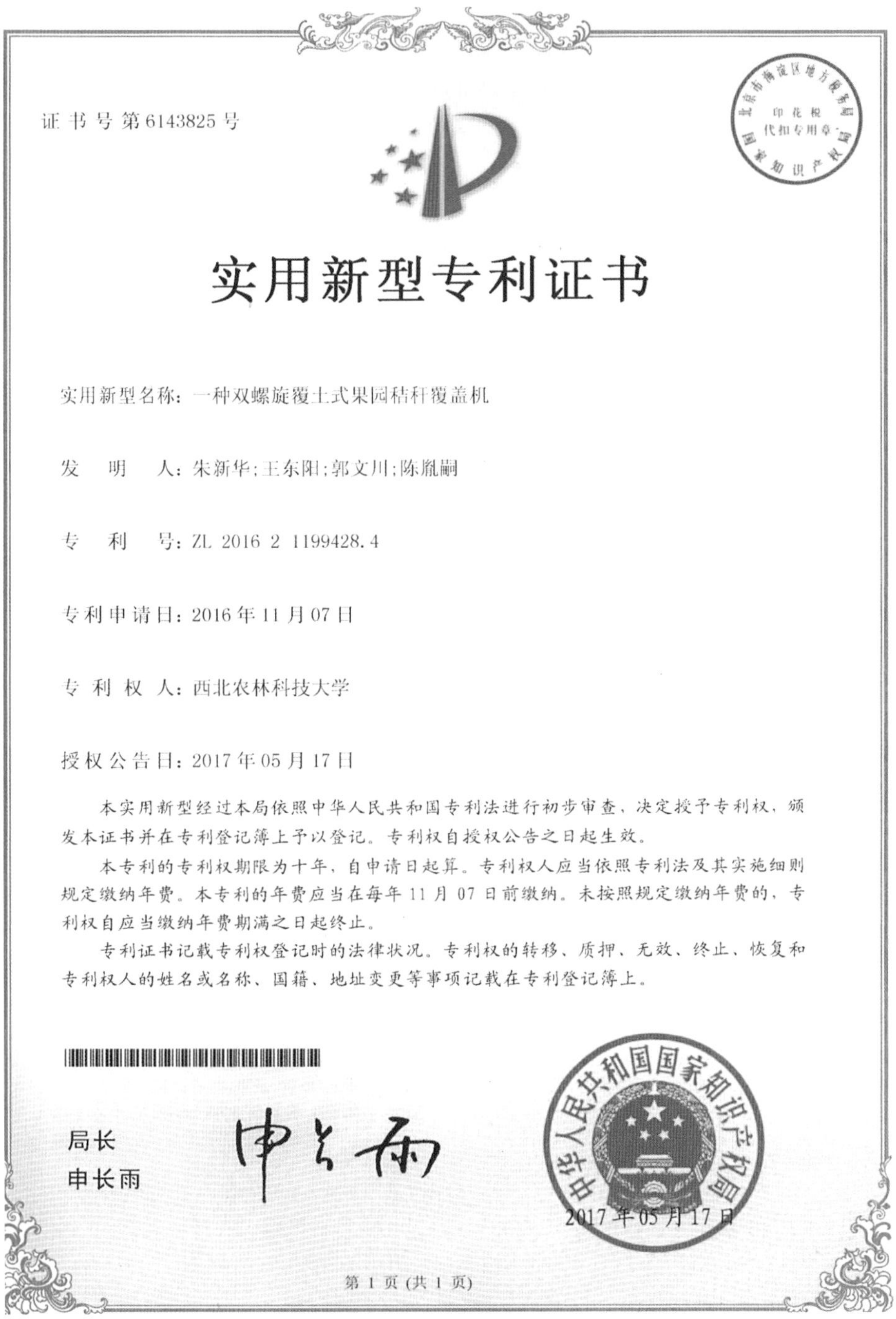

证书号第6143825号

实用新型专利证书

实用新型名称：一种双螺旋覆土式果园秸秆覆盖机

发　明　人：朱新华；王东阳；郭文川；陈胤嗣

专　利　号：ZL 2016 2 1199428.4

专利申请日：2016年11月07日

专 利 权 人：西北农林科技大学

授权公告日：2017年05月17日

本实用新型经过本局依照中华人民共和国专利法进行初步审查，决定授予专利权，颁发本证书并在专利登记簿上予以登记。专利权自授权公告之日起生效。

本专利的专利权期限为十年，自申请日起算。专利权人应当依照专利法及其实施细则规定缴纳年费。本专利的年费应当在每年11月07日前缴纳。未按照规定缴纳年费的，专利权自应当缴纳年费期满之日起终止。

专利证书记载专利权登记时的法律状况。专利权的转移、质押、无效、终止、恢复和专利权人的姓名或名称、国籍、地址变更等事项记载在专利登记簿上。

局长
申长雨

中华人民共和国国家知识产权局
2017年05月17日

第1页（共1页）

42. 一种履带式果园秸秆覆盖机（ZL 201621199168.0）

完成单位：西北农林科技大学

认可情况：授权

完成时间：2017年

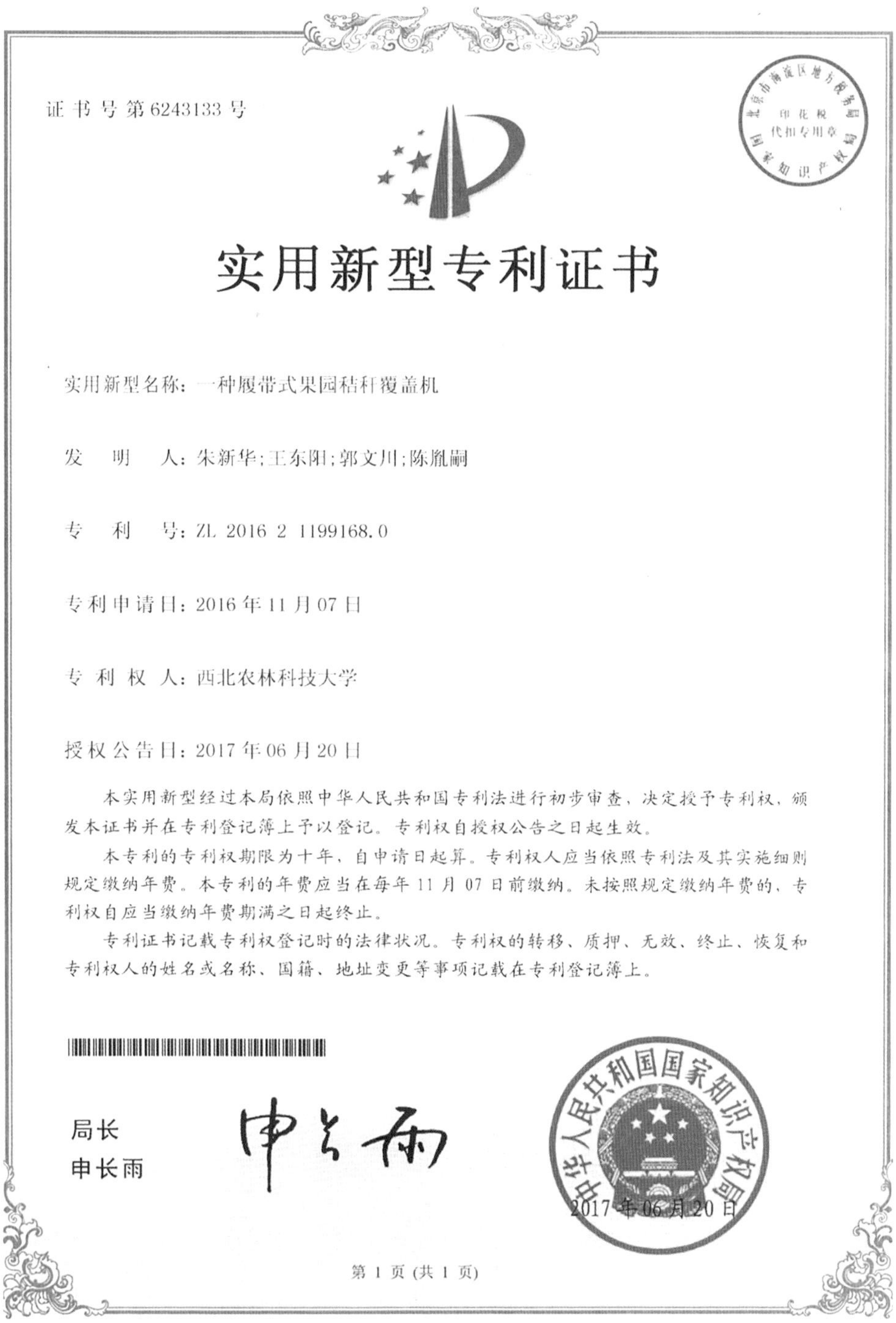

证书号第6243133号

实用新型专利证书

实用新型名称：一种履带式果园秸秆覆盖机

发 明 人：朱新华；王东阳；郭文川；陈胤嗣

专 利 号：ZL 2016 2 1199168.0

专利申请日：2016年11月07日

专 利 权 人：西北农林科技大学

授权公告日：2017年06月20日

本实用新型经过本局依照中华人民共和国专利法进行初步审查，决定授予专利权，颁发本证书并在专利登记簿上予以登记。专利权自授权公告之日起生效。

本专利的专利权期限为十年，自申请日起算。专利权人应当依照专利法及其实施细则规定缴纳年费。本专利的年费应当在每年11月07日前缴纳。未按照规定缴纳年费的，专利权自应当缴纳年费期满之日起终止。

专利证书记载专利权登记时的法律状况。专利权的转移、质押、无效、终止、恢复和专利权人的姓名或名称、国籍、地址变更等事项记载在专利登记簿上。

局长
申长雨

中华人民共和国国家知识产权局
2017年06月20日

第1页（共1页）

43. 一种设施农业授粉昆虫大头金蝇的简易释放装置（ZL201720675332.9）

完成单位：华中农业大学

认可情况：授权

完成时间：2018年

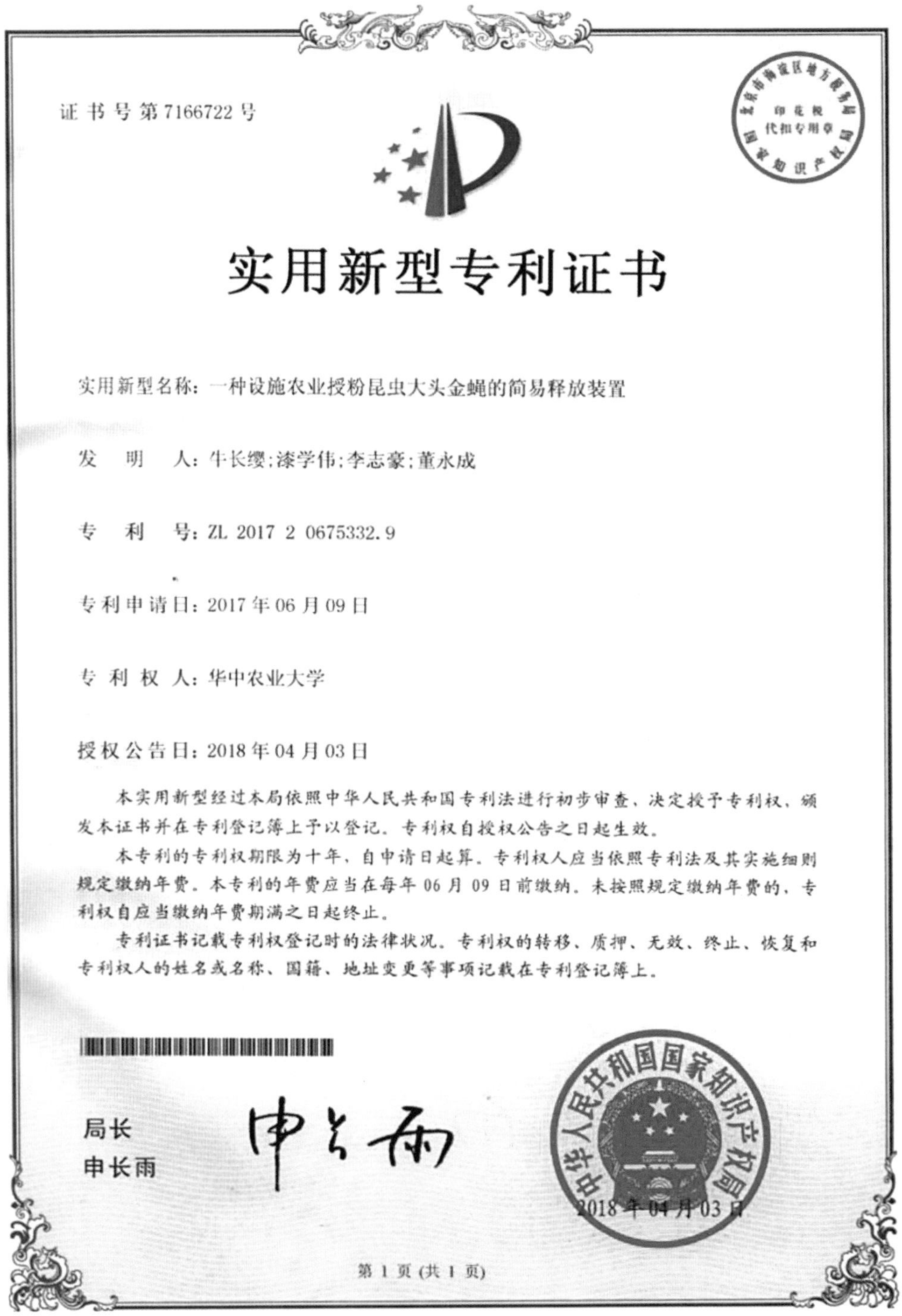

证书号第7166722号

实用新型专利证书

实用新型名称：一种设施农业授粉昆虫大头金蝇的简易释放装置

发　明　人：牛长缨；漆学伟；李志豪；董永成

专　利　号：ZL 2017 2 0675332.9

专利申请日：2017年06月09日

专利权人：华中农业大学

授权公告日：2018年04月03日

本实用新型经过本局依照中华人民共和国专利法进行初步审查，决定授予专利权，颁发本证书并在专利登记簿上予以登记。专利权自授权公告之日起生效。

本专利的专利权期限为十年，自申请日起算。专利权人应当依照专利法及其实施细则规定缴纳年费。本专利的年费应当在每年06月09日前缴纳。未按照规定缴纳年费的，专利权自应当缴纳年费期满之日起终止。

专利证书记载专利权登记时的法律状况。专利权的转移、质押、无效、终止、恢复和专利权人的姓名或名称、国籍、地址变更等事项记载在专利登记簿上。

局长
申长雨

中华人民共和国国家知识产权局

2018年04月03日

第1页（共1页）

44. 一种抖动板式车厢送料装置（ZL 201721487400.5）

完成单位：西北农林科技大学

认可情况：授权

完成时间：2018 年

证书号第7634564号

实用新型专利证书

实用新型名称：一种抖动板式车厢送料装置

发　明　人：朱新华；高向瑜；房效东；王晓瑜；何晋普

专　利　号：ZL 2017 2 1487400.5

专利申请日：2017年11月09日

专 利 权 人：西北农林科技大学

地　　　址：712100 陕西省咸阳市杨凌示范区邰城路3号

授权公告日：2018年07月24日　　　授权公告号：CN 207639115 U

本实用新型经过本局依照中华人民共和国专利法进行初步审查，决定授予专利权，颁发本证书并在专利登记簿上予以登记。专利权自授权公告之日起生效。

本专利的专利权期限为十年，自申请日起算。专利权人应当依照专利法及其实施细则规定缴纳年费。本专利的年费应当在每年11月09日前缴纳。未按照规定缴纳年费的，专利权自应当缴纳年费期满之日起终止。

专利证书记载专利权登记时的法律状况。专利权的转移、质押、无效、终止、恢复和专利权人的姓名或名称、国籍、地址变更等事项记载在专利登记簿上。

局长
申长雨

国家知识产权局
2018年07月24日

第1页（共1页）

45. **一种卷枝毛霉在降解高效氯氟氰菊酯中的应用**（ZL201910382930.0）

完成单位：新疆农业科学院微生物应用研究所

认可情况：授权

完成时间：2021年

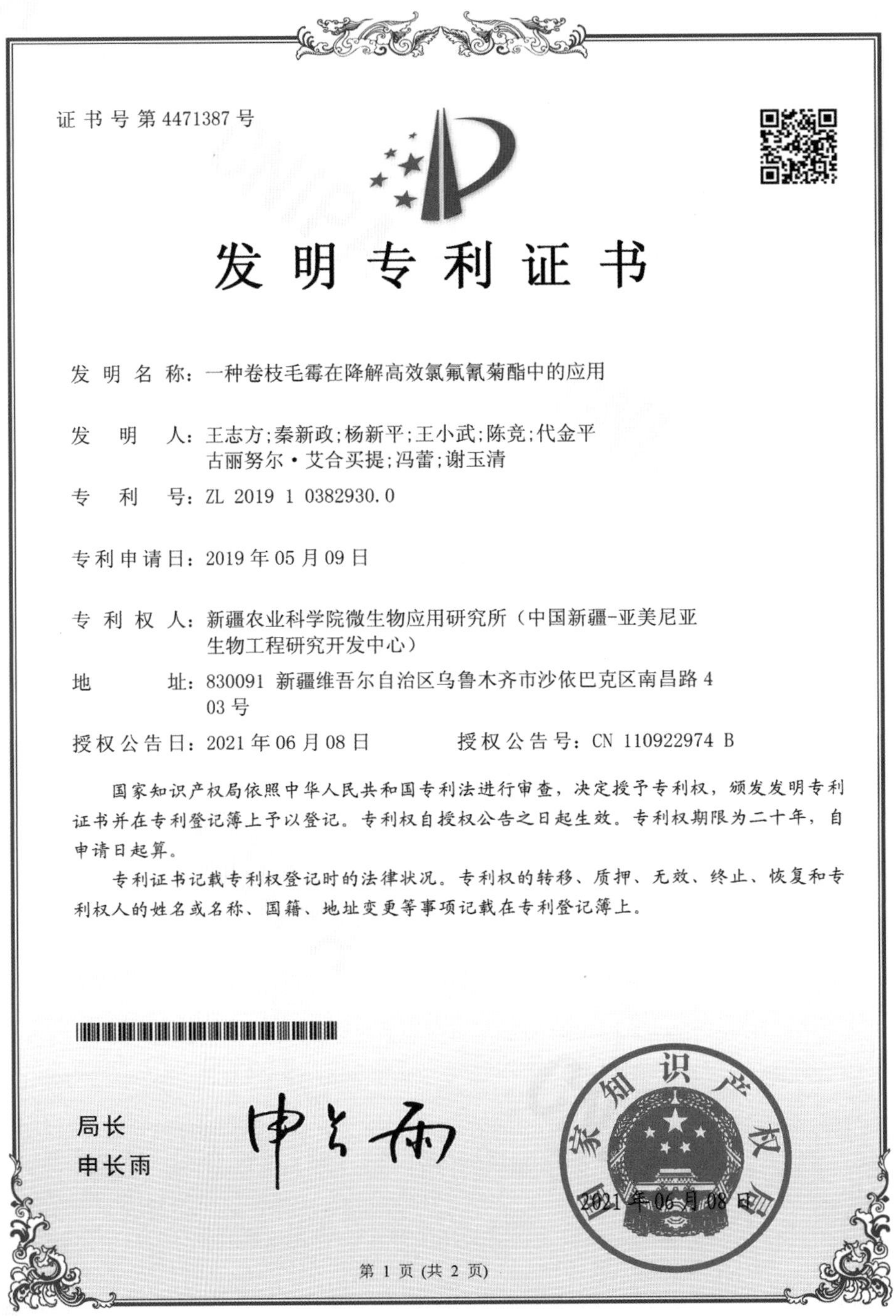
证书号第4471387号

发明专利证书

发 明 名 称：一种卷枝毛霉在降解高效氯氟氰菊酯中的应用

发 明 人：王志方;秦新政;杨新平;王小武;陈竞;代金平
古丽努尔·艾合买提;冯蕾;谢玉清

专 利 号：ZL 2019 1 0382930.0

专利申请日：2019年05月09日

专 利 权 人：新疆农业科学院微生物应用研究所（中国新疆-亚美尼亚生物工程研究开发中心）

地 址：830091 新疆维吾尔自治区乌鲁木齐市沙依巴克区南昌路403号

授权公告日：2021年06月08日　　授权公告号：CN 110922974 B

国家知识产权局依照中华人民共和国专利法进行审查，决定授予专利权，颁发发明专利证书并在专利登记簿上予以登记。专利权自授权公告之日起生效。专利权期限为二十年，自申请日起算。

专利证书记载专利权登记时的法律状况。专利权的转移、质押、无效、终止、恢复和专利权人的姓名或名称、国籍、地址变更等事项记载在专利登记簿上。

局长
申长雨

2021年06月08日

第1页（共2页）

46. 一种鉴定双孢蘑菇同核不育单孢菌株及其交配型的方法及引物（ZL201810487586.7）

完成单位：上海市农业科学院

认可情况：授权

完成时间：2022年

证书号第5024610号

发明专利证书

发明名称：一种鉴定双孢蘑菇同核不育单孢菌株及其交配型的方法及引物

发明人：陈辉;张津京;汪虹;黄建春;王倩

专利号：ZL 2018 1 0487586.7

专利申请日：2018年05月21日

专利权人：上海市农业科学院

地址：200000 上海市闵行区北翟路2901号

授权公告日：2022年03月25日　　授权公告号：CN 108611435 B

国家知识产权局依照中华人民共和国专利法进行审查，决定授予专利权，颁发发明专利证书并在专利登记簿上予以登记。专利权自授权公告之日起生效。专利权期限为二十年，自申请日起算。

专利证书记载专利权登记时的法律状况。专利权的转移、质押、无效、终止、恢复和专利权人的姓名或名称、国籍、地址变更等事项记载在专利登记簿上。

局长
申长雨

国家知识产权局
2022年03月25日

第1页（共2页）

47. 一种适用于阳台种植的智能栽培钵体（ZL201420795467.5）

完成单位：中国农业大学

认可情况：授权

完成时间：2015年

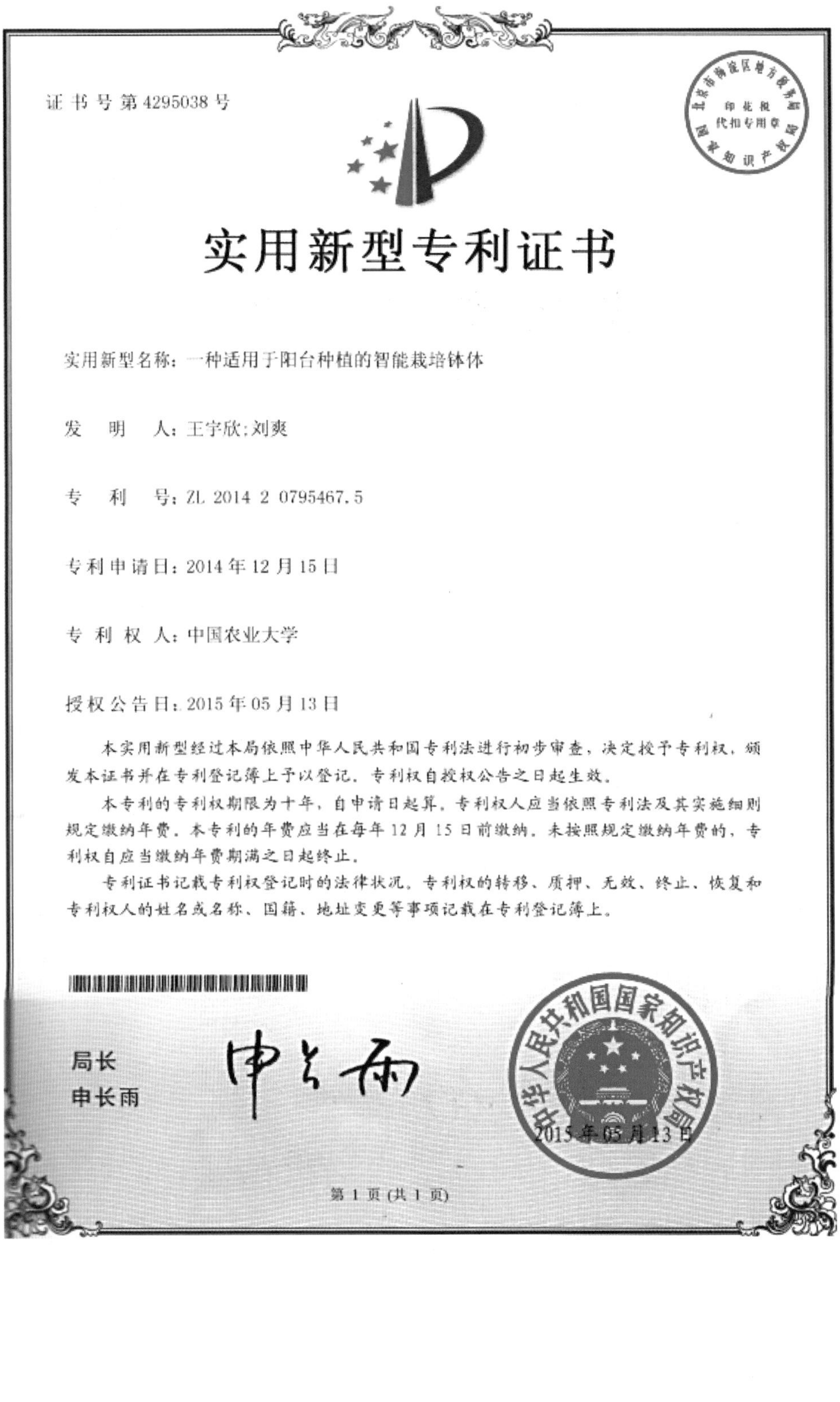

证书号第4295038号

实用新型专利证书

实用新型名称：一种适用于阳台种植的智能栽培钵体

发 明 人：王宇欣；刘爽

专 利 号：ZL 2014 2 0795467.5

专利申请日：2014年12月15日

专 利 权 人：中国农业大学

授权公告日：2015年05月13日

本实用新型经过本局依照中华人民共和国专利法进行初步审查，决定授予专利权，颁发本证书并在专利登记簿上予以登记。专利权自授权公告之日起生效。

本专利的专利权期限为十年，自申请日起算。专利权人应当依照专利法及其实施细则规定缴纳年费。本专利的年费应当在每年12月15日前缴纳。未按照规定缴纳年费的，专利权自应当缴纳年费期满之日起终止。

专利证书记载专利权登记时的法律状况。专利权的转移、质押、无效、终止、恢复和专利权人的姓名或名称、国籍、地址变更等事项记载在专利登记簿上。

局长
申长雨

中华人民共和国国家知识产权局
2015年05月13日

第1页（共1页）

48. 一种有机固体废弃物研磨装置（ZL201820495135.3）

完成单位：中国农业大学

认可情况：授权

完成时间：2018年

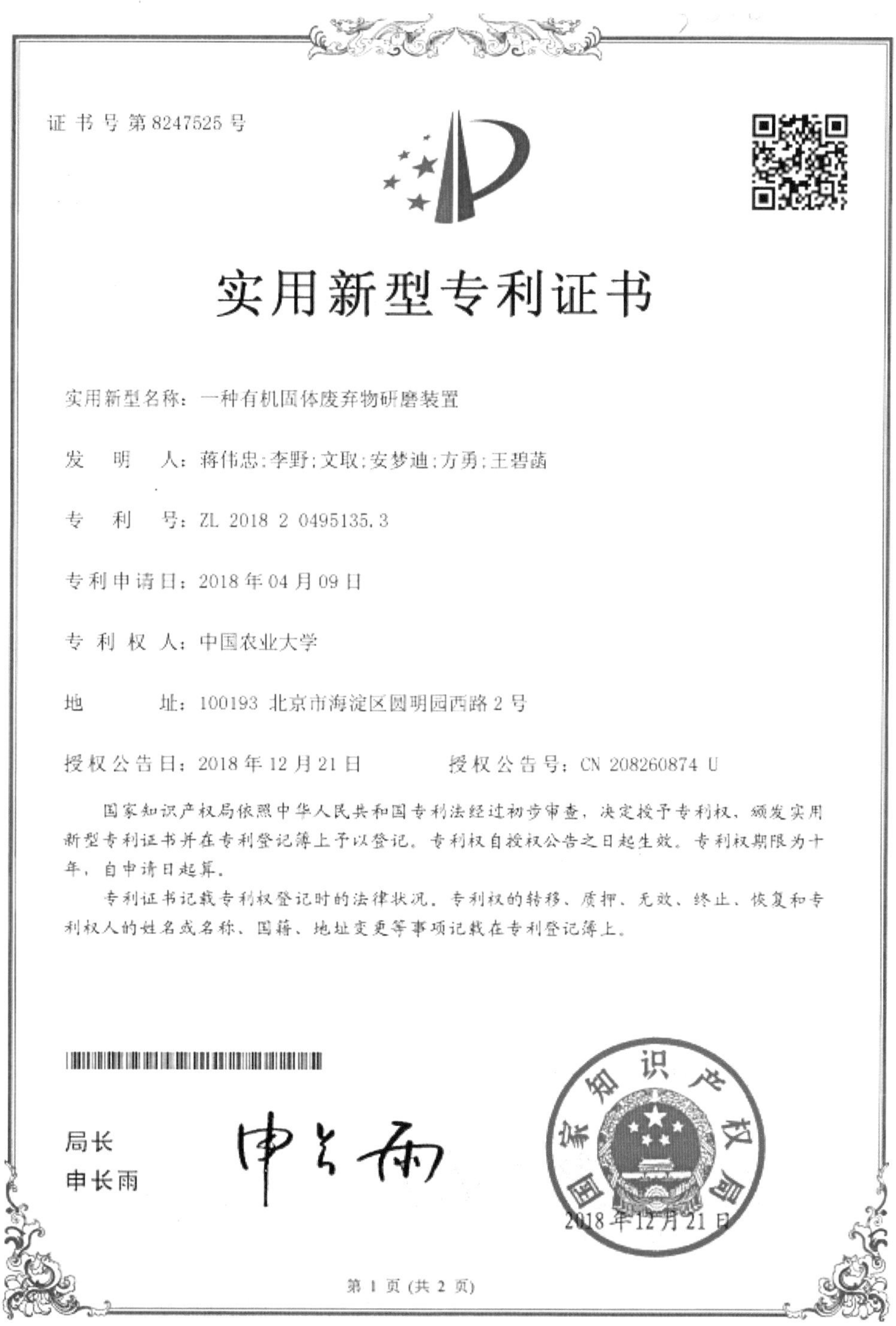

证书号第8247525号

实用新型专利证书

实用新型名称：一种有机固体废弃物研磨装置

发　明　人：蒋伟忠；李野；文取；安梦迪；方勇；王碧菡

专　利　号：ZL 2018 2 0495135.3

专利申请日：2018年04月09日

专利权人：中国农业大学

地　　址：100193 北京市海淀区圆明园西路2号

授权公告日：2018年12月21日　　授权公告号：CN 208260874 U

国家知识产权局依照中华人民共和国专利法经过初步审查，决定授予专利权，颁发实用新型专利证书并在专利登记簿上予以登记。专利权自授权公告之日起生效。专利权期限为十年，自申请日起算。

专利证书记载专利权登记时的法律状况。专利权的转移、质押、无效、终止、恢复和专利权人的姓名或名称、国籍、地址变更等事项记载在专利登记簿上。

局长
申长雨

国家知识产权局
2018年12月21日

第1页（共2页）

49. **一种载硼纤维素高吸水性树脂及其制备方法**（ZL201810508546.6）

完成单位：中国农业大学

认可情况：授权

完成时间：2020年

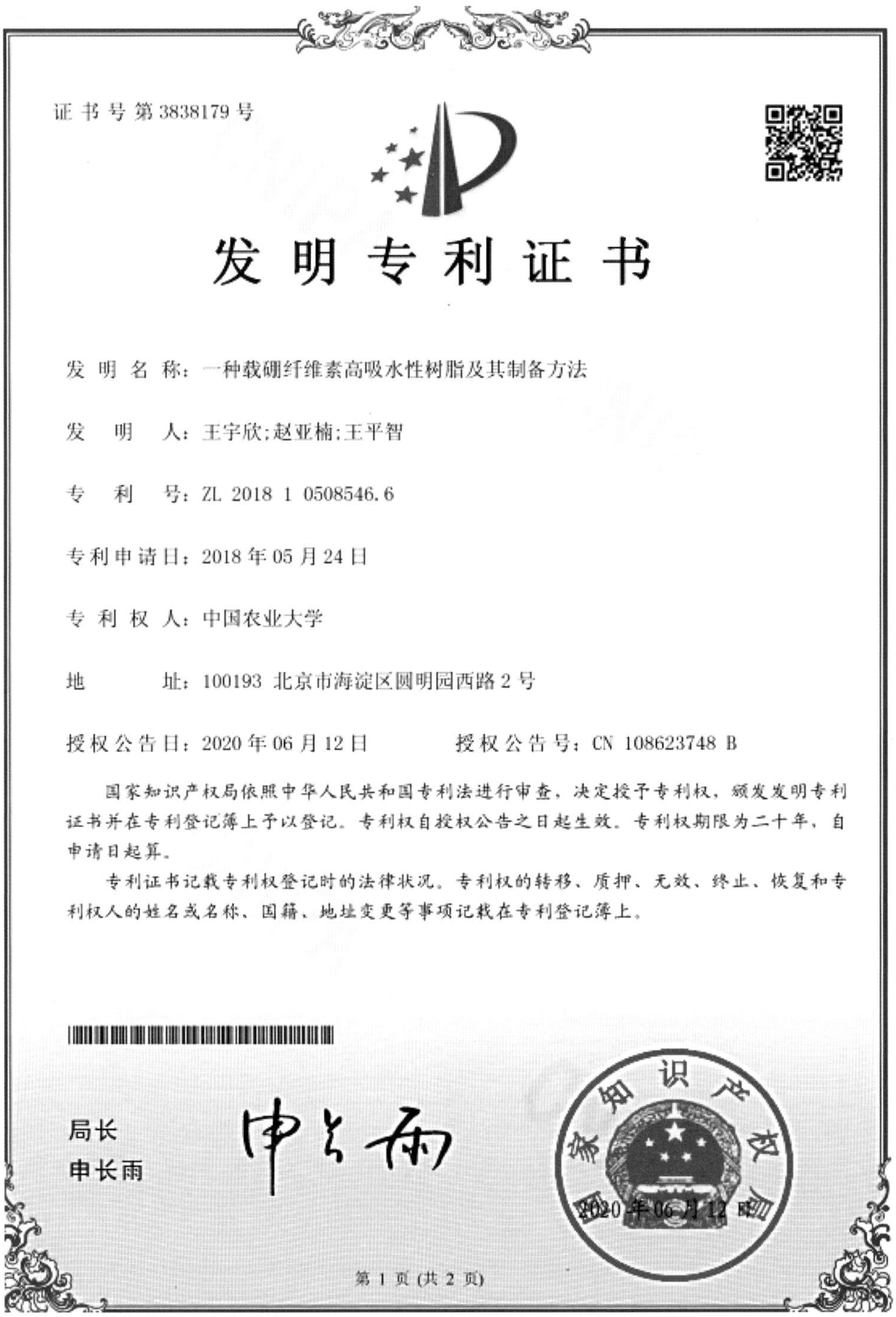

证书号第3838179号

发明专利证书

发 明 名 称：一种载硼纤维素高吸水性树脂及其制备方法

发　明　人：王宇欣;赵亚楠;王平智

专　利　号：ZL 2018 1 0508546.6

专利申请日：2018年05月24日

专 利 权 人：中国农业大学

地　　　址：100193 北京市海淀区圆明园西路2号

授权公告日：2020年06月12日　　　授权公告号：CN 108623748 B

国家知识产权局依照中华人民共和国专利法进行审查，决定授予专利权，颁发发明专利证书并在专利登记簿上予以登记。专利权自授权公告之日起生效。专利权期限为二十年，自申请日起算。

专利证书记载专利权登记时的法律状况。专利权的转移、质押、无效、终止、恢复和专利权人的姓名或名称、国籍、地址变更等事项记载在专利登记簿上。

局长
申长雨

国家知识产权局
2020年06月12日

第1页（共2页）

50.硼酸单甘脂单丙烯酸酯高吸水性树脂及其制备方法（ZL201810508893.9）

完成单位：中国农业大学

认可情况：授权

完成时间：2020年

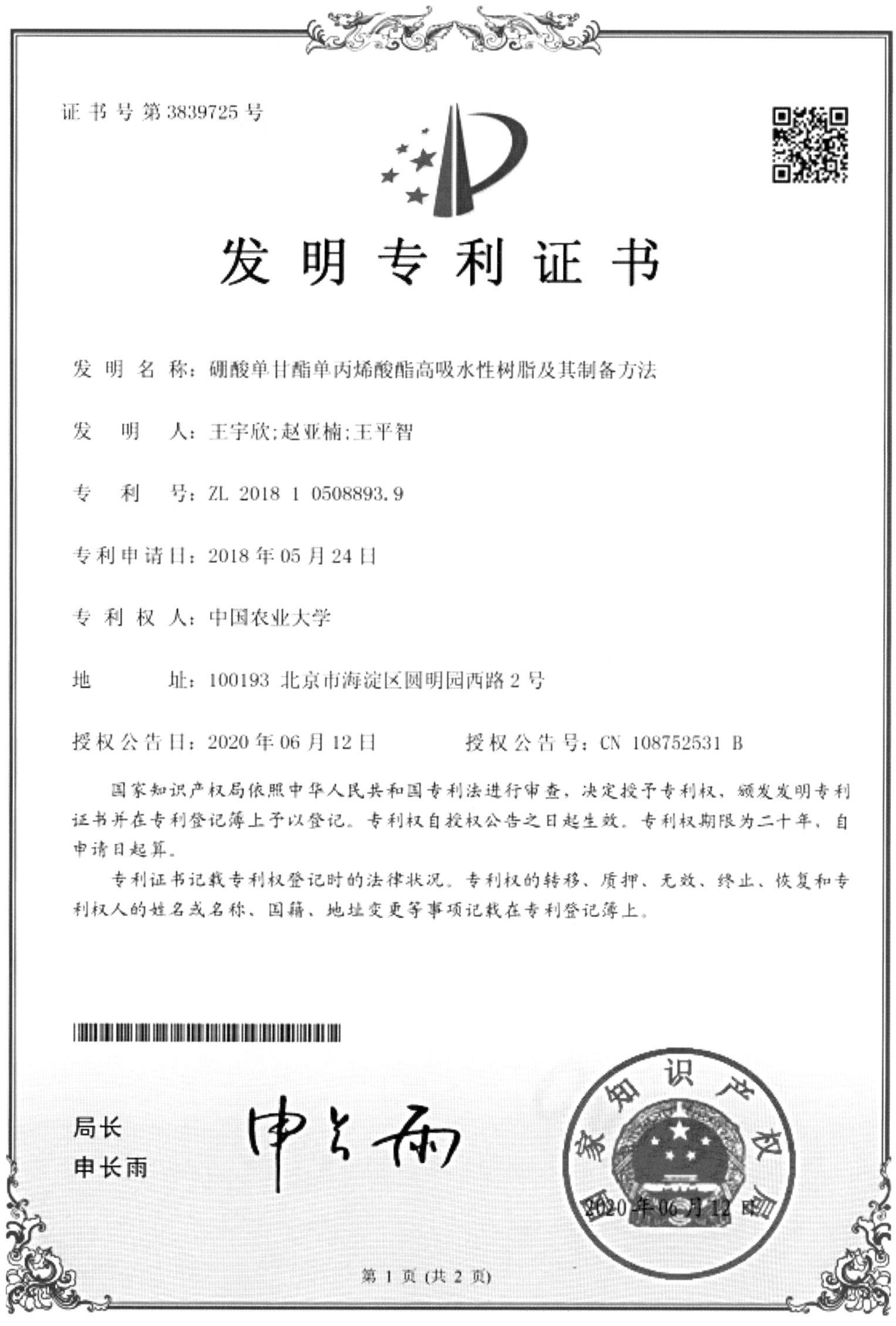

证书号第3839725号

发明专利证书

发明名称：硼酸单甘酯单丙烯酸酯高吸水性树脂及其制备方法

发明人：王宇欣;赵亚楠;王平智

专利号：ZL 2018 1 0508893.9

专利申请日：2018年05月24日

专利权人：中国农业大学

地址：100193 北京市海淀区圆明园西路2号

授权公告日：2020年06月12日　　授权公告号：CN 108752531 B

国家知识产权局依照中华人民共和国专利法进行审查，决定授予专利权，颁发发明专利证书并在专利登记簿上予以登记。专利权自授权公告之日起生效。专利权期限为二十年，自申请日起算。

专利证书记载专利权登记时的法律状况。专利权的转移、质押、无效、终止、恢复和专利权人的姓名或名称、国籍、地址变更等事项记载在专利登记簿上。

局长
申长雨

国家知识产权局
2020年06月12日

第1页（共2页）

51. 一种果园秸秆覆盖机（ZL 201420826405.6）

完成单位：西北农林科技大学

认可情况：授权

完成时间：2015年

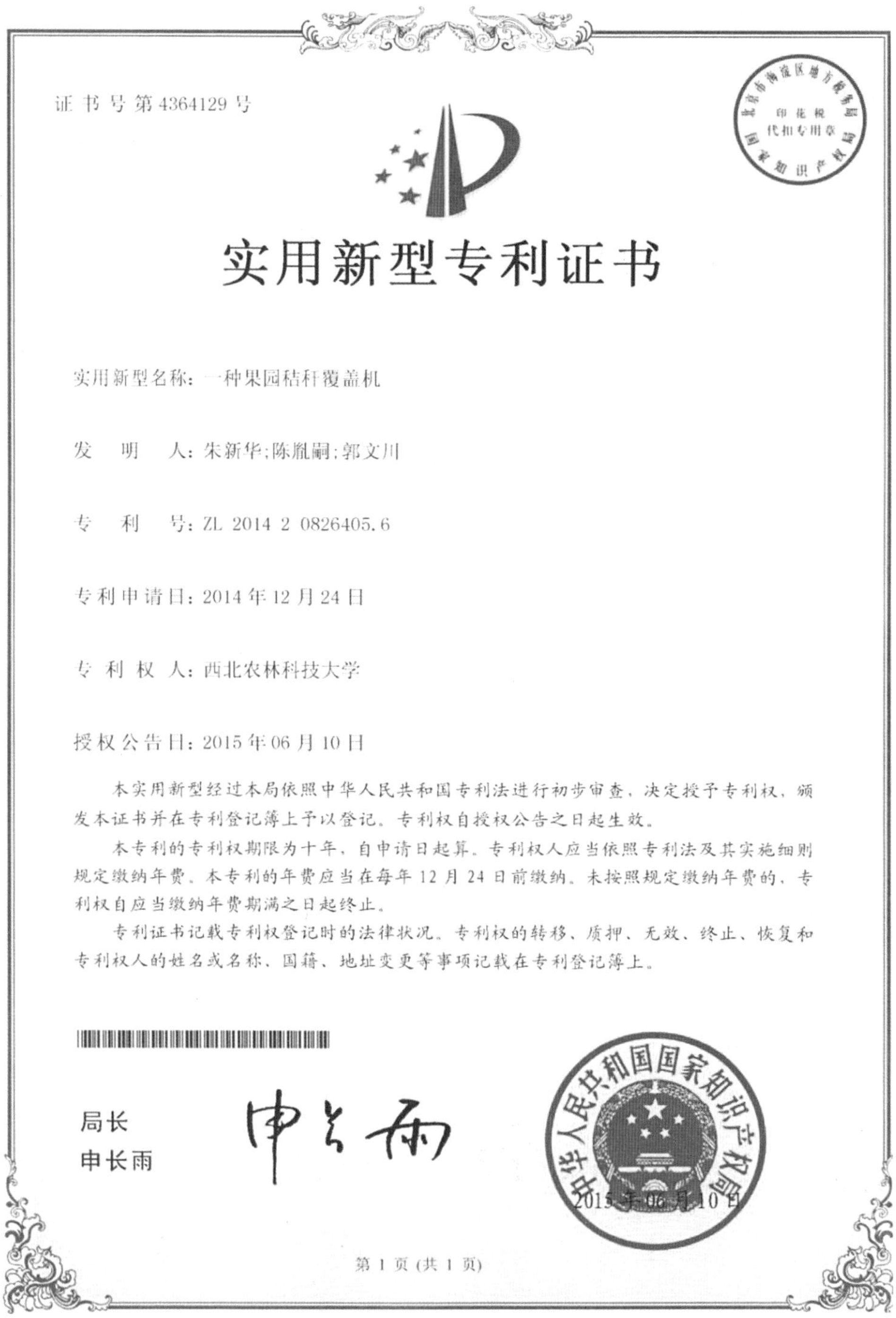

证书号第4364129号

实用新型专利证书

实用新型名称：一种果园秸秆覆盖机

发　明　人：朱新华;陈胤嗣;郭文川

专　利　号：ZL 2014 2 0826405.6

专利申请日：2014年12月24日

专 利 权 人：西北农林科技大学

授权公告日：2015年06月10日

本实用新型经过本局依照中华人民共和国专利法进行初步审查，决定授予专利权，颁发本证书并在专利登记簿上予以登记。专利权自授权公告之日起生效。

本专利的专利权期限为十年，自申请日起算。专利权人应当依照专利法及其实施细则规定缴纳年费。本专利的年费应当在每年12月24日前缴纳。未按照规定缴纳年费的，专利权自应当缴纳年费期满之日起终止。

专利证书记载专利权登记时的法律状况。专利权的转移、质押、无效、终止、恢复和专利权人的姓名或名称、国籍、地址变更等事项记载在专利登记簿上。

局长
申长雨

中华人民共和国国家知识产权局
2015年06月10日

第1页（共1页）

52. 一种果园有机肥料条铺机（ZL201822055439.0）

完成单位：西北农林科技大学

认可情况：授权

完成时间：2020年

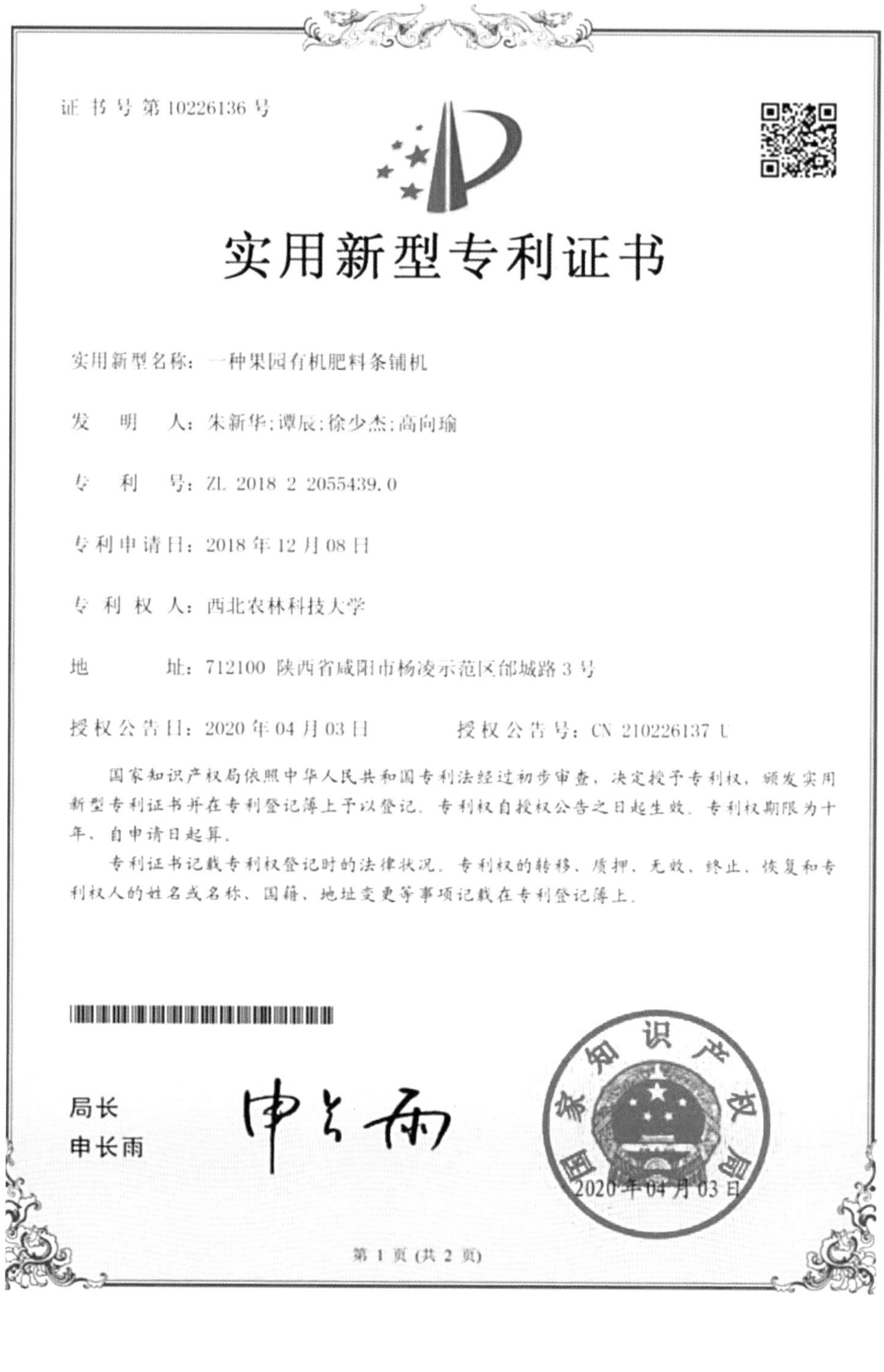

证书号第10226136号

实用新型专利证书

实用新型名称：一种果园有机肥料条铺机

发　明　人：朱新华；谭辰；徐少杰；高向瑜

专　利　号：ZL 2018 2 2055439.0

专利申请日：2018年12月08日

专　利　权　人：西北农林科技大学

地　　　址：712100 陕西省咸阳市杨凌示范区邰城路3号

授权公告日：2020年04月03日　　　授权公告号：CN 210226137 U

国家知识产权局依照中华人民共和国专利法经过初步审查，决定授予专利权，颁发实用新型专利证书并在专利登记簿上予以登记。专利权自授权公告之日起生效。专利权期限为十年，自申请日起算。

专利证书记载专利权登记时的法律状况。专利权的转移、质押、无效、终止、恢复和专利权人的姓名或名称、国籍、地址变更等事项记载在专利登记簿上。

局长
申长雨

国家知识产权局
2020年04月03日

第1页（共2页）

53. 一种车厢链板式送料装置（ZL201721265059.9）

完成单位：西北农林科技大学

认可情况：授权

完成时间：2018年

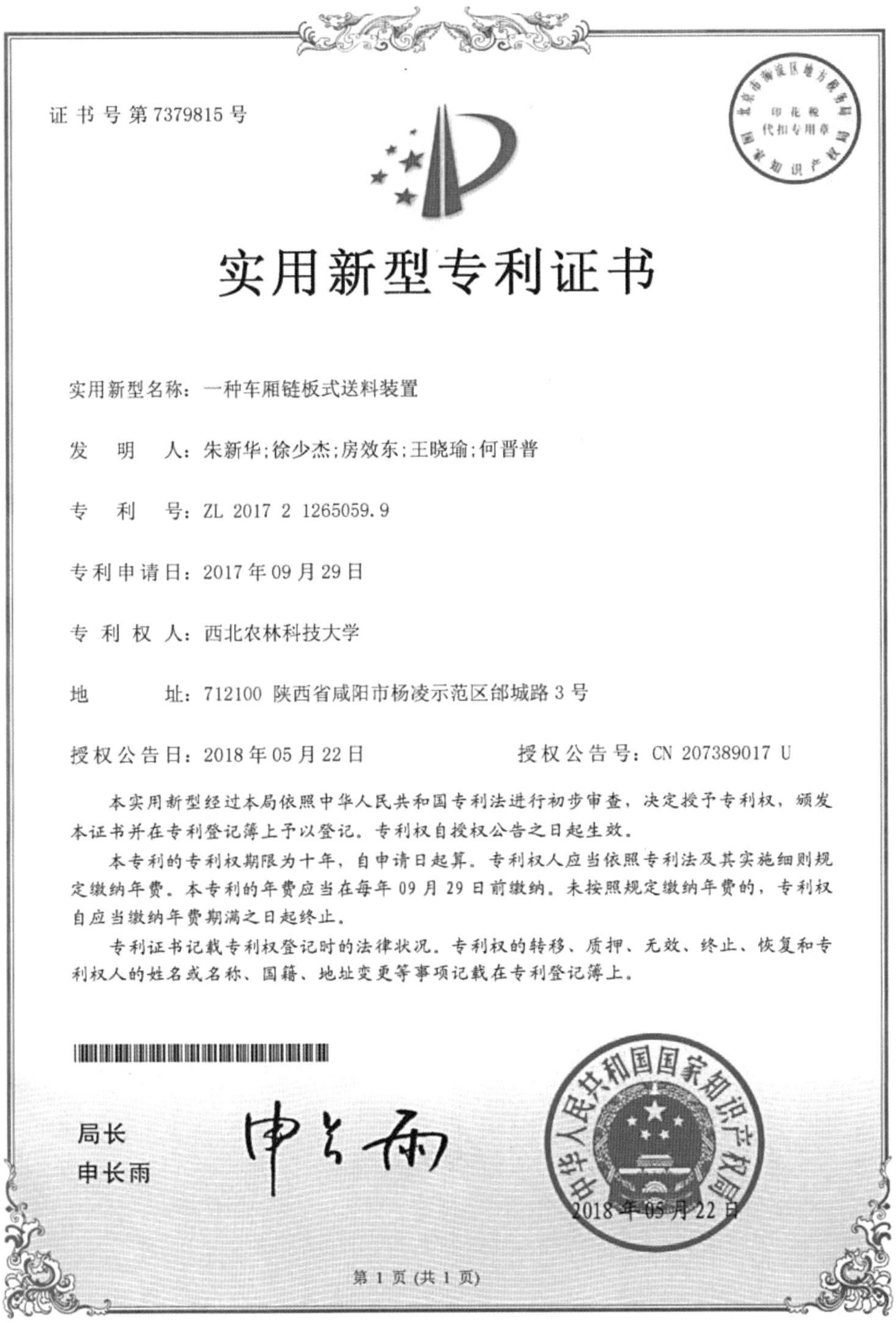

证书号第7379815号

实用新型专利证书

实用新型名称：一种车厢链板式送料装置

发　明　人：朱新华;徐少杰;房效东;王晓瑜;何晋普

专　利　号：ZL 2017 2 1265059.9

专利申请日：2017年09月29日

专利权人：西北农林科技大学

地　　址：712100 陕西省咸阳市杨凌示范区邰城路3号

授权公告日：2018年05月22日　　授权公告号：CN 207389017 U

本实用新型经过本局依照中华人民共和国专利法进行初步审查，决定授予专利权，颁发本证书并在专利登记簿上予以登记。专利权自授权公告之日起生效。

本专利的专利权期限为十年，自申请日起算。专利权人应当依照专利法及其实施细则规定缴纳年费。本专利的年费应当在每年09月29日前缴纳。未按照规定缴纳年费的，专利权自应当缴纳年费期满之日起终止。

专利证书记载专利权登记时的法律状况。专利权的转移、质押、无效、终止、恢复和专利权人的姓名或名称、国籍、地址变更等事项记载在专利登记簿上。

局长
申长雨

中华人民共和国国家知识产权局
2018年05月22日

第1页（共1页）

54. 一种螺旋式开沟施肥装置（ZL201721487634.X）

完成单位：西北农林科技大学

认可情况：授权

完成时间：2018年

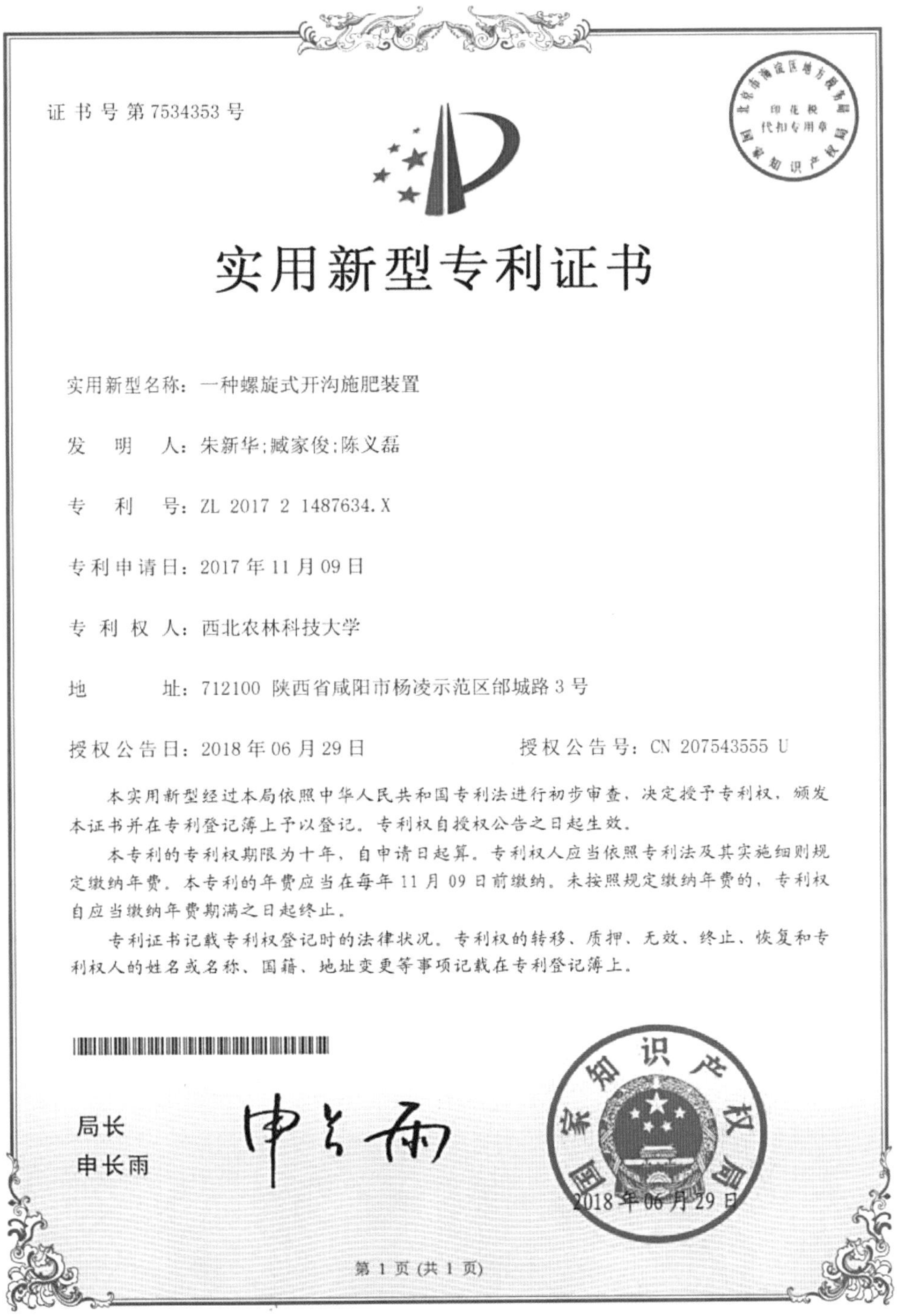
证书号第7534353号

实用新型专利证书

实用新型名称：一种螺旋式开沟施肥装置

发　明　人：朱新华;臧家俊;陈义磊

专　利　号：ZL 2017 2 1487634.X

专利申请日：2017年11月09日

专 利 权 人：西北农林科技大学

地　　　址：712100 陕西省咸阳市杨凌示范区邰城路3号

授权公告日：2018年06月29日　　　授权公告号：CN 207543555 U

本实用新型经过本局依照中华人民共和国专利法进行初步审查，决定授予专利权，颁发本证书并在专利登记簿上予以登记。专利权自授权公告之日起生效。

本专利的专利权期限为十年，自申请日起算。专利权人应当依照专利法及其实施细则规定缴纳年费。本专利的年费应当在每年11月09日前缴纳。未按照规定缴纳年费的，专利权自应当缴纳年费期满之日起终止。

专利证书记载专利权登记时的法律状况。专利权的转移、质押、无效、终止、恢复和专利权人的姓名或名称、国籍、地址变更等事项记载在专利登记簿上。

局长
申长雨

国家知识产权局
2018年06月29日

第1页（共1页）

55. 减少双孢蘑菇栽培木霉发生及提高产量的方法（ZL201810524921.6）

完成单位：浙江省农业科学院

认可情况：授权

完成时间：2020年

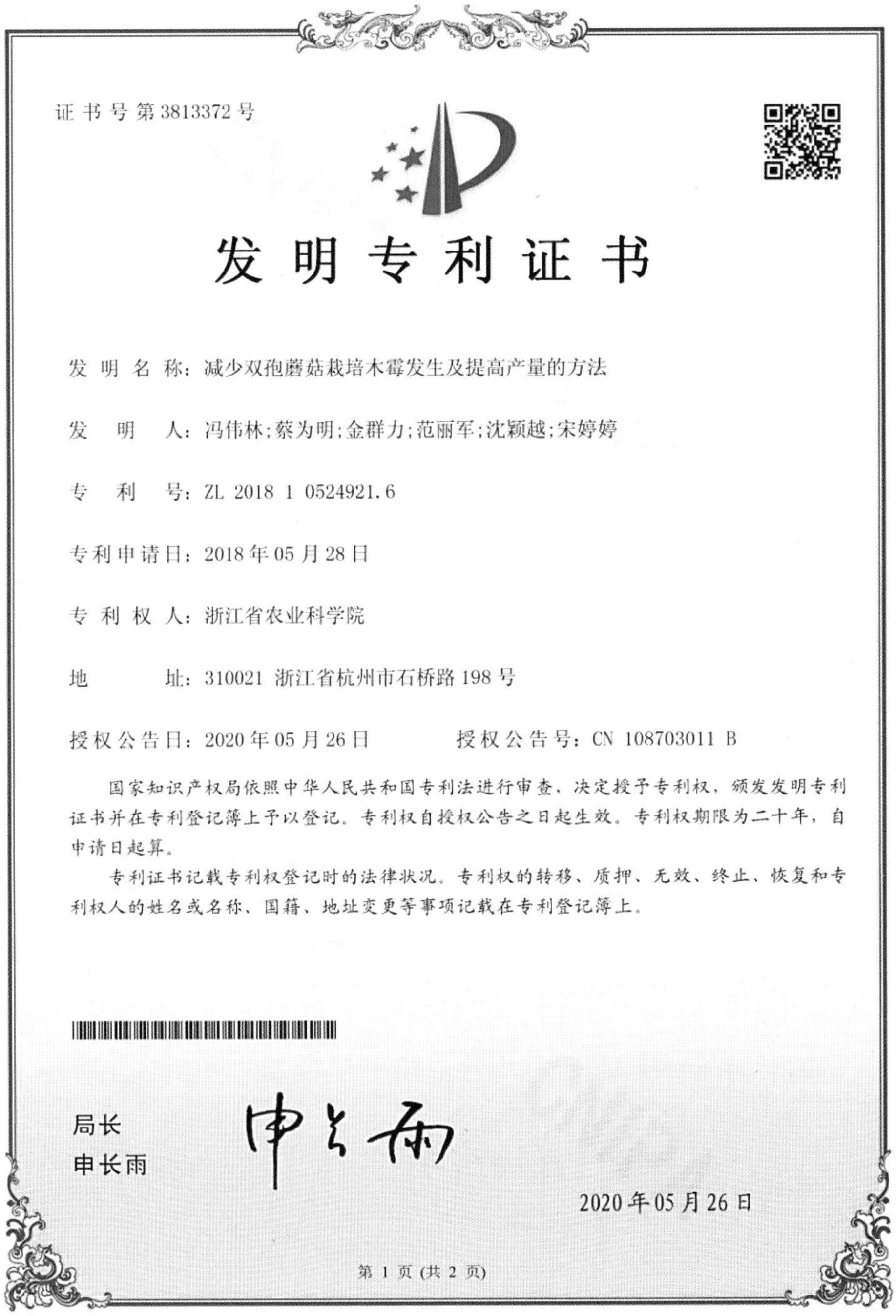

证书号第3813372号

发明专利证书

发 明 名 称：减少双孢蘑菇栽培木霉发生及提高产量的方法

发 明 人：冯伟林；蔡为明；金群力；范丽军；沈颖越；宋婷婷

专 利 号：ZL 2018 1 0524921.6

专利申请日：2018年05月28日

专 利 权 人：浙江省农业科学院

地 址：310021 浙江省杭州市石桥路198号

授权公告日：2020年05月26日　　授权公告号：CN 108703011 B

国家知识产权局依照中华人民共和国专利法进行审查，决定授予专利权，颁发发明专利证书并在专利登记簿上予以登记。专利权自授权公告之日起生效。专利权期限为二十年，自申请日起算。

专利证书记载专利权登记时的法律状况。专利权的转移、质押、无效、终止、恢复和专利权人的姓名或名称、国籍、地址变更等事项记载在专利登记簿上。

局长
申长雨

2020年05月26日

第1页（共2页）

56. 一种菌菇浅筐栽培覆土设备（ZL201921070328.5）

完成单位：农业农村部南京农业机械化研究所

认可情况：授权

完成时间：2020年

证书号第10625341号

实用新型专利证书

实用新型名称：一种菌菇浅筐栽培覆土设备

发　明　人：王明友;宋卫东;周德欢;吴今姬;王教领;丁天航;周帆

专　利　号：ZL 2019 2 1070328.5

专利申请日：2019年07月09日

专 利 权 人：农业农村部南京农业机械化研究所

地　　址：210000 江苏省南京市玄武区中山门外柳营100号

授权公告日：2020年05月29日　　授权公告号：CN 210630331 U

国家知识产权局依照中华人民共和国专利法经过初步审查，决定授予专利权，颁发实用新型专利证书并在专利登记簿上予以登记。专利权自授权公告之日起生效。专利权期限为十年，自申请日起算。

专利证书记载专利权登记时的法律状况。专利权的转移、质押、无效、终止、恢复和专利权人的姓名或名称、国籍、地址变更等事项记载在专利登记簿上。

局长
申长雨

国家知识产权局
2020年05月29日

第1页（共2页）

57. **一种菌菇浅筐栽培装置**（ZL201921060462.7）

完成单位：农业农村部南京农业机械化研究所

认可情况：授权

完成时间：2020年

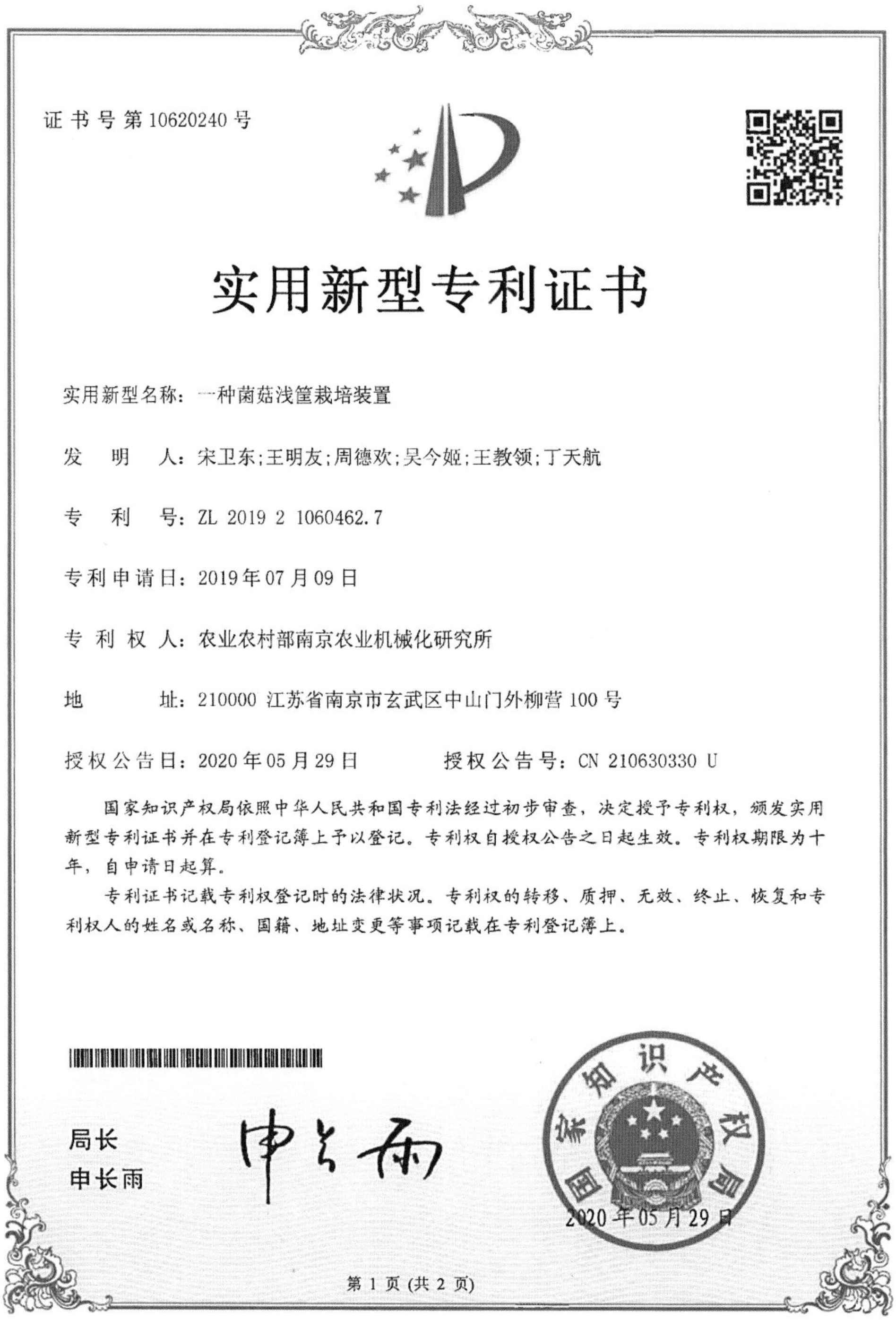

证书号第10620240号

实用新型专利证书

实用新型名称：一种菌菇浅筐栽培装置

发　明　人：宋卫东;王明友;周德欢;吴今姬;王教领;丁天航

专　利　号：ZL 2019 2 1060462.7

专利申请日：2019年07月09日

专 利 权 人：农业农村部南京农业机械化研究所

地　　　址：210000 江苏省南京市玄武区中山门外柳营100号

授权公告日：2020年05月29日　　　授权公告号：CN 210630330 U

国家知识产权局依照中华人民共和国专利法经过初步审查，决定授予专利权，颁发实用新型专利证书并在专利登记簿上予以登记。专利权自授权公告之日起生效。专利权期限为十年，自申请日起算。

专利证书记载专利权登记时的法律状况。专利权的转移、质押、无效、终止、恢复和专利权人的姓名或名称、国籍、地址变更等事项记载在专利登记簿上。

局长
申长雨

2020年05月29日

第1页（共2页）

58. 一种双孢蘑菇培养料出菇专用装置（ZL201921060432.6）

完成单位：农业农村部南京农业机械化研究所

认可情况：授权

完成时间：2020年

证书号第10618477号

实用新型专利证书

实用新型名称：一种双孢蘑菇培养料出菇专用装置

发　明　人：宋卫东;王明友;周德欢;吴今姬;周帆;王教领;丁天航

专　利　号：ZL 2019 2 1060432.6

专利申请日：2019年07月09日

专 利 权 人：农业农村部南京农业机械化研究所

地　　　址：210000 江苏省南京市玄武区中山门外柳营100号

授权公告日：2020年05月29日　　授权公告号：CN 210630329 U

国家知识产权局依照中华人民共和国专利法经过初步审查，决定授予专利权，颁发实用新型专利证书并在专利登记簿上予以登记。专利权自授权公告之日起生效。专利权期限为十年，自申请日起算。

专利证书记载专利权登记时的法律状况。专利权的转移、质押、无效、终止、恢复和专利权人的姓名或名称、国籍、地址变更等事项记载在专利登记簿上。

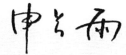

局长
申长雨

国家知识产权局
2020年05月29日

第1页（共2页）

59. 一种液化菌种的接种装置（ZL201922471757.X）

完成单位：中国农业科学院农业资源与农业区划研究所

认可情况：授权

完成时间：2021 年

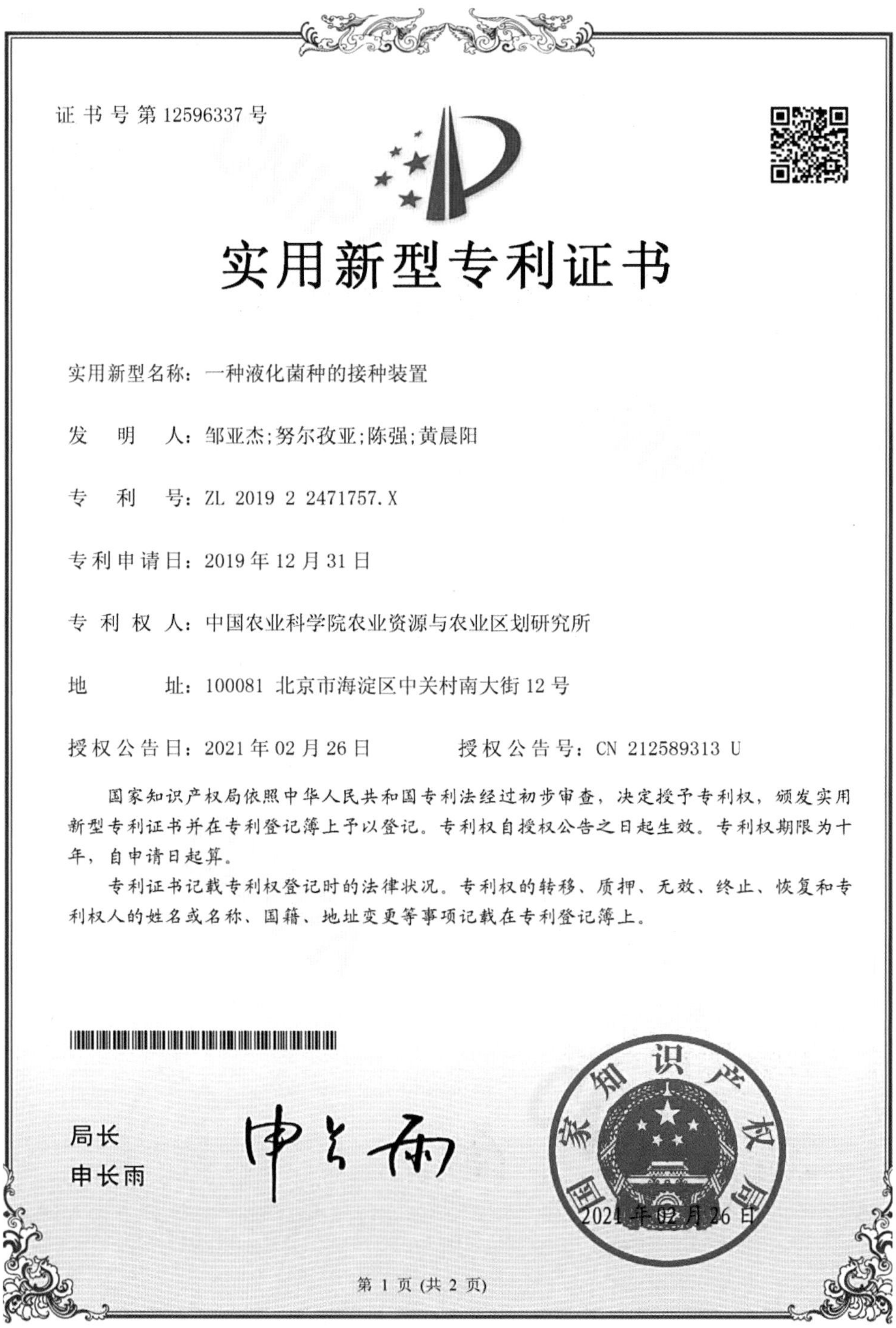

证书号第12596337号

实用新型专利证书

实用新型名称：一种液化菌种的接种装置

发　明　人：邹亚杰;努尔孜亚;陈强;黄晨阳

专　利　号：ZL 2019 2 2471757.X

专利申请日：2019年12月31日

专 利 权 人：中国农业科学院农业资源与农业区划研究所

地　　址：100081 北京市海淀区中关村南大街12号

授权公告日：2021年02月26日　　授权公告号：CN 212589313 U

国家知识产权局依照中华人民共和国专利法经过初步审查，决定授予专利权，颁发实用新型专利证书并在专利登记簿上予以登记。专利权自授权公告之日起生效。专利权期限为十年，自申请日起算。

专利证书记载专利权登记时的法律状况。专利权的转移、质押、无效、终止、恢复和专利权人的姓名或名称、国籍、地址变更等事项记载在专利登记簿上。

局长
申长雨

国家知识产权局
2021年02月26日

第 1 页（共 2 页）

60. 菌袋装料装置（ZL201920887152.6）

完成单位：四川省农业科学院土壤肥料研究所

认可情况：授权

完成时间：2020年

证书号第10286451号

实用新型专利证书

实用新型名称：菌袋装料装置

发　明　人：刘天海；谭昊；苗人云；彭卫红；甘炳成；黄忠乾；谭伟；王波
王勇；姜邻；唐杰；谢丽源；李小林；陈影；周洁；贾定洪

专　利　号：ZL 2019 2 0887152.6

专利申请日：2019年06月13日

专　利　权　人：四川省农业科学院土壤肥料研究所

地　　址：610066 四川省成都市锦江区外东狮子山路2区四川省农业科学院土壤肥料研究所

授权公告日：2020年04月14日　　授权公告号：CN 210298811 U

国家知识产权局依照中华人民共和国专利法经过初步审查，决定授予专利权，颁发实用新型专利证书并在专利登记簿上予以登记。专利权自授权公告之日起生效。专利权期限为十年，自申请日起算。

专利证书记载专利权登记时的法律状况。专利权的转移、质押、无效、终止、恢复和专利权人的姓名或名称、国籍、地址变更等事项记载在专利登记簿上。

局长
申长雨

国家知识产权局
2020年04月14日

第1页（共3页）

61. **一体式菌料浸泡及压榨除水装置**（ZL201920667700.4）

完成单位：四川省农业科学院土壤肥料研究所

认可情况：授权

完成时间：2020年

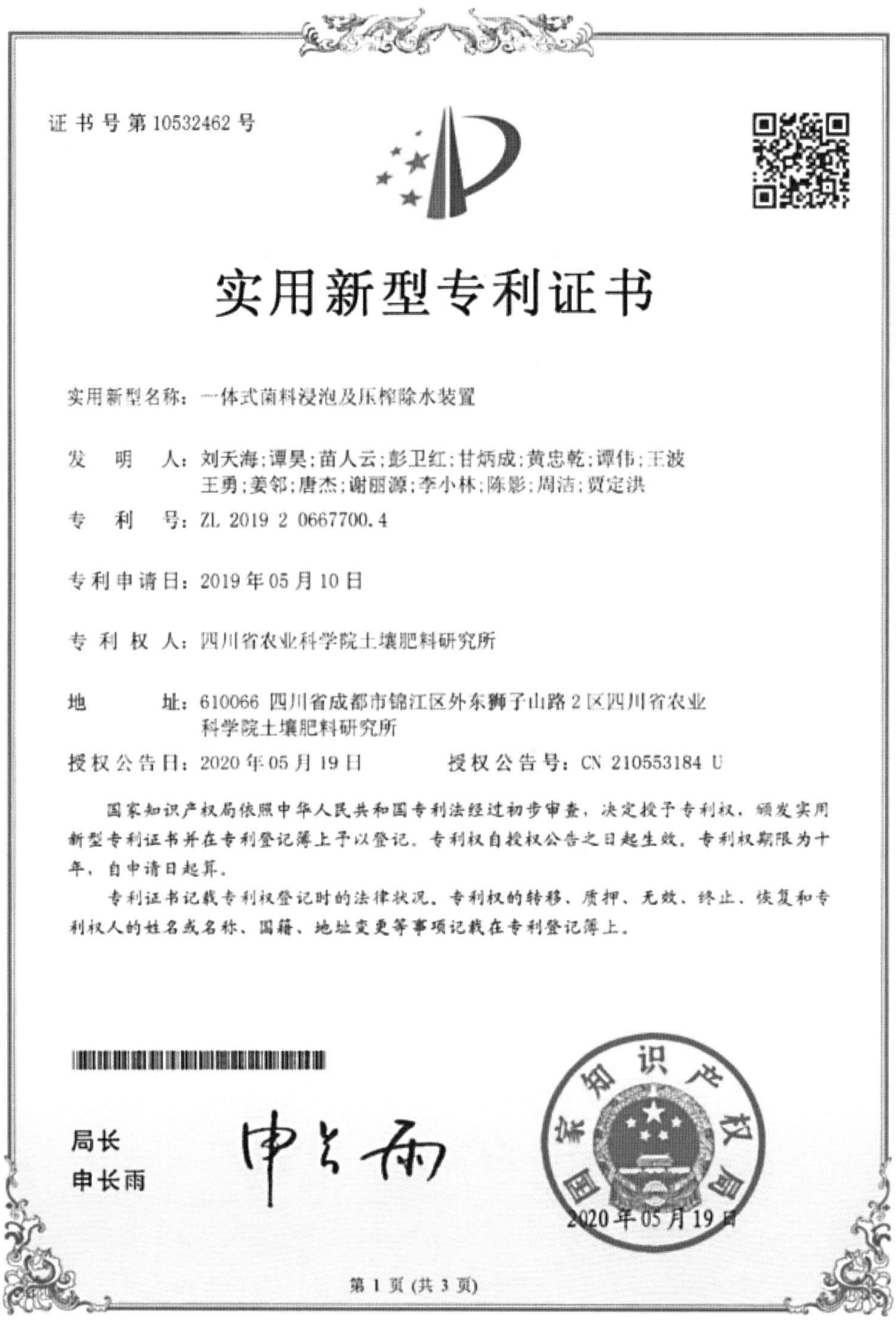

证书号第10532462号

实用新型专利证书

实用新型名称：一体式菌料浸泡及压榨除水装置

发　明　人：刘天海；谭昊；苗人云；彭卫红；甘炳成；黄忠乾；谭伟；王波
王勇；姜邻；唐杰；谢丽源；李小林；陈影；周洁；贾定洪

专　利　号：ZL 2019 2 0667700.4

专利申请日：2019年05月10日

专利权人：四川省农业科学院土壤肥料研究所

地　　址：610066 四川省成都市锦江区外东狮子山路2区四川省农业科学院土壤肥料研究所

授权公告日：2020年05月19日　　　授权公告号：CN 210553184 U

国家知识产权局依照中华人民共和国专利法经过初步审查，决定授予专利权，颁发实用新型专利证书并在专利登记簿上予以登记。专利权自授权公告之日起生效。专利权期限为十年，自申请日起算。

专利证书记载专利权登记时的法律状况。专利权的转移、质押、无效、终止、恢复和专利权人的姓名或名称、国籍、地址变更等事项记载在专利登记簿上。

局长
申长雨

国家知识产权局
2020年05月19日

第1页（共3页）

62. 一种柠檬酸交联纤维素基高吸水性树脂及其制备方法（ZL201910388623.3）

完成单位：中国农业大学

认可情况：授权

完成时间：2020年

证书号第3839391号

发明专利证书

发 明 名 称：一种柠檬酸交联纤维素基高吸水性树脂及其制备方法

发　明　人：王宇欣;李雪嫄;王平智

专　利　号：ZL 2019 1 0388623.3

专利申请日：2019年05月10日

专 利 权 人：中国农业大学

地　　　址：100193 北京市海淀区圆明园西路2号

授权公告日：2020年06月12日　　　授权公告号：CN 110054734 B

国家知识产权局依照中华人民共和国专利法进行审查，决定授予专利权，颁发发明专利证书并在专利登记簿上予以登记。专利权自授权公告之日起生效。专利权期限为二十年，自申请日起算。

专利证书记载专利权登记时的法律状况。专利权的转移、质押、无效、终止、恢复和专利权人的姓名或名称、国籍、地址变更等事项记载在专利登记簿上。

局长
申长雨

国家知识产权局
2020年06月12日

第1页（共2页）

63. 利用内源性CRISPR系统对乳酸片球菌进行基因编辑的方法（ZL201910728089.6）

完成单位：华中农业大学

认可情况：授权

完成时间：2021年

证书号第4325005号

发明专利证书

发 明 名 称：利用内源性CRISPR系统对乳酸片球菌进行基因编辑的方法

发 明 人：彭楠；刘玲；杨丹露；张志雨；梁运祥

专 利 号：ZL 2019 1 0728089.6

专利申请日：2019年08月08日

专 利 权 人：华中农业大学

地 址：430000 湖北省武汉市洪山区狮子山街1号

授权公告日：2021年03月26日　　授权公告号：CN 110452922 B

国家知识产权局依照中华人民共和国专利法进行审查，决定授予专利权，颁发发明专利证书并在专利登记簿上予以登记。专利权自授权公告之日起生效。专利权期限为二十年，自申请日起算。

专利证书记载专利权登记时的法律状况。专利权的转移、质押、无效、终止、恢复和专利权人的姓名或名称、国籍、地址变更等事项记载在专利登记簿上。

局长
申长雨

申长雨

国家知识产权局

2021年03月26日

第1页（共2页）

64. 一种利用内源CRISPR-Cas系统进行原核生物基因组编辑的方法（ZL201510639204.4）

完成单位：华中农业大学

认可情况：授权

完成时间：2019年

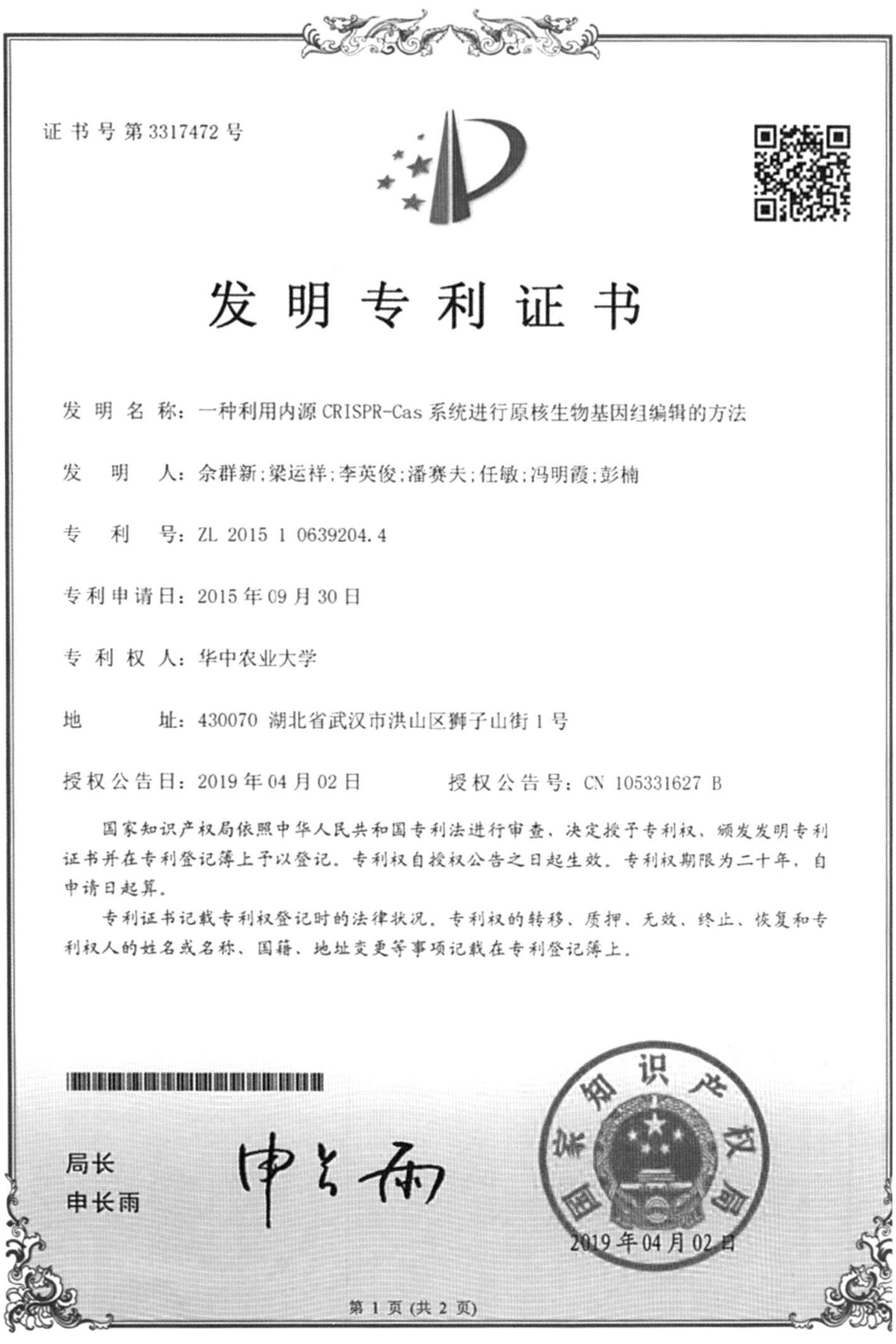

证书号第3317472号

发明专利证书

发 明 名 称：一种利用内源 CRISPR-Cas 系统进行原核生物基因组编辑的方法

发 明 人：佘群新；梁运祥；李英俊；潘赛夫；任敏；冯明霞；彭楠

专 利 号：ZL 2015 1 0639204.4

专利申请日：2015 年 09 月 30 日

专 利 权 人：华中农业大学

地 址：430070 湖北省武汉市洪山区狮子山街 1 号

授权公告日：2019 年 04 月 02 日　　授权公告号：CN 105331627 B

国家知识产权局依照中华人民共和国专利法进行审查，决定授予专利权，颁发发明专利证书并在专利登记簿上予以登记。专利权自授权公告之日起生效。专利权期限为二十年，自申请日起算。

专利证书记载专利权登记时的法律状况。专利权的转移、质押、无效、终止、恢复和专利权人的姓名或名称、国籍、地址变更等事项记载在专利登记簿上。

局长
申长雨

国家知识产权局

2019 年 04 月 02 日

第 1 页（共 2 页）

65. 基于酒糟制备的乳酸菌培养物及其在动物饲料中的应用（ZL201910786365.4）

完成单位：华中农业大学；四川润格生物科技有限公司

认可情况：授权

完成时间：2021年

证书号第4368137号

发明专利证书

发明名称：基于酒糟制备的乳酸菌培养物及其在动物饲料中的应用

发明人：彭楠；刘玲；常章兵；田建平；梁运祥

专利号：ZL 2019 1 0786365.4

专利申请日：2019年08月23日

专利权人：华中农业大学；四川润格生物科技有限公司

地址：430000 湖北省武汉市洪山区狮子山街1号

授权公告日：2021年04月20日　　授权公告号：CN 110384178 B

国家知识产权局依照中华人民共和国专利法进行审查，决定授予专利权，颁发发明专利证书并在专利登记簿上予以登记。专利权自授权公告之日起生效。专利权期限为二十年，自申请日起算。

专利证书记载专利权登记时的法律状况。专利权的转移、质押、无效、终止、恢复和专利权人的姓名或名称、国籍、地址变更等事项记载在专利登记簿上。

局长
申长雨

申长雨

国家知识产权局

2021年04月20日

第1页（共2页）

| 第五篇 |

22项标准及规程索骥

课题组在项目执行的5年中，项目组共制定标准及规程22项。

1.羊肚菌大田栽培技术规程DB51/T 2094—2015

完成时间：2015年

完成单位：四川省农业科学院土壤肥料研究所

认可情况：地方标准

ICS65.020.20
B39
备案号：

DB51

四 川 省 地 方 标 准

DB51/T 2094—2015

羊肚菌大田栽培技术规程

2015-11-20 发布　　　　2016-01-01 实施

四川省质量技术监督局 发布

2.无公害农产品 生产质量安全控制技术规范第5部分：食用菌NY/T 2798.5—2015

完成时间：2015年

完成单位：中国农业科学院农业资源与农业区划研究所、中国农业科学院农业资源与农业区划研究所、农业部农产品质量安全中心、江苏省农业科学院、昆山市正兴食用菌有限公司、中国农业科学院农业质量标准与检测技术研究所

认可情况：行业标准

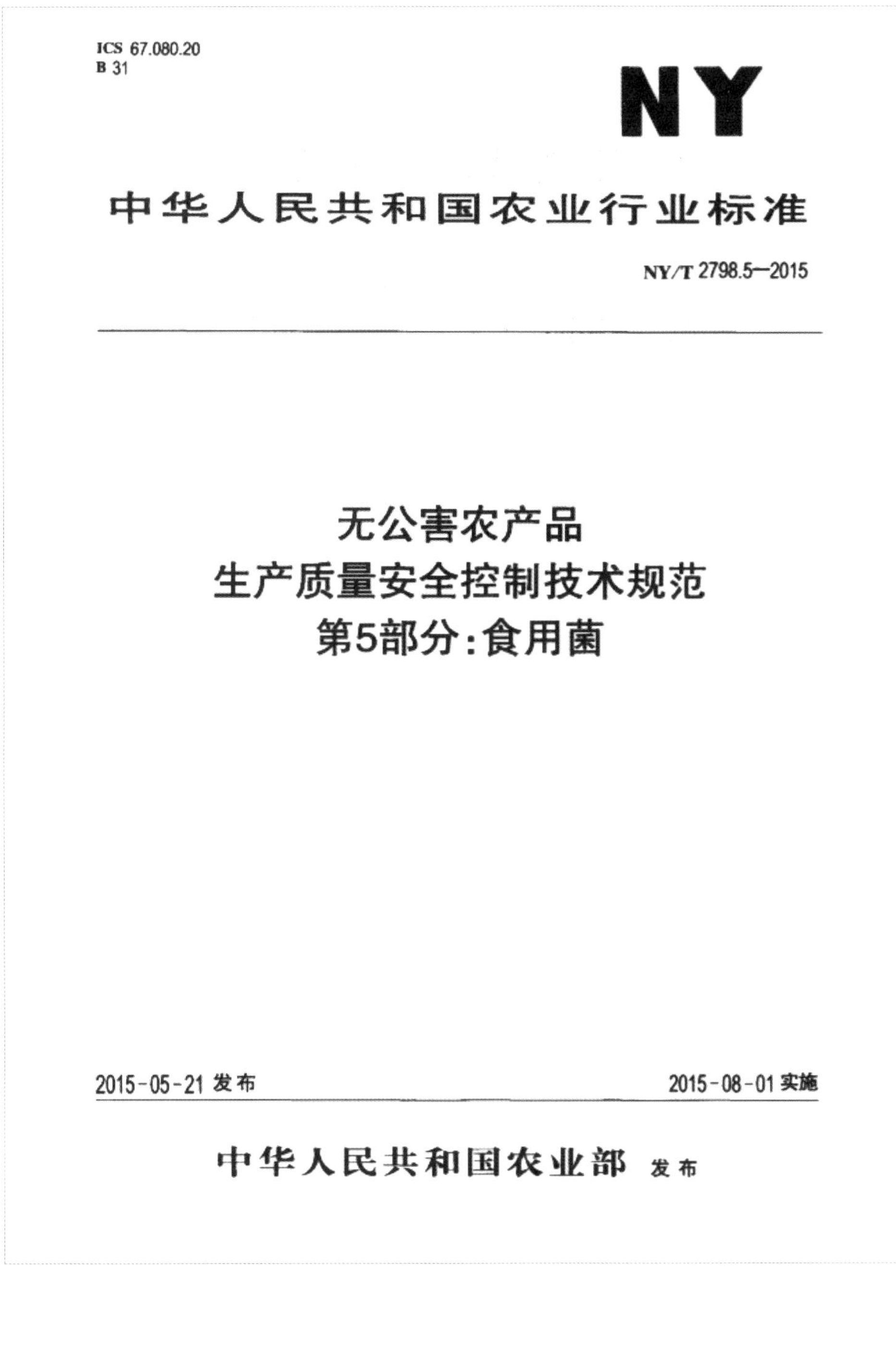

ICS 67.080.20
B 31

NY

中华人民共和国农业行业标准

NY/T 2798.5—2015

无公害农产品
生产质量安全控制技术规范
第5部分:食用菌

2015-05-21 发布　　2015-08-01 实施

中华人民共和国农业部 发布

3.黑木耳菌包厂建设规范DBXM028—2016

完成时间：2016年

完成单位：吉林农业大学

认可情况：地方标准

吉林省地方标准

项目任务书

项目名称 黑木耳菌包厂建设规范

计划编号 DBXM028—2016

承担单位 吉林农业大学

项目负责人 李晓

填报日期 2016.1.20

4.玉木耳大棚挂袋出耳管理技术规程DB22/T 2604—2016

完成时间：2016年

完成单位：吉林农业大学

认可情况：地方标准

ICS 67.080.20
B 31

DB22

吉　林　省　地　方　标　准

DB 22/T 2604—2016

玉木耳大棚挂袋出耳管理技术规程

Fruiting management of White wood ear hanged bags cultivation in green house

2016-12-22 发布　　2017-04-01 实施

吉林省质量技术监督局　　发布

5. 玉木耳干品 DB22/T 2605—2016

完成时间：2016年

完成单位：吉林农业大学

认可情况：地方标准

ICS 67.080.20
B 31

DB22

吉　林　省　地　方　标　准

DB 22/T 2605—2016

玉木耳干品

Dried White wood ear

2016－12－22 发布　　　　2017－04－01 实施

吉林省质量技术监督局　发布

6.草本秸秆制作园艺基质技术规程 DB64/T1246—2016

完成时间：2016年

完成单位：宁夏农林科学院种质资源研究所

认可情况：地方标准

ICS 65.020.20
B 05

DB64

宁 夏 回 族 自 治 区 地 方 标 准

DB 64/ T1246—2016

草本秸秆生产园艺基质技术规程

2016－12－28 发布　　2017－03－28 实施

宁夏回族自治区质量技术监督局　发 布

7. 玉木耳品种标准 DBXM0—2017

完成时间：2017 年

完成单位：吉林农业大学

认可情况：地方标准

吉林省地方标准

项目任务书

项目名称 玉木耳品种标准

计划编号 DBXM0－2017

承担单位 吉林农业大学

项目负责人 李晓

填报日期 2017.8.20

8.玉木耳液体菌种检测操作规范DBXM0—2017

完成时间：2017年

完成单位：吉林农业大学

认可情况：地方标准

吉林省地方标准

项目任务书

项目名称 玉木耳液体菌种检测操作规范

计划编号 DBXM0 —2017

承担单位 吉林农业大学

项目负责人 李晓

填报日期 2017.8.20

9.玉木耳液体菌种生产技术规程DB22/T 3289—2021

完成时间：2021年

完成单位：吉林农业大学

认可情况：地方标准

ICS 65.020
CCS B 05

DB22

吉　林　省　地　方　标　准

DB22/T 3289—2021

玉木耳液体菌种生产技术规程

A code of practice for liquid spawn production of white wood ear

2021-11-26 发布　　2021-12-15 实施

吉林省市场监督管理厅　发 布

10.羊肚菌等级规格DB51/T 2464—2018

完成时间：2018年

完成单位：四川省农业科学院土壤肥料研究所

认可情况：地方标准

ICS 67.080.20
B 31

DB51

四　川　省　地　方　标　准

DB51/T 2464—2018

羊肚菌等级规格

2018－04－18发布　　　　2018－05－01实施

四川省质量技术监督局　发布

11. **桑黄种植技术规程** DB3301/T 1099—2019

完成时间：2019年

完成单位：浙江千济方医药科技有限公司、中国农业科学院农业资源与农业区划研究所

认可情况：地方标准

ICS 65.020.01
B 39

DB3301

浙　江　省　杭　州　市　地　方　标　准

DB 3301/T 1099—2019

桑黄种植技术规程

2019-05-25 发布　　　　2019-06-25 实施

杭州市市场监督管理局　发布

12. 玉木耳菌包工厂化生产技术规程DB22/T 2994—2019

完成时间：2019年

完成单位：吉林农业大学、吉林省产品质量监督检验院

认可情况：地方标准

ICS 67.080.20
B 31

DB22

吉 林 省 地 方 标 准

DB 22/T 2994—2019

玉木耳菌包工厂化生产技术规程

Technical regulations for Industrialized of cultivation bags of white wood ear

2019-05-27 发布　　　　2019-06-17 实施

吉林省市场监督管理厅　发布

13. 灵芝段木林下栽培技术规程 T/CSF 012—2019

完成时间：2019年

完成单位：吉林农业大学、中国林学会栎类分会

认可情况：团体标准

ICS 65.020.01
B 39

T/CSF

团　体　标　准

T/CSF 012-2019

灵芝段木林下栽培技术规程

Rules for cut log Cultivation under Forest of *Ganoderma*

2019-11-20 发布　　2019-11-20 实施

中国林学会　发布

14. 黑木耳大棚挂袋出耳管理技术规程 Q/611026ZSKJ 002—2019

完成时间：2019年

完成单位：柞水县科技投资发展有限公司、吉林农业大学

认可情况：企业标准

Q/ZNSQ

柞水县科技投资发展有限公司企业标准

Q/611026 ZSKJ 002—2019

黑木耳大棚挂袋出耳管理技术规程

2019-10-14 发布　　　　2019-10-17 实施

柞水县科技投资发展有限公司　发布

15. 玉木耳菌包生产技术规程 Q/61126ZSKJ 001—2019

完成时间：2019年

完成单位：柞水县科技投资发展有限公司、吉林农业大学

认可情况：企业标准

Q/ZNSQ

柞水县科技投资发展有限公司企业标准

Q/61126 ZSKJ 001—2019

玉木耳菌包生产技术规程

2019-10-17 发布　　　　2019-12-20 实施

柞水县科技投资发展有限公司　发布

16. 玉木耳玉米秸秆基质菌包生产技术规程 Q/61126ZSKJ 003—2019

完成时间：2019年

完成单位：柞水县科技投资发展有限公司、吉林农业大学

认可情况：企业标准

Q/ZNSQ

柞水县科技投资发展有限公司企业标准

Q/611026 ZSKJ 003—2019

玉木耳玉米秸秆基质菌包生产技术规程

2019－12－20 发布　　　　2019－12－25 实施

柞水县科技投资发展有限公司　发布

17.亚侧耳（元蘑）安全生产技术规程DB22/T 1151—2019

完成时间：2019年

完成单位：吉林农业大学、吉林省园艺特产管理站

认可情况：地方标准

ICS 65.020
B 05

DB22

吉　林　省　地　方　标　准

DB 22/T 1151—2019
代替 DB22/T 1151-2009

亚侧耳（元蘑）安全生产技术规程

Safe production technique rules of Autumn Oyster Mushroom（yuanmo）

2019－10－14发布　　　　2019－11－01实施

吉林省市场监督管理厅　发布

18.榆耳安全生产技术规程DB22/T 1152—2019

完成时间：2019年

完成单位：吉林农业大学、吉林省园艺特产管理站

认可情况：地方标准

ICS 65.020
B 05

DB22

吉　林　省　地　方　标　准

DB 22/T 1152—2019
代替 DB22/T 1152-2009

榆耳安全生产技术规程

Safe production technique rules of Gloestereum incarnated （yu′er）

2019－10－14发布　　　　2019－11－01实施

吉林省市场监督管理厅　　发布

19.无公害农产品 黑木耳代料地栽生产技术规程DB22/T 1064—2018

完成时间：2018年

完成单位：吉林农业大学

认可情况：地方标准

ICS 65.020

B 05

DB22

吉 林 省 地 方 标 准

DB 22/T 1064—2018

代替 DB22/T 1064-2004

无公害农产品 黑木耳代料地栽生产技术规程

Pollution-free agricultural products- Producing technical regulations of substitute material outdoor cultivation of wood ear

2018-05-24 发布　　　　2018-06-22 实施

吉林省质量技术监督局　发 布

20.黑木耳液体菌种生产技术规程DB22/T 2876—2018

完成时间：2018年

完成单位：吉林农业大学

认可情况：地方标准

ICS 65.020
B 05
备案号：60805-2018

DB22

吉　林　省　地　方　标　准

DB 22/T 2876—2018

黑木耳液体菌种生产技术规程

Production technical regulations for liquid spawn on black wood ear

2018-07-30 发布　　　　2018-08-30 实施

吉林省质量技术监督局　发布

21. 日光温室基质栽培嫁接茄子平茬生产技术规程 DB64/ T1627—2019

完成时间：2019 年

完成单位：宁夏农林科学院种质资源研究所

认可情况：地方标准

ICS 65.020.20

B 31

DB64

宁 夏 回 族 自 治 区 地 方 标 准

DB 64/ T1627—2019

日光温室基质栽培嫁接茄子平茬生产技术规程

2019－02－12 发布　　　　2019－05－12 实施

宁夏回族自治区市场监督管理厅　发 布

22. 日光温室秋冬茬基质栽培辣椒-芹菜间作生产技术规程DB64/ T1631—2019

完成时间：2019年

完成单位：宁夏农林科学院种质资源研究所

认可情况：地方标准

ICS 65.020.20
B 31

DB64

宁 夏 回 族 自 治 区 地 方 标 准

DB 64/ T1631—2019

日光温室秋冬茬基质栽培辣椒-芹菜间作生产技术规程

2019 - 02 - 12 发布　　2019 - 05 - 12 实施

宁夏回族自治区市场监督管理厅　发 布

第六篇

7大信息系统索骥

课题组在项目执行的5年中，项目组共完成信息系统7项。

1.双孢蘑菇培养料发酵隧道控制系统软件V1.0，登记号2018SR592059

完成时间：2018年

完成单位：农业部南京农业机械化研究所

认可情况：专利授权与软件著作权申请

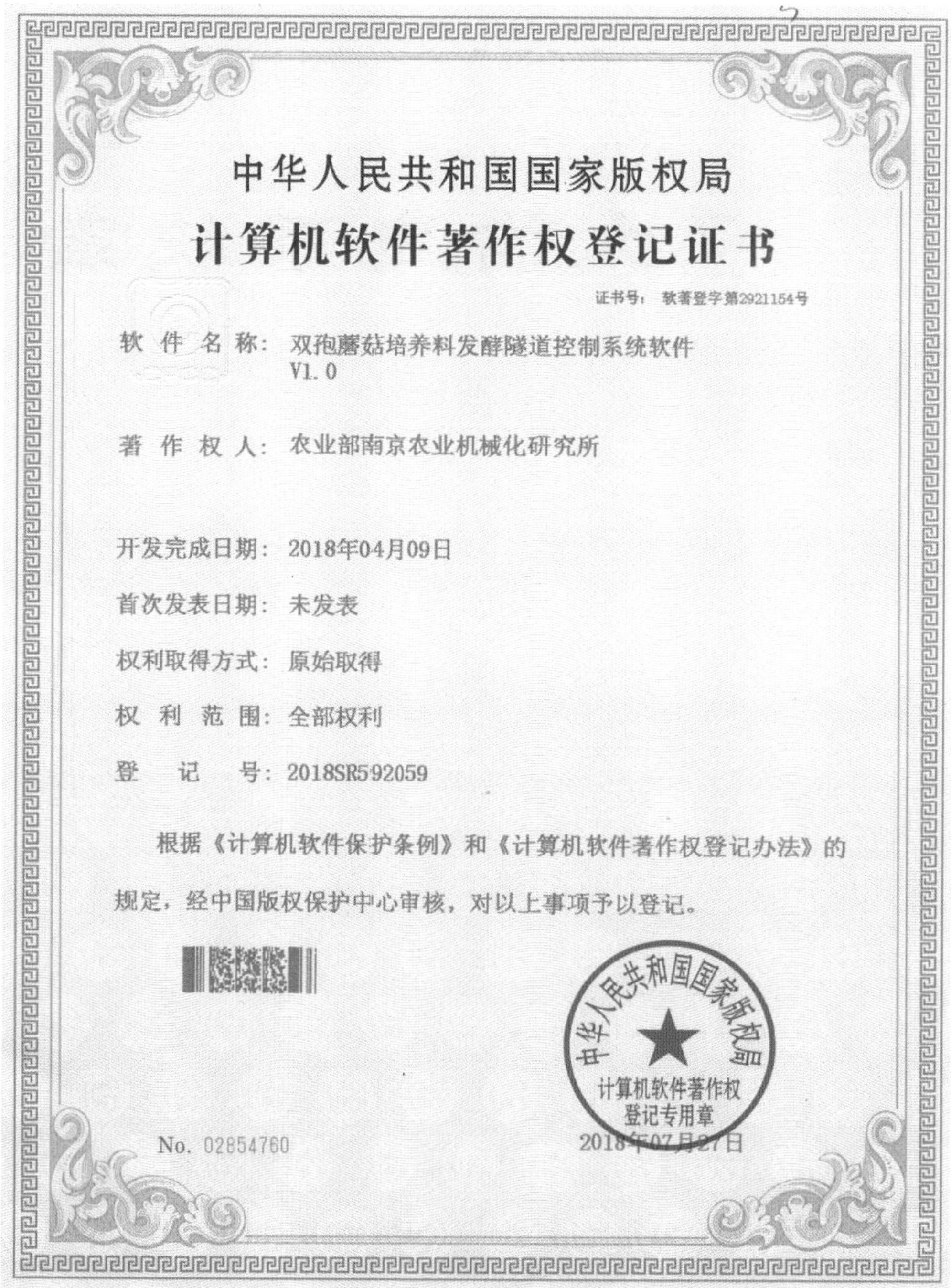

中华人民共和国国家版权局

计算机软件著作权登记证书

证书号：软著登字第2921154号

软件名称：双孢蘑菇培养料发酵隧道控制系统软件V1.0

著作权人：农业部南京农业机械化研究所

开发完成日期：2018年04月09日

首次发表日期：未发表

权利取得方式：原始取得

权利范围：全部权利

登记号：2018SR592059

根据《计算机软件保护条例》和《计算机软件著作权登记办法》的规定，经中国版权保护中心审核，对以上事项予以登记。

中华人民共和国国家版权局 计算机软件著作权登记专用章

No. 02854760

2018年07月27日

2.双孢蘑菇发酵料定量装筐装备控制系统软件V1.0，登记号2018SR829581

完成时间：2018年

完成单位：农业部南京农业机械化研究所

认可情况：专利授权与软件著作权申请

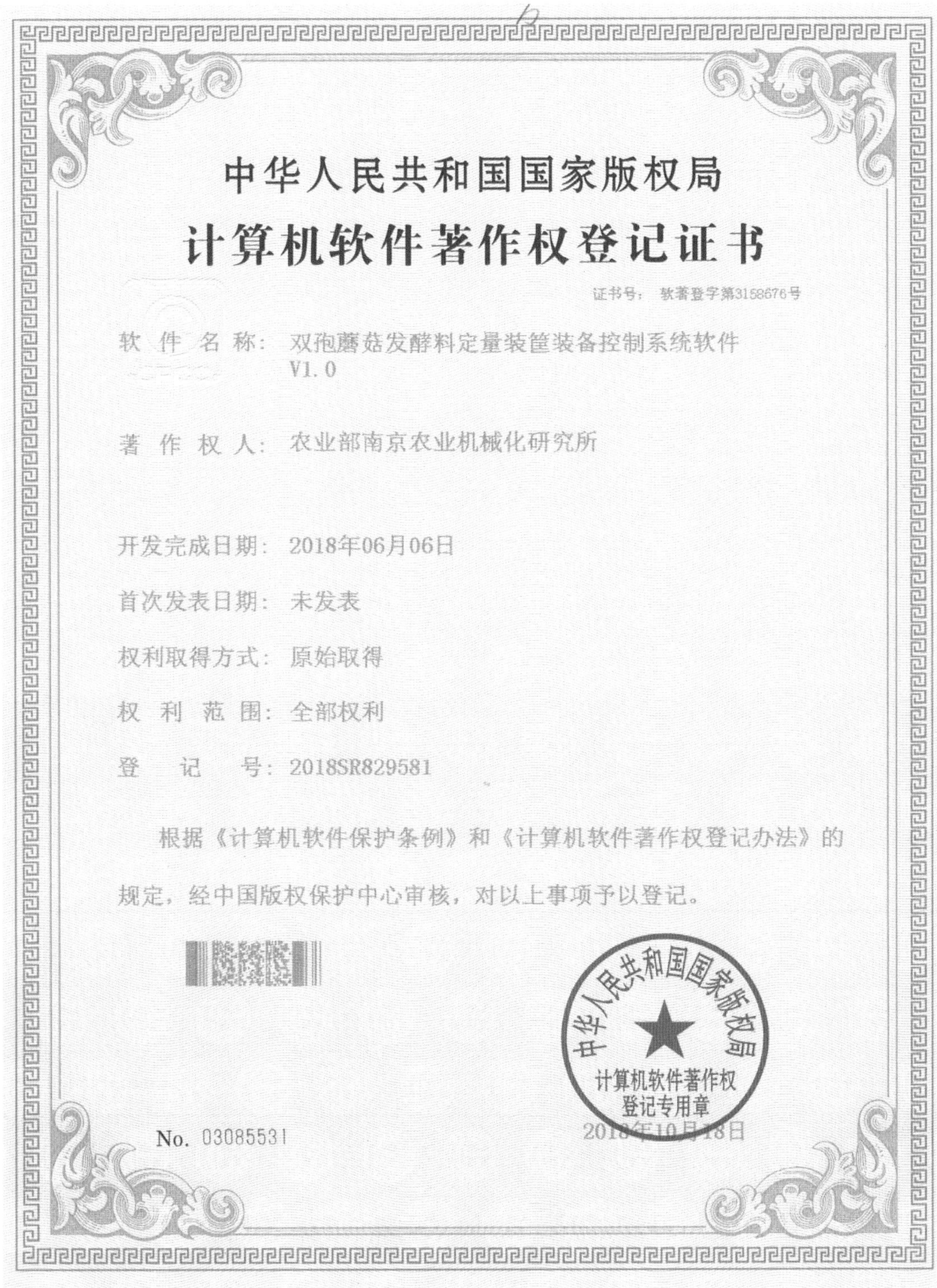

中华人民共和国国家版权局

计算机软件著作权登记证书

证书号：软著登字第3158676号

软 件 名 称：双孢蘑菇发酵料定量装筐装备控制系统软件
V1.0

著 作 权 人：农业部南京农业机械化研究所

开发完成日期：2018年06月06日

首次发表日期：未发表

权利取得方式：原始取得

权 利 范 围：全部权利

登 记 号：2018SR829581

根据《计算机软件保护条例》和《计算机软件著作权登记办法》的规定，经中国版权保护中心审核，对以上事项予以登记。

中华人民共和国国家版权局
计算机软件著作权
登记专用章

No. 03085531

2018年10月18日

3. **双孢蘑菇发酵料筐式立体栽培控制系统软件** V1.0，**登记号** 2018SR829575

完成时间：2018年

完成单位：农业部南京农业机械化研究所

认可情况：专利授权与软件著作权申请

中华人民共和国国家版权局

计算机软件著作权登记证书

证书号：软著登字第3158670号

软 件 名 称：双孢蘑菇发酵料筐式立体栽培控制系统软件 V1.0

著 作 权 人：农业部南京农业机械化研究所

开发完成日期：2018年05月08日

首次发表日期：未发表

权利取得方式：原始取得

权 利 范 围：全部权利

登 记 号：2018SR829575

根据《计算机软件保护条例》和《计算机软件著作权登记办法》的规定，经中国版权保护中心审核，对以上事项予以登记。

中华人民共和国国家版权局 计算机软件著作权登记专用章

No. 03085530

2018年10月18日

4. 双孢蘑菇发酵料筐式立体栽培提升装置控制系统 V1.0，登记号 2018SR832137

完成时间：2018 年

完成单位：农业部南京农业机械化研究所

认可情况：专利授权与软件著作权申请

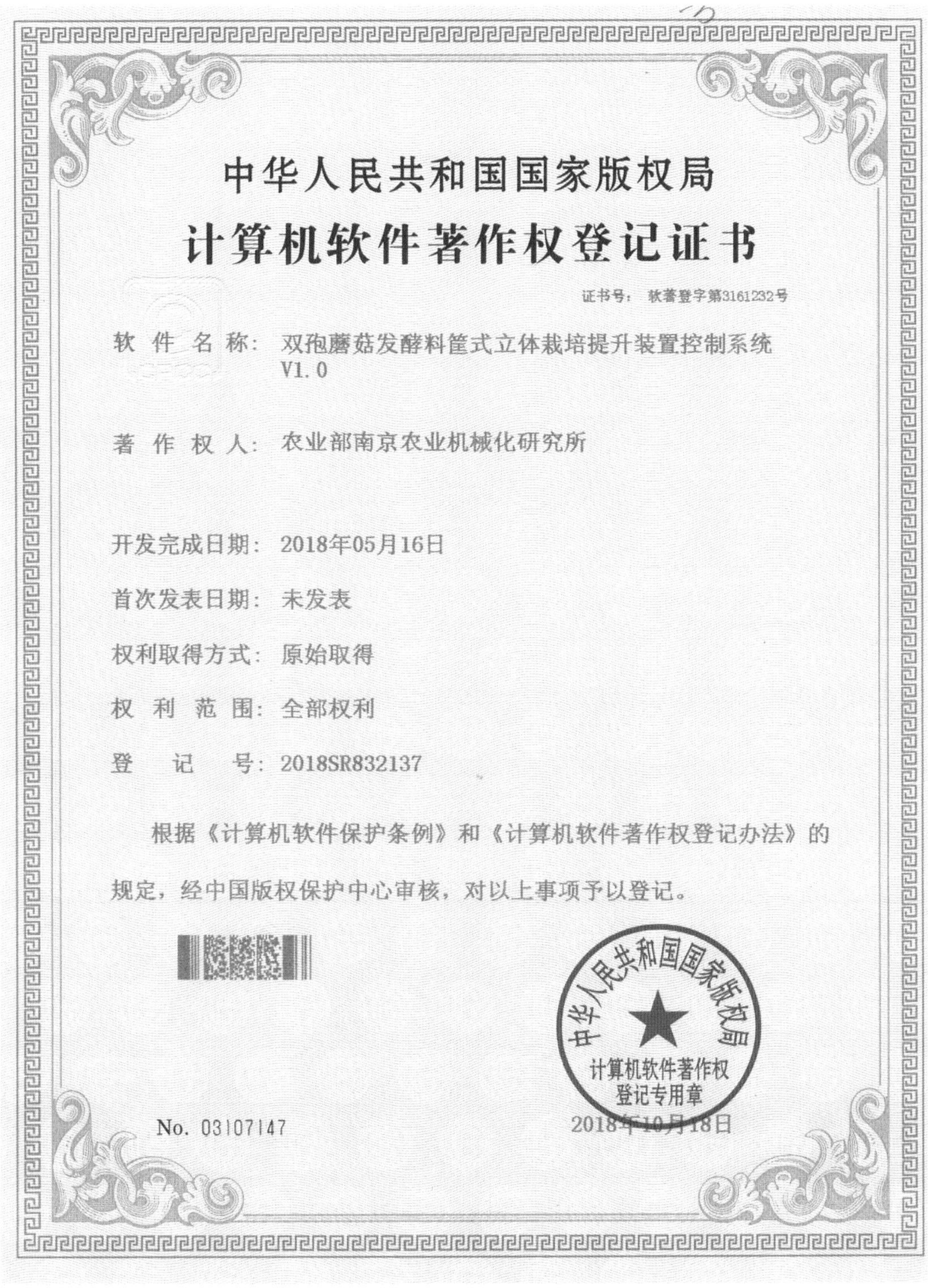

中华人民共和国国家版权局

计算机软件著作权登记证书

证书号：软著登字第3161232号

软 件 名 称：双孢蘑菇发酵料筐式立体栽培提升装置控制系统
V1.0

著 作 权 人：农业部南京农业机械化研究所

开发完成日期：2018年05月16日

首次发表日期：未发表

权利取得方式：原始取得

权 利 范 围：全部权利

登 记 号：2018SR832137

根据《计算机软件保护条例》和《计算机软件著作权登记办法》的规定，经中国版权保护中心审核，对以上事项予以登记。

中华人民共和国国家版权局
计算机软件著作权
登记专用章

No. 03107147

2018年10月18日

5.双孢蘑菇发酵料自动压实控制系统V1.0，登记号2018SR833036

完成时间：2018年

完成单位：农业部南京农业机械化研究所

认可情况：专利授权与软件著作权申请

中华人民共和国国家版权局

计算机软件著作权登记证书

证书号：软著登字第3162131号

软件名称：双孢蘑菇发酵料自动压实控制系统 V1.0

著作权人：农业部南京农业机械化研究所

开发完成日期：2018年06月13日

首次发表日期：未发表

权利取得方式：原始取得

权利范围：全部权利

登记号：2018SR833036

根据《计算机软件保护条例》和《计算机软件著作权登记办法》的规定，经中国版权保护中心审核，对以上事项予以登记。

No. 03112768

中华人民共和国国家版权局 计算机软件著作权登记专用章

2018年10月18日

6.双孢蘑菇发酵料筐自动码垛控制系统V1.0，登记号2019SR0536958

完成时间：2019年

完成单位：农业农村部南京农业机械化研究所

认可情况：专利授权与软件著作权申请

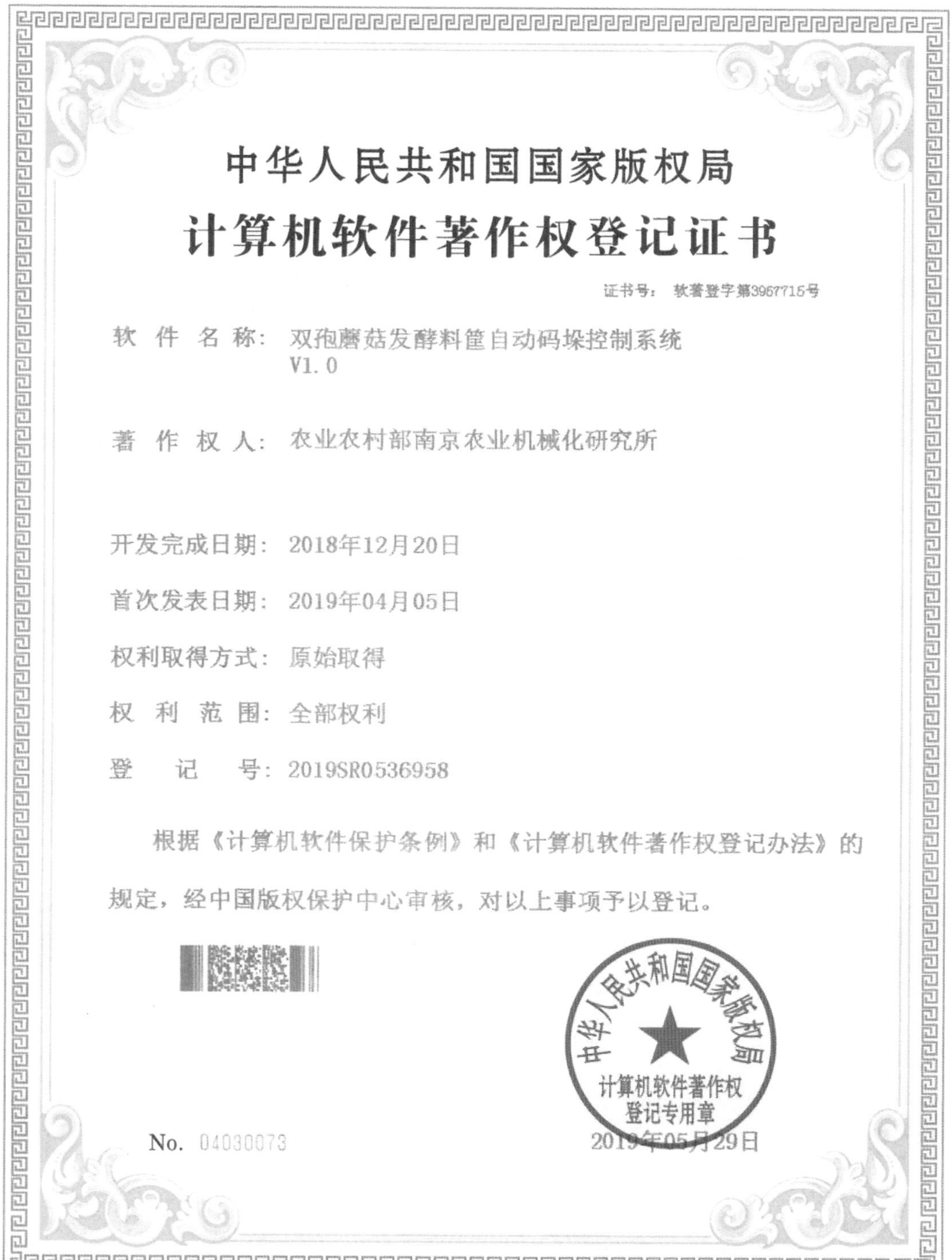

中华人民共和国国家版权局

计算机软件著作权登记证书

证书号：软著登字第3967715号

软件名称：双孢蘑菇发酵料筐自动码垛控制系统V1.0

著作权人：农业农村部南京农业机械化研究所

开发完成日期：2018年12月20日

首次发表日期：2019年04月05日

权利取得方式：原始取得

权利范围：全部权利

登记号：2019SR0536958

根据《计算机软件保护条例》和《计算机软件著作权登记办法》的规定，经中国版权保护中心审核，对以上事项予以登记。

中华人民共和国国家版权局 计算机软件著作权 登记专用章

No. 04030073

2019年05月29日

7.**棉花秸秆堆肥过程微生物动态检测信息统计分析系统**V1.0，**登记号**2019SR1079235

完成时间：2019年

完成单位：新疆农业科学院

认可情况：专利授权与软件著作权申请

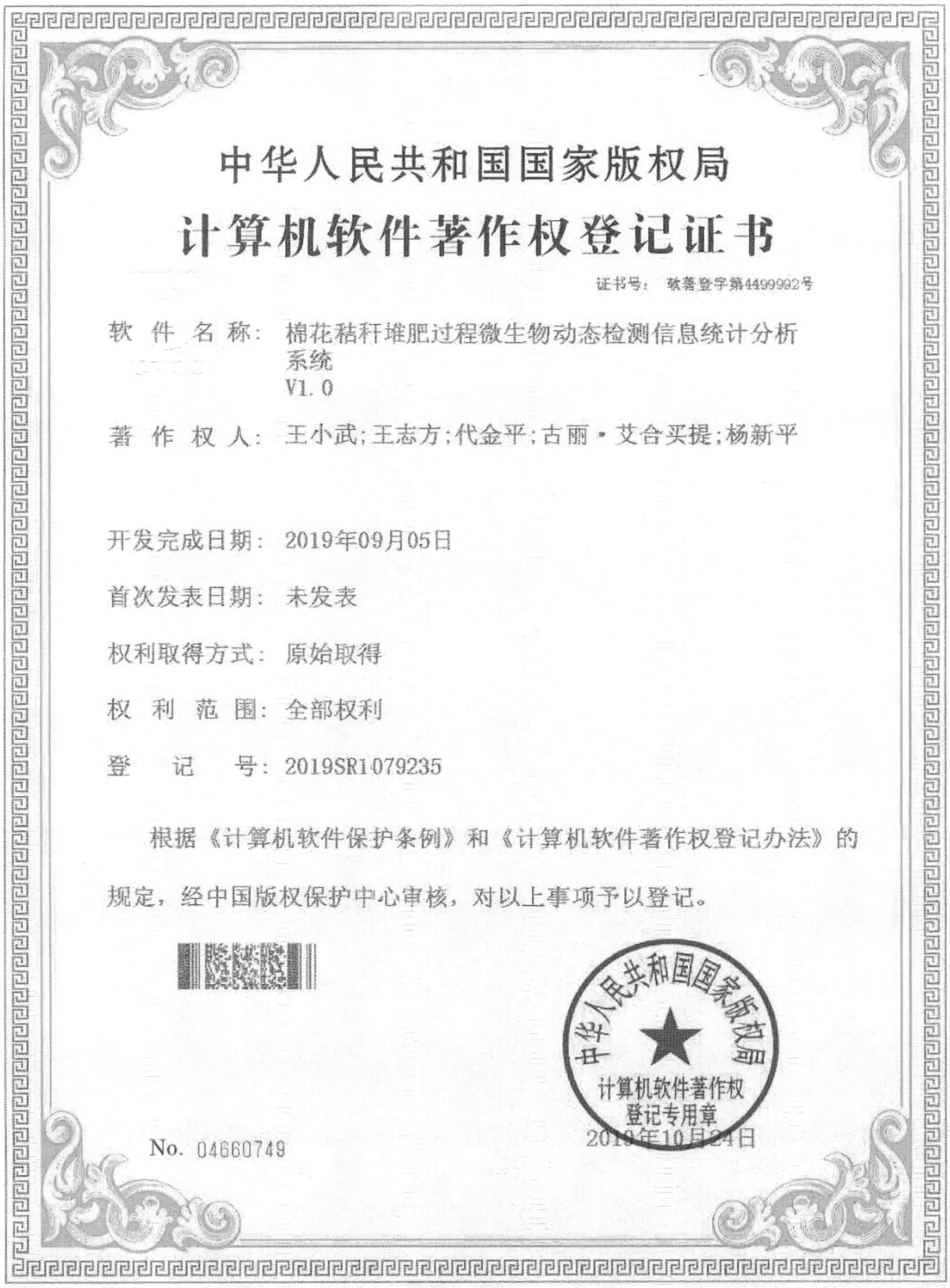

中华人民共和国国家版权局

计算机软件著作权登记证书

证书号：软著登字第4499992号

软 件 名 称：棉花秸秆堆肥过程微生物动态检测信息统计分析系统
V1.0

著 作 权 人：王小武;王志方;代金平;古丽·艾合买提;杨新平

开发完成日期：2019年09月05日

首次发表日期：未发表

权利取得方式：原始取得

权 利 范 围：全部权利

登 记 号：2019SR1079235

根据《计算机软件保护条例》和《计算机软件著作权登记办法》的规定，经中国版权保护中心审核，对以上事项予以登记。

中华人民共和国国家版权局 计算机软件著作权登记专用章

No. 04660749

2019年10月24日

| 第七篇 |

9大成果获奖索骥

课题组在项目执行的5年中，项目组共荣获大奖9项。

1.天然产物抗癌、抗氧化、免疫活性研究（20152101）

获奖时间：2015年

完成单位：吉林农业大学

获奖名称：吉林省自然科学学术成果奖二等奖

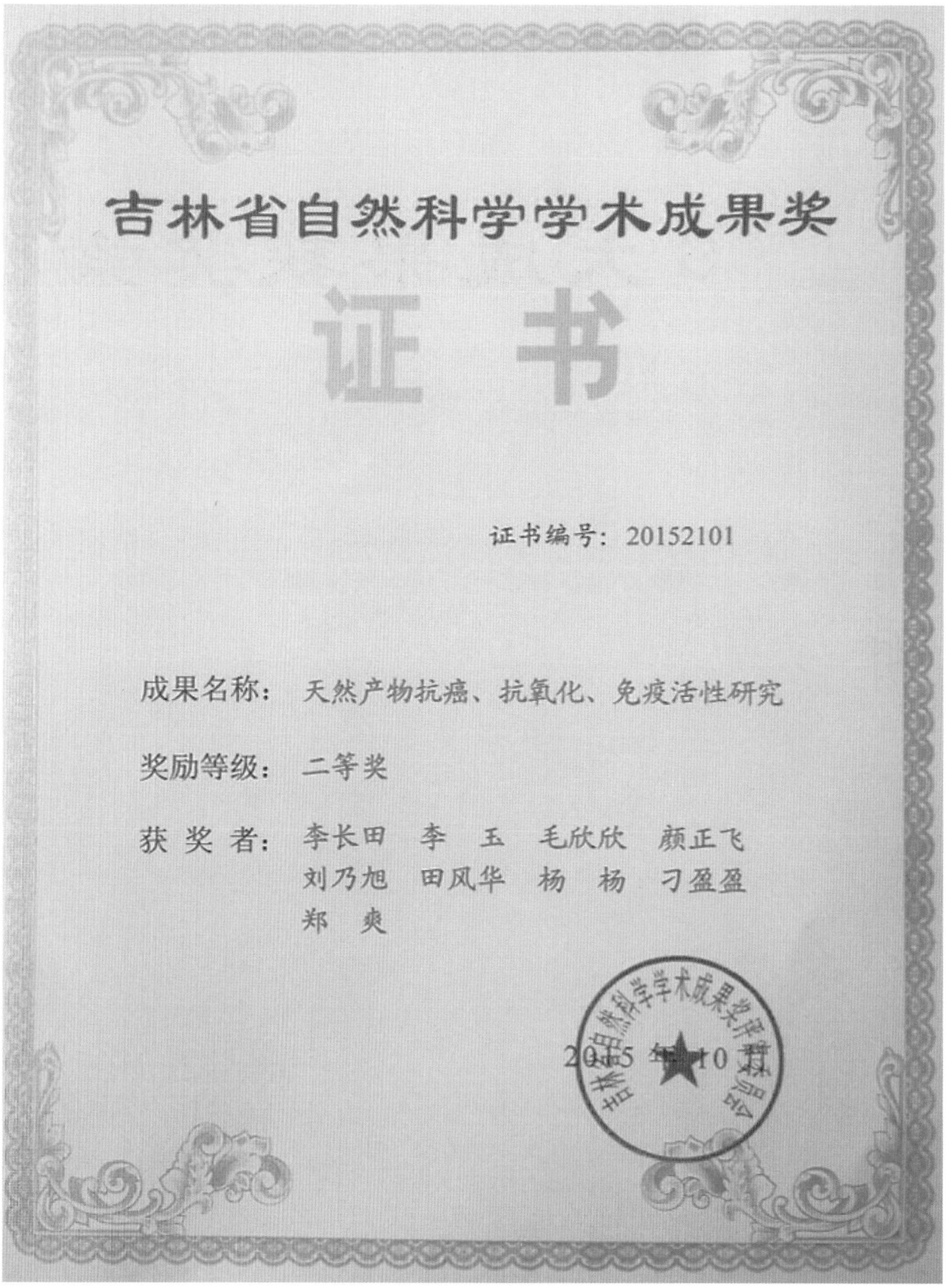
吉林省自然科学学术成果奖

证书

证书编号：20152101

成果名称：天然产物抗癌、抗氧化、免疫活性研究

奖励等级：二等奖

获奖者：李长田 李玉 毛欣欣 颜正飞 刘乃旭 田风华 杨杨 刁盈盈 郑爽

2015年10月

2.药用菌物资源及其开发利用（2015JIS012）

获奖时间：2015年

完成单位：吉林农业大学

获奖名称：吉林省科学技术奖一等奖

吉林省科学技术奖

证书

编号：2015J1S012

为表彰在科学技术进步工作中作出重大贡献者，特颁发此证，以资鼓励。

获奖项目： 药用菌物资源及其开发利用

获 奖 人： 李 玉、包海鹰、图力古尔、李长田、田恩静、刘婷婷、宋明杰、张 波、金周雨、冀瑞卿、李 晓、马海霞、刘晓龙、李 丹、李雨婷

获奖等级： 一等奖

吉林省科学技术奖励委员会

二〇一五年十月二十三日

3.北方苹果生态果园建设关键技术示范与推广（2015-290）

获奖时间：2016年

完成单位：西北农林科技大学

获奖名称：教育部科学技术进步奖（推广类）二等奖

为表彰在促进科学技术进步工作中做出重大贡献，特颁发此证书。

获奖项目：北方苹果生态果园建设关键技术示范与推广

获 奖 者：李高潮(第2完成人)

奖励等级：科学技术进步奖（推广类）二等奖

奖励日期：2016年2月

证 书 号：2015-290

中华人民共和国教育部

教 育 部

二〇一六年二月二十六日

4.菌物多样性保护创新体系构建及其在藏区的应用（2016-210）

获奖时间：2017年

完成单位：吉林农业大学

获奖名称：教育部科学技术进步奖一等奖

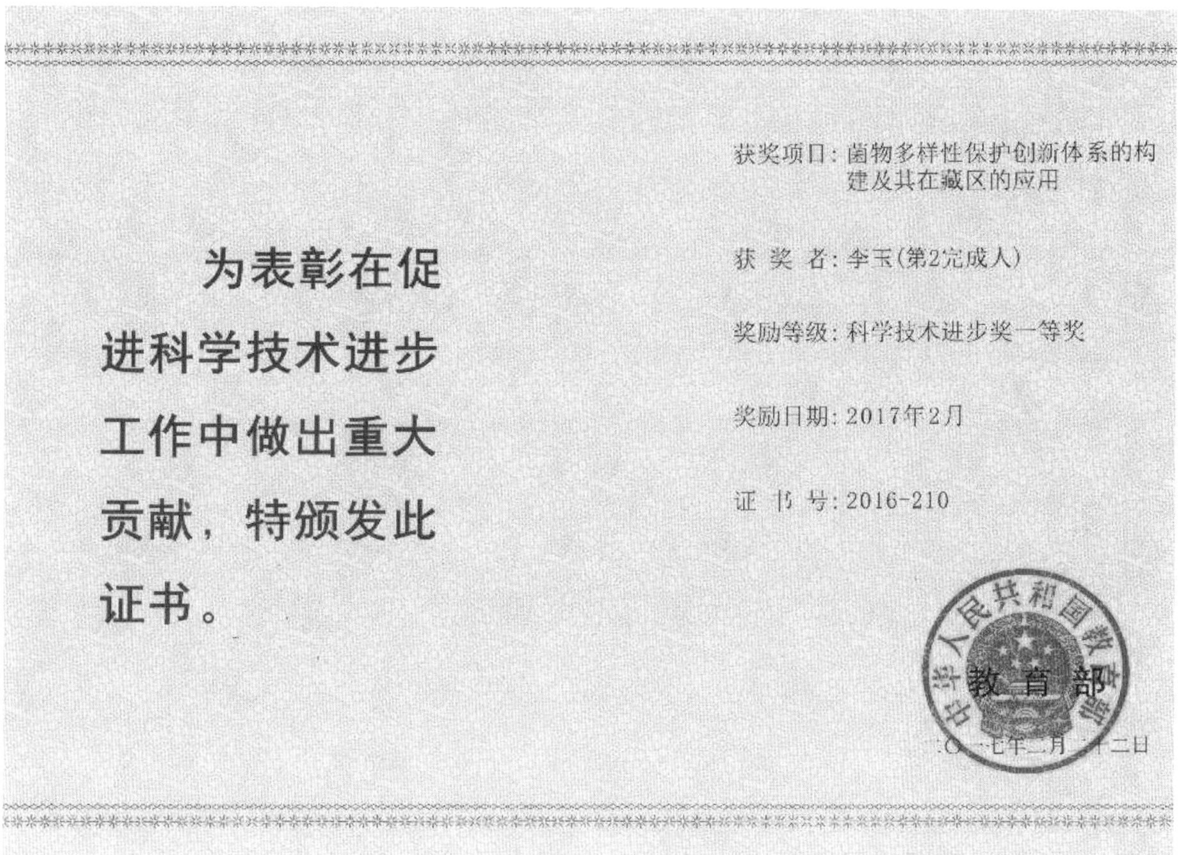

为表彰在促进科学技术进步工作中做出重大贡献，特颁发此证书。

获奖项目：菌物多样性保护创新体系的构建及其在藏区的应用

获 奖 者：李玉(第2完成人)

奖励等级：科学技术进步奖一等奖

奖励日期：2017年2月

证 书 号：2016-210

中华人民共和国教育部

教 育 部

二〇一七年二月十二日

5.**杏鲍菇工厂化栽培专用品种及高效生产技术创新与应用**（20174117-J-2-111-R08）

获奖时间：2018年

完成单位：中国农科院农业环境与区域研究所

获奖名称：湖南省科学技术进步奖二等奖

6.农业废弃物多级循环利用技术集成创新与示范（2017-J-2-036-04）

获奖时间：2018年

完成单位：中国农科院农业环境与区域研究所

获奖名称：福建省科学技术奖二等奖

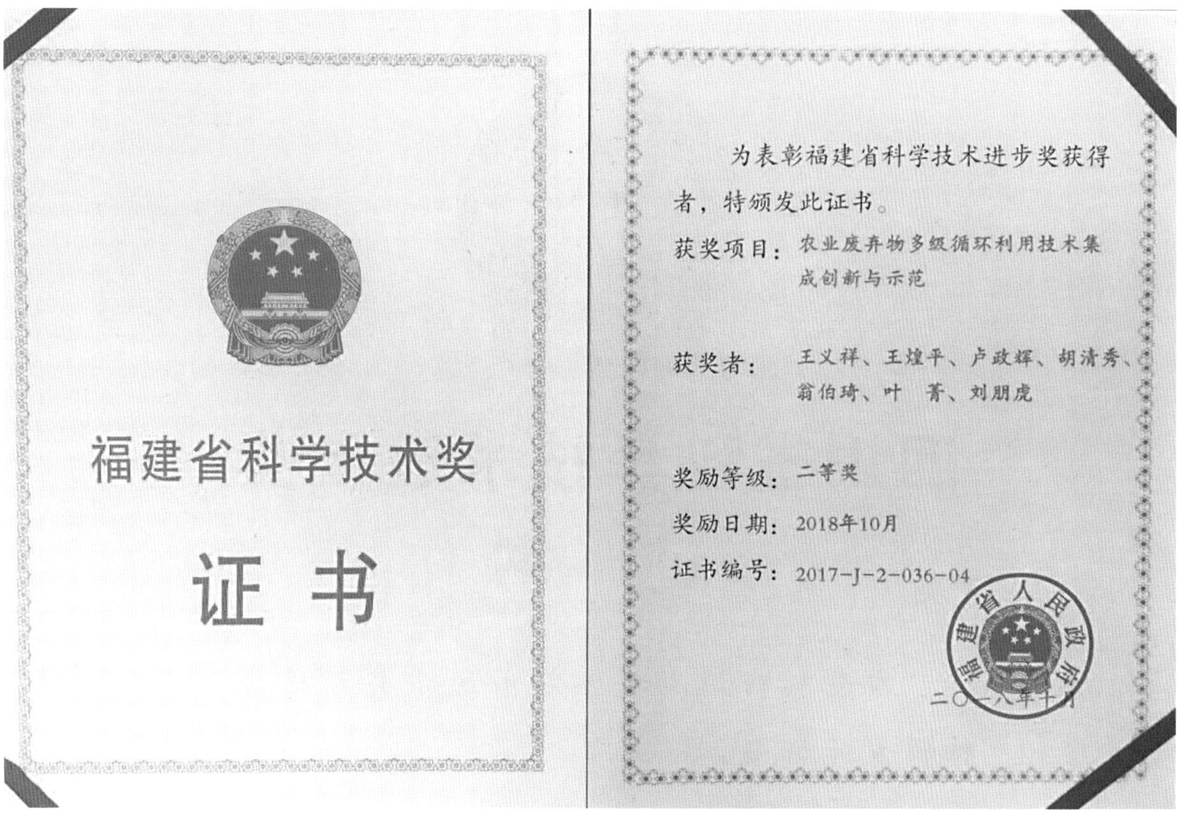

福建省科学技术奖

证书

为表彰福建省科学技术进步奖获得者，特颁发此证书。

获奖项目：农业废弃物多级循环利用技术集成创新与示范

获奖者：王义祥、王煌平、卢政辉、胡清秀、翁伯琦、叶　菁、刘朋虎

奖励等级：二等奖

奖励日期：2018年10月

证书编号：2017-J-2-036-04

福建省人民政府

二〇一八年十月

7.羊肚菌驯化和新品种选育及产业化关键技术创新与应用（2018-J-1-21-D01）

获奖时间：2019年

完成单位：四川省农业科学院土壤肥料研究所

获奖名称：四川省科学技术进步奖一等奖

四川省科学技术进步奖

证 书

为表彰四川省科学技术进步奖获得者，特颁发此证书。

奖励类别：科技进步类

项目名称：羊肚菌驯化和新品种选育及产业化关键技术创新与应用

奖励等级：一 等

获 奖 者：四川省农业科学院土壤肥料研究所

四川省人民政府

2019年3月

证书号 ：2018-J-1-21-D01

8.基于多相发酵技术的药渣菌渣资源化利用关键技术创新及其产业化应用（2018-2-63-R6）

获奖时间：2019年

完成单位：吉林农业大学

获奖名称：江苏省科学技术奖二等奖

2018年度江苏省科学技术奖

证　书

为表彰江苏省科学技术奖获得者，特颁发此证书。

项目名称：基于多相发酵技术的药渣菌渣资源化利用关键技术创新及其产业化应用

奖励等级：二　等

获 奖 者：李长田

江苏省人民政府

2019年3月29日

证书号：2018-2-63-R6

9. 灵芝新品种选育及规范化配套栽培技术研究与产品开发（2019J3S100）

获奖时间：2019年

完成单位：吉林农业大学

获奖名称：吉林省科学技术奖三等奖

吉林省科学技术奖

证书

编号：2019J3S100

为表彰在促进科学技术进步工作中做出重大贡献的单位，特颁发此证书，以资鼓励。

获奖项目：灵芝新品种选育及规范化配套栽培技术研究与产品开发

获奖单位：中国农业科学院特产研究所、吉林农业大学、延边大阳参业有限公司、中农康必硒（北京）生物技术研究所

获奖等级：三等奖

吉林省科学技术奖励委员会

二〇一九年十月二十三日

| 第八篇 |

12部成果著作索骥

课题组在项目执行的5年中，项目组共出版著作12篇。

1.《**中国大型菌物资源图鉴**》

完成时间：2015年

出版社：中原农民出版社

完成单位：吉林农业大学、广东微生物研究所、中国科学院昆明植物研究所、北京林业大学

编著：李玉、李泰辉、杨祝良、图力古尔、戴玉成

2.《中国食用菌生产》

完成时间：2020年

出版社：中原农民出版社

完成单位：吉林农业大学、河南省农业科学院

主编：李玉、康源春

3.《中国食用菌加工》

完成时间：2020年

出版社：中原农民出版社

完成单位：吉林农业大学、上海市农业科学院

主编：李玉、张劲松

4.《中国菌物药》

完成时间：2020年

出版社：中原农民出版社

完成单位：吉林农业大学

主编：李玉、包海鹰

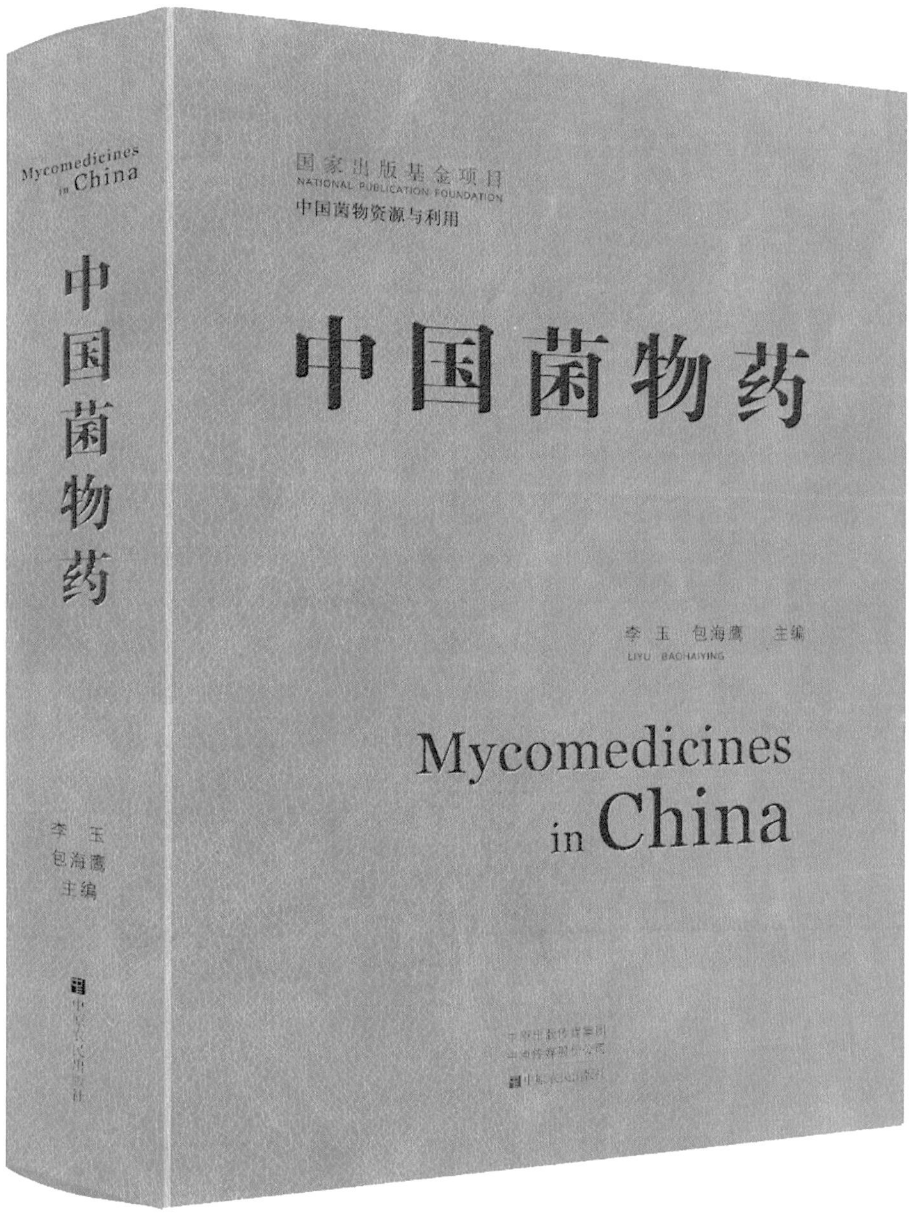

5.《图说玉木耳优质高产栽培》

完成时间：2016年

出版社：中国农业出版社

完成单位：吉林农业大学

主编：李玉、李晓

6.《菌物学》

完成时间：2015年

出版社：科学出版社

完成单位：吉林农业大学

主编：李玉、刘淑艳

7.《蘑菇博物馆》

完成时间：2017年

出版社：北京大学出版社

完成单位：吉林农业大学

译：李玉等

8.《中国真菌志——侧耳—香菇型真菌》

完成时间：2015年

出版社：科学出版社

完成单位：吉林农业大学

主编：李玉、图力古尔

9.《经济菌物》

完成时间：2019年

出版社：高等教育出版社

完成单位：中国工程院

主编：李玉

10.《小木耳大产业》

完成时间：2020年

出版社：中国农业出版社

完成单位：吉林农业大学

主编：李玉

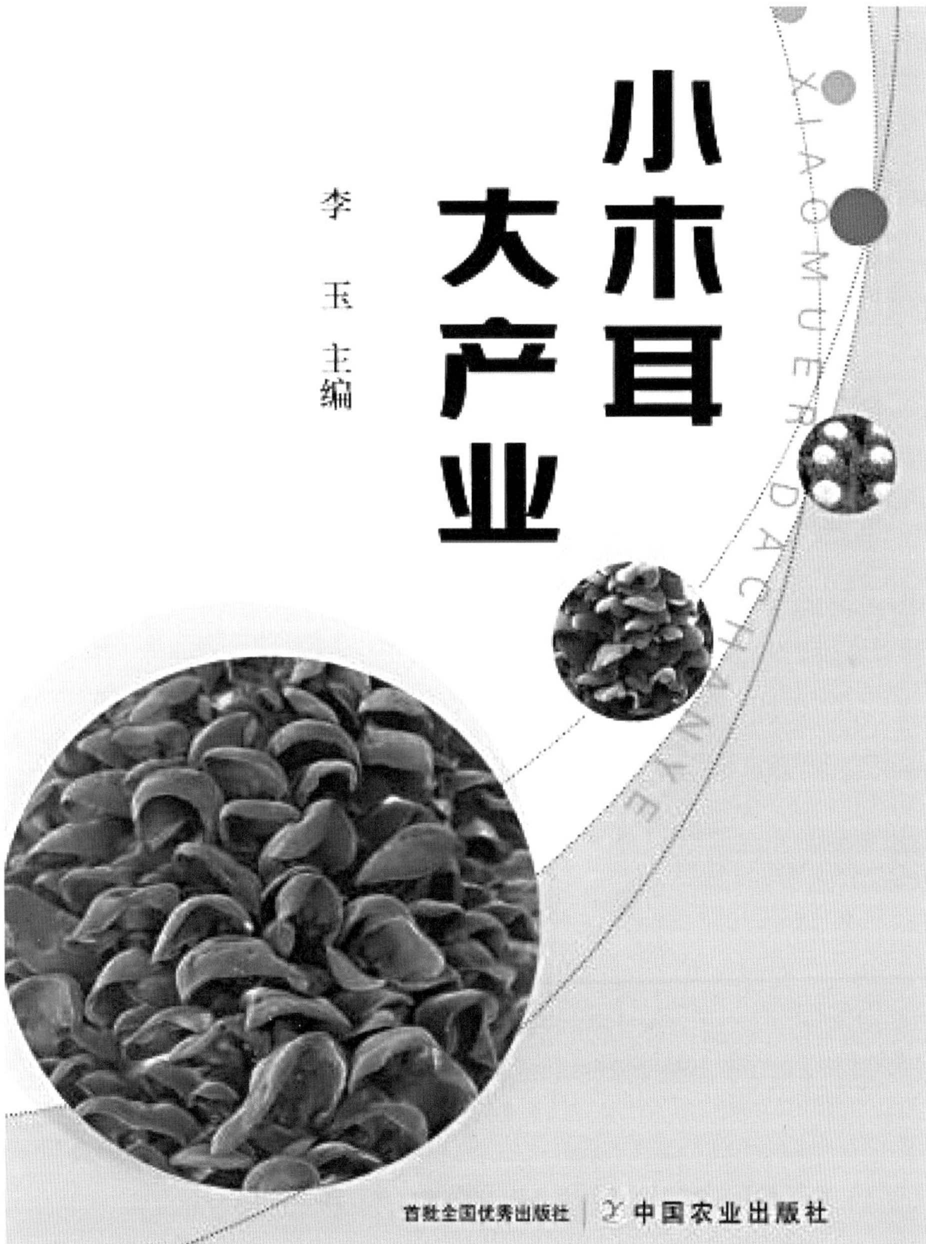

11.《食用菌工厂化栽培学》

完成时间：2020年

出版社：科学出版社

完成单位：吉林农业大学

主编：李长田、李玉

12.《猪苓人工栽培技术》

完成时间：2019年

出版社：吉林出版集团股份有限公司

完成单位：吉林农业大学

编著：王志新、刘晓龙、任宣百

| 第九篇 |

5大新品种选育成果索骥

课题组在项目执行的5年中，项目组选育新品种5个。

1. 玉木耳

鉴定时间：2016年

完成单位：吉林农业大学

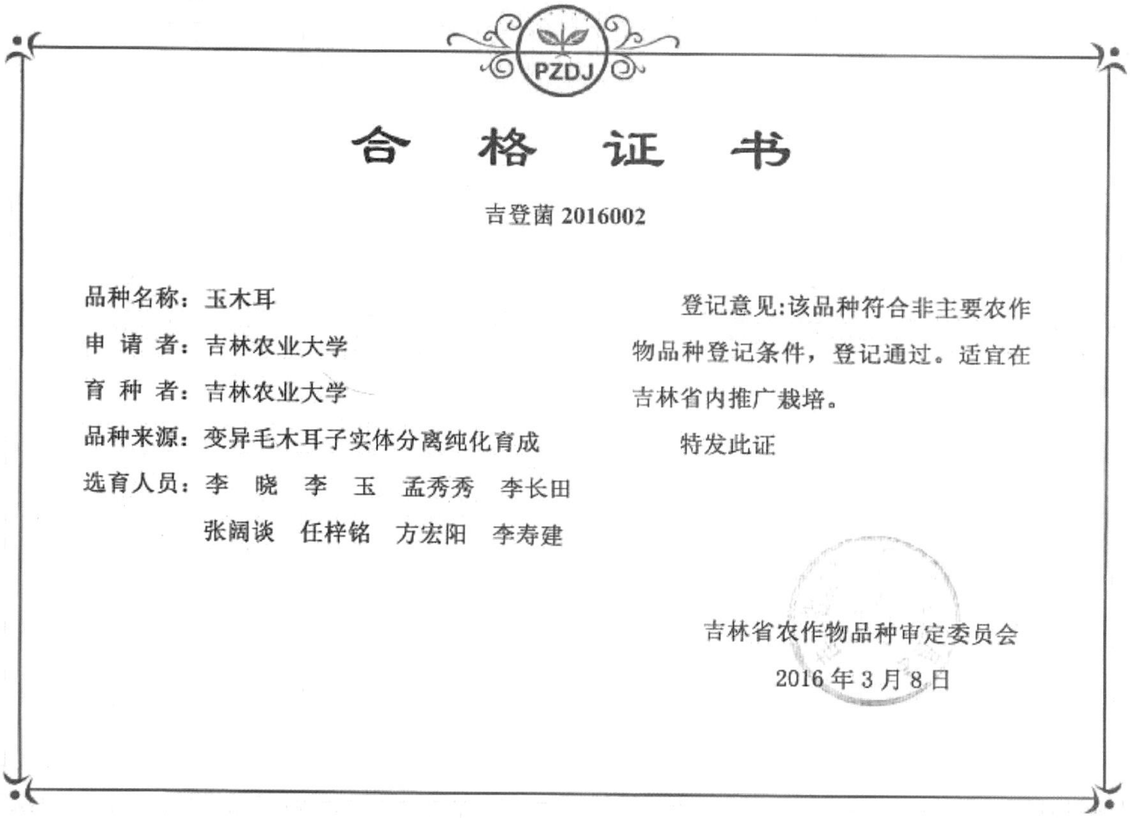

PZDJ

合 格 证 书

吉登菌 2016002

品种名称：玉木耳

申 请 者：吉林农业大学

育 种 者：吉林农业大学

品种来源：变异毛木耳子实体分离纯化育成

选育人员：李 晓 李 玉 孟秀秀 李长田 张阔谈 任梓铭 方宏阳 李寿建

登记意见:该品种符合非主要农作物品种登记条件，登记通过。适宜在吉林省内推广栽培。

特发此证

吉林省农作物品种审定委员会

2016年3月8日

2. 玉木耳1号

鉴定时间：2016年

完成单位：吉林农业大学

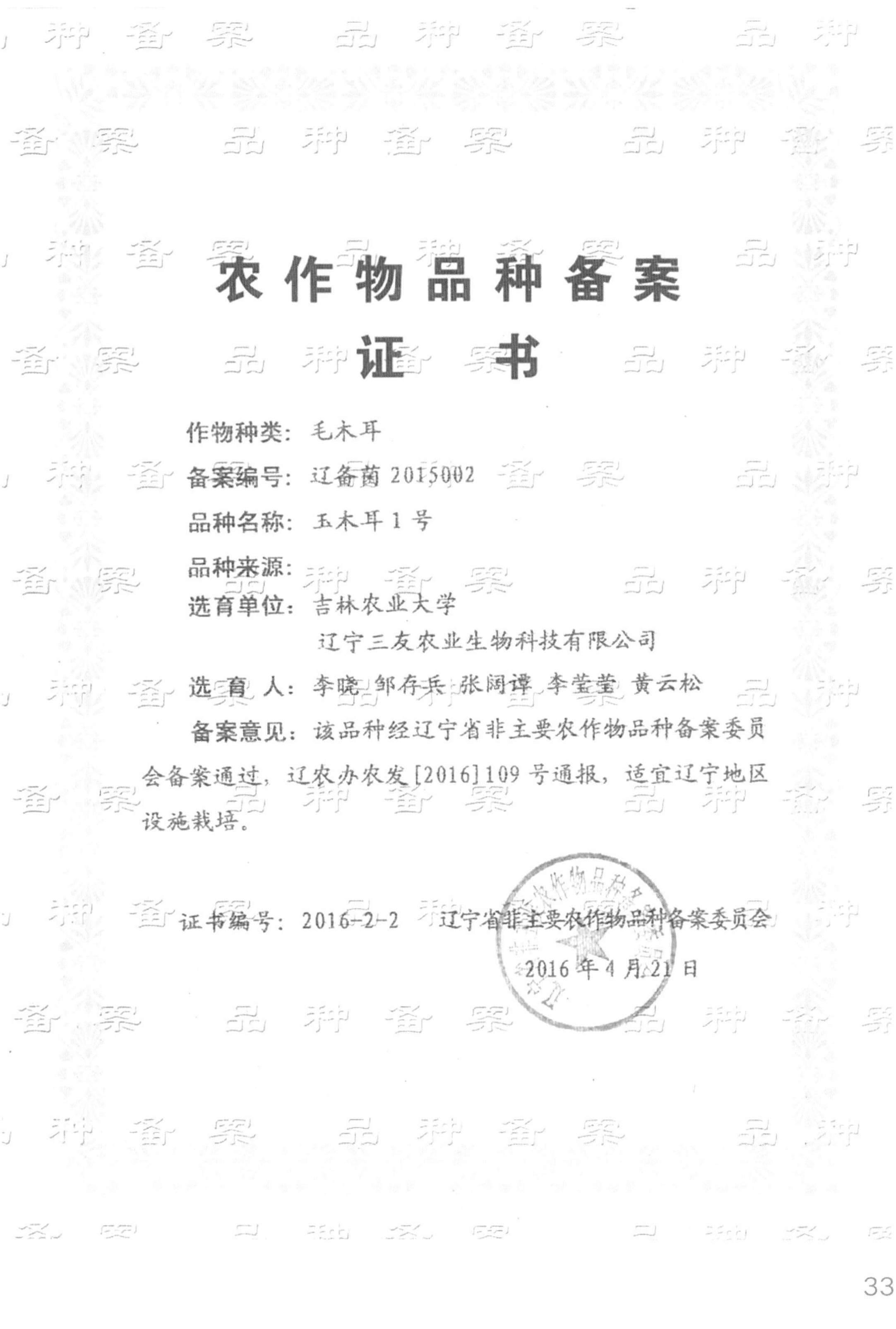

农作物品种备案
证 书

作物种类：毛木耳

备案编号：辽备菌2015002

品种名称：玉木耳1号

品种来源：

选育单位：吉林农业大学
辽宁三友农业生物科技有限公司

选 育 人：李晓 邹存兵 张阔谭 李莹莹 黄云松

备案意见：该品种经辽宁省非主要农作物品种备案委员会备案通过，辽农办农发[2016]109号通报，适宜辽宁地区设施栽培。

证书编号：2016-2-2　辽宁省非主要农作物品种备案委员会

2016年4月21日

3. 夏平2012

鉴定时间：2016年

完成单位：吉林农业大学

PZDJ

合　格　证　书

吉登菌2016001

品种名称：夏平2012

申 请 者：吉林农业大学

育 种 者：吉林农业大学

品种来源：野生平菇子实体分离纯化育成

选育人员：李　晓　李　玉　孟秀秀　李长田　段秀莲　黎志文　代俊杰　苏文英

登记意见：该品种符合非主要农作物品种登记条件，登记通过。适宜在吉林省内推广栽培。

特发此证

吉林省农作物品种审定委员会

2016年3月8日

4.三友平菇1号

鉴定时间：2016年

完成单位：吉林农业大学

农作物品种备案
证书

作物种类：平菇

备案编号：辽备菌2015001

品种名称：三友平菇1号

品种来源：

选育单位：吉林农业大学
辽宁三友农业生物科技有限公司

选 育 人：李晓 邹存兵 周继慧 李莹莹 黄云松 邢成成

备案意见：该品种经辽宁省非主要农作物品种备案委员会备案通过，辽农办农发[2016]109号通报，适宜辽宁地区设施栽培。

证书编号：2016-2-1　　辽宁省非主要农作物品种备案委员会

2016年4月21日

5.双孢106

鉴定时间：2020年

完成单位：浙江省农业科学院

证书编号：浙品认2020011

浙江省农作物品种认定
证　书

认定编号：浙认菌2020001

作物名称：双孢蘑菇

品种名称：双孢106

品种来源：A20单孢选育

选育单位：浙江省农业科学院园艺研究所（主要选育人：冯伟林、蔡为明、金群力、宋婷婷、范丽军、沈颖越）

栽培技术要点：催蕾时减缓降温速度，控制出菇部位和密度。

认定意见：该品种出菇早，整齐，转潮较快。产量高，商品性好。适宜浙江省双孢蘑菇产区工厂化设施栽培。

该品种经浙江省非主要农作物品种认定委员会第15次会议审议通过。

二〇二〇年四月二十六日

图书在版编目（CIP）数据

作物秸秆基质化利用/李玉，付永平主编. — 北京：中国农业出版社，2023.12

ISBN 978-7-109-31397-2

Ⅰ.①作… Ⅱ.①李…②付… Ⅲ.①秸秆－资源利用－文集 Ⅳ.①S38-53

中国国家版本馆CIP数据核字(2023)第219138号

作物秸秆基质化利用

ZUOWU JIEGAN JIZHIHUA LIYONG

中国农业出版社出版

地址：北京市朝阳区麦子店街18号楼

邮编：100125

责任编辑：李　梅

版式设计：杨　婧　　责任校对：吴丽婷　　责任印制：王　宏

印刷：北京通州皇家印刷厂

版次：2023年12月第1版

印次：2023年12月北京第1次印刷

发行：新华书店北京发行所

开本：889mm × 1194mm　1/16

印张：21.5

字数：550千字

定价：198.00元